DICTIONNAIRE *Mathématiques*

Jean-Dominique Picchiottino
Professeur agrégé à l'Institut universitaire de formation des maîtres, Créteil

Hervé Hocquart
Professeur agrégé au collège et lycée François Villon, Paris

vuibert

Illustration de couverture : Gilles Tevessin

Maquette intérieure : Cécile Gallou

ISBN 2 7117 2858 7

20, rue Berbier-du-Mets
75647 – Paris Cedex 13

Avant-propos

Le présent dictionnaire de mathématiques pour la quatrième et la troisième fait suite au dictionnaire de mathématiques pour la sixième et la cinquième dans la même collection. Il garde le même esprit tout en s'adaptant à un public plus mûr.
Comme dans le dictionnaire précédent, chaque mot ou chaque expression est mis en scène dans le corps de l'article ; des compléments en petits caractères donnent des renseignements supplémentaires.
À la fin de chaque section d'un article se trouve une **définition**. Lorsqu'il n'est pas possible, pour rester au niveau du collège, de donner une définition, celle-ci est remplacée par une simple **information**, sorte de résumé à retenir.

Beaucoup de mots ont des sens différents suivant les contextes dans lesquels ils sont employés. Pour en tenir compte, nous avons nettement différencié ces sens, en découpant les articles en sections (I, II, III, etc.). Par ailleurs, des **fiches** se trouvent parfois à la fin des articles. Elles présentent des techniques de calcul ou bien des tracés géométriques dont la maîtrise est indispensable au collège, notamment pour le brevet. Nous n'avons pas cru bon de rappeler les techniques élémentaires de sixième ou de cinquième.

Pour profiter des ressources de ce dictionnaire, on utilisera les **renvois** (▶) pour en savoir plus sur le mot étudié. Les articles « Symboles numériques » et « Symboles de géométrie » ouvrent de nombreuses voies et pourront être utilement consultés.

Les auteurs

Abréviations utilisées dans cet ouvrage

♦	Complément
►	Renvoi
Déf.	Définition
Info.	Information

A *a*

Abscisse

1 Sur un axe

La droite représentée ci-dessous est graduée ; c'est un axe.

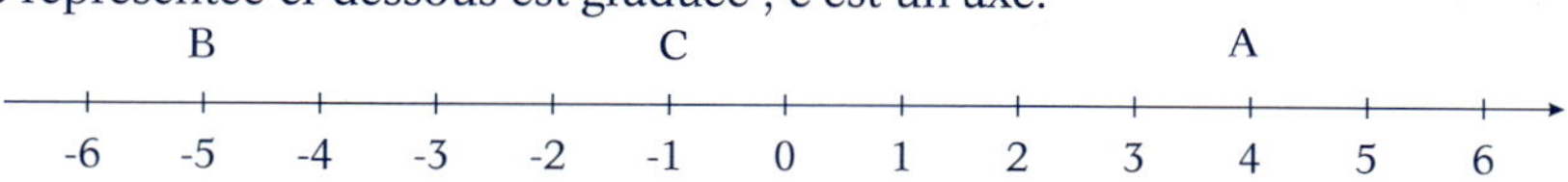

Le nombre 4 est associé au point A ; l'abscisse du point A est égale à 4.
De même, l'abscisse du point B est égale à – 5 ; le point qui a pour abscisse – 1 s'appelle C.

Déf. Sur un axe, l'abscisse d'un point est le nombre qui lui est associé.

2 Dans un repère du plan

Sur la figure ci-dessous, je peux lire dans un repère (O, I, J) les abscisses de quelques points.

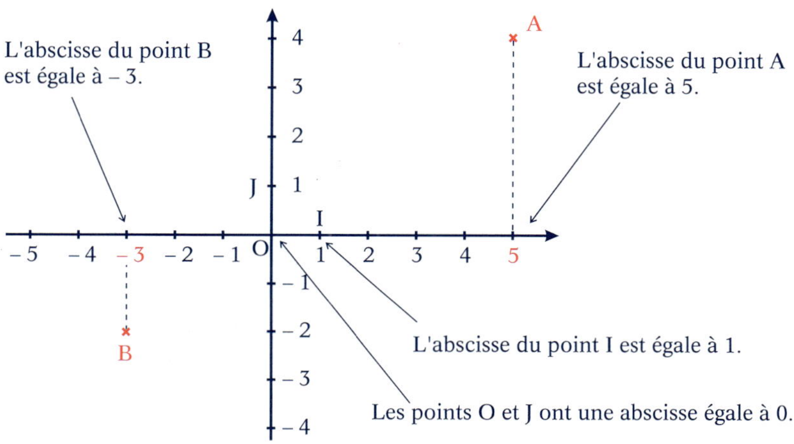

♦ Tous les points qui sont sur l'axe (O, J) ont pour abscisse 0.

Info. Dans un repère (O, I, J) du plan, l'abscisse d'un point est le nombre que l'on peut lire sur l'axe (O, I) comme dans les exemples ci-dessus.

▶ Axe. Coordonnée. Ordonnée. Repérer dans un plan. Repérer sur un axe.

Absolue

Voir l'article *Valeur absolue*.

Absurde

Démonstration par l'absurde

Je veux démontrer que le triangle ABC représenté ci-contre n'est pas rectangle en A.

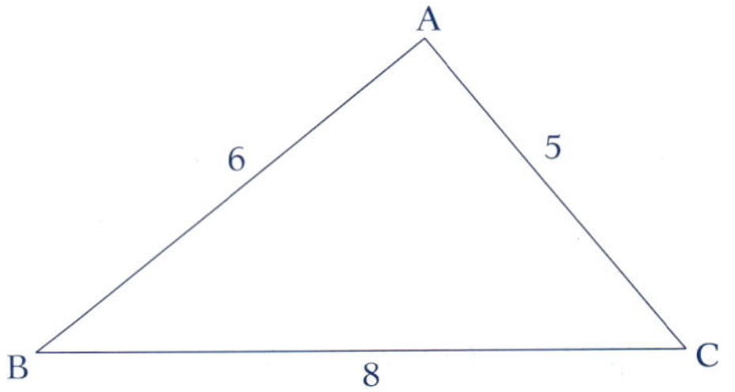

1) Je suppose que le triangle ABC est rectangle en A.

2) Cela entraîne, d'après le théorème de Pythagore, que $BC^2 = AB^2 + AC^2$, c'est-à-dire que $64 = 36 + 25$. Or « $64 = 36 + 25$ » est une proposition fausse puisque $36 + 25 = 61$.

3) J'en conclus que la supposition faite au 1) est fausse, c'est-à-dire que le triangle n'est pas rectangle en A.

La démonstration que je viens de faire s'appelle une démonstration par l'absurde.

Info. Démontrer une proposition $\mathcal{P}$ par l'absurde, c'est démontrer cette proposition de la façon suivante :
1) on suppose que la proposition $\mathcal{P}$ est fausse ;
2) on déduit de cette supposition une proposition fausse ;
3) on conclut que la proposition $\mathcal{P}$ est vraie.

▶ Contradiction. Démonstration.

Acutangle

Le triangle ABC représenté ci-contre a trois angles aigus.
C'est pourquoi il est acutangle.

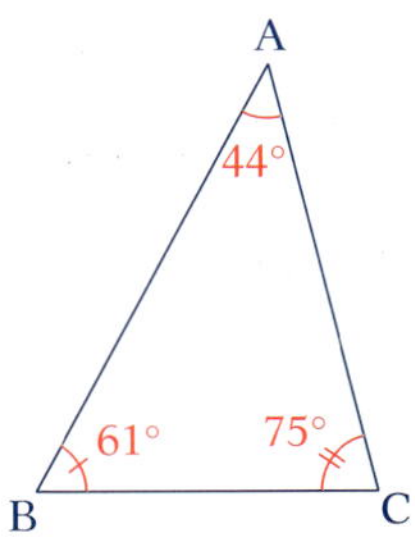

♦ Un triangle équilatéral est acutangle.

♦ Un triangle non acutangle est soit rectangle, soit obtusangle.

♦ Si un triangle est acutangle, alors son orthocentre est à l'intérieur de ce triangle. La réciproque est vraie : si un triangle a son orthocentre à l'intérieur de lui-même, alors il est acutangle.

Déf. Un triangle acutangle est un triangle dont les trois angles sont aigus.

▶ Obtusangle. Orthocentre. Rectangle **2**.

Addition

1 Addition des nombres

Soit a et b deux nombres. Le tableau ci-dessous donne des exemples d'écritures du nombre $a + b$. Ce nombre est le nombre associé à a et b par l'addition.

♦ Voir aussi la fiche *Effectuer une addition* à la fin de cet article.

a	b	Exemples d'écriture de $a + b$	Commentaires
$\frac{5}{2}$	1,4	$\frac{5}{2} + 1{,}4$ ou 3,9	$\frac{5}{2} + 1{,}4 = 2{,}5 + 1{,}4 = 3{,}9$
$-\frac{1}{3}$	5	$-\frac{1}{3} + 5$ ou $\frac{14}{3}$	$-\frac{1}{3} + 5 = -\frac{1}{3} + \frac{15}{3} = \frac{14}{3}$
$\sqrt{3}$	-2	$\sqrt{3} - 2$ ou $-2 + \sqrt{3}$	

Déf. L'addition des nombres est une opération. À deux nombres a et b, elle associe un troisième nombre noté $a + b$.

2 Addition de grandeurs

Sur la figure ci-dessous, la longueur AC est égale à 8 cm.

Je peux écrire 0,3 dm + 5 cm = 3 cm + 5 cm = 8 cm. L'opération qui associe la longueur 8 cm aux longueurs 0,3 dm et 5 cm est l'addition des longueurs.

À la place des longueurs, je peux choisir tout autre grandeur, par exemple des aires. On définit alors l'addition des aires.

Info. Il y a autant d'additions de grandeurs que de types de grandeurs. Choisissons un type de grandeur, par exemple les longueurs. À deux longueurs, l'addition des longueurs associe une troisième longueur, selon le principe décrit ci-dessus.

3 Addition des vecteurs

Je considère deux vecteurs $\vec{u}$ et $\vec{v}$. Je choisis de représenter $\vec{u}$ par $\overrightarrow{AB}$ et $\vec{v}$ par $\overrightarrow{BC}$. À ces deux vecteurs $\vec{u}$ et $\vec{v}$, j'associe le vecteur $\vec{w}$ représenté par $\overrightarrow{AC}$. L'opération, qui, aux deux vecteurs $\vec{u}$ et $\vec{v}$, associe le vecteur $\vec{w}$, est l'addition des vecteurs. On écrit : $\vec{u} + \vec{v} = \vec{w}$ et $\overrightarrow{AB} + \overrightarrow{BC} = \overrightarrow{AC}$.

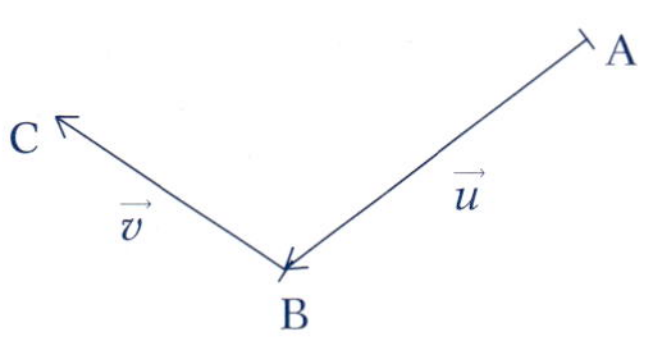

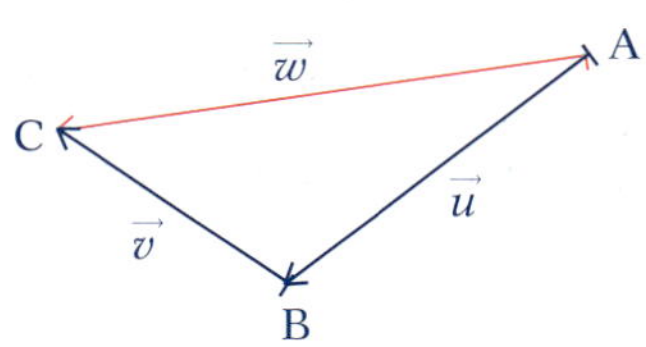

Je remarque que l'extrémité de $\overrightarrow{AB}$ est l'origine de $\overrightarrow{BC}$.

- ♦ L'égalité $\overrightarrow{AB} + \overrightarrow{BC} = \overrightarrow{AC}$ s'appelle la relation de Chasles.
- ♦ Voir aussi la fiche « $\overrightarrow{AB} + \overrightarrow{CD}$ » à la fin de cet article.
- ♦ Le vecteur $\vec{u} + \vec{u}$ se note $2\vec{u}$, le vecteur $\vec{u} + \vec{u} + \vec{u}$ se note $3\vec{u}$, et ainsi de suite.
- ♦ Le vecteur $\vec{u} + \vec{v}$ est égal au vecteur $\vec{v} + \vec{u}$.

Info. À deux vecteurs $\vec{u}$ et $\vec{v}$, l'addition des vecteurs associe un troisième vecteur, noté $\vec{u} + \vec{v}$. Un représentant de $\vec{u} + \vec{v}$ s'obtient par la méthode décrite ci-dessus.

FICHE 1

EFFECTUER UNE ADDITION

1. Effectuer une addition de deux nombres relatifs

– Si les deux nombres ont le même signe :

$$(+3) + (+5) = +8$$

Le signe du résultat est le signe des nombres.

On additionne les valeurs absolues des nombres (3 + 5 = 8).

$$(-3) + (-5) = -8$$

– Si les deux nombres ont des signes contraires :

$$(-3) + (+5) = +2$$

Le signe du résultat est le signe du nombre qui a la plus grande valeur absolue (5 > 3).

On soustrait les valeurs absolues des nombres (5 – 3 = 2).

$$(+3) + (-5) = -2$$

2. Effectuer une addition de fractions

– Si les fractions ont le même dénominateur, on applique :

$$\frac{a}{d} + \frac{b}{d} + \frac{c}{d} = \frac{a+b+c}{d}.$$

– Si les fractions n'ont pas le même dénominateur, on commence par les réduire au même dénominateur.

Ainsi : $\frac{-7}{6} + \frac{11}{4} + \frac{1}{3} = \frac{-14}{12} + \frac{33}{12} + \frac{4}{12} = \frac{23}{12}$.

FICHE 2

$\overrightarrow{AB}+\overrightarrow{AC}$ OU $\overrightarrow{AB}+\overrightarrow{CD}$

1. $\overrightarrow{AB}+\overrightarrow{AC}$

On donne les vecteurs $\overrightarrow{AB}$ et $\overrightarrow{AC}$; voici comment construire le point M tel que $\overrightarrow{AB}+\overrightarrow{AC}=\overrightarrow{AM}$

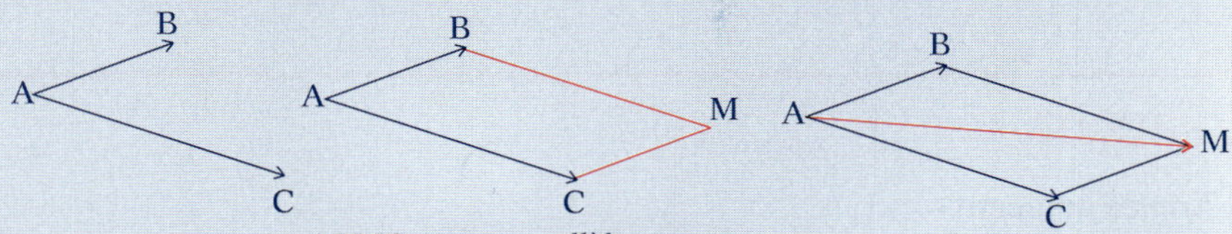

ABMC est un parallélogramme donc $\overrightarrow{AC}=\overrightarrow{BM}$

$\overrightarrow{AB}+\overrightarrow{AC}=\overrightarrow{AB}+\overrightarrow{BM}=\overrightarrow{AM}$

2. $\overrightarrow{AB}+\overrightarrow{CD}$

On donne les vecteurs $\overrightarrow{AB}$ et $\overrightarrow{CD}$, un point O et on veut construire le point M tel que $\overrightarrow{OM}=\overrightarrow{AB}+\overrightarrow{CD}$.

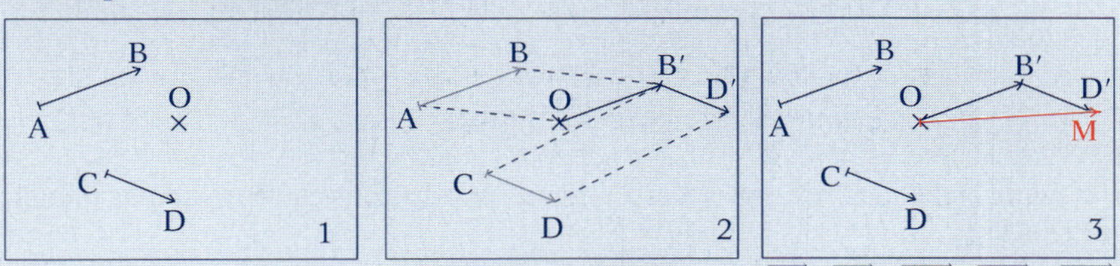

On construit B′ et D′ tels que $\overrightarrow{OB'}=\overrightarrow{AB}$ et $\overrightarrow{B'D'}=\overrightarrow{CD}$

$\overrightarrow{AB}+\overrightarrow{CD}=\overrightarrow{OB'}+\overrightarrow{B'D'}=\overrightarrow{OD'}$
Le point D′ est le point M cherché.

▶ Additionner. Effectuer. Fraction. Opération. Somme. Soustraction. Terme. Vecteur.

Additionner

• Je choisis deux nombres : 12 et (– 3). Par l'addition, je leur associe le nombre 9. Autrement dit, j'ai additionné 12 et (– 3), et j'ai trouvé 9. J'écris : 12 + (– 3) = 9.

• Je choisis trois nombres : 9, 10 et 11.

9 + 10 = 19 : j'ai additionné 9 et 10 et j'ai trouvé 19.

19 + 11 = 30 ; j'ai additionné 19 et 11, et j'ai trouvé 30.

Ainsi : 9 + 10 + 11 = 30. Autrement dit, j'ai additionné les nombres 9, 10 et 11, et j'ai trouvé 30.

♦ J'aurais pu additionner ces trois nombres autrement : 9 + 10 + 11 = 9 + 21 = 30, par exemple.

• Soit x un nombre. Quand j'additionne les nombres x^2, $x-8$ et $6x$, j'obtiens un nombre que je peux écrire $x^2+(x-8)+6x$, ou encore x^2+7x-8. Ainsi, $x^2+(x-8)+6x=x^2+7x-8$. J'ai additionné les nombres x^2, $x-8$ et $6x$ et j'ai trouvé le nombre x^2+7x-8.

♦ On dit souvent « additionner des expressions (numériques ou littérales) » au lieu de dire « additionner les nombres représentés par des expressions (numériques ou littérales) ».

Info. Additionner deux nombres a et b, c'est leur associer un troisième nombre par l'addition, noté $a + b$.
Additionner trois nombres, c'est choisir deux d'entre eux, les additionner, puis additionner le nombre obtenu et le troisième nombre.
Et ainsi de suite.
Une définition analogue s'applique aux grandeurs de même type, ainsi qu'aux vecteurs.

▶ Addition. Diviser. Grandeur. Multiplier. Soustraire.

Adjacent

1 Angles adjacents

Sur la figure, j'ai marqué deux angles : $\widehat{xOy}$ et $\widehat{yOz}$. Leur partie commune est le côté [Oy).
C'est pourquoi ces deux angles sont adjacents.

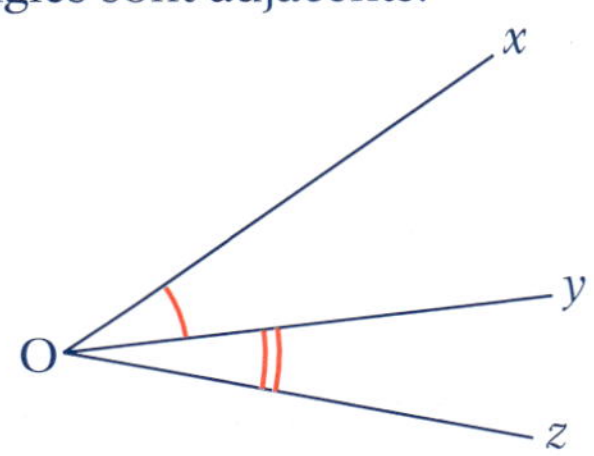

♦ Sur la figure ci-dessous, les angles $\widehat{1}$ et $\widehat{2}$ ne sont pas adjacents car leur partie commune n'est pas un côté de l'angle $\widehat{1}$.

♦ Les angles $\widehat{3}$ et $\widehat{4}$ ne sont pas adjacents car leur partie commune est l'angle $\widehat{3}$.

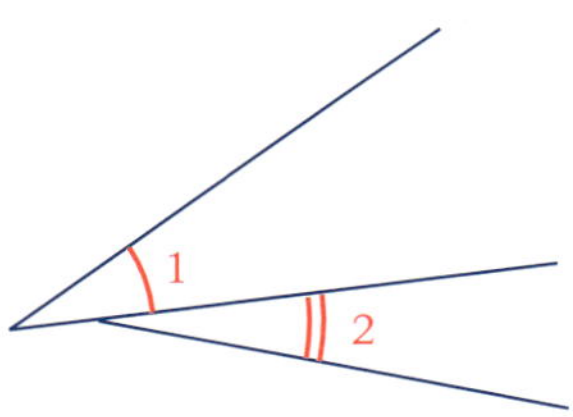

angles non adjacents

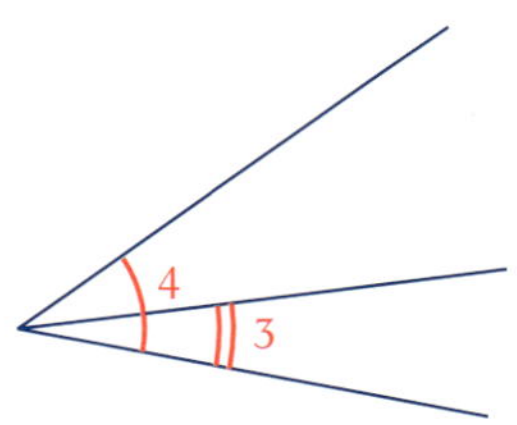

angles non adjacents

Déf. Deux angles adjacents sont deux angles dont la partie commune est une demi-droite, cette demi-droite étant un côté de chacun de ces angles.

▶ Angle. Bissectrice. Côté. Sommet.

2 Angles adjacents à un côté d'un triangle

Sur la figure ci-contre, les angles adjacents au côté [AB] sont les angles $\widehat{CAB}$ et $\widehat{ABC}$; ce sont les angles de sommets A et B du triangle.

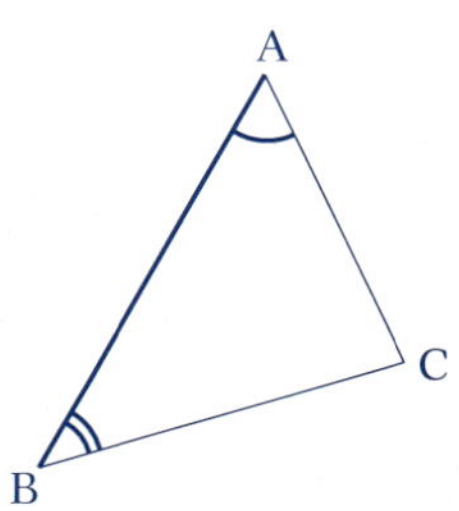

Déf. Dans un triangle, les angles adjacents à un côté sont les deux angles de ce triangle qui ont pour sommet une extrémité de ce côté.

▶ Angle d'un triangle.

3 Côté adjacent à un angle dans un triangle rectangle

Sur la figure ci-contre, le triangle ABC est rectangle en A. Le côté adjacent à l'angle $\widehat{B}$ est [BA]. Le côté adjacent à l'angle $\widehat{C}$ est [CA].

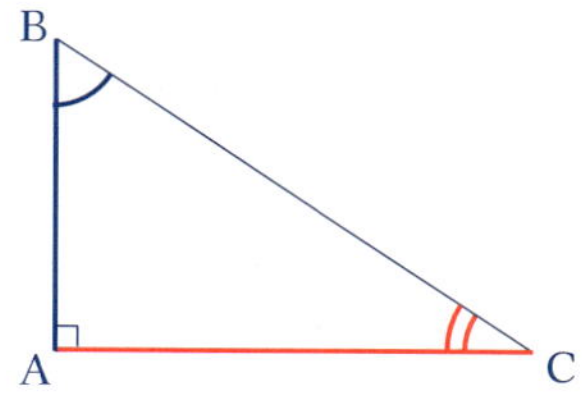

♦ Choisissons une unité de longueur. Dans un triangle rectangle, le cosinus d'un angle aigu est égal au rapport des mesures du côté adjacent à cet angle et de l'hypoténuse, dans cet ordre.

Déf. Le côté adjacent à un angle aigu d'un triangle rectangle est le côté qui joint le sommet de cet angle et le sommet de l'angle droit.

▶ Cosinus. Opposé. Tangente.

Affine Voir l'article *Fonction affine.*

Agraire

Le tableau ci-dessous donne la correspondance entre les unités d'aire agraires et celles du système métrique. Les symboles des unités sont écrits entre parenthèses.

Unité agraire	hectare (ha)	are (a)	centiare (ca)
Unité métrique	hectomètre carré (hm^2)	décamètre carré (dam^2)	mètre carré (m^2)

Ainsi : 1 ha = 1 hm^2 1 a = 1 dam^2 1 ca = 1 m^2

Déf. Les unités agraires sont : l'hectare, l'are et le centiare.

▶ Aire. Mètre carré.

Agrandir

Déf. Agrandir, c'est faire un agrandissement.

▶ Agrandissement.

Agrandissement

• Sur la figure ci-contre, les dimensions de la figure rouge sont égales à celles de la figure bleue multipliées par 3. La figure rouge est donc un agrandissement de la figure bleue.

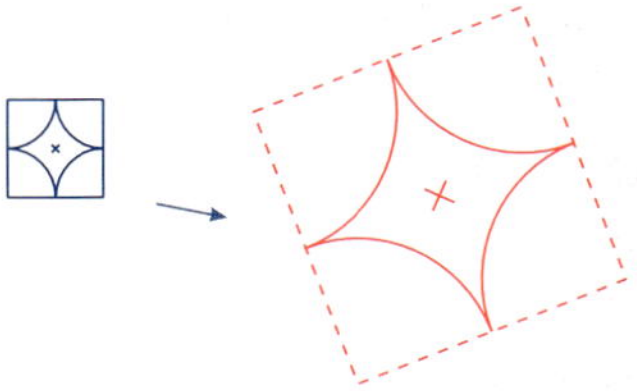

♦ Sur la figure ci-contre, les points A, B et B′ d'une part, A, C et C′ d'autre part sont alignés. Les droites (BC) et (B′C′) sont parallèles. D'après le théorème de Thalès, les longueurs AB′, AC′ et B′C′ sont respectivement égales à AB, AC et BC multipliées par un même nombre supérieur à 1 (ce nombre est égal au quotient $\frac{AB'}{AB}$ qui est lui-même égal à $\frac{AC'}{AC}$ et à $\frac{B'C'}{BC}$). Le triangle AB′C′ est donc un agrandissement du triangle ABC.

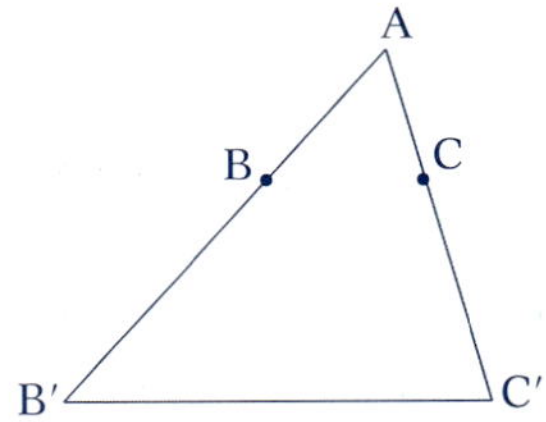

• Sur la figure ci-contre, les dimensions du cône représenté en bleu ont été multipliées par 2,5 pour obtenir le cône représenté en rouge. Ce dernier est donc un agrandissement du premier.

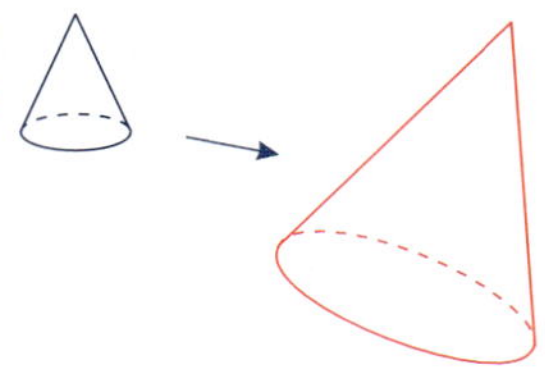

♦ Sur la figure ci-contre, il y a deux tétraèdres de sommet commun S. Les points S, A, A′ sont alignés, ainsi que les points S, B, B′ et S, C, C′. Les droites (AB) et (A′B′) sont parallèles. D'après le théorème de Thalès appliqué aux triangles SAB et SA′B′, les longueurs SA′, SB′ et A′B′ sont respectivement égales à SA, SB et AB multipliées par un même nombre supérieur à 1 (ce nombre est égal au quotient $\frac{SA'}{SA}$ qui est lui-même égal à $\frac{SB'}{SB}$ et à $\frac{A'B'}{AB}$). De même, les longueurs SC′, B′C′, et A′C′ sont respectivement égales à SC, BC et AC multipliées par le nombre précédent. Le tétraèdre SA′B′C′ est donc un agrandissement du tétraèdre SABC.

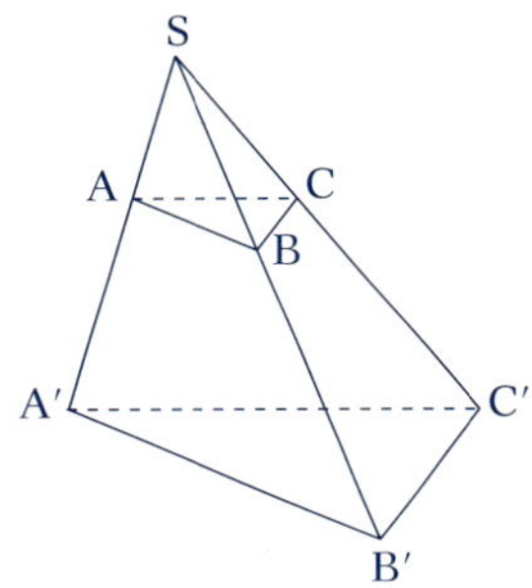

Déf. Un agrandissement d'une figure du plan ou de l'espace est une seconde figure dont toutes les dimensions sont égales à celles de la première figure multipliées par un même nombre supérieur à 1.

▶ Coefficient d'agrandissement, de réduction. Dimension. Échelle. Réduction. Théorème de Thalès.

Aigu

Les angles marqués ci-dessous en rouge ont une ouverture supérieure à 0° et inférieure à 90°. C'est pourquoi ce sont des angles aigus.

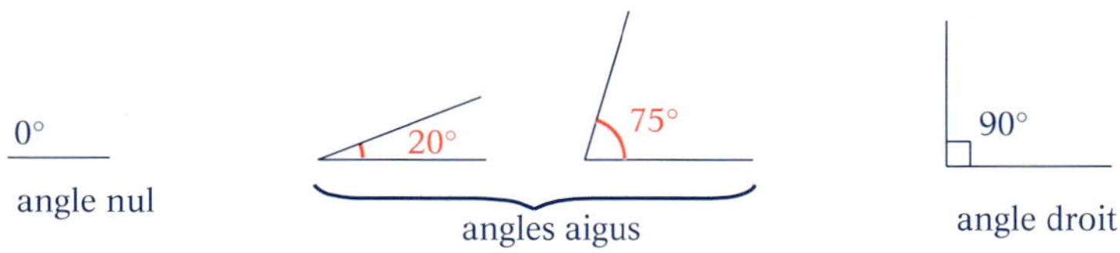

Déf. Un angle aigu est un angle dont l'ouverture est comprise entre 0° et 90°.

▶ Acutangle. Angle. Obtus. Ouverture.

Aire

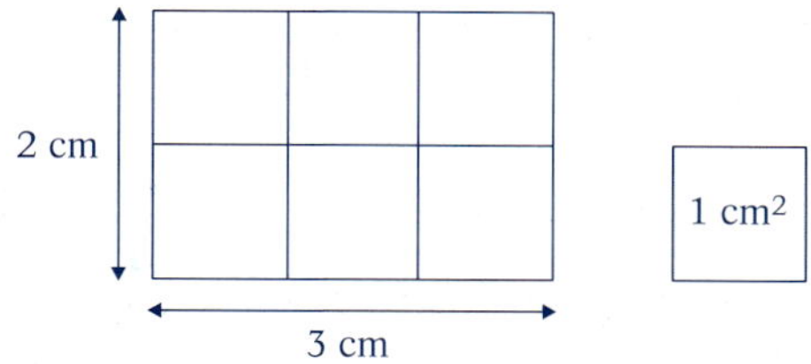

• L'aire du rectangle représenté ci-contre est égale à six centimètres carrés (6 cm^2) ; dans ce cas très simple, il suffit de compter les carreaux de 1 cm^2 pour trouver l'aire.
• Pour calculer l'aire d'une surface élémentaire (d'un triangle, d'un disque, ...), on applique une formule adaptée. Ces formules sont données dans la fiche du présent article.
• Par découpage, on peut trouver l'aire de certaines surfaces. C'est le cas de la surface coloriée ci-dessous.

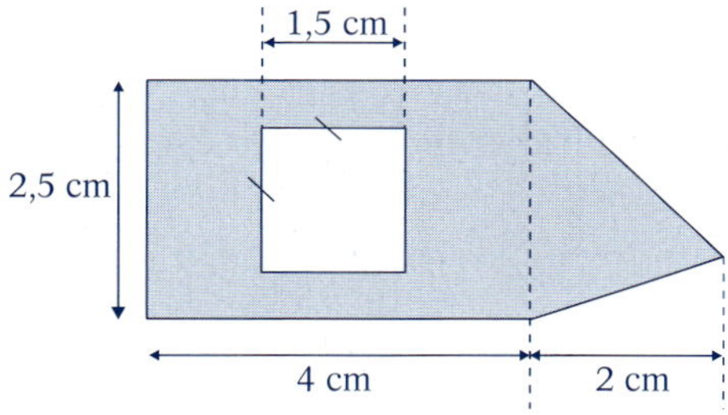

Figure	Aire	Calcul
Rectangle	10 cm^2	$4 \times 2{,}5 = 10$
Triangle	2,5 cm^2	$\frac{2{,}5 \times 2}{2} = 2{,}5$
Carré	2,25 cm^2	$1{,}5 \times 1{,}5 = 2{,}25$
Surface coloriée	10,25 cm^2	$10 + 2{,}5 - 2{,}25 = 10{,}25$

Info. L'aire d'une surface mesure son étendue. Une aire s'exprime par un nombre positif suivi d'une unité d'aire.

▶ Unité.

FICHE

AIRES DES SURFACES ÉLÉMENTAIRES USUELLES

• Dans cette fiche, on choisit le centimètre (cm) comme unité de longueur. Les aires s'expriment alors en centimètres carrés (cm^2).

• À la place du centimètre, on peut utiliser le mètre (les aires s'expriment alors en m^2), le décimètre (les aires s'expriment alors en dm^2), etc.

• Dans les formules, la lettre A désigne la mesure de l'aire et les autres lettres désignent des mesures de longueurs (L pour longueur, l pour largeur, h pour hauteur, c pour côté, r pour rayon, B et b pour bases, D et d pour diagonales).

• Par abus, on parle de l'aire d'un carré au lieu de l'aire de la surface limitée par ce carré. De même pour un losange, un parallélogramme, etc.

1. Aire d'un carré

$$A = c \times c = c^2$$

Exemple :
L'aire du carré représenté ci-contre est égale à 6,25 cm^2.
En effet : $2,5 \times 2,5 = 6,25$ ou $2,5^2 = 6,25$.

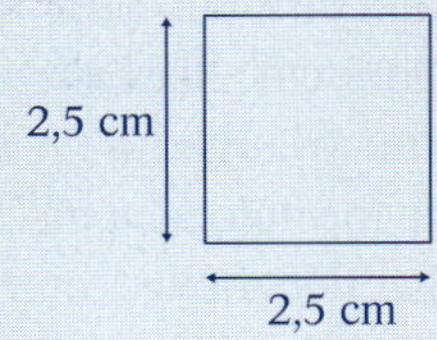

2. Aire d'un disque

$$A = \pi \times r \times r = \pi r^2$$

Exemple :
L'aire du disque représenté ci-contre est égale à 9π cm^2, soit environ 28,26 cm^2 en prenant $\pi \approx 3,14$.
En effet : $\pi \times 3 \times 3 = \pi \times 9 = 9\pi$ et $9 \times 3,14 = 28,26$.

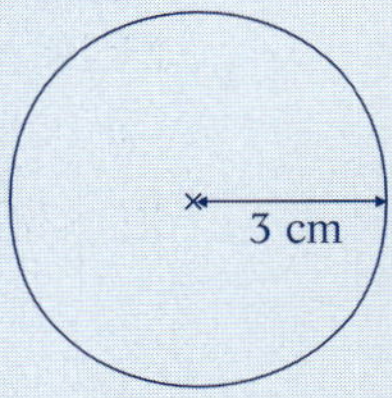

▶ Pi.

3. Aire d'un losange

$$A = \frac{D \times d}{2}$$

Exemple :
L'aire du losange représenté ci-dessous est égale à 5 cm^2.
En effet : $\frac{4 \times 2,5}{2} = 5$.

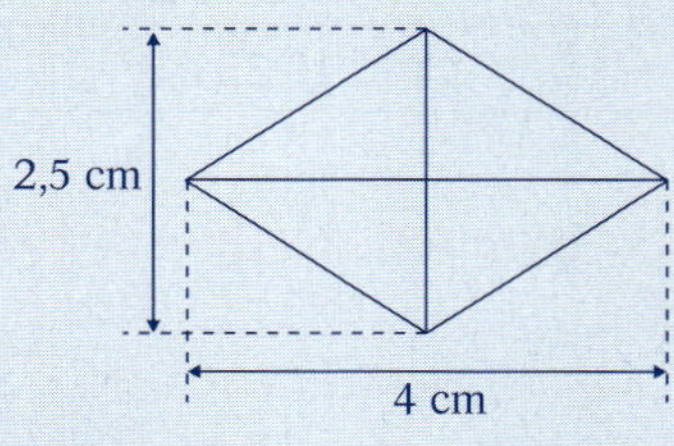

4. Aire d'un parallélogramme

$$A = b \times h$$

Exemple :
L'aire du parallélogramme représenté ci-contre est égale à 8 cm^2.
En effet : $4 \times 2 = 8$.

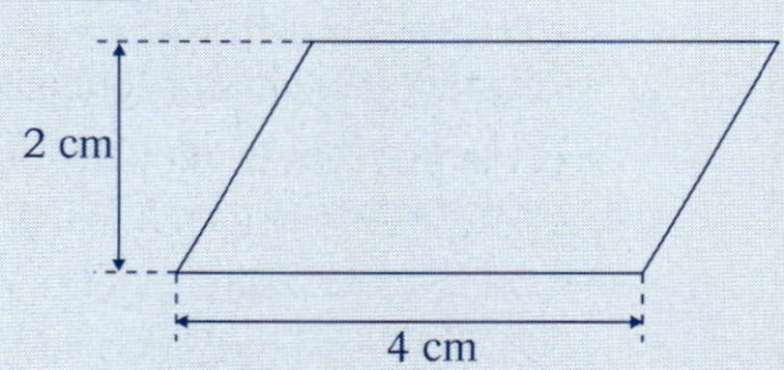

5. Aire d'un rectangle

$$A = L \times l$$

Exemple :
L'aire du rectangle représenté ci-contre est égale à 10,8 cm².
En effet : $4{,}5 \times 2{,}4 = 10{,}8$.

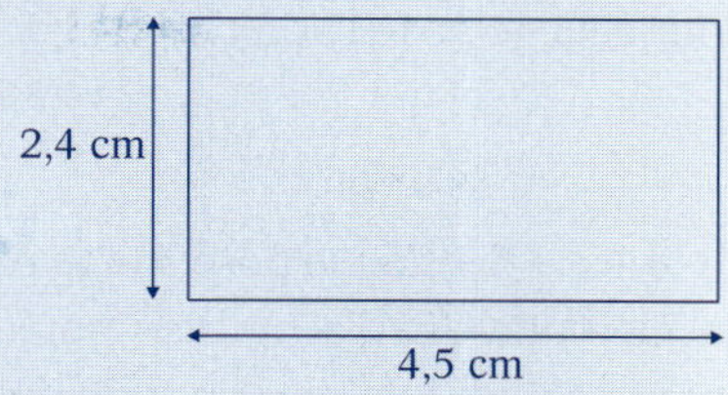

6. Aire d'un trapèze

$$A = \frac{(B + b) \times h}{2}$$

Exemple :
L'aire du trapèze représenté ci-contre est égale à 7,5 cm².
En effet : $\frac{(4 + 2) \times 2{,}5}{2} = 7{,}5$.

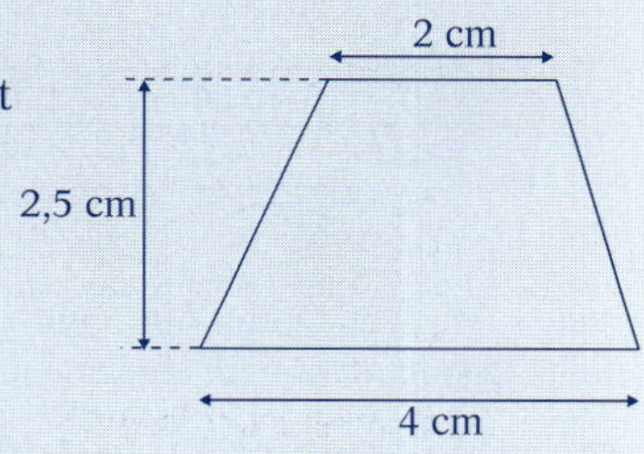

7. Aire d'un triangle

$$A = \frac{b \times h}{2}$$

Exemple :
L'aire du triangle représenté ci-contre est égale à 6 cm².
En effet : $\frac{4 \times 3}{2} = 6$.

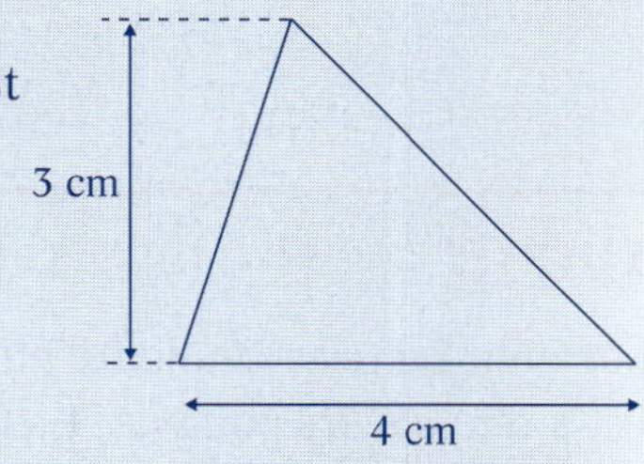

8. Aire d'une sphère

$$A = 4 \times \pi \times r \times r = 4\,\pi\,r^2$$

Exemple :
L'aire de la sphère représentée ci-contre est égale à 36π cm², soit environ 113,04 cm² en prenant $\pi \approx 3{,}14$.

En effet :
$4 \times \pi \times 3^2 = 4 \times \pi \times 9 = 36\pi$ et $36 \times 3{,}14 = 113{,}04$.

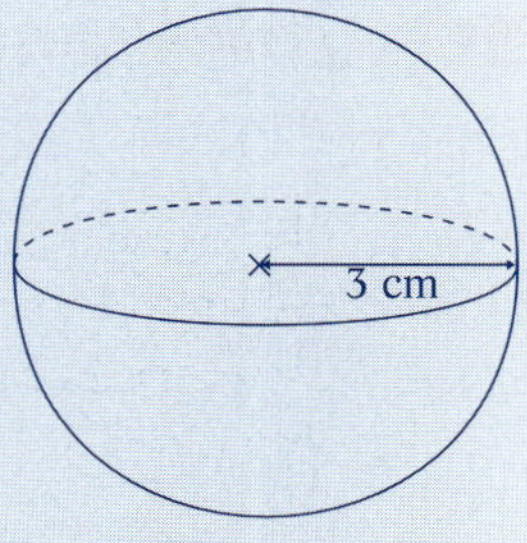

Algorithme

• Je sais effectuer à la main la somme de plusieurs entiers, par exemple 192 + 487 + 956. Pour cela, je pose l'addition

```
  1 9 2
  4 8 7
+ 9 5 6
```

et je calcule : 2 + 7 + 6 = 15 ; je pose 5 et je retiens 1 ; 1 + 9 + 8 + 5 = 23 ; je pose 3 et je retiens 2 ; 2 + 1 + 4 + 9 = 16 ; j'écris 16 ; je trouve 1 635.
La méthode que j'ai utilisée pour obtenir 1 635 s'appelle un algorithme. Cet algorithme permet d'additionner n'importe quels entiers.

• Je vais calculer le PGCD (plus grand commun diviseur) des entiers 60 et 204. Pour cela, je vais appliquer l'algorithme d'Euclide à ces deux entiers.

60	60	60	60	36	12	12
204	144	84	24	24	24	12

(– 60) (– 60) (– 60) (– 24) (– 24) (– 12)

car 60 < 204 ; car 60 < 144 ; car 60 < 84 ; car 24 < 60 ; car 24 < 36 ; car 12 < 24

Quand on obtient le même nombre dans une colonne, c'est le PGCD ; ici, c'est 12.

Déf. Un algorithme est une méthode qui permet d'effectuer un calcul.

▶ Babylone, Syracuse.

Aligné

Pour mon exercice d'aujourd'hui, je dois démontrer que les points A, B et C sont alignés, c'est-à-dire que les points A, B et C appartiennent à une même droite.
Je sais que $\widehat{DBC} = 42°$ et $\widehat{ABD} = 138°$. J'en déduis que $\widehat{ABC} = 180°$ ($42° + 138° = 180°$). L'angle $\widehat{ABC}$ est un angle plat ; j'en déduis que les points A, B et C appartiennent à la droite délimitant cet angle ; ils sont donc alignés.

Déf. Des points alignés sont des points qui appartiennent à une même droite.

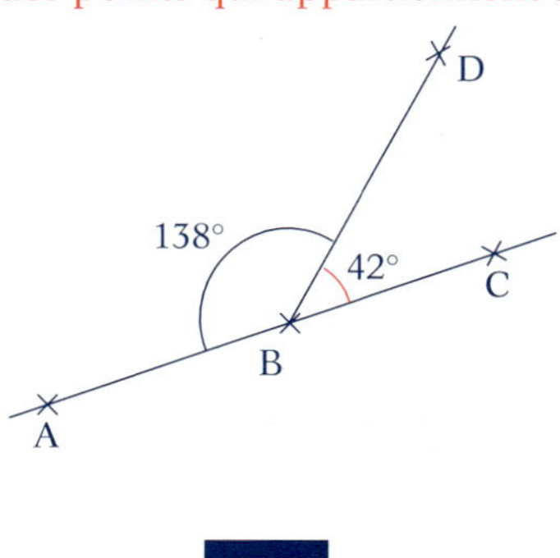

Alphabet grec

Le tableau ci-dessous montre les lettres de l'alphabet grec ancien avec leurs prononciations.

Lettres minuscules	Lettres majuscules	Pronon-ciations	Lettres minuscules	Lettres majuscules	Pronon-ciations
α	Α	Alpha	ν	Ν	Nu
β	Β	Bêta	ξ	Ξ	Xi
γ	Γ	Gamma	ο	Ο	Omicron
δ	Δ	Delta	π	Π	Pi
ε	Ε	Epsilon	ρ	Ρ	Rhô
ζ	Ζ	Dzêta	σ	Σ	Sigma
η	Η	Êta	τ	Τ	Tau
θ	Θ	Thêta	υ	Υ	Upsilon
ι	Ι	Iota	φ	Φ	Phi
κ	Κ	Kappa	χ	Χ	Khi
λ	Λ	Lambda	ψ	Ψ	Psi
μ	Μ	Mu	ω	Ω	Oméga

Alterne externe

Sur la figure ci-contre, la droite Δ (lire *delta*) coupe les droites *d* et *d′* en deux points. Ces points sont les sommets des angles $\widehat{1}$ et $\widehat{2}$. On dit que les angles $\widehat{1}$ et $\widehat{2}$ sont alternes externes.

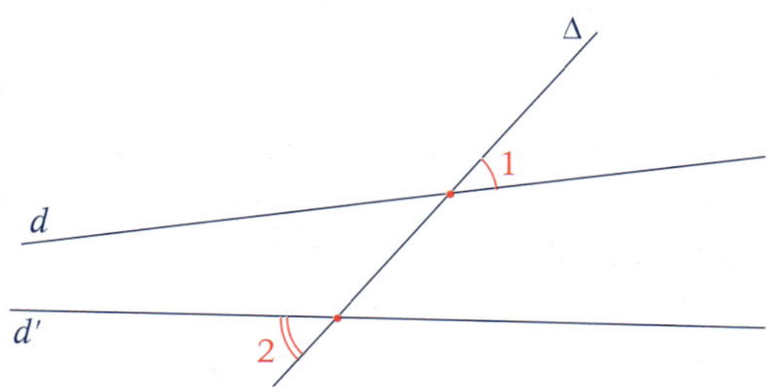

♦ Deux angles alternes externes sont caractérisés par les propriétés décrites ci-dessous.

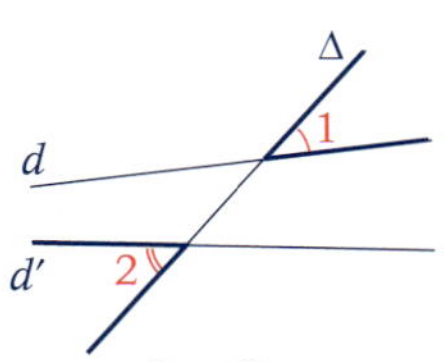

Les angles $\widehat{1}$ et $\widehat{2}$ ont des sommets distincts et leurs côtés ont pour supports les droites *d*, *d′* et Δ.

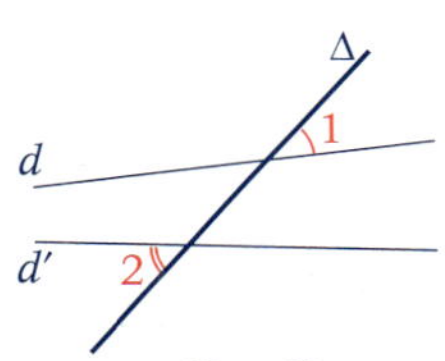

Les angles $\widehat{1}$ et $\widehat{2}$ sont de part et d'autre de Δ. C'est pourquoi on emploie le mot *alterne*.

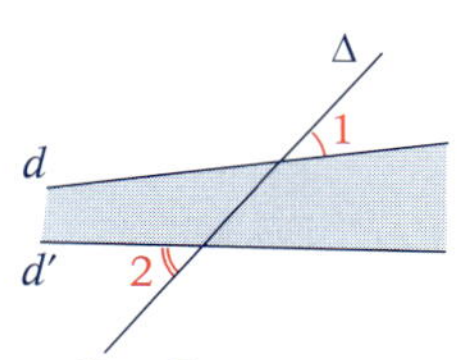

Les angles $\widehat{1}$ et $\widehat{2}$ sont marqués à l'extérieur de la partie coloriée. C'est pourquoi on emploie le mot *externe*.

♦ De même, les angles $\widehat{3}$ et $\widehat{4}$ sur la figure ci-dessous sont alternes externes.

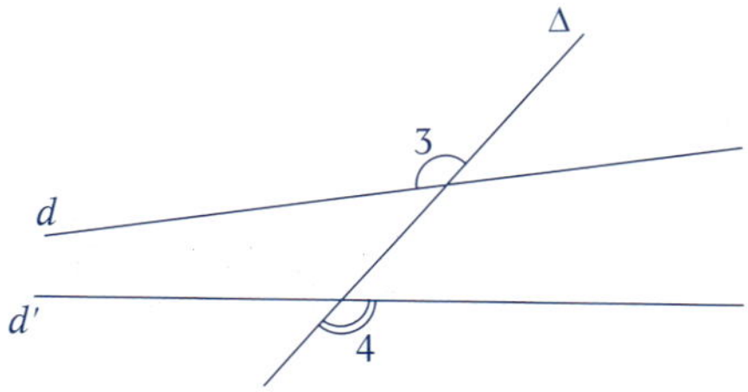

Info. Considérons la figure ci-dessous où la droite Δ coupe les droites d et d'.
Les angles $\widehat{1}$ et $\widehat{2}$ sont alternes externes. Les angles $\widehat{3}$ et $\widehat{4}$ sont aussi alternes externes.

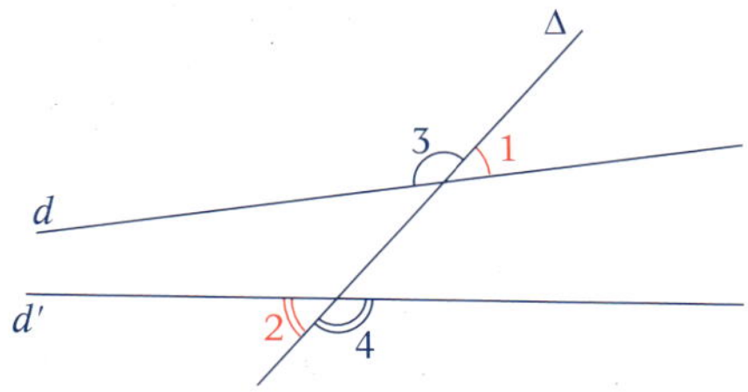

▶ Alterne interne. Correspondant. Opposé **5**.

FICHE

ANGLES ALTERNES EXTERNES ET DROITES PARALLÈLES

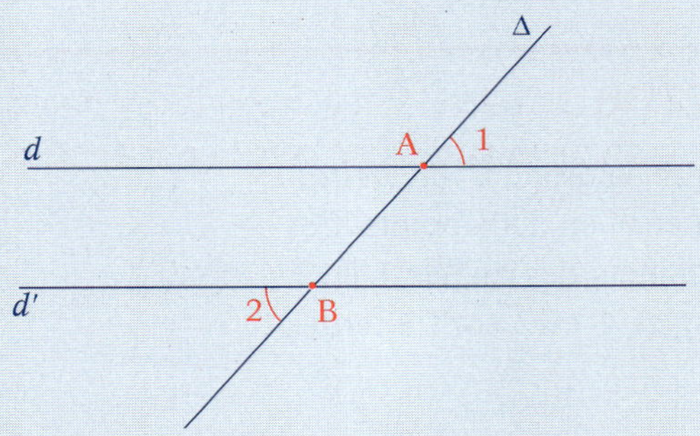

Sur la figure, les angles $\widehat{1}$ et $\widehat{2}$ sont alternes externes. De plus, les droites d et d' sont parallèles. Je peux alors affirmer que les angles $\widehat{1}$ et $\widehat{2}$ ont la même ouverture. Cela résulte du théorème suivant :

Théorème : Soit Δ une droite coupant deux droites d et d' en deux points A et B, et soit $\widehat{1}$ et $\widehat{2}$ deux angles alternes externes de sommets A et B. Si d et d' sont parallèles, alors $\widehat{1}$ et $\widehat{2}$ ont la même ouverture.

Ce théorème admet une réciproque :

Théorème : Soit Δ une droite coupant deux droites d et d' en deux points A et B, et soit $\widehat{1}$ et $\widehat{2}$ deux angles alternes externes de sommets A et B. Si $\widehat{1}$ et $\widehat{2}$ ont la même ouverture, alors d et d' sont parallèles.

Alterne interne

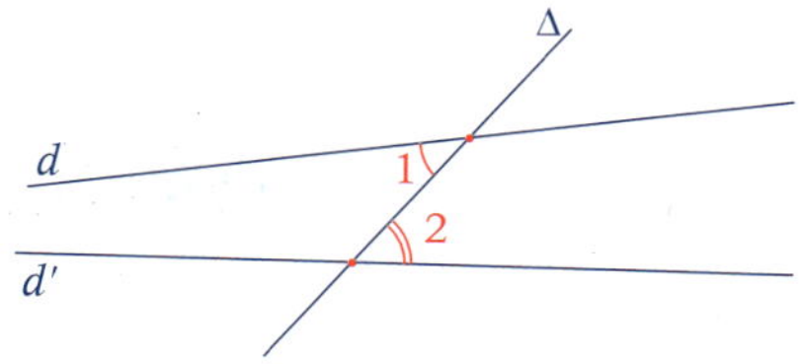

Sur la figure ci-contre, la droite Δ (lire *delta*) coupe les droites *d* et *d'* en deux points. Ces points sont les sommets des angles $\widehat{1}$ et $\widehat{2}$. On dit que les angles $\widehat{1}$ et $\widehat{2}$ sont alternes internes.

♦ Deux angles alternes internes sont caractérisés par les propriétés décrites ci-dessous.

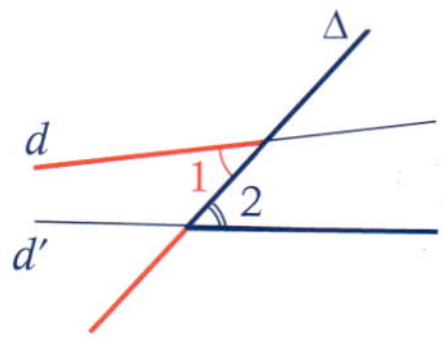

Les angles $\widehat{1}$ et $\widehat{2}$ ont des sommets distincts et leurs côtés ont pour supports les droites *d*, *d'* et Δ.

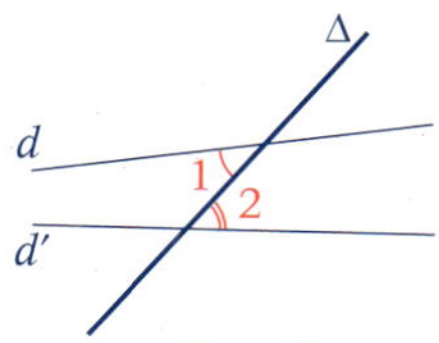

Les angles $\widehat{1}$ et $\widehat{2}$ sont de part et d'autre de Δ. C'est pourquoi on emploie le mot *alterne*.

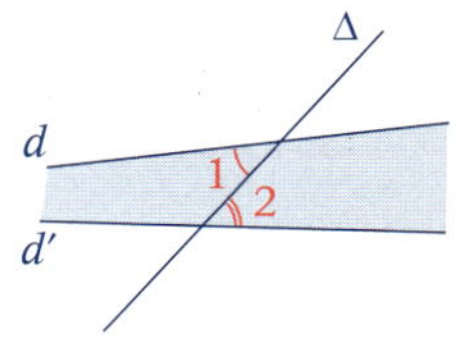

Les angles $\widehat{1}$ et $\widehat{2}$ sont marqués à l'intérieur de la partie coloriée. C'est pourquoi on emploie le mot *interne*.

♦ De même, les angles $\widehat{3}$ et $\widehat{4}$ sur la figure ci-dessous sont alternes internes.

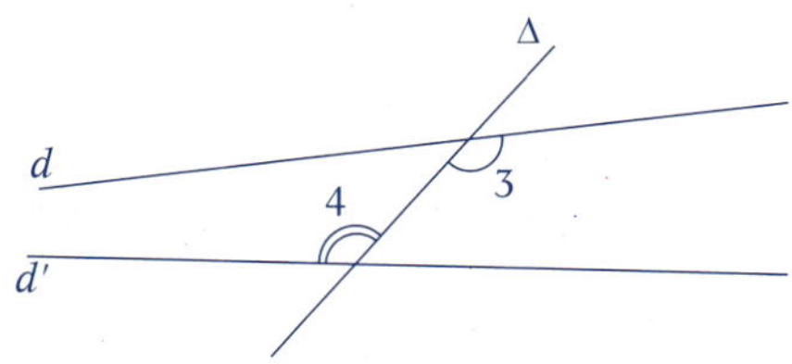

Info. Considérons la figure ci-dessous où la droite Δ coupe les droites *d* et *d'*.
Les angles $\widehat{1}$ et $\widehat{2}$ sont alternes internes. Les angles $\widehat{3}$ et $\widehat{4}$ sont aussi alternes internes.

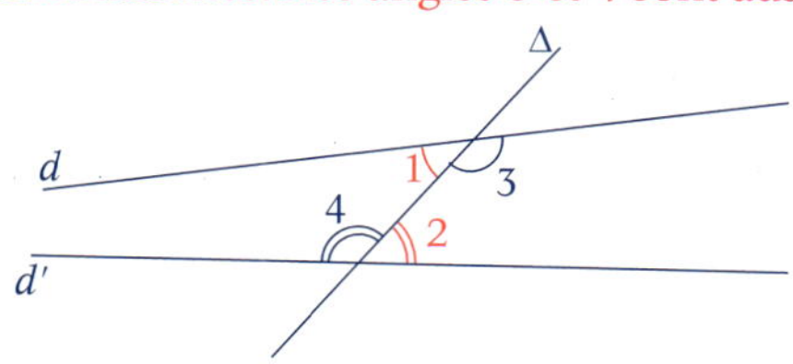

▶ Alterne externe. Correspondant. Opposé **5**.

FICHE

ANGLES ALTERNES INTERNES ET DROITES PARALLÈLES

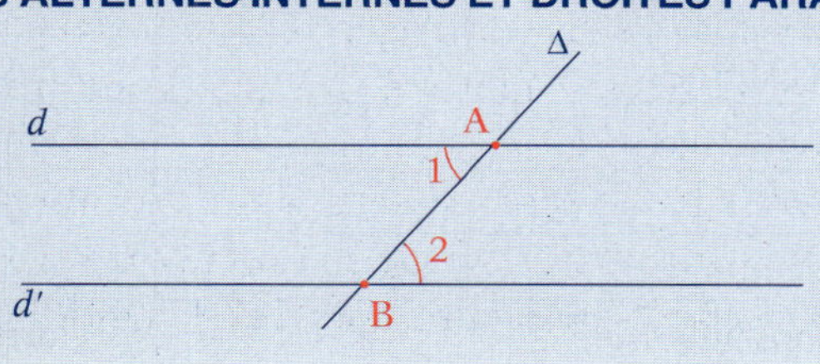

Sur la figure, les angles $\widehat{1}$ et $\widehat{2}$ sont alternes internes. De plus, les droites d et d' sont parallèles. Je peux alors affirmer que les angles $\widehat{1}$ et $\widehat{2}$ ont la même ouverture. Cela résulte du théorème suivant :

Théorème : Soit Δ une droite coupant deux droites d et d' en deux points A et B, et soit $\widehat{1}$ et $\widehat{2}$ deux angles alternes internes de sommets A et B. Si d et d' sont parallèles, alors $\widehat{1}$ et $\widehat{2}$ ont la même ouverture.

Ce théorème admet une réciproque :

Théorème : Soit Δ une droite coupant deux droites d et d' en deux points A et B, et soit $\widehat{1}$ et $\widehat{2}$ deux angles alternes internes de sommets A et B. Si $\widehat{1}$ et $\widehat{2}$ ont la même ouverture, alors d et d' sont parallèles.

Angle

1 Angle géométrique

Sur la figure ci-contre, j'ai tracé deux demi-droites [Ox) et [Oy) ; je peux alors colorier deux surfaces appelées angles : l'une en bleu et l'autre en rouge.

Au lieu de les colorier, je peux marquer ces angles en traçant des arcs de cercle.

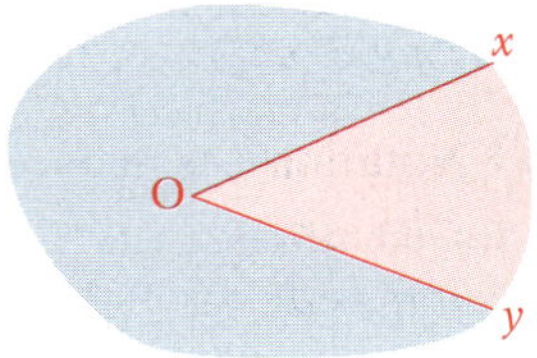

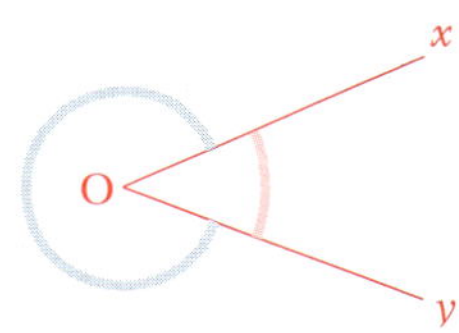

Déf. Un angle est une surface délimitée par deux demi-droites de même origine, éventuellement confondues.

▶ Angle d'un polygone. Angle d'un triangle. Côté **2**. Sommet **2**.

2 Angle (ouverture d'angle)

Dans le triangle ABC, isocèle en A, on dit souvent que les angles $\widehat{B}$ et $\widehat{C}$ sont égaux. Cette expression signifie en réalité que les angles $\widehat{B}$ et $\widehat{C}$ ont la même ouverture.

♦ Les angles $\widehat{B}$ et $\widehat{C}$ sont des surfaces qui ne contiennent pas les mêmes points du plan ; elles ne sont donc pas égales (elles sont superposables).

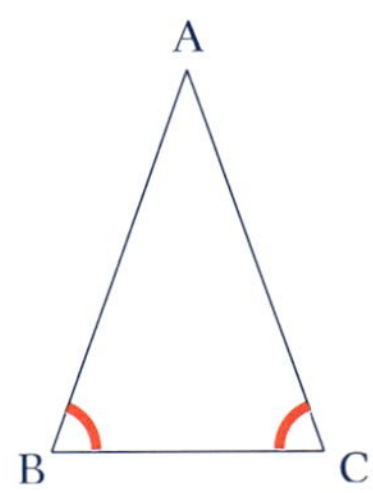

Info. Dans certaines expressions, le mot *angle* est employé dans le sens du mot *ouverture*.

▶ Degré. Ouverture.

3 Angles particuliers

Angles particuliers	Voir l'article
Angles adjacents	Adjacent
Angle aigu	Aigu
Angles alternes externes	Alterne externe
Angles alternes internes	Alterne interne
Angle au centre	Angle au centre
Angles complémentaires	Complémentaire
Angles correspondants	Correspondant

Angles particuliers	Voir l'article
Angle droit	Droit
Angle inscrit	Angle inscrit
Angle nul	Nul
Angle obtus	Obtus
Angles opposés par le sommet	Opposé
Angle plat	Plat
Angle plein	Plein
Angle rentrant	Rentrant
Angle saillant	Saillant
Angles supplémentaires	Supplémentaire

4 Notation des angles

Voir les articles : *Angle d'un polygone, Angle d'un triangle, Plat, Rentrant, Saillant, Symboles de géométrie.*

5 Calculer des ouvertures d'angles

Voir les articles *Cosinus* et *Sinus*.

FICHE

CONSTRUIRE DES ANGLES DE 30°, 45° ET 60°

– Pour construire un angle de 60° dont je connais un côté, je peux utiliser la construction d'un triangle équilatéral.

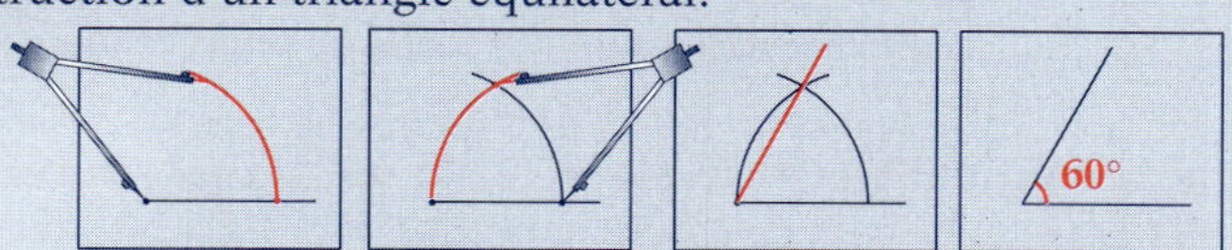

J'ai utilisé la même ouverture de compas.

– Voici une construction d'un angle de 30° dont je connais un côté.

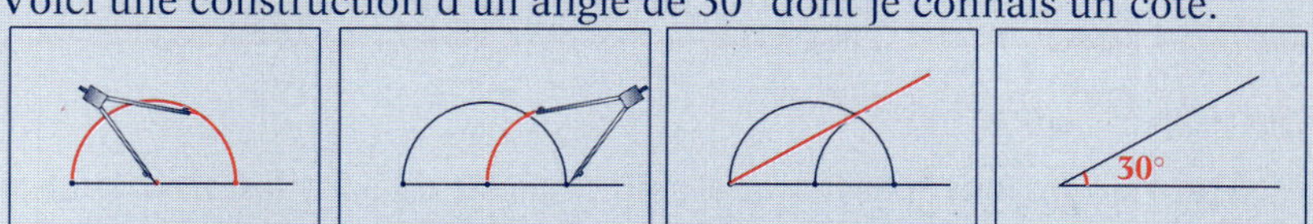

J'ai utilisé la même ouverture de compas.

Le triangle COB est équilatéral, donc $\widehat{COB} = 60°$. L'angle inscrit $\widehat{CAB}$ intercepte le même arc de cercle que l'angle au centre $\widehat{COB}$, donc $\widehat{CAB} = \frac{1}{2}\,\widehat{COB} = \frac{1}{2} \times 60° = 30°$.

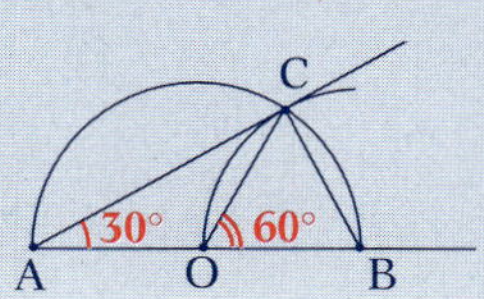

– Pour construire un angle de 45° dont je connais un côté, je peux utiliser la construction d'un triangle rectangle isocèle.

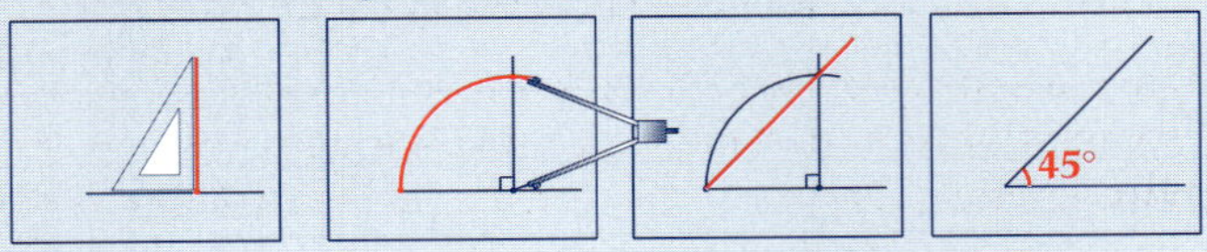

Angle au centre

Sur la figure, le sommet A de l'angle $\widehat{xAy}$ est le centre du cercle $\mathscr{C}$. On dit que l'angle $\widehat{xAy}$ est un angle au centre du cercle $\mathscr{C}$, ou plus simplement que $\widehat{xAy}$ est un angle au centre.

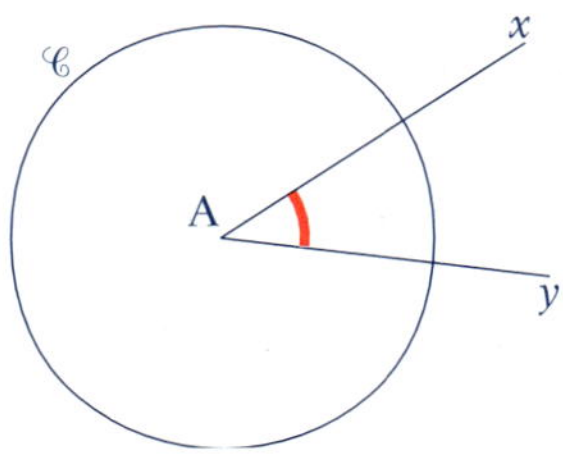

♦ Un angle au centre peut être saillant, plat ou rentrant.

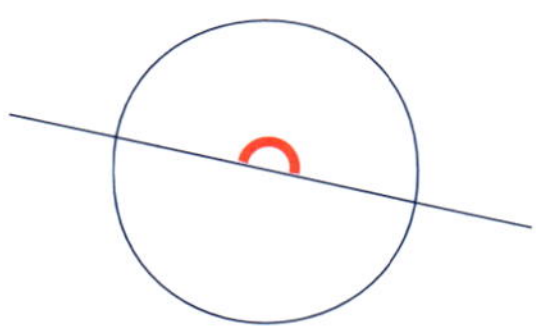

angle au centre plat

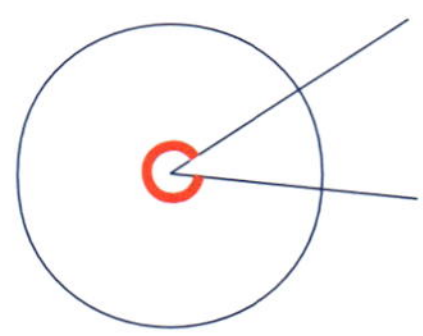

angle au centre rentrant

Déf. Un angle au centre d'un cercle est un angle saillant ou rentrant (ou plat) dont le (ou un) sommet est le centre de ce cercle.

▶ Angle. Inscrit. Intercepter.

Angle d'un polygone

Sur la figure ci-dessous, j'ai marqué cinq angles ; ce sont les cinq angles du polygone ABCDE.

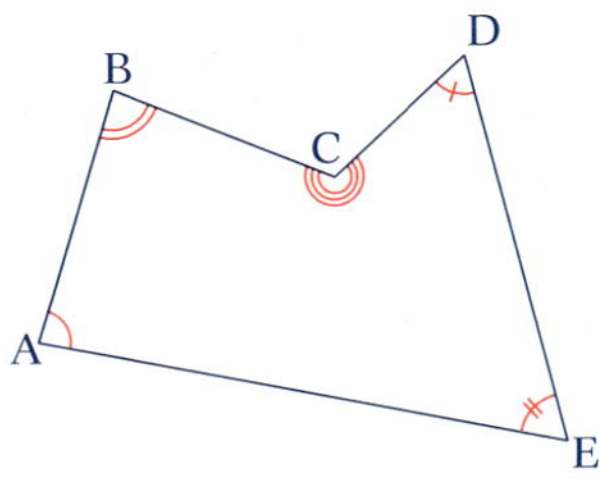

♦ L'angle de sommet A est saillant et peut être noté $\widehat{EAB}$ ou $\widehat{BAE}$ ou tout simplement $\widehat{A}$. La notation $\widehat{A}$ ne peut être utilisée que s'il n'y a pas de confusion possible avec un autre angle de sommet A.

♦ L'angle de sommet C est rentrant et peut être noté $\widehat{BCD}$ ou $\widehat{DCB}$ ou $\widehat{C}$.

Déf. Un angle d'un polygone est un angle qui vérifie les trois conditions suivantes :
1) il a pour sommet un sommet du polygone (appelons A ce sommet) ;
2) ses côtés contiennent les deux côtés consécutifs d'extrémité A du polygone ;
3) on peut le marquer à l'intérieur du polygone.

▶ Angle d'un triangle.

Angle d'un triangle

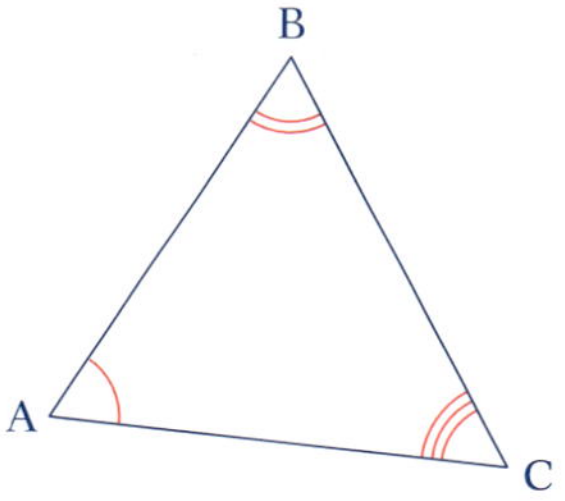

Sur la figure ci-contre, j'ai marqué trois angles ; ce sont les trois angles du triangle ABC.

♦ Dans un triangle, la somme des trois angles est égale à 180°.

En effet, soit (xy) la parallèle à (AC) passant par B (voir la figure ci-dessous). Les angles $\widehat{A}$ et $\widehat{xBA}$ sont alternes internes ; ils ont donc la même ouverture puisque (xy) est parallèle à (AC). De même, $\widehat{C} = \widehat{yBC}$.

On a donc : $\widehat{A} + \widehat{ABC} + \widehat{C} = \widehat{xBA} + \widehat{ABC} + \widehat{yBC} = \widehat{xBy} = 180°$.

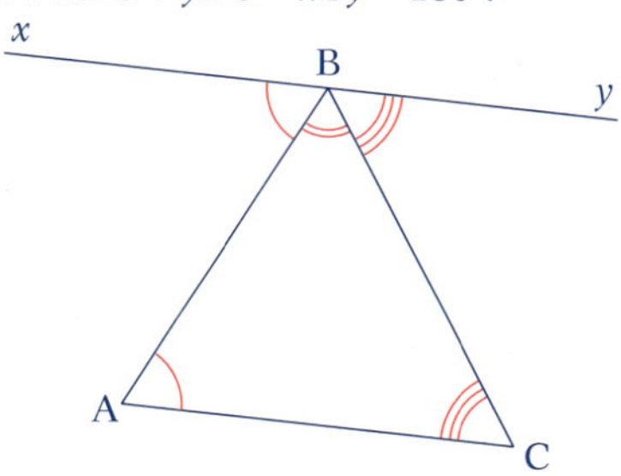

Déf. Les trois angles d'un triangle ABC sont les trois angles saillants $\widehat{ABC}$, $\widehat{BCA}$ et $\widehat{CAB}$ que l'on peut aussi noter respectivement $\widehat{B}$, $\widehat{C}$, $\widehat{A}$.

▶ Angle d'un polygone.

Angle inscrit

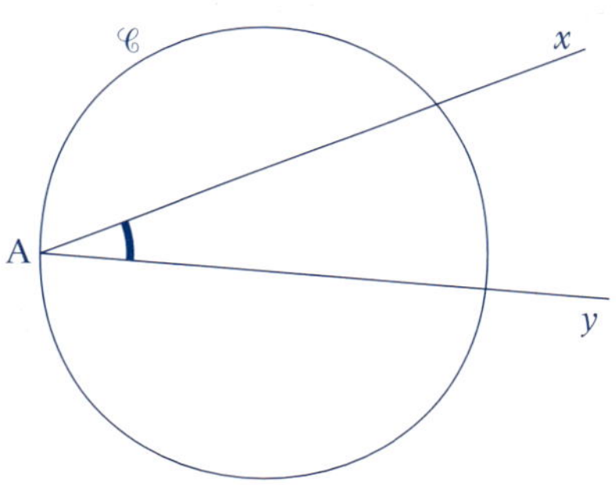

Sur la figure ci-contre, le sommet A de l'angle $\widehat{xAy}$ est sur le cercle 𝒞. De plus, les côtés de cet angle coupent le cercle en des points distincts de A. On dit que l'angle $\widehat{xAy}$ est inscrit dans le cercle 𝒞, ou plus simplement que $\widehat{xAy}$ est un angle inscrit.

On parle aussi d'angle inscrit dans le cas particulier représenté ci-contre, où un côté de l'angle est tangent au cercle.

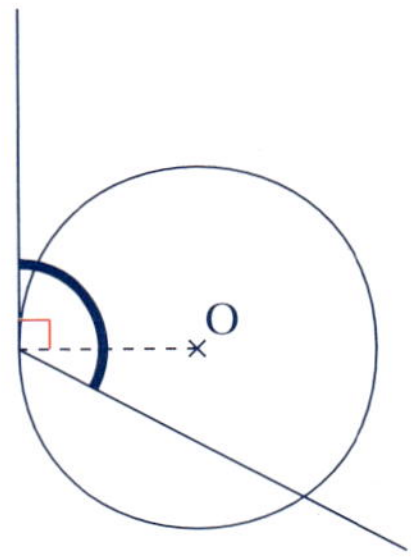

Déf. Un angle inscrit dans un cercle $\mathscr{C}$ est un angle saillant qui vérifie les trois conditions suivantes :
1) son sommet A est sur $\mathscr{C}$;
2) un de ses côtés coupe $\mathscr{C}$ en un point distinct de A ;
3) l'autre côté coupe $\mathscr{C}$ en un point distinct de A ou est tangent à $\mathscr{C}$.

▶ Angle. Angle au centre. Intercepter.

FICHE

ANGLE INSCRIT ET ANGLE AU CENTRE

Sur la figure, le cercle $\mathscr{C}$ a pour centre O. $\widehat{EAF}$ est un angle inscrit et $\widehat{EOF}$ est un angle au centre. Ces angles interceptent un même arc du cercle $\mathscr{C}$: l'arc $\overset{\frown}{EF}$.

L'ouverture de $\widehat{EAF}$ est égale à la moitié de celle de $\widehat{EOF}$; cela résulte du théorème suivant :

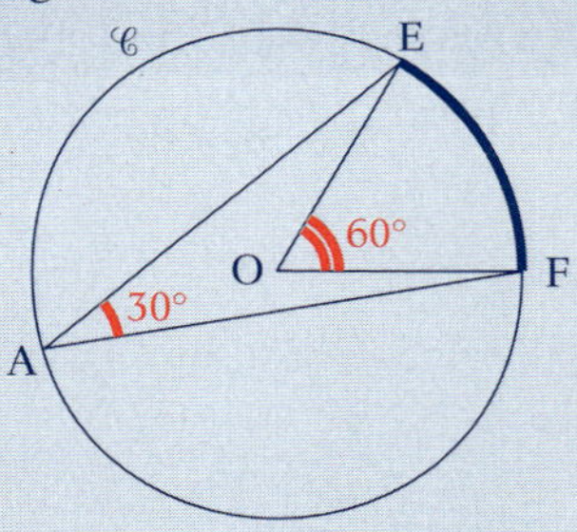

Théorème : Dans un cercle, l'ouverture d'un angle inscrit est égale à la moitié de celle de l'angle au centre qui intercepte le même arc.

Ce théorème a pour conséquence le théorème suivant :

Théorème : Dans un cercle, deux angles inscrits qui interceptent le même arc ont la même ouverture.

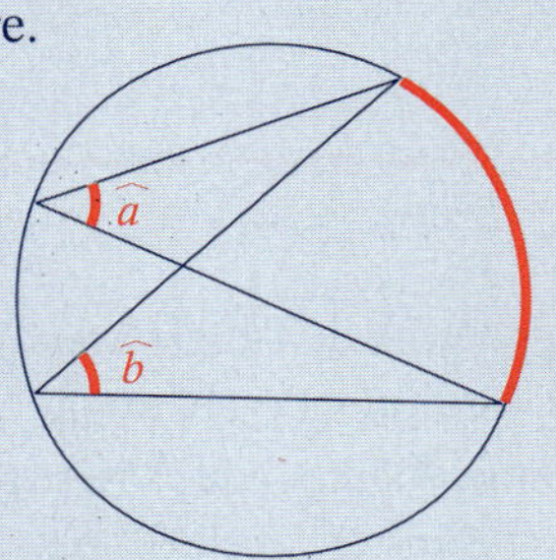

$\widehat{a} = \widehat{b}$

Angström

L'angström est une unité de longueur ; un angström est égal à un dix-milliardième de mètre.

$$1\,\text{Å} = \frac{1}{10\,000\,000\,000}\,\text{m} = 0{,}000\,000\,000\,1\,\text{m} = 10^{-10}\,\text{m}$$

♦ On a aussi : 1 m = 10 000 000 000 Å = 10^{10} Å.

♦ L'angström est utilisé pour des distances très petites comme celles qui séparent les atomes d'une molécule.

▶ Mètre.

Annuler

1 Nombre annulant une expression littérale

Soit x un nombre. Dans l'expression littérale $(2x - 1)(x + 4)$, si x est égal à $\frac{1}{2}$ ou à -4, alors l'expression est égale à 0. Les nombres $\frac{1}{2}$ et -4 annulent donc l'expression $(2x - 1)(x + 4)$.

♦ Les nombres $\frac{1}{2}$ et -4 sont les seuls nombres qui annulent l'expression $(2x - 1)(x + 4)$. En effet, $(2x - 1)(x + 4) = 0$ est équivalent à $x = \frac{1}{2}$ ou $x = -4$.

Déf. Considérons une expression littérale à une variable x ; dire qu'un nombre a annule cette expression signifie que, si $x = a$, alors l'expression est nulle.

2 Nombre annulant une fonction affine

Soit f la fonction affine ainsi définie : $f(x) = 3x - 5$. L'équation $f(x) = 0$, c'est-à-dire $3x - 5 = 0$, a pour solution le nombre $\frac{5}{3}$; on a donc $f\left(\frac{5}{3}\right) = 0$. On dit aussi que le nombre $\frac{5}{3}$ annule la fonction f.

♦ Si f est une fonction constante et non nulle, alors aucun nombre n'annule f.

♦ Si f est la fonction nulle, alors tout nombre l'annule.

♦ Si f est une fonction linéaire et non nulle, alors seul le nombre 0 l'annule.

♦ Soit a et b deux nombres, a étant non nul ; le nombre qui annule la fonction affine définie par $f(x) = ax + b$ est le nombre $-\frac{b}{a}$.

Déf. Dire qu'un nombre w annule une fonction affine f signifie que $f(w) = 0$.

▶ Nul.

Antécédent

Je considère la fonction affine f ainsi définie : $x \mapsto 3x + 4$ (lire *x flèche 3x + 4*). Je constate que $f(0) = 3 \times 0 + 4 = 4$. J'en conclus que 0 est l'antécédent de 4 par la fonction f. De même, – 1 est l'antécédent de 1 par la fonction f car $f(-1) = 3 \times (-1) + 4 = 1$.

♦ Étant donné un nombre, comment trouver son antécédent par une fonction affine ?
Reprenons la fonction f précédente. Cherchons l'antécédent de 10. Il s'agit de trouver le nombre x tel que $f(x) = 10$, c'est-à-dire $3x + 4 = 10$. Nous avons donc $3x = 6$, donc $x = 2$. Le nombre 2 est donc l'antécédent de 10 par la fonction f.

♦ Soit f une fonction affine constante. Supposons par exemple que, pour tout nombre x, $f(x) = 10$. Tous les nombres sont des antécédents de 10 par f : $f(1) = 10$, $f(-3) = 10$, $f(\sqrt{2}) = 10$, etc. Si y est un nombre différent de 10, y n'a pas d'antécédent par f.

Déf. Soit f une fonction affine. Soit y un nombre. Dire que le nombre x est un antécédent de y par f signifie que $f(x) = y$.

▶ Fonction affine. Image.

Apothème

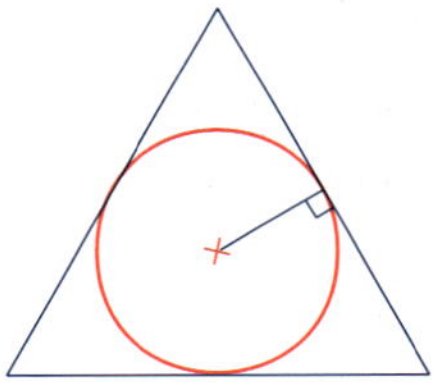

• Sur la figure ci-contre, j'ai représenté un triangle équilatéral et son cercle inscrit. Le rayon de ce cercle est l'apothème du triangle équilatéral.

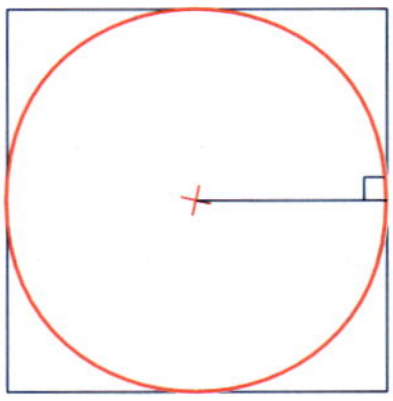

• Sur la figure ci-contre, j'ai représenté un carré et son cercle inscrit. Le rayon de ce cercle est l'apothème du carré.

♦ Pour un polygone régulier, *apothème* désigne à la fois un segment, une mesure et une longueur.

Déf. L'apothème d'un polygone régulier est le rayon de son cercle inscrit.

▶ Inscrit. Régulier.

Appartenir

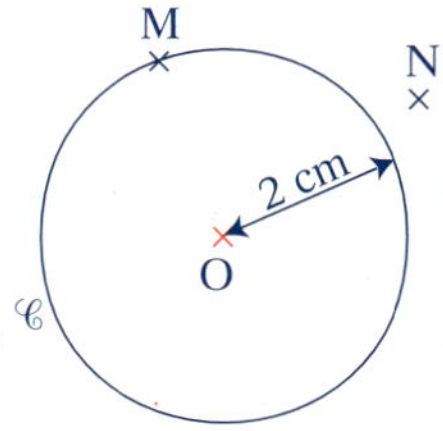

J'ai tracé un cercle 𝒞, de centre O et de rayon 2 cm.
J'ai placé le point M tel que OM = 2 cm. Le point M appartient donc au cercle 𝒞.
J'ai placé le point N tel que ON = 2,5 cm ; j'en conclus que le point N n'appartient pas au cercle 𝒞.
En abrégé, j'écris : $M \in \mathscr{C}$ (lire *M appartient à* 𝒞) et $N \notin \mathscr{C}$ (lire *N n'appartient pas à* 𝒞).

Info. Dire qu'un point appartient à une figure géométrique signifie que ce point est un point de cette figure.

▶ Inclus. Passer par. Point. Sur.

Application affine

Synonyme de *fonction affine.*

▶ Fonction affine.

Application linéaire

Synonyme de *fonction linéaire.*

▶ Fonction linéaire.

Approché Voir l'article *Valeur approchée.*

Approximation décimale

Pour obtenir la racine carrée de 2 sur une calculatrice, je tape sur les touches [√] et [2].
La calculatrice affiche [1.414213562]. Ce nombre décimal donné par la calculatrice n'est pas la racine carrée de 2 ; c'est une approximation décimale de $\sqrt{2}$.

♦ $\sqrt{2}$ est un nombre irrationnel (voir l'article *Nombre irrationnel*).

♦ Dans cet article, l'expression « nombre à zéro décimale » signifie « nombre entier ». L'expression « nombre à une décimale » signifie « nombre décimal dont l'écriture décimale réduite a une décimale » ; de même pour « nombre à deux décimales », « nombre à trois décimales », etc.
Par exemple, les entiers 0 ; 1 ; 2 ; 3 sont des nombres à zéro décimale, les décimaux 0,1 ; 0,2 ; 0,3 sont des nombres à une décimale, les décimaux 0,01 ; 0,02 ; 0,03 sont des nombres à deux décimales ; etc.

♦ Les nombres positifs à au plus une décimale sont : 0 ; 0,1 ; 0,2 ; 0,3 ; 0,4 ; 0,5 ; 0,6 ; 0,7 ; 0,8 ; 0,9 ; 1 ; 1,1 ; 1,2 ; etc. (ils ont zéro ou une décimale).
Les nombres positifs à au plus deux décimales sont : 0 ; 0,01 ; 0,02 ; 0,03 ; 0,04 ; 0,05 ; 0,06 ; 0,07 ; 0,08 ; 0,09 ; 0,1 ; 0,11 ; 0,12 ; etc. (ils ont zéro ou une décimale ou deux décimales).

1 Approximation décimale à 1 près d'un nombre positif

a) J'observe sur la figure ci-dessous que 1 est le plus grand entier inférieur ou égal à $\sqrt{2}$. Ce nombre 1 est l'approximation décimale à 1 près par défaut de $\sqrt{2}$.

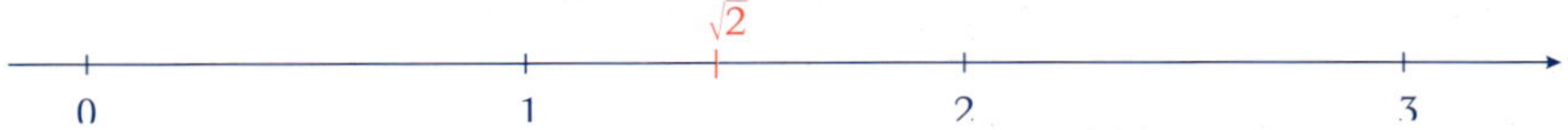

b) 2 est l'entier qui suit 1 ; 2 est l'approximation décimale à 1 près par excès de $\sqrt{2}$.

♦ Je remarque que 1 est la troncature à l'unité de 1,414 213 562.

♦ Je peux écrire $1 \leqslant \sqrt{2} < 2$; plus généralement, si d est l'approximation décimale à 1 près par défaut de x, alors $d \leqslant x < d + 1$.

♦ L'approximation décimale à 1 près par défaut d'un entier positif est cet entier lui-même.

Déf. Soit x un nombre positif.
a) L'approximation décimale à 1 près par défaut de x est le plus grand entier d tel que $d \leqslant x$.
b) L'approximation décimale à 1 près par excès de x est $d + 1$.

2 Approximation décimale à 10^{-n} près d'un nombre positif

a) J'observe sur la figure ci-dessous que 1,4 est le plus grand des nombres à au plus une décimale qui soit inférieur ou égal à $\sqrt{2}$. Ce nombre 1,4 est l'approximation décimale à 10^{-1} près par défaut de $\sqrt{2}$.

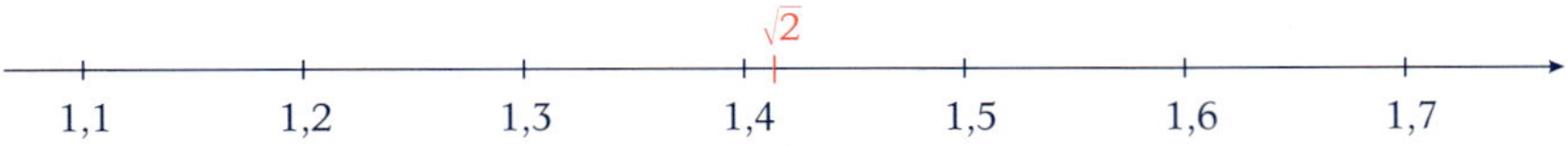

b) 1,5 est le nombre à au plus une décimale qui suit 1,4 (1,5 = 1,4 + 0,1) ; 1,5 est l'approximation décimale à 10^{-1} près par excès de $\sqrt{2}$.

♦ Je remarque que 1,4 est la troncature à une décimale de 1,414 213 562.

♦ Je peux écrire $1{,}4 \leqslant \sqrt{2} < 1{,}5$; plus généralement, si d est l'approximation décimale à 10^{-1} près par défaut de x, alors $d \leqslant x < d + 0{,}1$.

♦ L'approximation décimale à 10^{-1} près par défaut d'un entier positif à au plus une décimale est cet entier lui-même.

♦ Le tableau ci-dessous donne des exemples d'approximations décimales à 10^{-n} près (par défaut et par excès) de $\sqrt{2}$.

n	10^{-n}	approximation décimale à 10^{-n} près par défaut	approximation décimale à 10^{-n} près par excès	inégalités
1	10^{-1}	1,4	1,5	$1{,}4 \leqslant \sqrt{2} < 1{,}5$
2	10^{-2}	1,41	1,42	$1{,}41 \leqslant \sqrt{2} < 1{,}42$
3	10^{-3}	1,414	1,415	$1{,}414 \leqslant \sqrt{2} < 1{,}415$

Déf. Soit n un entier naturel et soit x un nombre positif.

a) L'approximation décimale à 10^{-n} près par défaut de x est le plus grand nombre d à au plus n décimales et tel que $d \leqslant x$.

b) L'approximation décimale à 10^{-n} près par excès de x est $d + 10^{-n}$.

♦ Si $n = 0$, « le plus grand nombre d à au plus 0 décimale » signifie « le plus grand entier d ». On retrouve, dans ce cas, la définition donnée au paragraphe **1**.

3 Approximation décimale à 10^{-n} près d'un nombre négatif

Nous avons vu ci-dessus que : $1{,}4 \leqslant \sqrt{2} < 1{,}5$.

On a donc : $-1{,}5 < -\sqrt{2} \leqslant -1{,}4$.

C'est pourquoi – 1,5 est l'approximation décimale à 10^{-1} par défaut de $-\sqrt{2}$, et – 1,4 est l'approximation décimale à 10^{-1} par excès de $-\sqrt{2}$.

Info. Soit n un entier naturel et soit x un nombre négatif ($-x$ est donc positif). Soit d et $d + 10^{-n}$ les approximations décimales à 10^{-n} près par défaut et par excès de $-x$ au sens donné au paragraphe **2**. Les approximations décimales à 10^{-n} près par défaut et par excès de x sont respectivement $-(d + 10^{-n})$ et $-d$.

▶ Troncature. Valeur approchée.

Arc de cercle

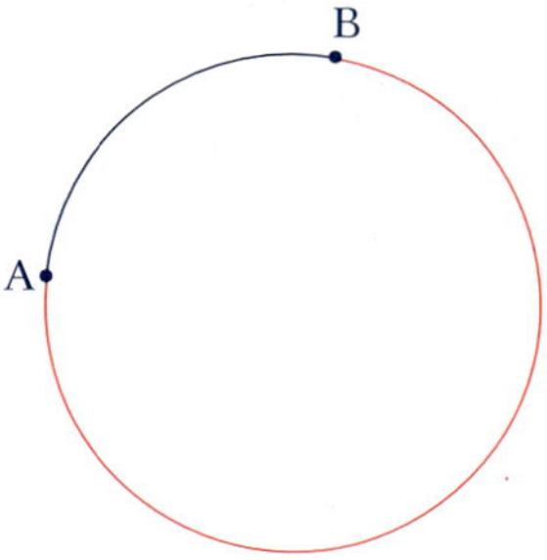

J'ai placé deux points A et B sur un cercle ; j'ai colorié en rouge une partie de ce cercle, et en bleu une autre partie.
Je peux voir un grand arc de cercle (en rouge), que l'on note $\overset{\frown}{AB}$, et un petit arc de cercle (en bleu) que l'on note $\overset{\frown}{AB}$.

♦ Si A et B sont diamétralement opposés, alors chacun des arcs de cercle est un demi-cercle. On parle alors de demi-cercle d'extrémités A et B au lieu d'arc de cercle.

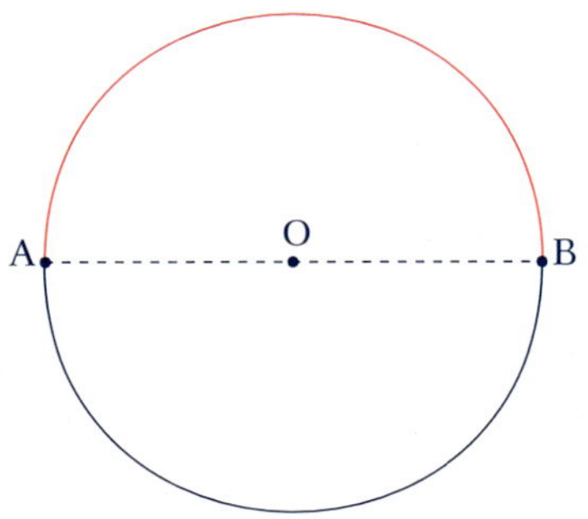

♦ Si A et B sont confondus, l'arc de cercle est un point (qu'on peut nommer A ou B) ou bien le cercle en entier.

♦ Pour tracer un arc de cercle, il suffit de tracer une partie d'un cercle en un seul morceau.

Déf. Un arc de cercle est une partie d'un cercle limitée par deux points ; les deux points appartiennent à l'arc de cercle.

▶ Cercle. Intercepter. Rayon.

Are

Un are est égal à cent mètres carrés : 1 a = 100 m^2.
L'are fait partie des unités agraires.

♦ Le tableau ci-dessous montre les unités multiples et sous-multiples de l'are, les correspondances avec d'autres unités d'aire, et des exemples de conversions.

hm^2		dam^2		m^2	
	ha		a		ca
	0	2	5	0	0

0,25 ha = 0,25 hm^2 = 25 a = 25 dam^2 = 2 500 ca = 2 500 m^2

Déf. L'are est une unité d'aire. Son abréviation est a.

$$1 \text{ a} = 100 \text{ m}^2$$

▶ Agraire. Aire. Convertir. Unité.

Arête

1 Arête en tant que segment

Je compte les arêtes d'un cube : il y en a douze.

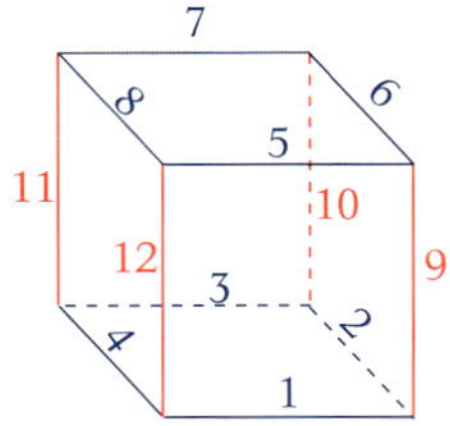

Je compte les arêtes du prisme droit représenté ci-dessous : il y en a 15.

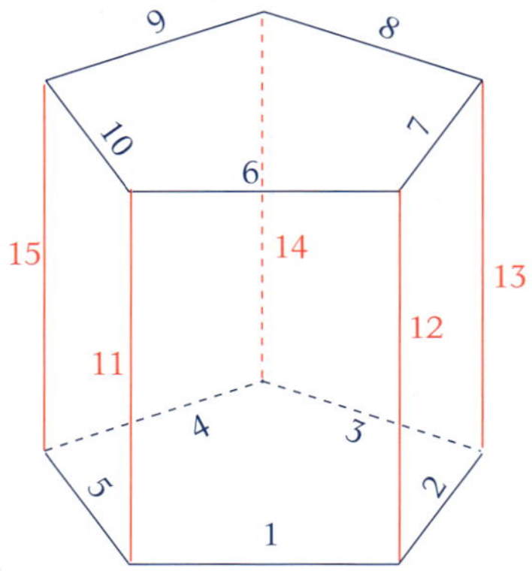

Déf. Une arête d'un polyèdre est un côté d'une de ses faces.

2 Arête en tant que longueur

Un cube a 4 cm d'arête ; cela signifie que chacune de ses arêtes mesure 4 cm.

Déf. Pour un cube, *arête* est synonyme de *longueur d'une arête* (au sens du **1**.)

3 Arête en tant que mesure

Je choisis le centimètre comme unité de longueur. Dire qu'un cube a pour arête 5 signifie que chacune de ses arêtes a pour mesure 5 (en centimètres).

Déf. Choisissons une unité de longueur. Soit a un nombre. Dire qu'un cube a pour arête a signifie que chacune de ses arêtes a pour mesure a.

▶ Face. Polyèdre. Sommet.

Arrondi

♦ Dans cet article, l'expression « nombre à zéro décimale » signifie « nombre entier ». L'expression « nombre à une décimale » signifie « nombre décimal dont l'écriture décimale réduite a une décimale » ; de même pour « nombre à deux décimales », « nombre à trois décimales », etc.
Par exemple, les entiers 0 ; 1 ; 2 ; 3 sont des nombres à zéro décimale, les décimaux 0,1 ; 0,2 ; 0,3 sont des nombres à une décimale, les décimaux 0,01 ; 0,02 ; 0,03 sont des nombres à deux décimales ; etc.

A
Arrondi

♦ Les nombres positifs à au plus une décimale sont : 0 ; 0,1 ; 0,2 ; 0,3 ; 0,4 ; 0,5 ; 0,6 ; 0,7 ; 0,8 ; 0,9 ; 1 ; 1,1 ; 1,2 ; etc. (ils ont zéro ou une décimale).

♦ Les nombres positifs à au plus deux décimales sont : 0 ; 0,01 ; 0,02 ; 0,03 ; 0,04 ; 0,05 ; 0,06 ; 0,07 ; 0,08 ; 0,09 ; 0,1 ; 0,11 ; 0,12 ; etc. (ils ont zéro ou une décimale ou deux décimales).

1 Arrondi à 1 près d'un nombre positif

Les nombres 2,38 ; 2,5 et 2,74 sont compris entre 2 et 3.

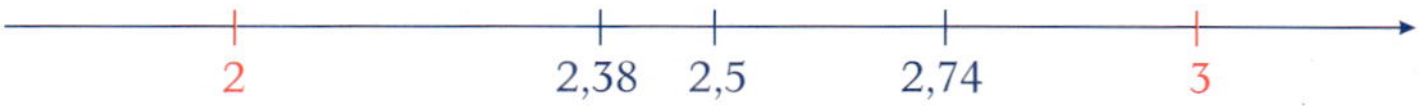

2,38 est plus proche de 2 que de 3 ; c'est pourquoi 2 est l'arrondi à 1 près de 2,38.

2,74 est plus proche de 3 que de 2 ; c'est pourquoi 3 est l'arrondi à 1 près de 2,74.

2,5 est à égale distance de 2 et de 3 ; on convient que 3 est l'arrondi à 1 près de 2,5.

♦ On dit aussi « arrondi à l'unité » au lieu de « arrondi à 1 près ». Ainsi, 2 est l'arrondi à l'unité de 2,38.

En pratique, pour arrondir à 1 près un nombre positif, je compare sa première décimale à 5 :

Nombre x	x est compris entre	la première décimale de x est	l'arrondi à 1 près de x est
14,382	14 et 15	3 et $3 < 5$	14
9,61	9 et 10	6 et $6 \geqslant 5$	10
7,551	7 et 8	5 et $5 \geqslant 5$	8
28			28
$\sqrt{3}$	1 et 2	7 (car $\sqrt{3} \approx 1,732$) et $7 \geqslant 5$	2

Déf. L'arrondi à 1 près d'un nombre positif x est, s'il existe, l'entier le plus proche de x. Dans le cas où x est à égale distance de deux entiers consécutifs, l'arrondi est le plus grand de ces entiers.

2 Arrondi à 10^{-n} près d'un nombre positif

Pour arrondir à 10^{-1} près un nombre positif, je compare sa deuxième décimale à 5 :

Nombre x	x est compris entre	la deuxième décimale de x est	l'arrondi à 10^{-1} près de x est
14,382	14,3 et 14,4	8 et $8 > 5$	14,4
9,61	9,6 et 9,7	1 et $1 < 5$	9,6
7,551	7,5 et 7,6	5 et $5 \geqslant 5$	7,6
28			28
$\sqrt{3}$	1,7 et 1,8	3 (car $\sqrt{3} \approx 1,732$) et $3 < 5$	1,7

♦ On dit aussi « arrondi au dixième » au lieu de « arrondi à 10^{-1} près ». Ainsi, 14,4 est l'arrondi au dixième de 14,382.

♦ Le tableau ci-dessous donne des exemples d'arrondis à 10^{-n} près.

n	10^{-n}	nombre x	arrondi à 10^{-n} près de x
2	10^{-2}	0,235	0,24
3	10^{-3}	18,0014	18,001
4	10^{-4}	$\sqrt{2}$	1,414 2 (car $\sqrt{2} \approx 1,414\ 21$)

Déf. Soit n un entier naturel. L'arrondi à 10^{-n} près d'un nombre positif x est, s'il existe, le nombre ayant au plus n décimales le plus proche de x.
Dans le cas où x est à égale distance de deux nombres à au plus n décimales consécutifs, l'arrondi est le plus grand de ces nombres.

♦ Si $n = 0$, « le nombre ayant au plus 0 décimale » signifie « l'entier ». On retrouve, dans ce cas, la définition donnée au paragraphe **1**.

Info. En pratique, pour arrondir à 10^{-n} près un nombre positif x, on procède comme dans les exemples ci-dessus en comparant 5 et la décimale de rang $n + 1$ de x.

3 Arrondi à 10^{-n} près d'un nombre négatif

L'arrondi à 1 près de – 3,2 est – 3 car l'arrondi à 1 près de 3,2 est 3.
L'arrondi à 10^{-1} près de – 0,58 est – 0,6 car l'arrondi à 10^{-1} près de 0,58 est 0,6.

Déf. Soit n un entier naturel et soit x un nombre négatif ($-x$ est donc positif). L'arrondi à 10^{-n} près de x est l'opposé de l'arrondi à 10^{-n} près de $-x$.

▶ Approximation décimale. Troncature.

Atto

Si u désigne une unité de mesure, un atto-u est égal à un milliardième de milliardième de u.
En abrégé, on peut écrire :

$$1 \text{ au} = \frac{1}{1\ 000\ 000\ 000\ 000\ 000\ 000} \text{ u} = 0,000\ 000\ 000\ 000\ 000\ 001 \text{ u} = 10^{-18} \text{ u}.$$

Déf. Employé avant une unité, *atto* signifie *milliardième de milliardième de*. Son abréviation est a.

▶ Préfixe.

Au moins

• Quand je choisis trois entiers naturels consécutifs, il y en a au moins un qui est pair. Il est possible qu'il y en ait deux (2, 3, 4), mais il est certain qu'il y en a au minimum un (5, 6, 7).
• Lorsque j'écris une somme de nombres, j'écris au moins deux termes. Il est possible qu'il y ait plus de termes (10 + 12 + 15 + 19 + 24), mais il est certain qu'il y en a au minimum deux.
• Un polygone a au moins trois côtés. Il est possible qu'un polygone ait plus de trois côtés (quadrilatère, pentagone, hexagone, etc.), mais il est certain qu'il en a au minimum trois (c'est alors un triangle).

Déf. – L'expression *au moins un(e)* signifie *un(e) exactement ou plus d'un(e).*
– L'expression *au moins deux* signifie *deux exactement ou plus de deux.*
– L'expression *au moins trois* signifie *trois exactement ou plus de trois.*
Et ainsi de suite.

▶ Au plus. Deux. Un.

Au plus

• Quand je trace deux droites distinctes, elles sont soit sécantes, soit parallèles.

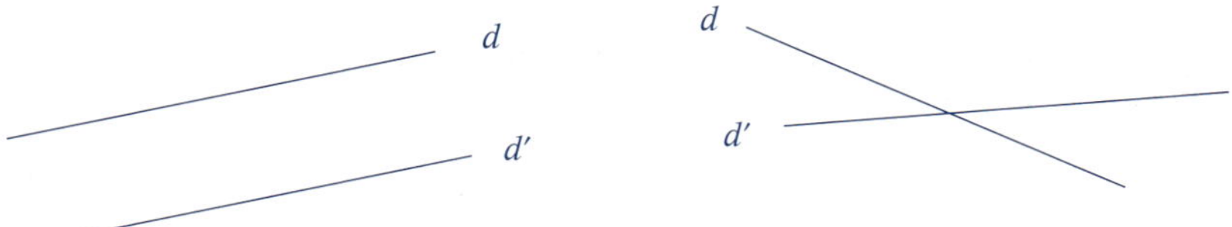

d // *d'*   *d* et *d'* sont sécantes

Deux droites distinctes ont donc soit un point commun, soit aucun point commun. Je peux dire aussi que deux droites distinctes ont au plus un point en commun.

• Quand je veux tracer deux cercles distincts, je m'aperçois qu'ils n'ont aucun point en commun, ou bien un point en commun exactement (ils sont tangents) ou bien deux points en commun exactement (ils sont sécants). Ils ne peuvent avoir plus de deux points en commun.

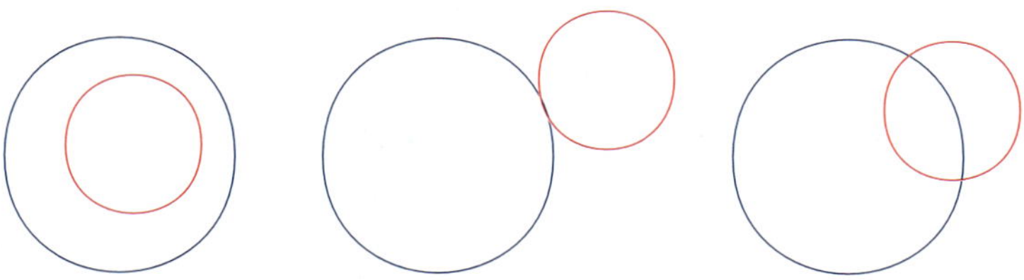

Je peux dire aussi que deux cercles distincts ont au plus deux points en commun.

• Quand je choisis cinq entiers naturels consécutifs, il y en a soit trois qui sont impairs (13, 14, 15, 16, 17), soit deux (14, 15, 16, 17, 18). Je peux dire aussi qu'il y en a au plus trois qui sont impairs.

♦ L'expression *au plus zéro* signifie *zéro.*

Déf. – L'expression *au plus un(e)* signifie *soit un(e), soit zéro.*
– L'expression *au plus deux* signifie *soit deux, soit un(e), soit zéro.*
Et ainsi de suite.

▶ Au moins. Deux. Un.

Augmentation

• Un prix est égal à 90 F. Il augmente de 5 %. Je calcule le nouveau prix :

5 % de 90 = $\frac{5}{100} \times 90 = 4{,}5$. L'augmentation est égale à 4,50 F.

90 + 4,5 = 94,5. Le nouveau prix est 94,50 F.

• Je peux aussi calculer le nouveau prix de la façon suivante :

$$90 + \frac{5}{100} \times 90 = 90 \times \left(1 + \frac{5}{100}\right) = 90 \times 1{,}05 = 94{,}5.$$

Info. Soit t un nombre strictement positif. Pour augmenter une quantité de t %, il suffit de la multiplier par $(1 + \frac{t}{100})$.

▶ Diminution. Pourcentage.

Axe

1 Droite graduée

La droite représentée ci-dessous est graduée ; on dit aussi que c'est un axe.

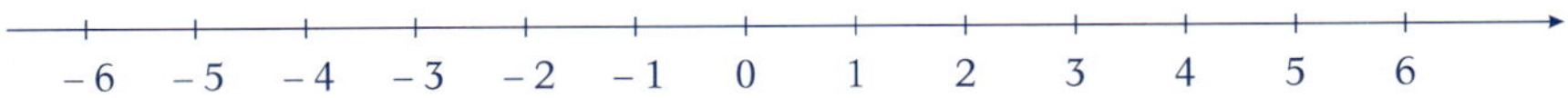

Déf. Un axe est une droite graduée.

2 Axe des abscisses, axe des ordonnées, axe de coordonnées

Sur la figure ci-dessous, j'ai représenté les deux axes de coordonnées d'un repère (O, I, J).

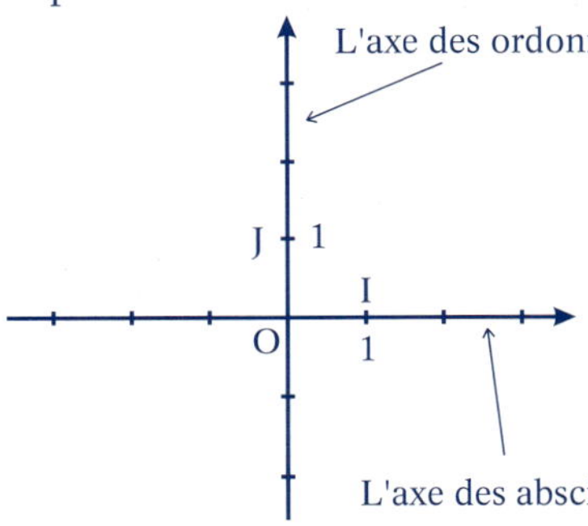

Info. Dans un repère (O, I, J) :
– l'axe (O, I) s'appelle l'axe des abscisses ;
– l'axe (O, J) s'appelle l'axe des ordonnées.
Chacun d'eux est un axe de coordonnées.

▶ Repère.

3 Axe d'une symétrie

Par la symétrie orthogonale d'axe d, la figure 1 est la figure symétrique de la figure 2, et la figure 2 est la figure symétrique de la figure 1.

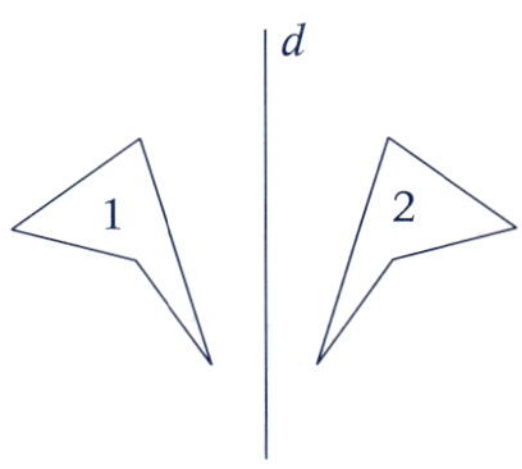

Déf. L'axe d'une symétrie orthogonale est la droite par rapport à laquelle on fait la symétrie.

▶ Symétrie orthogonale.

4 Axe de symétrie d'une figure

Sur la figure ci-contre, le symétrique du rectangle par rapport à la droite *d* est le rectangle lui-même. C'est pourquoi la droite *d* est un axe de symétrie du rectangle.

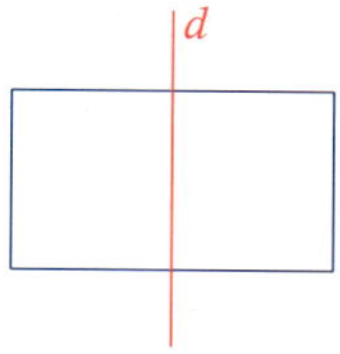

♦ Sur la figure ci-contre, le symétrique du rectangle ABCD par rapport à *d′* est un autre rectangle A′B′C′D′. La droite *d′* n'est donc pas un axe de symétrie du rectangle ABCD.

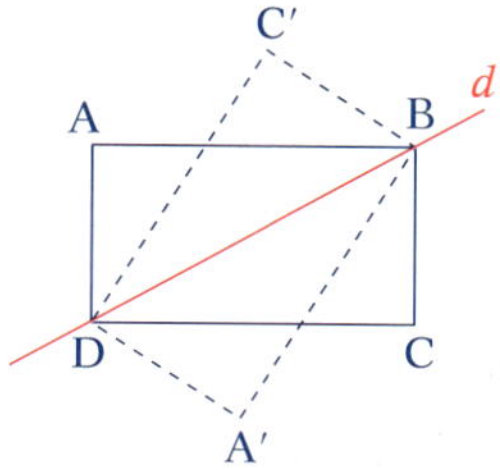

Déf. Un axe de symétrie d'une figure est une droite par rapport à laquelle le symétrique de la figure est la figure elle-même.

▶ Bissectrice. Centre **4**. Médiatrice.

5 Axe de révolution d'un cylindre, d'un cône

a) Sur la figure ci-contre, j'ai tracé en rouge l'axe de révolution d'un cylindre.

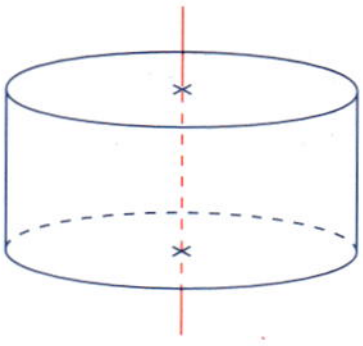

b) Sur la figure ci-contre, j'ai tracé en rouge l'axe de révolution d'un cône.

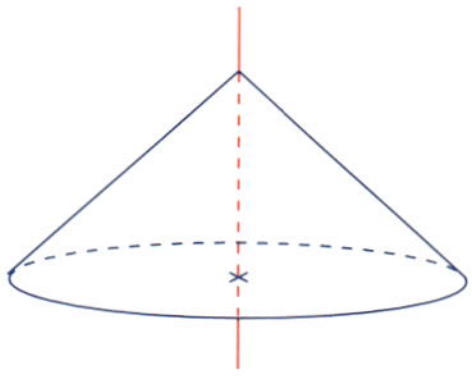

Déf. ***a)*** L'axe de révolution d'un cylindre est la droite passant par les centres des deux disques de base.
b) L'axe de révolution d'un cône est la droite passant par le sommet du cône et par le centre du disque de base.

▶ Cône. Cylindre.

Axiale

Une symétrie axiale est une symétrie orthogonale.

▶ Symétrie axiale.

Axiome

En classe, le professeur a démontré des théorèmes de géométrie : par exemple, le théorème de Pythagore, le théorème des milieux.
Pour les démonstrations, il s'est servi d'autres théorèmes ou propriétés.
Un élève lui a demandé : « peut-on démontrer toutes les propriétés ? »
Il a répondu : « non, il existe des propriétés qu'on ne peut pas démontrer ; ce sont les premières propriétés que l'on doit admettre quand on commence à faire des mathématiques ; on les appelle des axiomes. »

Déf. Un axiome est une propriété mathématique admise qui ne se démontre pas.

▶ Axiome d'Euclide. Théorème.

Axiome d'Euclide

Je connais depuis la sixième la propriété illustrée sur la figure ci-contre.
En géométrie euclidienne, qui est celle que l'on apprend au collège, cette propriété est admise et n'est donc pas démontrée : c'est un axiome. On l'appelle l'axiome d'Euclide.

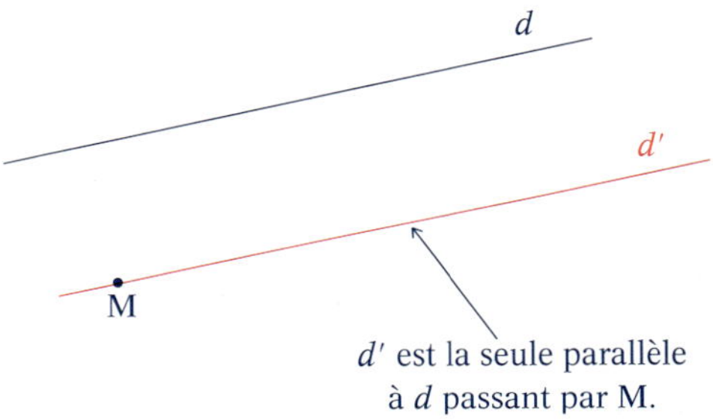

♦ Voici un exemple d'utilisation de l'axiome d'Euclide.
Dans la figure ci-dessous, ABCD et ABDE sont des parallélogrammes. Il faut démontrer que les points C, D et E sont alignés.

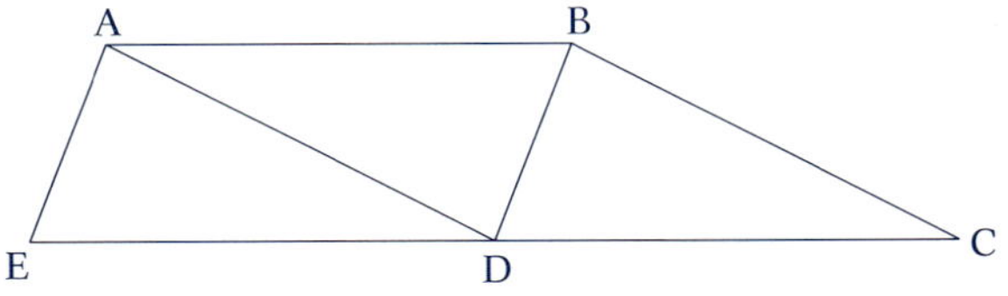

La droite (CD) est parallèle à la droite (AB) puisque ABCD est un parallélogramme.
La droite (DE) est parallèle à la droite (AB) puisque ABDE est un parallélogramme.
Les droites (CD) et (DE) passent par D et sont parallèles à (AB) ; elles sont donc confondues d'après l'axiome d'Euclide. Cela entraîne que les points C, D et E sont alignés.

Info. L'axiome d'Euclide est l'axiome qui s'énonce : « Soit d une droite et M un point n'appartenant pas à d. Il existe une et une seule droite passant par M et parallèle à d. »

▶ Axiome. Euclide.

B *b*

Babylone (algorithme de)

L'algorithme présenté ci-dessous était utilisé par les babyloniens. Il permet d'obtenir des approximations de la racine carrée d'un nombre.

1 Présentation de l'algorithme

♦ Choisissons comme unité de longueur le centimètre et comme unité d'aire le centimètre carré.

• Le carré représenté en rouge a pour côté $\sqrt{2}$; son aire est donc égale à 2 ($\sqrt{2} \times \sqrt{2} = 2$).

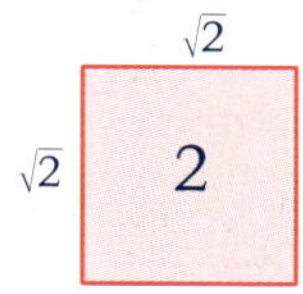

• Pour approcher le nombre $\sqrt{2}$, on va considérer des rectangles d'aire 2 ayant des dimensions de plus en plus proches de celles du carré rouge.

• On commence avec le rectangle R_1 de dimensions 2 et 1. Son aire est bien égale à 2.

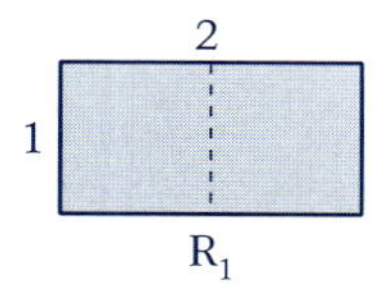

• On considère alors le rectangle R_2 d'aire 2 et de longueur $\frac{2+1}{2}$, qui est la moyenne des dimensions de R_1. Sa longueur étant $\frac{3}{2}$ et son aire 2, sa largeur doit être $2 : \frac{3}{2}$, c'est-à-dire $2 \times \frac{2}{3}$, ou encore $\frac{4}{3}$.

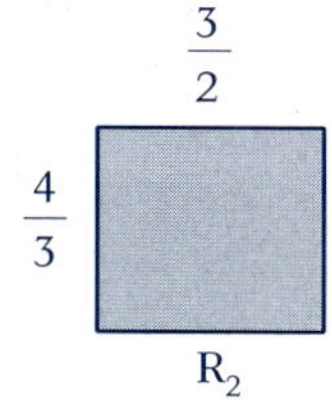

• On considère ensuite :

– un rectangle R_3 d'aire 2 ayant une longueur égale à la moyenne des dimensions de R_2 ;

– un rectangle R_4 d'aire 2 ayant une longueur égale à la moyenne des dimensions de R_3 ;

Et ainsi de suite.

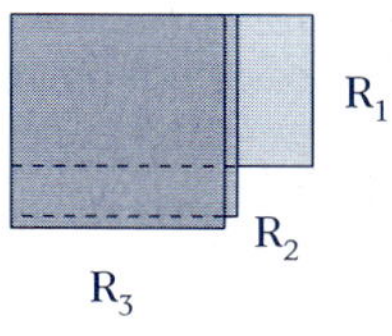

2 Les calculs

- Le rectangle R_1 a pour dimensions 2 et 1.
- Le rectangle R_2 a pour dimensions $\frac{3}{2}$ et $\frac{4}{3}$. En effet :

$\frac{2+1}{2} = \frac{3}{2}$; $2 : \frac{3}{2} = 2 \times \frac{2}{3} = \frac{4}{3}$.

- Le rectangle R_3 a pour dimensions $\frac{17}{12}$ et $\frac{24}{17}$. En effet :

$$\frac{\frac{3}{2}+\frac{4}{3}}{2} = \frac{\frac{9}{6}+\frac{8}{6}}{2} = \frac{\frac{17}{6}}{2} = \frac{17}{6} : 2 = \frac{17}{6} \times \frac{1}{2} = \frac{17}{12} ; 2 : \frac{17}{12} = 2 \times \frac{12}{17} = \frac{24}{17}.$$

- Le rectangle R_4 a pour dimensions $\frac{577}{408}$ et $\frac{816}{577}$. En effet :

$$\frac{\frac{17}{12}+\frac{24}{17}}{2} = \frac{577}{204} : 2 = \frac{577}{408} ; 2 : \frac{577}{408} = \frac{816}{577}.$$

- Le rectangle R_5 a pour dimensions $\frac{665\,857}{470\,832}$ et $\frac{941\,664}{665\,857}$.

3 Les résultats

Le tableau ci-dessous donne des approximations des dimensions calculées au **2**.

Il permet de juger de l'efficacité de l'algorithme, puisque avec $\frac{577}{408}$, on obtient les cinq premières décimales de $\sqrt{2}$ qui est environ égal à 1,414 213 562 373 095.

Nombre	$\frac{3}{2}$	$\frac{17}{12}$	$\frac{577}{408}$	$\frac{665\,857}{470\,832}$
Développement décimal	**1**,5	**1,416** 666…	**1,414 21**5 686…	**1,414 213 562 37**4 689…

♦ On peut de la même façon obtenir des approximations de $\sqrt{3}$ en considérant des rectangles d'aire 3.

♦ Plus généralement, soit a un entier strictement positif qui ne soit pas un carré. On obtient des approximations de $\sqrt{a}$ en considérant des rectangles d'aire a.

▶ Algorithme.

Bande

Sur la figure ci-contre, les droites d et d' sont parallèles. La surface que j'ai coloriée représente une bande.
Les droites d et d' font partie de la bande.

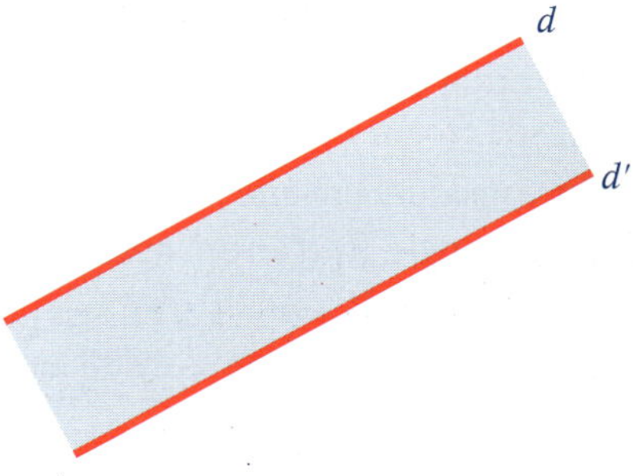

Déf. Une bande est une surface plane délimitée par deux droites parallèles.

Base

1 Base d'un triangle isocèle

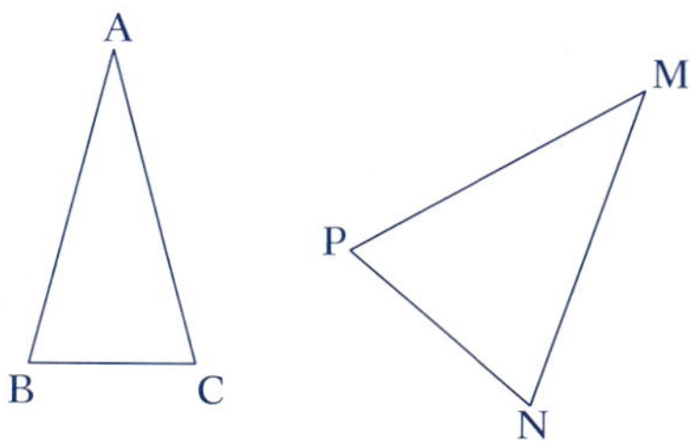

Le triangle ABC est isocèle en A ; sa base est le côté [BC].
La base du triangle isocèle MNP est le côté [NP].

♦ Un triangle équilatéral a trois bases.

Déf. La base d'un triangle isocèle non équilatéral est le côté dont la longueur est différente de celle des deux autres.

2 Base d'un trapèze

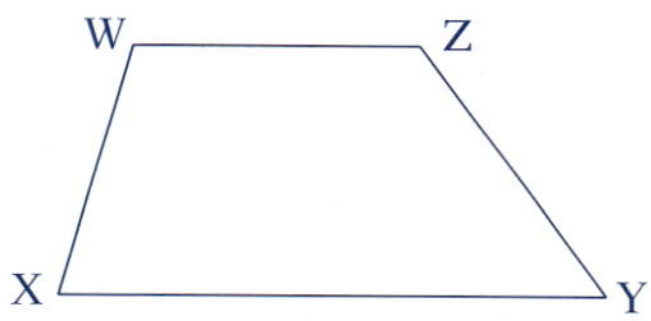

Les côtés [XY] et [WZ] du trapèze WXYZ sont parallèles ; ce sont les bases du trapèze. Le côté [WZ], qui a la plus petite longueur, est la petite base ; le côté [XY], qui a la plus grande longueur, est la grande base.

♦ Un parallélogramme a quatre bases, qui sont ses quatre côtés.

Déf. Les bases d'un trapèze sont ses côtés qui sont parallèles.

3 Base d'un cylindre

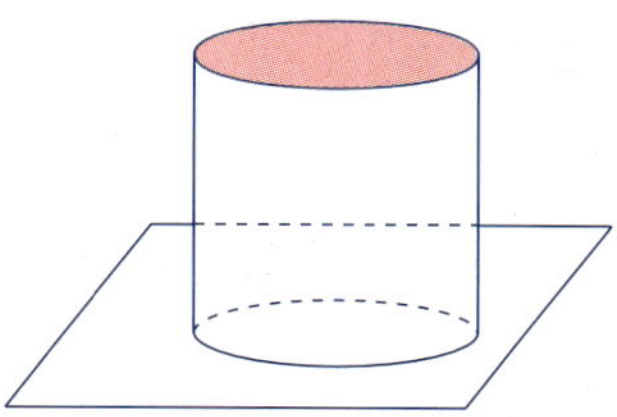

Sur la figure ci-contre, le cylindre est posé sur une de ses deux bases ; l'autre base est coloriée. Ces deux bases sont des disques de même rayon.

Déf. Les bases d'un cylindre sont les deux disques de sa surface.

4 Base d'un prisme droit

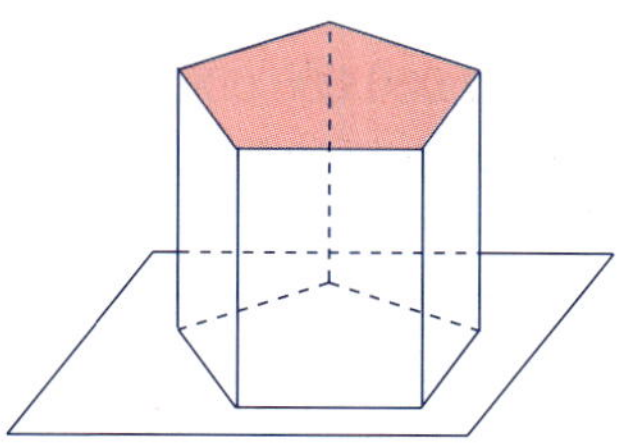

Sur la figure ci-contre, le prisme droit est posé sur une de ses deux bases ; l'autre base est coloriée. Ces deux bases ont les mêmes dimensions.
Les autres faces du prisme ne sont pas des bases.

♦ Un parallélépipède rectangle a six bases, qui sont ses six faces. Deux faces quelconques opposées sont parallèles.

Déf. Les bases d'un prisme droit qui n'est pas un parallélépipède sont ses deux faces opposées qui sont parallèles.

5 Base d'un cône

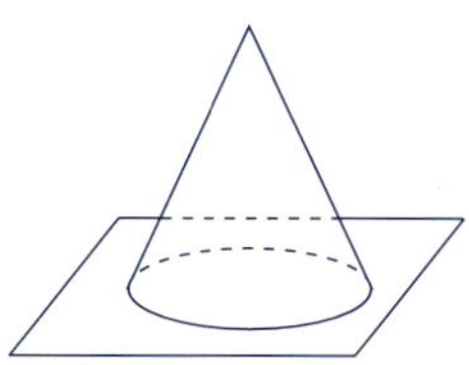

Sur la figure ci-contre, le cône est posé sur sa base.

Déf. La base d'un cône est le disque de sa surface.

6 Base d'une pyramide

Sur la figure ci-contre, la pyramide est posée sur sa base. Cette base est la seule face ne contenant pas le sommet S.

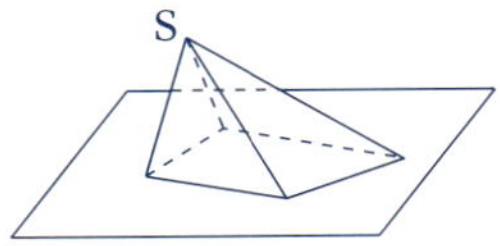

♦ Un tétraèdre a quatre bases qui sont ses quatre faces.

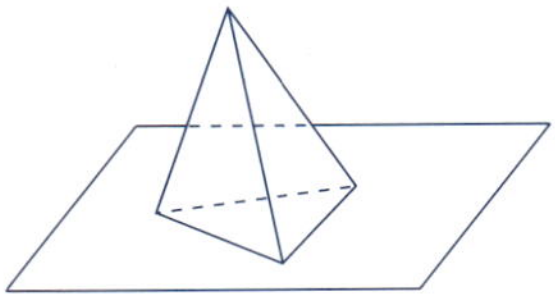

Déf. La base d'une pyramide qui n'est pas un tétraèdre est la face ne contenant pas le sommet de la pyramide.

7 Base en tant que nombre ou grandeur

• Pour calculer l'aire d'un triangle, je dis souvent qu'il faut effectuer « base fois hauteur divisé par 2 ». « Base » signifie ici « mesure d'un côté » et « hauteur » signifie « mesure de la hauteur associée au côté ».

• Pour calculer le volume d'un cône, je dis souvent qu'il faut effectuer « base fois hauteur divisé par 3 ». « Base » signifie ici « mesure d'une base » et « hauteur » signifie « mesure de la hauteur ».

Info. Dans un polygone, *base* signifie parfois mesure d'un côté ou longueur d'un côté. Dans un cylindre, un prisme droit, un cône ou une pyramide, *base* signifie parfois mesure de la base ou aire de la base.

8 Base d'une projection

Voir les définitions de l'article *Projection*.

Billion

Le nombre « un billion » s'écrit 1 000 000 000 000.
On a : 1 000 000 000 000 = 10^{12}.

▶ Milliard. Million. Puissance.

Bissectrice

1 Bissectrice d'un angle

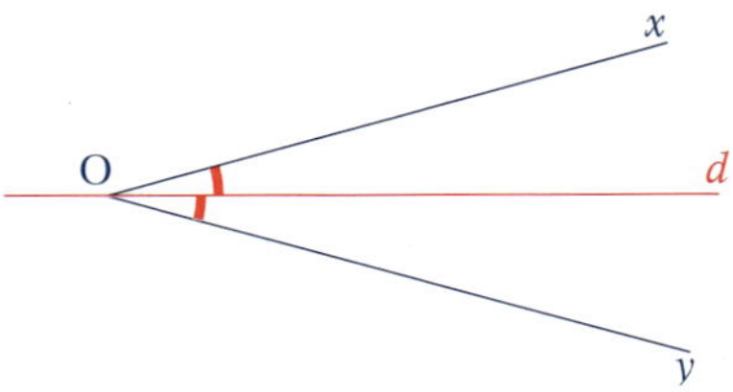

Sur la figure ci-contre, la droite *d* est l'axe de symétrie de l'angle $\widehat{xOy}$; elle partage cet angle en deux angles adjacents de même ouverture.
La droite *d* s'appelle la bissectrice de l'angle $\widehat{xOy}$.
Cette droite *d* est aussi la bissectrice de l'angle rentrant $\overset{\frown}{xOy}$.

♦ Je me souviens que je peux construire la bissectrice d'un angle avec un compas et une règle.

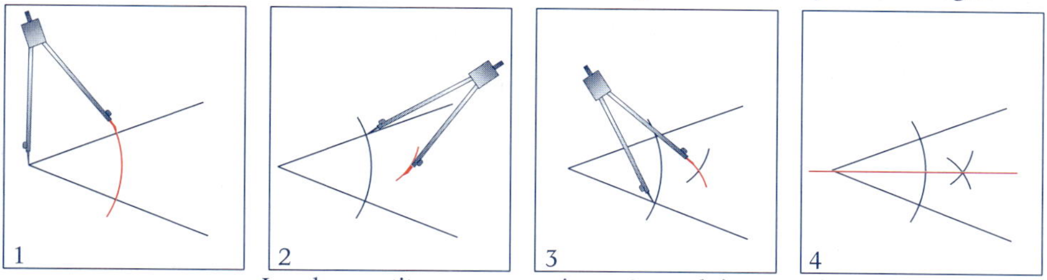

Les deux petits arcs construits en 2 et 3 doivent avoir le même rayon.
Ce rayon peut être différent du rayon utilisé en 1.

♦ Sur la figure ci-dessous, la droite (uv) est la bissectrice de l'angle $\widehat{xOy}$; parfois, la demi-droite $[Ov)$ est aussi appelée bissectrice de l'angle $\widehat{xOy}$.

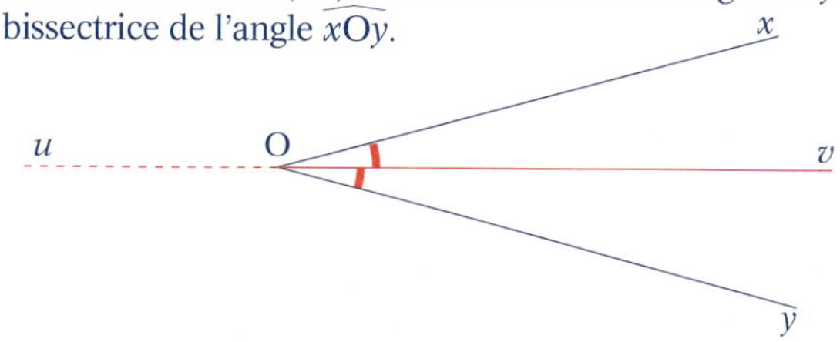

♦ L'ensemble des points équidistants des côtés d'un angle saillant est la bissectrice de l'angle (au sens « demi-droite » expliqué ci-dessus) ; c'est-à-dire que :
1) si un point appartient à la bissectrice, alors il est équidistant des côtés ;
2) si un point est équidistant des côtés, alors il appartient à la bissectrice.

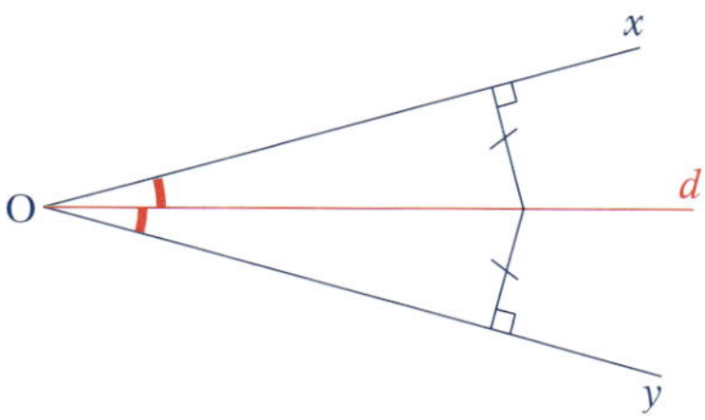

Déf. La bissectrice d'un angle non plat et non plein est l'axe de symétrie de cet angle.

▶ Équilatéral (fiche). Isocèle (fiche, **1**.). Losange (fiche).

2 Bissectrices intérieures d'un triangle

Sur la figure ci-contre, la droite d_A est la bissectrice de l'angle $\widehat{A}$ du triangle ABC. On l'appelle la bissectrice intérieure en A du triangle ABC.
Les droites d_B et d_C sont les deux autres bissectrices intérieures du triangle ABC.

♦ Dans tout triangle, les trois bissectrices intérieures sont concourantes ; leur point de concours est le centre du cercle inscrit dans ce triangle.

Déf. Les bissectrices intérieures d'un triangle sont les bissectrices des angles de ce triangle.

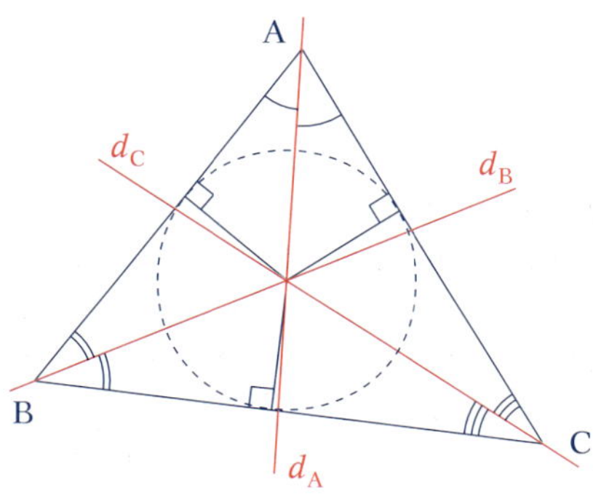

▶ Inscrit **2**. Remarquable **1**.

Boule

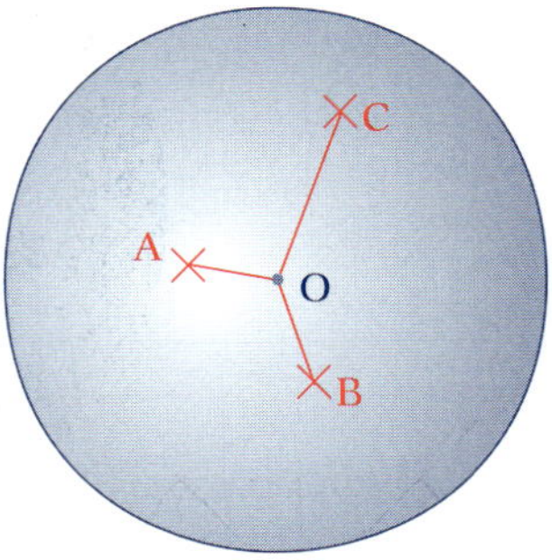

Je choisis le centimètre comme unité de longueur.
Sur la figure ci-contre, j'ai colorié le solide limité par la sphère de centre O et de rayon 5. Tous les points dont la distance au centre O est inférieure ou égale à 5 appartiennent à ce solide. Ce solide est la boule de centre O et de rayon 5.
Par exemple, OA = 2, donc OA < 5 ; OB = 3,6, donc OB < 5 et OC = 5. Je peux en déduire que les points A et B et C appartiennent à la boule de centre O et de rayon 5.

Déf. Choisissons une unité de longueur. Soit O un point et R un nombre. La boule de centre O et de rayon R est l'ensemble des points de l'espace dont la distance à O est inférieure ou égale à R.

▶ Calotte sphérique. Section. Sphère. Volume.

FICHE

J'imagine un disque fixé à une perceuse.

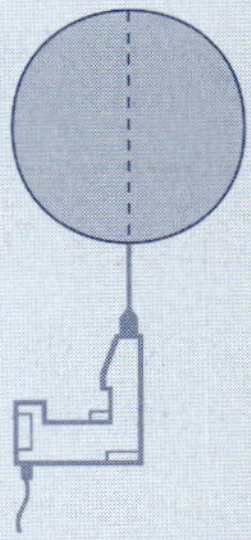

Je mets en marche la perceuse. Le disque tourne très vite.

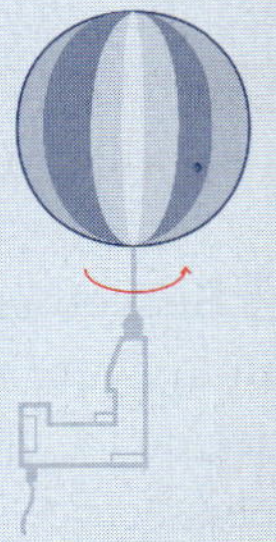

J'ai l'illusion d'une boule.

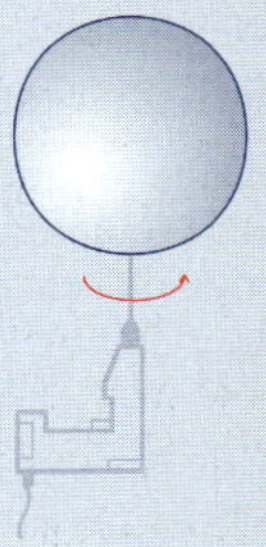

C *c*

Calcul

Déf. Un calcul est une utilisation de techniques pour effectuer une expression numérique ou littérale.

▶ Calculer. Effectuer. Expression. Résultat.

Calcul de tête

Un calcul de tête est un calcul mental, c'est-à-dire un calcul que l'on effectue sans écrire et sans calculatrice.

▶ Calcul mental.

Calcul littéral

Soit x un nombre ; en écrivant $(x + 2)(3x - 1) = 3x^2 - x + 6x - 2 = 3x^2 + 5x - 2$, j'ai effectué un calcul. Les expressions qui sont écrites sont des expressions littérales ; j'ai donc effectué un calcul littéral.

Déf. Un calcul littéral est un calcul portant sur des expressions littérales.

▶ Développer. Factoriser. Réduire.

Calcul mental

Si j'ai à calculer 12 + 34, je le fais mentalement, c'est-à-dire sans calculatrice et sans écrire (et je trouve 46).
C'est la même chose pour des opérations simples comme 18×3 ou 100 : 4 (je trouve respectivement 54 et 25).

♦ Il y a quelques astuces pour faire un calcul mental, par exemple :
– pour diviser par 4, je divise par 2, puis encore par 2 ;
– pour diviser par 5, je multiplie par 2, puis je divise par 10 ;
– pour soustraire 9, je soustrais 10, puis j'ajoute 1.

Déf. Un calcul mental est un calcul que l'on fait sans écrire et sans calculatrice.

▶ Calcul de tête.

Calculatrice

Les calculatrices scientifiques comportent les touches suivantes :

[(-)]	la touche "signe moins", pour les nombres négatifs
[(] [)] [x^2] [√]	les touches de parenthèses, la touche carré, la touche racine carrée
[^] ou [↑] ou [x^y]	la touche pour les puissances
[EE] ou [×10^x]	la touche pour les puissances de 10 (notation scientifique)
[sin] [cos] [tan]	les touches des fonctions trigonométriques : sinus, cosinus, tangente
[$\sin^{-1}$] [$\cos^{-1}$] [$\tan^{-1}$]	les touches des fonctions trigonométriques réciproques
[$\bar{x}$] [σ]	les touches des fonctions statistiques : moyenne, écart-type

Ces calculatrices évaluent les expressions numériques en respectant les règles de priorité ; il suffit de taper une séquence identique à l'expression. Le tableau ci-dessous donne quelques exemples.

Expression à évaluer	Séquence de touches	Affichage
$(0{,}7 + \sqrt{5})^3$	[(] [0] [.] [7] [+] [√] [5] [)] [^] [3] [=]	25.3103598144
$(-4{,}6 \times 10^{-9} + 7 \times 10^{-8})^2$	[(] [–] [4] [.] [6] [EE] [–] [9] [+] [7] [EE] [–] [8] [)] [x^2] [=]	4.27716E-15 ou 4,27716 × 10^{-15}
$\dfrac{1}{\sqrt{\cos 35° + \sin 25°}}$	[1] [÷] [√] [(] [cos] [3] [5] [+] [sin] [2] [5] [)] [=] La calculatrice doit être réglée dans le mode degré.	0.897386154686

♦ Les modèles récents proposent deux lignes d'affichage : la première pour l'expression tapée et la seconde pour le résultat.

♦ Les calculatrices n'opèrent que sur des nombres décimaux, avec un nombre de chiffres limité. Cela peut entraîner des erreurs importantes. Par exemple, pour $1 + 10^{18} - 10^{18}$, une calculatrice affiche 0 au lieu de 1 (elle ne peut évaluer $1 + 10^{18}$ dont l'écriture décimale nécessite 19 chiffres et calcule en réalité $10^{18} - 10^{18}$).

♦ Quand un nombre non décimal (par exemple, $\frac{1}{3}$ ou $\sqrt{2}$ ou π) intervient, c'est une approximation décimale de ce nombre qui est utilisée.

▶ Point 3.

Calculer

• Voici l'énoncé d'un exercice :
L'unité de longueur est le centimètre. Dans un triangle rectangle ABC rectangle en A, AB = 6 et AC = 8. Calculer BC.

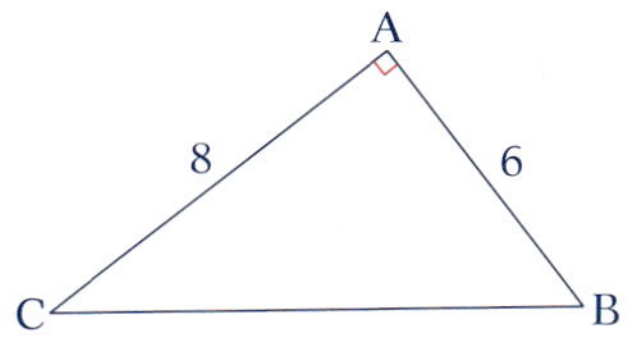

D'après le théorème de Pythagore, je sais que $AB^2 + AC^2 = BC^2$. Donc $6^2 + 8^2 = BC^2$; j'en déduis que BC = 10.
J'ai calculé BC, et j'ai trouvé 10.

• Voici un autre énoncé d'exercice :
Calculer le volume d'un boule de rayon 5 cm.
Je sais que le volume d'une boule de rayon R cm est égal à :

$$\frac{4}{3}\pi R^3 \text{ cm}^3.$$

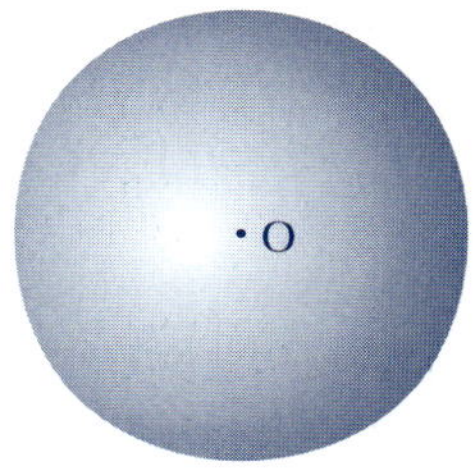

Je trouve donc ici $\frac{4}{3} \times 3{,}14 \times 5^3$, c'est-à-dire 523 cm^3 environ.
J'ai calculé le volume demandé, et j'ai trouvé 523 cm^3 environ.

Déf. Calculer, c'est effectuer des calculs.
Calculer une grandeur, c'est effectuer une ou plusieurs opérations pour donner une écriture simple de cette grandeur, généralement sous une forme décimale.

▶ Calcul. Effectuer.

Calotte sphérique

Sur la figure ci-dessous, j'ai représenté une sphère et un plan coupant la sphère, et ne passant pas par son centre.
Les deux surfaces obtenues sont des calottes sphériques.

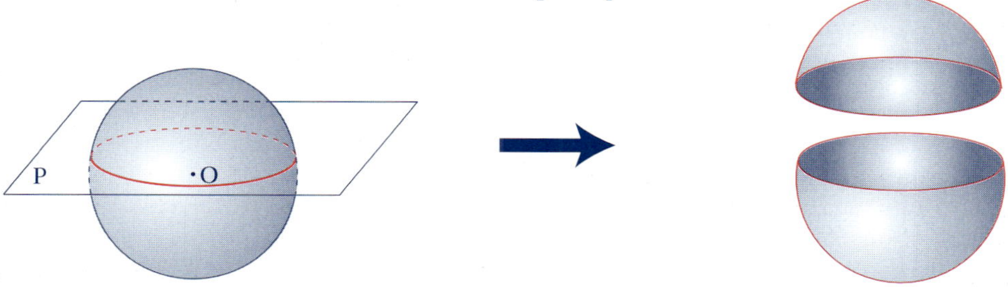

♦ Je remarque que chacune des calottes est limitée par un cercle.

Déf. Une calotte sphérique est une partie d'une sphère limitée par un cercle de cette sphère, ce cercle n'étant pas un grand cercle de la sphère.

▶ Boule. Cercle **2**. Demi-boule. Section. Sphère.

Capacité

J'ai rempli entièrement et sans qu'il déborde un récipient avec un litre d'eau. La capacité de ce récipient est donc égale à un litre.

Déf. La capacité d'un récipient est le volume d'eau qu'il peut contenir.

▶ Litre. Volume.

Caractère

Dans mon collège, il y a 120 élèves en sixième. Le professeur nous a demandé de faire une étude sur ces élèves en considérant :
– le nombre de leurs frères et sœurs ;
– leur couleur préférée.
Je dois donc étudier la population des élèves de sixième de mon collège selon deux caractères :
– « Nombre de frères et sœurs » ;
– « Couleur préférée ».
Voici les tableaux que j'ai obtenus :

Nombre de frères et sœurs	0	1	2	3	4	5 et plus
Effectif	13	70	17	8	5	7

♦ Les valeurs que prend le caractère « Nombre de frères et sœurs » sont des nombres : 0, 1, 2, 3, 4, 5, 6, etc. C'est pourquoi ce caractère est un caractère quantitatif.

Couleur préférée	Violet	Bleu	Jaune	Marron	Rouge	Vert	Autre
Effectif	8	30	12	21	32	11	6

♦ Les valeurs que prend le caractère « Couleur préférée » ne sont pas des nombres ; ces valeurs sont Violet, Bleu, Jaune, Marron, etc. Ce caractère est un caractère qualitatif.

♦ En adoptant un codage numérique, par exemple en remplaçant Violet par 1, Bleu par 2, Jaune par 3, etc., on peut associer au caractère qualitatif « couleur préférée » le caractère quantitatif « couleur préférée codée » dont la répartition est décrite ci-dessous :

Couleur préférée	1	2	3	4	5	6	7
Effectif	8	30	12	21	32	11	6

Déf. Dans une étude statistique, un caractère est ce que l'on doit observer sur les individus de la population.

▶ Effectif. Individu. Population. Valeur.

Caractérisation

Synonyme de *propriété caractéristique*.

▶ Propriété caractéristique.

Caractériser

Parmi les quadrilatères, la propriété « avoir quatre angles droits » caractérise les rectangles. Cela signifie que, parmi les quadrilatères, « avoir quatre angles droits » est une propriété caractéristique des rectangles.

▶ Propriété caractéristique.

Carré

1 Quadrilatère

Sur la figure ci-contre, j'ai représenté un quadrilatère dont les quatre angles sont droits et dont les quatre côtés ont la même longueur ; ce quadrilatère est un carré.
Voir la Fiche à la fin de l'article.

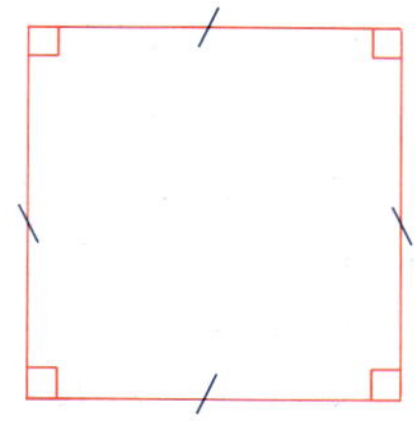

Déf. Un carré est un quadrilatère dont les quatre côtés ont la même longueur et dont les quatre angles sont droits.

▶ Aire. Losange. Parallélogramme. Polygone. Rectangle. Trapèze.

2 Nombre

a) Le carré du nombre $\frac{8}{7}$ est le nombre $\frac{64}{49}$ car $\left(\frac{8}{7}\right)^2 = \frac{8}{7} \times \frac{8}{7} = \frac{8^2}{7^2} = \frac{64}{49}$.

Le carré du nombre $\sqrt{23}$ est le nombre 23 car $(\sqrt{23})^2 = 23$.

♦ Tout nombre strictement positif a est le carré de deux nombres, qui sont $\sqrt{a}$ et $-\sqrt{a}$.

♦ 0 est le carré de lui-même ; 1 est le carré de lui-même. Les nombres 0 et 1 sont les seuls nombres qui soient les carrés d'eux-mêmes.

b) Voici la liste des vingt et un premiers carrés :

0, 1, 4, 9, 16, 25, 36, 49, 64, 81, 100, 121, 144, 169, 196, 225, 256, 289, 324, 361, 400.

Je les ai trouvés ainsi : $0 = 0^2$, $1 = 1^2$, $4 = 2^2$, $9 = 3^2$, etc.

Déf. ***a)*** Le carré d'un nombre a est le nombre $a \times a$, que l'on note a^2 (lire « a au carré » ou « a carré »).
b) Dire qu'un entier c est un carré signifie qu'il existe un entier a tel que $c = a^2$, c'est-à-dire $c = a \times a$.

▶ Cube **2**. Puissance. Racine carrée.

3 Surface carrée

La surface représentée ci-contre en rouge est limitée par un carré ; elle est constituée des points intérieurs au carré (en rouge clair) et des points du carré (en rouge foncé).
On dit que cette surface est carrée.

♦ Par abus, on dit parfois *carré* au lieu de *surface carrée*.

C'est le cas dans l'expression *aire d'un carré*, qui signifie en fait *aire d'une surface carrée*.

Déf. Une surface carrée est une surface plane limitée par un carré ; le carré fait partie de la surface.

▶ Polygonal. Rectangulaire. Triangulaire.

FICHE 1

PROPRIÉTÉS DES CARRÉS

1. Propriétés des carrés

- Les carrés ont toutes les propriétés des parallélogrammes.
- Les carrés ont toutes les propriétés des rectangles.
- Les carrés ont toutes les propriétés des losanges.

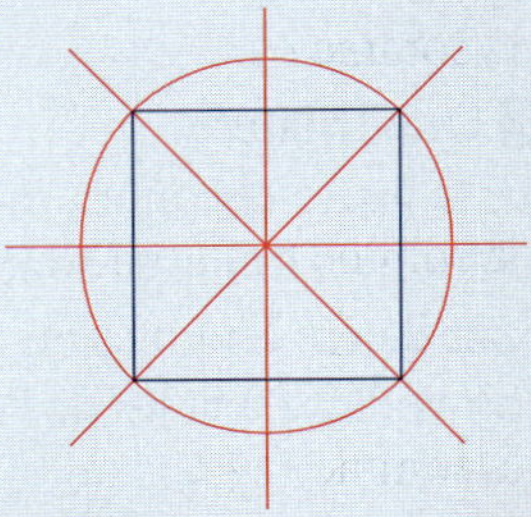

2. Pour démontrer qu'un quadrilatère ABCD est un carré

- Si ABCD est un rectangle et s'il a deux côtés consécutifs de même longueur, alors ABCD est un carré.
- Si ABCD est un rectangle et si ses diagonales sont perpendiculaires, alors ABCD est un carré.
- Si ABCD est un rectangle et si une de ses diagonales en est un axe de symétrie, alors ABCD est un carré.
- Si ABCD est un losange et s'il a un angle droit, alors ABCD est un carré.
- Si ABCD est un losange et si ses diagonales ont la même longueur, alors ABCD est un carré.
- Si ABCD est un losange et si une de ses médiatrices en est un axe de symétrie, alors ABCD est un carré.

FICHE 2

CONSTRUCTION D'UN CARRÉ À LA RÈGLE ET AU COMPAS

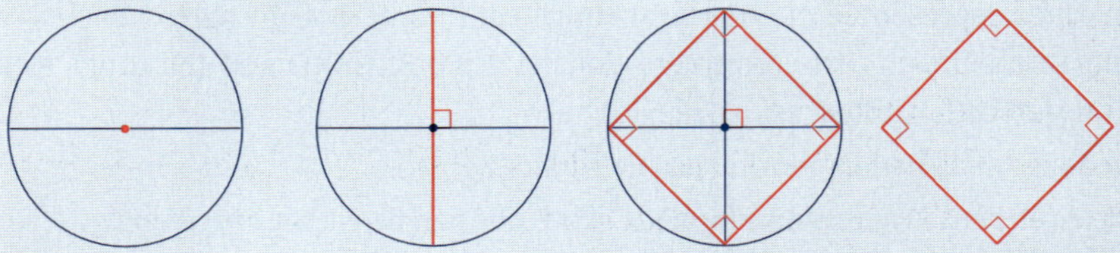

Carré magique

J'observe le tableau ci-contre.

2	9	4
7	5	3
6	1	8

Je calcule
– la somme des nombres de chaque ligne : $2 + 9 + 4 = 15$
$7 + 5 + 3 = 15$
$6 + 1 + 8 = 15$
– la somme des nombres de chaque colonne : $2 + 7 + 6 = 15$
$9 + 5 + 1 = 15$
$4 + 3 + 8 = 15$
– la somme des nombres de chaque diagonale : $2 + 5 + 8 = 15$
$4 + 5 + 6 = 15$.

J'obtiens 15 à chaque fois. Ce tableau s'appelle un carré magique.

♦ Ci-dessous, il y a un carré magique de somme 111 et un carré magique de somme 6,5.

6	25	24	13	7	36
35	11	14	20	29	2
33	27	16	22	10	3
4	28	15	21	9	34
32	8	23	17	26	5
1	12	19	18	30	31

1,1	2,4	0,7	2	0,3
0,4	1,2	2,5	0,8	1,6
1,7	0,5	1,3	2,1	0,9
1	1,8	0,1	1,4	2,2
2,3	0,6	1,9	0,2	1,5

Déf. Un carré magique est un tableau de nombres rangés sous forme d'un carré, de telle sorte que les sommes des nombres de chaque ligne, de chaque colonne et de chaque diagonale soient égales.

Centaine

1 Centaine et nombres

Si j'ajoute 4 centaines à 26 unités, je trouve 426 unités car 4 centaines égalent 400 unités.

Déf. Une centaine, c'est cent unités.

2 Chiffre des centaines

Le chiffre des centaines de l'écriture 394 est le chiffre 3.

L'écriture 71 n'a pas de chiffre des centaines, mais 0 est le chiffre des centaines de l'écriture 071.

♦ Je ne confonds pas cent**ième** et cent**aine**.

Déf. Le chiffre des centaines d'une écriture décimale est, s'il existe, celui qui est écrit juste à gauche du chiffre des dizaines, s'il existe.

▶ Centième. Chiffre. Dixième. Dizaine. Mille. Millième. Unité.

Centi

Un centimètre est égal à un centième de mètre : $1 \text{ cm} = \frac{1}{100} \text{ m} = 0{,}01 \text{ m} = 10^{-2} \text{ m}$.
De même : $1 \text{ cg} = 10^{-2} \text{ g}$; $1 \text{ c}\ell = 10^{-2}\ \ell$.

♦ Un centimètre carré *n'est pas égal* à un centième de mètre carré : $1 \text{ cm}^2 = 0{,}000\,1 \text{ m}^2 = 10^{-4} \text{ m}^2$.

♦ Un centimètre cube *n'est pas égal* à un centième de mètre cube : $1 \text{ cm}^3 = 0{,}000\,001 \text{ m}^3 = 10^{-6} \text{ m}^3$.

Déf. Employé avant une unité, *centi* signifie *centième de*. Son abréviation est c.

▶ Centiare. Centigramme. Centilitre. Centimètre.

Centiare

Le centiare est une unité agraire ; un centiare est égal à un centième d'are et à un mètre carré.

$1 \text{ ca} = \frac{1}{100} \text{ a} = 0{,}01 \text{ a} = 10^{-2} \text{ a}$	$1 \text{ ca} = 1 \text{ m}^2$

♦ On a aussi : $1 \text{ a} = 100 \text{ ca} = 10^2 \text{ ca}$.

▶ Agraire. Are. Centi.

Centième

1 Centième et nombres

Si j'ajoute 3 centièmes au nombre 4, je trouve 4,03 car $4 + 0{,}03 = 4{,}03$.

Le nombre « vingt-cinq centièmes » s'écrit 0,25 ou $\frac{25}{100}$.

♦ Cent centièmes égalent un : $100 \times 0{,}01 = 100 \times \frac{1}{100} = 1$.

Info. Le nombre « un centième » s'écrit 0,01 ou $\frac{1}{100}$.

2 Chiffre des centièmes

Le chiffre des centièmes de l'écriture 2,945 est le chiffre 4.

♦ Je ne confonds pas cent**ième** et cent**aine**.

Déf. Le chiffre des centièmes d'une écriture décimale est, s'il existe, celui qui est écrit juste à droite du chiffre des dixièmes, s'il existe.

3 Fraction de dénominateur 100

La fraction $\frac{53}{100}$ se lit *cinquante-trois sur cent* ou bien *cinquante-trois centièmes*.

Déf. Soit a l'écriture décimale réduite d'un entier naturel ; la fraction $\frac{a}{100}$ se lit *a sur cent* ou bien *a centième(s)*.

4 Centième d'une quantité

a) Un centième de 5,4 est égal à 0,054. En effet, $\frac{1}{100} \times 5{,}4 = \frac{5{,}4}{100} = 5{,}4 : 100 = 0{,}054$.

b) Un centième de 5,4 cm^2 est égal à 0,054 cm^2.

Déf. ***a)*** Un centième d'un nombre a est le nombre $\frac{1}{100} \times a$.

b) On parle aussi d'un centième d'une grandeur.

5 Centième de seconde

En E.P.S., j'ai couru le 100 mètres en 14 secondes 67 centièmes. Le professeur a écrit sur sa feuille 14 s 67 ; cela signifie 14,67 secondes ou bien encore 14 secondes et 67 centièmes de seconde.

Info. Dans l'énoncé d'une durée, centième signifie centième de seconde.

▶ Décimale. Dixième. Milliardième. Millième. Millionième.

Centigrade

Un degré centigrade est un degré Celsius. Voir l'article *Degré* **2**.

Centigramme

Le centigramme est une unité de masse ;
un centigramme est égal à un centième de gramme.

$$1 \text{ cg} = \frac{1}{100} \text{ g} = 0{,}01 \text{ g} = 10^{-2} \text{ g}$$

♦ On a aussi : $1 \text{ g} = 100 \text{ cg} = 10^2 \text{ cg}$.

▶ Centi. Gramme.

Centilitre

Le centilitre est une unité de volume ;
un centilitre est égal à un centième de litre.

$$1 \text{ c}\ell = \frac{1}{100} \ \ell = 0{,}01 \ \ell = 10^{-2} \ \ell$$

♦ On a aussi : $1 \ \ell = 100 \text{ c}\ell = 10^2 \text{ c}\ell$.

▶ Centi. Litre.

Centimètre

Le centimètre est une unité de longueur ;
un centimètre est égal à un centième de mètre.

$$1 \text{ cm} = \frac{1}{100} \text{ m} = 0{,}01 \text{ m} = 10^{-2} \text{ m}$$

♦ On a aussi : $1 \text{ m} = 100 \text{ cm} = 10^2 \text{ cm}$.

▶ Centi. Mètre.

Centrale

Une symétrie centrale est une symétrie par rapport à un point.

▶ Symétrie centrale.

Centre

1 Centre d'un cercle, d'un disque

Sur la figure ci-dessous, le point O est le centre du cercle et le point O' est le centre du disque colorié.

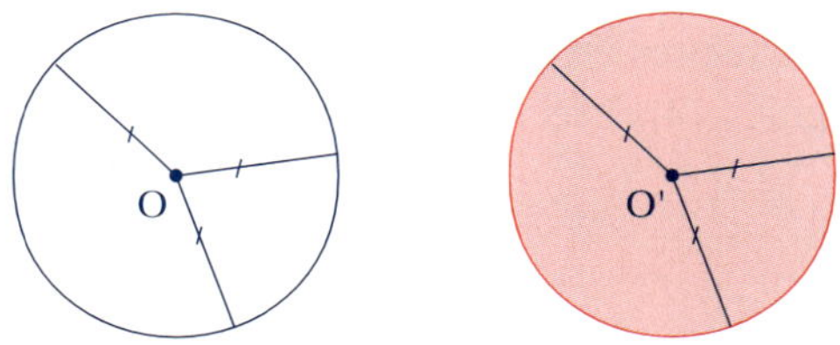

Déf. – Le centre d'un cercle est le point qui est équidistant de tous les points de ce cercle.
– Le centre d'un disque est le centre du cercle qui limite ce disque.

2 Centre d'une symétrie

Par la symétrie centrale de centre I, la figure représentée en bleu est transformée en une autre figure, qui est représentée en rouge.

Déf. Le centre d'une symétrie centrale est le point par rapport auquel s'effectue la symétrie.

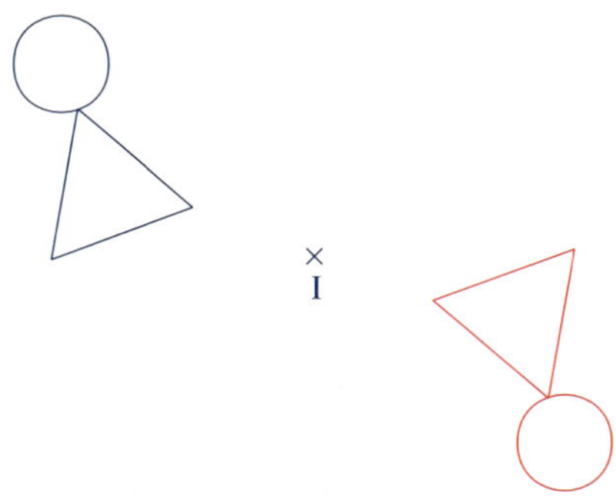

3 Centre d'une rotation

Sur la figure ci-contre, la figure rouge est l'image de la figure bleue par une rotation d'angle 70° dans le sens des aiguilles d'une montre. O est le centre de cette rotation.

♦ J'ai marqué deux points et leurs images par la rotation.

Déf. Le centre d'une rotation est le point autour duquel on effectue la rotation.

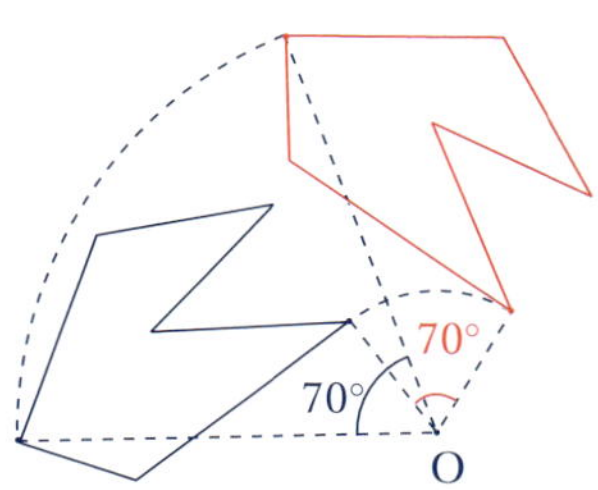

4 Centre de symétrie

La figure ci-contre est symétrique par rapport au point O. Ce point O est donc le centre de symétrie de la figure ; on peut dire aussi que O est le centre (tout court) de la figure.

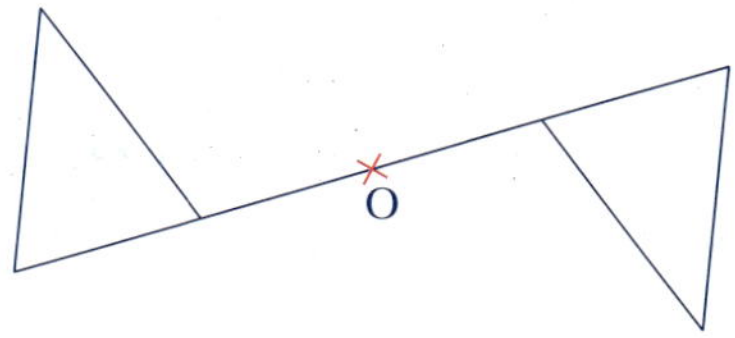

- ♦ Le centre d'un cercle est le centre de symétrie de ce cercle.
- ♦ Le milieu d'un segment est le centre de symétrie de ce segment.
- ♦ Une droite a une infinité de centres de symétrie : ce sont tous ses points.
- ♦ Les quadrilatères convexes qui ont un centre de symétrie sont les parallélogrammes, et seulement eux. Ce centre est le point d'intersection des diagonales.
- ♦ Aucun triangle n'a de centre de symétrie.

Déf. Dire qu'un point O est un centre de symétrie d'une figure *F* signifie que la figure symétrique de *F* (par la symétrie de centre O) est *F* elle-même. On dit aussi que le point O est le centre (tout court) de la figure *F*.

5 Centre de gravité d'un triangle

Je trace deux médianes d'un triangle.
Elles se coupent en un point G.

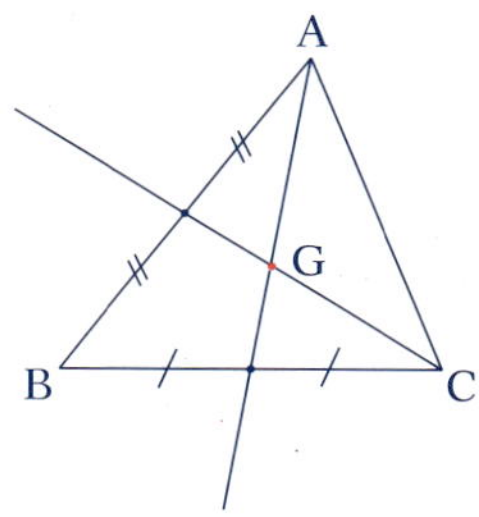

Je trace la troisième médiane ; elle passe par G.

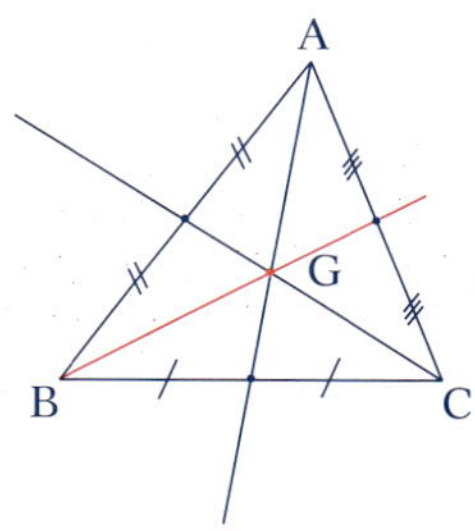

♦ Dans tout triangle, les trois médianes sont concourantes. Leur point de concours est le centre de gravité de ce triangle.

♦ Dans le triangle ABC ci-contre, $AG = \frac{2}{3} AI$, $BG = \frac{2}{3} BJ$ et $CG = \frac{2}{3} CK$.

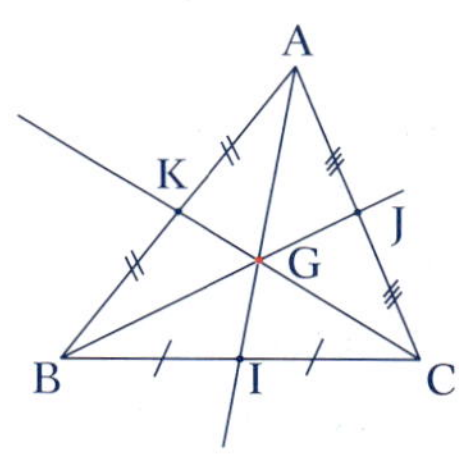

Déf. Le centre de gravité d'un triangle est le point de concours de ses médianes.

6 Centre d'une sphère, d'une boule

Sur la figure ci-contre, le point O est le centre de la sphère. Les points A, B, C et D appartiennent à la sphère. Je peux en déduire que les longueurs OA, OB, OC et OD sont égales. Elles sont égales au rayon de la sphère.

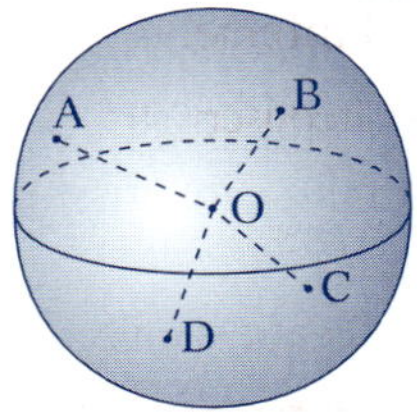

♦ Les longueurs OA, OB, OC et OD ne semblent pas égales car la sphère est représentée en perspective.

♦ Je peux dire aussi que O est le centre de la boule limitée par la sphère.

Déf. – Le centre d'une sphère est le point qui est équidistant de tous les points de cette sphère.
– Le centre d'une boule est le centre de la sphère qui la limite.

▶ Bissectrice. Centre de symétrie. Circonscrit **1**. Inscrit **2**. Médiane. Médiatrice. Symétrie.

Centré

Info. – Un cercle (ou un disque) centré en un point A est un cercle (ou un disque) de centre A.
– Un arc de cercle centré en un point A est un arc de cercle d'un cercle de centre A.
– Une sphère (ou une boule) centrée en un point A est une sphère (ou une boule) de centre A.

▶ Arc de cercle. Boule. Centre. Cercle. Disque. Sphère.

Cercle

1 Cercle

Je choisis le centimètre comme unité de longueur. Sur la figure ci-contre, j'ai tracé un cercle de centre O et de rayon 3.

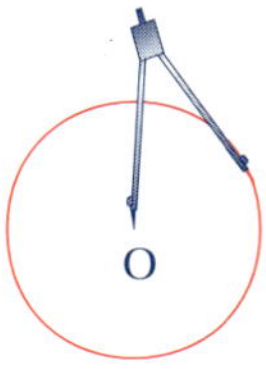

Déf. Choisissons une unité de longueur. Soit O un point et R un nombre positif. Le cercle de centre O et de rayon R est l'ensemble des points du plan dont la distance à O est égale à R.

2 Grand cercle d'une sphère

Sur la figure ci-contre, le plan P passe par le centre O de la sphère S. L'intersection de la sphère et du plan est un cercle. On dit d'un tel cercle que c'est un grand cercle de la sphère.

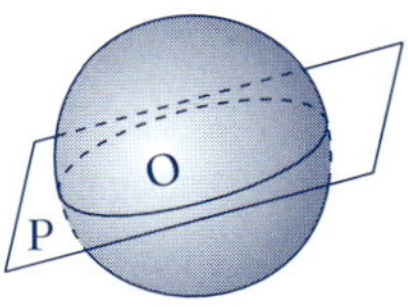

♦ Tout grand cercle d'une sphère de centre O a pour centre O et pour rayon le rayon de la sphère.

♦ Si un plan Q coupe la sphère S et ne passe pas par son centre, l'intersection de S et de Q est un cercle aussi ; mais son rayon est inférieur à celui de S.

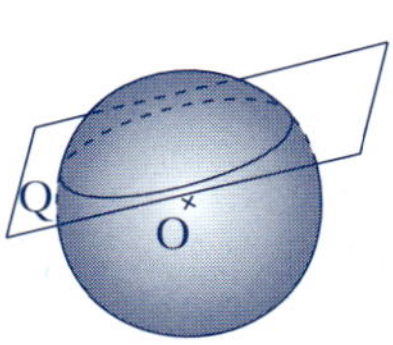

Déf. Soit S une sphère de centre O. Un grand cercle de cette sphère est un cercle qui est l'intersection de S et d'un plan passant par O.

▶ Circonscrit. Diamètre. Disque. Inscrit **2**. Rayon. Sphère.

Chasles

Mathématicien français, Michel Chasles (1793-1880) fut professeur à l'École Polytechnique et à la Sorbonne. Il consacra un nombre important de ses travaux à la géométrie. Son nom est attaché aujourd'hui à une égalité vectorielle, la relation de Chasles :

$$\overrightarrow{AB} + \overrightarrow{BC} = \overrightarrow{AC}.$$

▶ Relation de Chasles.

Chiffre

1 Chiffres du système décimal

Pour écrire les mots français, j'utilise les 26 lettres de l'alphabet et des signes, comme par exemple les accents et le tiret.

Pour écrire les entiers naturels, j'utilise dix chiffres : 0, 1, 2, 3, 4, 5, 6, 7, 8, 9.

Par exemple, pour écrire le nombre 255, j'ai utilisé les chiffres 2 et 5.

♦ Pour écrire un nombre qui n'est pas un entier naturel, j'utilise en plus d'autres caractères ; par exemple, la virgule, les signes +, –, la barre de fraction, le radical $\sqrt{\ }$.

♦ Il existe d'autres chiffres ; les chiffres romains, par exemple : I (un), V (cinq), X (dix), L (cinquante), C (cent), D (cinq cents), M (mille).

Déf. Dans le système décimal, un chiffre est l'un des dix caractères : 0, 1, 2, 3, 4, 5, 6, 7, 8, 9.

▶ Numération.

2 Chiffres d'une écriture décimale

Le tableau ci-dessous donne le nom de chacun des chiffres de l'écriture décimale du nombre 1 234 567 890,123 456 789.

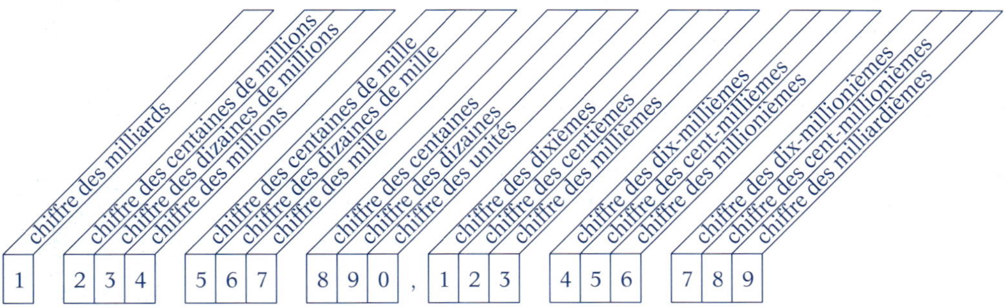

Info. Dans une écriture décimale, chaque chiffre a un nom particulier selon la place qu'il occupe dans cette écriture.

▶ Écriture décimale.

Circonscrit

1 Cercle circonscrit à un triangle

Sur la figure ci-contre, le cercle passe par les trois sommets du triangle.
Ce cercle est donc circonscrit au triangle.

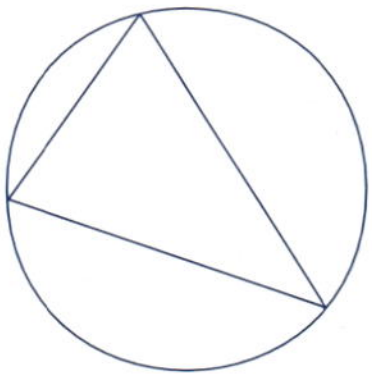

♦ Il n'existe qu'un seul cercle circonscrit à un triangle donné.

♦ Le centre du cercle circonscrit à un triangle est le point de concours des médiatrices de ce triangle.

♦ Le centre du cercle circonscrit à un triangle rectangle est le milieu de l'hypoténuse.

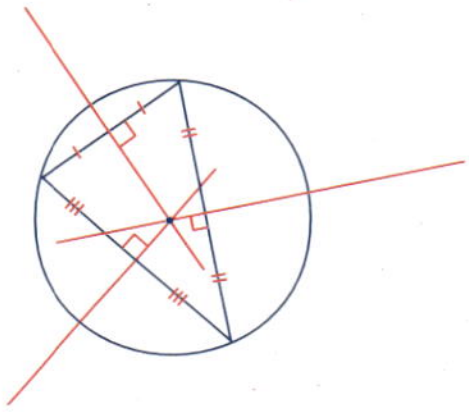

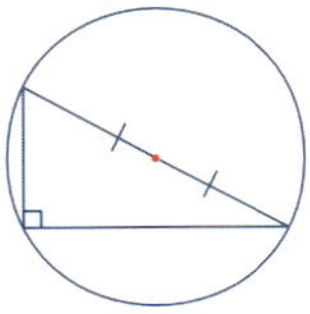

Déf. Le cercle circonscrit à un triangle est le cercle passant par les trois sommets de ce triangle.

2 Cercle circonscrit à un polygone

Sur la figure 1, le cercle passe par les quatre sommets du carré ; ce cercle est donc circonscrit au carré. De même, le cercle de la figure 2 est circonscrit au rectangle.

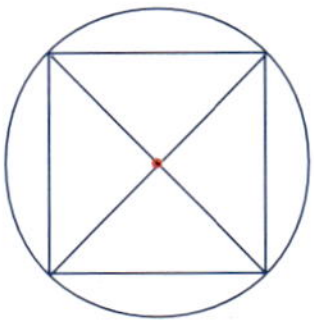

fig. 1

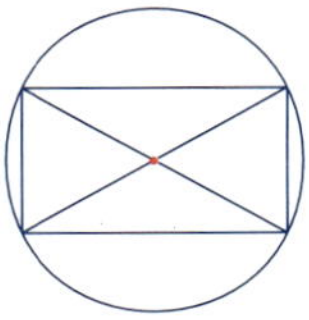

fig. 2

♦ Le centre de chacun des deux cercles précédents est le point d'intersection des diagonales.

♦ Dans certains autres cas, il est possible de parler de cercle circonscrit à un polygone. Il faut, pour cela, que le polygone ait certaines propriétés.

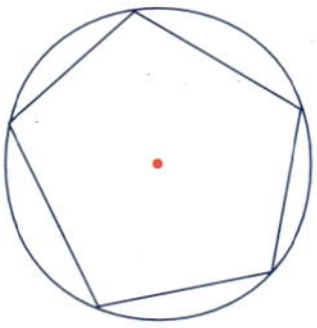

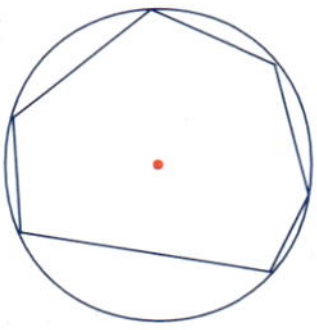

Déf. Lorsqu'il existe, le cercle circonscrit à un polygone est le cercle passant par tous les sommets de ce polygone.

▶ Cocyclique. Inscriptible. Médiatrice. Régulier.

Circulaire

Voir les articles *Diagramme circulaire* et *Secteur circulaire*.

Classe

Dans mon collège, il y a 120 élèves en cinquième. Dans cette population, j'ai étudié le caractère « temps de trajet de la maison au collège ».
J'ai regroupé toutes les valeurs de ce caractère en quatre groupes visibles sur la première ligne du tableau.
– Le premier groupe contient les temps de trajet inférieurs à 2 minutes.
– Le deuxième groupe contient les temps de trajet d'au moins 2 minutes et inférieurs à 5 minutes.
Etc.

t : temps en minutes	0 min $\leqslant t <$ 2 min	2 min $\leqslant t <$ 5 min	5 min $\leqslant t <$ 10 min	10 min $\leqslant t <$ 30 min
Effectif	18	65	30	7

Chacun des temps de trajet fournis par les élèves figure dans un groupe et un seul. Ces groupes s'appellent des classes.

♦ Il y a 18 élèves dont le temps de trajet est inférieur à 2 minutes.

♦ Il y a 65 élèves dont le temps de trajet est d'au moins 2 minutes et inférieur à 5 minutes, etc.

♦ Il aurait été possible de choisir les classes ainsi :

0 min $< t \leqslant$ 2 min	2 min $< t <$ 5 min	5 min $\leqslant t \leqslant$ 10 min	10 min $< t <$ 30 min

Info. Dans une étude statistique, une classe est constituée des valeurs d'un caractère quantitatif qui sont comprises entre deux valeurs choisies ; on peut décider que l'une au moins de ces deux valeurs appartient à la classe, ou bien qu'aucune de ces deux valeurs n'appartient à la classe.
Chacune des valeurs possibles du caractère doit être dans une classe et une seule.

▶ Caractère. Effectif. Population.

Cocyclique

Les sommets d'un rectangle appartiennent à un même cercle : celui qui a pour centre l'intersection des diagonales ; c'est pourquoi les sommets d'un rectangle sont cocycliques.

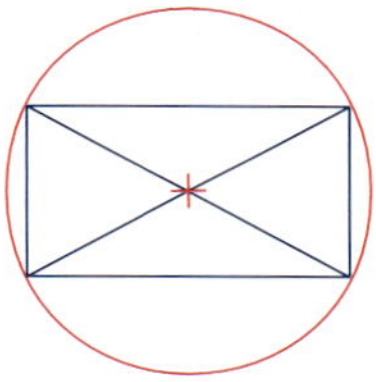

♦ Le cercle contenant les quatre sommets du rectangle est le cercle circonscrit au rectangle. Il a pour centre le point d'intersection des diagonales.

♦ Trois points non alignés sont cocycliques ; le cercle qui les contient est le cercle circonscrit au triangle formé par les trois points.

Déf. Dire que des points sont cocycliques signifie qu'ils appartiennent à un même cercle.

▶ Circonscrit. Inscriptible. Régulier.

Coefficient

1 Coefficient directeur

Dans ce paragraphe, on suppose que le plan est rapporté à un repère (O, I, J).
Le coefficient directeur de la droite d'équation $y = 2x + 1$ est égal à 2. Celui de la droite d'équation $y = 2x$ est aussi égal à 2 et celui de la droite d'équation $y = -3x + 2$ est égal à -3.

♦ Le coefficient directeur de la droite d'équation $y = x$ est 1 ; en effet, je peux écrire cette équation $y = 1x$.

♦ Sur la figure, j'ai tracé les droites d_1 et d_2 d'équations respectives $y = 2x$ et $y = -3x + 2$. Je peux observer que chaque droite est le support des hypoténuses de triangles rectangles ; ces triangles ont une base parallèle à (OI) égale à 1 et une hauteur égale à la valeur absolue du coefficient directeur.

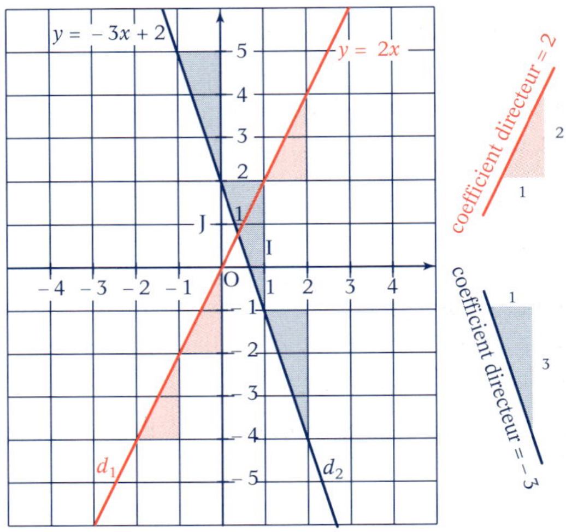

♦ Le coefficient directeur a d'une droite (AB) non parallèle à (OJ) est donné par la formule :

$$a = \frac{y_B - y_A}{x_B - x_A} \quad \text{où } A(x_A\,;\,y_A) \text{ et } B(x_B\,;\,y_B)$$

Exemple : les points A(– 1 ; 5) et B(2 ; – 4) appartiennent à la droite d_2 (voir ci-dessus).
Le coefficient directeur a de d_2 est donc égal à $\frac{-4-5}{2-(-1)}$, c'est-à-dire -3.

♦ Seules les droites non parallèles à (OJ) ont un coefficient directeur.

♦ Soit d et d' deux droites non parallèles à (OJ). Les droites d et d' sont parallèles si et seulement si elles ont le même coefficient directeur.

♦ La figure ci-dessous donne quelques exemples de coefficients directeurs de droites passant par l'origine O. Les nombres en rouge sont les coefficients directeurs.

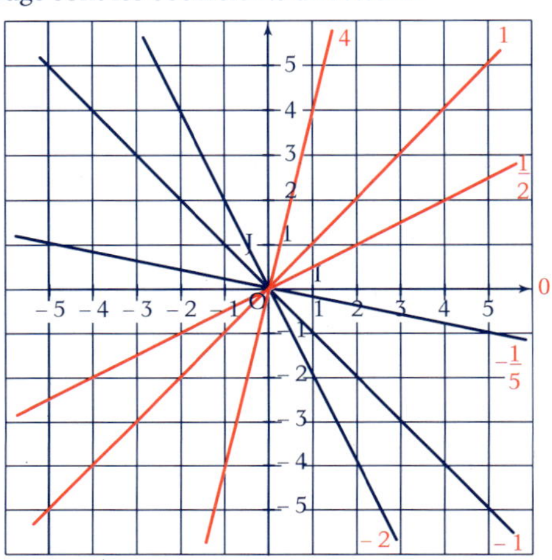

Déf. Soit a et b deux nombres. Dans un repère du plan, le coefficient directeur de la droite d'équation $y = ax + b$ est le nombre a.

▶ Équation de droite. Ordonnée à l'origine. Pente.

2 Coefficient de proportionnalité

Une boulangère a fait une fiche pour ses jeunes vendeurs et vendeuses. De cette façon, ils peuvent connaître facilement le prix de 2 ou 3, ou 4 baguettes, et même plus. Cette fiche est, en fait, un tableau de proportionnalité.

Nombre de baguettes	1	2	3	4	5	6	7	8	9	10	11	12
Prix à payer	4,5	9	13,5	18	22,5	27	31,5	36	40,5	45	49,5	54

Je peux voir que $4{,}5 = 1 \times 4{,}5$; $9 = 2 \times 4{,}5$; $13{,}5 = 3 \times 4{,}5$; etc.
4,5 s'appelle le coefficient de proportionnalité du tableau.

♦ Sur le tableau ci-dessus, j'observe que $1 = 4{,}5 : 4{,}5$; $2 = 9 : 4{,}5$; $3 = 13{,}5 : 4{,}5$; $4 = 18 : 4{,}5$; etc.

♦ Le tableau de proportionnalité ci-contre est incomplet. Je peux quand même trouver le coefficient de proportionnalité.

1	3	5	7	9
…	…	60	…	…

Si je l'appelle c, je peux dire que $5 \times c = 60$. Donc $c = 60 : 5$. Le coefficient de proportionnalité est égal à 12. Je peux ensuite compléter le tableau en multipliant les termes de la première ligne par 12. J'obtiens :

1	3	5	7	9
12	36	60	84	108

Déf. Dans un tableau de proportionnalité, chaque terme de la seconde ligne est le produit du terme correspondant de la première ligne par un même nombre. Ce nombre s'appelle le coefficient de proportionnalité du tableau.

▶ Tableau de proportionnalité.

3 Coefficient dans une équation ou une inéquation

• Considérons l'équation $3x + 2 = 0$. Le coefficient de x est le nombre 3 et le coefficient constant est le nombre 2.

• Dans l'inéquation $5y - \frac{2}{3} < 0$, le coefficient de y est le nombre 5 et le coefficient constant est le nombre $-\frac{2}{3}$.

♦ On parle aussi de coefficients pour des équations telles que $4x^2 + x - 0{,}5 = 0$; le coefficient de x^2, le coefficient de x et le coefficient constant sont respectivement les nombres 4, 1 et $-0{,}5$.

♦ On parle aussi de coefficients pour les systèmes. Par exemple, dans le système $\begin{cases} 2x - 3y = 0 \\ x - y = 4 \end{cases}$, le coefficient de y de la première équation est le nombre -3 et le coefficient constant de la seconde équation est le nombre 4.

Info. Soit a et b deux nombres. Dans l'équation $ax + b = 0$, le coefficient de x est le nombre a et le coefficient constant est le nombre b.
On parle aussi de coefficients pour des inéquations.

▶ Constante. Inconnue. Variable.

Coefficient d'agrandissement, de réduction

1 Coefficient d'agrandissement

La figure *b* est une reproduction de la figure *a*. Pour la tracer, j'ai multiplié les dimensions de la figure *a* par 1,5.

La figure *d* est aussi une reproduction de la figure *c*. Pour la tracer, j'ai multiplié les dimensions de la figure *c* par 1,5.

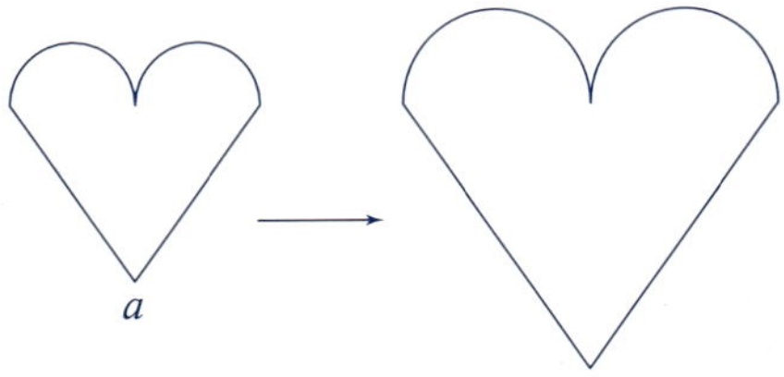

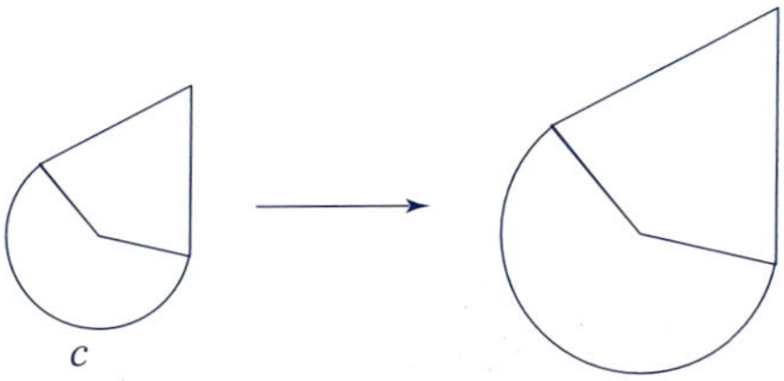

Le nombre 1,5 s'appelle le coefficient d'agrandissement des reproductions.

♦ Je peux aussi dire que j'ai reproduit les figures *a* et *c* à l'échelle 1,5 ou $\frac{3}{2}$.

♦ Sur la figure ci-dessous, les points A, B, B' d'une part, et A, C, C' d'autre part sont alignés ; les droites (BC) et (B'C') sont parallèles. D'après le théorème de Thalès, le triangle AB'C' est un agrandissement du triangle ABC. Ici, le coefficient d'agrandissement est égal à 1,5.

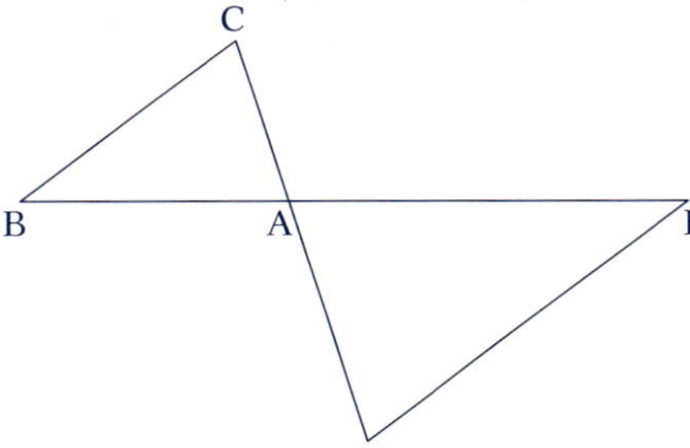

Déf. Le coefficient d'agrandissement d'un agrandissement est le nombre par lequel sont multipliées les dimensions de la figure originale. Ce nombre est strictement supérieur à 1.

2 Coefficient de réduction

La figure *b* est une reproduction de la figure *a*. Pour la tracer, j'ai multiplié les dimensions de la figure *a* par 0,4.

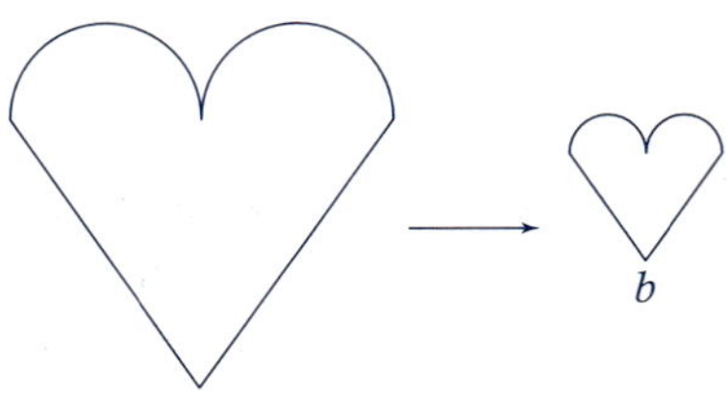

La figure *d* est aussi une reproduction de la figure *c*. Pour la tracer, j'ai multiplié les dimensions de la figure *c* par 0,4.
Le nombre 0,4 s'appelle le coefficient de réduction des reproductions.

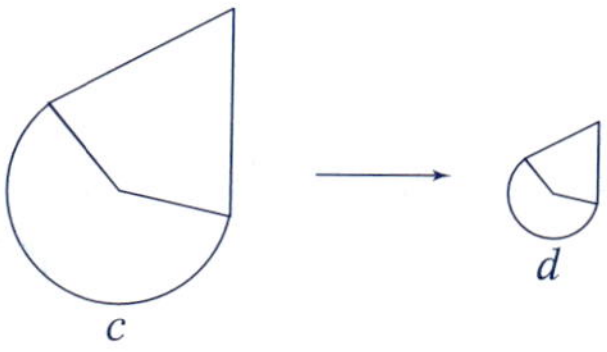

♦ Je peux aussi dire que j'ai reproduit les figures *a* et *c* à l'échelle 0,4 ou $\frac{4}{10}$.

♦ Sur la figure ci-contre, les deux cônes ont le même sommet, les mêmes génératrices et les disques de base sont parallèles. D'après le théorème de Thalès, le triangle SO′A′ est une réduction du triangle SOA ; le petit cône est donc une réduction du grand cône.

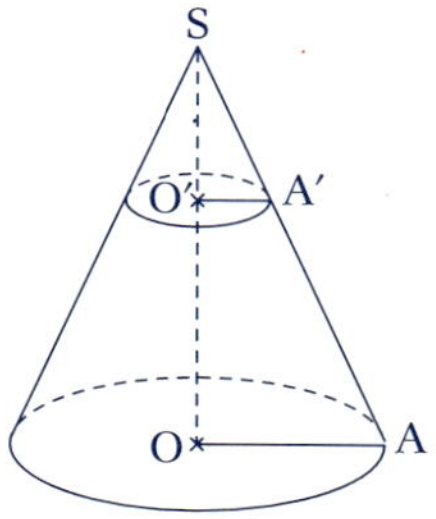

Déf. Le coefficient de réduction d'une réduction est le nombre par lequel sont multipliées les dimensions de la figure originale. Ce nombre est strictement inférieur à 1 et strictement positif.

▶ Agrandissement. Échelle. Réduction. Reproduction. Théorème de Thalès.

Colinéaire

Dans le trapèze ABCD, les droites (AB) et (CD) sont parallèles. Les vecteurs $\overrightarrow{AB}$ et $\overrightarrow{CD}$ ont donc la même direction. On dit qu'ils sont colinéaires.
Les vecteurs $\overrightarrow{BC}$ et $\overrightarrow{AD}$ ne sont pas colinéaires. En effet, les droites (BC) et (AD) ne sont pas parallèles.

Déf. Dire que des vecteurs non nuls sont colinéaires signifie que ces vecteurs ont la même direction.

▶ Direction. Sens. Vecteur.

Combinaison

On peut résoudre un système de plusieurs équations à plusieurs inconnues par la méthode de combinaison.
Voir l'article *Système d'équations*.

Commun

1 Multiple commun à des entiers

36 est un multiple de 12 car 36 = 3 × 12 ;
36 est aussi un multiple de 9 car 36 = 4 × 9.
C'est pourquoi 36 est un multiple commun à 12 et à 9.

♦ On peut définir un multiple commun à trois, quatre ou cinq entiers, et même plus. Par exemple, 36 est un multiple commun à 2, 3, 4, 6, 9, 12.

♦ 0 est un multiple commun à tous les entiers naturels (et c'est le seul).

Déf. Un multiple commun à des entiers est un nombre entier qui est multiple de chacun d'eux.

▶ PPCM.

2 Diviseur commun à des entiers

7 est un diviseur de 63 car 63 : 7 = 9 et 9 est entier.
7 est aussi un diviseur de 28 car 28 : 7 = 4 et 4 est entier.
C'est pourquoi 7 est un diviseur commun à 63 et à 28.

♦ Il est possible de trouver un diviseur commun à trois, quatre ou cinq entiers naturels, et même plus. Par exemple, 7 est un diviseur commun à 28, 63, 70 et 77.

♦ Le nombre 1 est un diviseur commun à tous les entiers naturels (et c'est le seul).

Déf. Un diviseur commun à des entiers est un nombre entier qui est un diviseur de chacun d'eux.

▶ PGCD. Simplifier.

3 Dénominateur commun à des fractions

Les deux fractions $\frac{1}{12}$ et $\frac{7}{6}$ n'ont pas le même dénominateur. Je sais que $\frac{7}{6} = \frac{14}{12}$. Le nombre 12 est le dénominateur commun aux fractions $\frac{1}{12}$ et $\frac{14}{12}$.

Info. On parle de dénominateur commun pour des fractions qui ont le même dénominateur.

▶ Fraction. Réduire.

4 Facteur commun

Soit x un nombre ; dans l'expression littérale $x(x + 1) + (x + 1)(3x - 2)$, les deux produits $x(x + 1)$ et $(x + 1)(3x - 2)$ ont un facteur en commun : $(x + 1)$. C'est pourquoi le nombre $x + 1$ est un facteur commun aux deux produits.

♦ On parle aussi de facteur commun à plusieurs produits : par exemple, 8 est un facteur commun aux produits $8x$, $8x(x + 3)$ et $8(x - 7)^2$.

Déf. Un facteur commun à des produits est un nombre qui est un facteur de chacun de ces produits.

5 Point commun à des figures géométriques

Sur la figure ci-contre, le point A appartient à chacun des trois cercles. Le point A est un point commun aux trois cercles. Le point B est un point commun aux cercles bleu foncé et rouge ; le point C est commun aux cercles rouge et bleu clair.

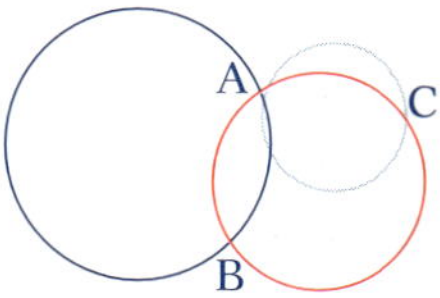

Déf. Un point commun à des figures géométriques est un point qui appartient à chacune de ces figures.

6 Côté commun à des figures géométriques

Sur la figure ci-contre, le côté [KL] est un côté du triangle JKL. C'est aussi un côté du rectangle KLMN. Le triangle et le rectangle ont un côté commun : le segment [KL].

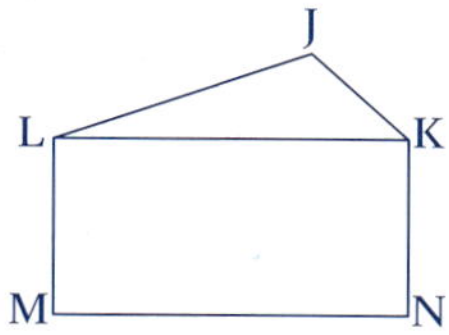

♦ Sur la figure ci-dessous, les angles $\widehat{xOy}$ et $\widehat{yOz}$ ont un côté commun : le côté [Oy).

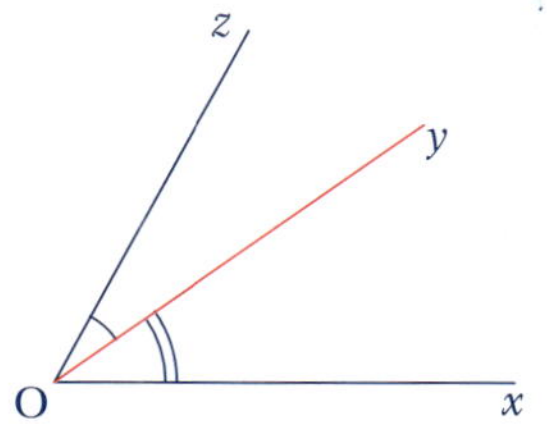

Déf. Un côté commun à des figures géométriques est une demi-droite ou un segment qui est un côté de chacune des figures.

Comparaison

Déf. Action de comparer.

▶ Comparer.

Comparer

1 Comparer des nombres

• Je sais que : $65{,}19 < 65{,}2$; en écrivant cette inégalité, je compare les nombres 65,19 et 65,2.

• Soit x un nombre ; je sais que $(x + 3)^2 = x^2 + 6x + 9$; en écrivant cette égalité, je compare les deux nombres $(x + 3)^2$ et $x^2 + 6x + 9$.

Déf. Comparer deux nombres, c'est déterminer s'ils sont égaux, ou bien, dans le cas où ils sont différents, déterminer le plus grand des deux.

2 Comparer des longueurs

Dans tout triangle ABC, je sais que : AB < AC + CB ; en écrivant cette inégalité, je compare les longueurs AB et AC + CB.

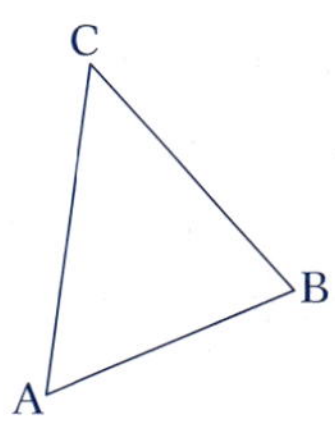

Info. Il est possible de comparer des grandeurs de même type.

▶ Égalité. Inégalité. Inférieur. Produit en croix. Supérieur.

FICHE

TECHNIQUES DE COMPARAISON DE NOMBRES

1. Les nombres sont écrits sous forme décimale

Je sais que je dois examiner d'abord la partie entière, puis éventuellement les décimales, en commençant par la première.

Ainsi, $11{,}99 < 12{,}01$ puisque $11 < 12$.

$54{,}328\,7 < 54{,}329$ car 8 est inférieur à 9 ($54{,}32\mathbf{8}\,7 < 54{,}32\mathbf{9}$).

2. Les nombres sont écrits sous forme de quotients

Soit a, b, c et d quatre nombres, b et d étant non nuls.

a) Les quotients $\frac{a}{b}$ et $\frac{c}{d}$ sont égaux si et seulement si $ad = bc$.

Ainsi, $\frac{\sqrt{3}}{15} = \frac{1}{5\sqrt{3}}$ car $\sqrt{3} \times 5\sqrt{3} = 5 \times (\sqrt{3})^2 = 5 \times 3 = 15$ et $15 \times 1 = 15$.

b) Cas où les deux quotients ont le même dénominateur strictement positif : $\frac{a}{d} \leqslant \frac{c}{d}$ si et seulement si $a \leqslant c$.

Ainsi, $\frac{-7}{12} \leqslant \frac{-5}{12}$ car $-7 \leqslant -5$.

3. Les nombres sont écrits à l'aide de radicaux

Soit a et b deux nombres positifs ; $\sqrt{a} \leqslant \sqrt{b}$ si et seulement si $a \leqslant b$.

Ainsi, $\sqrt{83} \leqslant \sqrt{90}$ car $83 \leqslant 90$.

4. Utilisation de valeurs approchées

Pour comparer les nombres $\frac{1}{3} + \sqrt{3}$ et $\frac{1}{2} + \sqrt{2}$, je peux utiliser des valeurs approchées de chacun d'eux.

Une calculatrice fournit $\frac{1}{3} + \sqrt{3} \approx 2{,}06$ et $\frac{1}{2} + \sqrt{2} \approx 1{,}91$. J'en déduis que $\frac{1}{2} + \sqrt{2} < \frac{1}{3} + \sqrt{3}$.

Complémentaire

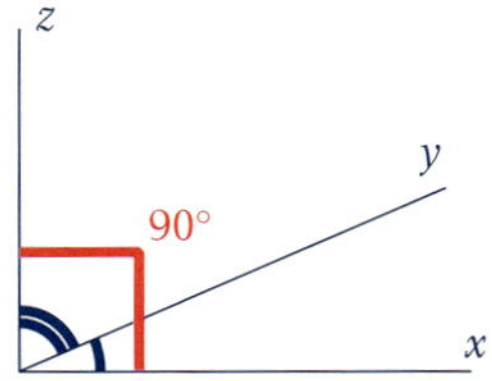

Sur la figure ci-contre, la somme des ouvertures des angles $\widehat{xOy}$ et $\widehat{yOz}$ est égale à 90°. Je peux écrire : $\widehat{xOy} + \widehat{yOz} = 90°$.
On dit que les angles $\widehat{xOy}$ et $\widehat{yOz}$ sont complémentaires.

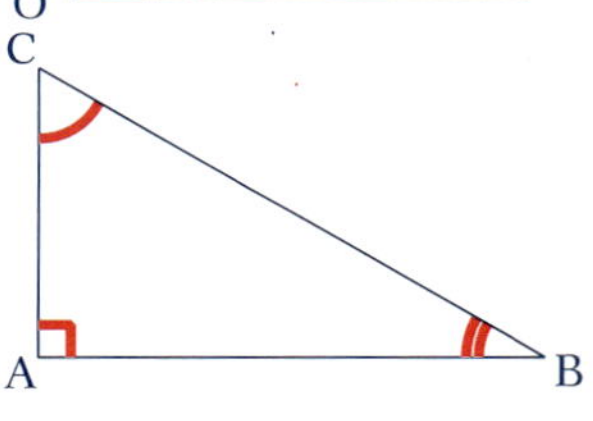

♦ Les deux angles aigus d'un triangle rectangle sont complémentaires.
En effet, soit ABC un triangle rectangle en A ;
on sait que $\widehat{A} + \widehat{B} + \widehat{C} = 180°$; donc $90° + \widehat{B} + \widehat{C} = 180°$, ce qui montre que $\widehat{B} + \widehat{C} = 90°$.

♦ Si $\widehat{B}$ et $\widehat{C}$ sont deux angles complémentaires non nuls, alors :

$$\sin \widehat{B} = \cos \widehat{C} \qquad \sin \widehat{C} = \cos \widehat{B} \qquad \tan \widehat{C} = \frac{1}{\tan \widehat{B}}$$

En effet, en considérant le triangle ABC de la page précédente, on a :
$\sin \widehat{B} = \dfrac{AC}{BC} = \cos \widehat{C}$; $\sin \widehat{C} = \dfrac{AB}{BC} = \cos \widehat{B}$; $\tan \widehat{C} = \dfrac{AB}{AC} = \dfrac{1}{\dfrac{AC}{AB}} = \dfrac{1}{\tan \widehat{B}}$.

Déf. Deux angles complémentaires sont deux angles dont la somme des ouvertures est égale à 90°.

▶ Supplémentaire.

Composer

Je considère une droite d, un point O, la réflexion s d'axe d et la rotation r de centre O et d'angle 35° dans le sens inverse des aiguilles d'une montre.
Je choisis un point M (*fig. 1*).
Je construis l'image de M par s ; je l'appelle M' (*fig. 2*).
Je construis l'image de M' par r ; je l'appelle M″ (*fig. 3*).

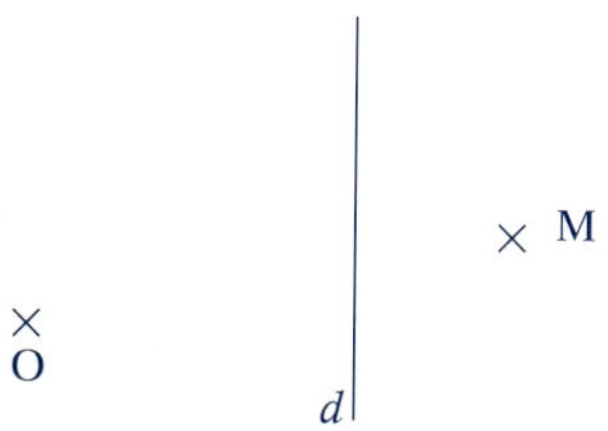

fig. 1

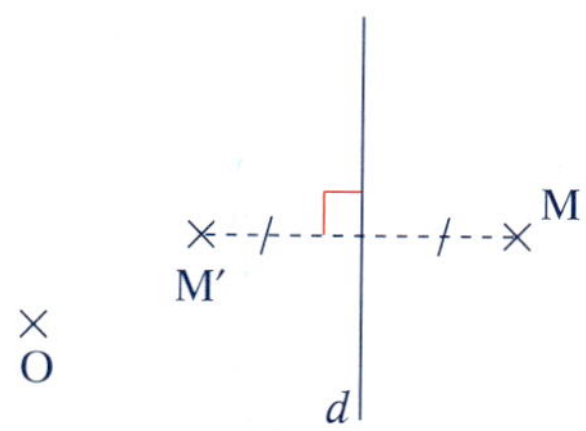

fig. 2

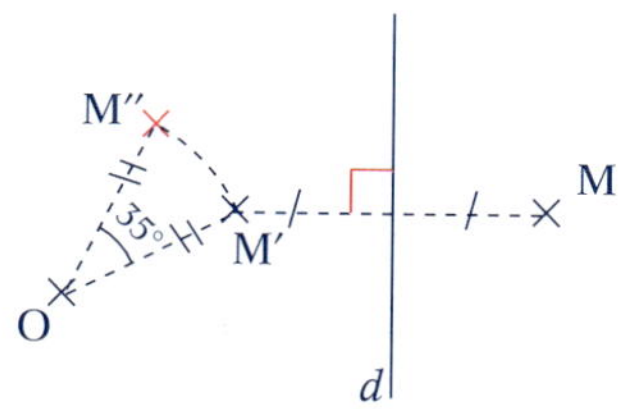

fig. 3

J'obtiens ainsi une transformation ; à un point M, elle associe le point M″ défini comme ci-dessus.
Cette transformation est la composée de s et de r, prises dans cet ordre (d'abord s, ensuite r).

♦ La composée de r et s, prises dans cet ordre (d'abord r, ensuite s), associe à un point M le point M_2 ainsi obtenu : par r, M est transformé en M_1 ; par s, M_1 est transformé en M_2.

♦ Je remarque que la composée de s et de r dans cet ordre n'est pas égale à la composée de r et de s dans cet ordre.

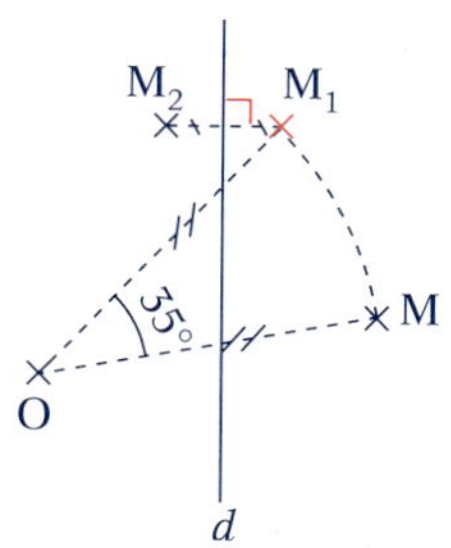

Déf. La composée de deux transformations t_1 et t_2 prises dans cet ordre est la transformation t qui, à tout point M, associe le point M_2 ainsi défini :
M a pour image M_1 par t_1 et M_1 a pour image M_2 par t_2.

▶ Suivi de.

Compris entre

Je cherche les entiers relatifs supérieurs à – 3 et inférieurs à 2. Il y a – 2, – 1, 0 et 1. C'est pourquoi les entiers – 2, – 1, 0 et 1 sont compris entre –3 et 2.

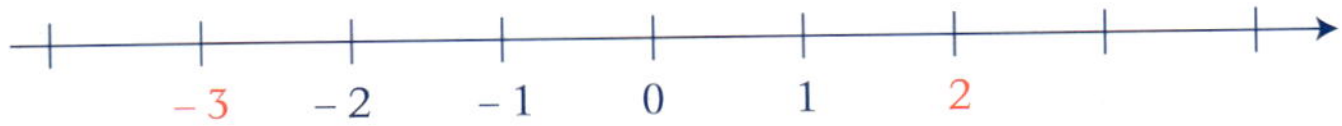

♦ Il y a une infinité de décimaux compris entre deux décimaux distincts. Par exemple, entre 1,5 et 1,6, il y a 1,51   1,511   1,511 1   1,511 11   etc.

Déf. Soit x et y deux nombres tels que $x < y$. Dire qu'un nombre a est compris entre x et y signifie que l'on a $x < a < y$, c'est-à-dire $x < a$ et $a < y$.

▶ Bande. Couronne. Segment.

Concave

Sur la figure ci-dessous, j'ai dessiné un polygone (*fig. 1*).
Le support d'un de ses côtés (le côté [DC]) contient des points de l'intérieur du polygone (*fig. 2*).

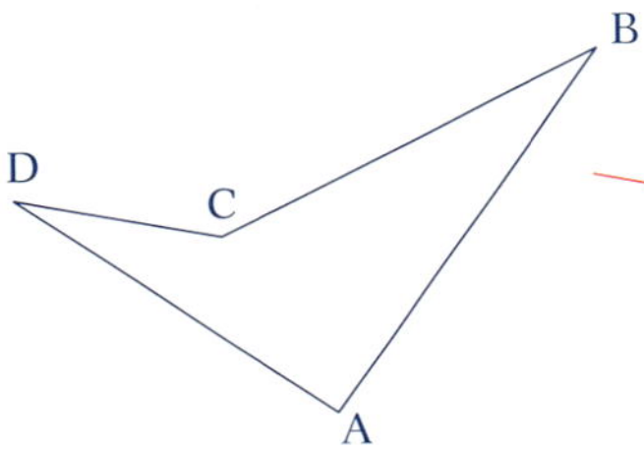

fig. 1

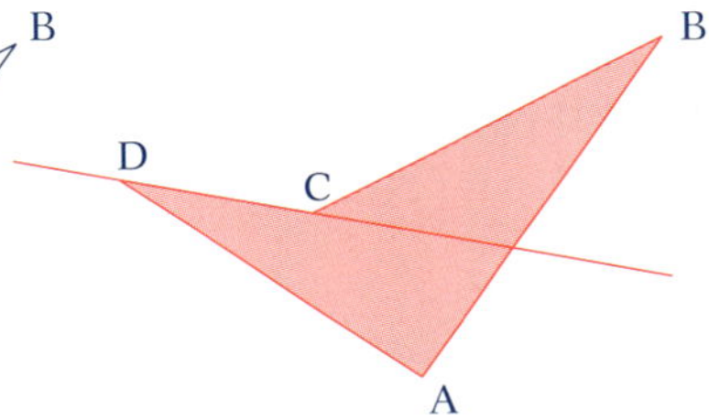

fig. 2

C'est pourquoi ce polygone est concave.

♦ Pour un polygone, concave est le contraire de convexe.

Déf. Un polygone concave est un polygone tel que le support d'un de ses côtés contienne des points de l'intérieur du polygone.

▶ Convexe. Croisé.

Concentrique

1 Cercles concentriques, disques concentriques

Les trois cercles de la figure ci-contre ont le même centre ; ils sont donc concentriques. Les disques limités par chacun de ces trois cercles sont également concentriques.

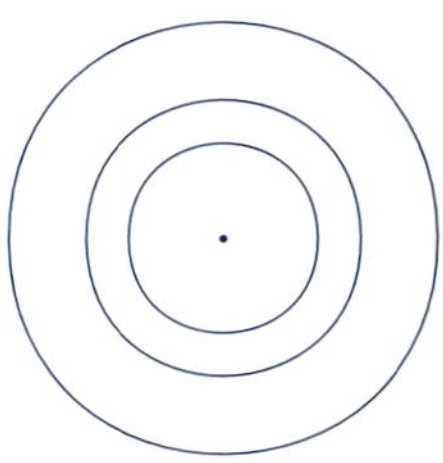

Déf. Des cercles (ou des disques) concentriques sont des cercles (ou des disques) qui ont le même centre.

2 Sphères concentriques, boules concentriques

Les trois sphères de la figure ci-contre ont le même centre ; elles sont donc concentriques. Les boules limitées par chacune des trois sphères sont également concentriques.

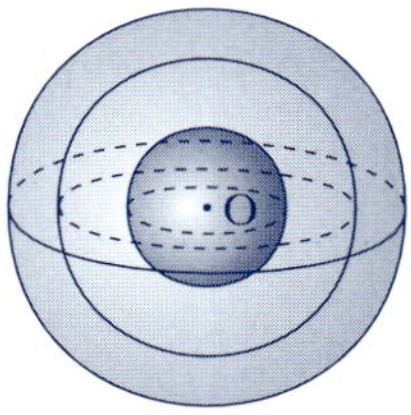

Déf. Des sphères (ou des boules) concentriques sont des sphères (ou des boules) qui ont le même centre.

▶ Boule. Cercle. Disque. Sphère.

Conclusion

Voici la fin d'un énoncé d'exercice que j'avais à faire.
Démontrer que ABC est un triangle rectangle en A.
J'ai terminé ma démonstration en écrivant :
J'en conclus que le triangle ABC est rectangle en A.
La proposition « *le triangle ABC est rectangle en A* » s'appelle la conclusion de la démonstration.

Info. La conclusion d'une démonstration est la dernière proposition de cette démonstration.

▶ Hypothèse.

Concourante

Les trois droites de la figure ont un point en commun ; c'est le point A. Ces trois droites sont donc concourantes.
On dit aussi qu'elles sont concourantes en A.

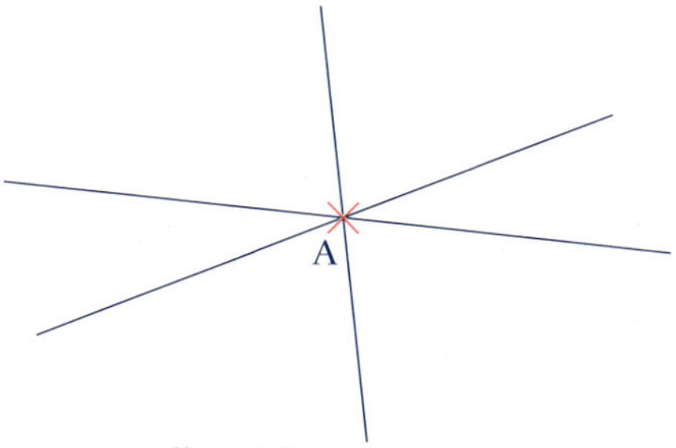

♦ En général, au lieu de dire que *deux* droites sont concourantes, on dit qu'elles sont *sécantes*.

♦ On peut parler de quatre, cinq droites concourantes et même plus. Ainsi, les supports des diamètres d'un cercle sont concourants en O, centre du cercle.

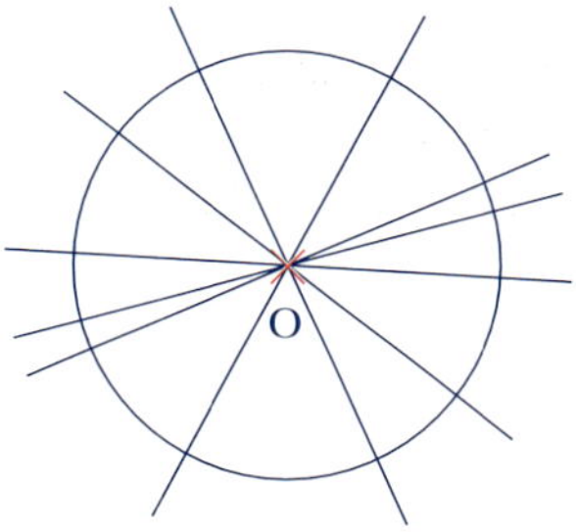

♦ Les trois droites tracées ci-dessous ne sont pas concourantes car il n'existe aucun point qui appartienne aux trois droites.

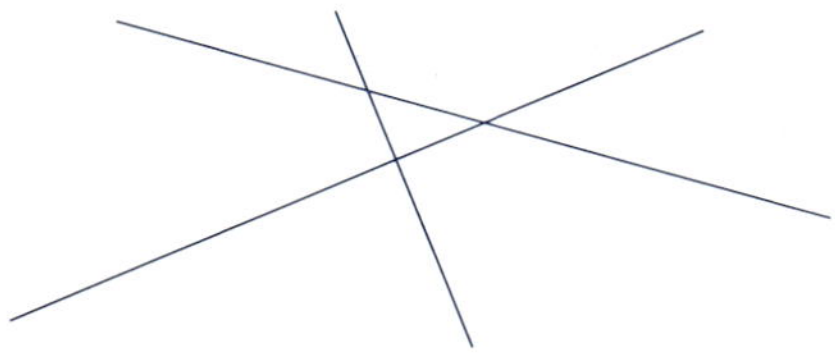

Déf. Des droites concourantes sont des droites qui ont un point commun, et un seul.

▶ Concours.

FICHE

DROITES CONCOURANTES DANS UN TRIANGLE

Dans un triangle :
– les médiatrices des côtés sont concourantes (Voir l'article *Médiatrice* **2**) ;
– les médianes sont concourantes (Voir l'article *Médiane* **1**) ;
– les hauteurs sont concourantes (Voir l'article *Hauteur d'un triangle*) ;
– les bissectrices intérieures sont concourantes (Voir l'article *Bissectrice* **2**).

Concours

Sur la figure ci-dessous, les quatre droites sont concourantes en un point A. Ce point A est le point de concours des quatre droites.

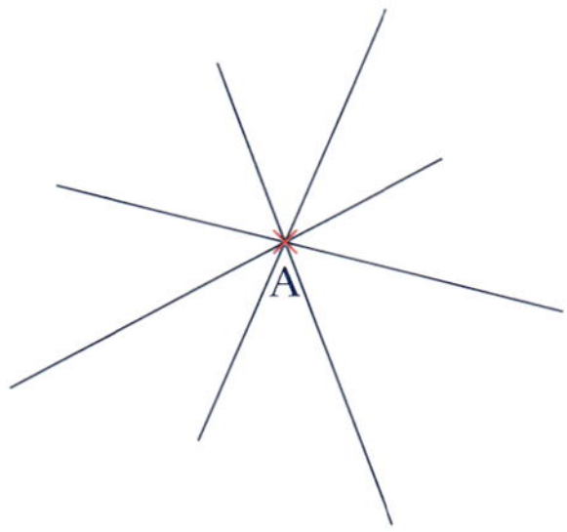

♦ En général, si *deux* droites sont sécantes en un point A, on dit plutôt que le point A est leur point *d'intersection*.

♦ On parle aussi du point de concours de cinq, six droites et même plus.
Ainsi, le point de concours des supports des diamètres d'un cercle est le centre de ce cercle.

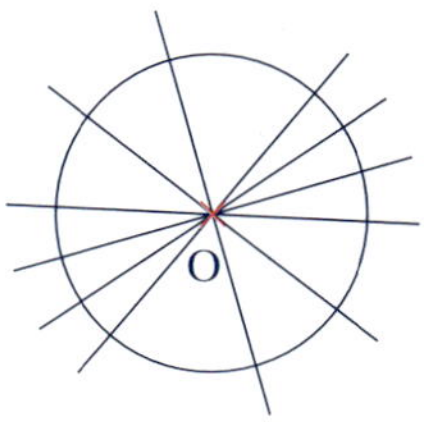

Déf. Le point de concours de droites concourantes est le point commun à ces droites.

▶ Concourante. Intersection.

Condition

Pour faire du pain, il est nécessaire d'avoir de la farine ; ce n'est pas suffisant, car il faut aussi de l'eau, du sel, de la levure, un four …

1 Condition nécessaire

Soit M, A et B des points. Je sais que, si M est le milieu de [AB], alors MA = MB.
Il revient au même de dire que « MA = MB » est une condition nécessaire pour que M soit le milieu de [AB].

♦ « MA = MB » n'est pas une condition suffisante pour que M soit le milieu de [AB]. En effet, si MAB est un triangle isocèle en M, alors MA = MB et M n'est pas le milieu de [AB].

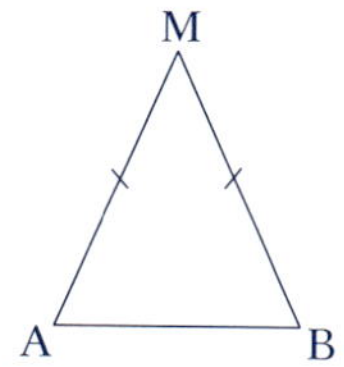

Déf. Dire qu'une proposition $\mathcal{A}$ est une condition nécessaire pour qu'une proposition $\mathcal{B}$ soit vraie signifie que, si $\mathcal{B}$ est vraie, alors $\mathcal{A}$ est vraie.

2 Condition suffisante

Soit x et y deux nombres. Je sais que, si $x = y$, alors $x^2 = y^2$.
Il revient au même de dire que $x = y$ est une condition suffisante pour que $x^2 = y^2$.

♦ $x = y$ n'est pas une condition nécessaire pour que $x^2 = y^2$. En effet, posons $x = -3$ et $y = 3$; on a bien $x^2 = y^2$, mais cependant, on n'a pas $x = y$.

Déf. Dire qu'une proposition $\mathcal{A}$ est une condition suffisante pour qu'une proposition $\mathcal{B}$ soit vraie signifie que, si $\mathcal{A}$ est vraie, alors $\mathcal{B}$ est vraie.

3 Condition nécessaire et suffisante

Soit x et y deux nombres.
« $x = 0$ ou $y = 0$ » est une condition suffisante pour que « $xy = 0$ » ; en effet :
si $x = 0$ ou $y = 0$, alors $xy = 0$.
« $x = 0$ ou $y = 0$ » est une condition nécessaire pour que « $xy = 0$ » ; en effet :
si $xy = 0$, alors $x = 0$ ou $y = 0$.
« $x = 0$ ou $y = 0$ » est donc une condition nécessaire et suffisante pour que « $xy = 0$ ».

♦ On dit aussi que « $x = 0$ ou $y = 0$ » et « $xy = 0$ » sont des propositions équivalentes.

Info. Dire qu'une proposition $\mathcal{B}$ est une condition nécessaire et suffisante pour qu'une proposition $\mathcal{A}$ soit vraie signifie que :
1. si $\mathcal{A}$ est vraie, alors $\mathcal{B}$ est vraie ;
2. et, si $\mathcal{B}$ est vraie, alors $\mathcal{A}$ est vraie.

▶ Équivalent. Si … alors.

Cône

La surface du solide représenté ci-contre

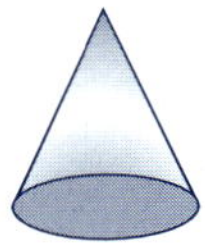

est composée d'une surface conique

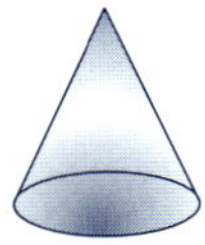

et d'un disque fermant cette surface.

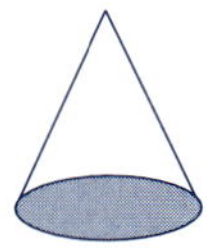

Le solide représenté est un cône.

Déf. Un cône est une partie de l'espace comprenant :
- une surface conique fermée par un disque
- et l'intérieur de cette surface fermée.

▶ Conique (surface). Latéral. Section. Tronc.

FICHE

CÔNE DE RÉVOLUTION

J'imagine une plaque triangulaire fixée à une perceuse. Le triangle qui la limite est isocèle et la fixation est au milieu de la base.

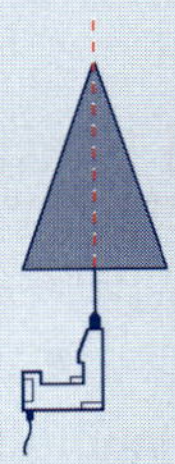

Je mets en marche la perceuse. La plaque triangulaire tourne très vite.

J'ai l'illusion d'un cône.

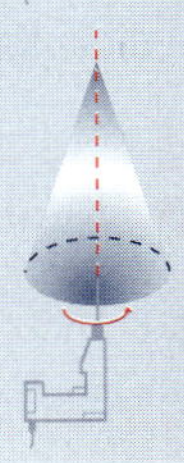

La plaque triangulaire tourne autour de l'axe de symétrie du triangle isocèle (cet axe est représenté en pointillés rouges). Elle accomplit donc des révolutions (c'est-à-dire elle tourne) autour de cet axe. C'est pourquoi le cône dont j'ai l'illusion est un cône de révolution.

♦ Il existe des cônes qui ne sont pas des cônes de révolution. J'en ai représenté un ci-contre.

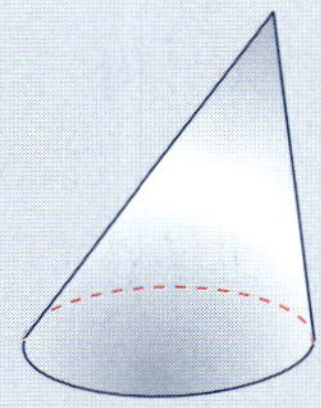

Configuration

J'ai représenté deux triangles ABC et AB'C'. Les points A, B et B' sont alignés, ainsi que les points A, C et C' ; les droites (BC) et (B'C') sont parallèles. Les triangles ABC et AB'C' forment une configuration de Thalès.

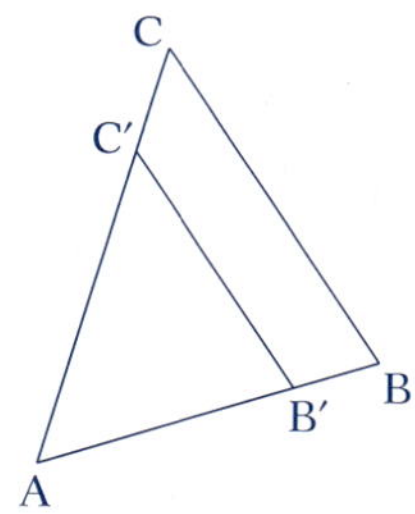

♦ On dit configuration de Thalès car le théorème de Thalès peut s'appliquer aux triangles ABC et A′B′C′.

Déf. *Configuration* est employé parfois comme synonyme de *figure*.

▶ Figure.

Confondu

Sur la figure ci-contre, j'ai tracé l'image de la figure F par la rotation de centre O et d'angle 110° dans le sens des aiguilles d'une montre. Je la nomme F′.

Je veux maintenant tracer l'image de la figure F′ par la rotation de centre O et d'angle 110° *dans le sens contraire* des aiguilles d'une montre. Je la nomme F″. Je m'aperçois qu'en réalité je trace la figure F. Je peux dire que les figures F et F" sont confondues. Je peux noter F = F".

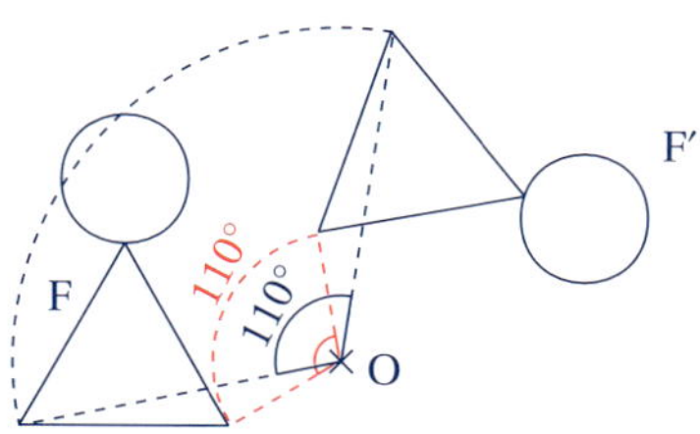

♦ Les figures F et F′ ne sont pas confondues ; elles sont superposables.

Info. Dire que deux figures *F* et *F′* sont confondues signifie qu'elles contiennent exactement les mêmes points, c'est-à-dire que *F* et *F′* sont deux noms désignant la même figure.

▶ Deux. Distinct. Un.

Conique (surface)

Sur la figure ci-contre, 𝒞 est un cercle du plan *Q* et S un point à l'extérieur de *Q*. S se projette orthogonalement sur *Q* au centre du cercle.

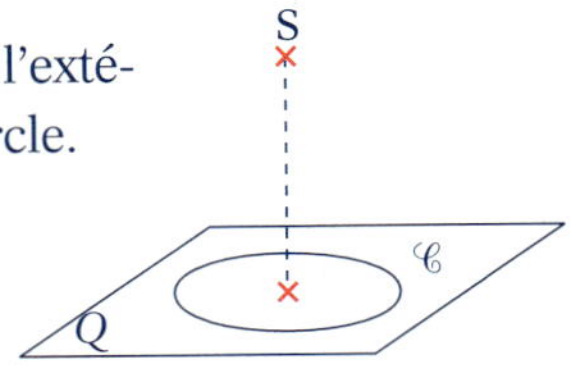

Je joins les points du cercle au point S (sur la figure, j'ai joint S à six points du cercle) par des segments.

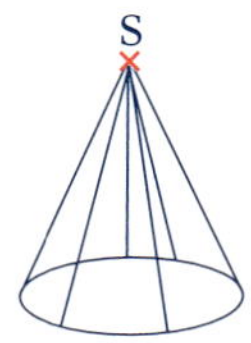

L'ensemble de tous les points de tous les segments est une surface. Cette surface est une surface conique.

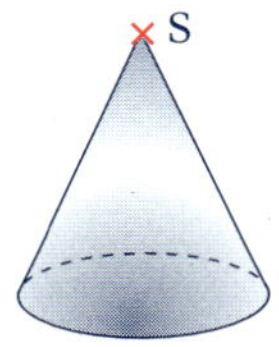

♦ Si je colle ensemble les deux bords droits du secteur circulaire en papier représenté ci-dessous, j'obtiens un modèle de surface conique.

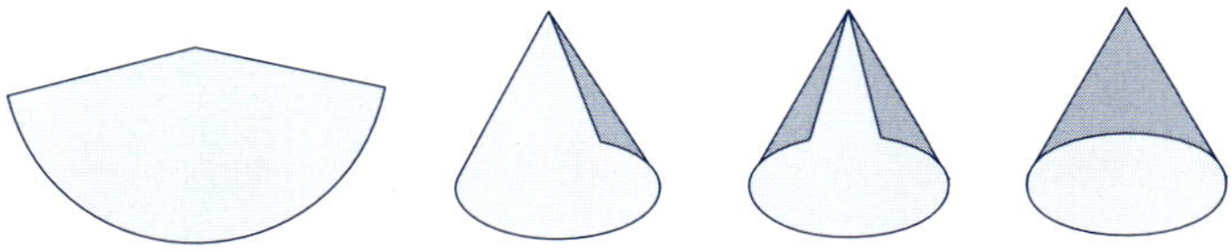

Déf. Soit 𝒞 un cercle d'un plan *Q*, soit S un point n'appartenant pas à *Q*, dont le projeté orthogonal sur *Q* est le centre de 𝒞. L'ensemble de tous les points de tous les segments joignant S aux points de 𝒞 est une surface conique.

▶ Cône. Cylindrique (surface). Latéral. Section. Tronc.

Conjecture

Sur la figure ci-contre, ABCD est un carré, et les triangles CDE et BCF sont équilatéraux.
On m'a demandé de conjecturer une propriété concernant les points A, E et F.
J'ai répondu : je pense que les points A, E et F sont alignés.

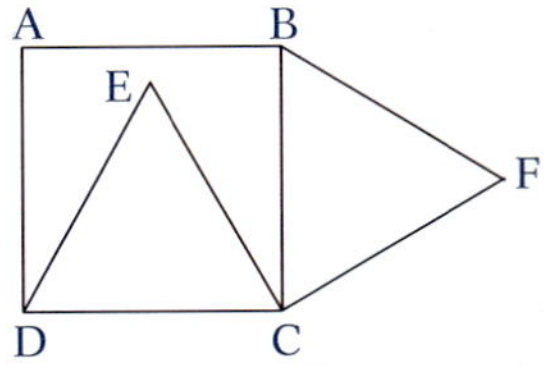

La proposition « A, E et F sont alignés » est une conjecture car je pense qu'elle est vraie sans en être sûr(e).

Info. Une conjecture est une proposition qu'on pense être vraie sans avoir la preuve qu'elle est vraie.

Conjugué

Je considère le nombre $2 + 3\sqrt{5}$. Son conjugué est le nombre $2 - 3\sqrt{5}$, et le nombre $2 - \sqrt{3}$ est le conjugué de $2 + \sqrt{3}$.
De même, le conjugué du nombre $-3 - 4\sqrt{7}$ est le nombre $-3 + 4\sqrt{7}$, et le conjugué de $\frac{2}{3} - 8\sqrt{3}$ est le nombre $\frac{2}{3} + 8\sqrt{3}$.

♦ J'observe qu'il suffit de « changer le signe devant le radical pour trouver le conjugué ».

♦ J'observe également que le produit d'un nombre par son conjugué est un nombre rationnel ; par exemple, $(2 + 3\sqrt{5})(2 - 3\sqrt{5}) = 2^2 - (3\sqrt{5})^2 = 4 - 45 = -41$.

Info. Soit a et b deux nombres rationnels. Le conjugué du nombre $a + b\sqrt{3}$ est le nombre $a - b\sqrt{3}$. Le conjugué du nombre $a - b\sqrt{3}$ est le nombre $a + b\sqrt{3}$.
À la place du nombre 3, il est possible d'écrire n'importe quel autre entier naturel qui ne soit pas un carré.

FICHE

RENDRE RATIONNELS DES DÉNOMINATEURS

Je veux trouver une expression égale à $\frac{1}{3 + \sqrt{2}}$, qui ne contienne pas de radicaux au dénominateur. Pour cela, je peux multiplier le numérateur et le dénominateur par le conjugué du dénominateur, c'est-à-dire le nombre $3 - \sqrt{2}$. J'obtiens :

$$\frac{1}{3 + \sqrt{2}} = \frac{3 - \sqrt{2}}{(3 + \sqrt{2})(3 - \sqrt{2})} = \frac{3 - \sqrt{2}}{3^2 - (\sqrt{2})^2} = \frac{3 - \sqrt{2}}{9 - 2} = \frac{3 - \sqrt{2}}{7}.$$

Consécutif

1 Entiers consécutifs

Il n'y a pas de nombre entier compris entre 7 et 8 ; c'est pourquoi 7 et 8 sont deux entiers consécutifs.

-2 et -1 sont aussi deux entiers consécutifs, ainsi que -101 et -100.

54 et 56 ne sont pas deux entiers consécutifs ; en effet, 55 est compris entre 54 et 56.

♦ Si je considère deux nombres décimaux distincts a et b, il existe une infinité de décimaux compris entre a et b ; c'est pourquoi on ne peut pas parler de deux nombres décimaux (non entiers) consécutifs. Par exemple, entre 1 et 2, il y a 1,1 1,11 1,111 1,111 1 etc.

♦ Soit a un entier ; les entiers a et $a + 1$ sont des entiers consécutifs, ainsi que les entiers $a - 1$ et a.

Déf. Deux entiers consécutifs sont deux entiers entre lesquels il n'y a aucun entier.

2 Multiples consécutifs

Je commence à énoncer les multiples de 3 dans l'ordre croissant : 0, 3, 6, 9, 12… Entre 0 et 3, il n'y a pas de multiple de 3. C'est pourquoi 0 et 3 sont deux multiples de 3 consécutifs ; 3 et 6 sont aussi des multiples de 3 consécutifs, de même que 6 et 9, 9 et 12 et ainsi de suite.

♦ Soit x un nombre; $3x$ et $4x$ sont des multiples consécutifs de x, ainsi que les nombres $2x$ et $3x$.

Déf. Dire que deux multiples d'un nombre *a* sont consécutifs signifie qu'il n'existe aucun multiple de *a* compris entre eux.

3 Termes consécutifs

Dans la suite (1, 4, 6, 8,17), le troisième terme est le nombre 6 et le quatrième terme est le nombre 8 ; ces deux termes sont des termes consécutifs de la suite.

♦ Les nombres 1 et 4 sont également deux termes consécutifs de la suite.

Info. Dans une suite de nombres, deux termes consécutifs sont deux termes dont les rangs sont consécutifs (au sens de **1**).

4 Côtés consécutifs

J'observe le polygone ci– contre.
Les deux côtés [CD] et [DE] ont le sommet D en commun.
C'est pourquoi ils sont consécutifs.

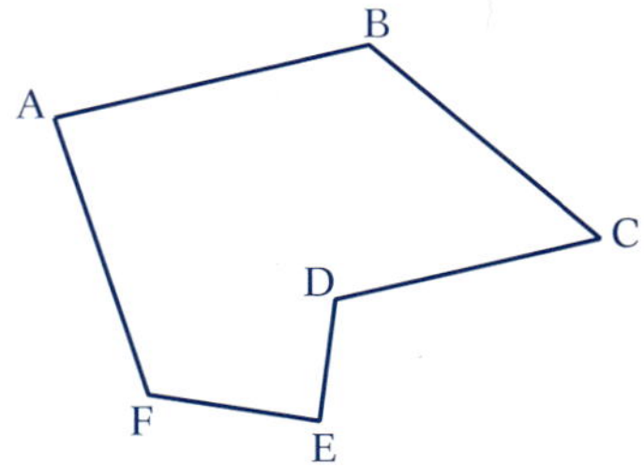

♦ Les côtés [EF] et [DC] ne sont pas consécutifs.

Déf. Deux côtés consécutifs d'un polygone sont deux côtés qui ont une extrémité en commun.

5 Sommets consécutifs

J'observe le polygone FBRHT ci– contre.
Le côté [FB] a pour extrémités les sommets F et B. C'est pourquoi ces deux sommets sont consécutifs.

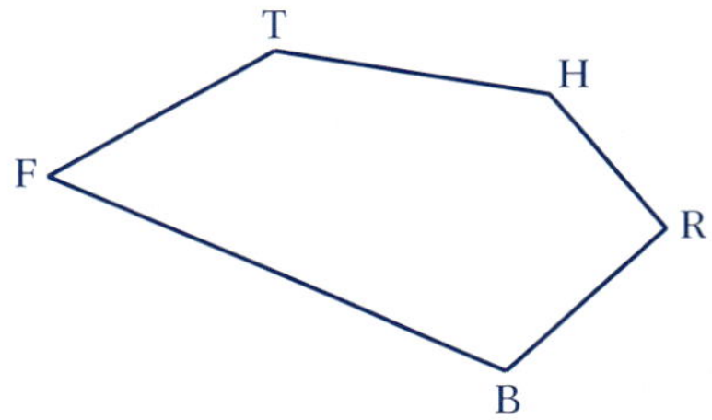

♦ Les sommets F et R ne sont pas consécutifs, ni H et B.

♦ Dans un triangle, deux sommets quelconques sont consécutifs.

Déf. Deux sommets consécutifs d'un polygone sont les deux extrémités d'un des côtés de ce polygone.

6 Angles consécutifs

Les angles $\widehat{H}$ et $\widehat{R}$ du polygone ci-dessus sont consécutifs car leurs sommets sont consécutifs.

Déf. Deux angles consécutifs d'un polygone sont deux angles dont les sommets sont des sommets consécutifs du polygone.

Conserver

• Je considère une rotation *r* de centre O. Les points A et B ont pour images respectives A′ et B′. I est le milieu du segment [AB]. I a pour image I′.
Le point I′ est le milieu du segment [A′B′]. En effet, l'image du milieu d'un segment par une rotation est le milieu de l'image de ce segment. Je peux dire aussi qu'une rotation conserve le milieu d'un segment.

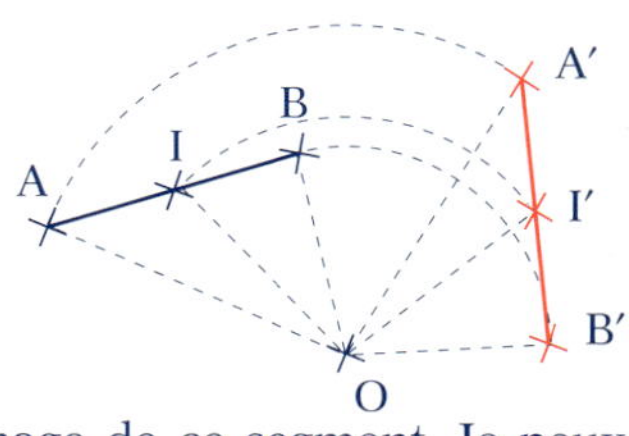

• De même, une projection conserve le milieu d'un segment. Par exemple, sur la figure ci-dessous, le segment [AB] est transformé en [A′B′] par une projection p de direction δ sur une droite d. Le milieu I de [AB] a pour image I′ par p. I′ est donc le milieu de [A′B′].

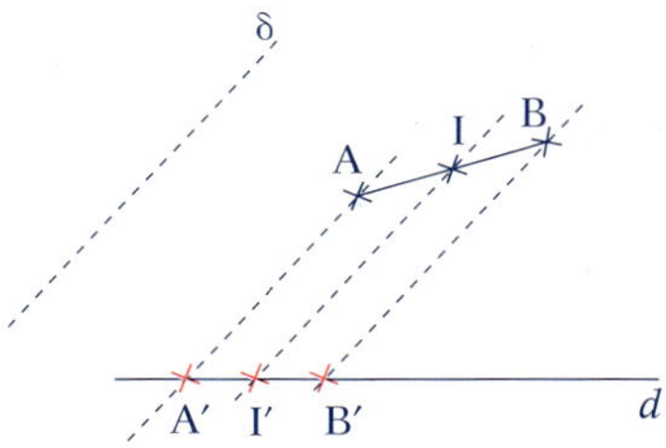

Déf. Dire qu'une propriété d'une figure F est conservée par une transformation t (ou une projection p) signifie que l'image de la figure F par t (ou par p) possède aussi cette propriété.

▶ Isométrie. Projection.

Constante

Soit f la fonction affine définie par $x \mapsto 0x + 2$, que je peux écrire sous la forme $x \mapsto 2$. Je constate que, pour tout nombre x, $f(x) = 2$. C'est pourquoi je peux dire que la fonction f est constante.

♦ Soit a et b deux nombres ; la fonction affine définie par $x \mapsto ax + b$ est constante si et seulement si $a = 0$.

♦ La fonction nulle est une fonction constante.

Déf. Une fonction affine constante est une fonction affine définie par $x \mapsto 0x + b$.

▶ Fonction affine.

Construction

Les articles suivants montrent des constructions de figures :
Angle, Bissectrice, Circonscrit, Équilatéral, Hexagone, Médiatrice, Octogone, Pentagone, Tangent.

Déf. Faire une construction, c'est construire une figure.

▶ Construire.

Contact

Voir l'article *Point de contact*.

Contradiction

Contradiction dans une démonstration par l'absurde

Je vais démontrer par l'absurde le théorème suivant.
Théorème : Soit a et b deux nombres positifs. Si $a < b$, alors $\sqrt{a} < \sqrt{b}$.

Les hypothèses de la démonstration sont :
1. a et b sont deux nombres positifs ;
2. $a < b$.

Je suppose que $\sqrt{a} \geqslant \sqrt{b}$. $\sqrt{a}$ et $\sqrt{b}$ étant positifs, j'en déduis que $(\sqrt{a})^2 \geqslant (\sqrt{b})^2$.
Or je sais que $(\sqrt{a})^2 = a$ et $(\sqrt{b})^2 = b$. J'obtiens donc $a \geqslant b$, ce qui est faux d'après l'hypothèse 2.
Conclusion : ma supposition $\sqrt{a} \geqslant \sqrt{b}$ est fausse, et donc $\sqrt{a} < \sqrt{b}$.
Cela démontre le théorème.
La proposition fausse « $a \geqslant b$ » obtenue ci-dessus s'appelle une contradiction ; c'est parce qu'elle contredit l'hypothèse $a < b$.

Déf. Dans une démonstration par l'absurde, la contradiction est la proposition fausse obtenue juste avant de conclure.

▶ Absurde.

Contraire

1 Contraire d'une proposition

• Le tableau suivant donne des exemples de propositions contraires ; on peut dire que :
– les propositions 1 et 2 sont contraires ;
– le contraire de la proposition 1 est la proposition 2 ;
– le contraire de la proposition 2 est la proposition 1.

	Proposition 1	Proposition 2
Soit x un nombre. Soit y un nombre.	$x = 3$	$x \neq 3$
	$y < 10$	$y \geqslant 10$
	$x = 0$ et $y = 0$	$x \neq 0$ ou $y \neq 0$
	$0 < x < 1$ (c'est-à-dire $0 < x$ et $x < 1$)	$x \leqslant 0$ ou $x \geqslant 1$
	$x = 0$ ou $y = 0$	$x \neq 0$ et $y \neq 0$
	$x \geqslant 5$ ou $y \leqslant 2$	$x < 5$ et $y > 2$

• Je remarque que :
– si une proposition est vraie, alors la proposition contraire est fausse ;
– si une proposition est fausse, alors la proposition contraire est vraie.
Par exemple, supposons que x soit le nombre 3 et que y soit le nombre 0 ; alors, « $x = 3$ » est vraie, et « $x \neq 3$ » est fausse ; « $x = 0$ et $y = 0$ » est fausse et « $x \neq 0$ ou $y \neq 0$ » est vraie ; etc.

Déf. Soit $\mathcal{A}$ et $\mathcal{B}$ deux propositions. Dire que $\mathcal{A}$ est le contraire de $\mathcal{B}$ signifie que :
– si $\mathcal{A}$ est vraie, alors $\mathcal{B}$ est fausse ;
– et si $\mathcal{A}$ est fausse, alors $\mathcal{B}$ est vraie.
On dit aussi, ce qui revient au même, que $\mathcal{A}$ et $\mathcal{B}$ sont deux propositions contraires.

▶ Proposition.

2 Sens contraire

Voir l'article *Sens*.

Contre-exemple

• Soit $\mathcal{P}$ la proposition « quel que soit le nombre x, on a $x < x^2$ ».
La proposition $\mathcal{P}$ est fausse car il existe au moins un nombre x tel que $x \geqslant x^2$; il suffit de choisir $x = 0$. Le nombre 0 est un exemple de nombre qui montre que $\mathcal{P}$ est fausse ; on dit que 0 est un contre-exemple pour $\mathcal{P}$.

♦ Tous les nombres de l'intervalle [0 ; 1] sont des contre-exemples pour $\mathcal{P}$.

• Soit $\mathcal{Q}$ la proposition « quels que soient les points A, B et C, si AB = BC, alors B est le milieu de [AC] ».
La proposition $\mathcal{Q}$ est fausse car il existe au moins trois points A, B et C tels que AB = AC et tels que B ne soit pas le milieu de [AB]. Il suffit de choisir pour A, B et C les sommets d'un triangle isocèle en B.
Ces points forment un contre-exemple pour $\mathcal{Q}$.

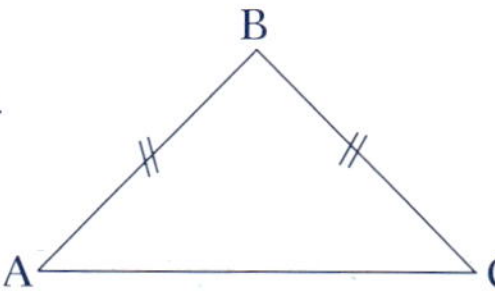

Info. Un contre-exemple pour une proposition $\mathcal{P}$ est constitué d'un ou plusieurs objets mathématiques (nombres, figures géométriques, ...) qui montrent que $\mathcal{P}$ est fausse.

Convenir

1 Définir une convention

▶ Convention.

2 Cas d'une solution

Je dois trouver un nombre A tel que : si $x > \text{A}$, alors $x^2 > 100$.
Le nombre 10 convient. En effet : si $x > 10$, alors $x^2 > 100$.

Déf. Dans un problème, dire qu'un objet mathématique convient signifie qu'il est solution de ce problème.

Convention

• J'ai marqué trois points A, B et C sur la figure ci-contre.
Pour chaque marque, j'ai respecté des conventions de dessin.

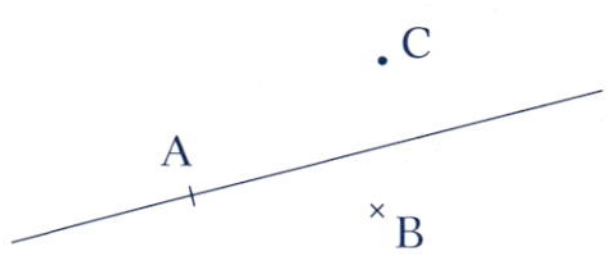

♦ Les conventions que j'ai utilisées sont :
– pour marquer un point sur une droite, on trace un petit trait perpendiculaire à la droite ;
– pour marquer un point du plan, on trace une petite croix ou un petit disque.

• Soit a un nombre. Je sais que $a^2 = a \times a$; $a^3 = a \times a \times a$; $a^4 = a \times a \times a \times a$; etc.
Le fait d'écrire a^2 pour $a \times a$ est une convention.
Quand on étudie les puissances, on apprend d'autres conventions ; par exemple :

$$a^1 = a \qquad\qquad a^0 = 1 \text{ (si } a \neq 0).$$

♦ Sans les deux conventions ci-dessus, la formule $\dfrac{a^n}{a^p} = a^{n-p}$ n'est vraie que pour tout nombre a non nul et pour tous entiers n et p supérieurs ou égaux à 2 tels que $n \geqslant p + 2$.

Avec ces deux conventions, la formule est vraie pour tout nombre a non nul et pour tous entiers n et p supérieurs ou égaux à 0 tels que $n \geqslant p$.

♦ Avec la convention supplémentaire $a^{-n} = \dfrac{1}{a^n}$ pour tout $a \neq 0$ et tout entier naturel n, la formule $\dfrac{a^n}{a^p} = a^{n-p}$ devient vraie pour tout $a \neq 0$ et tous entiers relatifs n et p.

Info. Quand on décide de noter, d'écrire ou de représenter un objet mathématique d'une certaine façon, on définit une convention.

Convertir

Exemple 1 : Je veux convertir 26,5 décimètres en hectomètres.
En pensant au tableau de conversion ci-dessous, je peux trouver que :
1 dm = 0,001 hm $=10^{-3}$ hm.

km	hm	dam	m	dm	cm	mm
	0	0	0	1		

Donc : 26,5 dm = 26,5 $\times$ 10^{-3} hm = 0,026 5 hm.

Exemple 2 : Je veux convertir 0,25 kilomètres carrés en mètres carrés.
En pensant au tableau de conversion ci-dessous, je peux trouver que 1 km² = 10^6 m².

km²		hm²		dam²		m²		dm²		cm²		mm²	
	1	0	0	0	0	0	0						

Donc : 0,25 km² = 0,25 $\times$ 10^6 m² = 250 000 m².

Exemple 3 : Je veux convertir 160 millimètres cubes en décimètres cubes.
En pensant au tableau de conversion ci-dessous, je peux trouver que 1 mm³ = 10^{-6} dm³.

km³			hm³			dam³			m³			dm³			cm³			mm³		
														0	0	0	0	0	0	1

Donc : 160 mm³ = 160 $\times$ 10^{-6} dm³ = 0,000 16 dm³.

Déf. Considérons une grandeur exprimée dans une certaine unité. Convertir l'expression de cette grandeur, c'est l'exprimer avec une autre unité.

Convexe

Sur la figure ci-dessous, j'ai dessiné un polygone (*fig. 1*).
Je vois qu'aucun des supports des côtés ne contient des points de l'intérieur du polygone (*fig. 2*).

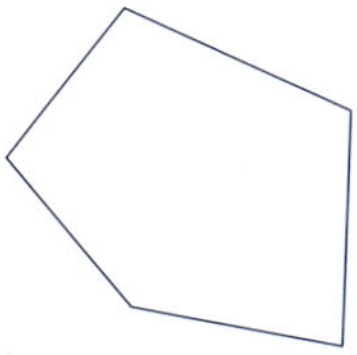

fig. 1

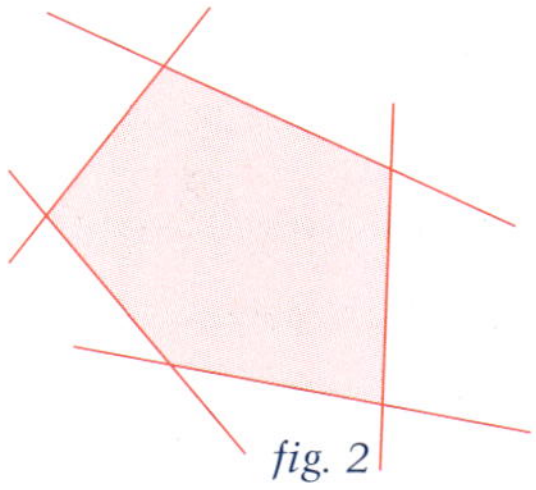

fig. 2

C'est pourquoi ce polygone est convexe.

♦ Pour un polygone, convexe est le contraire de concave.

Déf. Un polygone convexe est un polygone tel qu'aucun des supports de ses côtés ne contienne des points de l'intérieur de ce polygone.

▶ Concave. Croisé.

Coordonnée

1 Coordonnées d'un point dans un repère du plan

Dans le repère (O, I, J), les coordonnées du point A sont 2 et 3.
2 est l'abscisse de A et 3 est l'ordonnée de A.
En abrégé, on peut écrire A(2 ; 3) ; l'abscisse est toujours écrite en premier et l'ordonnée en second.

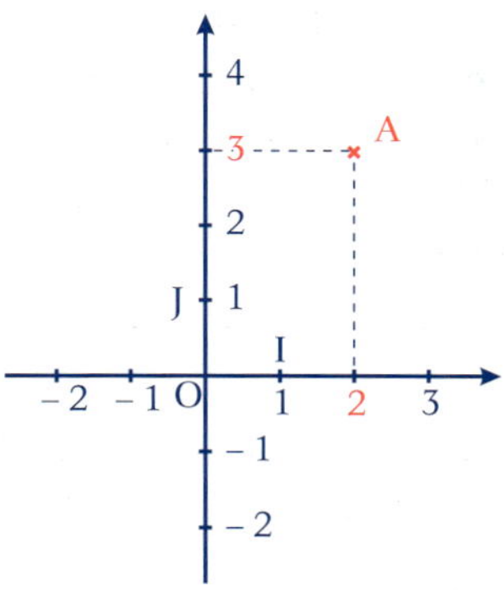

Déf. Dans un repère du plan, les coordonnées d'un point sont l'abscisse et l'ordonnée de ce point.

▶ Abscisse. Ordonnée. Repérer dans le plan.

2 Coordonnées d'un vecteur

Dans le repère (O, I, J) représenté ci-contre, j'ai marqué les points A(– 2 ; 1) et A′(3 ; – 3).
Je calcule les coordonnées du vecteur $\overrightarrow{AA'}$:
– première coordonnée : 3 – (– 2) = 3 + 2 = 5 ;
– seconde coordonnée : – 3 – 1 = – 4.
Les coordonnées de $\overrightarrow{AA'}$ sont donc 5 et – 4, dans cet ordre ; en abrégé : $\overrightarrow{AA'}$ (5 ; – 4).

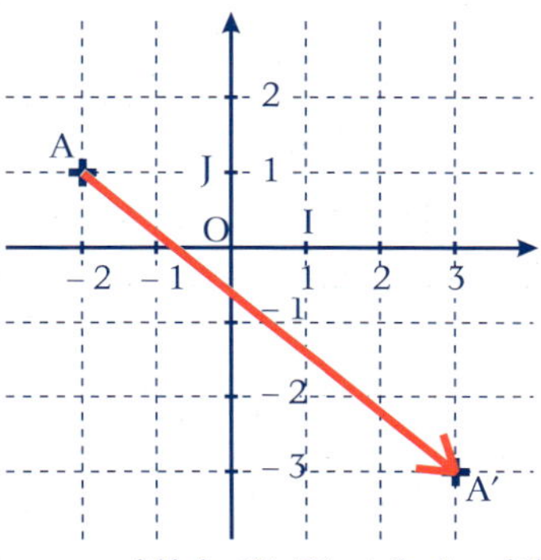

♦ Je peux lire graphiquement les coordonnées du vecteur $\overrightarrow{AA'}$ de la façon suivante :

Pour aller de A vers A′, je peux me déplacer de 5 unités à droite (sens positif de (O, I)) et de 4 unités vers le bas (sens négatif de (O, J)) ; c'est pourquoi les coordonnées du vecteur $\overrightarrow{AA'}$ sont 5 et – 4, dans cet ordre.

Coordonnée

Déf. Dans un repère (O, I, J) du plan, soit deux points A(x, y) et A′(x', y'). Les coordonnées du vecteur $\overrightarrow{AA'}$ sont les nombres $x' - x$ et $y' - y$, dans cet ordre.

▶ Vecteur.

FICHE

COORDONNÉES DU MILIEU D'UN SEGMENT

1. Abscisse du milieu d'un segment sur un axe

Sur l'axe représenté ci-dessous, les points A et A′ ont pour abscisses respectives – 3 et 8. M est le milieu du segment [AA′].

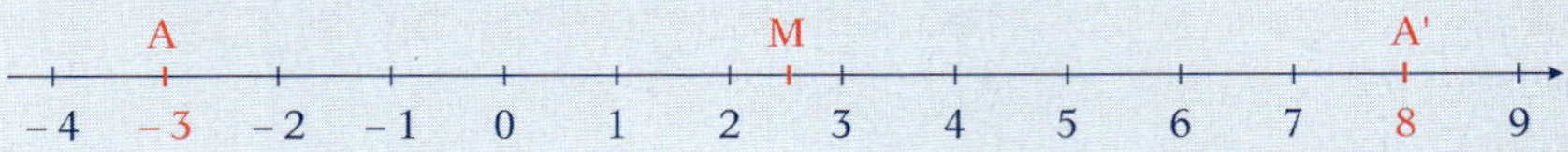

Je calcule l'abscisse de M : $\dfrac{(-3)+8}{2} = \dfrac{5}{2} = 2{,}5$. L'abscisse de M est égale à 2,5.

♦ Je remarque que l'abscisse de M est la moyenne des abscisses de A et de A′.

Info. Sur un axe, soit A et A′ deux points d'abscisses respectives x et x'. L'abscisse du milieu du segment [AA′] est égale à $\dfrac{x + x'}{2}$.

2. Coordonnées du milieu d'un segment dans un repère du plan

Dans le repère (O, I, J) représenté ci-contre, on a les points A(– 5 ; 4) et A′(3 ; – 1), et M est le milieu du segment [AA′].

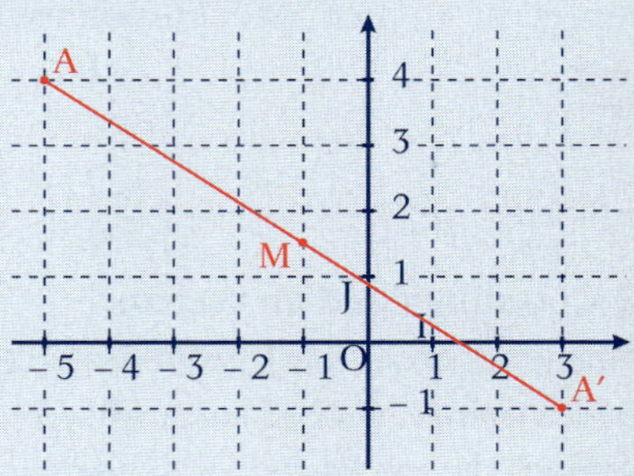

Je calcule l'abscisse de M :

$\dfrac{(-5)+3}{2} = \dfrac{-2}{2} = -1$. L'abscisse de M est égale à – 1.

Je calcule l'ordonnée de M :

$\dfrac{4+(-1)}{2} = \dfrac{3}{2} = 1{,}5$. L'ordonnée de M est égale à 1,5.

♦ Je remarque que l'abscisse de M est la moyenne des abscisses de A et de A′ , et que l'ordonnée de M est la moyenne des ordonnées de A et de A′ .

Info. Dans un repère (O, I, J) du plan, soit deux points A(x, y) et A′(x', y'). Les coordonnées du milieu du segment [AA′] sont $\dfrac{x + x'}{2}$ et $\dfrac{y + y'}{2}$, dans cet ordre.

Coplanaire

Sur la figure ci-contre, j'ai représenté quatre points appartenant à un plan $\mathcal{P}$. Ces quatre points sont coplanaires.

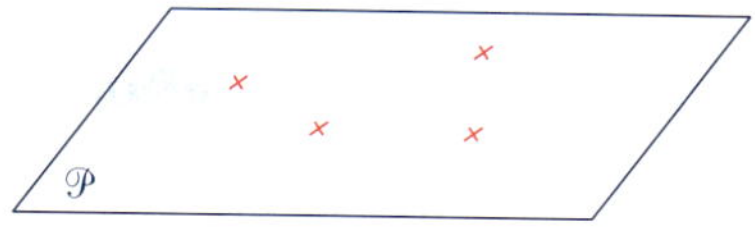

♦ Il est possible de trouver quatre points de l'espace qui ne soient pas coplanaires, par exemple les quatre sommets d'un tétraèdre. En revanche, trois points quelconques de l'espace sont coplanaires.

♦ Deux droites sécantes de l'espace sont coplanaires.

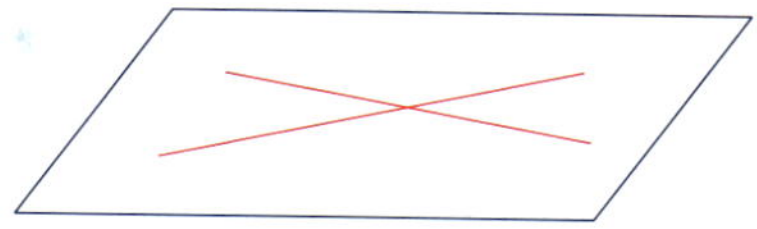

♦ Deux droites parallèles de l'espace sont coplanaires. Sur la figure ci-contre, j'ai dessiné un cube posé sur un plan horizontal ; j'ai représenté en rouge les supports de deux côtés opposés de la face inférieure. Ces deux droites sont parallèles et sont incluses dans le plan de la face inférieure.

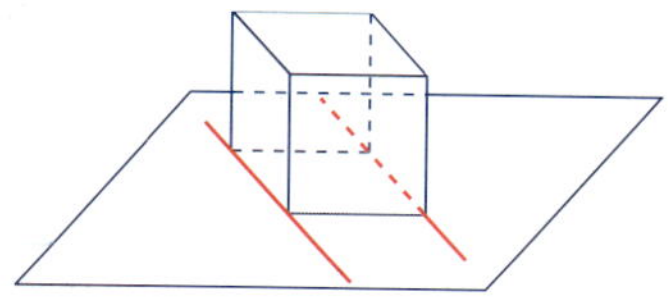

♦ Sur la figure ci-contre, j'ai représenté deux droites non coplanaires en prolongeant en rouge deux arêtes d'un cube.

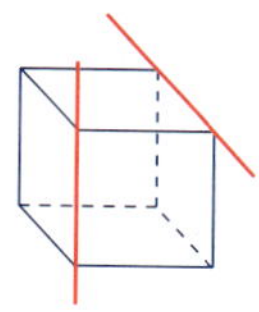

Déf. Dans l'espace, dire que des figures géométriques sont coplanaires signifie qu'elles sont incluses dans un même plan.

Corde

Sur la figure ci-contre, les points A et B sont sur un cercle. Le segment [AB] est une corde de ce cercle.

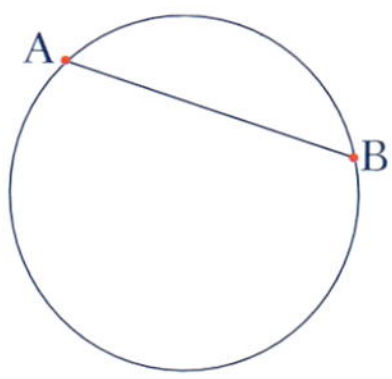

♦ Si une corde d'un cercle ([CD] sur la figure) passe par le centre de ce cercle (O sur la figure), elle est un diamètre du cercle.

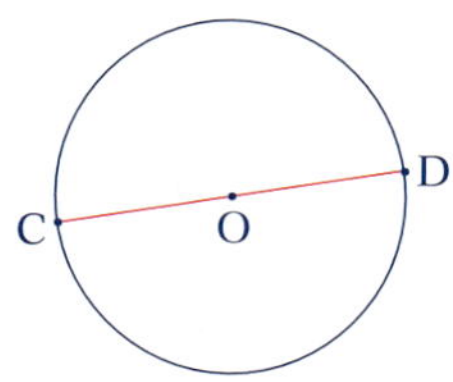

Déf. Une corde d'un cercle est un segment dont les extrémités sont deux points de ce cercle.

▶ Cercle. Diamètre. Sous-tendre.

Correspondant

Sur la figure ci-contre, la droite Δ (lire *delta*) coupe les droites d et d' en deux points. Ces points sont les sommets des angles $\widehat{1}$ et $\widehat{2}$. On dit que les angles $\widehat{1}$ et $\widehat{2}$ sont correspondants.

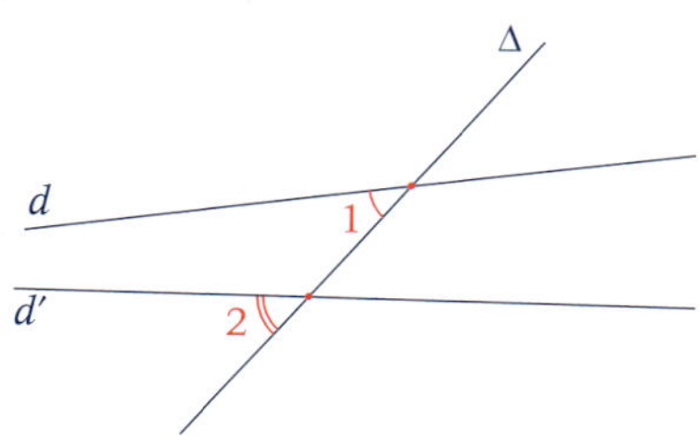

♦ Deux angles correspondants sont caractérisés par les propriétés décrites ci-après.

Correspondant

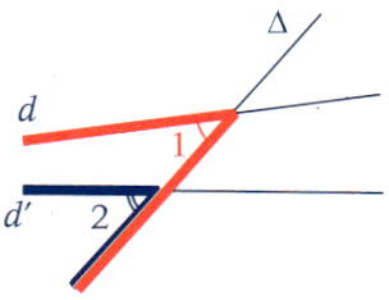

Les angles $\widehat{1}$ et $\widehat{2}$ ont des sommets distincts et leurs côtés ont pour supports les droites *d*, *d′* et Δ.

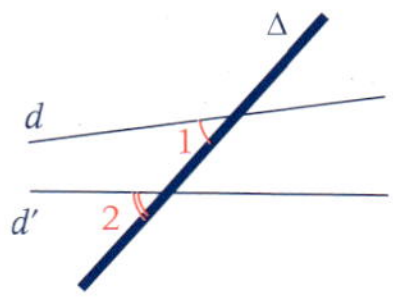

Les angles $\widehat{1}$ et $\widehat{2}$ sont d'un même côté de Δ .

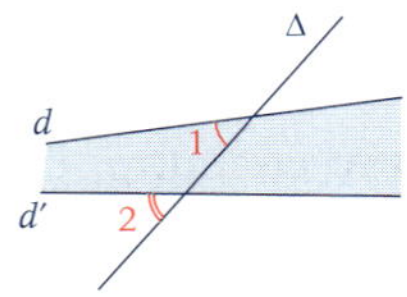

L'un des angles est marqué dans la partie coloriée et l'autre en dehors.

♦ De même, sur les figures ci-dessous, $\widehat{3}$ et $\widehat{4}$ sont correspondants, $\widehat{5}$ et $\widehat{6}$ sont correspondants, $\widehat{7}$ et $\widehat{8}$ sont correspondants.

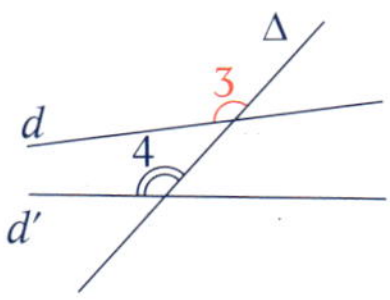

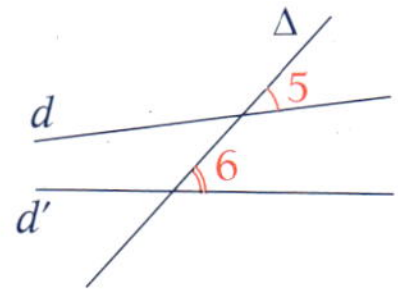

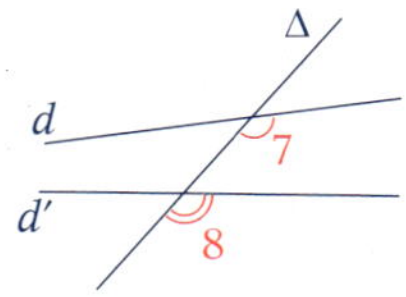

Info. Considérons la figure ci-contre où la droite Δ coupe les droites *d* et *d′*.
Les angles $\widehat{1}$ et $\widehat{2}$ sont correspondants ; les angles $\widehat{3}$ et $\widehat{4}$ sont correspondants ; les angles $\widehat{5}$ et $\widehat{6}$ sont correspondants ; et les angles $\widehat{7}$ et $\widehat{8}$ sont aussi correspondants.

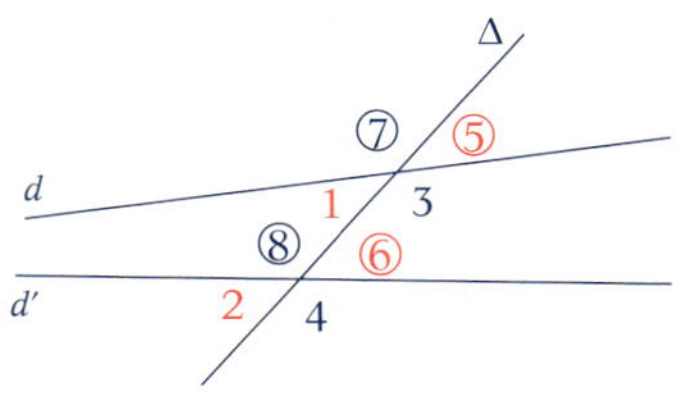

▶ Alterne externe. Alterne interne. Opposé **5**.

FICHE

ANGLES CORRESPONDANTS ET DROITES PARALLÈLES

Sur la figure, les angles $\widehat{1}$ et $\widehat{2}$ sont correspondants. De plus, les droites *d* et *d′* sont parallèles. Je peux alors affirmer que les angles $\widehat{1}$ et $\widehat{2}$ ont la même ouverture. Cela résulte du théorème suivant :

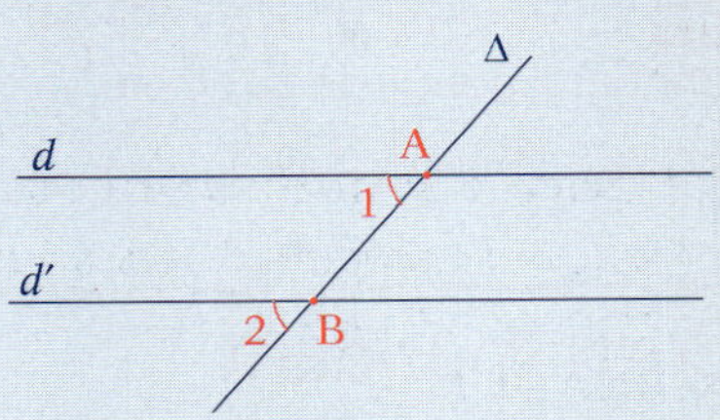

Théorème : Soit Δ une droite coupant deux droites *d* et *d′* en deux points A et B, et soit $\widehat{1}$ et $\widehat{2}$ deux angles correspondants de sommets A et B. Si *d* et *d′* sont parallèles, alors $\widehat{1}$ et $\widehat{2}$ ont la même ouverture.

Ce théorème admet une réciproque :

Théorème : Soit Δ une droite coupant deux droites *d* et *d′* en deux points A et B, et soit $\widehat{1}$ et $\widehat{2}$ deux angles correspondants de sommets A et B. Si $\widehat{1}$ et $\widehat{2}$ ont la même ouverture, alors *d* et *d′* sont parallèles.

Cos

Abréviation de cosinus.

▶ Cosinus.

Cosinus

1 Cosinus d'un angle aigu d'un triangle rectangle

L'unité de longueur est le centimètre.

Le triangle ABC représenté ci-contre est rectangle en B.

Le nombre $\frac{AB}{AC}$ est égal à $\frac{4}{5}$. Ce nombre est le cosinus de l'angle $\widehat{A}$.

En abrégé, je peux écrire : $\cos \widehat{A} = \frac{4}{5}$ (lire *cosinus A égal 4 sur 5*).

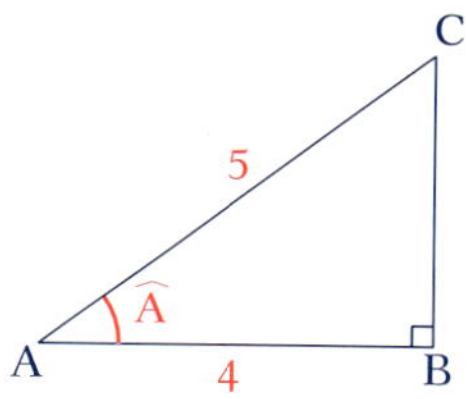

♦ Pour trouver le cosinus d'un angle aigu d'un triangle rectangle, je peux m'aider de la « formule » :

$$\text{cosinus} = \frac{\text{côté adjacent}}{\text{hypoténuse}}$$

Par exemple, pour le triangle XYZ représenté ci-dessous : $\cos \widehat{X} = \frac{XZ}{XY}$; $\cos \widehat{Y} = \frac{YZ}{XY}$.

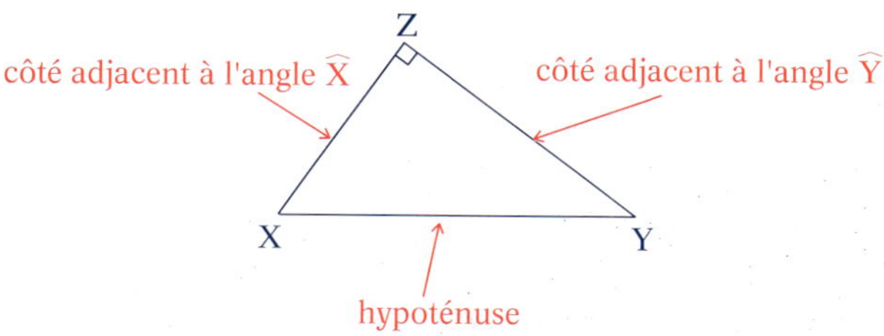

Déf. Le cosinus de l'angle $\widehat{A}$ d'un triangle ABC rectangle en B est le nombre $\frac{AB}{AC}$.

2 Cosinus d'un angle et quart de cercle trigonométrique

Sur la figure ci-contre, l'abscisse du point M est égale à 0,6. Le cosinus de l'angle $\widehat{IOM}$ est donc égal à 0,6. En abrégé : $\cos \widehat{IOM} = 0{,}6$.

♦ En effet, appelons H le projeté orthogonal de M sur (OI). Dans le triangle OMH rectangle en H, on a :

$\cos \widehat{O} = \frac{OH}{OM} = \frac{0{,}6}{1} = 0{,}6$.

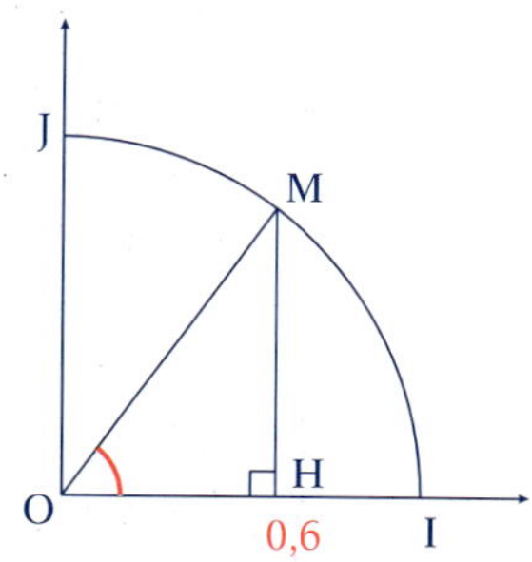

Déf. Soit (O, I, J) un repère orthonormal et M un point du quart de cercle trigonométrique distinct de I et de J. Le cosinus de l'angle $\widehat{IOM}$ est l'abscisse du point M.

▶ Cotangente. Sinus. Tangente. Trigonométrie.

FICHE

COSINUS

L'unité de longueur est le centimètre.
Avant d'utiliser la calculatrice, vérifier qu'elle est en mode DEGRÉ.

1. Obtenir un cosinus à la calculatrice

Pour obtenir le cosinus d'un angle de 42°, je tape : [4] [2] [COS] (1)
ou bien : [cos] [4] [2] [EXE] (2)
La calculatrice affiche [0.7431448255].
J'en déduis des valeurs approchées du cosinus d'un angle de 42° ; par exemple :

$$\cos 42° \approx 0{,}7 \text{ (à 0,1 près) ;}$$
$$\cos 42° \approx 0{,}743 \text{ (à 0,001 près).}$$

2. Obtenir un angle à la calculatrice

Le cosinus de l'angle $\widehat{A}$ du triangle représenté ci-contre est égal à $\dfrac{4}{5}$.
Pour connaître cet angle $\widehat{A}$,
je tape : [4] [÷] [5] [=] [COS⁻¹] (1)
ou bien : [COS⁻¹] [(] [4] [÷] [5] [)] [EXE] (2)
La calculatrice affiche [36.86989765].
D'où : $\widehat{A} \approx 37°$ (à 1° près).

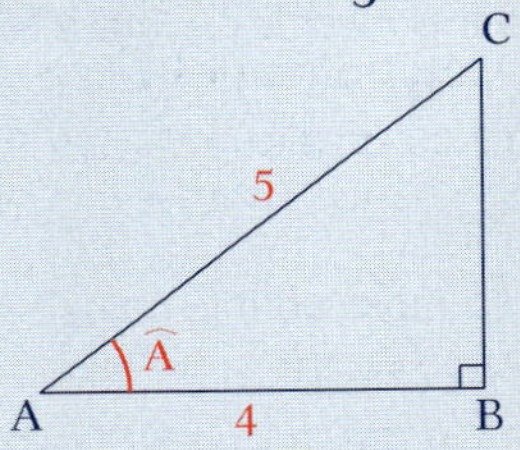

(1) sur une calculatrice scientifique.
(2) sur une calculatrice graphique.

3. Calculer la longueur d'un côté d'un triangle rectangle

• Exemple 1

Je vais calculer RS à 0,1 près.

Je sais que $\cos \widehat{R} = \dfrac{RS}{RT}$. Donc : $\cos 25° = \dfrac{RS}{3{,}8}$;

j'en déduis $RS = 3{,}8 \times \cos 25°$.
Sur une calculatrice scientifique, je tape :
[3] [.] [8] [×] [2] [5] [COS] [=].
Elle affiche [3.443969591]. D'où : RS ≈ 3,4 (à 0,1 près).

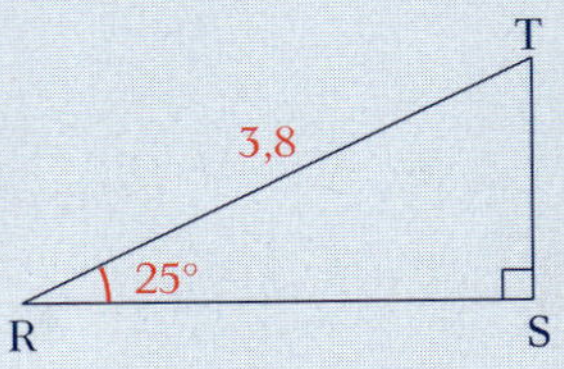

• Exemple 2

Je vais calculer UW à 0,1 près.

Je sais que $\cos \widehat{U} = \dfrac{UV}{UW}$. Donc : $\cos 47° = \dfrac{2{,}4}{UW}$;

j'en déduis $UW = \dfrac{2{,}4}{\cos 47°}$.

Sur une calculatrice scientifique,
je tape : [2] [.] [4] [÷] [4] [7] [COS] [=].
Elle affiche [3.519070046]. D'où : UW ≈ 3,5 (à 0,1 près).

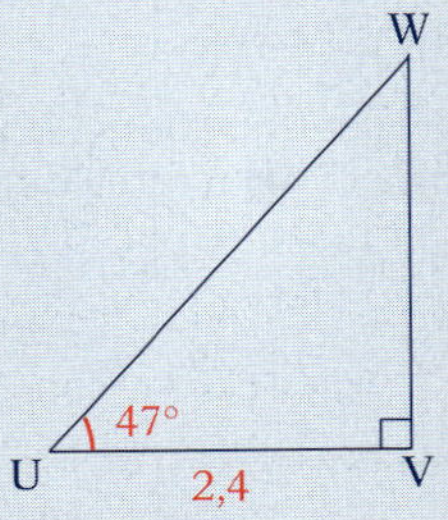

Cotan

Abréviation de cotangente.

▶ Cotangente.

Cotangente

Déf. La cotangente d'un angle aigu est l'inverse de la tangente de cet angle.

$$\text{cotan}\,\widehat{A} = \frac{1}{\tan \widehat{A}} = \frac{\cos \widehat{A}}{\sin \widehat{A}}$$

(lire *cotangente A égal un sur tangente A, égal cosinus A sur sinus A*).

▶ Tangente. Trigonométrie.

Côté

1 Côtés d'un polygone

• Les côtés d'un triangle ABC sont les segments [AB], [BC] et [CA].

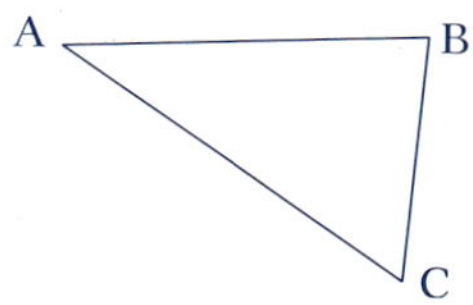

• Les côtés d'un quadrilatère ABCD sont les segments [AB], [BC], [CD] et [DA].

♦ Le segment [BD] n'est pas un côté du quadrilatère ABCD car ce segment contient des points de l'intérieur du quadrilatère.

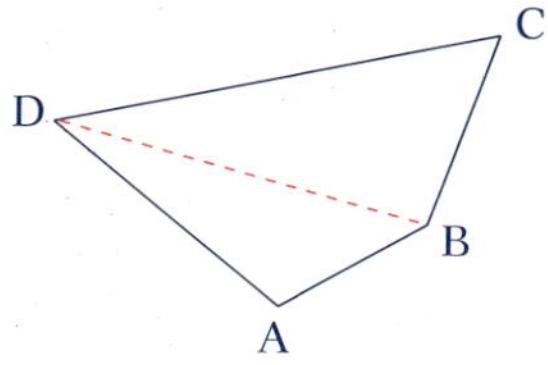

• Les côtés d'un pentagone ABCDE sont les segments [AB], [BC], [CD], [DE] et [EA].

♦ Le segment [BD] n'est pas un côté du pentagone ABCDE car ce segment contient des points de l'extérieur du pentagone.

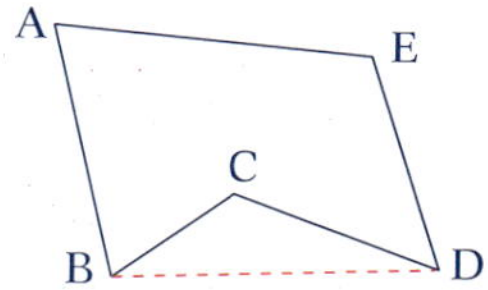

Déf. Un côté d'un polygone est un segment qui joint deux sommets de ce polygone et qui est formé de points de ce polygone.

▶ Diagonale. Sommet.

2 Côtés d'un angle

Les demi-droites [Ox) et [Oy) sont les deux côtés de l'angle saillant marqué en rouge ; ces demi-droites sont aussi les deux côtés de l'angle rentrant marqué en bleu.

♦ Un angle nul a un seul côté : c'est la demi-droite qui le définit.

♦ Un angle plein n'a pas de côté, puisque c'est un plan.

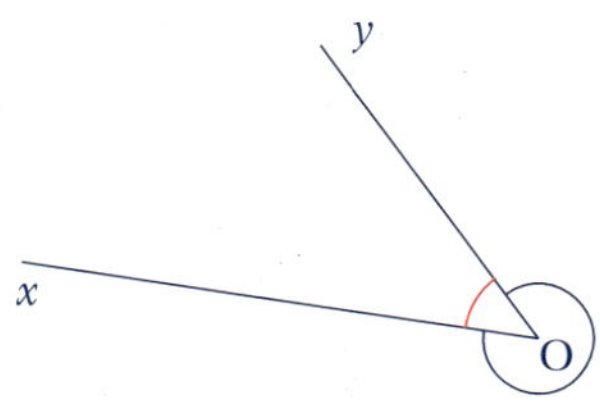

♦ J'ai marqué un angle plat $\widehat{xOy}$; les demi-droites [O*x*) et [O*y*) sont deux côtés de cet angle. Je marque un point A sur la droite (*xy*) ; l'angle plat $\widehat{xAy}$ est égal à l'angle plat $\widehat{xOy}$. Les demi-droites [A*x*) et [A*y*) sont donc aussi deux côtés de l'angle plat $\widehat{xAy}$. Un angle plat a donc une infinité de côtés.

Déf. Un angle saillant, ou rentrant, a deux côtés : ce sont les deux demi-droites qui le délimitent.

3 Côté en tant que longueur

J'ai tracé un carré de 3 cm de côté et un pentagone régulier de 2 cm de côté.

Info. Pour un polygone régulier, *côté* est synonyme de *longueur* d'un côté.

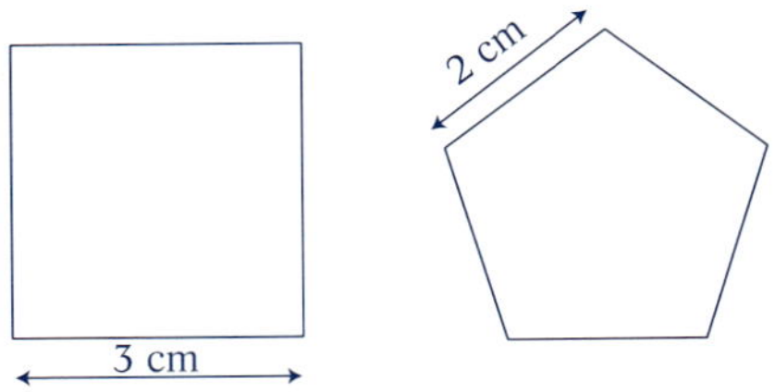

4 Côté en tant que mesure

L'unité de longueur est le centimètre. J'ai construit un triangle de côtés 3, 5, 7. Cela signifie que les côtés ont pour mesures respectives (en centimètres) 3, 5 et 7.

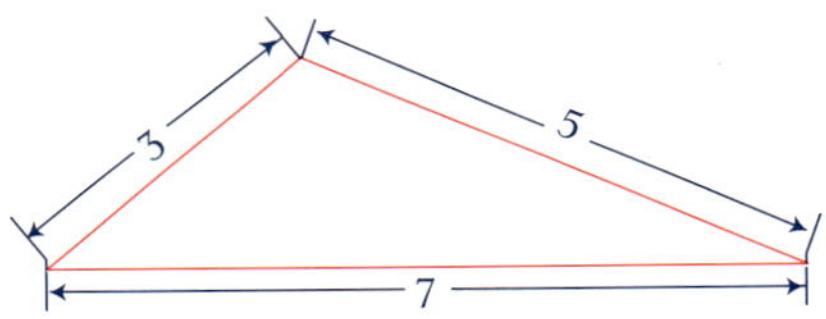

Déf. Choisissons une unité de longueur ; soit *a*, *b*, *c*, *d*... des nombres strictement positifs. Dire qu'un polygone a pour côtés respectifs *a*, *b*, *c*, *d*... signifie que ses côtés ont pour mesures respectives *a*, *b*, *c*, *d*...

▶ Cosinus. Diagonale. Sinus. Tangente. Théorème de Pythagore.

Coupe

Synonyme de *section*.

▶ Section.

Couple

1 Couple de nombres

Sur la figure, les coordonnées du point A sont 3 et – 2 ; 3 est l'abscisse et – 2 est l'ordonnée.
En abrégé, on peut écrire A (3 ; – 2).
(3 ; – 2) s'appelle le couple des coordonnées de A.

♦ Les couples (3 ; – 2) et (– 2 ; 3) sont différents ; les points A (3 ; – 2) et B (– 2 ; 3) sont donc distincts.

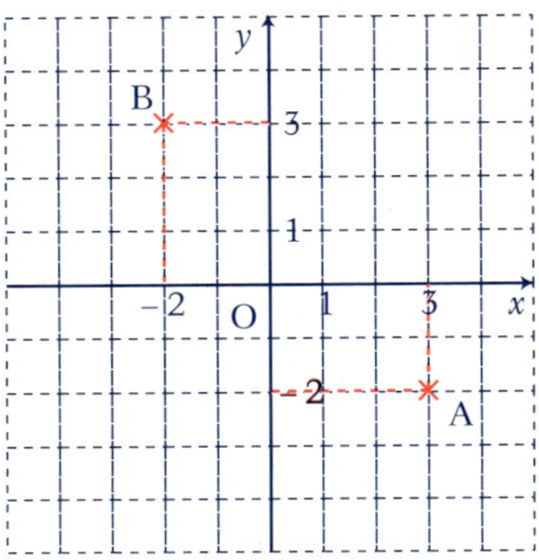

Déf. Un couple de nombres est une suite de deux nombres.

▶ Coordonnée. Solution.

2 Couple de points

Déf. Un couple de points est une suite de deux points.

▶ Suite. Triplet.

Couronne

Sur la figure ci-contre, la surface coloriée s'appelle une couronne.

Déf. Une couronne est une surface comprise entre deux cercles concentriques. Les deux cercles sont inclus dans la couronne.

▶ Concentrique.

CQFD

À la fin d'une démonstration, on écrit parfois CQFD pour dire que la démonstration est terminée. CQFD est l'abréviation de « Ce Qu'il Fallait Démontrer ».

Info. CQFD signifie en abrégé « Ce Qu'il Fallait Démontrer ».

Critère de divisibilité

• Je peux savoir que le nombre 1 401 est divisible par 3 sans effectuer la division de 1 401 par 3. En effet, 1 + 4 + 0 + 1 = 6, et 6 est divisible par 3.
• Je peux savoir que le nombre 7 312 est divisible par 4 sans effectuer la division de 7 312 par 4. En effet, le nombre écrit avec les deux derniers chiffres – 12 – est divisible par 4.
• Je peux savoir que le nombre 8 125 est divisible par 25 sans effectuer la division de 8 125 par 25. En effet, le nombre écrit avec les deux derniers chiffres – 25 – est divisible par 25.

♦ De même, 8 100, 8 150 et 8 175 sont divisibles par 25 car 00, 50 et 75 sont divisibles par 25.

Déf. Un critère de divisibilité est une règle qui permet de savoir si un nombre entier a est divisible par un nombre entier b sans avoir à effectuer la division de a par b.

FICHE

CRITÈRES DE DIVISIBILITÉ

Considérons un entier naturel a, et son écriture décimale réduite.

• Divisibilité par 2

a est divisible par 2 si et seulement si le chiffre des unités est pair.

• Divisibilité par 3

a est divisible par 3 si et seulement si la somme de tous les chiffres est divisible par 3.

- Divisibilité par 4

a est divisible par 4 si et seulement si le nombre écrit avec les deux derniers chiffres est divisible par 4.

- Divisibilité par 5

a est divisible par 5 si et seulement si le chiffre des unités est 0 ou 5.

- Divisibilité par 9

a est divisible par 9 si et seulement si la somme de tous les chiffres est divisible par 9.

- Divisibilité par 10

a est divisible par 10 si et seulement si le chiffre des unités est 0.

♦ Les critères de divisibilité par 100, 1 000, 10 000 etc. s'énoncent de la même façon en considérant les deux, trois ou quatre derniers chiffres de l'écriture décimale réduite.

- Divisibilité par 25

a est divisible par 25 si et seulement si le nombre écrit avec les deux derniers chiffres est 00, 25, 50 ou 75.

♦ Dans les énoncés des critères de divisibilité par 3 et par 9, une expression telle que « la somme de tous les chiffres est divisible par 3 » signifie : « La somme de tous les chiffres représente un nombre divisible par 3 ».

Crochet

Il y a deux crochets : le crochet ouvrant [, et le crochet fermant].

1 Écriture d'expressions littérales

Voici une expression littérale : $11x - (4x - (3x + 2))$

J'ai ouvert une parenthèse — je l'ai fermée ici

$$11\,x - (4x - (3x + 2))$$

Pour faciliter la lecture de l'expression, je peux utiliser des crochets et écrire :

$$11\,x - [4x - (3x + 2)]$$

Info. Dans une expression littérale ou numérique, deux crochets […] ont la même signification que deux parenthèses (…).

2 En géométrie

En géométrie, la notation [AB] désigne le segment ayant pour extrémités les points A et B. Ce sont les crochets qui me montrent qu'il s'agit d'un segment.

Les notations [Cx) et [CD) désignent des demi-droites ; elles ont pour origine le point C. Le nom de l'origine est écrit juste après le crochet.

Info. En géométrie, un crochet indique qu'une figure (segment ou demi-droite) est limitée ou délimitée par le point écrit juste à côté de ce crochet.

▶ Parenthèse. Symboles de géométrie.

Croisé

Les côtés [AB] et [CD] du quadrilatère ABCD ont un point en commun. De plus, ce point n'est pas un sommet du quadrilatère ; c'est pourquoi le quadrilatère ABCD est croisé.

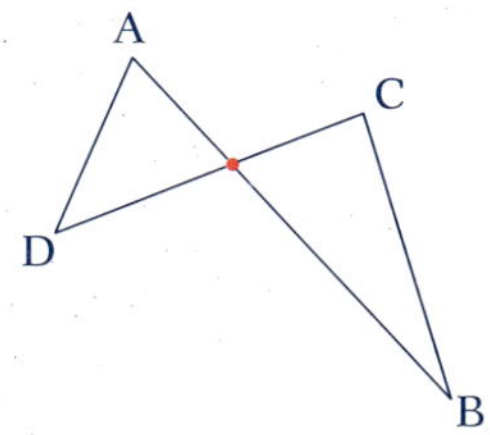

♦ Le pentagone ABCDE est croisé. J'ai marqué en rouge les points où deux côtés se coupent.

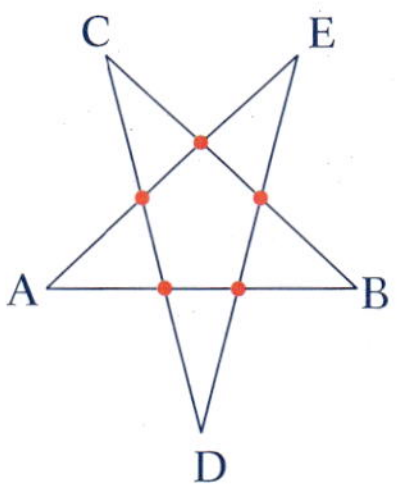

Déf. Un polygone croisé est un polygone dont deux côtés au moins ont un point commun, distinct d'un sommet.

▶ Concave. Convexe.

Croissant

1 Ordre croissant

Voir l'article *Ordre.*

2 Fonction croissante

Je considère la fonction affine f définie par $f(x) = \frac{1}{2}x + 3$; la figure ci-dessous montre sa représentation graphique dans un repère orthonormal (O, I, J).

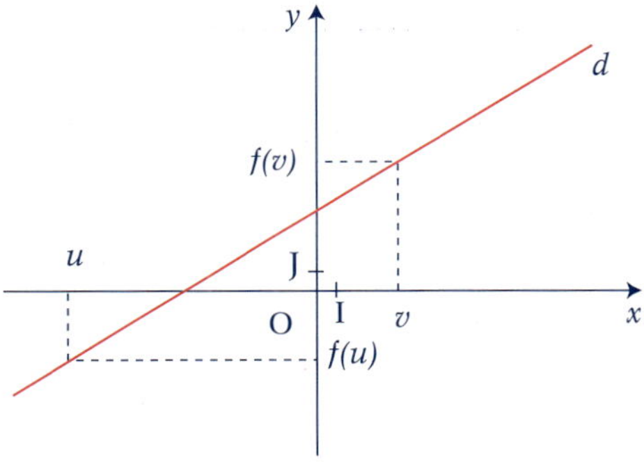

J'ai choisi deux nombres u et v tels que $u \leqslant v$ (– 12 et 4 sur la figure) ; j'observe que $f(u) \leqslant f(v)$ (– 3 ⩽ 5 sur la figure).
La propriété observée ci-dessus avec – 12 et 4 est vraie pour tous nombres u et v. En effet :
Si $u \leqslant v$ alors $\frac{1}{2}u \leqslant \frac{1}{2}v$, donc $\frac{1}{2}u + 3 \leqslant \frac{1}{2}v + 3$. J'en déduis que, si $u \leqslant v$, alors $f(u) \leqslant f(v)$.

♦ On peut dire également que la fonction f est strictement croissante.

♦ Soit a et b deux nombres. La fonction affine définie par $x \mapsto ax + b$ est croissante si et seulement si le nombre a est positif.

♦ Une fonction constante, notée f, est croissante ; en effet, quels que soient les nombres u et v, si $u \leqslant v$, alors $f(u) = f(v)$, donc $f(u) \leqslant f(v)$.

Déf. Considérons une fonction affine f. Dire que f est croissante signifie :
Quels que soient les nombres u et v, si $u \leqslant v$, alors $f(u) \leqslant f(v)$.

▶ Constante. Décroissant. Strictement **3**.

Cube

1 Polyèdre

J'ai représenté un cube sur la figure ci-dessous.

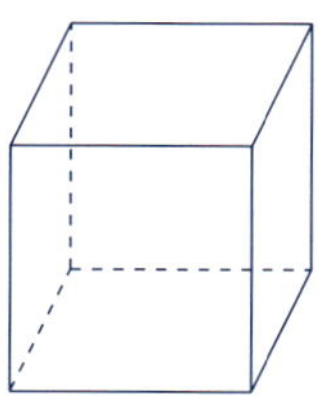

♦ Un cube a six faces, huit sommets et douze arêtes.
♦ Un parallélépipède rectangle dont toutes les arêtes ont la même longueur est un cube.

Déf. Un cube est un polyèdre ayant six faces carrées.

▶ Carré **1**. Parallélépipède. Polyèdre.

FICHE

PATRONS DE CUBES

Il existe onze patrons d'un cube donné. Ils sont dessinés ci-dessous.

2 Nombre

a) Le cube du nombre $\frac{5}{6}$ est le nombre $\frac{125}{216}$ car $\left(\frac{5}{6}\right)^3 = \frac{5}{6} \times \frac{5}{6} \times \frac{5}{6} = \frac{5^3}{6^3} = \frac{125}{216}$.

♦ 0 est le cube de lui-même ; 1 est le cube de lui-même ; – 1 est le cube de lui-même. Les nombres 0, 1 et – 1 sont les seuls nombres qui soient les cubes d'eux-mêmes.

b) Voici la liste des onze premiers cubes :

0, 1, 8, 27, 64, 125, 216, 343, 512, 729, 1 000.

Je les ai trouvés ainsi : $0 = 0^3$, $1 = 1^3$, $8 = 2^3$, $27 = 3^3$, etc.

Déf. ***a)*** Le cube d'un nombre a est le nombre $a \times a \times a$, que l'on note a^3 (lire « a au cube » ou « a cube »).
b) Dire qu'un entier c est un cube signifie qu'il existe un entier a tel que $c = a^3$, c'est-à-dire $c = a \times a \times a$.

▶ Carré **2**.

Cumulé

Voir les articles *Effectif* et *Fréquence*.

Cylindre

La surface du solide représenté ci-contre

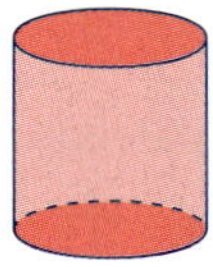

est composée d'une surface cylindrique

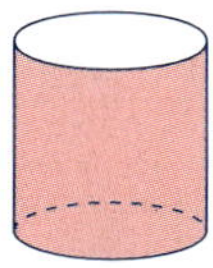

et de deux disques fermant cette surface.

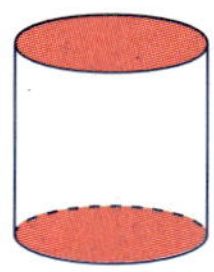

Le solide représenté est un cylindre.

Déf. Un cylindre est une partie de l'espace comprenant :
- une surface cylindrique fermée par deux disques
- et l'intérieur de cette surface fermée.

▶ Cylindrique (surface). Latéral. Section.

FICHE

CYLINDRE DE RÉVOLUTION

1. Illusion d'un cylindre de révolution

J'imagine une plaque rectangulaire fixée à une perceuse. Le rectangle qui la limite est fixé au milieu d'un de ses côtés.

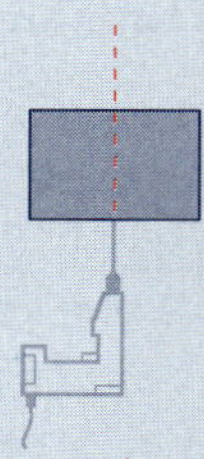

Je mets en marche la perceuse. La plaque rectangulaire tourne très vite.

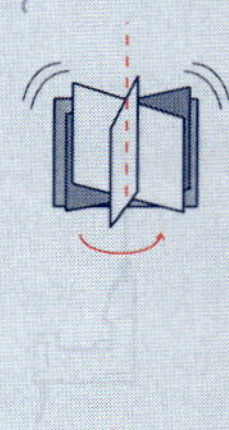

J'ai l'illusion d'un cylindre.

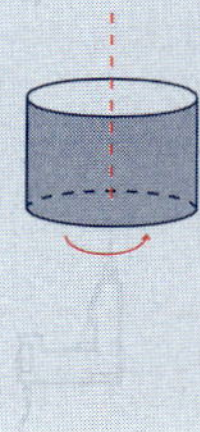

La plaque rectangulaire tourne autour d'un axe de symétrie du rectangle (cet axe est représenté en pointillés rouges). Elle accomplit donc des révolutions (c'est-à-dire elle tourne) autour de cet axe. C'est pourquoi le cylindre dont j'ai l'illusion est un cylindre de révolution.

♦ Il existe des cylindres qui ne sont pas des cylindres de révolution. J'en ai représenté un ci-dessous.

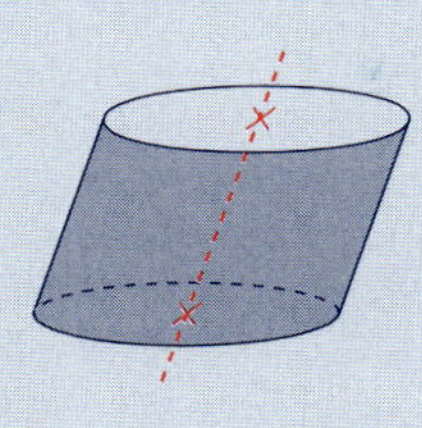

2. Patrons d'un cylindre de révolution

Voici un patron du cylindre de révolution.

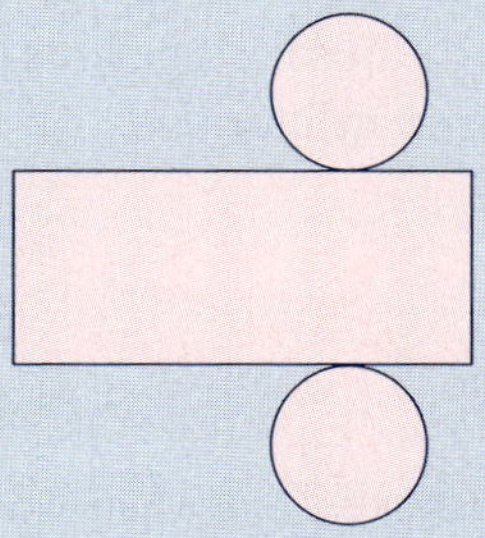

Après découpage du patron, je le plie et le courbe.

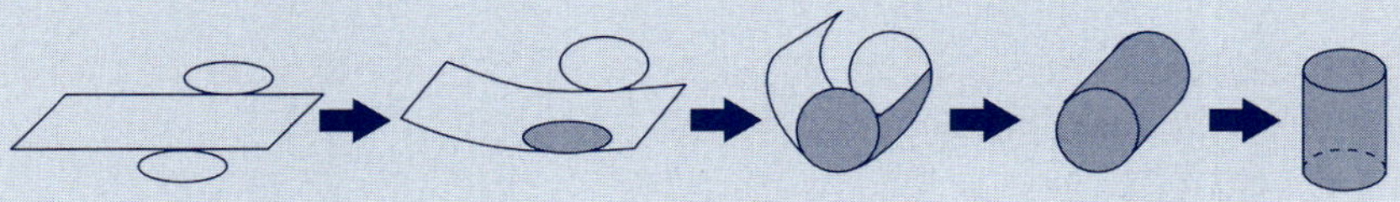

♦ Voici un autre patron permettant d'obtenir le même cylindre.

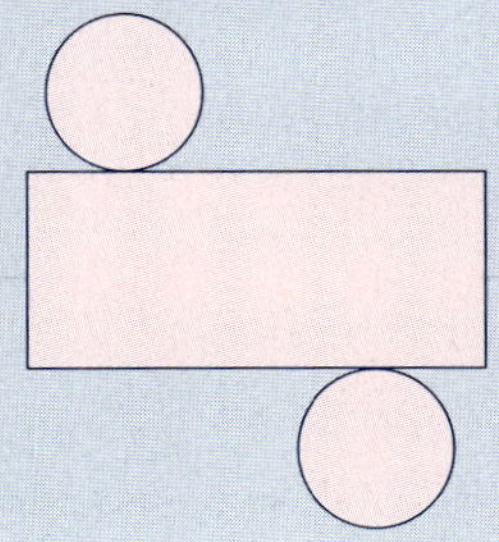

Cylindrique (surface)

Sur la figure ci-contre, il y a deux cercles qui
– sont dans des plans parallèles,
– ont le même rayon,
– ont leur centre sur une droite *d* perpendiculaire aux plans.

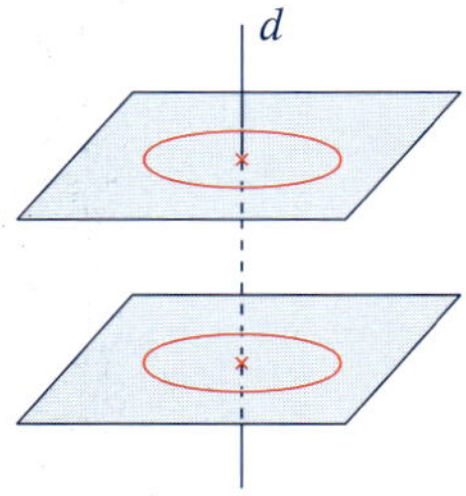

Les segments en bleu :
– sont parallèles à *d*,
– ont leurs extrémités sur les cercles.

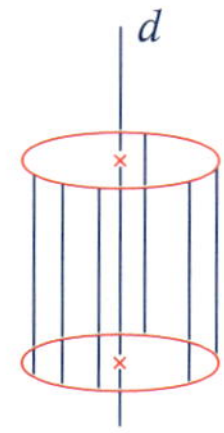

L'ensemble de tous les points de tous les segments est une surface. Cette surface est une surface cylindrique.

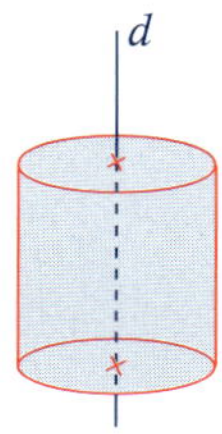

♦ Si je colle ensemble deux bords opposés d'une feuille de papier rectangulaire, j'obtiens un « tuyau » en papier ; c'est un modèle de surface cylindrique.

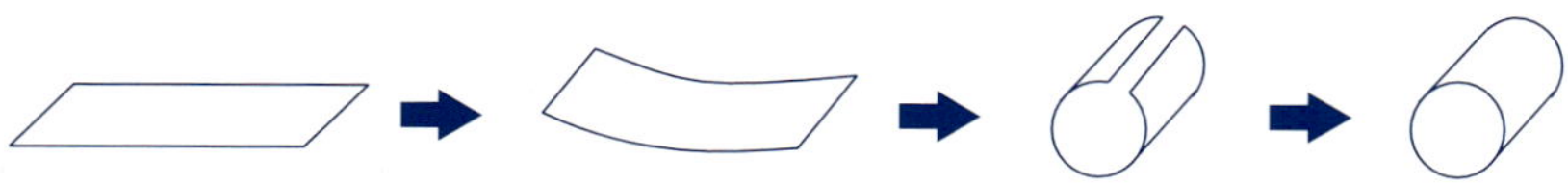

Déf. Considérons les segments décrits ci-dessus. L'ensemble de tous les points de tous ces segments est une surface cylindrique.

▶ Conique (surface). Cylindre. Latéral. Section.

D *d*

Déca

Un décamètre est égal à dix mètres : 1 dam = 10 m = 10^1 m.
De même : 1 dag = 10^1 g ; 1 daℓ = 10^1 ℓ.

♦ Un décamètre carré *n'est pas égal* à dix mètres carrés : 1dam^2 = 100 m^2 = 10^2 m^2.

♦ Un décamètre cube *n'est pas égal* à dix mètres cubes : 1dam^3 = 1 000 m^3 = 10^3 m^3.

Déf. Employé avant une unité, *déca* signifie *dix*. Son abréviation est da.

▶ Décagramme. Décalitre. Décamètre.

Décagonal Voir l'article *Polygonal*.

Décagone

Les polygones représentés ci-dessous ont chacun dix côtés ; ce sont donc des décagones.

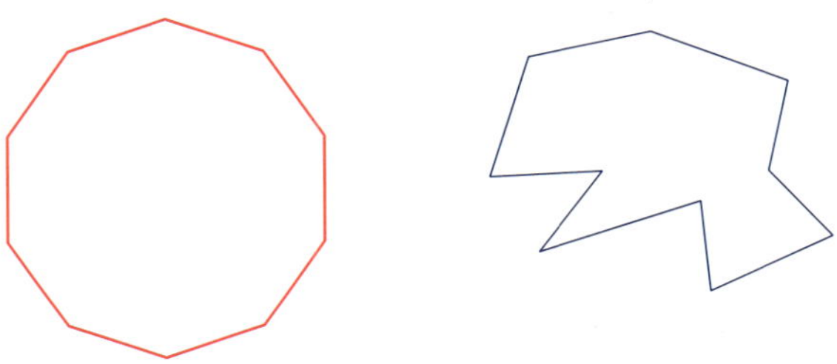

♦ Le décagone tracé en rouge est un décagone régulier.

Déf. Un décagone est un polygone qui a dix côtés.

▶ Aire. Polygonal. Polygone. Régulier.

FICHE

CONSTRUCTION D'UN DÉCAGONE RÉGULIER À LA RÈGLE ET AU COMPAS

Je commence par construire un pentagone régulier.

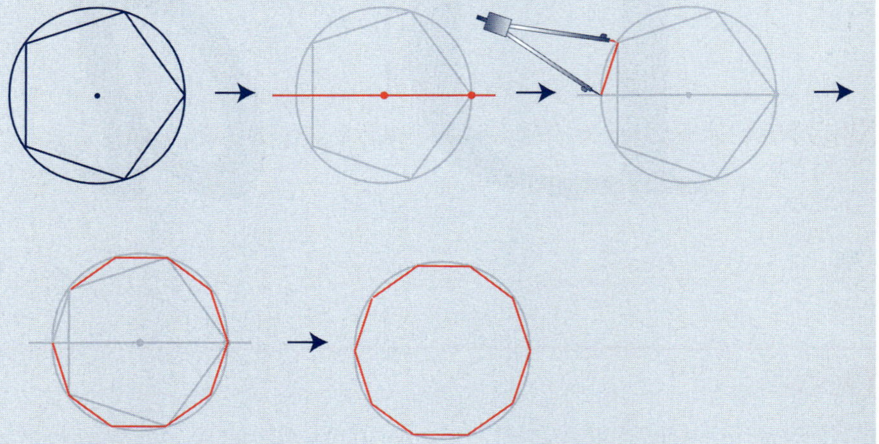

Je reporte la longueur donnée par le compas.

Décagramme

Le décagramme est une unité de masse ; un décagramme est égal à dix grammes :

$$1 \text{ dag} = 10 \text{ g}$$

♦ On a aussi : $1 \text{ g} = \frac{1}{10} \text{ dag} = 0{,}1 \text{ dag} = 10^{-1} \text{ dag}$.

▶ Déca. Gramme.

Décalitre

Le décalitre est une unité de volume ; un décalitre est égal à dix litres :

$$1 \text{ da}\ell = 10\ \ell$$

♦ On a aussi : $1\ell = \frac{1}{10} \text{ da}\ell = 0{,}1 \text{ da}\ell = 10^{-1} \text{ da}\ell$.

▶ Déca. Litre.

Décamètre

Le décamètre est une unité de longueur ; un décamètre est égal à dix mètres :

$$1 \text{ dam} = 10 \text{ m}$$

On a aussi : $1 \text{ m} = \frac{1}{10} \text{ dam} = 0{,}1 \text{ dam} = 10^{-1} \text{ dam}$.

▶ Déca. Mètre.

Déci

Un décimètre est égal à un dixième de mètre : $1 \text{ dm} = \frac{1}{10} \text{ m} = 0{,}1 \text{ m} = 10^{-1} \text{ m}$.

De même : $1 \text{ dg} = 10^{-1} \text{ g}$; $1 \text{ d}\ell = 10^{-1}\ \ell$.

♦ Un décimètre carré *n'est pas égal* à un dixième de mètre carré : $1\text{dm}^2 = 0{,}01 \text{ m}^2 = 10^{-2} \text{ m}^2$.

♦ Un décimètre cube *n'est pas égal* à un dixième de mètre cube : $1\text{dm}^3 = 0{,}001 \text{ m}^3 = 10^{-3} \text{ m}^3$.

Déf. Employé avant une unité, *déci* signifie *dixième de*. Son abréviation est d.

▶ Décigramme. Décilitre. Décimètre.

Décigramme

Le décigramme est une unité de masse ; un décigramme est égal à un dixième de gramme.

$$1 \text{ dg} = \frac{1}{10} \text{ g} = 0{,}1 \text{ g} = 10^{-1} \text{ g}$$

♦ On a aussi : $1 \text{ g} = 10 \text{ dg}$.

▶ Déci. Gramme.

Décilitre

Le décilitre est une unité de volume ; un décilitre est égal à un dixième de litre.

$$1 \text{ d}\ell = \frac{1}{10}\ \ell = 0{,}1\ \ell = 10^{-1}\ \ell$$

♦ On a aussi : $1\ \ell = 10 \text{ d}\ell$.

▶ Déci. Litre.

Décimal

1 Nombre décimal

Voir l'article *Nombre décimal.*

2 Décimal

Le nombre 8,04 est un nombre décimal ; les nombres $\frac{2}{5}$ et 10^{-2} sont aussi des nombres décimaux car je peux les écrire respectivement 0,4 et 0,01. Je peux dire simplement que les nombres 8,04, $\frac{2}{5}$ et 10^{-2} sont des décimaux (tout court).

Déf. Employé comme nom, *décimal* est un synonyme de *nombre décimal.*

▶ Nombre. Nombre entier. Nombre irrationnel. Nombre rationnel. Nombre réel. Nombre relatif.

Décimale

1 Décimale d'une écriture décimale

• Dans l'écriture décimale 1,54, la première décimale est le chiffre 5 et la seconde décimale est le chiffre 4. Il n'y a pas d'autre décimale.

• L'écriture 54 n'a pas de décimale. Mais l'écriture 54,00 a deux décimales ; la première est zéro, ainsi que la seconde.

♦ La première décimale de l'écriture 1,54 s'appelle le chiffre des dixièmes ; la seconde décimale s'appelle le chiffre des centièmes. Pour le nom des décimales, voir l'article *Chiffre* **2**.

Déf. Une décimale d'une écriture décimale comportant une virgule est un chiffre écrit à droite de la virgule.

▶ Chiffre.

2 Décimale d'un nombre

a) Le nombre 1,54 peut aussi s'écrire 1,540 ou 1,540 0 ou 1,540 00 et ainsi de suite. C'est pourquoi je peux dire que la troisième et la quatrième décimale du nombre 1,54 sont des zéros ; je peux dire aussi que la millième décimale de ce nombre est 0, etc.

b) La division de 5 par 6 ne tombe pas juste.

5	6
5 0	0, 8 3 3
2 0	
2 0	
2	

Si je continue, j'obtiendrai toujours un 3 au quotient. C'est pourquoi je peux parler de la quatrième décimale du nombre $\frac{5}{6}$: c'est 3 ; de même, sa centième décimale est 3, etc.

♦ Tout nombre a une infinité de décimales. Si le nombre est un nombre décimal, elles sont toutes égales à zéro à partir d'un certain rang.

♦ On connaît des approximations décimales du nombre π ; 3,14 en est une, au centième par défaut. C'est pourquoi on peut dire que le chiffre 4 est la deuxième décimale du nombre π. De nos jours, on connaît plusieurs milliards de décimales de ce nombre.

♦ Une calculatrice donne 1,732 051 comme approximation décimale de $\sqrt{3}$. Elle donne les cinq premières décimales : 7, 3, 2, 0 et 5 de $\sqrt{3}$. La sixième décimale de $\sqrt{3}$ n'est pas 1 (mais 0) car la calculatrice a arrondi ; une calculatrice plus puissante afficherait 1,732 050 808.

c) Les trois premières décimales du nombre négatif – 1,54 sont 5, 4 et 0 ; ce sont les mêmes que celles de son opposé qui est 1,54.

De même, les cinq premières décimales du nombre $-\frac{5}{6}$ sont 8, 3, 3, 3 et 3.

Déf. ***a)*** Pour un nombre décimal positif :
– la première décimale est le premier chiffre pouvant être écrit à droite de la virgule d'une écriture décimale du nombre ;
– la deuxième décimale est le deuxième chiffre pouvant être écrit à droite de la virgule d'une écriture décimale du nombre ; et ainsi de suite.
b) Pour un nombre positif non décimal *a* :
– la première décimale est le premier chiffre pouvant être écrit à droite de la virgule d'une approximation décimale au dixième par défaut de *a* ;
– la deuxième décimale est le deuxième chiffre pouvant être écrit à droite de la virgule d'une approximation décimale au centième par défaut de *a* ; et ainsi de suite.
c) Les décimales d'un nombre négatif sont les décimales de son opposé.

▶ Écriture décimale. Nombre décimal.

Décimètre

Le décimètre est une unité de longueur ; un décimètre est égal à un dixième de mètre.

$$1 \text{ dm} = \frac{1}{10} \text{ m} = 0{,}1 \text{ m} = 10^{-1} \text{ m}$$

♦ On a aussi : 1 m = 10 dm.

▶ Déci. Mètre.

Décomposition

1 Cas général

Je sais que $600 = 6 \times 100 = 2 \times 3 \times 100$; or $100 = 10^2 = (2 \times 5)^2 = 2^2 \times 5^2$. J'en déduis que $600 = 2 \times 3 \times 2^2 \times 5^2 = 2^3 \times 3 \times 5^2$.

Le produit $2^3 \times 3 \times 5^2$ est une décomposition en facteurs premiers du nombre 600 car 2, 3 et 5 sont premiers.

♦ Le produit $3 \times 2^3 \times 5^2$ est aussi une décomposition en facteurs premiers du nombre 600 en facteurs premiers. De même, le produit $3 \times 5 \times 5 \times 2 \times 2^2$ est une décomposition en facteurs premiers du nombre 600.

♦ Les entiers naturels 0 et 1 n'ont pas de décomposition en facteurs premiers.

Déf. Soit a un entier naturel différent de 0 et de 1.Une décomposition de a en facteurs premiers est un produit dont les facteurs sont des puissances des diviseurs premiers de a tel que :
– les exposants de ces puissances sont strictement positifs, et chacune de ces puissances est un diviseur de a ;
– le produit de ces puissances est égal à a.

2 Décomposition en facteurs premiers réduite

Parmi toutes les décompositions en facteurs premiers du nombre 600, considérons la décomposition $2^3 \times 3 \times 5^2$.
– Les diviseurs premiers de 600 (2, 3 et 5) sont écrits dans l'ordre croissant.
– Les diviseurs premiers de 600 ne sont écrits qu'une seule fois.
C'est pourquoi la décomposition $2^3 \times 3 \times 5^2$ s'appelle la décomposition en facteurs premiers réduite du nombre 600.

♦ Un entier naturel différent de 0 et de 1 a une seule décomposition réduite.

Info. La décomposition en facteurs premiers réduite d'un entier naturel différent de 0 et 1 est la décomposition obtenue avec les mêmes contraintes que dans l'exemple ci-dessus.

▶ PGCD. PPCM. Premier.

FICHE

RECHERCHE PRATIQUE D'UNE DÉCOMPOSITION D'UN ENTIER NATUREL EN FACTEURS PREMIERS

Je veux trouver la décomposition de 108 en facteurs premiers.
J'utilise les critères de divisibilité par 2 et 3 et je dispose ainsi :

	108	2	← 108 est divisible par 2
108 : 2 = 54 →	54	2	← 54 est divisible par 2
54 : 2 = 27 →	27	3	← 27 est divisible par 3
27 : 3 = 9 →	9	3	← 9 est divisible par 3
9 : 3 = 3 →	3	3	← 3 est divisible par 3
3 : 3 = 1	1		

Je peux alors écrire : $108 = 2 \times 2 \times 3 \times 3 \times 3 = 2^2 \times 3^3$.

♦ En utilisant les critères de divisibilité par 4 (2^2) et 9 (3^2), j'obtiens la disposition suivante :

	108	2^2	← 108 est divisible par 4
108 : 4 = 27 →	27	3^2	← 27 est divisible par 9
27 : 9 = 3 →	3	3	← 3 est divisible par 3
3 : 3 = 1 →	1		

♦ Je peux alors écrire : $108 = 2^2 \times 3^2 \times 3 = 2^2 \times 3^3$.

Décroissant

1 Ordre décroissant

Voir l'article *Ordre*.

2 Fonction décroissante

Je considère la fonction affine f définie par $f(x) = -\frac{1}{2}x - 2$; la figure ci-contre montre sa représentation graphique dans un repère orthonormal (O, I, J).

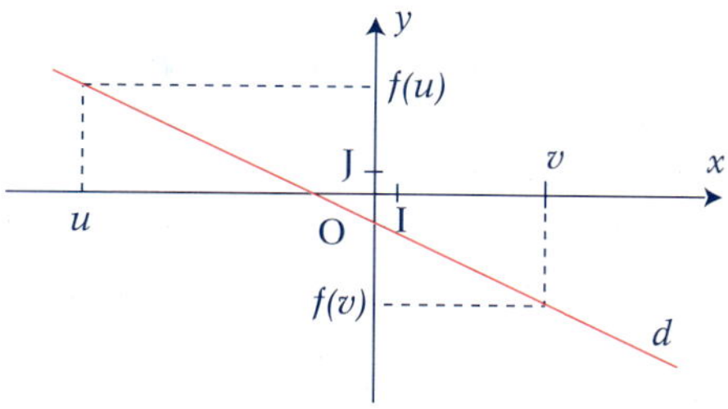

J'ai choisi deux nombres u et v tels que $u \leqslant v$ (– 12 et 7 sur la figure) ; j'observe que $f(u) \geqslant f(v)$ ($4 \geqslant -\frac{11}{2}$ sur la figure).

La propriété observée ci-dessus avec – 12 et 7 est vraie pour tous nombres u et v. En effet : si $u \leqslant v$, alors $-\frac{1}{2}u \geqslant -\frac{1}{2}v$, donc $-\frac{1}{2}u - 2 \geqslant -\frac{1}{2}v - 2$. J'en déduis que, si $u \leqslant v$, alors $f(u) \geqslant f(v)$.

♦ On peut dire également que la fonction f est strictement décroissante.

♦ Soit a et b deux nombres. La fonction affine définie par $x \mapsto ax + b$ est décroissante si et seulement si le nombre a est négatif.

♦ Une fonction constante, notée f, est décroissante ; en effet, quels que soient les nombres u et v, si $u \leqslant v$, alors $f(u) = f(v)$, donc $f(u) \geqslant f(v)$.

Déf. Considérons une fonction affine f. Dire que f est décroissante signifie :
quels que soient les nombres u et v, si $u \leqslant v$, alors $f(u) \geqslant f(v)$.

▶ Constante. Croissant. Strictement 3.

Déduction

Soit ABCD un parallélogramme.
Quand je dis « *je sais que ABCD est un parallélogramme ; j'en déduis que les droites (AB) et (CD) sont parallèles* », je fais une déduction.
Je peux exprimer cette déduction autrement, par exemple : « *les droites (AB) et (CD) sont parallèles parce que ABCD est un parallélogramme* ».

♦ La déduction précédente est justifiée par la définition d'un parallélogramme.

♦ Une déduction peut être justifiée par un théorème ou une règle.

Info. Dans un problème, il y a des hypothèses, des propriétés. Faire une déduction (ou déduire), c'est trouver une nouvelle propriété.

Déduire

Voici l'énoncé d'un exercice :
Soit ABCD et CDEF deux parallélogrammes.
Démontrer que les droites (AB) et (EF) sont parallèles.
Le professeur a demandé de remplir le tableau ci-dessous. Chaque ligne du tableau donne une étape de la démonstration. Chaque étape s'appelle une déduction.

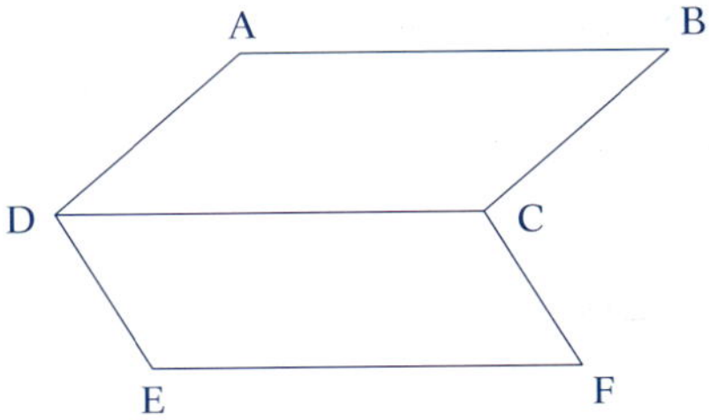

Je sais que	J'en déduis que
ABCD est un parallélogramme	(AB) // (CD)
CDEF est un parallélogramme	(CD) // (EF)
(AB) // (CD) et (CD) // (EF)	(AB) // (EF)

♦ Une démonstration est une suite de déductions.

♦ À chaque déduction, on démontre une nouvelle proposition $\mathcal{Q}$; pour cela, on utilise :
– une proposition vraie $\mathcal{P}$ qui provient soit de l'énoncé (hypothèse), soit d'une déduction précédente ;
– la proposition « Si $\mathcal{P}$, alors $\mathcal{Q}$ » qui doit aussi être vraie, d'après une propriété ou un théorème.

♦ Ainsi, pour la première déduction du tableau ci-dessus :
– la proposition $\mathcal{Q}$ démontrée est « (AB) // (CD) » ;
– la proposition $\mathcal{P}$ est « ABCD est un parallélogramme » ; c'est une hypothèse ;
– la proposition « si $\mathcal{P}$, alors $\mathcal{Q}$ » est vraie d'après la propriété « les côtés opposés d'un parallélogramme sont deux à deux parallèles ».

Info. Soit $\mathcal{P}$ et $\mathcal{Q}$ deux propositions telles que $\mathcal{P}$ est vraie et « Si $\mathcal{P}$, alors $\mathcal{Q}$ » est aussi vraie. Déduire $\mathcal{Q}$ de $\mathcal{P}$, c'est dire que $\mathcal{Q}$ est vraie.

▶ Démonstration.

Défaut

Je sais que $\frac{1}{3} \approx 0{,}333$.

0,3 est l'approximation décimale à 10^{-1} près par défaut de $\frac{1}{3}$.

L'expression « *par défaut* » signifie que 0,3 est inférieur à $\frac{1}{3}$.

Déf. L'expression « *par défaut* » est employée pour une approximation décimale ou une valeur approchée d'un nombre a. Elle signifie que cette approximation ou cette valeur approchée est inférieure ou égale au nombre a.

▶ Excès.

Degré

1 Degrés et angles

Un angle droit a une ouverture égale à 90 degrés (90°, en abrégé).
Un angle plat a une ouverture égale à 180 degrés (180°, en abrégé).

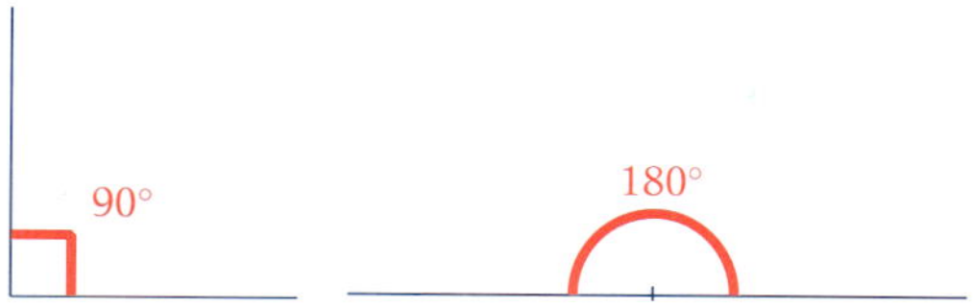

Déf. Le degré est une unité d'ouverture d'angles. Son symbole est °.

▶ Minute. Ouverture. Symboles des unités.

2 Degrés et températures

La température interne du corps d'une personne en bonne santé est environ égale à 37 degrés Celsius (37 °C) ou 99 degrés Fahrenheit (99 °F). Les degrés Celsius et Fahrenheit sont des unités de mesure des températures.

Info. Les degrés Celsius et Fahrenheit sont des unités de température. Leurs symboles respectifs sont °C et °F.

Note encyclopédique En France, on utilise le degré Celsius pour mesurer les températures. Dans les pays anglo-saxons (États-Unis, Grande-Bretagne,...), on utilise le degré Fahrenheit. Pour convertir des degrés Celsius en degrés Fahrenheit, on peut se servir de la formule : $F = 1{,}8 \times C + 32$ (où F est une température en degrés Fahrenheit et C cette température en degrés Celsius).
Par exemple, si $C = 37$, on obtient $F = 1{,}8 \times 37 + 32 = 98{,}6$; la température normale du corps humain est donc égale à 98,6 °F.

Délimiter

a) Sur la droite (*xy*), le point A délimite les demi-droites [A*x*) et [A*y*).

♦ Les demi-droites sont infinies dans le sens où aucun segment ne les contient.

b) Sur la figure ci-contre, la ligne $\mathscr{L}$ délimite la surface coloriée en rouge.
Cela signifie que :
– la ligne $\mathscr{L}$ fait partie de la surface ;
– d'un côté de $\mathscr{L}$ (à droite, sur la figure) se trouvent tous les points de la surface qui ne sont pas sur $\mathscr{L}$;
– de l'autre côté de $\mathscr{L}$ (à gauche, sur la figure), il n'y a aucun point de la surface.

♦ La surface coloriée est infinie dans le sens où aucun rectangle ne la contient : je dois imaginer que $\mathscr{L}$ et le coloriage se prolongent indéfiniment.

♦ La surface non coloriée (y compris $\mathscr{L}$) est aussi limitée par $\mathscr{L}$.

♦ Voici deux autres exemples de surfaces délimitées par des lignes :

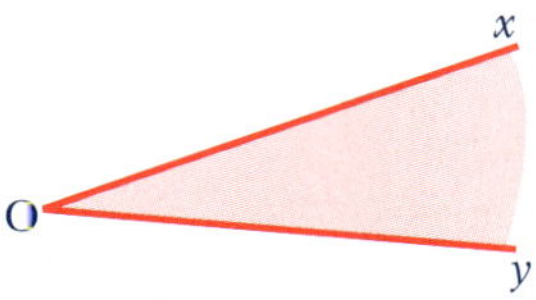

L'angle $\widehat{xOy}$ colorié en rouge est délimité par les demi-droites [Ox) et [Oy).

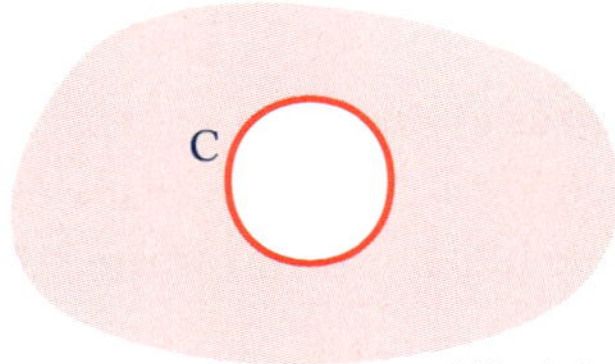

La surface rouge est délimitée par le cercle C.

(Je dois imaginer que les coloriages se prolongent indéfiniment.)

c) Sur la figure ci-contre, le plan P délimite dans l'espace deux demi-espaces. La demi-droite [Ax) est dans le demi-espace « supérieur », et la demi-droite [Ay) est dans le demi-espace « inférieur ».

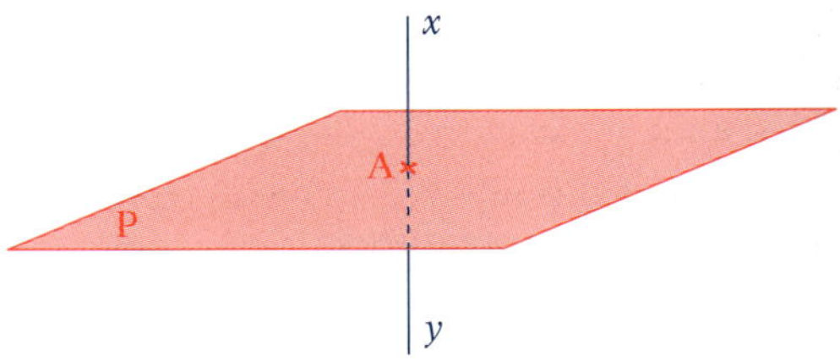

♦ Les demi-espaces sont infinis dans le sens où aucun parallélépipède ne les contient.

♦ Une sphère délimite la partie contenant tous les points de l'espace excepté ceux qui lui sont intérieurs.

♦ De même, la surface d'un solide délimite une partie infinie de l'espace.

Info. On emploie le verbe délimiter dans les situations décrites ci-dessus :
a) sur une ligne ;
b) dans un plan ;
c) dans l'espace.

▶ Frontière. Limiter.

Demi

1 Fractions

Les fractions $\frac{1}{2}$, $\frac{2}{2}$, $\frac{3}{2}$, etc. sont généralement nommées *un demi*, *deux demis*, *trois demis*, etc.

♦ $\frac{1}{2} = 0{,}5$; $\frac{2}{2} = 1$; $\frac{3}{2} = 1{,}5$; $\frac{4}{2} = 2$; $\frac{5}{2} = 2{,}5$; etc.

Déf. Soit a l'écriture décimale réduite d'un entier naturel. La fraction $\frac{a}{2}$ se lit *a sur deux* ou bien *a demi(s)*.

2 Demi d'une quantité

a) Un demi de 180 est égal à 90. En effet, $\frac{1}{2} \times 180 = \frac{180}{2} = 180 : 2 = 90$.

Un demi de $\frac{1}{3}$ est $\frac{1}{6}$. En effet, $\frac{1}{2} \times \frac{1}{3} = \frac{1 \times 1}{2 \times 3} = \frac{1}{6}$.

b) Un demi de la longueur 26 cm est la longueur 13 cm. On dit plus couramment *la moitié de la longueur 26 cm est 13 cm*.

Déf. ***a)*** Un demi d'un nombre a est le nombre $\frac{1}{2} \times a$.
b) On parle aussi d'un demi d'une grandeur.

Demi-boule

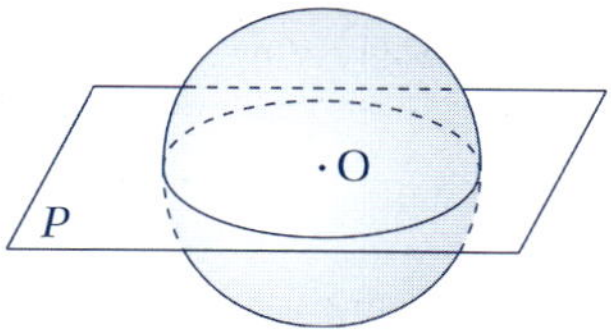

Un plan P passe par le centre d'une boule et la coupe en deux solides ; chacun de ces deux solides est une demi-boule.

♦ Je remarque que chacune des demi-boules est limitée par une hémisphère et un disque ayant le même rayon et le même centre que la boule.

♦ Sur la figure ci-contre, j'ai représenté deux demi-boules.

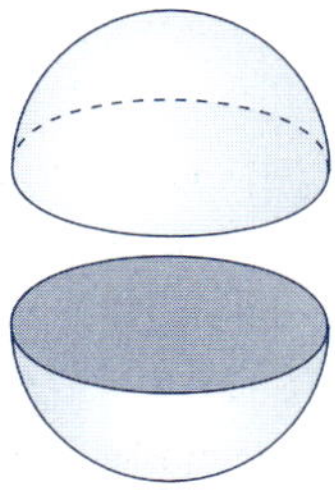

Déf. Une demi-boule est une partie d'une boule limitée par un disque ayant le même centre et le même rayon que la boule.

▶ Boule. Calotte sphérique. Demi-sphère. Sphère.

Demi-cercle

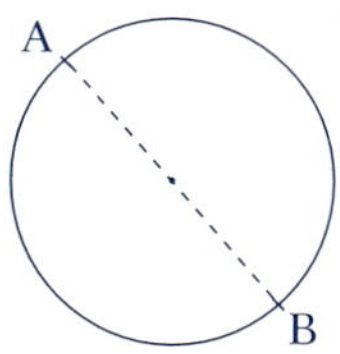

Sur le cercle représenté ci-contre, j'ai marqué deux points A et B diamétralement opposés.

Je peux colorier deux arcs du cercle ayant pour extrémités les points A et B.

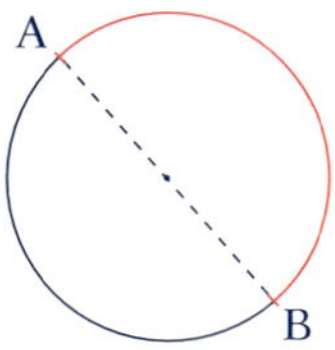

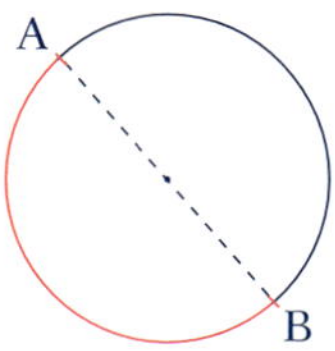

Ces arcs de cercle s'appellent des demi-cercles.

Déf. Un demi-cercle est un arc de cercle dont les extrémités sont diamétralement opposées.

▶ Arc de cercle.

Demi-droite

J'ai marqué un point A sur la droite (xy).
Cette droite contient deux demi-droites d'origine A :
la demi-droite [Ax) (coloriée en rouge), et la demi-droite [Ay) (coloriée en bleu).

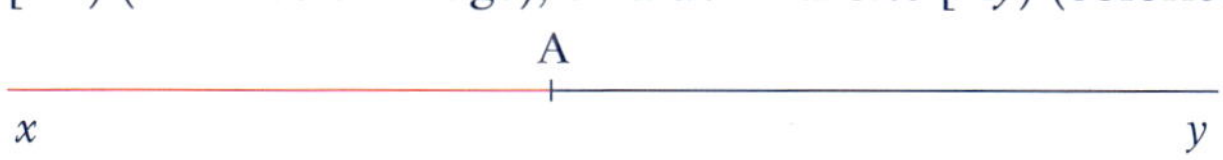

Déf. Une demi-droite est une partie d'une droite délimitée par un point ; ce point appartient à la demi-droite.

FICHE

NOTATIONS DE DEMI-DROITES

Figure	Notation	Je lis
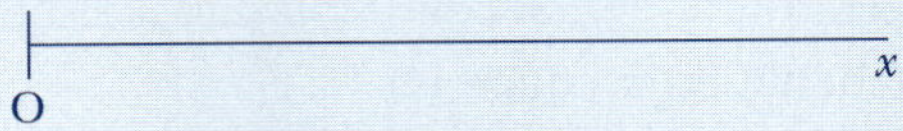	[O*x*)	Demi-droite O *x*
	[AB)	Demi-droite A B
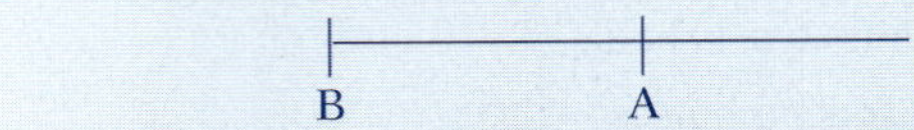	[BA)	Demi-droite B A

▶ Crochet. Opposé. Origine. Parenthèse.

Demi-plan

Sur la figure ci-contre, j'ai représenté une droite *d*. Elle partage le plan en deux surfaces ; j'en ai représenté une en rouge, et l'autre en bleu. Chacune de ces surfaces représente un demi-plan.

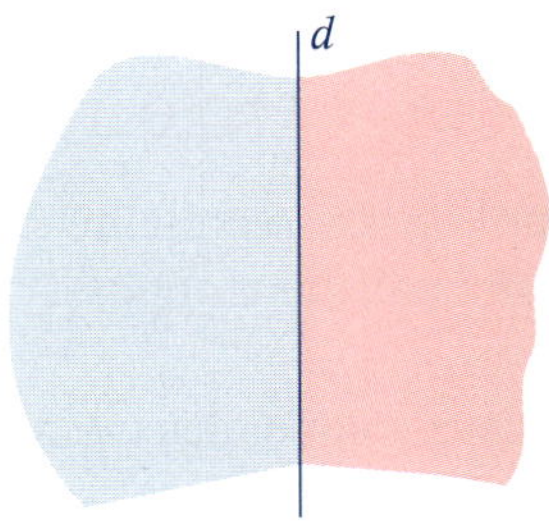

♦ La droite fait partie de chaque demi-plan.

Déf. Un demi-plan est une surface plane délimitée par une droite.

Demi-sphère

Un plan *P* passe par le centre d'une sphère et la coupe en deux surfaces ; chacune de ces deux surfaces est une demi-sphère.

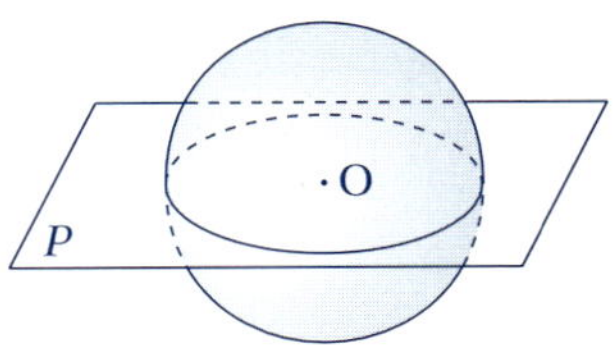

♦ Je remarque que chacune des demi-sphères est limitée par un grand cercle de la sphère.

♦ Sur la figure ci-contre, j'ai représenté deux demi-sphères.

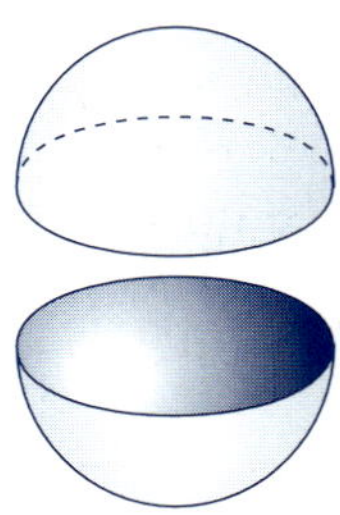

Déf. Une demi-sphère est une partie d'une sphère limitée par un grand cercle de cette sphère.

▶ Boule. Calotte sphérique. Demi-boule. Hémisphère. Sphère.

Demi-tour

J'ai dessiné une figure et j'ai marqué un point O.

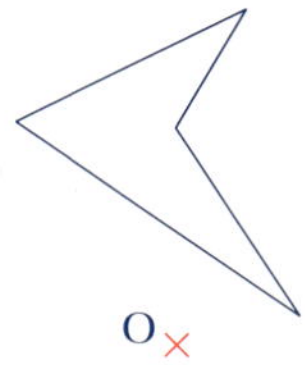

J'ai décalqué la figure, puis j'ai fait tourner le calque d'un demi-tour autour du point O.

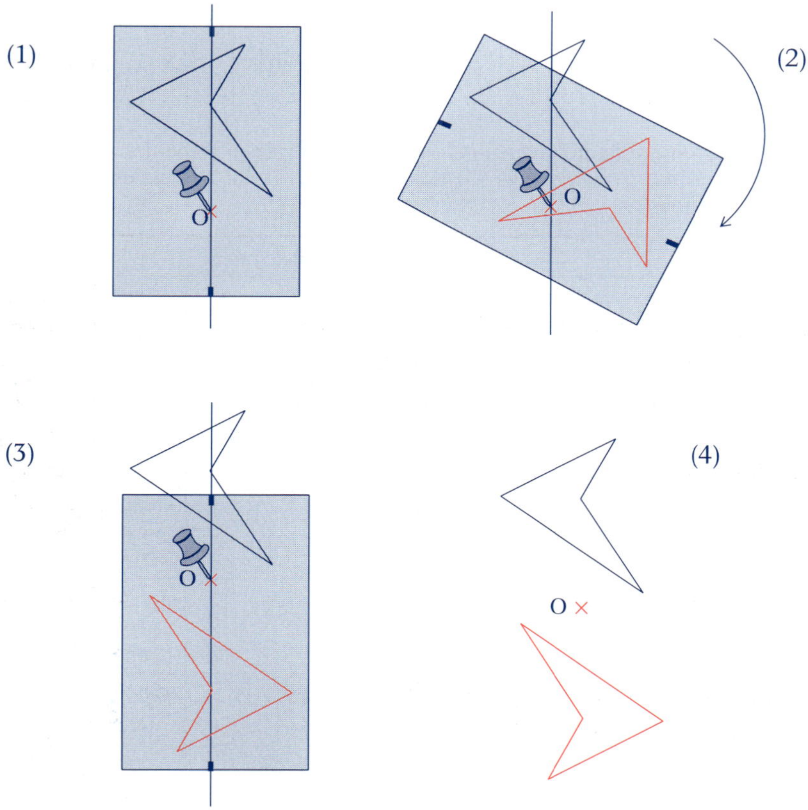

La figure rouge que j'obtiens en (4) est la symétrique de la figure bleue par rapport à O. Le demi-tour que j'ai fait subir à la figure bleue produit le même effet que la symétrie centrale de centre O.

Déf. Un demi-tour est une symétrie centrale.

▶ Symétrie centrale.

Démonstration

Dans l'article *Démontrer*, le professeur a démontré l'alignement de trois points : il a fait une démonstration. Il l'a rédigée ainsi :

> Le triangle ABC est isocèle en A parce que AB = AC ; j'en déduis que les angles $\widehat{B}$ et $\widehat{C}$ sont égaux.
> Je sais que la somme des angles d'un triangle est égale à 180° ;
> donc $\widehat{B} + \widehat{C} = 140°$ car 180 – 40 = 140.
> Comme les angles $\widehat{B}$ et $\widehat{C}$ sont égaux, ils mesurent chacun 70° (140 : 2 = 70).
> L'angle $\widehat{BCD}$ mesure 180° puisque 70 + 110 = 180.
> L'angle $\widehat{BCD}$ est donc un angle plat ; j'en déduis que les points B, C et D sont alignés.

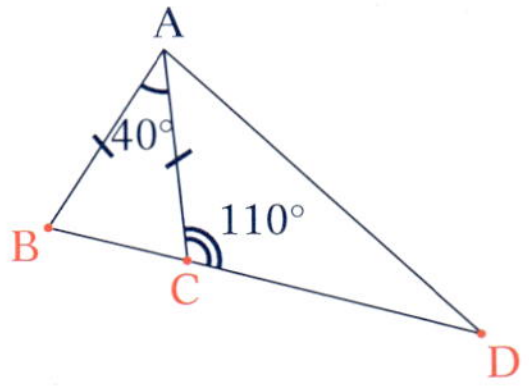

♦ Cette démonstration est une suite de déductions ; elles sont rédigées à l'aide des mots ou expressions « parce que », « puisque », « j'en déduis », « donc », « car ». Le tableau ci-dessous donne une liste détaillée de ces déductions :

	Je sais que	d'après	J'en déduis que	d'après
1	AB = AC	hypothèse figure	ABC isocèle en A	définition d'un triangle isocèle
2	ABC isocèle en A	démontré ligne 1	$\widehat{B} = \widehat{C}$	propriétés d'un triangle isocèle
3	$\widehat{A}$, $\widehat{B}$ et $\widehat{C}$ sont les trois angles du triangle ABC	hypothèse figure	$\widehat{A} + \widehat{B} + \widehat{C} = 180°$	théorème sur les angles d'un triangle
4	$\widehat{A} + \widehat{B} + \widehat{C} = 180°$ $\widehat{B} = \widehat{C}$ $\widehat{A} = 40°$	démontré ligne 3 démontré ligne 2 hypothèse figure	$40° + \widehat{C} + \widehat{C} = 180°$	en substituant 40° à $\widehat{A}$ et $\widehat{C}$ à $\widehat{B}$ dans $\widehat{A} + \widehat{B} + \widehat{C} = 180°$
5	$40° + \widehat{C} + \widehat{C} = 180°$	démontré ligne 4	$\widehat{C} = 70°$	en résolvant l'équation 40 + c + c = 180, on obtient c = 70
6	$\widehat{BCA}$ et $\widehat{ACD}$ sont adjacents et saillants	hypothèse figure	$\widehat{BCA} + \widehat{ACD} = \widehat{BCD}$	règles de calcul sur les angles adjacents
7	$\widehat{BCD} = \widehat{BCA} + \widehat{ACD}$ $\widehat{BCA} = 70°$ $\widehat{ACD} = 110°$	démontré ligne 6 démontré ligne 5 hypothèse figure	$\widehat{BCD} = 180°$	70 + 110 = 180
8	$\widehat{BCD} = 180°$	démontré ligne 7	$\widehat{BCD}$ est un angle plat	définition d'un angle plat
9	$\widehat{BCD}$ est un angle plat	démontré ligne 8	B, C et D sont alignés	propriété des côtés d'un angle plat

Info. Une démonstration est une suite de déductions.

▶ Déduction. Démontrer.

Démontrer

Le professeur nous a demandé ce que nous pensions des points B, C et D représentés sur la figure ci-après.
J'ai placé ma règle comme indiqué, puis j'ai dit : « les points B, C et D sont alignés ».

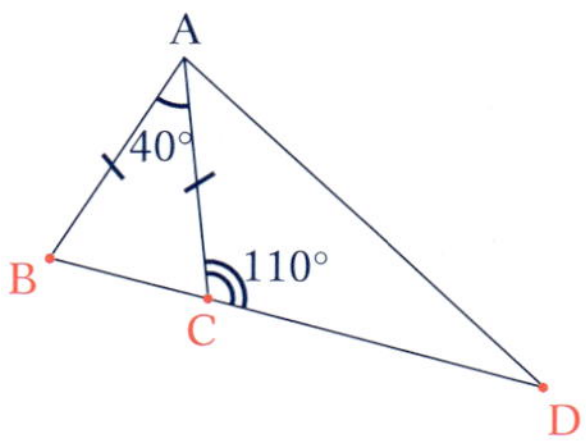

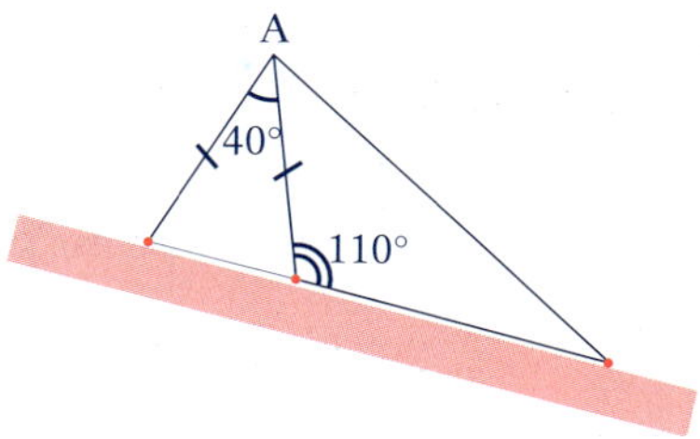

Le professeur a répondu : « ce n'est pas certain, et voici pourquoi :
– la figure est forcément approximative (épaisseur des traits, erreurs de dessin) ;
– l'utilisation d'un instrument de dessin est aussi approximative ;
– une observation à l'aide d'un instrument n'est donc pas une preuve. »
Il a ensuite dit : « pour être certain que les points B, C et D sont alignés, nous allons en faire la preuve ; cela s'appelle *démontrer*. »

Info. Démontrer une propriété ou un théorème, c'est écrire une suite de déductions qui expliquent pourquoi cette propriété ou ce théorème est vrai. Les explications doivent pouvoir convaincre tout lecteur critique.

▶ Déduction. Démonstration.

Dénominateur

Les dénominateurs des fractions $\frac{31}{10}$; $\frac{-2}{7}$ et 3/4 sont respectivement les nombres 10 ; 7 et 4.

Le dénominateur de l'écriture fractionnaire $\frac{19}{3+5}$ est le nombre 3 + 5 (qu'on peut aussi écrire 8).

♦ Toute fraction dont le dénominateur est 1 représente un nombre entier. Par exemple : $\frac{19}{1} = 19$; $\frac{200}{1} = 200$; etc.

♦ Une fraction représente un nombre entier si le dénominateur est un diviseur du numérateur. Par exemple : $\frac{28}{7} = 4$; $\frac{54}{6} = 9$.

♦ Toute fraction dont le dénominateur est une puissance de 10 représente un nombre décimal. Par exemple : $\frac{19}{10} = 1{,}9$; $\frac{200}{100} = 2$; $\frac{27}{1\,000} = 0{,}027$; etc.

♦ Si le dénominateur d'une fraction n'a pas de diviseur premier autre que 2 et 5, alors cette fraction représente un nombre décimal. Par exemple, $\frac{12}{25}$ représente un nombre décimal car le seul diviseur premier de 25 est 5 ($25 = 5 \times 5$) ; $\frac{17}{40}$ représente un nombre décimal car les seuls diviseurs premiers de 40 sont 2 et 5 ($40 = 2^3 \times 5$).

Ainsi, $\frac{12}{25} = 0{,}48$ et $\frac{17}{40} = 0{,}425$.

♦ Si le dénominateur d'une fraction irréductible a un diviseur premier autre que 2 et 5, alors cette fraction ne représente pas un nombre décimal. Par exemple, $\frac{5}{12}$ ne représente pas un nombre décimal car $\frac{5}{12}$ est irréductible et 12 est divisible par 3.

Déf. Le dénominateur d'une écriture fractionnaire est le nombre écrit sous le trait de fraction (ou à droite du trait de fraction /) .

▶ Fraction Numérateur.

Densité

Synonyme de *masse volumique*.

▶ Masse volumique.

Deux

• Il existe deux nombres dont le carré est égal à 16 (ces deux nombres sont 4 et – 4). Dans cette phrase, je peux remplacer *deux* par *deux exactement*, ou bien par *deux et deux seulement*.

• On dit parfois qu'un triangle isocèle est un triangle dont deux côtés ont la même longueur. Dans cette phrase, je peux remplacer *deux* par *au moins deux* (en effet, tout triangle équilatéral est un triangle isocèle).

• Lorsque l'on dit les deux droites *d* et *d'* sont confondues, on commet un abus ; car on ne parle en réalité que d'une seule droite. Cet abus est commode, car sinon on devrait dire : les deux noms de droites *d* et *d'* désignent la même droite.

Info. En mathématiques, *deux* signifie *au moins deux* ou bien *exactement deux*...Il s'emploie parfois abusivement.

▶ Au moins. Au plus. Un.

Deux à deux

• Dans un parallélogramme ABCD, si je choisis deux côtés opposés, je suis sûr(e) qu'ils sont parallèles. Donc les deux côtés [AB] et [CD] du parallélogramme représenté ci-contre sont parallèles, ainsi que les deux côtés [AD] et [BC].

Je peux dire cela autrement : dans un parallélogramme, les côtés opposés sont parallèles deux à deux.

• Dans le tableau ci-dessous, si je choisis n'importe quelle colonne, les deux nombres qui y sont écrits sont premiers et ont pour différence 4.

3	7	13	19
7	11	17	23

Donc les nombres d'une même colonne sont premiers et ont deux à deux une différence égale à 4.

Info. *Deux à deux* est une expression qui signifie que des figures géométriques ou des nombres sont considérés deux par deux et non pas tous ensemble.

Développement

1 Action de développer

• Je développe le produit $7 \times (5 + 6)$:
$7 \times (5 + 6) = 7 \times 5 + 7 \times 6$. J'ai effectué un développement.

• Soit x un nombre ; je développe le produit $x(3x - 2)$:
$x(3x - 2) = 3x^2 - 2x$. J'ai effectué un développement.

Déf. Un développement est un calcul qui consiste à développer une expression numérique ou littérale.

2 Résultat d'un calcul

• Un développement de l'expression numérique $7 \times (5 + 6)$ est la somme $7 \times 5 + 7 \times 6$.

• Soit x un nombre ; un développement du produit $x(3x - 2)$ est la différence $3x^2 - 2x$.

♦ Soit x un nombre ; je développe l'expression $(3 + 2x)(4x + 5)$:
$(3 + 2x)(4x + 5) = 12x + 15 + 8x^2 + 10x$. L'expression $12x + 15 + 8x^2 + 10x$ est un développement de l'expression $(3 + 2x)(4x + 5)$.

Déf. Un développement d'une expression numérique ou littérale est une expression, obtenue en développant l'expression initiale.

▶ Développer. Distribuer. Effectuer. Factorisation. Factoriser. Identité. Ordonner. Réduire **2**.

Développer

1 Développer un produit écrit avec des parenthèses ou des crochets

• Soit x un nombre ; je distribue le nombre 5 dans l'expression $5(3x + 2)$:
$5(3x + 2) = 5 \times 3x + 5 \times 2$.
En écrivant l'égalité $5(3x + 2) = 5 \times 3x + 5 \times 2$, je développe l'expression $5(3x + 2)$.

♦ Je peux réduire l'expression $5 \times 3x + 5 \times 2$ en écrivant $5 \times 3x + 5 \times 2 = 15x + 10$.

• Soit x un nombre ; le produit $(x + 5)(x + 4)$ est écrit avec des parenthèses.
Je distribue le nombre $(x + 5)$: $(x + 5)(x + 4) = (x + 5)\ x + (x + 5) \times 4$. En écrivant cette égalité, je développe le produit $(x + 5)(x + 4)$.

♦ Je peux développer l'expression $(x + 5)\ x + (x + 5) \times 4$:
$(x + 5)\ x + (x + 5) \times 4 = xx + 5x + x \times 4 + 5 \times 4$; enfin, je peux réduire :
$xx + 5x + x \times 4 + 5 \times 4 = x^2 + 5x + 4x + 20 = x^2 + 9x + 20$.

Déf. Développer un produit de facteurs comportant des parenthèses ou des crochets, c'est appliquer la distributivité au moins une fois.

2 Forme développée d'un produit écrit avec des parenthèses ou des crochets

Dans le second exemple précédent, l'expression $x^2 + 5x + x \times 4 + 5 \times 4$ est une expression développée du produit $(x + 5)(x + 4)$.

♦ L'expression $x^2 + 5x + 4x + 20$ est aussi une expression développée du produit $(x + 5)(x + 4)$.

Déf. Considérons un produit écrit avec des parenthèses ou des crochets. Une expression développée de ce produit est une expression obtenue en développant ce produit.

▶ Distribuer. Effectuer. Factoriser. Identité. Ordonner. Réduire **2**.

Diagonale

1 Diagonale d'un quadrilatère

Sur la figure, le segment [AC] joint deux sommets opposés du quadrilatère ABCD. C'est pourquoi [AC] est une diagonale de ce quadrilatère.

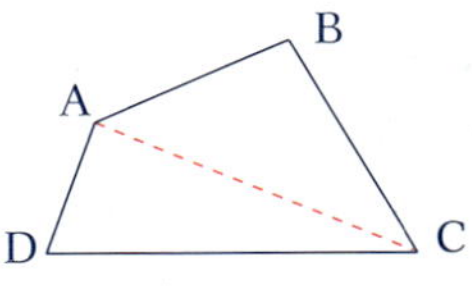

Le segment [BD] est l'autre diagonale du quadrilatère ABCD.

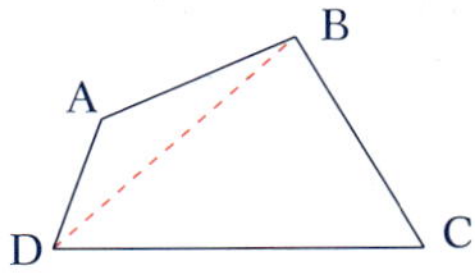

♦ Ci-contre, j'ai tracé en rouge les diagonales de deux quadrilatères. Le premier est concave ; le second est croisé.

Déf. Une diagonale d'un quadrilatère est un segment joignant deux sommets opposés de ce quadrilatère.

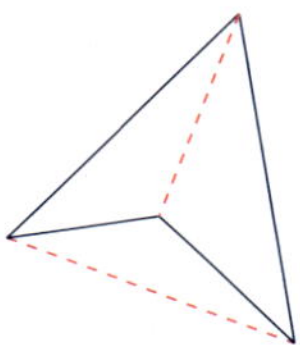
1

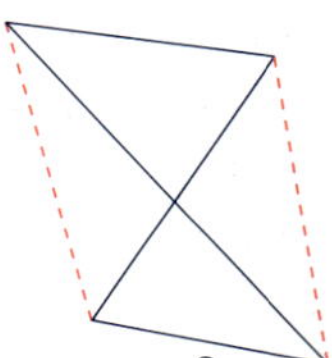
2

2 Diagonale d'un polygone

Sur la figure ci-contre, le segment tracé en rouge joint deux sommets ; ce segment n'est pas un côté de l'hexagone. C'est pourquoi ce segment est une diagonale de l'hexagone.

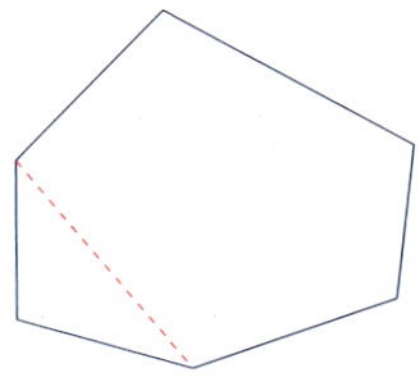

♦ Sur la figure ci-contre, j'ai tracé toutes les diagonales de l'hexagone de la figure précédente.

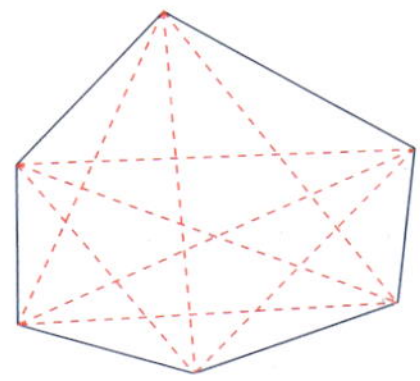

♦ Soit n un entier au moins égal à 3. Un polygone à n côtés possède $\frac{n(n-3)}{2}$ diagonales.
Par exemple, dans le cas d'un quadrilatère, $n = 4$; un quadrilatère possède donc $\frac{4 \times (4-3)}{2}$ diagonales, c'est-à-dire deux diagonales $\left(\frac{4 \times (4-3)}{2} = 2\right)$.

Dans le cas d'un hexagone, $n = 6$; un hexagone possède donc $\frac{6 \times (6-3)}{2}$ diagonales, c'est-à-dire neuf diagonales $\left(\frac{6 \times (6-3)}{2} = 9\right)$.

Déf. Une diagonale d'un polygone est un segment qui joint deux sommets de ce polygone, et qui n'est pas un côté de ce polygone.

3 Diagonale d'un parallélépipède rectangle

Sur la figure ci-contre, le segment tracé en rouge joint deux sommets d'un parallélépipède rectangle. Ces deux sommets n'appartiennent pas une même face du parallélépipède. C'est pourquoi ce segment est une diagonale du parallélépipède.

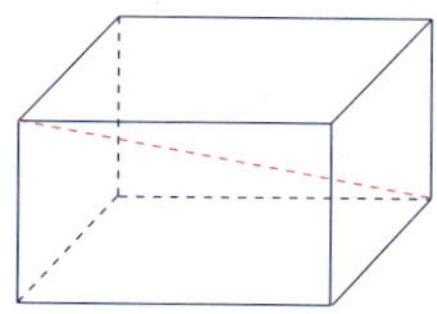

Déf. Une diagonale d'un parallélépipède rectangle est un segment joignant deux sommets n'appartenant pas à une même face.

4 Diagonale en tant que longueur

• Les deux diagonales d'un carré de côté a ont la même longueur. Cette longueur est égale à $a\sqrt{2}$. On dit souvent que la diagonale d'un carré de côté a est égale à $a\sqrt{2}$.

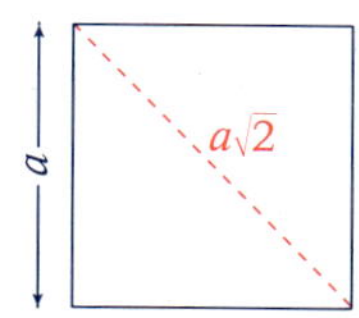

• Toutes les diagonales d'un cube d'arête a (il y en a quatre) ont la même longueur. Cette longueur est égale à $a\sqrt{3}$. On dit souvent que la diagonale d'un cube d'arête a est égale à $a\sqrt{3}$.

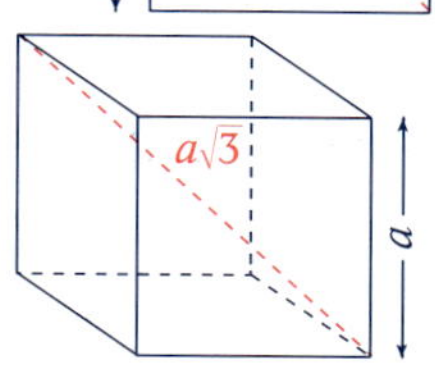

Info. Pour un carré, *diagonale* est synonyme de *longueur d'une diagonale*. Il en est de même pour un cube.

5 Diagonale en tant que mesure

Je choisis une unité de longueur ; soit a un nombre. Par analogie avec le **4**, je peux dire que la diagonale d'un carré de côté a est égale à $a\sqrt{2}$ et que la diagonale d'un cube de côté a est égale à $a\sqrt{3}$.

Info. Choisissons une unité de longueur. Pour un carré ou un cube, *diagonale* est synonyme de *mesure des diagonales*.

6 Diagonale en tant que droite

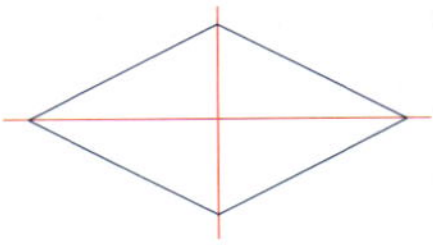

On dit souvent que les diagonales d'un losange sont des axes de symétrie de ce losange. Dans cette phrase, le mot *diagonales* désigne les supports des diagonales considérées en tant que segment.

Info. Pour un polygone, *diagonale* désigne aussi le support de cette diagonale (au sens de **2**).

Diagramme à barres

Chez le pépiniériste, j'ai fait une étude statistique sur la couleur des fleurs de géraniums. Les valeurs du caractère étaient : Rose, Rouge, Blanc, Bicolore.
Voici les résultats que j'ai obtenus :

Couleur	Rose	Rouge	Blanc	Bicolore
Effectif	25	30	15	20

J'ai représenté ci-contre ces données ;
les mesures des longueurs des rectangles sont proportionnelles aux effectifs des valeurs.
J'obtiens un diagramme à barres.

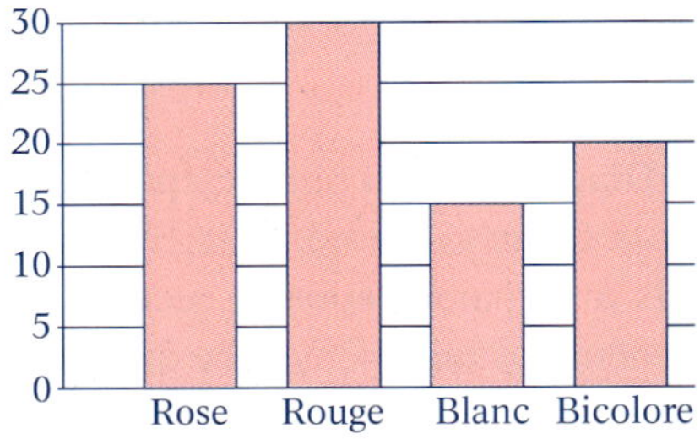

Info. Un diagramme à barres est une représentation de données statistiques à l'aide de rectangles de largeur constante ; les valeurs du caractère étudié sont représentées sur une droite horizontale, et les effectifs correspondants sont représentés par les mesures des longueurs de rectangles, comme dans l'exemple ci-dessus.

▶ Diagramme en bâtons. Diagramme semi-circulaire. Diagramme circulaire. Diagramme polaire. Histogramme.

Diagramme circulaire

Dans ma classe, il y a 24 élèves : 8 garçons et 16 filles. Il y a donc un tiers des élèves qui sont des garçons $\left(\frac{1}{3}\right)$ et deux tiers des élèves qui sont des filles $\left(\frac{2}{3}\right)$.
En effet, $24 : 3 = 8$ et $8 \times 2 = 16$.
Je représente la classe par un disque.

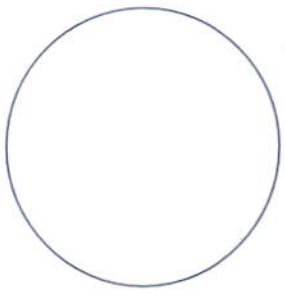

Je représente les garçons par un tiers du disque : je colorie un secteur circulaire qui mesure 120° (360 : 3 = 120).

Les filles seront représentées par la partie non coloriée.

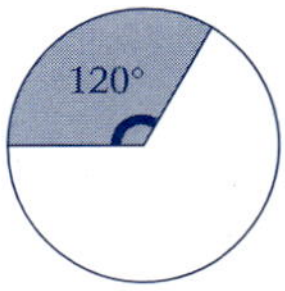

J'obtiens le diagramme circulaire ci-contre.

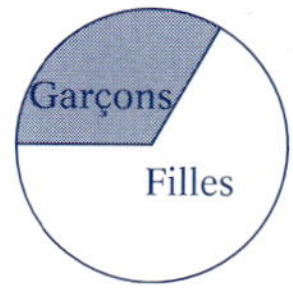

Déf. Un diagramme circulaire est un disque partagé en secteurs circulaires. Les mesures des secteurs sont proportionnelles aux quantités qu'ils représentent.

▶ Diagramme à barres. Diagramme en bâtons. Diagramme polaire. Diagramme semi-circulaire. Histogramme.

FICHE

CALCUL DES MESURES DES SECTEURS D'UN DIAGRAMME CIRCULAIRE

J'ai classé les 24 films de ma collection vidéo en 3 catégories :
aventure : 8 films ; dessins animés : 10 films ; documentaires : 6 films.
Je veux représenter la répartition de ces trois catégories par un diagramme circulaire.
Pour connaître les mesures en degrés des secteurs, je dois compléter le tableau de proportionnalité ci-dessous :

				Totaux
Nombre de films	8	10	6	24
Mesure en degrés des secteurs				360

Je trouve le coefficient de proportionnalité avec les nombres de la dernière colonne : 360 : 24 = 15. J'obtiens ensuite :

				Totaux
Nombre de films	8	10	6	24
Mesure en degrés des secteurs	120	150	90	360

(× 15)

($8 \times 15 = 120$; $10 \times 15 = 150$; $6 \times 15 = 90$).

Je peux alors faire le diagramme :

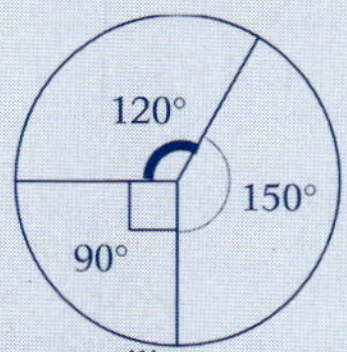

Je peux utiliser un rapporteur.

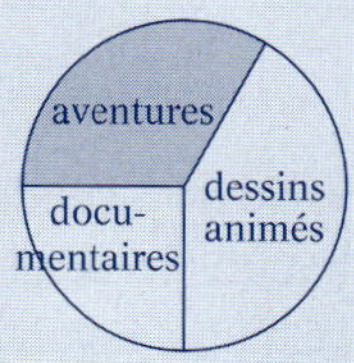

Diagramme en bâtons

J'ai collecté des pièces jaunes pour les enfants hospitalisés. J'ai voulu connaître le résultat de ma collecte. Voici ce que j'ai obtenu :

Nature des pièces	5 c	10 c	20 c	10 F	20 F
Nombre de pièces	50	62	47	31	13

J'ai représenté ci-après ces données ; les mesures des longueurs des segments sont proportionnelles aux effectifs des valeurs.

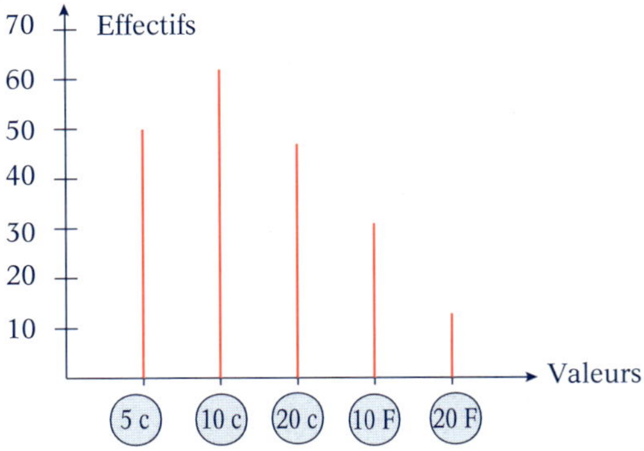

J'obtiens un diagramme en bâtons.

Info. Un diagramme en bâtons est une représentation de données statistiques à l'aide de segments ; les valeurs du caractère étudié sont représentées sur une droite horizontale, et les effectifs correspondants sont représentés par les mesures des longueurs des segments, comme dans l'exemple ci-dessus.

▶ Diagramme à barres. Diagramme circulaire. Diagramme polaire. Diagramme semi-circulaire. Histogramme.

Diagramme polaire

Le tableau ci-dessous montre la répartition des mois de naissance des élèves de ma classe.

Mois de naissance	01	02	03	04	05	06	07	08	09	10	11	12
Effectifs	1	2	1	2	5	4	3	1	1	2	1	1

J'ai tracé un cercle de 5 cm de rayon et douze rayons ; j'ai gradué chacun de ces rayons en prenant 1 cm comme unité. Chaque rayon est associé à un mois.
Sur chaque rayon, je marque en rouge le trait de graduation représentant l'effectif correspondant au mois de naissance : 1 pour le mois de janvier (01), 2 pour le mois de février (02), 1 pour le mois de mars (03), etc.
J'obtiens un diagramme polaire.

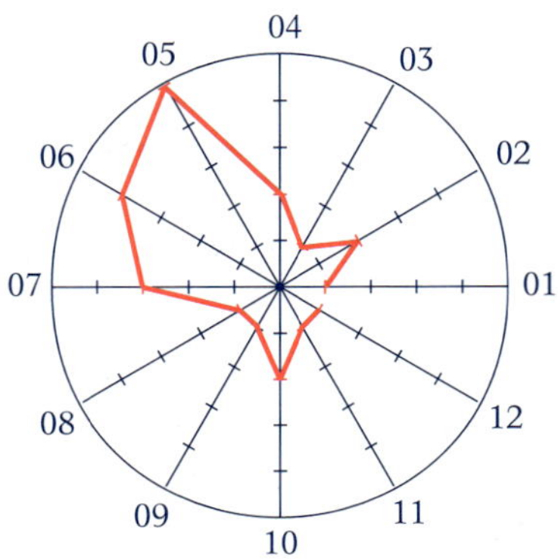

Info. En statistiques, un diagramme polaire est une représentation d'un caractère. Il est formé d'un cercle et d'autant de rayons qu'il y a de valeurs distinctes ; sur chaque rayon, on représente l'effectif de la valeur correspondante.

▶ Diagramme à barres. Diagramme en bâtons. Diagramme circulaire. Diagramme semi-circulaire. Histogramme.

Diagramme semi-circulaire

Dans ma classe, il y a 24 élèves : 8 garçons et 16 filles. Il y a donc un tiers des élèves qui sont des garçons et deux tiers des élèves qui sont des filles.

$$(24 : 3 = 8 \text{ et } 8 \times 2 = 16)$$

Je représente la classe par un demi-disque ; c'est un secteur circulaire qui mesure 180°.

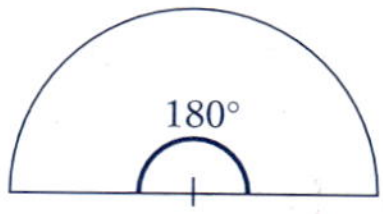

Je représente les garçons par un tiers du demi-disque ; je colorie un secteur circulaire qui mesure 60° (180 : 3 = 60).
Les filles sont représentées par la partie non coloriée.

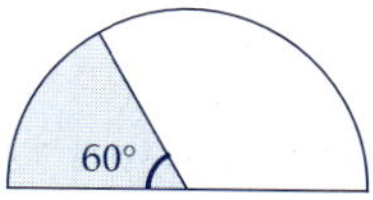

J'obtiens le diagramme semi-circulaire ci-contre.

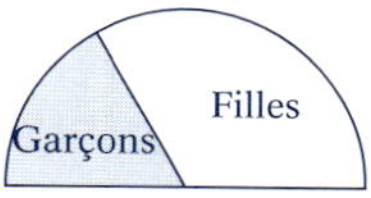

Déf. Un diagramme semi-circulaire est un demi-disque partagé en secteurs circulaires. Les mesures des secteurs sont proportionnelles aux quantités qu'ils représentent.

▶ Diagramme à barres. Diagramme en bâtons. Diagramme polaire. Diagramme circulaire. Histogramme.

Diamétralement

Voir l'article *Opposé* **4**.

Diamètre

1 Diamètre en tant que segment

a) Sur la figure ci-contre, les points A et B appartiennent au cercle ; le centre O du cercle appartient au segment [AB]. Le segment [AB] est donc un diamètre du cercle.

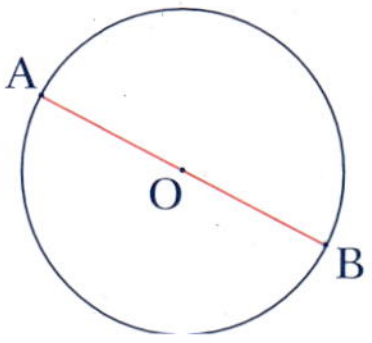

♦ Tous les diamètres d'un cercle ont la même longueur.

♦ Un diamètre d'un cercle est une corde de ce cercle dont les extrémités sont alignées avec le centre.

♦ Tous les diamètres d'un cercle ont pour milieu le centre de ce cercle.

b) Sur la figure ci-contre, les points A et B appartiennent à la sphère ; le centre O de la sphère appartient au segment [AB]. Le segment [AB] est donc un diamètre de la sphère.

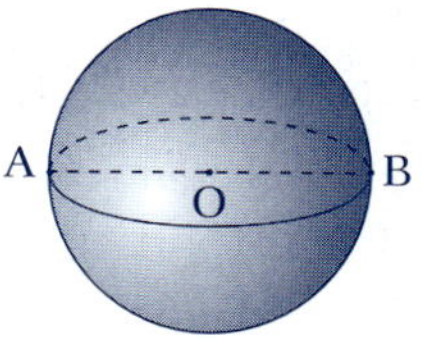

♦ Tous les diamètres d'une sphère ont la même longueur.

♦ Tous les diamètres d'une sphère ont pour milieu le centre de cette sphère.

Déf. ***a)*** Un diamètre d'un cercle est un segment joignant deux points de ce cercle et contenant le centre de ce cercle.
b) Un diamètre d'une sphère est un segment joignant deux points de cette sphère et contenant le centre de cette sphère.

2 Diamètre en tant que longueur

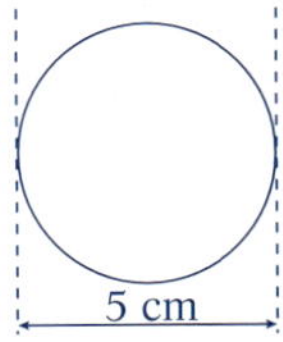

a) Le cercle ci-contre a pour diamètre 5 cm. Cela signifie que tous ses diamètres (au sens de **1** *a)*) ont une longueur égale à 5 cm.

♦ Le disque limité par le cercle ci-contre a également pour diamètre 5 cm.

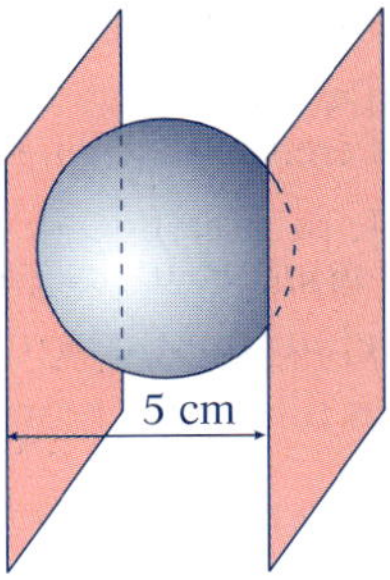

b) La sphère ci-contre a pour diamètre 5 cm. Cela signifie que tous ses diamètres (au sens de **1** *b)*) ont une longueur égale à 5 cm.

♦ La boule limitée par la sphère ci-contre a également pour diamètre 5 cm.

Déf. ***a)*** Le diamètre d'un cercle (ou d'un disque) est la longueur d'un de ses diamètres (au sens de **1** *a)*).
b) Le diamètre d'une sphère (ou d'une boule) est la longueur d'un de ses diamètres (au sens du **1** *b)*).

3 Diamètre en tant que nombre

Je choisis le centimètre comme unité de longueur. Je peux alors dire que le diamètre du cercle et du disque ci-dessus est égal à 5.
De la même façon, le diamètre de la sphère et de la boule ci-dessus est égal à 5.

Info. Une unité de longueur étant choisie, on définit le diamètre d'un cercle (ou d'un disque ou d'une sphère ou d'une boule) comme étant la mesure du diamètre, au sens du **1**, de ce cercle (ou ce disque ou cette sphère ou cette boule).

▶ Corde. Longueur. Opposé **4**. Rayon.

Différence

1 Différence de nombres, de grandeurs, de vecteurs

a) Le nombre 5 est la différence des nombres 12 et 7 pris dans cet ordre car $5 = 12 - 7$.
Soit x un nombre. Le nombre $5x - 3$ est la différence des nombres $x^2 + 11x$ et $x^2 + 6x + 3$ pris dans cet ordre car $x^2 + 11x - (x^2 + 6x + 3) = x^2 + 11x - x^2 - 6x - 3 = 5x - 3$.
b) La différence des deux aires 13,5 m^2 et 5 m^2 prises dans cet ordre est 8,5 m^2 car 8,5 m^2 = 13,5 m^2 – 5 m^2.

♦ Bien sûr, il est impossible de parler de la différence des deux aires 5 m^2 et 13,5 m^2, prises dans cet ordre ; l'écriture 5 m^2 – 13,5 m^2 n'a pas de sens.

c) Sur la figure ci-contre, le vecteur $\overrightarrow{CB}$ est la différence des deux vecteurs $\overrightarrow{AB}$ et $\overrightarrow{AC}$ pris dans cet ordre car :
$\overrightarrow{AB} - \overrightarrow{AC} = \overrightarrow{AB} + \overrightarrow{CA} = \overrightarrow{CA} + \overrightarrow{AB} = \overrightarrow{CB}$.

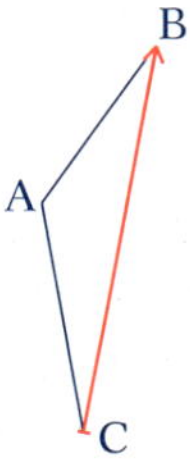

Déf. ***a)*** La différence de deux nombres a et b pris dans cet ordre est le nombre obtenu en soustrayant b à a, et noté $a - b$.
b) On parle, de la même façon, de la différence de deux grandeurs de même type, lorsque la première est supérieure ou égale à la seconde.
c) On parle, de la même façon, de la différence de deux vecteurs.

2 Différence en tant qu'écriture

En écrivant 20 = 30 – 10, je vois que je peux écrire le nombre 20 sous la forme $a - b$, où $a = 30$ et $b = 10$.
La lettre x désignant un nombre, lorsque j'écris $x(x - 7) = x^2 - 7x$, je vois que je peux écrire le nombre $x(x - 7)$ sous la forme $a - b$, où a et b représentent des nombres ($a = x^2$ et $b = 7x$).
Les écritures 30 – 10 et $x^2 - 7x$ sont des différences.

♦ Par convention, 40 – 15 – 5 = 25 – 5 = 20 ; cependant, l'expression 40 – 15 – 5 ne s'appelle pas une différence. C'est une somme algébrique.

♦ Je peux écrire l'aire 8 cm^2 sous la forme 10 cm^2 – 2 cm^2. L'écriture 10 cm^2 – 8 cm^2 est une différence. Bien sûr, l'écriture 8 cm^2 – 10 cm^2 n'est pas une différence, car il n'existe pas d'aires négatives.

♦ Lorsque j'écris $\overrightarrow{AB} - \overrightarrow{AC}$, j'écris une différence de vecteurs.

Déf. Une différence de nombres est une écriture d'un nombre sous la forme $a - b$, où a et b représentent deux nombres.

▶ Produit. Quotient. Somme. Somme algébrique. Soustraction. Terme.

Différent

• Le symbole ≠ se lit *différent*.
• Soit x un nombre différent de zéro ; en abrégé, on peut écrire $x \neq 0$; cela signifie que x n'est pas égal à zéro.

♦ $x \neq 0$ est le contraire de $x = 0$.

• Soit (AB) et (CD) deux droites distinctes ; en abrégé, on peut écrire (AB) ≠ (CD) ; cela signifie que les droites (AB) et (CD) ne sont pas confondues.

Info. Soit a et b deux objets mathématiques de même type (deux nombres, deux figures géométriques, deux longueurs, etc.). On écrit $a \neq b$ pour exprimer que ces objets sont différents.

▶ Contraire. Égalité.

Dimension

1 Dimensions d'un rectangle, d'un parallélépipède rectangle

a) Le rectangle représenté ci-contre a pour dimensions 4 cm et 3 cm ; cela signifie que la longueur du rectangle est égale à 4 cm et que sa largeur est égale à 3 cm.

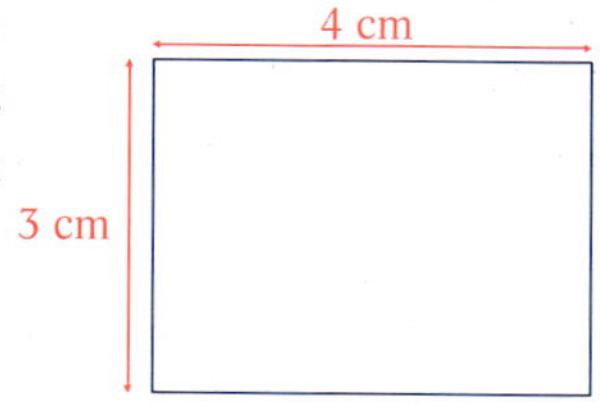

b) Le parallélépipède rectangle représenté ci-contre a pour dimensions 3 cm, 1,5 cm et 2 cm ; ces dimensions sont respectivement la longueur, la largeur et la hauteur de ce parallélépipède rectangle.

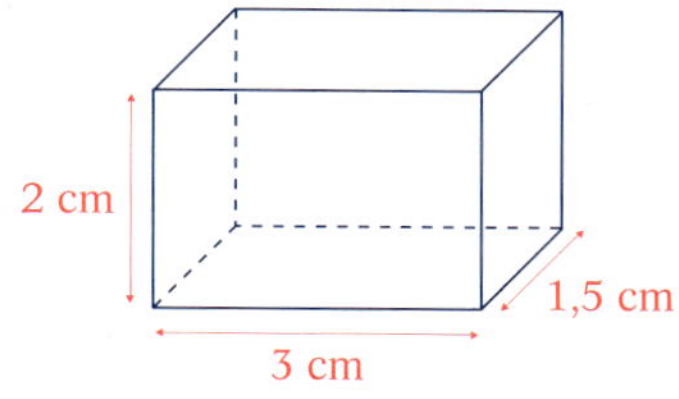

Déf. ***a)*** Les dimensions d'un rectangle sont sa longueur et sa largeur.
b) Les dimensions d'un parallélépipède rectangle sont sa longueur, sa largeur et sa hauteur.

2 Dimension d'une figure

La figure F′ est une reproduction à l'échelle 2 de la figure F. Toutes les dimensions de la figure F ont été multipliées par 2.
Par exemple, AH = 1,2 cm et A′H′ = 2,4 cm ; BC = 2,5 cm et B′C′ = 5 cm.

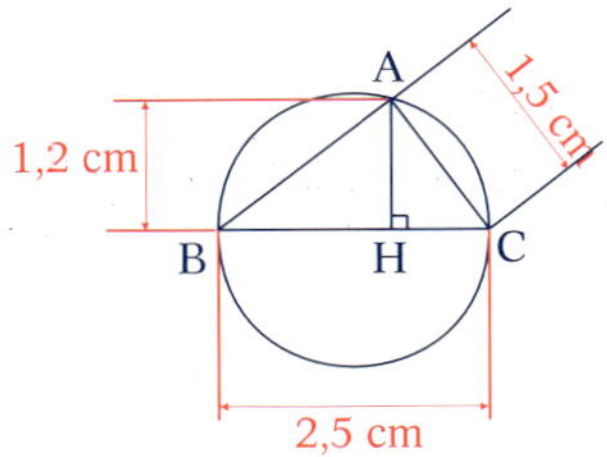

fig. F

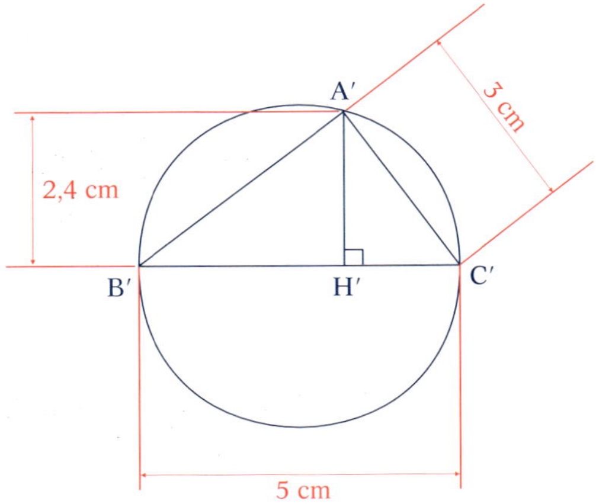

fig. F′

Info. Une dimension est une longueur. En général, pour une figure, on donne les dimensions qui permettent de la construire.

▶ Arête. Base **7**. Diagonale. Diamètre. Distance. Hauteur. Largeur. Longueur. Rayon.

Diminution

• Un prix est égal à 140 F. Il diminue de 15%. Je calcule le nouveau prix :

$$15\% \text{ de } 140 = \frac{15}{100} \times 140 = 21.$$

La diminution est égale à 21 F.
140 – 21 = 119.
Le nouveau prix est 119 F.

• Je peux aussi calculer le nouveau prix de la façon suivante :

$$140 - \frac{15}{100} \times 140 = 140 \times \left(1 - \frac{15}{100}\right) = 140 \times 0{,}85 = 119.$$

Info. Soit t un nombre strictement positif et inférieur ou égal à 100. Pour diminuer une quantité de t %, il suffit de la multiplier par $\left(1 - \frac{t}{100}\right)$.

▶ Augmentation. Pourcentage. Réduction **3**.

Direction

1 Droites de même direction

Considérons un parallélogramme ABCD. Les côtés opposés sont deux à deux parallèles. Donc les droites (AB) et (CD) ont la même direction. De même, les droites (BC) et (AD) ont la même direction.

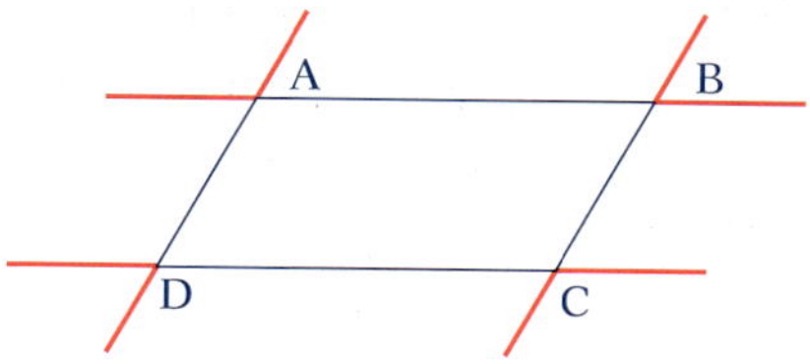

Déf. Dire que des droites ont la même direction signifie que ces droites sont parallèles.

2 Direction

Sur la figure ci-contre, j'ai tracé la droite d'. Elle a pour direction d et passe par A. Cela veut dire que la droite d' a la même direction que la droite d et passe par A.

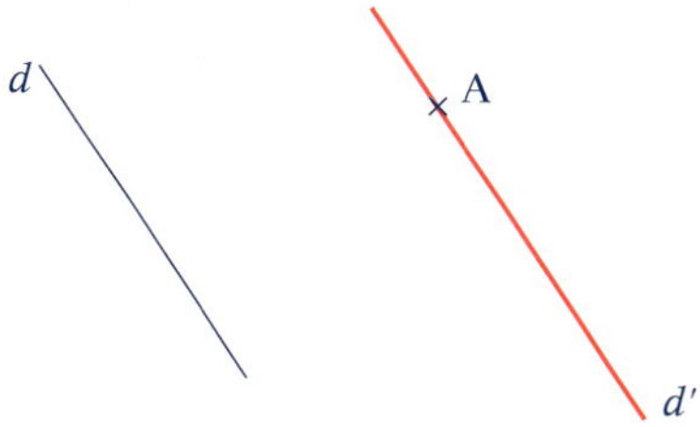

Info. Pour définir une direction, il suffit de se donner une droite.

3 Vecteurs de même direction

Dans le parallélogramme ABCD ci-dessus, les droites (AB) et (CD) sont parallèles ; c'est pourquoi les vecteurs $\overrightarrow{AB}$ et $\overrightarrow{CD}$ ont la même direction.

♦ $\overrightarrow{AB}$ et $\overrightarrow{CD}$ ont la même direction et des sens contraires.

De même, les vecteurs $\overrightarrow{AD}$ et $\overrightarrow{BC}$ ont la même direction.

♦ $\overrightarrow{AD}$ et $\overrightarrow{BC}$ ont la même direction et sont de même sens.

Déf. Soit A, B, C et D quatre points. Dire que les vecteurs $\overrightarrow{AB}$ et $\overrightarrow{CD}$ ont la même direction signifie que les droites (AB) et (CD) sont parallèles.

▶ Colinéaire. Parallèle. Parallélisme. Sens. Vecteur.

Disjoint

• Les deux cercles représentés sur la figure ci-contre n'ont aucun point en commun ; c'est pourquoi ces deux cercles sont disjoints.

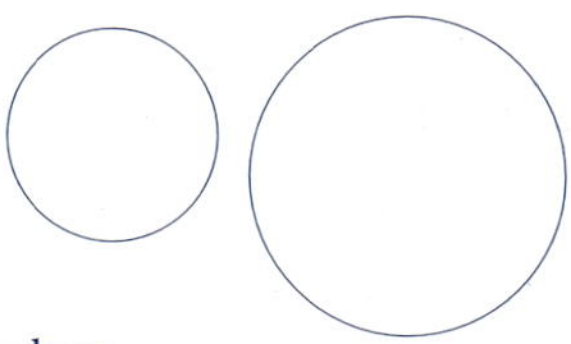

♦ Des droites disjointes sont des droites qui sont parallèles et non confondues.

• La sphère et la pyramide représentées sur la figure ci-contre n'ont aucun point en commun ; c'est pourquoi elles sont disjointes.

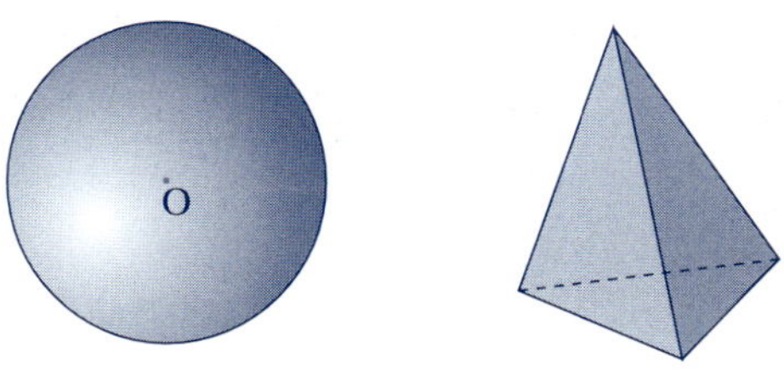

Déf. Dire que deux figures géométriques sont disjointes signifie que ces deux figures n'ont aucun point en commun.

▶ Confondu. Distinct. Inclus. Position relative.

Disque

Je choisis le centimètre comme unité de longueur.
Sur la figure ci-contre, j'ai colorié la surface limitée par le cercle de centre O et de rayon 4. Elle est constituée de tous les points dont la distance au centre O est inférieure ou égale à 4.

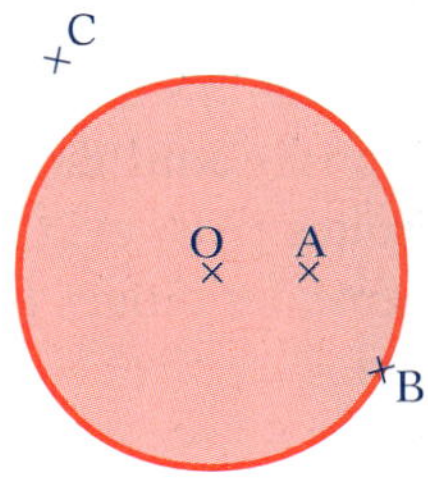

Par exemple :
- Le point A appartient au disque et OA < 4 ;
- le point B appartient au disque et OB = 4 ;
- le point C n'appartient pas au disque et OC > 4.

♦ La surface coloriée est le disque de centre O et de rayon 4.

Déf. Choisissons une unité de longueur. Soit O un point et R un nombre positif. Le disque de centre O et de rayon R est l'ensemble des points dont la distance à O est inférieure ou égale à R.

▶ Cercle

Distance

1 Distance et longueur

La distance entre Paris et Lyon est environ égale à 450 km.
Sur la figure ci-contre, la distance AB est égale à 3 cm.

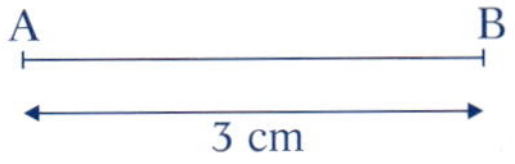

Info. *Distance* peut être employé comme synonyme de *longueur*.

2 Distance entre deux points

Choisissons le centimètre comme unité de longueur. Sur la figure ci-contre, on peut lire les distances BC et AH, c'est-à-dire les mesures en centimètres des longueurs BC et AH.

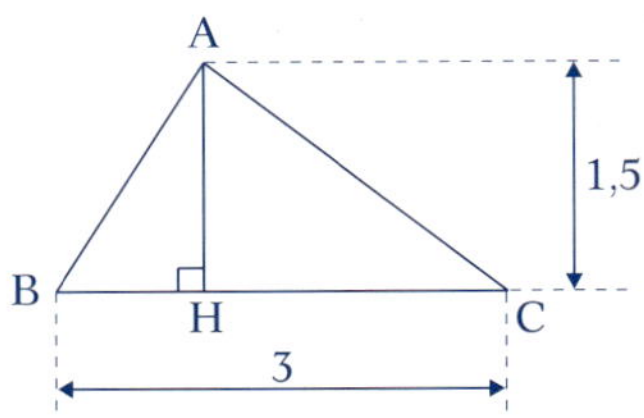

Info. Une unité de longueur étant choisie, *distance* peut être employé comme synonyme de *mesure* pour une longueur.

3 Distance dans un repère orthonormal

Deux points A et B sont représentés ci-contre dans un repère orthonormal. Ils sont définis par leurs coordonnées dans ce repère : A(– 2 ; 1) B(– 1 ; – 3).

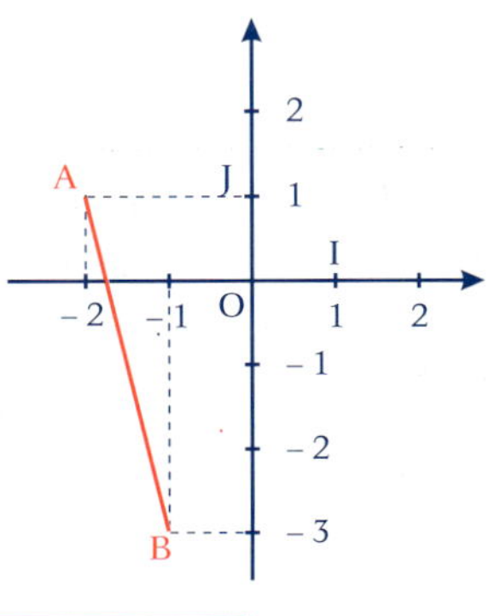

Je calcule la distance AB en appliquant la formule
$AB = \sqrt{(x_B - x_A)^2 + (y_B - y_A)^2}$, ce qui donne :
$AB = \sqrt{(-1+2)^2 + (-3-1)^2} = \sqrt{1^2 + (-4)^2} = \sqrt{17}$.

♦ La formule n'est valable que dans un repère orthonormal.

Info. Dans un repère orthonormal, soit A et B deux points définis par leurs coordonnées : $A(x_A ; y_A)$ $B(x_B ; y_B)$

La distance AB est donnée par la formule : $AB = \sqrt{(x_B - x_A)^2 + (y_B - y_A)^2}$

4 Distance d'un point à une droite

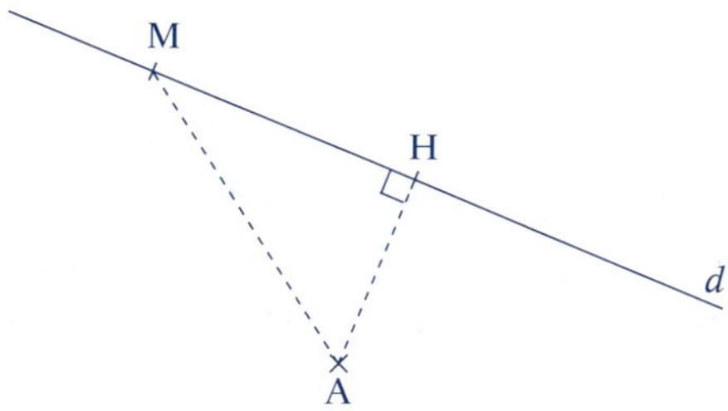

Dans un triangle rectangle, je sais que l'hypoténuse est le plus grand des trois côtés. Donc, sur la figure ci-contre, on a AM > AH. Plus généralement, tout point N de *d* distinct de H vérifie AN > AH. La distance AH est donc la plus petite distance entre A et un point de *d* ; on dit que AH est la distance du point A à la droite *d*.

♦ Dans ce paragraphe **4**., distance peut être compris au sens de **1**. ou de **2**.

Déf. Soit A un point, *d* une droite, et H le projeté orthogonal de A sur *d*. La distance du point A à la droite *d* est la distance AH.

5 Distance entre deux nombres

La différence 5 – (– 2) est égale à 7 ; on peut dire aussi que la distance entre les nombres – 2 et 5 est égale à 7.

♦ Sur l'axe représenté ci-dessous, la distance entre les points A et B est égale à 7 ; je remarque que A et B ont pour abscisses respectives –2 et 5.

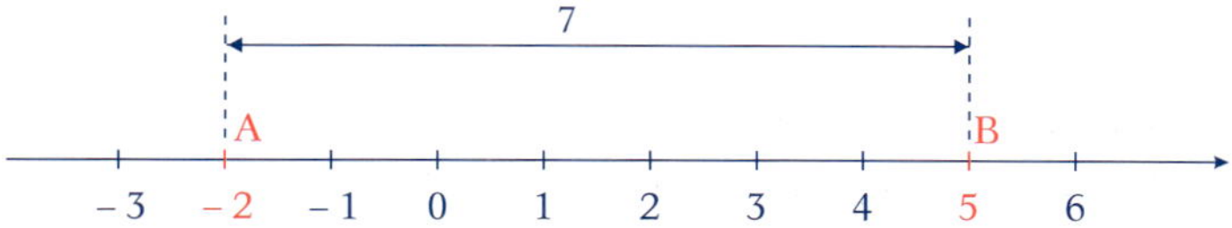

♦ 7 est aussi la distance entre les nombres 5 et –2.

♦ La distance entre deux nombres est un nombre positif.

♦ La valeur absolue d'un nombre est égale à la distance entre ce nombre et zéro.

Déf. Soit *a* et *b* deux nombres. La distance entre les nombres *a* et *b* est :
– le nombre $a - b$ si $a \geqslant b$;
– le nombre $b - a$ si $b \geqslant a$.

Distinct

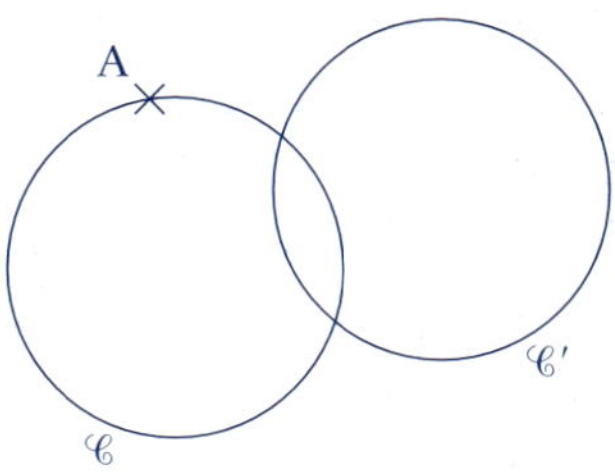

Sur la figure, le point A appartient au cercle 𝒞, mais pas au cercle 𝒞′. C'est pourquoi les cercles 𝒞 et 𝒞′ sont distincts.

♦ Les cercles 𝒞 et 𝒞′ ont le même rayon ; ils sont donc superposables.

♦ Pour des figures géométriques, distinct est le contraire de confondu.

Déf. Dire que deux figures géométriques sont distinctes signifie qu'il existe au moins un point de l'une d'elles qui n'est pas un point de l'autre.

▶ Confondu. Deux. Disjoint. Égal. Un.

Distribuer

Soit x un nombre.

• Je calcule : $5(2x - 7) = 5 \times 2x - 5 \times 7$. Je peux dire que j'ai distribué le nombre 5 ; cela signifie que j'ai utilisé la distributivité de la multiplication par rapport à la soustraction pour calculer l'expression $5(2x - 7)$.

♦ De même, en écrivant l'égalité $(2x - 7) \times 5 = 2x \times 5 - 7 \times 5$, j'ai distribué le nombre 5.

♦ En écrivant l'égalité $5 \times 2x - 5 \times 7 = 10x - 35$, je réduis l'expression $5 \times 2x - 5 \times 7$.

♦ En utilisant la distributivité de la multiplication par rapport à l'addition, je distribue le nombre 5 en écrivant $5 \times (2x + 7) = 10x + 35$.

Info. Distribuer un nombre k c'est appliquer la distributivité de la multiplication par rapport à l'addition ou la soustraction.

▶ Développer. Distributivité.

Distributivité

L'unité de longueur est le centimètre ; x est un nombre positif.

1 Distributivité de la multiplication par rapport à l'addition

Je calcule l'aire du rectangle ABCD de deux façons :

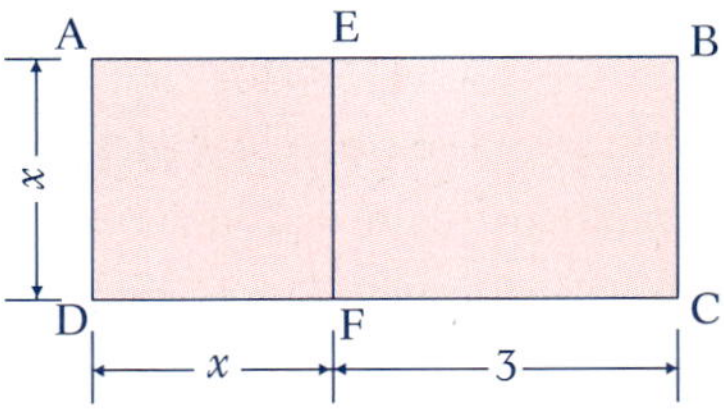

Première façon : sur la figure, on a AD = x et AB = $x + 3$; donc l'aire du rectangle ABCD a pour mesure (en cm²) : $x(x + 3)$.

Seconde façon : je calcule les mesures (en cm²) des aires du carré AEFD et du rectangle EBCF, que j'ajoute ; je trouve $x^2 + 3x$.

Donc $x(x + 3) = x^2 + 3x$. En écrivant cette égalité, j'exprime que la multiplication est distributive par rapport à l'addition.

Déf. La distributivité de la multiplication par rapport à l'addition est une propriété qui s'énonce ainsi : Pour tous nombres k, a, b, on a : $k \times (a + b) = k \times a + k \times b$, ou, plus simplement $\boxed{k(a + b) = ka + kb}$

♦ Bien sûr, $(a + b) \times k = k \times (a + b) = k \times a + k \times b$.

2 Distributivité de la multiplication par rapport à la soustraction

Je calcule l'aire du rectangle ABCD de deux façons :

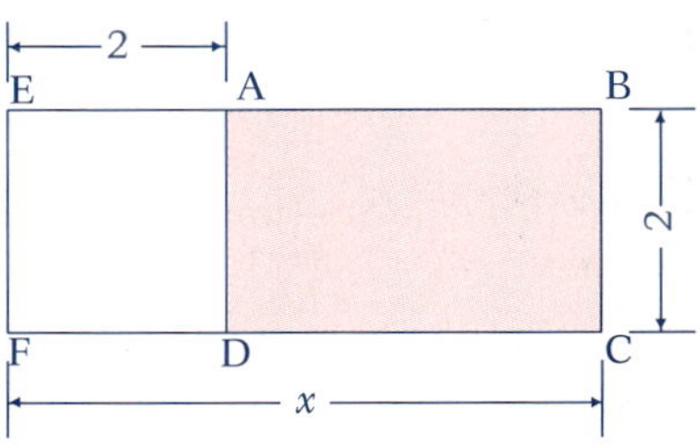

Première façon : sur la figure, on a DC = $x - 2$ et BC = 2 ; donc l'aire du rectangle ABCD a pour mesure (en cm²) $2(x - 2)$.

Seconde façon : je calcule la mesure (en cm²) de l'aire du rectangle BCFE : $2x$, à laquelle je retranche 2×2 (mesure en cm² de l'aire du carré ADFE) ; je trouve $2x - 2 \times 2$.

J'en déduis $2(x - 2) = 2x - 2 \times 2$. En écrivant cette égalité, j'exprime que la multiplication est distributive par rapport à la soustraction.

Déf. La distributivité de la multiplication par rapport à la soustraction est la propriété qui s'énonce ainsi :
Pour tous nombres k, a, b, on a : $k \times (a - b) = k \times a - k \times b$, ou, plus simplement :

$$k(a - b) = ka - kb$$

♦ Bien sûr, $(a - b) \times k = k \times (a - b) = k \times a - k \times b$.

▶ Développement. Distribuer. Factorisation.

FICHE

TECHNIQUES DE LA DISTRIBUTIVITÉ

• k, a, b, c, d, e... sont des nombres ; alors :
$k(a + b - c - d + e + ...) = ka + kb - kc - kd + ke + ...$

• u, v, w et x sont quatre nombres ; alors :
$(u + v)(w + x) = uw + ux + vw + vx$.
$(u - v)(w + x) = uw + ux - vw - vx$.
$(u + v)(w - x) = uw - ux + vw - vx$.
$(u - v)(w - x) = uw - ux - vw + vx$.

♦ Je peux me souvenir des développements précédents en imaginant que je « distribue » u et v, comme il est indiqué ci-dessous, et en appliquant la règle des signes pour un produit.

$$(u + v)(w + x) = uw + ux + vw + vx$$

♦ Si je veux démontrer que $(u + v)(w + x) = uw + ux + vw + vx$, je peux utiliser l'égalité $k(a + b) = ka + kb$ en posant $k = (u + v)$, $a = w$ et $b = x$.
Alors : $(u + v)(w + x) = (u + v)w + (u + v)x = uw + vw + ux + vx = uw + ux + vw + vx$.

Dividende

1 Nombre

Je sais que $54 : 9 = 6$. J'ai divisé 54 par 9 ; le nombre 54 est le dividende.

Déf. Soit a et b deux nombres, b étant non nul. Quand on divise a par b, le nombre a est le dividende.

2 « Au dividende »

Dans la division posée ci-contre, 53 est écrit au dividende.

53	13
10	4,07
100	
9	

Déf. « Au dividende » est une expression signifiant : « En haut et à gauche de la barre verticale d'une division posée ».

▶ Diviser. Diviseur. Numérateur. Poser.

Diviser

• Je choisis un premier nombre : 18, puis un second : 3. Par la division, je leur associe 6. Autrement dit, j'ai divisé 18 par 3, et j'ai trouvé 6. J'écris 18 : 3 = 6 ou $\frac{18}{3} = 6$.

♦ On peut aussi écrire $18 \div 3 = 6$ ou bien $18/3 = 6$.

♦ Diviser s'emploie parfois sans complément d'objet direct. On dit, par exemple, « diviser par 10 revient à multiplier par 0,1 ». Cela signifie que le quotient de la division d'un nombre par 10 est égal au produit de ce nombre par 0,1.

♦ Il est possible aussi de diviser une grandeur par un nombre strictement positif ; par exemple, $36 \text{ cm}^2 : 2 = 18 \text{ cm}^2$.

• Soit x un nombre non nul. Si je divise x^2 par x, j'obtiens un nombre que je peux écrire $x^2 : x$ ou bien $\frac{x^2}{x}$, ou bien encore $\frac{x}{1}$ ou enfin x.

Déf. Diviser un nombre a par un nombre b différent de 0, c'est associer à a et à b, pris dans cet ordre, un troisième nombre par la division noté $a : b$ ou $\frac{a}{b}$.

▶ Division. Division décimale. Division euclidienne. Fraction. Quotient.

Diviseur

1 Nombre

Je sais que 54 : 9 = 6. J'ai divisé 54 par 9 ; le nombre 9 est le diviseur.

Déf. Soit a et b deux nombres, b étant non nul. Quand on divise a par b, le nombre b est le diviseur.

2 « Au diviseur »

Dans la division posée ci-contre, 13 est écrit au diviseur.

53	13
10	4,07
100	
9	

Déf. « Au diviseur » est une expression signifiant : « au-dessus de la barre horizontale d'une division posée ».

▶ Dividende. Poser.

3 Diviseur d'un entier naturel

Le reste de la division euclidienne de 221 par 17 est nul ($221 = 17 \times 13 + 0$). Le nombre 17 est donc un diviseur de 221.

221	17
51	13
0	

Le nombre 4 n'est pas un diviseur de 57 même si la division de 57 par 4 tombe juste. En effet, $57 = 4 \times 14 + 1$.

57	4
17	14,25
10	
20	
0	

♦ Soit a et b deux entiers naturels. Si b est un diviseur de a, alors a est un multiple de b.
♦ Le nombre 1 est un diviseur de tout entier naturel.
♦ Tout entier naturel non nul est un diviseur de 0.

Déf. Un diviseur d'un entier naturel a est un entier naturel non nul b tel que le reste de la division euclidienne de a par b soit égal à 0.

▶ Critère de divisibilité. Dénominateur. Diviser. Division. Multiple. Nombre premier. PGCD.

Divisibilité Voir l'article *Critère de divisibilité.*

Divisible

L'entier naturel 28 est un multiple de 7 car $28 = 7 \times 4$. L'entier naturel 28 est donc divisible par 7. Il est équivalent de dire que 7 est un diviseur de 28.

♦ Le nombre 0 est divisible par tout entier naturel non nul.

Déf. Dire qu'un entier naturel a est divisible par un entier naturel b signifie que b est un diviseur de a.

▶ Critère de divisibilité. Diviseur **3**. Multiple.

Division

a) Je sais que $12 : 2 = 6$, et que $12 \times \frac{1}{2} = \frac{12}{2} = 6$. J'en déduis que $12 : 2 = 12 \times \frac{1}{2}$.

Diviser 12 par 2 revient donc à multiplier 12 par l'inverse de 2 $\left(\text{qui est } \frac{1}{2}\right)$.

De même, diviser 12 par n'importe quel autre nombre non nul x revient à multiplier 12 par l'inverse de x.

Ainsi, $12 : \frac{3}{2} = 12 \times \frac{2}{3} = \frac{12 \times 2}{3} = \frac{4 \times 2}{1} = 8$; en effet, l'inverse de $\frac{3}{2}$ est $\frac{2}{3}$.

♦ Au lieu d'écrire $12 : \frac{3}{2}$, je peux aussi écrire $12 \div \frac{3}{2}$ ou encore $\frac{12}{\frac{3}{2}}$.

b) De l'égalité $12 : \frac{3}{2} = 8$, je peux déduire $12 = 8 \times \frac{3}{2}$.

♦ Je comprends que a et b étant deux nombres, b étant non nul, on a : $a = \frac{a}{b} \times b$.

♦ Le nombre $\frac{a}{b}$ peut s'écrire de différentes façons. Voir à ce sujet la fiche ci-après.

Déf. ***a)*** La division est une opération. ; à un nombre a et un nombre b différent de 0, choisis dans cet ordre, elle associe un troisième nombre noté $a : b$ ainsi défini :

$$a : b = a \times \frac{1}{b}.$$

où $\frac{1}{b}$ désigne l'inverse de b.

b) Le nombre $a : b$ est le nombre dont le produit avec b est égal à a.

▶ Division. Division décimale. Division euclidienne. Opération. Poser. Quotient.

FICHE

DIVISIONS DE NOMBRES ÉCRITS SOUS FORME DE QUOTIENTS

x, y, z et t désignent quatre nombres tels que $y \neq 0$, $z \neq 0$ et $t \neq 0$.

Calculs	Commentaires
$\frac{x}{y} : \frac{z}{t} = \frac{x}{y} \times \frac{t}{z} = \frac{xt}{yz}$	On peut aussi écrire $\frac{\frac{x}{y}}{\frac{z}{t}} = \frac{x}{y} \times \frac{t}{z} = \frac{xt}{yz}$.
$x : \frac{y}{z} = x \times \frac{z}{y} = \frac{xz}{y}$	On peut aussi écrire $\frac{x}{\frac{y}{z}} = x \times \frac{z}{y} = \frac{xz}{y}$.
$\frac{x}{y} : z = \frac{x}{y} \times \frac{1}{z} = \frac{x}{yz}$	On peut aussi écrire $\frac{\frac{x}{y}}{z} = \frac{x}{y} \times \frac{1}{z} = \frac{x}{yz}$.

Division décimale

Avec ma calculatrice, je peux trouver $\frac{11}{7} \approx 1{,}571\,428\,571$.

Si j'effectue la division décimale au dixième de 11 par 7, je trouve 1,5 ; je remarque que 1,5 est la troncature au dixième de 1,571 428 571.
Si j'effectue la division décimale au centième de 11 par 7, je trouve 1,57 ; je remarque que 1,57 est la troncature au centième de 1,571 428 571.
Et ainsi de suite.

♦ Si j'effectue la division au dixième de – 11 par 7, je trouve – 1,5.

♦ Si j'effectue la division au centième de – 11 par 7, je trouve – 1,57. Etc.

♦ Au lieu de dire division décimale au dixième, division décimale au centième, etc. on dit souvent division au dixième, division au centième, etc.

Déf. La division décimale au dixième est une opération. À un nombre a et un nombre b différent de 0, elle associe la troncature au dixième du quotient $\frac{a}{b}$.
La division décimale au centième est une opération. A un nombre a et un nombre b différent de 0, elle associe la troncature au centième du quotient $\frac{a}{b}$.
Et ainsi de suite.

▶ Diviser. Division. Division euclidienne. Quotient. Troncature.

Division entière

Déf. Une division entière est une division euclidienne.

▶ Diviser. Division. Division décimale. Division euclidienne.

Division euclidienne

• J'effectue la division euclidienne de 123 par 6 (voir ci-contre).
Je peux écrire $123 = 6 \times 20 + 3$, et $3 < 6$. Aux nombres 123 et 6, pris dans cet ordre, la division euclidienne associe les nombres 20 et 3.

1 2 3	6
0 3	2 0
3	

• Voici ce que j'ai écrit sur mon cahier de brouillon :
Comme $9 > 8$, je ne peux pas dire que j'ai effectué à la main la division euclidienne de 417 par 8.

4 1 7	8
1 7	5 1
9	

♦ Je peux, cependant, en déduire l'égalité $417 = 8 \times 51 + 9$.

Info. Soit a un entier naturel et b un entier naturel non nul. La division euclidienne associe à a et à b, pris dans cet ordre, deux entiers naturels q et r ainsi définis : $a = b \times q + r$ et $r < b$.
En pratique, on dispose les nombres ainsi :

a	b
r	q

▶ Dividende. Diviser. Diviseur. Division. Division décimale. Quotient. Reste.

Dixième

1 Dixième et nombres

Si j'ajoute 6 dixièmes au nombre 35, je trouve 35,6 car $35 + 0{,}6 = 35{,}6$.

Le nombre « dix-neuf dixièmes » s'écrit 1,9 ou $\frac{19}{10}$.

♦ Dix dixièmes égalent un : $10 \times 0{,}1 = 10 \times \frac{1}{10} = 1$.

Info. Le nombre « un dixième » s'écrit 0,1 ou $\frac{1}{10}$.

2 Chiffre des dixièmes

Le chiffre des dixièmes de l'écriture 0,125 est le chiffre 1.

♦ Je ne confonds pas dix**ième** et diz**aine**.

Déf. Le chiffre des dixièmes d'une écriture décimale est, s'il existe, celui qui est écrit juste à droite de la virgule, si elle existe.

3 Fraction de dénominateur 10

La fraction $\frac{31}{10}$ se lit *trente et un sur dix* ou bien *trente et un dixièmes*.

Déf. Soit a l'écriture décimale réduite d'un entier naturel ; la fraction $\frac{a}{10}$ se lit *a sur dix* ou bien *a dixième(s)*.

4 Dixième d'une quantité

a) Un dixième de 9,8 est égal à 0,98. En effet, $\frac{1}{10} \times 9{,}8 = \frac{9{,}8}{10} = 9{,}8 : 10 = 0{,}98$.
b) Un dixième de 9,8 cm^2 est égal à 0,98 cm^2.

Déf. ***a)*** Un dixième d'un nombre a est le nombre $\frac{1}{10} \times a$.
b) On parle aussi d'un dixième d'une grandeur.

5 Dixième de seconde
En E.P.S., j'ai couru le 100 mètres en 14 secondes 2 dixièmes. Le professeur a écrit sur sa feuille 14 s 2 ; cela signifie 14,2 secondes ou bien encore 14 secondes et 2 dixièmes de seconde.

Info. Dans l'énoncé d'une durée, dixième signifie dixième de seconde.

▶ Centième. Décimale. Milliardième. Millième. Millionième.

Dizaine

1 Dizaine et nombres
Si j'ajoute 5 dizaines à 8 unités, je trouve 58 unités car 5 dizaines égalent 50 unités.

Déf. Une dizaine, c'est dix unités.

2 Chiffre des dizaines
Le chiffre des dizaines de l'écriture « 63 » est le chiffre 6.
L'écriture « 3 » n'a pas de chiffre des dizaines, mais 0 est le chiffre des dizaines de l'écriture « 03 ».

♦ Je ne confonds pas diz**aine** et dix**ième**.

Déf. Le chiffre des dizaines d'une écriture décimale est, s'il existe, celui qui est écrit juste à gauche du chiffre des unités.

▶ Centaine. Centième. Chiffre. Dixième. Mille. Millième. Unité.

Dodécaèdre

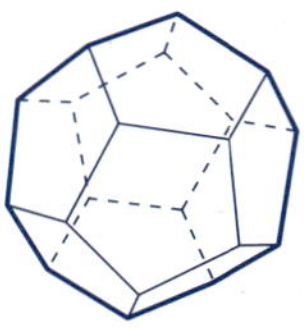

Le solide représenté ci-contre a douze faces ; c'est donc un dodécaèdre.

♦ Les faces du dodécaèdre représenté sont des surfaces pentagonales régulières superposables ; c'est un dodécaèdre régulier ; il a trente arêtes et vingt sommets.

♦ Ci-contre, j'ai dessiné le patron d'un dodécaèdre régulier.

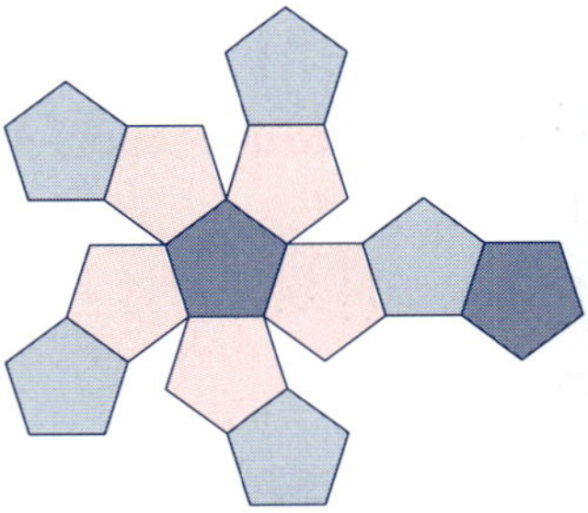

Déf. Un dodécaèdre est un polyèdre qui a douze faces.

▶ Icosaèdre. Octaèdre. Platon. Tétraèdre.

Dodécagonal Voir l'article *Polygonal*.

Dodécagone

Les polygones représentés ci-dessous ont chacun douze côtés ; ce sont donc des dodécagones.

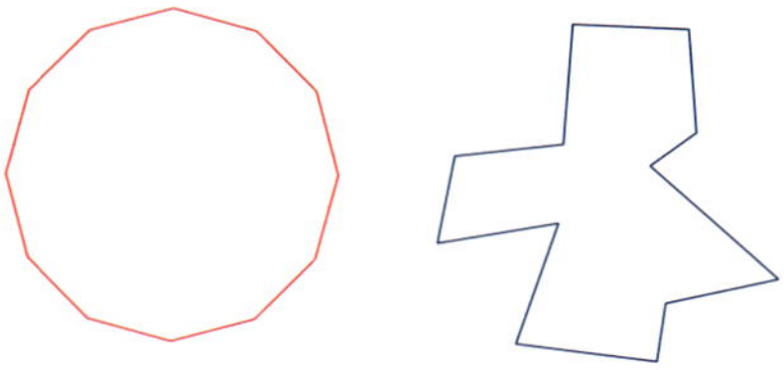

♦ Le dodécagone tracé en rouge est un dodécagone régulier.

Déf. Un dodécagone est un polygone qui a douze côtés.

▶ Aire. Hexagone. Polygonal. Polygone. Régulier.

FICHE

CONSTRUCTION D'UN DODÉCAGONE RÉGULIER À LA RÈGLE ET AU COMPAS

Je commence par construire un hexagone régulier.

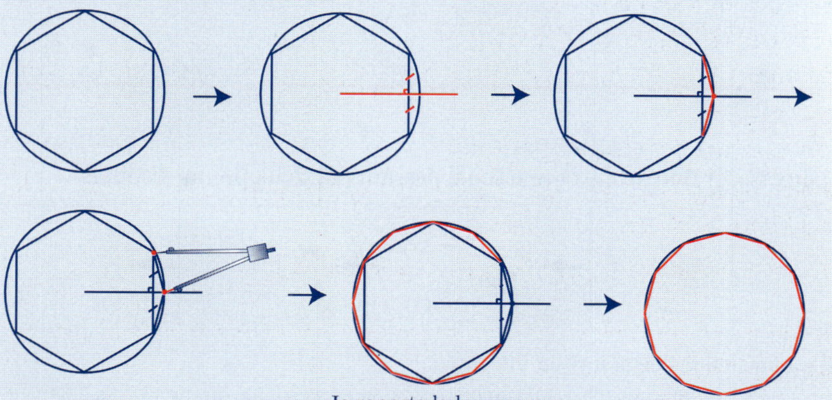

Données

1 Données d'un problème

▶ Hypothèse.

2 Données d'une étude statistique

Le professeur de mathématiques a demandé aux 25 élèves de la classe la durée en minutes de leur trajet pour aller de chez eux au collège.

Il a écrit au tableau les réponses suivantes :

12 ; 5 ; 3 ; 7 ; 5 ; 10 ; 4 ; 6 ; 20 ; 2 ; 6 ; 4 ; 3 ; 8 ; 7 ; 4 ; 8 ; 10 ; 5 ; 9 ; 13 ; 9 ; 5 ; 3 ; 5.

Il a écrit des données.

Info. Dans une étude statistique, les données sont les valeurs obtenues (au moyen d'enquêtes, d'observations, de mesures).

▶ Valeur.

Droit

Les angles représentés ci-dessous sont droits.

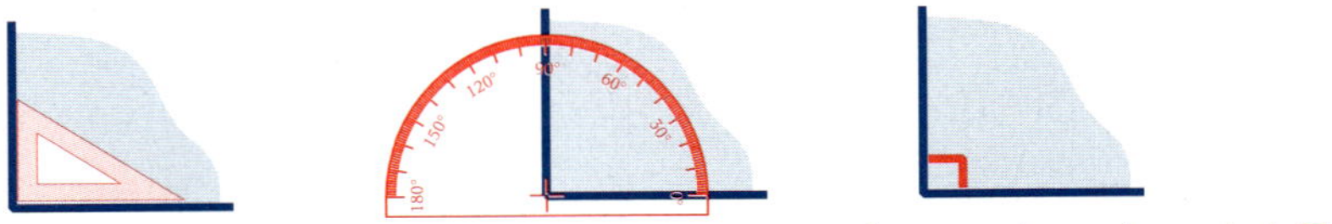

angle construit avec une équerre — angle de 90° — angle marqué avec le symbole ⌝

Déf. ***a)*** Un angle droit est un angle saillant dont les deux côtés sont perpendiculaires. ***b)*** Un angle droit est un angle de 90°.

▶ Aigu. Complémentaire. Obtus. Rectangle.

Droite

Je peux tracer une droite et une seule passant par deux points distincts.

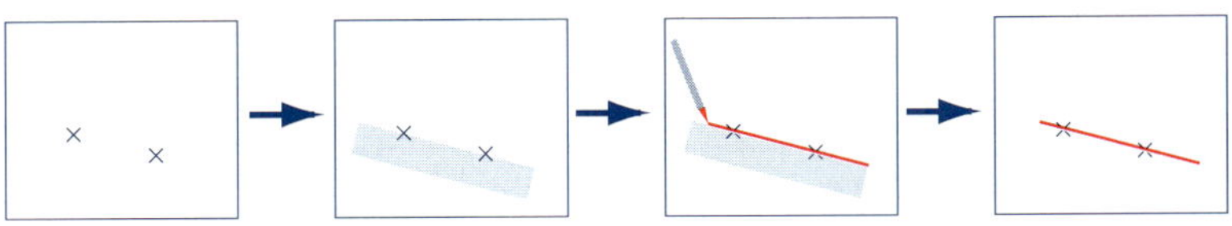

- ♦ Il y a une infinité de points sur une droite.
- ♦ Une droite est illimitée ; je peux prolonger un tracé de droite autant que je veux.
- ♦ Sur la figure ci-contre, j'ai tracé avec une règle la droite passant par le sommet C du tétraèdre et le point D de la face SAB. La partie cachée est en pointillé.

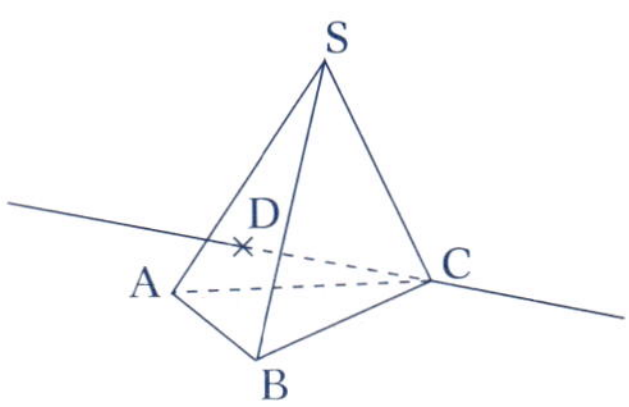

Info. Une droite est un ensemble de points d'un plan ; on représente une droite par un trait droit tracé à la règle.

▶ Équation de droite. Point. Positions relatives.

FICHE 1

NOTATIONS D'UNE DROITE

figure	notation(s)	je lis
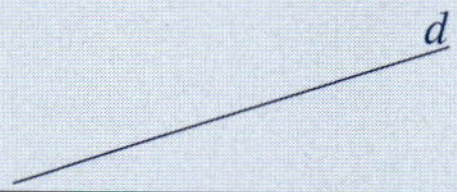	*d*	droite *d*
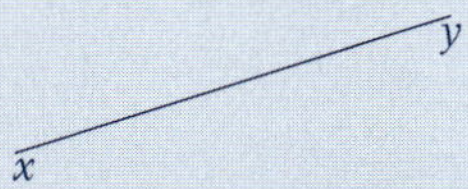	(*xy*) ou (*yx*)	droite *x y* ou droite *y x*
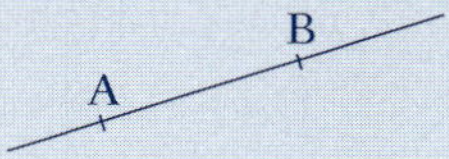	(AB) ou (BA)	droite A B ou droite B A
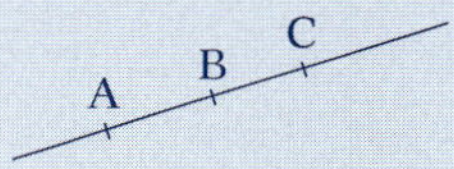	(AB) ou (BA) ou (AC) ou (CA) ou (BC) ou (CB)	Voir la case ci-dessus.

FICHE 2

DROITE/GAUCHE

• Sur la figure ci-dessous, je me déplace :
d'abord, tout droit (trajet de A vers B) ; arrivé en B, je tourne à droite, puis je vais tout droit (trajet de B vers C) ; arrivé en C, je tourne à droite, puis je vais tout droit (trajet de C vers D) ; arrivé en D, je tourne à droite, puis je vais tout droit (trajet de D vers E).

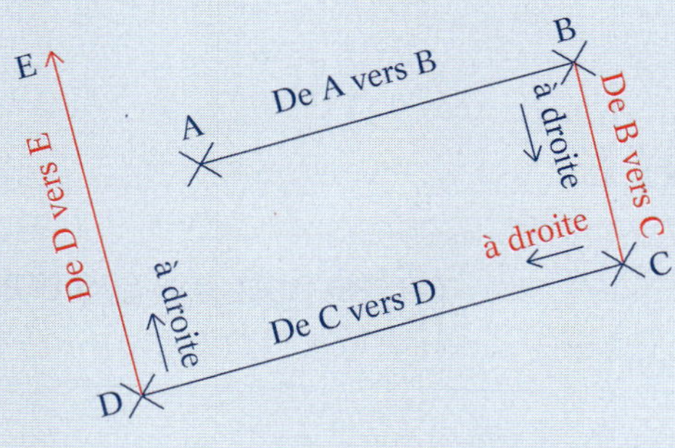

Info. L'expression « à droite » a une signification par rapport à un parcours rectiligne, comme dans les cas évoqués ci-dessus.

• Sur la figure ci-après, je me déplace :
d'abord tout droit (trajet de A vers B) ; arrivé en B, je tourne à gauche, puis je vais tout droit (trajet de B vers C) ; arrivé en C, je tourne à gauche, puis je

vais tout droit (trajet de C vers D) ; arrivé en D, je tourne à gauche, puis je vais tout droit (trajet de D vers E).

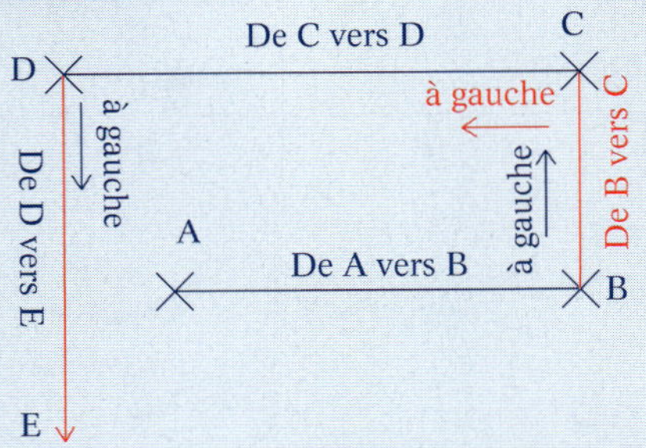

Info. L'expression « à gauche » a une signification par rapport à un parcours rectiligne, comme dans les cas évoqués ci-dessus.

Durée

Un TGV part de Paris à 10 h et arrive à Nantes à 12 h. La durée du trajet Paris-Nantes est égale à 2 heures (2 h).

♦ On dit aussi que le temps mis par le TGV pour aller de Paris à Nantes est égal à 2 heures.

Info. Les durées sont des grandeurs physiques. Ce sont des quantités de temps. Elles s'expriment en années, mois, jours, heures, minutes, secondes, dixièmes de secondes, centièmes de secondes, etc.

▶ Seconde.

FICHE

OPÉRATION SUR LES DURÉES

1. Addition

5 h 26 min 38 s + 9 h 54 min 27 s = ?

	5 h 26 min 38 s	
+	9 h 54 min 27 s	
=	14 h 80 min 65 s	= 14 h 81 min 5 s (car 60 s = 1 min)
		= 15 h 21 min 5 s (car 60 min = 1 h)

5 h 26 min 38 s + 9 h 54 min 27 s = 15 h 21 min 5 s

2. Soustraction

2 h 5 s – 24 min 16 s = ?

2 h 5 s	→	1 h 60 min 5 s	→	1 h 59 min 65 s	
– 24 min 16 s		– 24 min 16 s		– 24 min 16 s	
				1 h 35 min 49 s	

2 h 5 s – 24 min 16 s = 1 h 35 min 49 s

3. Conversions

13 579 s = ? (en h min s)

```
13 579 | 60                          226 | 60
  1 57 | 226                          46 | 3
   379 |                                 | donc 226 min = 3 h 46 min
    19 | donc 13 579 s = 226 min 19 s
```

13 579 s = 3 h 46 min 19 s

Sur certaines calculatrices, il existe une touche [° ′ ″] qui permet de convertir une ouverture d'angle (degrés, minutes, secondes en secondes, ou l'inverse, c'est-à-dire secondes en degrés, minutes, secondes). Cette touche peut aussi être utilisée pour convertir une durée (heures, minutes, secondes) en secondes, ou l'inverse.

E e

Échelle

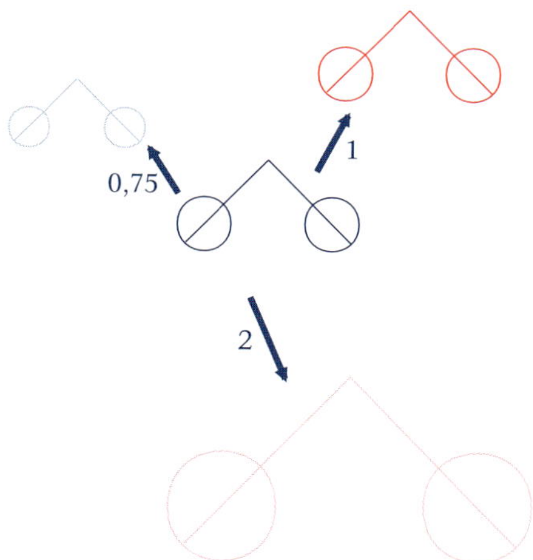

J'ai dessiné la figure bleue, puis j'en ai fait une reproduction en vraie grandeur (en rouge), une réduction (en bleu clair) et un agrandissement (en rougle clair).
Les dimensions de la figure bleu clair sont celles de la figure bleue multipliées par 0,75. La figure bleu clair est donc une reproduction de la figure bleue à l'échelle 0,75.
La figure rouge clair est une reproduction de la figure bleue à l'échelle 2.
La figure rouge est une reproduction de la figure bleue à l'échelle 1.

♦ Pour construire des cartes de géographie, on utilise des échelles très petites ; par exemple, $\frac{1}{50\,000}$, $\frac{1}{1\,000\,000}$. Si on utilise l'échelle $\frac{1}{50\,000}$, on doit multiplier les dimensions réelles par $\frac{1}{50\,000}$, ou, ce qui revient au même, les diviser par 50 000.
Ainsi, une distance réelle de 5 km est représentée sur une carte par une distance de $5 \times \frac{1}{50\,000}$ km, c'est-à-dire 0,000 1 km, ou encore 10 cm.

Déf. L'échelle d'une reproduction est le nombre par lequel sont multipliées les dimensions de la figure originale.

▶ Coefficient d'agrandissement ou de réduction. Reproduire.

Écriture décimale

a) Parmi les écritures suivantes, seules les quatre dernières sont des écritures décimales.

5×10 $\qquad \frac{8}{10}$ $\qquad \sqrt{2}$ $\qquad -5{,}67$ $\qquad +2{,}30$ $\qquad 01\,602$ $\qquad 4{,}7$

La première écriture comporte un symbole d'opération, la deuxième est une fraction et la troisième comporte un radical.
Dans les quatre dernières écritures, il y a des chiffres, une virgule, un signe moins et un signe plus en début d'écriture ; il n'y a pas d'autre caractère.

♦ L'écriture 01 602 est une écriture décimale bien qu'elle ne comporte pas de virgule.

b) Parmi les écritures décimales précédentes, seules les écritures –5,67 et 4,7 n'ont pas de caractère inutile ; c'est pourquoi ce sont des écritures décimales réduites.

♦ Parfois, on écrit $\frac{7}{3} = 2{,}333\ldots$ (sans oublier les points de suspension) ou bien $\frac{7}{3} = 2{,}\overline{3}$ (sans oublier le petit trait au-dessus du 3).

7	3
10	2,333
10	
10	
1	

♦ Aucune des écritures $\frac{7}{3}$, 2,33…, $2{,}\overline{3}$ n'est une écriture décimale, car chacune comporte soit un trait de fraction, soit des points de suspension, soit un petit trait.

Déf. ***a)*** Une écriture décimale est une façon d'écrire des nombres, dans le respect des règles usuelles. On utilise obligatoirement des chiffres, éventuellement un signe moins, un signe plus ou une virgule, mais aucun autre caractère.
b) Une écriture décimale *réduite* est une écriture décimale sans signe « plus » ni zéro inutile.

▶ Écriture fractionnaire. Écriture ingénieur. Écriture scientifique. Exposant. Fraction. Radical.

FICHE

ÉCRITURES DÉCIMALES USUELLES

1. Écritures décimales usuelles des nombres décimaux entiers

Nombres écrits en lettres	Écriture décimale réduite	Remarque
Mille cinq cent six	1 506	Les chiffres sont groupés par trois de droite à gauche.
Cinquante-quatre millions huit cent mille seize	54 800 016	

♦ Pour les entiers relatifs, on emploie la même règle, avec le signe – pour les entiers négatifs, et éventuellement le signe + pour les entiers positifs. Exemples : – 1 999 ; + 2 001 ou 2 001.

2. Écritures décimales usuelles des nombres décimaux non entiers

Nombres écrits en lettres	Écriture décimale réduite	Remarque
Deux virgule zéro neuf cent trente-cinq	2,093 5	Les décimales sont groupées par trois de gauche à droite.
Quinze virgule zéro zéro zéro quatre	15,000 4	

♦ Pour écrire la partie entière, on utilise les règles d'écriture des nombres entiers : 12 031,567 8.

Écriture fractionnaire

Les écritures ci-dessous comportent un numérateur, une barre de fraction et un dénominateur. Ce sont des écritures fractionnaires.

$$\frac{7}{12} \qquad \frac{1{,}5}{-4} \qquad \frac{1}{1+\sqrt{2}} \qquad \frac{3+\frac{5}{7}}{3\times 10^2} \qquad \frac{1+\frac{1}{2}+\frac{1}{3}}{1-\frac{2}{1-\frac{1}{3}}}$$

♦ Parmi les écritures fractionnaires ci-dessus, seule $\frac{7}{12}$ est une fraction.

♦ Les numérateurs des écritures fractionnaires ci-dessus sont respectivement 7 ; 1,5 ; 1 ; $3+\frac{5}{7}$; $1+\frac{1}{2}+\frac{1}{3}$.

♦ Les dénominateurs des écritures fractionnaires ci-dessus sont respectivement 12 ; – 4 ; $1+\sqrt{2}$; 3×10^2 ; $1-\frac{2}{1-\frac{1}{3}}$.

♦ L'écriture $\frac{1}{2}+\frac{1}{3}$ n'est pas une écriture fractionnaire ; c'est une somme d'écritures fractionnaires.

♦ On utilise parfois le symbole / comme barre de fraction ; ainsi, par exemple : $1/2 = \frac{1}{2}$; $4/3 = \frac{4}{3}$; etc.

Déf. Une écriture fractionnaire d'un nombre est une écriture de ce nombre sous la forme $\frac{a}{b}$ (lire *a sur b*), où *a* représente un nombre, et *b* représente un nombre différent de zéro.

▶ Écriture décimale. Écriture ingénieur. Écriture scientifique. Exposant. Fraction. Radical.

Écriture ingénieur

1 Nombre positif

Le tableau ci-dessous donne des exemples d'écritures ingénieur de nombres entiers.

Écriture décimale	Écriture ingénieur
1	1×10^0
19	19×10^0
999	999×10^0
1 000	1×10^3
52 900	$52,9 \times 10^3$
500 020	$500,02 \times 10^3$
9 000 001	$9,000\,001 \times 10^6$

Les écritures ingénieur sont des produits tels que :

$$9{,}000\,001 \times 10^{6}$$

Le premier facteur est écrit sous forme décimale réduite. Il est supérieur ou égal à 1 et strictement inférieur à 1000.

Le second facteur est une puissance de 10. L'exposant est un multiple de 3 ou de – 3.

Voici des exemples d'écritures ingénieur de nombres inférieurs à 1 :

Écriture décimale	Écriture ingénieur
0, 5	500×10^{-3}
0, 000 027	27×10^{-6}
0, 000 300 004	$300,004 \times 10^{-6}$
0, 000 000 125 3	$125,3 \times 10^{-9}$

♦ 0 n'a pas d'écriture ingénieur.

♦ Les nombres non décimaux n'ont pas d'écriture ingénieur.

Déf. Une écriture ingénieur d'un nombre décimal strictement positif est une écriture de la forme $a \times 10^b$, où :
a est l'écriture décimale réduite d'un nombre décimal compris entre 1 inclus et 1 000 exclu ;
b est l'écriture décimale réduite d'un entier relatif multiple de 3 ou de – 3.

2 Nombre négatif

L'écriture ingénieur du nombre négatif – 52 900 est $-52{,}9 \times 10^3$; je l'ai obtenue en écrivant le signe « moins » suivi de l'écriture ingénieur de 52 900.

Info. L'écriture ingénieur d'un nombre décimal strictement négatif s'obtient en écrivant le signe « moins » suivi de l'écriture ingénieur de l'opposé de ce nombre.

▶ Écriture décimale. Écriture fractionnaire. Écriture scientifique. Exposant. Fraction. Radical.

Écriture scientifique

1 Nombre positif

Le tableau ci-dessous donne des exemples d'écritures scientifiques de nombres décimaux.

Écriture décimale	Écriture scientifique
0, 000 5	5×10^{-4}
0, 024	$2{,}4 \times 10^{-2}$
1	1×10^{0}
1 998	$1{,}998 \times 10^{3}$
500 000 000 000	5×10^{11}

Les écritures scientifiques sont des produits tels que :

$$2,4 \times 10^{-2}$$

Le premier facteur est écrit sous forme décimale réduite. Il est supérieur ou égal à 1 et strictement inférieur à 10.

Le second facteur est une puissance de 10. L'exposant est un entier relatif.

♦ 0 n'a pas d'écriture scientifique.

♦ Les nombres non décimaux n'ont pas d'écriture scientifique.

Déf. Une écriture scientifique d'un nombre décimal strictement positif est une écriture de la forme $a \times 10^b$, où :
a est l'écriture décimale réduite d'un nombre décimal compris entre 1 inclus et 10 exclu ;
b est l'écriture décimale réduite d'un entier relatif.

2 Nombre négatif

L'écriture scientifique du nombre négatif – 0, 024 est $-2,4 \times 10^{-2}$; je l'ai obtenue en écrivant le signe « moins » suivi de l'écriture scientifique de 0, 024.

Info. L'écriture scientifique d'un nombre décimal strictement négatif s'obtient en écrivant le signe « moins » suivi de l'écriture scientifique de l'opposé de ce nombre.

▶ Écriture décimale. Écriture fractionnaire. Écriture ingénieur. Exposant. Fraction. Radical.

Effectif

1 Effectif d'une valeur ou d'une classe

J'ai fait une étude statistique sur les élèves de ma classe. Le caractère était « note obtenue au dernier contrôle de mathématiques » ; ses valeurs sont 0, 1, 2, 3, 4 ..., 18, 19, 20 (mon professeur ne met que des notes entières).
Voici les résultats que j'ai relevés (je n'ai retenu que les notes effectivement obtenues) :

Note	5	8	10	11	12	14	15	16	18	20
Nombre d'élèves	1	3	5	2	7	2	1	1	2	1

À la place de « Nombre d'élèves », j'aurais pu écrire : « effectifs », étant sous-entendu qu'il s'agit des effectifs des valeurs.
Ainsi, l'effectif de la valeur 11 est 2 ; cela signifie qu'il y a deux élèves qui ont obtenu la note 11.

♦ On définirait de la même façon l'effectif d'une classe : dans le tableau ci-dessous, j'ai regroupé les notes précédentes en classes (n désigne une note).

Classe	$n \leqslant 4$	$4 < n \leqslant 8$	$8 < n \leqslant 12$	$12 < n \leqslant 16$	$16 < n \leqslant 20$
Effectif	0	4	14	4	3

Déf. Dans une étude statistique, l'effectif d'une valeur, ou d'une classe, est le nombre d'individus concernés par cette valeur, ou cette classe.

2 Effectif total d'une population

Dans chacun des tableaux précédents, en additionnant tous les effectifs, je trouve 25. C'est le nombre d'élèves de ma classe.
En statistique, on dit que 25 est l'effectif total de la population que j'ai étudiée.

Déf. Dans une étude statistique, l'effectif total d'une population est le nombre d'individus de cette population.

3 Effectif cumulé croissant d'une valeur ou d'une classe

Je reprends mon étude statistique précédente, et j'ajoute au tableau une ligne ainsi définie :
1re case : 1 2e case : 4 (4 = 1 + 3) 3e case : 9 (9 = 4 + 5) 4e case : 11 (11 = 9 + 2) etc.

Note	5	8	10	11	12	14	15	16	18	20
Effectif	1	3	5	2	7	2	1	1	2	1
Effectifs cumulés croissants	1	4	9	11	18	20	21	22	24	25

Il y a 1 élève dont la note est inférieure ou égale à 5 ; l'effectif cumulé croissant de la valeur 5 est égal à 1.
Il y a 4 élèves dont la note est inférieure ou égale à 8 ; l'effectif cumulé croissant de la valeur 8 est égal à 4.
Il y a 9 élèves dont la note est inférieure ou égale à 10 ; l'effectif cumulé croissant de la valeur 10 est égal à 9.
Etc.

♦ L'effectif cumulé croissant de la dernière valeur, ou de la dernière classe, est égal à l'effectif total.

♦ On définirait, de la même façon, l'effectif cumulé croissant d'une classe : dans le tableau ci-dessous, j'ai regroupé les notes précédentes en classes (n désigne une note).

Classe	$n \leqslant 4$	$4 < n \leqslant 8$	$8 < n \leqslant 12$	$12 < n \leqslant 16$	$16 < n \leqslant 20$
Effectif	0	4	14	4	3
Effectifs cumulés croissants	0	4	18	22	25

♦ Par exemple, il y a 18 élèves qui ont une note inférieure ou égale à 12.

Déf. Pour un caractère quantitatif, l'effectif cumulé croissant d'une valeur v est le nombre d'individus concernés par les valeurs inférieures ou égales à v.
On définit de manière analogue l'effectif cumulé croissant d'une classe.

4 Effectif cumulé décroissant d'une valeur ou d'une classe

Je reprends mon étude statistique précédente, et j'ajoute au tableau une ligne ainsi définie, en partant de la droite :
1re case : 1 2e case : 3 (3 = 1 + 2) 3e case : 4 (4 = 3 + 1) 4e case : 5 (5 = 4 + 1) etc.

Note	5	8	10	11	12	14	15	16	18	20
Effectif	1	3	5	2	7	2	1	1	2	1
Effectifs cumulés décroissants	25	24	21	16	14	7	5	4	3	1

Il y a 1 élève dont la note est supérieure ou égale à 20 ; l'effectif cumulé décroissant de la valeur 20 est égal à 1.
Il y a 3 élèves dont la note est supérieure ou égale à 18 ; l'effectif cumulé décroissant de la valeur 8 est égal à 3.
Il y a 4 élèves dont la note est supérieure ou égale à 16 ; l'effectif cumulé décroissant de la valeur 16 est égal à 4.
Etc.

♦ L'effectif cumulé décroissant de la première valeur, ou de la première classe, est égal à son effectif (tout court).

♦ On définirait, de la même façon, l'effectif cumulé décroissant d'une classe : dans le tableau ci-dessous, j'ai regroupé les notes précédentes en classes (n désigne une note).

Classe	$n \leqslant 4$	$4 < n \leqslant 8$	$8 < n \leqslant 12$	$12 < n \leqslant 16$	$16 < n \leqslant 20$
Effectif	0	4	14	4	3
Effectifs cumulés décroissants	25	25	21	7	3

♦ Par exemple, il y a 21 élèves qui ont une note strictement supérieure à 8.

Déf. Pour un caractère quantitatif, l'effectif cumulé décroissant d'une valeur v est le nombre d'individus concernés par les valeurs supérieures ou égales à v.
On définit de la même manière l'effectif cumulé décroissant d'une classe.

▶ Fréquence. Polygone des effectifs. Polygone des fréquences.

Effectuer

1 Effectuer une somme, une différence ou un produit sans radicaux ($\sqrt{\ }$)

Voici comment deux élèves ont correctement effectué la somme $10^{-3} + \dfrac{37}{1\,000} + 2$:

Premier élève : $\dfrac{1}{1\,000} + \dfrac{37}{1\,000} + \dfrac{2\,000}{1\,000} = \dfrac{2\,038}{1\,000}$.

Second élève : $0{,}001 + 0{,}037 + 2 = 2{,}038$.

Chacun d'eux a donné une bonne réponse, puisque leurs résultats ne comportent plus de symboles d'opération.

♦ Effectuer une somme, somme algébrique ou différence de grandeurs sans radicaux a un sens analogue au précédent.

♦ Par abus de langage, on dit souvent effectuer une *addition* au lieu de *somme*, effectuer une *soustraction* au lieu de *différence*, effectuer une *multiplication* au lieu de *produit*. Plus généralement, et par abus, on emploie aussi l'expression effectuer une *opération*.

Effectuer

Déf. Effectuer une somme (ou une différence ou un produit), c'est donner une écriture décimale ou fractionnaire de cette somme (ou cette différence ou ce produit) ne comportant plus de symbole d'opération.
Effectuer une somme algébrique a un sens identique.

2 Cas d'un quotient sans radicaux ($\sqrt{\ }$)

a) J'effectue le quotient 1 954 : 5 ; je trouve 390,8.

$$\begin{array}{r|l} 1954 & 5 \\ 45 & 390{,}8 \\ 04 & \\ 40 & \\ 0 & \end{array}$$

Effectuer le quotient 17 : 6 n'a pas de sens car 17 : 6 n'est pas un nombre décimal. Toutefois, on peut calculer, par exemple, le quotient au dixième de 17 par 6 : c'est 2,8. De même, le quotient au centième de 17 par 6 est 2,83 ; le quotient au millième de 17 par 6 est 2,833 ; etc.

$$\begin{array}{r|l} 17 & 6 \\ 50 & 2{,}833 \\ 20 & \\ 20 & \\ 2 & \end{array}$$

b) Voici comment deux élèves ont effectué le quotient $\dfrac{18}{1+\dfrac{3}{2}}$.

Premier élève : $\dfrac{18}{1+\dfrac{3}{2}} = \dfrac{18}{\dfrac{2}{2}+\dfrac{3}{2}} = \dfrac{18}{\dfrac{5}{2}} = 18 \times \dfrac{2}{5} = \dfrac{36}{5}$.

Second élève : $\dfrac{18}{1+\dfrac{3}{2}} = \dfrac{18}{1+1{,}5} = \dfrac{18}{2{,}5} = 7{,}2$.

Les deux résultats sont bons ; en effet, le premier est écrit sous forme d'une fraction et le second sous forme décimale.

Info. ***a)*** Soit a et b deux nombres décimaux, b étant non nul, écrits sous forme décimale.
– Si le quotient $a : b$ est un nombre décimal, effectuer le quotient $a : b$ signifie trouver une forme décimale de $a : b$. Dans ce cas, par abus, on dit souvent effectuer la division de a par b.
– Si le quotient $a : b$ n'est pas un nombre décimal, effectuer le quotient $a : b$ n'a pas de sens. De même, effectuer la division de a par b n'a pas de sens.
b) Soit a et b ($b \neq 0$) deux nombres dont l'un d'eux au moins n'est pas écrit sous forme décimale. Effectuer le quotient $\dfrac{a}{b}$, c'est l'écrire sous forme d'une fraction ou bien sous forme décimale (si cette forme existe).

3 Effectuer une expression numérique sans radicaux ($\sqrt{\ }$)

J'effectue l'expression suivante : $\dfrac{6+\dfrac{1}{10}}{\dfrac{5}{3}}$. Je trouve : $\dfrac{\dfrac{60}{10}+\dfrac{1}{10}}{\dfrac{5}{3}} = \dfrac{\dfrac{61}{10}}{\dfrac{5}{3}} = \dfrac{61}{10} \times \dfrac{3}{5} = \dfrac{183}{50}$.

Déf. Effectuer une expression numérique sans radicaux, c'est effectuer les sommes, différences, produits, et éventuellement les quotients, qui y figurent.

4 Effectuer une expression numérique comportant des radicaux ($\sqrt{\ }$)
Je dois effectuer l'expression suivante : $\sqrt{75} - 3\sqrt{5}$. Je trouve :
$\sqrt{75} - 3\sqrt{5} = \sqrt{25 \times 5} - 3\sqrt{5} = 5\sqrt{5} - 3\sqrt{5} = 2\sqrt{5}$.

♦ Comme $2\sqrt{5} = \sqrt{4} \times \sqrt{5} = \sqrt{20}$, une autre réponse est $\sqrt{20}$.

♦ Effectuer une somme, somme algébrique ou différence de grandeurs comportant des radicaux a un sens analogue au précédent.

Info. Effectuer une expression numérique comportant des radicaux signifie que l'on doit écrire le résultat avec le moins possible de signes d'opération, avec le moins possible de radicaux ($\sqrt{\ }$), en utilisant des écritures décimales ou fractionnaires lorsque cela est possible.

▶ Développer. Distribuer. Division décimale. Ordonner. Priorité. Quotient. Réduire.

Égalité

• Le tableau ci-dessous donne des exemples d'égalités ou de phrases contenant des égalités.

Exemples	Commentaires
$1 + \frac{3}{2} = \frac{5}{2}$	Les expressions $1 + \frac{3}{2}$ et $\frac{5}{2}$ représentent le même nombre (qui peut s'écrire aussi 2,5).
$(3 + \sqrt{2})^2 = 11 + 6\ \sqrt{2}$	Les expressions $(3 + \sqrt{2})^2$ et $11 + 6\sqrt{2}$ représentent le même nombre (dont une approximation décimale est 19,5).
Soit x un nombre. On a : $(2x - 3)(2x + 3) = 4x^2 - 9$	Les expressions littérales $(2x - 3)(2x + 3)$ et $4x^2 - 9$ représentent le même nombre.
Si ABC est un triangle isocèle en A, alors AB = AC et $\widehat{B} = \widehat{C}$	Les longueurs AB et AC sont égales ; les angles $\widehat{B}$ et $\widehat{C}$ ont la même ouverture.
Si A, B et C sont trois points distincts alignés, alors (AB) = (BC).	Les droites (AB) et (BC) sont confondues.
$\overrightarrow{AB} + \overrightarrow{BC} = \overrightarrow{AC}$	Les écritures $\overrightarrow{AB} + \overrightarrow{BC}$ et $\overrightarrow{AC}$ représentent le même vecteur.

• Sur un cahier d'élève, j'ai vu *12 × 7 = 82*. Ce n'est pas une égalité car 12 × 7 représente le nombre 84. On dit parfois que *12 × 7 = 82* est une égalité fausse.

Déf. Une égalité est une écriture comportant deux expressions représentant le même objet et séparées par le symbole égal (=). Ces objets peuvent être des nombres, des grandeurs, des figures géométriques ou des vecteurs.

▶ Équation. Inégalité.

Encadrement

Le nombre 4,37 est compris entre les nombres 4 et 5 ; j'écris : $4 < 4,37$ et $4,37 < 5$. Je peux résumer cela en écrivant : $4 < 4,37 < 5$.
Le couple (4 ; 5) est un encadrement du nombre 4,37.

♦ Je peux aussi écrire : $4,3 < 4,37 < 4,4$. Le couple (4,3 ; 4,4) est aussi un encadrement du nombre 4,37.

Déf. Un encadrement d'un nombre x est un couple de nombres $(a\ ,\ b)$ tels que a soit inférieur à x et b soit supérieur à x, c'est-à-dire : $a < x < b$.

Encadrer

Le couple (2 ; 3) est un encadrement du nombre 2,58. Je traduis cela en écrivant : $2 < 2,58 < 3$. J'ai encadré le nombre 2,58 par les nombres 2 et 3.

Déf. Encadrer un nombre x, c'est écrire $a < x < b$, le couple (a, b) étant un encadrement de x.

▶ Encadrement.

Ennéagone

Les polygones représentés ci-contre ont chacun neuf côtés ; ce sont donc des ennéagones.

♦ L'ennéagone tracé en rouge est un ennéagone régulier.

♦ La construction d'un ennéagone régulier à la règle et au compas est impossible.

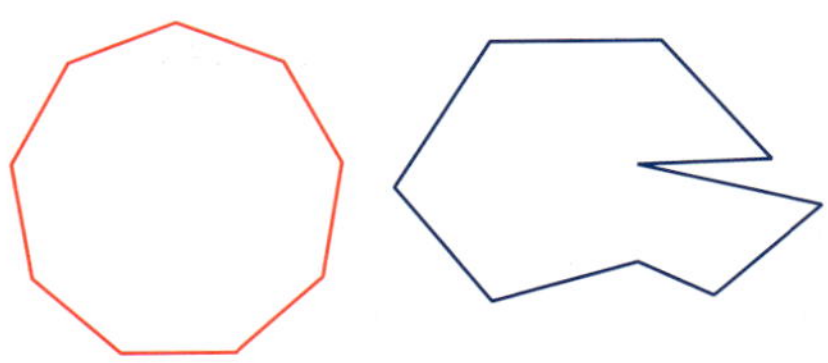

Déf. Un ennéagone est un polygone qui a neuf côtés.

▶ Aire. Polygonal. Polygone. Régulier.

Entier

1 Nombre entier
Voir l'article *Nombre entier*.

2 Entier
Les nombres – 7 et 12 sont des nombres entiers ; les nombres 10^3 et $\sqrt{25}$ sont aussi des nombres entiers car je peux les écrire respectivement 1 000 et 5. Je peux dire simplement que les nombres – 7, 12, 10^3 et $\sqrt{25}$ sont des entiers (tout court).

♦ Le nombre – 7 est un entier relatif ; les nombres 12, 10^3 et $\sqrt{25}$ sont des entiers naturels.

Déf. Employé comme nom, *entier* est un synonyme de *nombre entier*.

▶ Nombre. Nombre décimal. Nombre irrationnel. Nombre rationnel. Nombre réel. Nombre relatif.

Entier naturel

Je compte : 0 1 2 3 100 101 102 etc. J'énumère des entiers naturels.

Info. Un entier naturel est un nombre entier positif.

▶ Nombre décimal. Nombre entier. Nombre relatif.

Entier relatif

Les nombres – 1 ; – 18 ; 23 ; 0 sont des entiers relatifs.

Info. Un entier relatif est un nombre entier négatif ou positif.

▶ Nombre décimal. Nombre entier. Nombre relatif.

Entière

1 Division entière
Synonyme de *division euclidienne*.

▶ Division euclidienne.

2 Partie entière
Voir l'article *Partie entière*.

Entraîner

Synonyme de *impliquer*.

▶ Impliquer.

Équation

1 Équation à une inconnue

Je cherche un nombre dont le double est égal à 16 ; ce nombre est 8.
J'appelle x ce nombre ; son double $2x$ est égal à 16 ; donc $2x = 16$.
L'écriture $2x = 16$ est une équation à une inconnue, l'inconnue étant x.

♦ En remplaçant x par 8 dans l'écriture $2x = 16$, j'obtiens l'égalité $2 \times 8 = 16$. En remplaçant x par 5 dans l'écriture $2x = 16$, j'obtiens $2 \times 5 = 16$ qui est une égalité fausse.

♦ L'inconnue est souvent désignée par la lettre x, mais on peut employer n'importe quelle autre lettre.

♦ Voici deux autres exemples d'équations à une inconnue :
$\frac{2x-1}{3} + \frac{7-5x}{4} = 2 - \frac{3x-1}{6}$ et $(x+2)(x-5) - (3x-4)(x-5) = 0$; elles sont résolues dans la fiche de cet article.

Info. Une équation à une inconnue x est une écriture contenant la lettre x (elle peut apparaître plusieurs fois) et le symbole = ; lorsqu'on remplace x par un nombre, cette écriture devient soit une égalité, soit une égalité fausse.

▶ Égalité. Inconnue. Solution.

2 Équation à deux inconnues

L'écriture $3x + y = 10$ est une équation à deux inconnues x et y.
En remplaçant x par 2 et y par 4, j'obtiens l'égalité $3 \times 2 + 4 = 10$. On dit que le couple $(2 ; 4)$ est une solution de l'équation $3x + y = 10$.

♦ L'équation $3x + y = 10$ a une infinité de couples solutions ; en voici quelques-uns : $(0 ; 10)$, $(1 ; 7)$, $(2 ; 4)$. Ils sont tous de la forme $(a ; -3a + 10)$, où a est un nombre quelconque.

Info. Une équation à deux inconnues x et y est une écriture contenant les lettres x et y (elles peuvent apparaître plusieurs fois) et le symbole = ; lorsqu'on remplace x par un nombre et y par un nombre, cette écriture devient soit une égalité, soit une égalité fausse.

▶ Égalité. Équation de droite. Inconnue. Solution. Système.

3 Équation de droite

Voir l'article *Équation de droite*.

FICHE

RÉSOLUTION D'ÉQUATIONS

1. Résultats fondamentaux

Soit a, b, c trois nombres.

• En ajoutant une même expression aux deux membres d'une équation, on obtient une équation équivalente à la première (voir l'article *Transposer*).
Ainsi :

$ax + b = c$ et $ax = c - b$ sont équivalentes (en ajoutant $-b$) ;
$ax = bx + c$ et $ax - bx = c$ sont équivalentes (en ajoutant $-bx$).

• En multipliant ou en divisant les deux membres d'une équation par un même nombre non nul, on obtient une équation équivalente à la première. Ainsi :
$ax = b$ et $x = \frac{b}{a}$ sont équivalentes (en divisant par a, $a \neq 0$);

$\frac{x}{a} = b$ et $x = ab$ sont équivalentes (en multipliant par a, $a \neq 0$).

♦ L'équation $0x = 2$ n'a pas de solution (car, quel que soit le nombre x, $0 \times x = 0$, donc $0 \times x \neq 2$).
♦ Tout nombre est solution de l'équation $0x = 0$.

2. Exemples

• Soit à résoudre : $\frac{2x-1}{3} + \frac{7-5x}{4} = 2 - \frac{3x-1}{6}$.

Étapes de la résolution(1)	Commentaires
$\frac{4(2x-1)}{12} + \frac{3(7-5x)}{12} = \frac{24}{12} - \frac{2(3x-1)}{12}$	J'ai réduit tous les termes au même dénominateur 12 (12 est multiple de 3, 4 et 6).
$4(2x-1) + 3(7-5x)$ $= 24 - 2(3x-1)$	J'ai multiplié par 12 les deux membres de l'équation.
$8x - 4 + 21 - 15x = 24 - 6x + 2$	J'ai développé les produits.
$8x - 15x + 6x = 24 + 2 + 4 - 21$	J'ai transposé – 4, 21 et – 6x.
$-x = 9$	J'ai réduit les membres.
$x = -9$	J'ai multiplié par – 1 les deux membres de l'équation.

(1) À chaque étape, l'équation obtenue est équivalente à l'équation $\frac{2x-1}{3} + \frac{7-5x}{4} = 2 - \frac{3x-1}{6}$.

La solution de l'équation $\frac{2x-1}{3} + \frac{7-5x}{4} = 2 - \frac{3x-1}{6}$ est le nombre – 9.

• Soit à résoudre $(x + 2)(x - 5) - (3x - 4)(x - 5) = 0$.

Étapes de la résolution(2)	Commentaires
$(x-5)[(x+2)-(3x-4)] = 0$	J'ai mis $(x - 5)$ en facteur.
$(x-5)[x+2-3x+4] = 0$	J'ai supprimé des parenthèses.
$(x-5)(-2x+6) = 0$	J'ai réduit l'expression entre crochets.
$x - 5 = 0$ ou $-2x + 6 = 0$	Un produit est nul si et seulement si l'un des facteurs au moins est nul.
$x = 5$ ou $-2x = -6$	
$x = 5$ ou $x = 3$	

L'équation $(x + 2)(x - 5) - (3x - 4)(x - 5) = 0$ a deux solutions : les nombres 3 et 5.

(2) À chaque étape, l'équation obtenue est équivalente à l'équation $(x + 2)(x - 5) - (3x - 4)(x - 5) = 0$.

Équation de droite

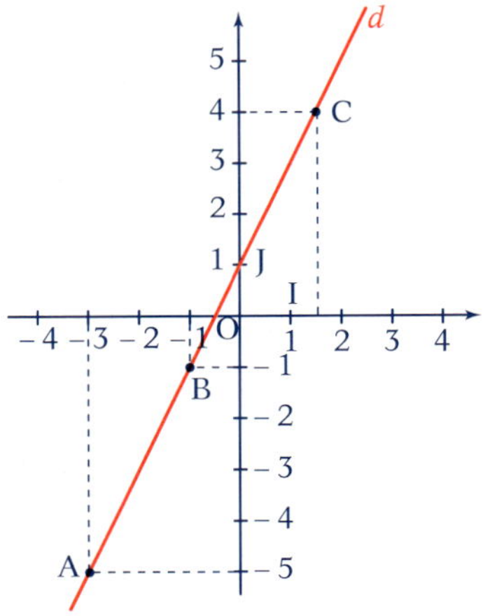

• Sur la figure ci-contre, les points A(– 3 ; – 5), B(– 1 ; – 1), J(0 ; 1) et C(1,5 ; 4) appartiennent à la droite *d*.
J'observe que ces points ont des coordonnées qui vérifient la « formule » : ordonnée = 2 × abscisse + 1.
Par exemple, pour A : $-5 = 2 \times (-3) + 1$;
pour C : $4 = 2 \times 1{,}5 + 1$; etc.
Je peux dire cela autrement : les couples (– 3 ; – 5), (– 1 ; – 1), (0 ; 1) et (1,5 ; 4) sont solutions de l'équation $y = 2x + 1$. On dit que $y = 2x + 1$ est l'équation de *d*.

♦ On sait que :
– tout couple de coordonnées d'un point de *d* est solution de l'équation $y = 2x + 1$;
– tout couple solution de l'équation $y = 2x + 1$ est un couple de coordonnées d'un point de *d*.

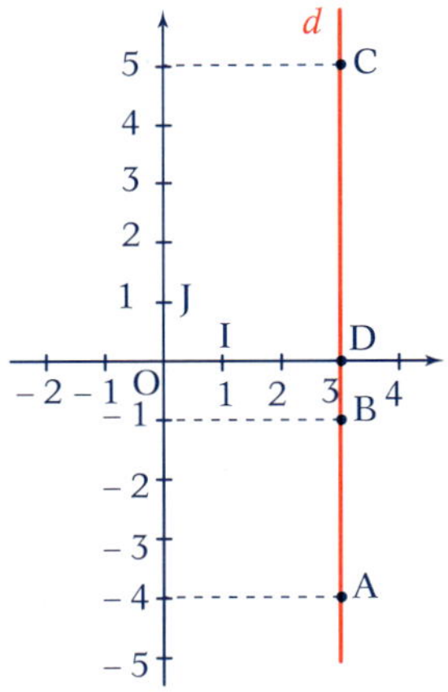

• Sur la figure ci-contre, les points A(3 ; – 4), B(3 ; – 1), C(3 ; 5) et D(3 ; 0) appartiennent à la droite *d*.
J'observe que ces points ont des coordonnées qui vérifient la « formule » : abscisse = 3.
On dit que $x = 3$ est l'équation de la droite *d*.

Info. Dans un repère (O, I, J) du plan, soit *d* une droite.
1) Si *d* n'est pas parallèle à (OJ), son équation est de la forme $y = ax + b$, où *a* et *b* sont deux nombres dont l'un au moins n'est pas nul ; cette équation a pour solutions les coordonnées des points de *d*.
2) Si *d* est parallèle à (OJ), son équation est $x = c$, où *c* est l'abscisse de tous les points de *d*.

▶ Coefficient 1. Équation. Ordonnée à l'origine. Solution.

FICHE

TRACÉ D'UNE DROITE ET ÉQUATION D'UNE DROITE

Le plan est rapporté à un repère (O, I, J).

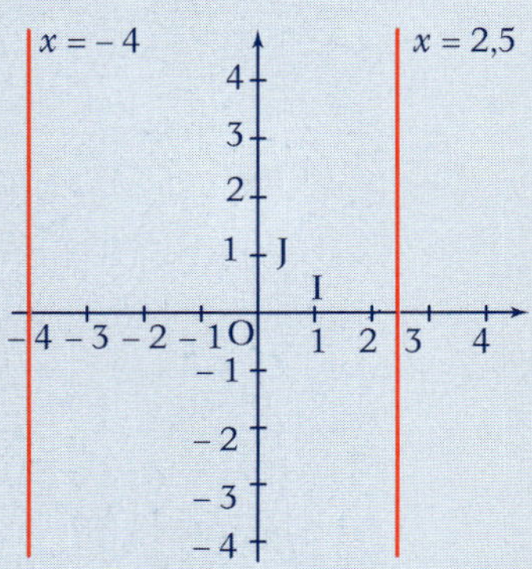

1. Tracer une droite connaissant son équation

• Si l'équation est de la forme $x = c$, il suffit de tracer une parallèle à (OJ) passant par un point d'abscisse *c*. J'ai tracé les droites d'équations $x = -4$ et $x = 2{,}5$ sur la figure ci-contre.

♦ L'axe (O, J) a pour équation $x = 0$.

• Si l'équation est de la forme $y = b$ (équation de la forme $y = ax + b$ dans le cas particulier où $a = 0$), il suffit de tracer la parallèle à (OI) passant par un point d'ordonnée b. J'ai tracé les droites d'équations $y = -2$ et $y = 3$ sur la figure ci-contre.

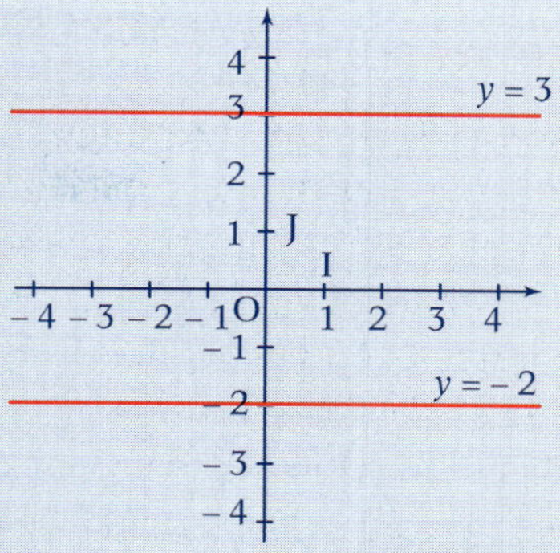

♦ L'axe (O, I) a pour équation $y = 0$.

• Je vais tracer la droite d d'équation $y = \frac{1}{2}x - 1$. Je détermine les coordonnées de deux points de d (cela revient à calculer deux couples solution de $y = \frac{1}{2}x - 1$) :

– je choisis $x = 0$, alors $y = \frac{1}{2} \times 0 - 1 = -1$; d'où le couple solution $(0\ ;\ -1)$;

– je choisis $x = 4$, alors $y = \frac{1}{2} \times 4 - 1 = 1$; d'où le couple solution $(4\ ;\ 1)$.

Sur la figure ci-contre, j'ai marqué les points de coordonnées $(0\ ;\ -1)$ et $(4\ ;\ 1)$, puis j'ai tracé la droite d qui passe par ces deux points.

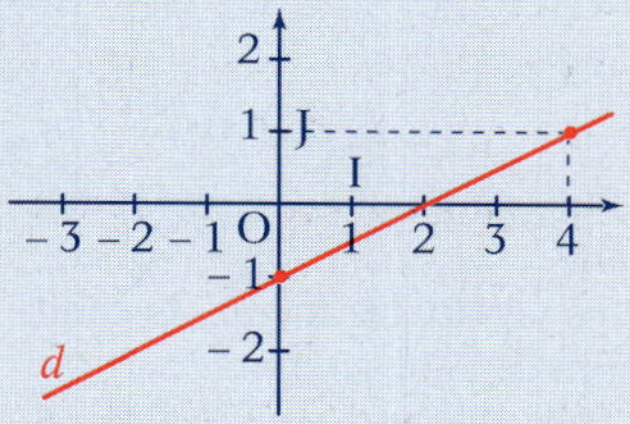

2. Trouver l'équation d'une droite définie par deux points

Dans chacun des trois exemples ci-dessous, les points A et B sont définis par leurs coordonnées. Je détermine l'équation de la droite (AB).

• Exemple 1 : A(13 ; – 51) B(13 ; 125)

Les points A et B ont la même abscisse 13, donc l'équation de (AB) est $x = 13$.

• Exemple 2 : A(20 ; – 1,7) B(– 6 ; – 1,7)

Les points A et B ont la même ordonnée – 1,7, donc l'équation de (AB) est $y = -1{,}7$.

• Exemple 3 : A(– 3 ; 7) B(6 ; – 2)

L'équation de (AB) est de la forme $y = ax + b$. Les couples $(-3\ ;\ 7)$ et $(6\ ;\ -2)$ sont solutions de cette équation, donc $7 = a \times (-3) + b$ et $-2 = a \times 6 + b$. Le couple (a, b) que je cherche est le couple solution du système :

$$\begin{cases} -3a + b = 7 \\ 6a + b = -2 \end{cases}$$

Je résous ce système (voir l'article *Système d'équations*) et je trouve $a = -1$ et $b = 4$.

J'en déduis que l'équation de (AB) est $y = -1x + 4$, c'est-à-dire $y = -x + 4$.

3. Trouver l'équation d'une droite définie par son coefficient directeur et un point

Je vais déterminer l'équation de la droite d passant par le point A(2 ; 1) et ayant un coefficient directeur égal à 3.

L'équation de d est de la forme $y = 3x + b$ puisque le coefficient directeur de d est égal à 3.

Le couple (2 ; 1) est solution de cette équation puisque le point A(2 ; 1) appartient à d.

Donc $1 = 3 \times 2 + b$; j'en déduis $b = -5$.

L'équation de d est donc $y = 3x + (-5)$, c'est-à-dire $y = 3x - 5$.

Équidistant

Les points A, B, C et D sont sur le cercle de centre O. Le point O est donc équidistant des points A, B, C et D ; cela signifie que les distances OA, OB, OC et OD sont égales.

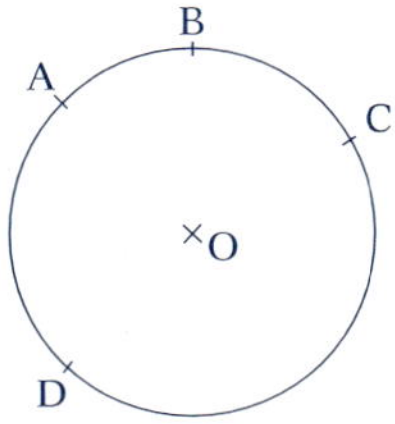

♦ Plus généralement, le centre d'un cercle est équidistant de tous les points
de ce cercle. De même, le centre d'une sphère est équidistant de tous les points de cette sphère.
A, B, C et D sont sur la sphère S
OA = OB = OC = OD

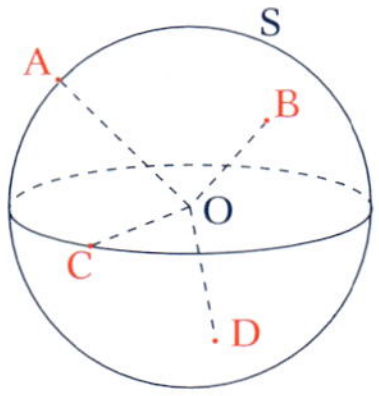

♦ Si un triangle IJK est isocèle en I, alors I est équidistant des points J et K (voir la fiche en fin d'article).

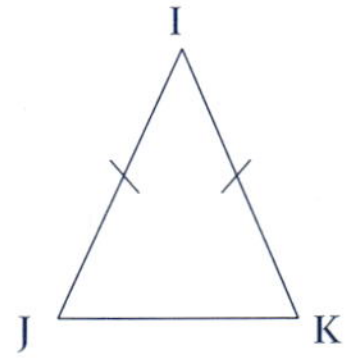

♦ Le centre du cercle circonscrit à un triangle est équidistant des trois sommets du triangle.

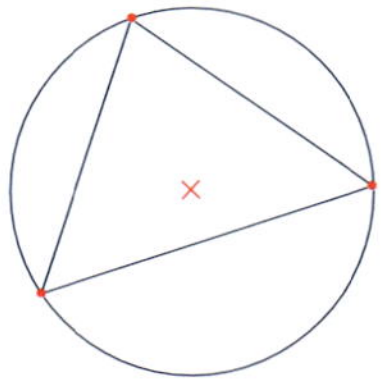

♦ Le centre d'un carré est équidistant des quatre sommets du carré.

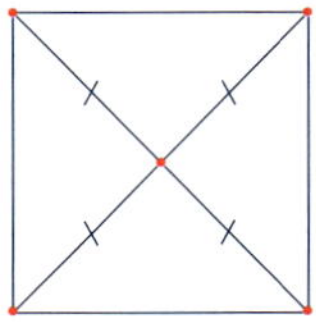

Déf. Dire qu'un point M est équidistant des points A, B, C… signifie que les distances MA, MB, MC… sont égales.

▶ Distance.

FICHE

MÉDIATRICE ET POINTS ÉQUIDISTANTS

Voici deux théorèmes concernant la médiatrice d'un segment.

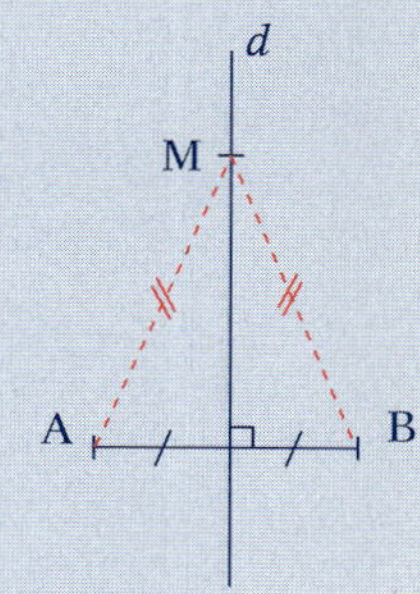

Théorème : Soit *d* la médiatrice d'un segment [AB] et M un point du plan.
Si M appartient à *d,* alors M est équidistant des points A et B.

♦ En abrégé : si M ∈ *d,* alors MA = MB.

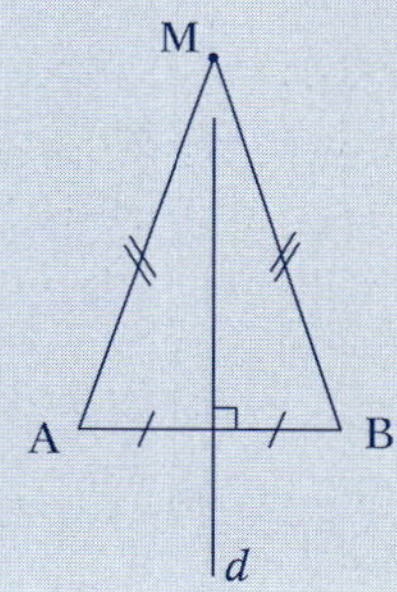

Théorème réciproque : Soit *d* la médiatrice d'un segment [AB] et M un point du plan.
Si M est équidistant des points A et B, alors M appartient à *d.*

♦ En abrégé : si MA = MB, alors M ∈ *d.*

♦ On peut résumer ces deux théorèmes en disant que l'ensemble des points équidistants de deux points distincts A et B est la médiatrice du segment [AB].

Équilatéral

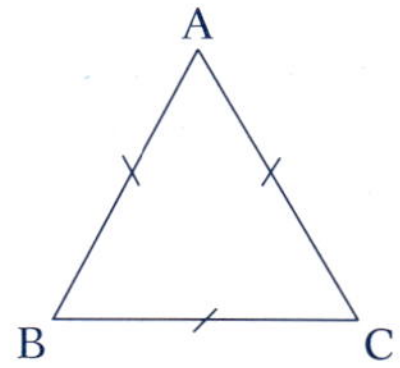

Le triangle ABC représenté ci-contre a trois côtés de la même longueur. C'est pourquoi il est équilatéral.

♦ Si un triangle est équilatéral, alors ce triangle est aussi isocèle.

♦ Voici comment construire au compas et à la règle non graduée un triangle équilatéral :

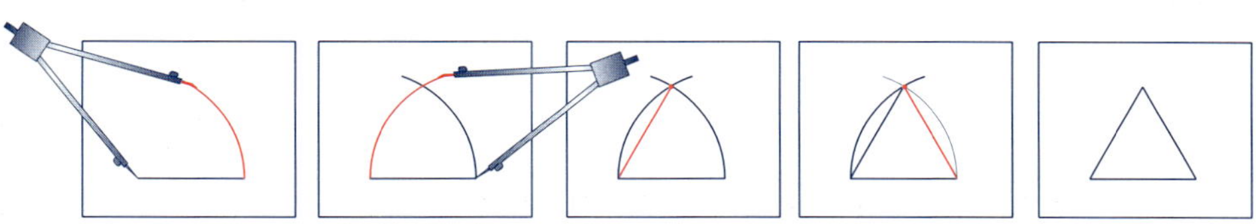

J'ai utilisé la même ouverture de compas.

Déf. Un triangle équilatéral est un triangle dont les trois côtés ont la même longueur.

▶ Acutangle. Isocèle. Obtusangle. Quelconque. Rectangle. Scalène.

FICHE

PROPRIÉTÉS DES TRIANGLES ÉQUILATÉRAUX

– Un triangle équilatéral a trois côtés de la même longueur.

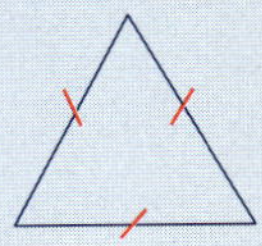

– Un triangle équilatéral a trois angles égaux à 60°.

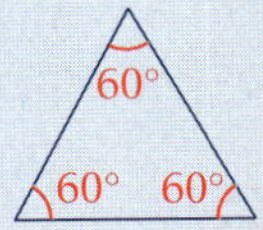

– Soit ABC un triangle équilatéral. La hauteur issue de A est aussi :
- la médiane issue de A ;
- la bissectrice de l'angle Â ;
- la médiatrice du côté [BC] ;
- un axe de symétrie du triangle.

De même pour la hauteur issue de B et la hauteur issue de C.

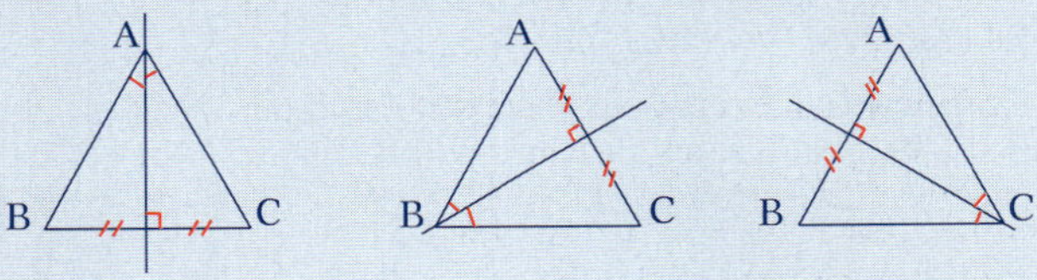

– Un triangle équilatéral a donc trois axes de symétrie.

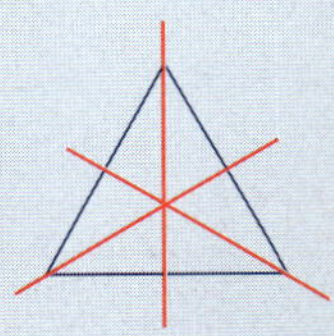

Équivalent

1 Équations équivalentes

Je résous l'équation $3x - 2 = -2x - 5$:

$3x + 2x = -5 + 2$

$5x = -3$

$x = -\dfrac{3}{5}$.

Toutes les équations que j'ai écrites ci-dessus ont la même solution $-\dfrac{3}{5}$; on dit que ces équations sont équivalentes.

♦ Parfois, on utilise le symbole d'équivalence ($\Leftrightarrow$) entre deux équations équivalentes.
La résolution peut être ainsi présentée :
$3x - 2 = -2x - 5 \Leftrightarrow 3x + 2x = -5 + 2 \Leftrightarrow 5x = -3 \Leftrightarrow x = -\dfrac{3}{5}$.
La solution de l'équation $3x - 2 = -2x - 5$ est $-\dfrac{3}{5}$.

♦ Voici un exemple d'équations équivalentes ayant deux solutions :
$x^2 - x = 0 \Leftrightarrow x(x-1) = 0 \Leftrightarrow x = 0$ ou $x - 1 = 0 \Leftrightarrow x = 0$ ou $x = 1$.
L'équation $x^2 - x = 0$ a deux solutions : 0 et 1.

♦ On parle aussi d'inéquations équivalentes :
$3x + 2 < x + 10 \Leftrightarrow 3x - x < 10 - 2 \Leftrightarrow 2x < 8 \Leftrightarrow x < 4$.
Les solutions de l'inéquation $3x + 2 < x + 10$ sont les nombres inférieurs à 4.

♦ Enfin, on parle aussi de systèmes équivalents :

$$\begin{cases} x + y = 3 \\ 2x + 3y = 8 \end{cases} \Leftrightarrow \begin{cases} x = 3 - y \\ 2(3 - y) + 3y = 8 \end{cases} \Leftrightarrow \begin{cases} x = 3 - y \\ 6 - 2y + 3y = 8 \end{cases} \Leftrightarrow \begin{cases} x = 3 - y \\ y = 2 \end{cases} \Leftrightarrow \begin{cases} x = 1 \\ y = 2. \end{cases}$$

La solution du système $\begin{cases} x + y = 3 \\ 2x + 3y = 8 \end{cases}$ est le couple (1, 2).

Déf. Deux équations équivalentes sont deux équations qui ont la (ou les) même(s) solution(s). Cette définition s'applique aussi aux inéquations et aux systèmes.

2 Propositions équivalentes

• Soit x un nombre. Je sais que :
– Si $x = 0$, alors $x = -x$; autrement dit : $x = 0$ implique $x = -x$.
– Si $x = -x$, alors $x = 0$; autrement dit : $x = -x$ implique $x = 0$.
Je peux traduire ces deux phrases ainsi : les propositions « $x = 0$ » et « $x = -x$ » sont équivalentes. En abrégé, je peux écrire : $x = 0 \Leftrightarrow x = -x$.
• Soit A, B et C trois points. Je sais que :
Si $\overrightarrow{AB} = \overrightarrow{BC}$, alors B est le milieu du segment [AC].
Si B est le milieu du segment [AC], alors $\overrightarrow{AB} = \overrightarrow{BC}$.
En abrégé, je peux écrire : $\overrightarrow{AB} = \overrightarrow{BC} \Leftrightarrow$ B est le milieu de [AC].

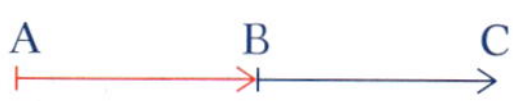

Déf. Dire que deux propositions $\mathscr{A}$ et $\mathscr{B}$ sont équivalentes signifie que $\mathscr{A}$ implique $\mathscr{B}$ et que $\mathscr{B}$ implique $\mathscr{A}$.

▶ Condition. Implique. Si et seulement si.

Ératosthène

• Mathématicien, géographe et astronome grec (275 – 195 avant J.-C.). Contemporain d'Archimède, il eut pour professeurs des disciples de Platon. Il fut bibliothécaire à Alexandrie.
• Il réussit à calculer la longueur d'un méridien terrestre en mesurant des ombres situées en des points de latitudes différentes.
• Le crible d'Eratosthène permet d'obtenir tous les nombres premiers inférieurs à un entier donné. Il est expliqué dans la fiche ci-après pour les nombres premiers inférieurs à 100.

▶ Premier.

FICHE

CRIBLE D'ÉRATOSTHÈNE

Le principe est de barrer tous les entiers non premiers. À la fin, il ne reste plus que les nombres premiers !

1.

- 2 est premier.
- On barre tous les multiples de 2 supérieurs à 2.

2.

- 3 est le premier entier non barré qui suit 2. Il est donc premier. En effet, s'il ne l'était pas, il serait divisible par un entier premier inférieur à lui-même (c'est-à-dire 2) et aurait été barré précédemment.
- On barre tous les multiples de 3 supérieurs à 3 ; celui qui est inférieur à 3×3, c'est-à-dire 2×3, a déjà été barré en tant que multiple de 2. On ne barre donc que les multiples de 3 supérieurs ou égaux à 3×3.

3.

- 5 est le premier entier non barré qui suit 3. Il est donc premier. En effet, s'il ne l'était pas, il serait divisible par un entier premier inférieur à lui-même (c'est-à-dire 2 ou 3) et aurait été barré précédemment.
- On barre tous les multiples de 5 supérieurs à 5 ; ceux qui sont inférieurs à 5×5, c'est-à-dire 2×5, 3×5 et 4×5 ont déjà été barrés en tant que multiples de 2 et de 3. On ne barre donc que les multiples de 5 supérieurs ou égaux à 5×5.

4.

- 7 est le premier entier non barré qui suit 5. Il est donc premier pour la même raison qu'en **3**.
- On barre tous les multiples de 7 supérieurs ou égaux à 7×7 (pour les mêmes raisons qu'en **3**.).

5.

• 11 est le premier entier non barré qui suit 7. Il est donc premier.

• Pour continuer, on devrait barrer tous les multiples de 11 supérieurs ou égaux à 11×11. Comme $11 \times 11 = 121$, c'est terminé. Les nombres non barrés du tableau sont les entiers premiers inférieurs à 100.

	2	3		5		7			
11		13				17		19	
		23						29	
31						37			
41		43				47			
		53						59	
61						67			
71		73						79	
		83						89	
						97			

Espace

Je représente un point sur une feuille de cahier.

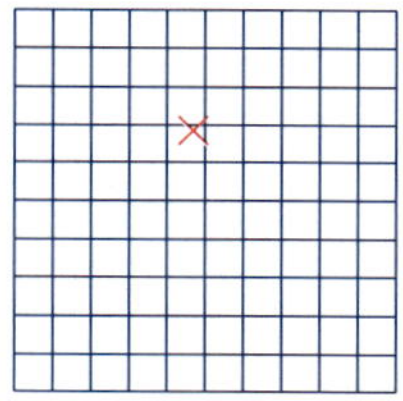

Je trace une droite passant par ce point.

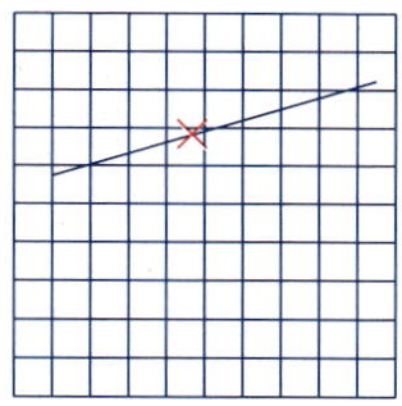

Cette droite est incluse dans un plan. La feuille de mon cahier en est une représentation.

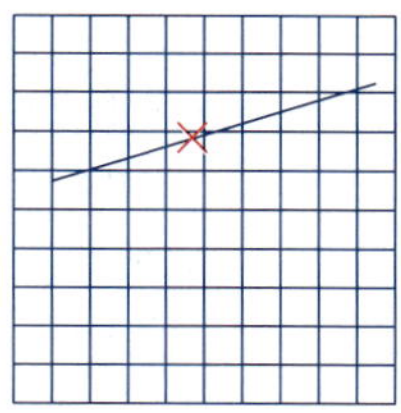

Ce plan est inclus dans l'espace. Je représente ce plan par un parallélogramme pour donner une idée de relief.

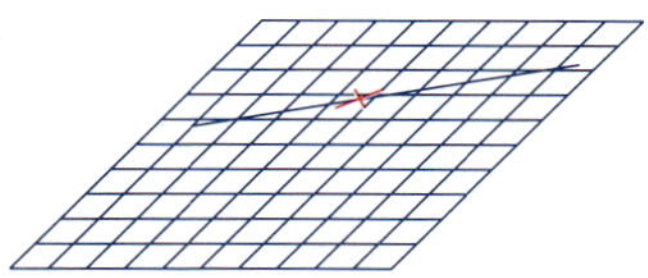

Je peux refaire une figure identique à la précédente sur une nouvelle feuille, et placer cette feuille au-dessus de la précédente.

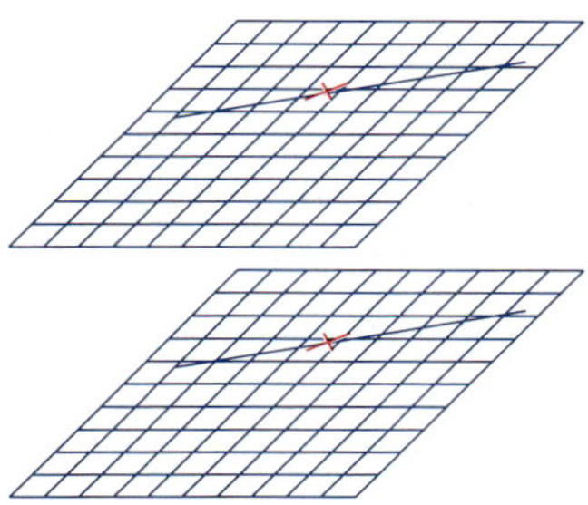

Les plans représentés par les feuilles de cahier sont des parties de l'espace ; les droites sont aussi des parties de l'espace. Les points sont des éléments de l'espace.

Info. L'espace est constitué de points ; toutes les lignes, tous les plans et tous les solides que l'on représente sont des parties de l'espace.

▶ Ligne. Plan. Solide.

Et

Le tableau ci-dessous donne un exemple de proposition écrite avec le mot *et*.
Avec une calculatrice, j'obtiens que $\sqrt{2} \approx 1{,}414$.

Proposition $\mathcal{A}$	Proposition $\mathcal{B}$	Proposition ($\mathcal{A}$ et $\mathcal{B}$)	Commentaires
$1{,}4 < \sqrt{2}$	$\sqrt{2} < 1{,}5$	$1{,}4 < \sqrt{2}$ *et* $\sqrt{2} < 1{,}5$ (c'est-à-dire : $1{,}4 < \sqrt{2} < 1{,}5$)	$\mathcal{A}$ est vraie car $1{,}4 < 1{,}414$. $\mathcal{B}$ est vraie car $1{,}414 < 1{,}5$. ($\mathcal{A}$ *et* $\mathcal{B}$) est donc vraie.

Info. Soit $\mathcal{A}$ et $\mathcal{B}$ deux propositions. Dire que la proposition ($\mathcal{A}$ *et* $\mathcal{B}$) est vraie signifie que les propositions $\mathcal{A}$, $\mathcal{B}$ sont vraies toutes les deux.

▶ Ou. Contraire.

Étendue

J'ai fait une étude statistique sur les notes de mathématiques en classe de troisième ; ces notes sont comprises entre 4 et 20. Les valeurs du caractère « notes de mathématiques en classe de troisième » sont donc comprises entre 4 et 20 ; je peux dire aussi que l'étendue du caractère est égale à 20 – 4, c'est-à-dire 16.

Déf. L'étendue d'un caractère quantitatif est la différence de sa plus grande valeur et sa plus petite valeur, prises dans cet ordre.

▶ Caractère. Valeur.

Euclide

Géomètre grec (323 – 283 avant J.-C.), Euclide fonda une école à Alexandrie. Son œuvre (et sans doute aussi celles de ses disciples) est rassemblée dans un ouvrage de treize livres : « Les éléments d'Euclide ». Ces livres contiennent des axiomes et des théorèmes de géométrie et d'arithmétique. Parmi eux, celui qu'on nomme l'axiome d'Euclide peut aujourd'hui s'énoncer : « Soit *d* une droite et M un point n'appartenant pas à *d*. Il existe une et une seule droite passant par M et parallèle à *d*. ».

▶ Algorithme (d'Euclide). Axiome d'Euclide.

Euclidienne Voir l'article *Division euclidienne.*

Évaluer

Évaluer une grandeur ou une expression, c'est en déterminer un ordre de grandeur.

▶ Ordre de grandeur.

Exa

Si u désigne une unité de mesure, un exa-u est égal à un milliard de milliards de u.
En abrégé, on peut écrire : 1 Eu = 1 000 000 000 000 000 000 u = 10^{18} u.

Déf. Employé avant une unité, *exa* signifie *milliard de milliards de*. Son abréviation est E.

▶ Préfixe.

Exact Voir l'article *Valeur exacte.*

Excès

Je sais que $\frac{1}{3} \approx 0{,}333$.

0,4 est l'approximation décimale à 10^{-1} près par excès de $\frac{1}{3}$.

L'expression « *par excès* » signifie que 0,4 est supérieur à $\frac{1}{3}$.

Déf. L'expression « *par excès* » est employée pour une approximation décimale ou une valeur approchée d'un nombre a. Elle signifie que cette approximation ou cette valeur approchée est supérieure ou égale au nombre a.

▶ Défaut.

Exposant

• Le nombre cinq puissance quatre s'écrit 5^4 et est égal à 625 ($5 \times 5 \times 5 \times 5$).
Dans l'écriture 5^4, le nombre 4 est écrit « plus haut » que 5. Ce nombre 4 est l'exposant de cette écriture.
• Dans l'écriture scientifique $7{,}8 \times 10^{-4}$, l'exposant est – 4.
Dans le produit $4^7 \times 5^3 \times 10^{-2}$, les exposants sont 7, 3 et – 2.
Soit x un nombre ; dans l'expression littérale $2x^3 - 6x^2$, les exposants sont 3 et 2.

♦ Voici deux écrans de calculatrices :

4.389 E - 12	4.389 $^{-12}$

♦ Elles affichent une écriture de type scientifique du nombre $4{,}389 \times 10^{-12}$. L'exposant est – 12.

♦ Pour les règles de calcul concernant les exposants, voir l'article *Puissance*.

Déf. Soit a un nombre non nul et b un entier relatif. L'exposant de l'écriture a^b est le nombre b.

▶ Puissance.

Expression

• $2 + 5 \times 4$ et $\dfrac{1}{2 + \sqrt{3}}$ sont des expressions numériques.

• Soit x et y des nombres ; $2x + 5$ et $(xy - 4)(x + 1)^2$ sont des expressions littérales.
Voir les articles *Expression littérale*, *Expression numérique* et *Exprimer*.

Expression littérale

a) Soit n un entier naturel ; par exemple, 5.
La somme $n + (n + 1) + (n + 2)$ est une expression littérale car elle fait intervenir la lettre n.
Cette expression littérale représente la somme $5 + 6 + 7$, c'est-à-dire 18.
b) Considérons une pyramide d'aire de base B cm² et de hauteur h cm. Le volume de cette pyramide est égal à $\dfrac{\mathrm{B} \times h}{3}$ cm³.

$\dfrac{\mathrm{B} \times \mathrm{h}}{3}$ cm³ est une expression littérale du volume car elle contient les lettres B et h.

Info. ***a)*** Une expression littérale d'un nombre est une écriture de ce nombre comportant au moins une lettre. Chaque lettre employée représente un nombre. Comme dans les expressions numériques, les expressions littérales peuvent contenir des symboles parmi 0 1 2 3 4 5 6 7 8 9 , + – × : ( ) [ ] —— $\sqrt{\ }$.
b) Une expression littérale peut aussi représenter une grandeur.

▶ Expression. Expression numérique.

Expression numérique

J'ai vu au tableau les écritures suivantes :

$\dfrac{2}{3} + \dfrac{1}{2}$ $\qquad$ $1{,}2 \times [5 : (2 + 0{,}5)]$ $\qquad$ $\dfrac{1 + 2\sqrt{3}}{3}$ $\qquad$ $(1 - \sqrt{2})^2$

Dans ces écritures, il y a :
– des parenthèses ( ) , des crochets [ ] ;
– des symboles d'opérations + – × : ——
– des chiffres 0 1 2 3 …, des virgules, des radicaux et des barres de fractions.

Ces écritures sont des expressions numériques. Elles représentent chacune un nombre parce qu'elles respectent les règles usuelles d'écriture.

♦ L'écriture 3 cm + 2 cm n'est pas une expression numérique car elle représente une longueur.

♦ L'écriture $12 + x$ n'est pas une expression numérique car elle contient la lettre x.

Info. Une expression numérique est une écriture comportant un ou plusieurs symboles parmi 0 1 2 3 4 5 6 7 8 9 , + – × : ( ) [ ] —— / $\sqrt{\ }$.
Elle ne doit pas contenir d'autres symboles et doit respecter les règles usuelles pour représenter un nombre.

▶ Différence. Expression. Produit. Puissance. Quotient. Somme. Symboles numériques.

Exprimer

1 Exprimer une grandeur dans une unité

Soit L une longueur égale à 10 cm ; L est exprimée en centimètres.
En effectuant des conversions, je peux écrire :
L = 100 mm ; L est exprimée en millimètres. L = 0,10 m ; L est exprimée en mètre.

Déf. Dire qu'une grandeur est exprimée dans une unité signifie que cette grandeur est écrite sous la forme d'un nombre suivi de cette unité.

▶ Convertir.

2 Exprimer en fonction de

• Soit x et y deux nombres dont la somme est égale à 5 : $x + y = 5$.
Je peux écrire : $y = -x + 5$; je viens d'exprimer y en fonction de x.
• J'écris la formule pour calculer le volume d'un cône de rayon r et de hauteur h : $V = \frac{1}{3}\pi r^2 h$.
Dans cette formule, on dit que V est exprimé en fonction de r et de h.

Déf. Dire que, dans une égalité, un nombre y est exprimé en fonction d'un nombre x signifie que cette égalité est de la forme $y = f(x)$ (lire *f de x*), où $f(x)$ est une expression littérale contenant la lettre x.

▶ Fonction de.

Extrême

L'égalité $\frac{28}{7} = \frac{36}{9}$ est une proportion. Je remarque que 28 est écrit en premier et 9 est écrit en dernier ; c'est pourquoi 28 et 9 sont les extrêmes de cette proportion.

♦ On écrit parfois la proportion sous la forme d'une suite : (28 ; 7 ; 36 ; 9) ; ceci justifie l'emploi du nom *extrêmes* pour qualifier 28 et 9.

Déf. Soit a, b, c et d quatre nombres, b et d étant non nuls. Les nombres a et d sont les extrêmes de la proportion $\frac{a}{b} = \frac{c}{d}$.

▶ Moyen. Proportion.

Extrémité

1 Extrémité d'un vecteur

Soit A, B, C, D, E et M des points.

Info. L'extrémité du vecteur $\overrightarrow{AB}$ est le point B ; l'extrémité du vecteur $\overrightarrow{EC}$ est le point C ; l'extrémité du vecteur $\overrightarrow{MD}$ est le point D, etc.

2 Extrémités

a) Sur la figure ci-dessous, les extrémités du segment [AB] sont les points A et B.

b) Sur la figure ci-dessous, les extrémités des arcs de cercle $\overset{\frown}{AB}$ et $\overset{\smile}{AB}$ sont les points A et B.

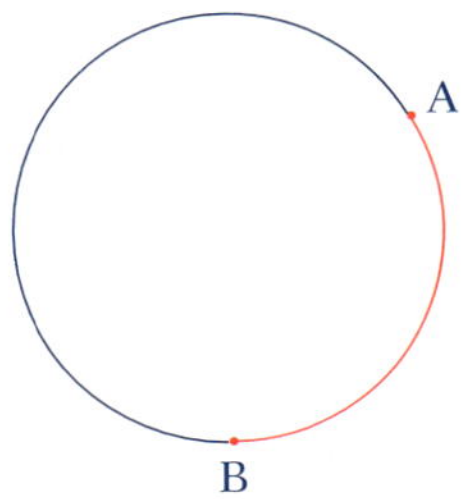

c) Les extrémités d'un vecteur $\overrightarrow{MN}$ sont les points M et N.

Déf. ***a)*** Les extrémités d'un segment sont les points qui limitent ce segment sur son support.
b) Les extrémités d'un arc de cercle sont les points qui limitent cet arc de cercle sur son support.
c) Les extrémités d'un vecteur $\overrightarrow{AB}$ sont les points A et B.

▶ Origine. Vecteur.

F *f*

Face

La surface du cube représenté ci-contre est formée de six surfaces carrées ; je les ai numérotées de 1 à 6.
Ces surfaces carrées sont les faces du cube.

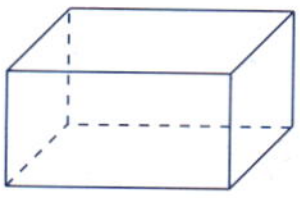

♦ Un parallélépipède rectangle a six faces rectangulaires.

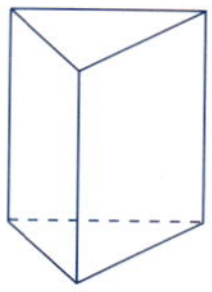

♦ Un prisme droit dont les bases sont triangulaires a trois faces rectangulaires et deux faces triangulaires.

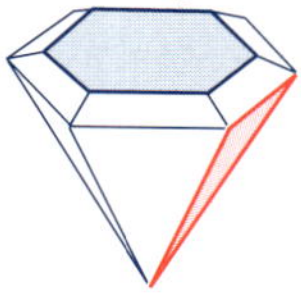

♦ J'ai colorié deux faces du polyèdre représenté ci-contre.

Déf. Les faces d'un polyèdre sont les surfaces polygonales qui forment la surface de ce polyèdre.

▶ Arête. Polyèdre. Sommet.

Facteur

1 Facteur en tant que nombre

- Les facteurs du produit $2 \times 3 \times 4 \times 5$ sont les nombres 2, 3, 4 et 5.
- Soit x un nombre.

Les facteurs du produit $(x-5)(x+5)$ sont les nombres $x-5$ et $x+5$.
Les facteurs du produit $2(x-7)(4-9x)$ sont les nombres 2, $x-7$ et $4-9x$.

Déf. Les facteurs d'un produit sont les nombres que l'on doit multiplier pour calculer ce produit.

2 Mettre en facteur

• Je veux factoriser l'expression numérique $6 \times 8 + 6 \times 12$; pour cela, je mets 6 en facteur : $6 \times 8 + 6 \times 12 = 6(8 + 12)$.

♦ En réduisant, j'obtiens $6 \times 8 + 6 \times 12 = 6 \times 20 = 120$.

• Soit x un nombre. Je veux factoriser l'expression $3x + x(5x + 6)$; pour cela, je mets x en facteur :
$3x + x(5x + 6) = x(3 + 5x + 6)$.

♦ En réduisant, j'obtiens $3x + x(5x + 6) = x(5x + 9)$.

Déf. Mettre en facteur un nombre dans une expression numérique ou littérale, c'est écrire cette expression sous la forme d'un produit dont ce nombre est un facteur.

▶ Commun. Factorisation. Factoriser. Produit. Terme.

Factorisation

1 Action de factoriser

• Je factorise la somme $2 \times 7 + 2 \times 13$:
$2 \times 7 + 2 \times 13 = 2\ (7 + 13)$. J'ai donc effectué une factorisation.

• Soit x un nombre ; je factorise la somme $x(2x - 3) + (x + 5)(2x - 3)$:
$x(2x - 3) + (x + 5)(2x - 3) = (2x - 3)[x + (x + 5)]$. J'ai donc effectué une factorisation.
Je peux terminer mon calcul en réduisant, et je trouve $(2x - 3)(2x + 5)$.

Déf. Une factorisation est un calcul qui consiste à factoriser une expression numérique ou littérale.

2 Résultat d'un calcul

• Une factorisation de l'expression numérique $2 \times 7 + 2 \times 13$ est le produit $2(7 + 13)$.

• Une factorisation de l'expression littérale $x(2x - 3) + (x + 5)(2x - 3)$ est le produit $(2x - 3)(2x + 5)$.

Déf. Une factorisation d'une expression numérique ou littérale est une expression, obtenue en factorisant l'expression numérique ou littérale initiale.

▶ Développement. Développer. Distribuer. Effectuer. Factoriser. Identité. Ordonner. Réduire **2**.

FICHE

TECHNIQUES DE FACTORISATION

• Soit x un nombre ; je sais que $x^2 - 25 = x^2 - 5^2 = (x - 5)(x + 5)$ (j'utilise, pour cela, l'identité $a^2 - b^2 = (a - b)(a + b)$).
En écrivant $x^2 - 25 = (x - 5)(x + 5)$, je factorise la différence $x^2 - 25$. L'expression que j'obtiens est un produit.

• En utilisant l'identité remarquable $(a + b)^2 = a^2 + 2ab + b^2$, je peux écrire $x^2 + 6x + 9 = (x + 3)^2$.
En écrivant cela, je factorise l'expression $x^2 + 6x + 9$. L'expression que j'obtiens est le produit $(x + 3)(x + 3)$.

♦ En écrivant $(x+2)(3x+8)-(x+2)(2x+5)=1\times[(x+2)(3x+8)-(x+2)(2x+5)]$, je factorise aussi l'expression $(x+2)(3x+8)-(x+2)(2x+5)$. De même, lorsque j'écris $x^2-25=2\left(\frac{x^2-25}{2}\right)$, je factorise l'expression x^2-25.

♦ Lorsque l'on veut factoriser une expression, il est donc nécessaire de préciser la forme du produit de facteurs que l'on veut obtenir. En général, en classe de 3e, ce produit doit être de la forme $(ax+b)(cx+d)$, où a, b, c et d sont trois nombres.

Factoriser

• Je sais que $5\times 9+5\times 8=5\times(9+8)$. En écrivant cela, je factorise la somme $5\times 9+5\times 8$.
• Soit x un nombre. Je peux écrire la différence $(x+2)(3x+8)-(x+2)(2x+5)$ sous la forme $(x+2)[(3x+8)-(2x+5)]$.
En écrivant $(x+2)(3x+8)-(x+2)(2x+5)=(x+2)[(3x+8)-(2x+5)]$, je factorise la différence $(x+2)(3x+8)-(x+2)(2x+5)$. L'expression que j'obtiens est un produit.

♦ Je peux terminer le calcul en réduisant l'expression entre crochets :
$(x+2)(3x+8)-(x+2)(2x+5)=(x+2)(x+3)$.

♦ Voir la fiche de l'article *Factoriser* pour d'autres exemples.

Déf. Factoriser une expression numérique ou littérale, c'est l'écrire sous la forme d'un produit.

▶ Développement. Développer. Distribuer. Effectuer. Facteur. Factorisation. Identité. Ordonner. Réduire **2**.

Femto

Si u désigne une unité de mesure, un femto-u est égal à un millionième de milliardième de u. En abrégé, on peut écrire :

$$1\text{ fu}=\frac{1}{1\,000\,000\,000\,000\,000}\text{u}=0{,}000\,000\,000\,000\,001\text{ u}=10^{-15}\text{ u}.$$

Déf. Employé avant une unité, *femto* signifie *millionième de milliardième de*. Son abréviation est f.

▶ Préfixe.

Figure

1 Figure géométrique

J'ai dessiné ci-dessous un segment, un triangle avec ses médiatrices et son cercle circonscrit, un dodécagone régulier et son cercle circonscrit, un octaèdre régulier.

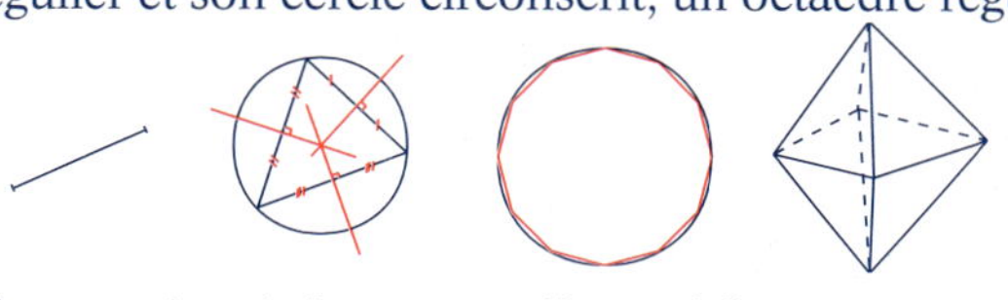

J'ai donc dessiné des figures géométriques. On dit aussi figure (tout court).

Déf. Une figure géométrique est un ensemble de points.

2 Illustration

Sur la figure 1 ci-dessous, un triangle rectangle, une de ses médianes, et un carré sont représentés. Sur la figure 2, deux triangles sont représentés, dont l'un est l'image de l'autre par une rotation de centre A et d'angle 100°.

Je dois comprendre que, dans ce cas, *figure* signifie *image* ou *illustration*. Il y a l'image n°1 et l'image n°2.

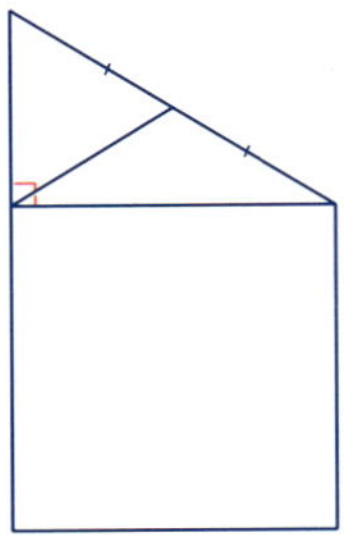

fig. 1

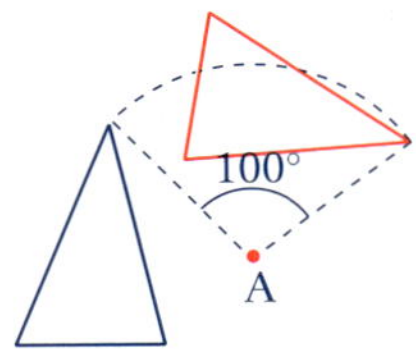

fig. 2

Déf. Une figure est une illustration.

▶ Reproduire.

Fini

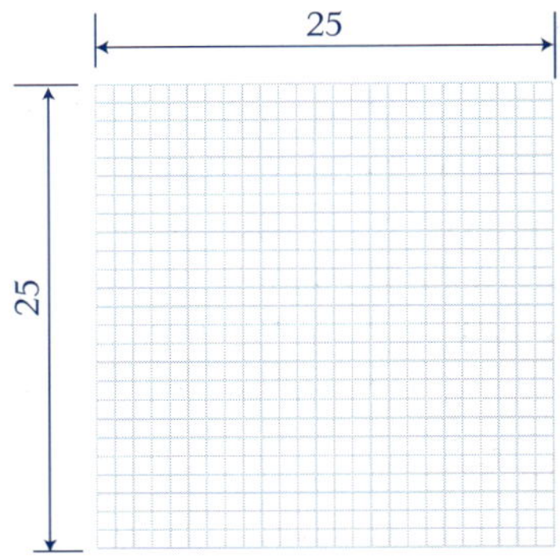

• Je peux calculer le nombre de petits carrés du quadrillage ci-contre. Il y en a 625 car $25^2 = 625$. Il y a donc un nombre fini de petits carrés dans le quadrillage.

• J'ai tracé une ligne fermée L ; je ne sais pas combien il y a de carrés de 1 micron de côté inclus dans cette ligne. Mais je sais qu'à l'intérieur du carré contenant L, il y a $3 \times 10^4 \times 3 \times 10^4$ carrés de 1 micron de côté, soit 9×10^8.

J'en conclus qu'il y a moins de 900 000 000 de carrés de 1 micron de côté à l'intérieur de L. Il y a donc un nombre fini de tels carrés à l'intérieur de L.

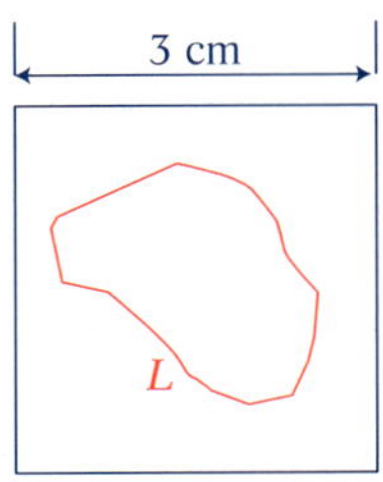

3 cm = 3×10^4 µm

Info. Considérons des objets (nombres, points, figures géométriques). Dire qu'il y en a un nombre fini signifie qu'on peut les compter ou calculer combien il y en a, ou bien encore qu'on est capable d'affirmer qu'ils sont en nombre inférieur à un certain nombre.

▶ Infinité.

Fixe

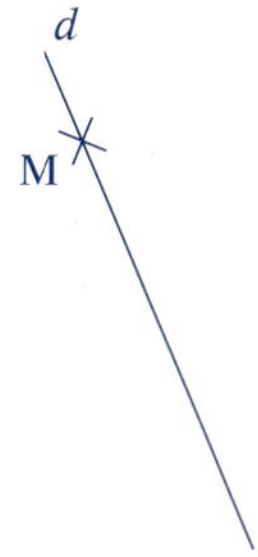

Soit M un point d'une droite d. Par la symétrie orthogonale s d'axe d, ce point M a pour image lui-même ; c'est pourquoi M est un point fixe de s.

♦ Le seul point fixe d'une rotation de centre O et d'angle non nul est le point O lui-même.

♦ Une translation de vecteur non nul n'a aucun point fixe.

♦ Les seuls points fixes d'une projection sont les points de la base de projection.

Déf. Un point fixe d'une transformation t (ou d'une projection p) est un point dont l'image par t (ou p) est lui-même.

▶ Invariant

Fois plus, fois moins

1 Fois plus

Dans sa bibliothèque, Camille a trente livres ; Adelice en a dix. Je peux dire que Camille a trois fois plus de livres qu'Adelice car $30 = 3 \times 10$.

♦ Même s'il y a le mot « plus » dans l'expression « trois fois plus », elle indique qu'il faut effectuer une multiplication et non une addition.

♦ 10 est deux fois et demi plus grand que 4 car $10 = 2{,}5 \times 4$.

Info. L'expression « fois plus » indique qu'il faut effectuer une multiplication.

2 Fois moins

Pour aller au collège, Nicolas met trois minutes ; Guillaume, lui, met douze minutes. Nicolas met quatre fois moins de temps que Guillaume pour aller au collège, car $3 = 12 : 4$.

♦ Guillaume met quatre fois plus de temps que Nicolas pour aller au collège.

♦ Même s'il y a le mot « moins » dans l'expression « quatre fois moins », elle indique qu'il faut effectuer une division et non une soustraction.

♦ 4 est deux fois et demi plus petit que 10 car $4 = 10 : 2{,}5$.

Info. L'expression « fois moins » indique qu'il faut effectuer une division.

Fonction affine

Mes parents veulent louer une voiture pour une semaine ; le contrat est le suivant :
Il faut payer une somme fixe de 500 francs (forfait), puis 2 francs par kilomètre parcouru.
Je leur ai construit un tableau qui donne la somme à payer en fonction du nombre de kilomètres parcourus (à partir de 500, et de 50 en 50) :

Nombre de km parcourus	500	550	600	650	700	750	800
Prix à payer (en francs)	1 500	1 600	1 700	1 800	1 900	2 000	2 100

Au nombre 500, j'ai associé le nombre 1 500, au nombre 550, j'ai associé le nombre 1 600, au nombre 600, j'ai associé le nombre 1 700, etc.

– Comment as-tu fait ? me demandent-ils.
– J'ai multiplié le nombre de kilomètres par 2, puis j'ai ajouté 500.
En disant cela, je définis une fonction affine, que je peux appeler f. Je la décris ainsi : $x \mapsto 2x + 500$ (lire *x flèche* 2*x* + 500). Cela signifie qu'à tout nombre x, la fonction f associe le nombre $2x + 500$.
J'écris $f(x) = 2x + 500$ (lire *f de x égal* 2*x plus* 500).
Par exemple, pour 742 km, mes parents paieront 1 984 francs ($2 \times 742 + 500 = 1\,984$) : au nombre 742, j'ai associé le nombre 1 984. J'écris $f(742) = 1\,984$ (lire *f de* 742 *égal* 1 984).

♦ Si le contrat de location ne prend pas en compte les kilomètres parcourus, on paie seulement un forfait, quel que soit le nombre de kilomètres parcourus. Si ce forfait est de 1 700 francs, je peux définir la fonction affine $x \mapsto 1\,700$ (lire *x flèche* 1 700), que je peux appeler g. Ainsi, pour tout nombre x, $g(x) = 1\,700$ (lire *g de x égal* 1 700) ; on dit que la fonction g est constante.

♦ Si le contrat de location ne dépend que du nombre de kilomètres parcourus, on ne paie pas de forfait. Si on paie 4 francs par kilomètre parcouru, je peux définir la fonction affine $x \mapsto 4x$ (lire *x flèche* 4*x*), que je peux appeler h. Ainsi, pour tout nombre x, $h(x) = 4x$ (lire *h de x égal* 4*x*) ; on dit que la fonction h est une fonction linéaire.

Info. Une fonction affine permet d'associer des nombres.
On peut définir une fonction affine ainsi : $x \mapsto ax + b$ (lire *x flèche ax + b*), où a et b sont deux nombres donnés. Si on nomme f cette fonction affine, on peut écrire : $f(x) = ax + b$ (lire *f de x égal ax + b*).
Si $a = 0$, on dit que la fonction affine est constante ; si $b = 0$, on dit que la fonction affine est linéaire.

▶ Antécédent. Croissant. Décroissant. Fonction linéaire. Image. Nul.

FICHE

DÉTERMINATION ET REPRÉSENTATION D'UNE FONCTION AFFINE

1. Détermination d'une fonction affine

Pour définir une fonction affine f, il suffit de connaître les images de deux nombres par f. Supposons que $f(4) = 5$ et $f(0) = -3$. Si je pose $f(x) = ax + b$, j'ai donc $\begin{cases} a \times 4 + b = 5 \\ a \times 0 + b = -3. \end{cases}$ La résolution de système fournit $a = 2$ et $b = -3$.
La fonction f cherchée est donc définie par $f(x) = 2x - 3$.

2. Représentation graphique d'une fonction affine

Soit a et b deux réels ; la représentation graphique de la fonction affine f définie par $f(x) = ax + b$ est la droite d'équation $y = ax + b$.
Sur la figure, j'ai représenté la fonction f définie par $f(x) = 2x - 3$. J'ai choisi les points de coordonnées (0 ; – 3) et (2,5 ; 2) pour tracer la droite représentant f.

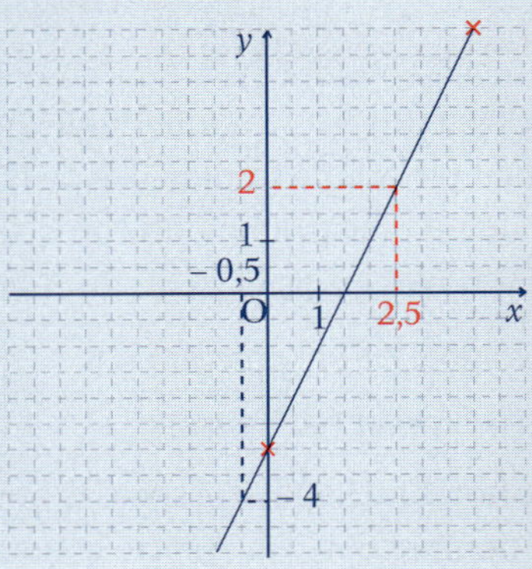

Je peux utiliser la droite et le quadrillage pour voir que l'image de 2,5 est le nombre 2 (pointillés rouges) ; je constate aussi que l'antécédent du nombre – 4 est le nombre – 0,5 (pointillés bleus).

♦ La représentation graphique d'une fonction affine constante est une droite parallèle à l'axe des abscisses.
Sur la figure, j'ai tracé la représentation graphique de la fonction f définie par $f(x) = 2$.

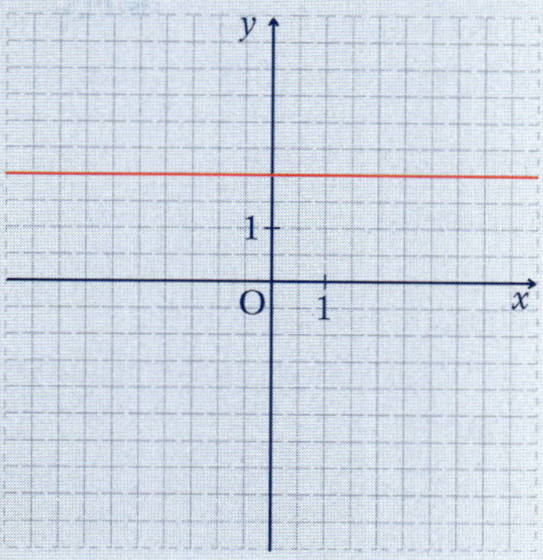

▶ Équation de droite

Fonction de

1 Est fonction de...

Je calcule le volume d'un cône de rayon r et de hauteur h en effectuant $\frac{\pi r^2 h}{3}$.

L'expression $\frac{\pi r^2 h}{3}$ est fonction de r et de h.

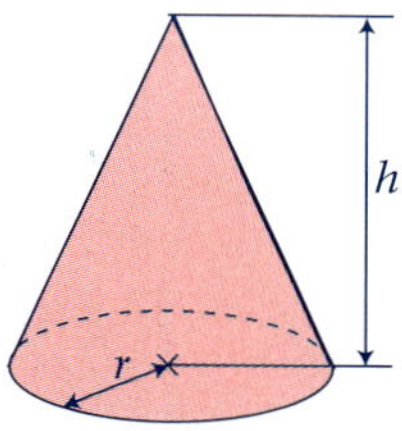

Info. L'expression *est fonction de* s'emploie pour dire *dépend de*.

2 En fonction de...

En écrivant $V = \frac{\pi r^2 h}{3}$, j'ai exprimé V en utilisant les variables r et h. Autrement dit, j'ai exprimé V en fonction de r et de h.

♦ Le tableau ci-dessous donne les valeurs exactes de $\frac{\pi r^2 h}{3}$ en fonction des valeurs de r et de h.

L'unité de longueur est le centimètre, et l'unité de volume le cm^3.

r	2	5	10	12
h	3	7	4	8
$\frac{\pi r^2 h}{3}$	4π	$\frac{175}{3}\pi$	$\frac{400}{3}\pi$	384π

Info. L'expression *en fonction de* s'emploie pour dire *en utilisant*.

▶ Exprimer.

Fonction linéaire

L'unité de longueur est le centimètre.
J'ai dessiné un tableau concernant cinq carrés. Sur la première ligne, il y a les mesures des côtés des carrés ; sur la seconde ligne, il y a les périmètres des carrés.

Mesure des côtés	2	3,1	5,4	9,2	11
Périmètre	8	12,4	21,6	36,8	44

À chacun des nombres 2 ; 3,1 ; 5,4 ; 9,2 et 11 j'ai respectivement associé les nombres 8 ; 12,4 ; 21,6 ; 36,8 et 44. Pour cela, j'ai multiplié chacun des nombres 2 ; 3,1 ; 5,4 ; 9,2 et 11 par 4.

♦ Le tableau précédent est un tableau de proportionnalité.
Le coefficient de proportionnalité est 4.

En faisant cela, je définis une fonction linéaire, que je peux appeler f. Je la décris ainsi : $x \mapsto 4x$ (lire *x flèche* 4*x*). Cela signifie qu'à tout nombre x, la fonction f associe le nombre $4x$.
J'écris $f(x) = 4x$ (lire *f de x égal* 4*x*).
Par exemple, si un carré a un côté égal à 7, son périmètre est égal à 28 ($4 \times 7 = 28$) : au nombre 7, j'ai associé le nombre 28. J'écris $f(7) = 28$ (lire *f de* 7 *égal* 28).

Info. Une fonction linéaire permet d'associer des nombres.
On peut définir une fonction linéaire ainsi : $x \mapsto ax$ (lire *x flèche ax*), où a est un nombre donné. Si on nomme f cette fonction linéaire, on peut écrire $f(x) = ax$ (lire *f de x égal ax*).

▶ Antécédent. Fonction affine. Image. Tableau de proportionnalité.

FICHE

DÉTERMINATION ET REPRÉSENTATION D'UNE FONCTION LINÉAIRE

1. Détermination d'une fonction linéaire

Pour définir une fonction linéaire f, il suffit de connaître l'image d'un nombre par f. Supposons que $f(2) = -3$. Si je pose $f(x) = ax$, j'ai donc $a \times 2 = -3$, c'est-à-dire $a = -1,5$. La fonction f cherchée est donc définie par $f(x) = -1,5x$.

2. Représentation graphique d'une fonction linéaire

Soit a un réel ; la représentation graphique de la fonction linéaire f définie par $f(x) = ax$ est la droite d'équation $y = ax$. Cette droite passe par l'origine du repère.
Sur la figure, j'ai représenté la fonction f précédente. J'ai choisi le point $(2 ; -3)$ pour tracer la droite représentant f.

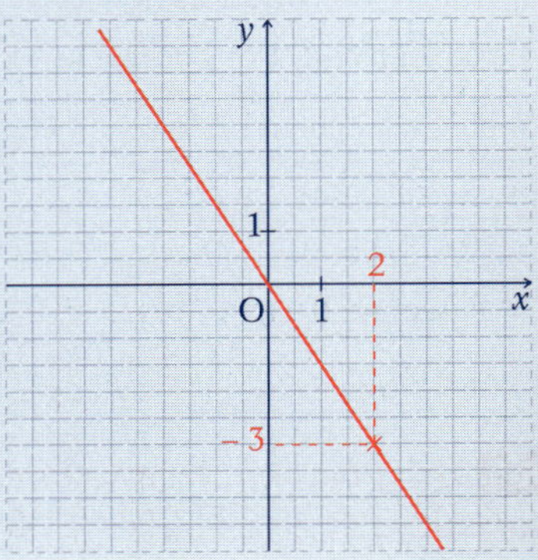

▶ Équation de droite.

Forme décimale Voir l'article *Écriture décimale.*

Forme fractionnaire Voir l'article *Écriture fractionnaire.*

Fraction

1 Une fraction est une écriture d'un nombre

• Le quotient de la division de 3 par 8 est égal à 0,375.

Ce quotient peut s'écrire : 0,375 , c'est une écriture décimale ;

3 : 8 , c'est une expression numérique ;

$\frac{3}{8}$, c'est une fraction.

3	8
3 0	0,375
6 0	
4 0	
0	

• Voici d'autres fractions : $\frac{2}{3}$; $\frac{-21}{5}$; $\frac{7}{1\ 000}$; 4/3.

♦ La division de 2 par 3 ne tombe pas juste ; le quotient de la division de 2 par 3 peut s'écrire 0,666... ou 2 : 3 ou $\frac{2}{3}$; ce quotient n'est pas un nombre décimal.

♦ On écrit parfois 4/3 au lieu de $\frac{4}{3}$; 4/3 est aussi une fraction.

♦ Les écritures $\frac{12}{4+3}$ et $\frac{1,2}{3}$ ne sont pas des fractions car la première contient un signe d'opération et la seconde une virgule.

♦ Pour simplifier certains énoncés, on confond les fractions avec les nombres représentés par ces fractions. Ainsi, dans la définition **3**. a), on parle du produit d'une fraction par un nombre.

Déf. Une fraction est une écriture d'un nombre sous la forme $\frac{a}{b}$ ou a/b. a désigne l'écriture décimale réduite d'un entier relatif, et b l'écriture décimale réduite d'un entier naturel non nul. Le nombre représenté par la fraction $\frac{a}{b}$ (ou a/b) est le quotient de la division de a par b.

▶ Addition. Dénominateur. Division. Écriture fractionnaire. Irréductible. Multiplication. Numérateur. Réduire **1**. Simplifier.

2 Fraction décimale

Les fractions écrites ci-dessous sont des fractions décimales.

$\frac{13}{1}$ $\frac{2}{10}$ $\frac{125}{100}$ $\frac{34}{1\ 000}$ $\frac{1}{10\ 000}$

Les dénominateurs de ces fractions sont des puissances de 10 :

$1 = 10^0$; $10 = 10^1$; $100 = 10^2$; $1\ 000 = 10^3$; etc.

♦ Une fraction décimale représente un nombre décimal :

$\frac{13}{1} = 13$; $\frac{2}{10} = 0,2$; $\frac{125}{100} = 1,25$; $\frac{34}{1\ 000} = 0,\ 034$; $\frac{1}{10\ 000} = 0,\ 000\ 1$.

Déf. Une fraction décimale est une fraction $\frac{a}{b}$ dont le dénominateur b est une puissance de dix : 1 ; 10 ; 100 ; 1 000 ; etc.

3 Fraction d'un nombre ou d'une grandeur

a) Trois septièmes de 5 s'écrit $\frac{3}{7} \times 5$. Donc trois septièmes de cinq sont égaux à quinze septièmes : $\frac{3}{7} \times 5 = \frac{3 \times 5}{7} = \frac{15}{7}$.

b) De même, trois septièmes de 5 centimètres sont égaux à quinze septièmes centimètres : $\frac{3}{7} \times (5 \text{ cm}) = \frac{15}{7}$ cm.

Déf. ***a)*** Une fraction d'un nombre est le produit de la fraction par ce nombre.
b) On parle, de même, de fraction positive d'une grandeur.

Fréquence

1 Fréquence d'une valeur ou d'une classe

Voici les résultats d'une étude statistique portant sur une population de bouquetins des Alpes. Le caractère est l'âge.

Nombre d'années (Âge)	1	2	3	4	5	6	7	8	9
Effectif	11	7	10	8	5	7	4	1	1

L'effectif total de cette population est 54 (11 + 7 + 10 + 8 + 5 + 7 + 4 + 1 + 1 = 54).
Je peux décrire autrement la répartition des bouquetins : pour cela, je calcule le rapport de chaque effectif et de l'effectif total, dans cet ordre. Ces rapports sont les fréquences des valeurs.
Comme les divisions par 54 que j'ai effectuées ne tombent pas juste, j'ai écrit des valeurs approchées (11 : 54 ≈ 0,2   7 : 54 ≈ 1,3   etc.).

Nombre d'années (Âge)	1	2	3	4	5	6	7	8	9
Fréquence (valeur approchée)	0,2	0,13	0,18	0,15	0,09	0,13	0,07	0,02	0,02

Je remarque que la somme des valeurs approchées est égale à 0,99 :
0,2 + 0,13 + 0,18 + 0,15 + 0,09 + 0,13 + 0,07 + 0,02 + 0,02 = 0,99.

♦ Avec des valeurs exactes, je dois trouver 1. En effet :

$$\frac{11}{54} + \frac{7}{54} + \frac{10}{54} + \frac{8}{54} + \frac{5}{54} + \frac{7}{54} + \frac{4}{54} + \frac{1}{54} + \frac{1}{54} = \frac{11 + 7 + 10 + 8 + 5 + 7 + 4 + 1 + 1}{54} = \frac{54}{54} = 1.$$

♦ Je peux exprimer les valeurs approchées des fréquences en pourcentages.

Nombre d'années (Âge)	1	2	3	4	5	6	7	8	9
Fréquence (valeur approchée)	20%	13%	18%	15%	9%	13%	7%	2%	2%

♦ On définirait de la même façon la fréquence d'une classe : dans le tableau ci-dessous, j'ai regroupé les âges en classes (n désigne un nombre d'années).

Classe	$n \leqslant 2$	$2 < n \leqslant 4$	$4 < n \leqslant 6$	$6 < n \leqslant 9$
Fréquence (valeur approchée)	0,33	0,33	0,22	0,11
Fréquence (valeur approchée)	33%	33%	22%	11%

Déf. Dans une étude statistique, la fréquence d'une valeur, ou d'une classe, est le rapport de son effectif et de l'effectif total, pris dans cet ordre.

2 Fréquence cumulée croissante d'une valeur ou d'une classe

Je reprends mon étude statistique précédente, et j'ajoute au tableau une ligne ainsi définie : 1er case : 0,2 ; 2e case : 0,33(0,33 = 0,2 + 0,13) ; 3e case : 0,51(0,51 = 0,33 + 0,18) ; 4e case : 0,66(0,66 = 0,51 + 0,15) ; etc.

Nombre d'années (Âge)	1	2	3	4	5	6	7	8	9
Fréquence (valeur approchée)	0,2	0,13	0,18	0,15	0,09	0,13	0,07	0,02	0,02
Fréquences cumulées croissantes (valeurs approchées)	0,2	0,33	0,51	0,66	0,75	0,88	0,95	0,97	0,99

– Il y a 20% (0,2) de bouquetins dont l'âge est inférieur ou égal à 1 an ; la fréquence cumulée croissante de la valeur 1 est égale à 0,2.

– Il y a 33% (0,33) de bouquetins dont l'âge est inférieur ou égal à 2 ans ; la fréquence cumulée croissante de la valeur 2 est égale à 0,33.

– Il y a 51% (0,51) de bouquetins dont l'âge est inférieur ou égal à 3 ans ; la fréquence cumulée croissante de la valeur 3 est égale à 0,51.

Etc.

♦ On définirait de la même façon la fréquence cumulée croissante d'une classe : dans le tableau ci-dessous, j'ai regroupé les âges en classes (n désigne un nombre d'années).

Classe	$n \leqslant 2$	$2 < n \leqslant 4$	$4 < n \leqslant 6$	$6 < n \leqslant 9$
Fréquence (valeur approchée)	0,33	0,33	0,22	0,11
Fréquence cumulée croissante (valeur approchée)	0,33	0,66	0,88	0,99

♦ Par exemple, il y a 88% de bouquetins qui ont 6 ans ou moins de 6 ans.

♦ La fréquence cumulée croissante de la dernière valeur doit être égale à 1 ; ce n'est pas le cas dans les tableaux ci-dessus en raison des approximations qui ont été faites dans les calculs des fréquences.

Déf. Pour un caractère quantitatif, la fréquence cumulée croissante d'une valeur v est la somme des fréquences des valeurs inférieures ou égales à v.
On définit de manière analogue la fréquence cumulée croissante d'une classe.

3 Fréquence cumulée décroissante d'une valeur ou d'une classe

Je reprends mon étude statistique précédente, et j'ajoute au tableau une ligne ainsi définie, en partant de la droite :

1er case : 0,02 ; 2e case : 0,04(0,04 = 0,02 + 0,02) ; 3e case : 0,11(0,11 = 0,04 + 0,07) ; 4e case : 0,24 (0,24 = 0,11 + 0,13) ; etc.

Nombre d'années (Âge)	1	2	3	4	5	6	7	8	9
Fréquence (valeur approchée)	0,2	0,13	0,18	0,15	0,09	0,13	0,07	0,02	0,02
Fréquences cumulées décroissantes (valeurs approchées)	0,99	0,79	0,66	0,48	0,33	0,24	0,11	0,04	0,02

– Il y a 2% (0,02) de bouquetins dont l'âge est supérieur ou égal à 9 ans ; la fréquence cumulée décroissante de la valeur 9 est égale à 2.
– Il y a 4% (0,04) de bouquetins dont l'âge est supérieur ou égal à 8 ans ; la fréquence cumulée décroissante de la valeur 8 est égale à 0,04.
– Il y a 11% (0,11) de bouquetins dont l'âge est supérieur ou égal à 7 ans ; la fréquence cumulée décroissante de la valeur 7 est égale à 0,11.
Etc.

♦ On définirait de la même façon la fréquence cumulée décroissante d'une classe : dans le tableau ci-dessous, j'ai regroupé les âges en classes (n désigne un nombre d'années).

Classe	$0 < n \leqslant 2$	$2 < n \leqslant 4$	$4 < n \leqslant 6$	$6 < n \leqslant 9$
Fréquence (valeur approchée)	0,33	0,33	0,22	0,11
Fréquences cumulées décroissantes (valeurs approchées)	0,99	0,66	0,33	0,11

♦ Par exemple, il y a 66% de bouquetins qui ont plus de 2 ans.

♦ La fréquence cumulée décroissante de la première valeur doit être égale à 1 ; ce n'est pas le cas dans les tableaux ci-dessus en raison des approximations qui ont été faites dans les calculs des fréquences.

Déf. Pour un caractère quantitatif, la fréquence cumulée décroissante d'une valeur v est la somme des fréquences des valeurs supérieures ou égales à v.
On définit de manière analogue la fréquence cumulée décroissante d'une classe.

▶ Effectif. Polygone des effectifs. Polygone des fréquences.

Frontière

Voici quelques exemples de surfaces planes. Chacune d'elles est limitée ou délimitée par une ou plusieurs lignes. Ces lignes sont les frontières de ces surfaces.

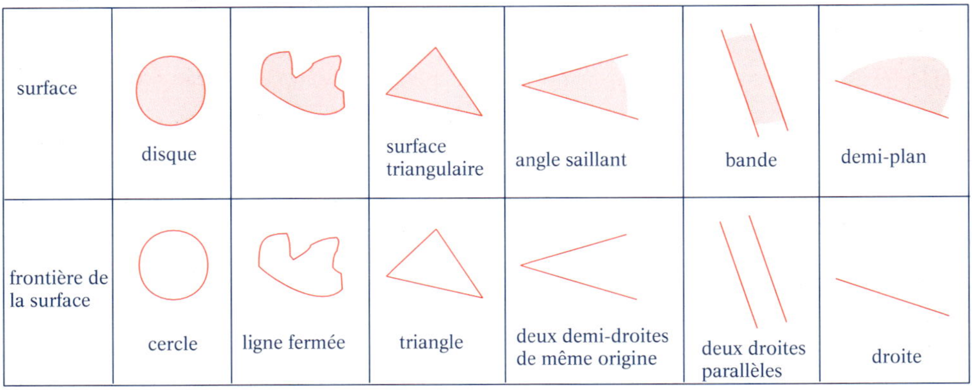

♦ Dans chacun des cas ci-dessus, la frontière fait partie de la surface.

♦ Un plan n'a pas de frontière.

Déf. La frontière d'une surface plane limitée ou délimitée par une (ou plusieurs) ligne(s) est l'ensemble des points de cette (ou ces) ligne(s).

▶ Délimiter. Limiter. Surface.

G g

Giga

En informatique, on exprime les capacités de mémoire en octets (un octet permet de stocker un caractère alphanumérique).
Un giga-octet est égal à un milliard d'octets ; en abrégé, on écrit :

$$1 \text{ Go} = 1\,000\,000\,000 \text{ octets} = 10^9 \text{ octets.}$$

Déf. Employé avant une unité, *giga* signifie *milliard de*. Son abréviation est G.

▶ Préfixe.

Gramme

Un gramme est la masse d'un centimètre cube d'eau pure.

♦ Le tableau ci-dessous montre les unités multiples et sous-multiples du gramme, et des exemples de conversions.

kg	hg	dag	g	dg	cg	mg
0	0	2	5	0	0	0

0,025 kg = 0,25 hg = 2,5 dag = 25 g = 250 dg = 2 500 cg = 25 000 mg

Déf. Le gramme est une unité de masse. Son abréviation est g.

▶ Convertir . Masse . Unité.

Grand

Le nombre 17 est plus grand que le nombre 12.
Il revient au même de dire que 17 est supérieur à 12.
En abrégé, on peut écrire : $17 > 12$ (lire 17 *est plus grand que* 12, ou 17 *est supérieur à* 12).

Info. L'expression « plus grand que » est synonyme de « supérieur à ».

▶ Petit. Supérieur.

Grandeur

• Les segments représentés ci-contre ont la même grandeur ; je peux le vérifier avec un compas ou une règle graduée (ils mesurent tous 1,15 cm).
Pour des segments, *grandeur* est synonyme de *longueur*.

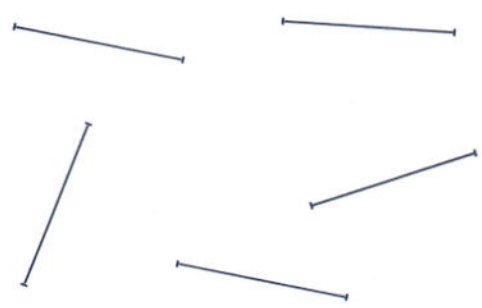

• Les surfaces ci-contre ont la même grandeur ; je peux le vérifier en comptant les petits carreaux (12 pour chacune).
Pour des surfaces, *grandeur* est synonyme d'*aire*.

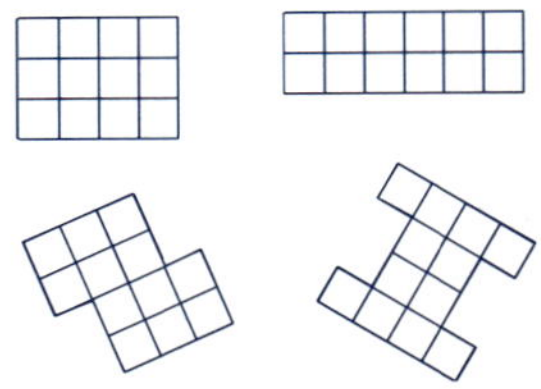

• Les solides ci-contre ont la même grandeur ; je peux le vérifier en comptant les petits cubes (6 pour chacun).
Pour des solides, *grandeur* est synonyme de *volume*.

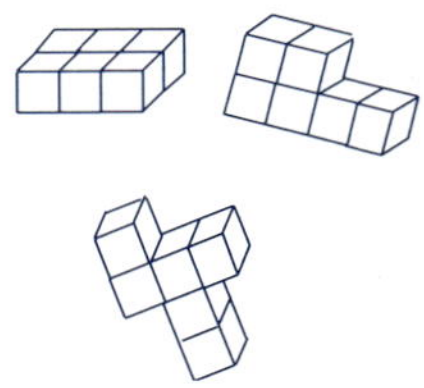

• Les angles ci-contre ont la même grandeur ; je peux le vérifier en les superposant à l'aide d'un papier-calque.
Je me souviens que je peux prolonger autant que je veux les traits représentant les côtés des angles.
Pour des angles, *grandeur* est synonyme d'*ouverture* ou d'*angle*.

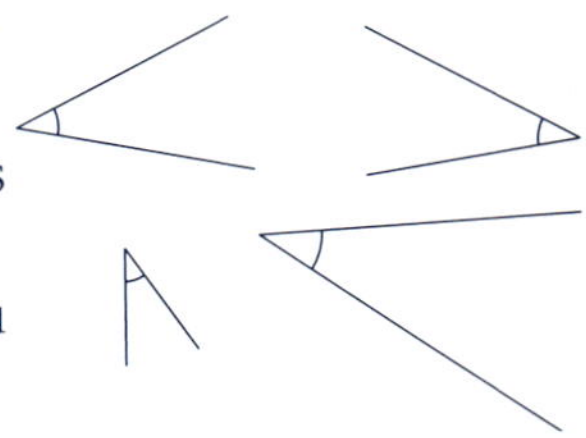

Info. *Grandeur* est un mot qui signifie :
– *longueur* pour les segments ;
– *aire* pour les surfaces ;
– *volume* pour les solides ;
– *ouverture* ou *angle* pour les angles.

▶ Aire. Longueur. Mesure. Ouverture. Unité. Volume.

Graphique

1 En statistiques

Voici un tableau des effectifs d'un certain caractère dont les valeurs sont *a*, *b*, *c* et *d*.

Valeur	*a*	*b*	*c*	*d*
Effectif	24	8	32	20

Je peux représenter la répartition de ces données par un diagramme à barres (*fig. 1*), un histogramme (*fig. 2*), un diagramme circulaire (*fig. 3*) ou semi-circulaire (*fig. 4*).

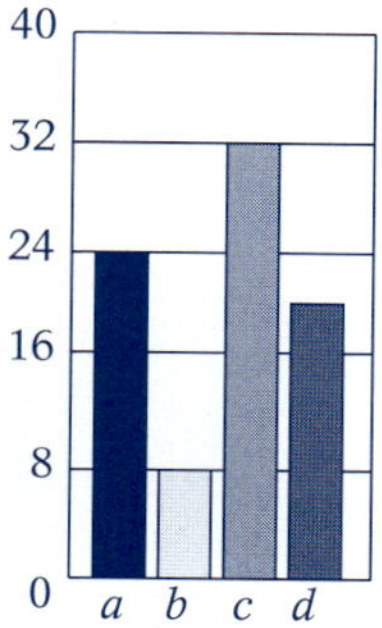

fig. 1

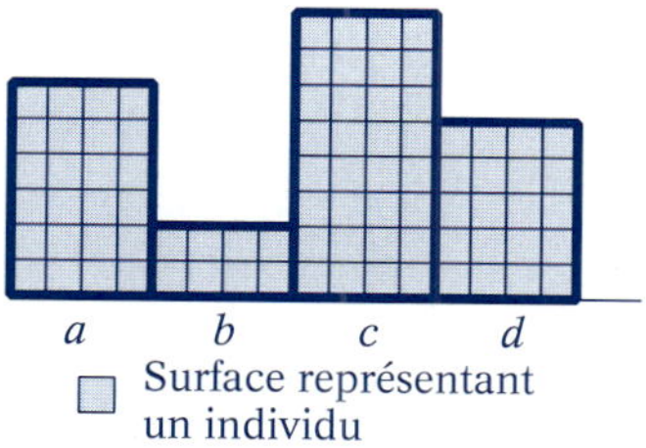

fig. 2

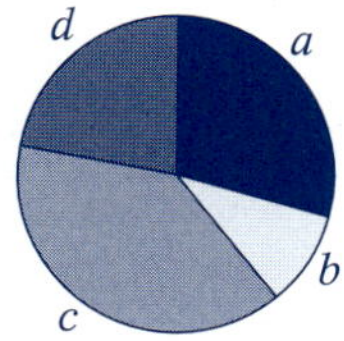

fig. 3

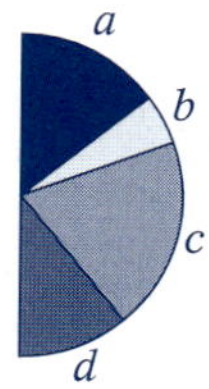

fig. 4

Chacune de ces représentations est un graphique. Les graphiques permettent de comprendre visuellement des situations faisant intervenir des données.

Déf. Un graphique est une illustration de données par une figure.

2 En général

Dans le repère ci-contre, j'ai tracé deux droites. Si j'observe ce graphique, je constate que les deux droites sont sécantes ; cependant, leur point d'intersection n'apparaît pas sur le graphique.

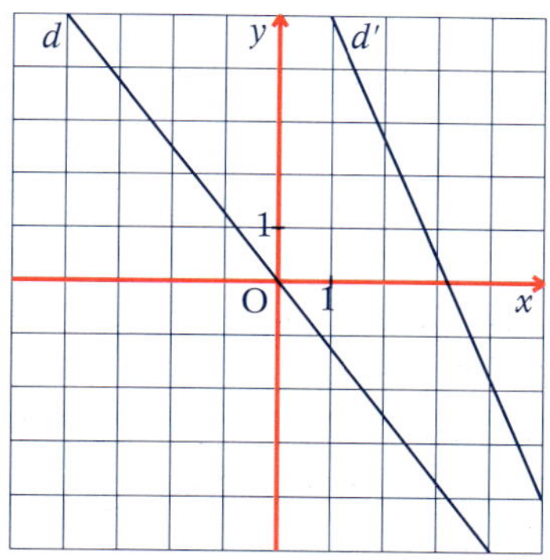

Info. On emploie souvent le mot *graphique* pour nommer des figures tracées dans un repère du plan, et dans le cas d'une fonction, *graphique* est un synonyme de *représentation graphique*.

▶ Diagramme. Histogramme. Tableau de proportionnalité. Représenter.

Gravité

Voir l'article *Centre* **5**.

H *h*

Hauteur d'un triangle

1 Hauteur en tant que droite

Les droites h_A et h_B sont deux hauteurs du triangle ABC.

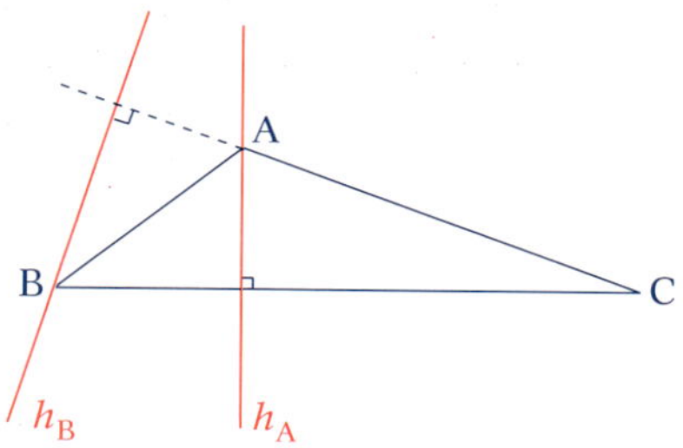

♦ h_A est la hauteur issue de A, et h_B celle issue de B.

♦ Tout triangle a trois hauteurs.

♦ Dans tout triangle, les trois hauteurs sont concourantes ; leur point de concours s'appelle l'orthocentre du triangle.

Déf. Une hauteur d'un triangle est une droite qui passe par un sommet de ce triangle et qui est perpendiculaire au support du côté opposé à ce sommet.

▶ Orthocentre. Pied.

2 Hauteur en tant que longueur

Le segment $[AA_1]$ a pour extrémités le sommet A du triangle et le pied A_1 de la hauteur issue de ce sommet (hauteur au sens de **1**).

La longueur AA_1 s'appelle une hauteur du triangle.

De même, la longueur BB_1 est une hauteur du triangle.

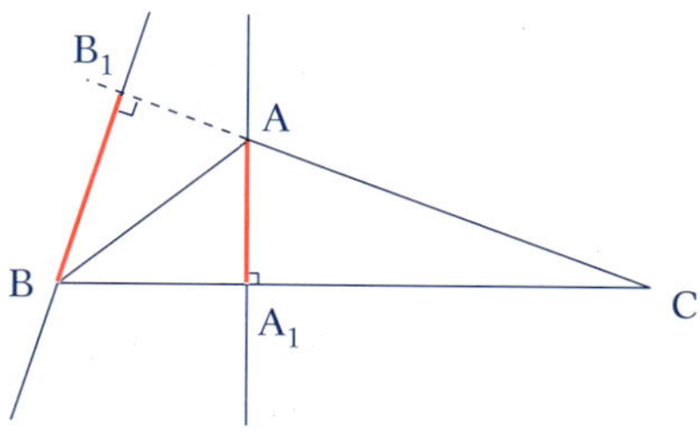

♦ Choisissons une unité de longueur, par exemple le centimètre. On peut alors parler d'une hauteur égale à 5 (au lieu de égale à 5 cm). C'est ainsi qu'il faut comprendre le mot *hauteur* dans la phrase « pour calculer l'aire d'un triangle, j'effectue base fois hauteur divisé par 2 ».

Déf. Une hauteur d'un triangle est la longueur du segment qui joint un sommet du triangle au pied de la hauteur passant par ce sommet.

▶ Aire. Base. Pied. Volume.

Hauteur de quadrilatères

1 Hauteur d'un parallélogramme

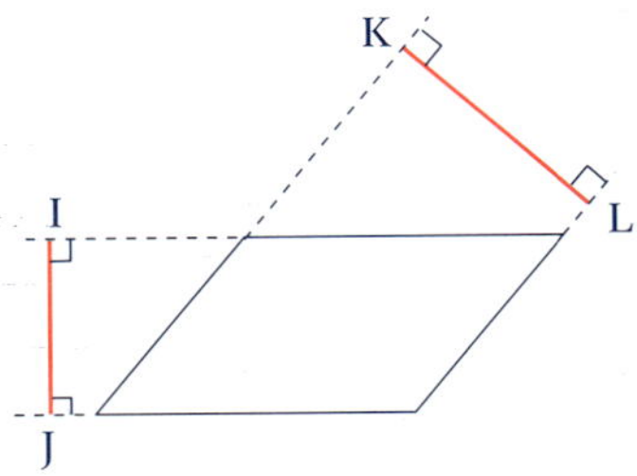

Le segment [IJ] joint deux points des supports de deux côtés opposés du parallélogramme ; de plus, il est perpendiculaire à ces supports. La longueur IJ s'appelle une hauteur du parallélogramme.
De même, la longueur KL est une hauteur du parallélogramme.

Déf. Une hauteur d'un parallélogramme est la longueur d'un segment perpendiculaire aux supports de deux côtés opposés et joignant deux points de ces supports.

▶ Aire (d'un parallélogramme). Base.

2 Hauteur d'un trapèze

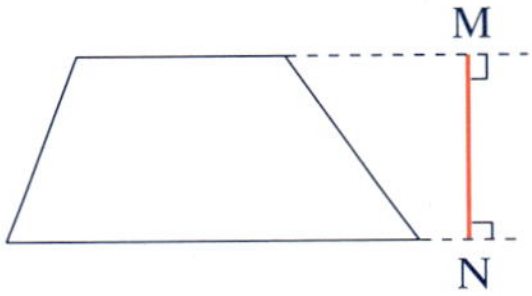

Le segment [MN] joint deux points des supports des bases du trapèze ; de plus, il est perpendiculaire à ces supports. La longueur MN s'appelle la hauteur du trapèze.

Déf. La hauteur d'un trapèze qui n'est pas un parallélogramme est la longueur d'un segment perpendiculaire aux supports des bases et joignant deux points de ces supports.

▶ Aire (d'un trapèze). Base.

Hauteur de solides

1 Hauteur d'un cône

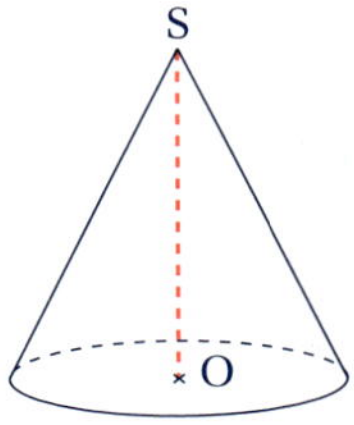

a) Hauteur en tant que segment
Le segment [SO] joint le sommet du cône au centre de sa base. Ce segment [SO] s'appelle la hauteur du cône.
b) Hauteur en tant que longueur
La longueur SO s'appelle aussi la hauteur du cône.

Déf. La hauteur d'un cône de révolution est le segment (ou la longueur du segment) joignant le sommet de ce cône au centre de sa base.

▶ Volume (d'un cône).

2 Hauteur d'un cylindre

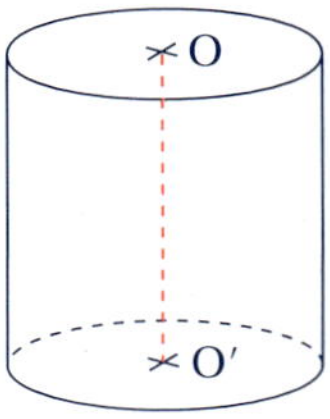

Le segment [OO′] joint les centres des bases du cylindre. La longueur OO′ s'appelle la hauteur du cylindre.

Déf. La hauteur d'un cylindre de révolution est la longueur du segment joignant les centres des deux bases.

▶ Volume (d'un cylindre).

3 Hauteur d'un parallélépipède rectangle

Choisissons les faces opposées coloriées en rouge comme bases du parallélépipède rectangle. L'arête [AB] joint un sommet d'une base à un sommet de l'autre base. La longueur AB est une hauteur de ce parallélépipède.

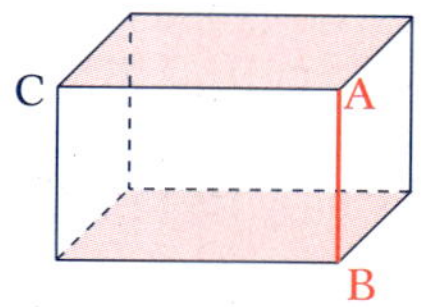

♦ De même, la longueur AC est une hauteur du parallélépipède (les bases choisies sont coloriées en bleu).

♦ On a l'habitude de prendre comme hauteur d'un parallélépipède rectangle celle qui correspond à une arête verticale (si elle existe).

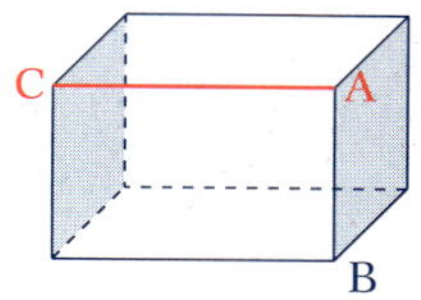

Déf. Deux faces opposées d'un parallélépipède rectangle étant choisies comme bases, on appelle hauteur de ce parallélépipède la longueur d'une arête joignant un sommet d'une base à un sommet de l'autre base.

▶ Volume (d'un parallélépipède rectangle).

4 Hauteur d'une pyramide (qui n'est pas un tétraèdre)

• Hauteur en tant que segment

Le segment [SH] joint le sommet S de la pyramide au point H qui est le projeté orthogonal de S sur le plan P contenant la base de la pyramide. Ce segment [SH] s'appelle la hauteur de la pyramide.

• Hauteur en tant que longueur

La longueur SH s'appelle aussi la hauteur de la pyramide.

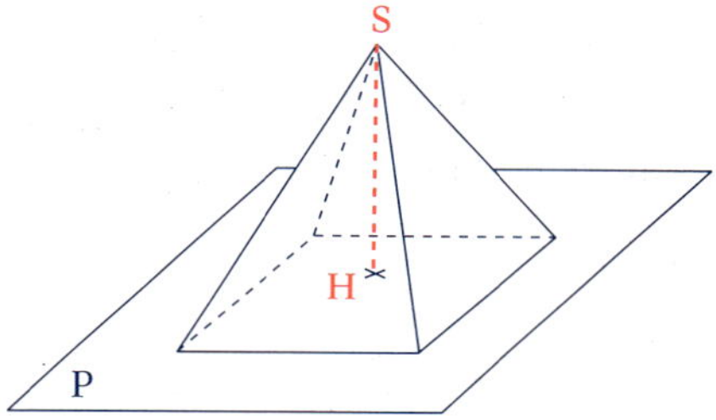

Déf. Considérons une pyramide qui ne soit pas un tétraèdre. La hauteur de cette pyramide est le segment (ou la longueur du segment) joignant le sommet à son projeté orthogonal sur le plan de base.

▶ Volume (d'une pyramide).

5 Hauteur d'un prisme droit

Le segment [AB] est une arête du prisme droit ; cette arête joint un sommet d'une base à un sommet de l'autre base. La longueur AB s'appelle la hauteur du prisme.

Déf. La hauteur d'un prisme droit qui n'est pas un parallélépipède est la longueur d'une arête joignant un sommet d'une base à un sommet de l'autre base.

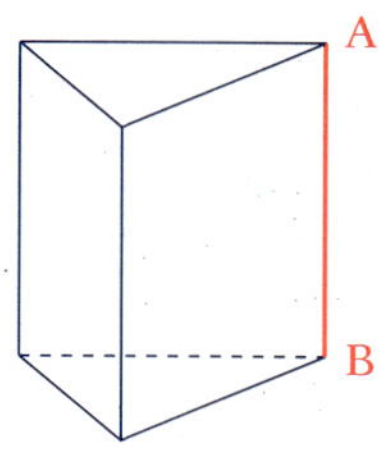

▶ Volume (d'un prisme droit).

6 Hauteur d'un tétraèdre

• Hauteur en tant que segment

Choisissons la face BCD comme base du tétraèdre ABCD. On peut alors considérer le tétraèdre comme une pyramide de sommet A et de base BCD. La hauteur de ce tétraèdre est le segment [AH], H étant le projeté orthogonal de A sur le plan (BCD).

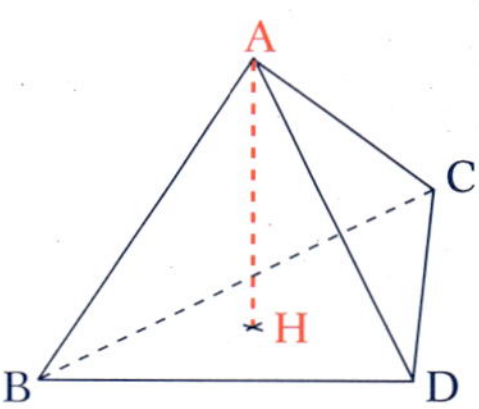

♦ Si on choisit la face ABC comme base, la hauteur du tétraèdre est le segment [DK], K étant le projeté orthogonal de D sur le plan (ABC).

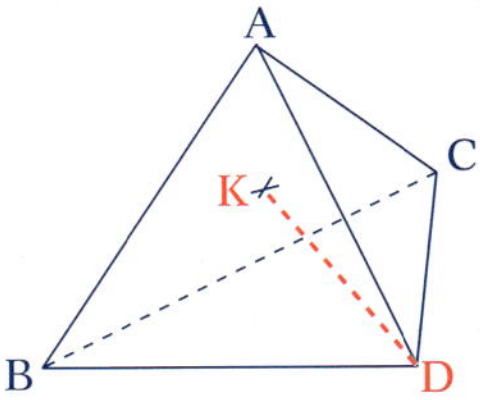

• Hauteur en tant que longueur

La face BCD étant choisie comme base du tétraèdre ABCD, la longueur AH s'appelle aussi la hauteur du tétraèdre.

Déf. Une face d'un tétraèdre étant choisie comme base, la hauteur de ce tétraèdre est le segment (ou la longueur du segment) joignant le sommet opposé à la base au projeté orthogonal de ce sommet sur le plan contenant la base.

Hectare

L'hectare est une unité agraire ; un hectare est égal à cent ares et à dix mille mètres carrés.

$$1 \text{ ha} = 100 \text{ a} = 10^2 \text{ a} \qquad 1 \text{ ha} = 10\,000 \text{ m}^2 = 10^4 \text{ m}^2$$

♦ On a aussi : $1 \text{ a} = \frac{1}{100} \text{ ha} = 0{,}01 \text{ ha} = 10^{-2} \text{ ha}$.

▶ Agraire. Are. Hecto.

Hecto

Un hectomètre est égal à cent mètres : $1 \text{ hm} = 100 \text{ m} = 10^2 \text{ m}$.
De même : $1 \text{ hg} = 10^2 \text{ g}$; $1 \text{ h}\ell = 10^2 \ell$.

♦ Un hectomètre carré *n'est pas égal* à cent mètres carrés : $1 \text{ hm}^2 = 10\,000 \text{ m}^2 = 10^4 \text{ m}^2$.

♦ Un hectomètre cube *n'est pas égal* à cent mètres cubes : $1 \text{ hm}^3 = 1\,000\,000 \text{ m}^3 = 10^6 \text{ m}^3$.

Déf. Employé avant une unité, *hecto* signifie *cent*. Son abréviation est h.

▶ Hectogramme. Hectolitre. Hectomètre.

Hectogramme

L'hectogramme est une unité de masse ; un hectogramme est égal à cent grammes.

$$1 \text{ hg} = 100 \text{ g} = 10^2 \text{ g}$$

♦ On a aussi : $1 \text{ g} = \frac{1}{100} \text{ hg} = 0{,}01 \text{ hg} = 10^{-2} \text{ hg}$.

▶ Gramme. Hecto.

Hectolitre

L'hectolitre est une unité de volume ; un hectolitre est égal à cent litres.

$$1 \text{ h}\ell = 100\ \ell = 10^2\ \ell$$

♦ On a aussi : $1\ \ell = \frac{1}{100}\ \text{h}\ell = 0{,}01\ \text{h}\ell = 10^{-2}\ \text{h}\ell$.

▶ Hecto. Litre.

Hectomètre

L'hectomètre est une unité de longueur ; un hectomètre est égal à cent mètres.

$$1\ \text{hm} = 100\ \text{m} = 10^2\ \text{m}$$

♦ On a aussi : $1\ \text{m} = \frac{1}{100}\ \text{hm} = 0{,}01\ \text{hm} = 10^{-2}\ \text{hm}$.

▶ Hecto. Mètre.

Hémisphère

Le plan P passe par le centre O de la sphère S et coupe celle-ci selon un grand cercle C. Les deux parties de la sphère limitées par le cercle C sont des demi-sphères ou hémisphères.

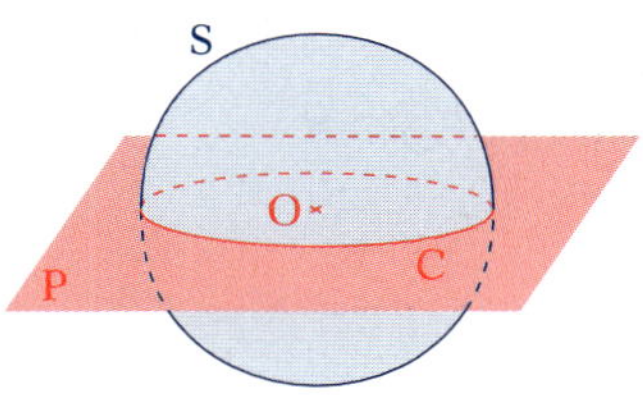

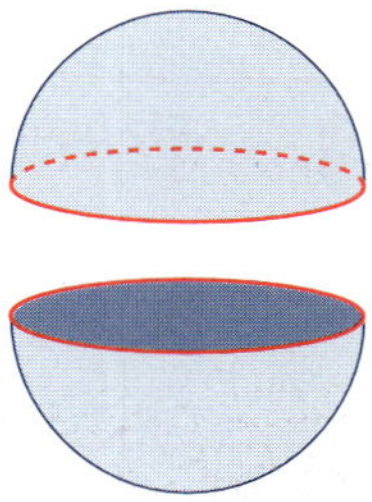

♦ Pour le globe terrestre, on parle d'hémisphère nord et d'hémisphère sud ; elles sont limitées par l'équateur.

Déf. Une hémisphère est une partie d'une sphère limitée par un grand cercle de cette sphère.

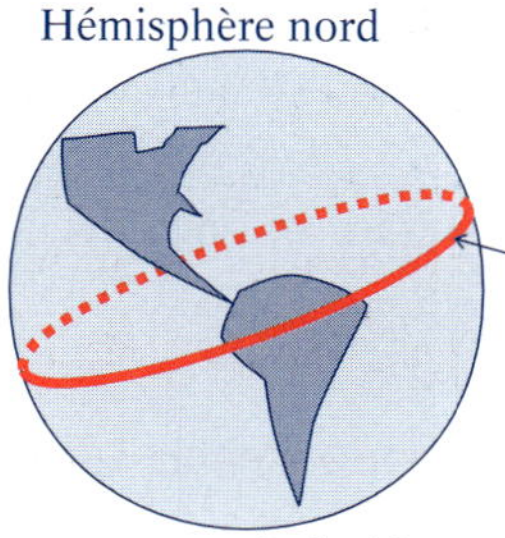

Hendécagone

Les polygones représentés ci-contre ont chacun onze côtés ; ce sont donc des hendécagones.

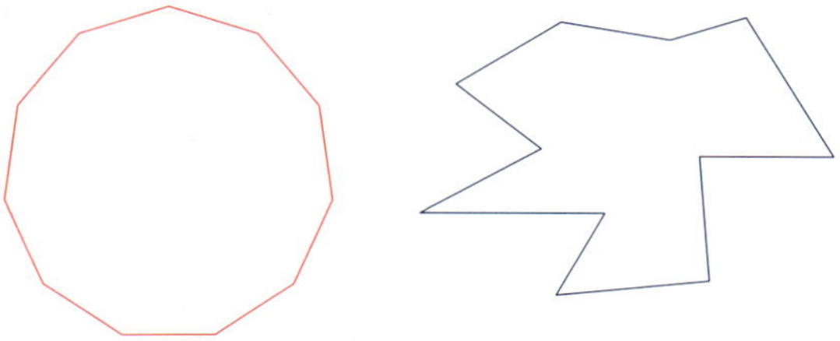

♦ L'hendécagone tracé en rouge est un hendécagone régulier.

♦ La construction d'un hendécagone régulier à la règle et au compas est impossible.

Déf. Un hendécagone est un polygone qui a onze côtés.

▶ Aire. Polygonal. Polygone. Régulier.

Heptagone

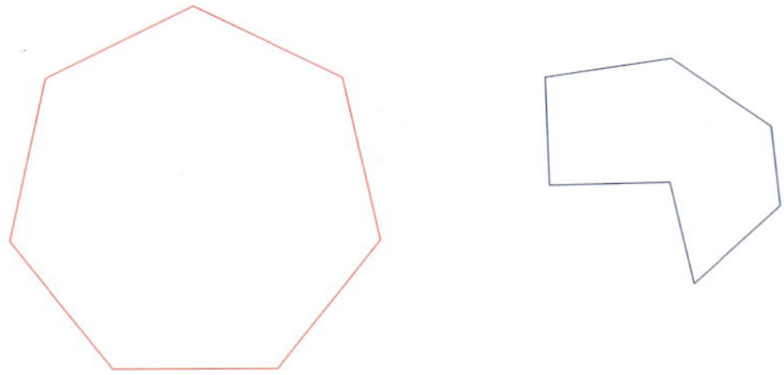

Les polygones représentés ci-contre ont chacun sept côtés ; ce sont donc des heptagones.

♦ L'heptagone tracé en rouge est un heptagone régulier.

♦ La construction d'un heptagone régulier à la règle et au compas est impossible.

Déf. Un heptagone est un polygone qui a sept côtés.

▶ Aire. Polygonal. Polygone. Régulier.

Hexagonal

Voir l'article *Polygonal*.

Hexagone

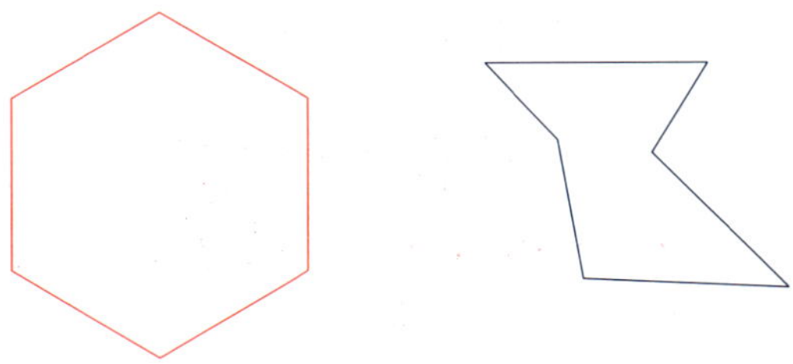

Les polygones représentés ci-contre ont chacun six côtés ; ce sont donc des hexagones.

♦ L'hexagone tracé en rouge est un hexagone régulier.

Déf. Un hexagone est un polygone qui a six côtés.

▶ Aire. Polygonal. Polygone. Régulier.

FICHE

CONSTRUCTION D'UN HEXAGONE RÉGULIER À LA RÈGLE ET AU COMPAS

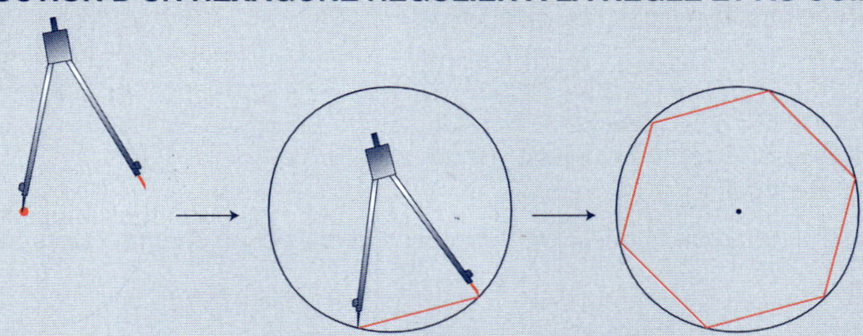

J'ai gardé le même écartement de compas

Je reporte la longueur donnée par le compas

Histogramme

J'ai fait une étude statistique auprès des 28 élèves de la classe de 3ᵉ 2 du collège. Le caractère était « montant de l'argent de poche par mois ».
Voici la répartition que j'ai trouvée (S désigne la somme d'argent de poche en francs) :

Classe	$0 \leqslant S < 10$	$10 \leqslant S < 50$	$50 \leqslant S < 100$
Effectif	5	8	15

♦ Par exemple, 8 élèves disposent d'au moins 10 F et de moins de 50 F par mois.
La figure ci-dessous est une représentation graphique de la répartition obtenue.

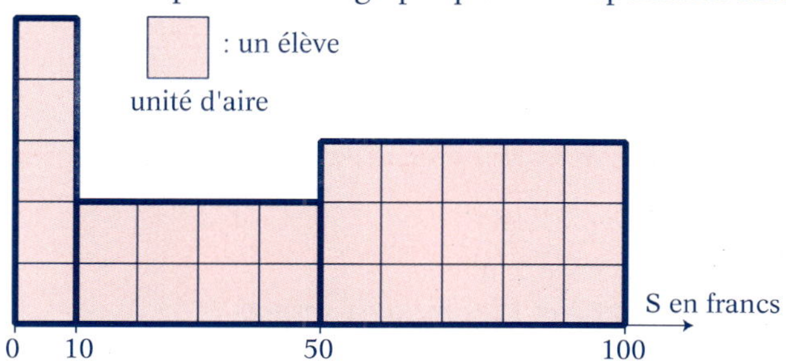

Trois rectangles sont construits ; ils ont tous un côté sur l'axe et ces côtés sont proportionnels aux amplitudes des classes (10, 40, 50) ; leurs aires sont proportionnelles aux effectifs des classes qu'ils représentent.

♦ L'amplitude de la première classe est 10 car $10 - 0 = 10$; l'amplitude de la deuxième classe est 40 car $50 - 10 = 40$; l'amplitude de la troisième classe est 50 car $100 - 50 = 50$.

Info. Un histogramme est une représentation par des rectangles de données statistiques regroupées en classes. Un des côtés de chacun des rectangles est tracé sur un axe, et ces côtés sont proportionnels aux amplitudes des classes. Les aires des rectangles sont proportionnelles aux effectifs des classes.

▶ Diagramme à barres. Diagramme en bâtons. Diagramme circulaire. Diagramme polaire. Diagramme semi-circulaire.

Hypoténuse

Le triangle ABC est rectangle en A. Le côté [BC] qui est opposé à l'angle droit s'appelle l'hypoténuse du triangle ABC.

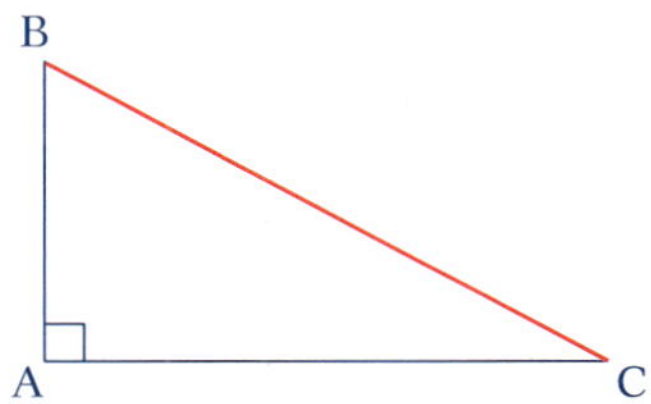

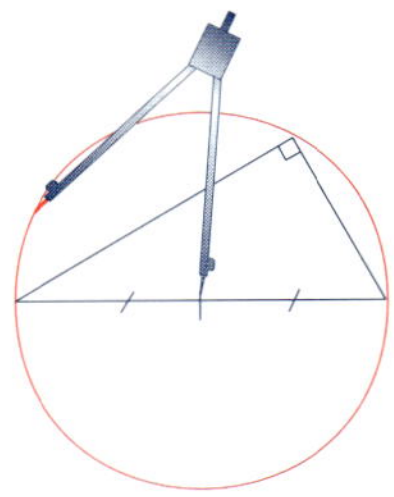

♦ L'hypoténuse est le plus grand des trois côtés d'un triangle rectangle.

♦ Le milieu de l'hypoténuse d'un triangle rectangle est le centre du cercle circonscrit à ce triangle.

♦ Hypoténuse est un nom féminin.

Déf. L'hypoténuse d'un triangle rectangle est le côté opposé à l'angle droit de ce triangle.

▶ Cosinus. Sinus. Théorème de Pythagore.

Hypothèse

Voici un énoncé d'exercice que j'ai à faire.
Soit ABCD un rectangle. Soit I et J les milieux respectifs des segments [AB] et [CD].
Démontrer que les droites (AD) et (IJ) sont parallèles.
Avant de rédiger ma démonstration, j'ai d'abord écrit toutes les hypothèses :
ABCD est un rectangle ;
I est le milieu de [AB] ;
J est le milieu de [CD].
J'ai dessiné une figure où j'ai traduit les hypothèses par des marques rouges.

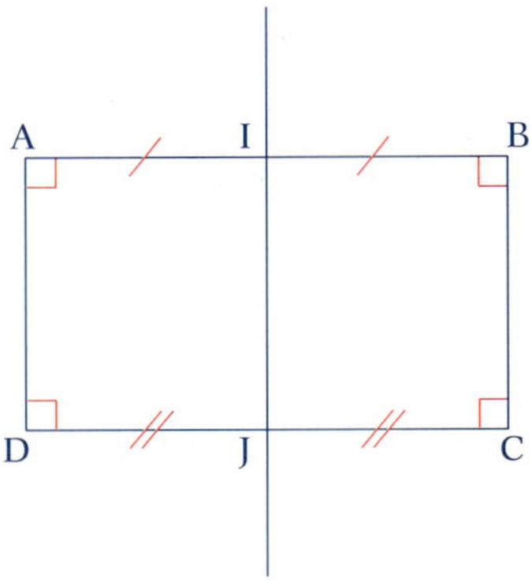

Info. Les hypothèses d'une démonstration sont les propositions que l'on suppose vraies avant de rédiger la démonstration.

▶ Conclusion.

I *i*

Icosaèdre

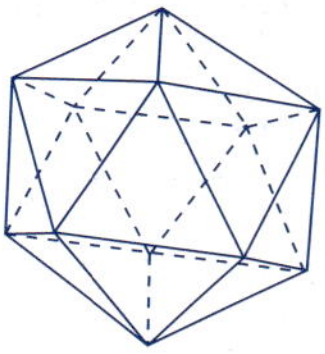

Le solide représenté ci-contre a vingt faces ; c'est donc un icosaèdre.

♦ Les faces de l'icosaèdre représenté sont des surfaces limitées par des triangles équilatéraux superposables ; c'est un icosaèdre régulier ; il a trente arêtes et douze sommets.

♦ Ci-dessous, j'ai dessiné deux patrons d'un icosaèdre régulier.

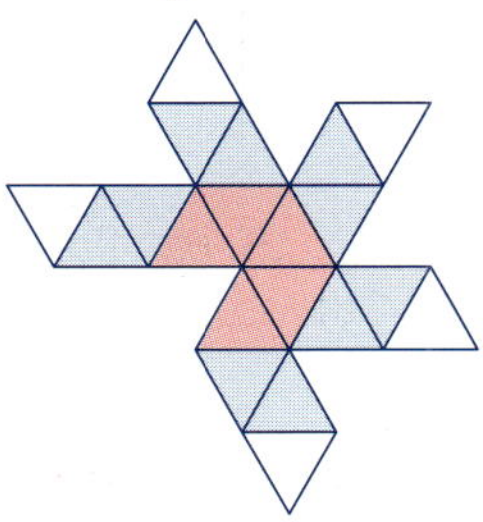

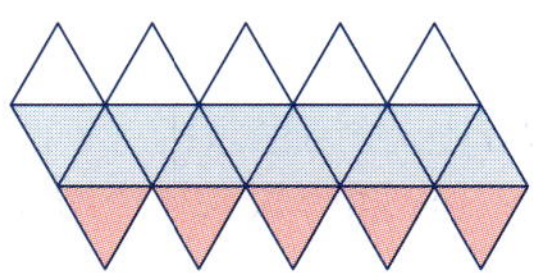

Déf. Un icosaèdre est un polyèdre qui a vingt faces.

▶ Dodécaèdre. Octaèdre. Platon. Tétraèdre.

Identité remarquable

Soit a et b deux nombres. Les égalités suivantes s'appellent des identités remarquables :

$$(a+b)^2 = a^2 + 2\,ab + b^2$$
$$(a-b)^2 = a^2 - 2\,ab + b^2$$
$$(a-b)(a+b) = a^2 - b^2$$

On appelle parfois *produit remarquable* une identité remarquable.

Image

1 En algèbre

Je considère la fonction affine f définie ainsi : $x \mapsto 2x - 7$ (lire *x flèche 2x – 7*). L'image du nombre 3 est le nombre $2 \times 3 - 7$, c'est-à-dire -1 ; j'écris : $f(3) = -1$ (lire *f de* 3 *égal* – 1). L'image du nombre – 9 est le nombre $2 \times (-9) - 7$, c'est-à-dire -25 ; j'écris $f(-9) = -25$ (lire *f de* – 9 *égal* – 25).
Plus généralement, l'image d'un réel x est le réel $2x - 7$; j'écris $f(x) = 2x - 7$ (lire *f de x égal* $2x - 7$).

Déf. Soit f une fonction affine ; l'image d'un réel x par la fonction f est le réel qui est associé à x par f. On note $f(x)$ l'image de x par f.

2 En géométrie

Sur la figure, la figure bleue est la transformée de la figure rouge par la translation de vecteur $\vec{u}$; je peux aussi dire que la figure bleue est l'image de la figure rouge par la translation de vecteur $\vec{u}$.

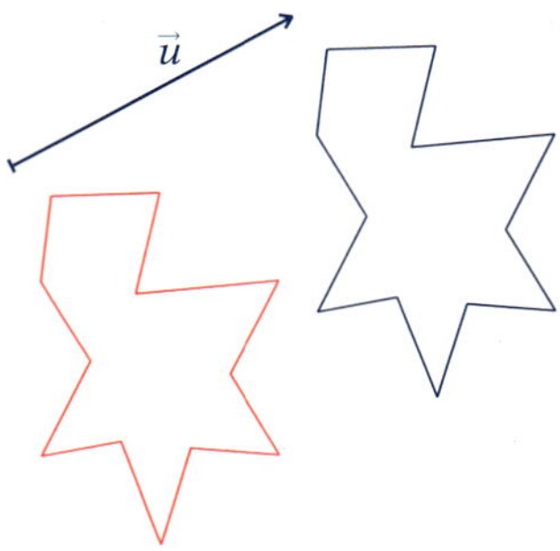

Info. En géométrie, le mot *image* est synonyme du mot *transformé(e)*.

▶ Antécédent. Associer. Fonction affine. Transformer.

Impair

Je compte de deux en deux à partir de 1 : 1, 3, 5, 7, 9, 11, 13, etc. J'ai écrit les sept premiers nombres impairs.

- Tout entier naturel est soit impair soit pair.
- Un entier naturel n est impair si et seulement s'il existe un entier naturel k tel que $n = 2k + 1$.
- La somme de deux nombres impairs est un nombre pair.
- Le produit de deux nombres impairs est un nombre impair.
- Si a et b sont deux nombres impairs et si $a < b$, alors la différence $b - a$ est un nombre pair.

Déf. Un nombre impair est un entier naturel qui n'est pas un multiple de deux.

▶ Multiple, Pair, Parité

Impliquer

Soit x et y deux nombres. Je sais que, si $x = y$, alors $x^2 = y^2$.
Il revient au même de dire que la proposition « $x = y$ » implique la proposition « $x^2 = y^2$ ».
En abrégé, on peut écrire : $x = y \Rightarrow x^2 = y^2$, et on lit $x = y$ *implique* $x^2 = y^2$.
En notant $\mathcal{A}$ la proposition « $x = y$ », et $\mathcal{B}$ la proposition « $x^2 = y^2$ », on peut écrire : $\mathcal{A} \Rightarrow \mathcal{B}$.

Info. Soit $\mathscr{A}$ et $\mathscr{B}$ deux propositions. « $\mathscr{A}$ implique $\mathscr{B}$ » signifie que, si $\mathscr{A}$ est vraie, alors $\mathscr{B}$ est vraie.

▶ Équivalent. Si… alors.

Inclus

• J'ai tracé un segment [AB] sur la droite d. Le segment [AB] est donc inclus dans la droite d.

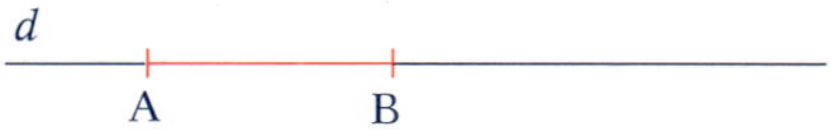

• J'ai tracé deux cercles $\mathscr{C}$ et $\mathscr{C}'$, limitant respectivement les disques D et D'. Tous les points du disque D appartiennent au disque D'. C'est pourquoi le disque D est inclus dans le disque D'.

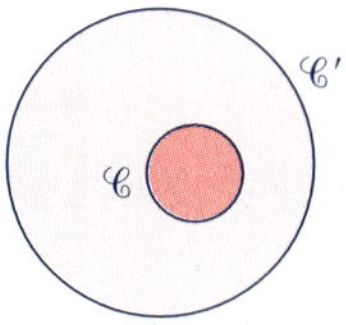

• Le cube représenté sur la figure ci-contre est à l'intérieur du parallélépipède ; tous les points du cube appartiennent au parallélépipède. C'est pourquoi le cube est inclus dans le parallélépipède.

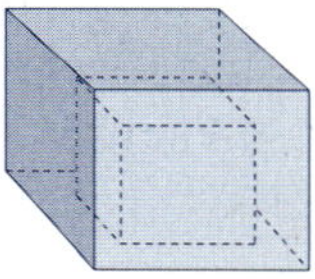

♦ Toute figure est incluse dans elle-même.

Déf. Dire qu'une figure géométrique F est incluse dans une figure géométrique F' signifie que tous les points de F appartiennent à F'.

▶ Appartenir. Figure. Partie. Point.

Inconnue

Voici trois équations et une inéquation :
$5 + 2x = 11$; $y^2 - 16 = 0$; $2x - y = 0$; $2w - 4 < w + 1$.

• La lettre x est l'inconnue de la première équation.

♦ La solution de cette équation est 3. Si on remplace cette lettre x par 3, on obtient une égalité : $5 + 2 \times 3 = 11$.

• La lettre y est l'inconnue de la deuxième équation.

♦ Cette équation a deux solutions : – 4 et 4. Si on remplace y par – 4, puis par 4, on obtient deux égalités : $(-4)^2 - 16 = 0$ et $4^2 - 16 = 0$.

• L'équation $2x - y = 0$ a deux inconnues : x et y.

♦ Les solutions de cette équation sont tous les couples de la forme $(a, 2a)$, où a est un réel quelconque. Si on remplace x et y par les nombres d'un de ces couples, on obtient une égalité. Par exemple, choisissons $a = 3$; on obtient le couple (3 ; 6) et l'égalité $2 \times 3 - 6 = 0$.

♦ Soit (O, I, J) un repère du plan. $2x - y = 0$ est l'équation d'une droite.

• La lettre w est l'inconnue de l'inéquation.

♦ Les solutions de cette inéquation sont tous les nombres inférieurs à 5. Si on remplace w par l'un de ces nombres, par exemple 3, on obtient une inégalité : $2 \times 3 - 4 < 3 + 1$.

♦ On dit que $5 + 2x = 11$ est une équation d'inconnue x.

♦ On emploie le plus souvent les lettres x, y, z et t pour des inconnues. Mais on peut utiliser n'importe quelle lettre.

♦ Les deux équations du système $\begin{cases} 2x - y = 0 \\ x + 3y = 7 \end{cases}$ ont chacune deux inconnues.

Info. Une inconnue d'une équation est une lettre qui apparaît dans l'écriture de cette équation. On parle aussi d'inconnues pour les inéquations.

▶ Équation. Inéquation. Solution. Substituer. Système d'équations.

Indice

• Je considère quatre points du plan : A_1, A_2, A_3, A_4 (lire *A un, A deux, A trois, A quatre*). Les chiffres 1, 2, 3 et 4 sont des indices de la lettre A.

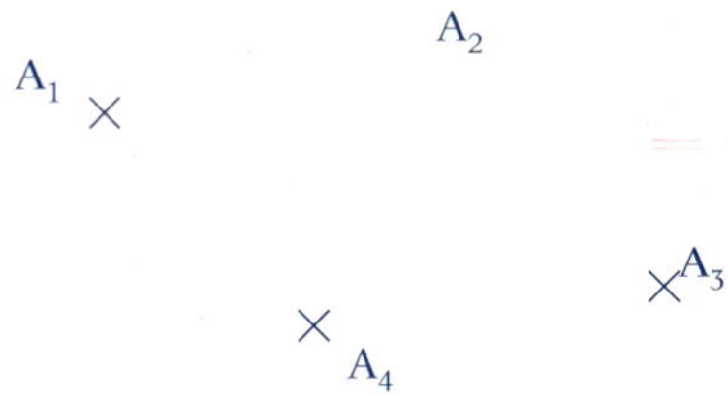

• Sur la figure ci-dessous, j'ai tracé les cercles $\mathscr{C}_1$, $\mathscr{C}_2$ et $\mathscr{C}_3$ (lire *C un, C deux, C trois*). Les chiffres 1, 2 et 3 sont des indices de la lettre $\mathscr{C}$.

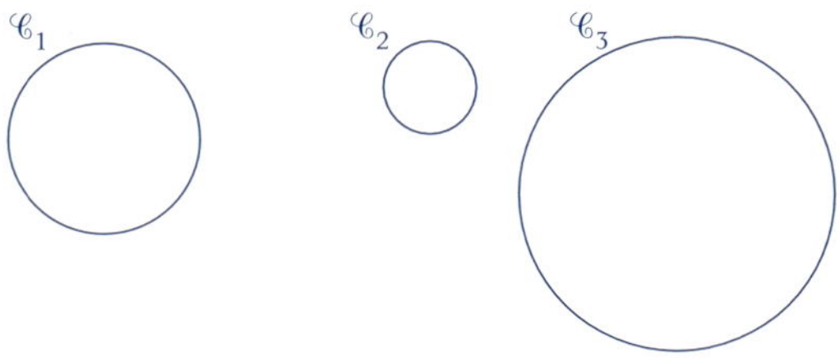

• Dans un plan muni d'un repère (O, I, J), je considère le point A d'abscisse x_A (lire *x A*) et d'ordonnée y_A (lire *y A*). La lettre A est l'indice des lettres x et y.

Info. Un indice d'une lettre est un chiffre ou une lettre, écrits comme dans les exemples ci-dessus, qui permet de former de « nouvelles lettres ».

▶ Prime. Seconde **2**. Symboles de géométrie.

Individu

Un étudiant a fait une étude statistique sur les boîtes de conserve dans un supermarché. Le caractère était « nature des boîtes de conserve » et les valeurs de ce caractère étaient : légumes, fruits au sirop, pâté, sardines, thon, sauce tomate, plat cuisiné.
Les individus de son étude ont été les boîtes de conserve du supermarché.

♦ Les lessives n'étaient pas des individus de son étude.

Déf. Dans une étude statistique, un individu est un élément de la population que l'on étudie.

▶ Caractère. Effectif. Population.

Inégalité

1 Inégalité stricte

• Je sais que $5 \times 4 < 3 \times 7$. J'ai écrit une inégalité.
J'aurais pu écrire aussi $3 \times 7 > 5 \times 4$; j'aurais alors écrit une autre inégalité.
Les inégalités que j'ai écrites comportent le signe $<$ (strictement inférieur) ou $>$ (strictement supérieur). C'est pourquoi ce sont des inégalités strictes.

♦ Sur mon cahier, j'ai écrit $54 < 40$. Ce que j'ai écrit n'est pas une inégalité puisque 54 est supérieur (et non pas inférieur) à 40. On dit parfois que $54 < 40$ est une inégalité fausse.

• Voici une autre inégalité stricte : 68 m < 7,2 dam. Je peux aussi l'écrire : 68 m < 72 m.

Déf. Une inégalité stricte est une écriture comportant deux expressions représentant des nombres, séparées par :
– le signe $<$ si le nombre de gauche est inférieur au nombre de droite ;
– le signe $>$ si le nombre de gauche est supérieur au nombre de droite.
À la place des nombres, on peut écrire des grandeurs de même type.

▶ Inférieur. Supérieur.

2 Inégalité large

Voici deux inégalités : $4 \leqslant 5$, $8\ m^3 \geqslant 3\ m^3$. Ce sont des inégalités larges car elles comportent le signe $\leqslant$ ou $\geqslant$.

Déf. Une inégalité large est une écriture comportant deux expressions représentant des nombres, séparées par :
– le signe $\leqslant$ si le nombre de gauche est inférieur ou égal au nombre de droite ;
– le signe $\geqslant$ si le nombre de gauche est supérieur ou égal au nombre de droite.
À la place des nombres, on peut écrire des grandeurs de même type.

▶ Inférieur ou égal. Supérieur ou égal.

3 Inégalité triangulaire

Sur la figure ci-contre, j'ai construit un segment [AB] et j'ai choisi un point N qui n'est pas sur ce segment.

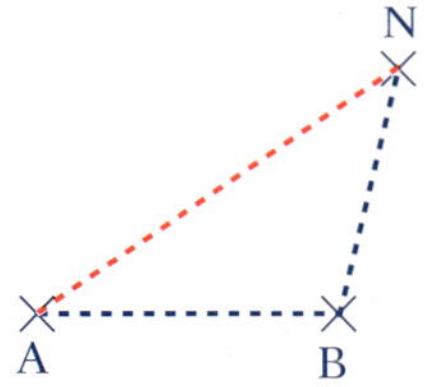

En reportant les longueurs AN, NB et AB comme sur la figure ci-dessous, je vois que :
AN + NB > AB.

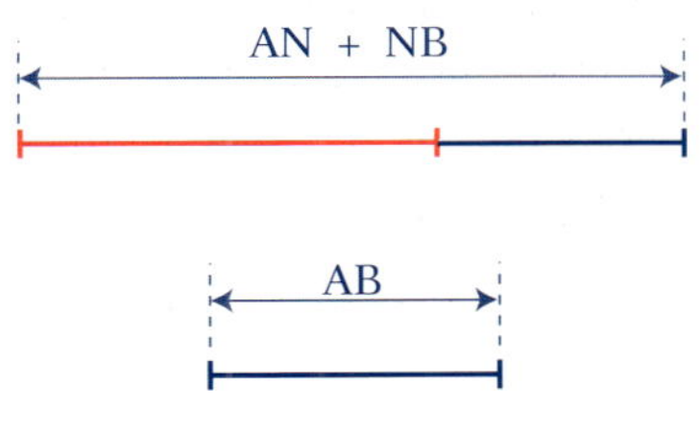

Si je choisis un point P sur le segment [AB], je peux écrire :
AP + PB = AB.

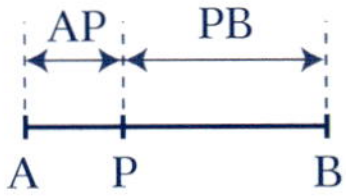

En résumé, si M est un point quelconque du plan, alors la somme des longueurs AM et MB est supérieure ou égale à la longueur AB ; je peux l'écrire : AM + MB ⩾ AB et aussi AB ⩽ AM + MB.
Les deux inégalités précédentes s'appellent des inégalités triangulaires.

♦ L'inégalité stricte AB < AN + NB exprime que, dans le triangle ABN, la longueur du côté [AB] est inférieure à la somme des longueurs des deux autres côtés. C'est l'origine du mot triangulaire qui qualifie l'inégalité.

Info. Une inégalité triangulaire est une inégalité de la forme AB ⩽ AM + MB ou AM + MB ⩾ AB, A, B et M étant trois points quelconques du plan.

Inégalité triangulaire

Voir l'article *Inégalité* **3**.

Inéquation

Voici deux inéquations à une inconnue x :

$5x + 1 < 3x - 8$; $x - 2 \geqslant \frac{4}{3}x + 9$.

• Dans la première inéquation, je remplace x par – 5 ; j'obtiens $5 \times (-5) + 1 < 3 \times (-5) - 8$, c'est-à-dire $-24 < -23$, ce qui est une inégalité.

♦ Le nombre – 5 est donc une solution de l'inéquation $5x + 1 < 3x - 8$.

• Dans la seconde inéquation, je remplace x par 3 ; j'obtiens $3 - 2 \geqslant \frac{4}{3} \times 3 + 9$, c'est-à-dire $1 \geqslant 13$, ce qui est une inégalité fausse.

♦ Le nombre 3 n'est donc pas une solution de l'inéquation $x - 2 \geqslant \frac{4}{3}x + 9$.

Info. Une inéquation à une inconnue x est une écriture contenant la lettre x (elle peut apparaître plusieurs fois) et l'un des symboles <, >, ⩽, ⩾ ; lorsqu'on remplace x par un nombre, cette écriture devient soit une inégalité, soit une inégalité fausse.

▶ Inconnue. Inégalité. Solution. Système.

FICHE

RÉSOLUTION D'INÉQUATIONS

1. Résultats fondamentaux

Soit a, b, c trois nombres.

• En ajoutant une même expression aux deux membres d'une inéquation, on obtient une inéquation équivalente à la première (voir l'article *Transposer*).

Ainsi :
$ax + b < c$ et $ax < c - b$ sont équivalentes (en ajoutant $-b$) ;
$ax < bx + c$ et $ax - bx < c$ sont équivalentes (en ajoutant $-bx$).

♦ On peut remplacer $<$ par $>$, ou bien par $\leqslant$, ou encore par $\geqslant$.

• En multipliant ou en divisant les deux membres d'une inéquation par un même nombre strictement positif, on obtient une inéquation équivalente à la première.
Ainsi :

$ax < b$ et $x < \dfrac{b}{a}$ sont équivalentes (en divisant par a, $a > 0$) ;

$\dfrac{x}{a} < b$ et $x < ab$ sont équivalentes (en multipliant par a, $a > 0$).

♦ On peut remplacer $<$ par $>$, ou bien par $\leqslant$, ou encore par $\geqslant$.

• En multipliant ou en divisant les deux membres d'une inéquation comportant le symbole $<$ par un même nombre strictement négatif, et en remplaçant le symbole $<$ par $>$, on obtient une inéquation équivalente à la première.
Ainsi :

$ax < b$ et $x > \dfrac{b}{a}$ sont équivalentes (en divisant par a, $a < 0$) ;

$\dfrac{x}{a} < b$ et $x > ab$ sont équivalentes (en multipliant par a, $a < 0$).

♦ À la place des symboles $<$ et $>$ ci-dessus, on peut écrire respectivement $>$ et $<$ (par exemple, $ax > b$ et $x < \dfrac{b}{a}$ sont équivalentes si $a < 0$). De même, à la place de $<$ et $>$, on peut écrire respectivement $\leqslant$ et $\geqslant$, ou bien $\geqslant$ et $\leqslant$.

♦ L'inéquation $0x > 2$ n'a pas de solution (car, quel que soit le nombre x, $0 \times x = 0$, donc $0 \times x$ n'est pas supérieur à 2).

♦ Tout nombre est solution de l'inéquation $0x < 2$.

2. Exemples

• Soit à résoudre : $5x + 1 < 3x - 8$.

Étapes de la résolution(1)	Commentaires
$5x - 3x < -8 - 1$	J'ai transposé 1 et $3x$.
$2x < -9$	J'ai réduit les membres.
$x < \dfrac{-9}{2}$	J'ai divisé les membres par 2 ; comme 2 est strictement positif, le symbole $<$ reste inchangé.
$x < -4{,}5$	

(1) À chaque étape, l'inéquation obtenue est équivalente à l'inéquation $5x + 1 < 3x - 8$.

Les solutions de l'inéquation $5x + 1 < 3x - 8$ sont les nombres inférieurs à $-4{,}5$.
Ces solutions sont représentées en rouge sur l'axe ci-dessous.

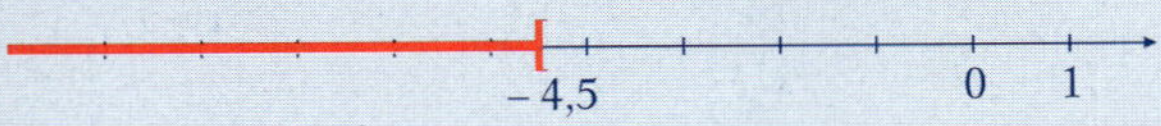

• Soit à résoudre : $x - 2 \geqslant \frac{4}{3}x + 9$.

Étapes de la résolution [1]	Commentaires
$x - \frac{4}{3}x \geqslant 9 + 2$	J'ai transposé -2 et $\frac{4}{3}x$.
$-\frac{1}{3}x \geqslant 11$	J'ai réduit les membres $\left(1 - \frac{4}{3} = -\frac{1}{3}\right)$.
$x \leqslant 11 : \left(-\frac{1}{3}\right)$	J'ai divisé les membres par $-\frac{1}{3}$; comme $-\frac{1}{3}$ est strictement négatif, le symbole $\geqslant$ a été changé en $\leqslant$.
$x \leqslant -33$	$11 : \left(-\frac{1}{3}\right) = 11 \times (-3) = -33$.

(1) À chaque étape, l'inéquation obtenue est équivalente à l'inéquation $x - 2 \geqslant \frac{4}{3}x + 9$.

Les solutions de l'inéquation $x - 2 \geqslant \frac{4}{3}x + 9$ sont les nombres inférieurs ou égaux à -33.
Ces solutions sont représentées en rouge sur l'axe ci-dessous.

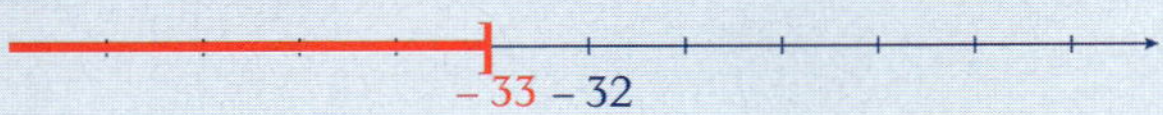

Inférieur

1 Pour des nombres

Sur l'axe ci-dessous, 4 est à gauche de 11 ; c'est pourquoi 4 est inférieur à 11.
Je peux écrire : $4 < 11$ (lire 4 *est inférieur à* 11 ou 4 *inférieur à* 11).

La différence $11 - 4$ est positive et non nulle ($11 - 4 = 7$) ; c'est une autre façon de traduire que 4 est inférieur à 11.

Déf. Dire qu'un nombre a est inférieur à un nombre b signifie que la différence $b - a$ est un nombre positif et non nul ; on écrit $a < b$ (lire *a est inférieur à b* ou *a inférieur à b*).

2 Pour des grandeurs

• La longueur du segment [AB] est égale à 1,5 cm ; celle du segment [CD] est égale à 2,7 cm.
Je sais que : $1{,}5 < 2{,}7$. Je peux donc dire que la longueur de [AB] est inférieure à celle de [CD] ; j'écris : AB < CD (lire AB *est inférieure à* CD ou AB *inférieur à* CD).

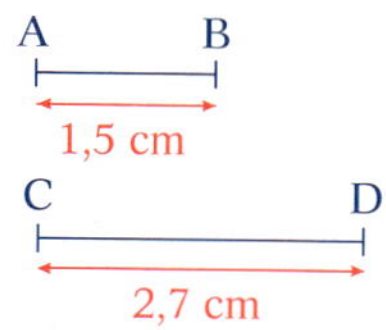

• L'ouverture de l'angle $\widehat{xAy}$ est égale à 18° ; celle de l'angle $\widehat{zBt}$ est égale à 26°.
Je sais que : $18 < 26$. Je peux donc dire que l'ouverture de $\widehat{xAy}$ est inférieure à celle de $\widehat{zBt}$; j'écris : $\widehat{xAy} < \widehat{zBt}$ (lire x A y *est inférieure à* z B t ou x A y *inférieur à* z B t).

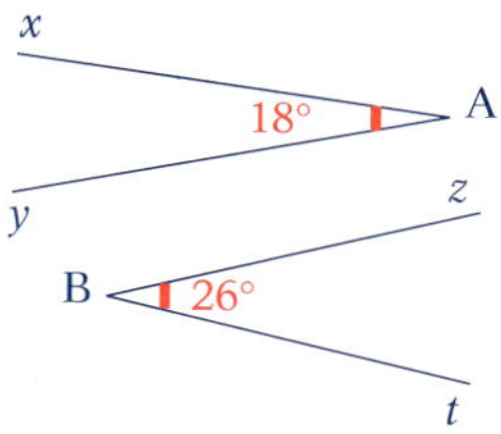

Info. Il est possible de parler d'une grandeur inférieure à une autre grandeur (pour deux grandeurs du même type).

▶ Comparaison. Inégalité. Inférieur ou égal. Supérieur.

Inférieur ou égal

1 Pour des nombres

Sur la droite graduée, j'ai colorié en rouge la demi-droite [AB).
Le point A appartient à la demi-droite [AB) et son abscisse est égale à 5.
Les autres points de [AB) ont une abscisse inférieure à 5.

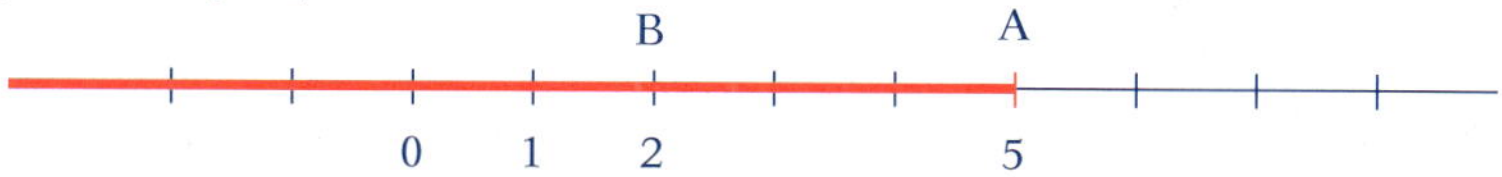

Je peux résumer les deux dernières phrases ainsi :
– tout point de [AB) a une abscisse inférieure ou égale à 5 ; ou encore :
– si x désigne l'abscisse d'un point de [AB), alors $x \leqslant 5$ (lire x *est inférieur ou égal à* 5 ou x *inférieur ou égal à* 5).

♦ On peut écrire : $5 \leqslant 5$ ou $4 \leqslant 5$, mais PAS « $5 < 5$ ».

Déf. Dire qu'un nombre a est inférieur ou égal à un nombre b signifie que a est inférieur à b ou que a est égal à b ; on l'écrit $a \leqslant b$.

2 Pour des grandeurs

Sur la figure ci-contre, j'ai tracé des segments et j'ai marqué leurs longueurs. Je vois qu'il y a une longueur égale à 7 cm et que toutes les autres sont inférieures à 7 cm. C'est pourquoi je peux dire que toutes les longueurs des segments sont inférieures ou égales à 7 cm.

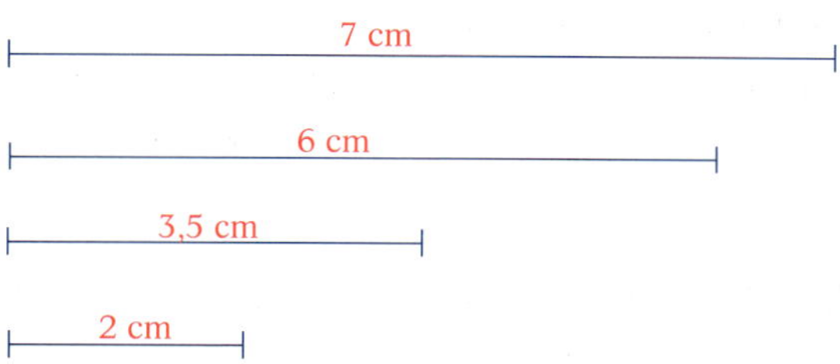

Si je désigne par L l'une d'elle, j'écris L ⩽ 7 cm (lire L *est inférieure ou égale à* 7 cm ou L *inférieur ou égal à* 7 cm).

Info. Il est possible de parler d'une grandeur inférieure ou égale à une autre grandeur (pour deux grandeurs de même type).

▶ Inégalité. Inférieur.

Infinité

J'énumère les entiers relatifs : 0, 1, – 1, 2, – 2, 3, – 3, etc. Je m'arrêterai à un certain moment ; mais je sais qu'après le dernier nombre que j'aurai nommé, il y en a un autre, et après lui encore un autre, et ainsi de suite. Je peux en conclure qu'il y a une infinité d'entiers.
Le nombre 0,5 est compris entre 0 et 1. Le nombre 0,55 est aussi compris entre 0 et 1 ; le nombre 0,555 est aussi compris entre 0 et 1 ; et ainsi de suite. Il y a donc une infinité de nombres compris entre 0 et 1.

♦ Il y a une infinité de droites perpendiculaires à une droite donnée *d* (sur la figure, seules quelques-unes sont représentées).

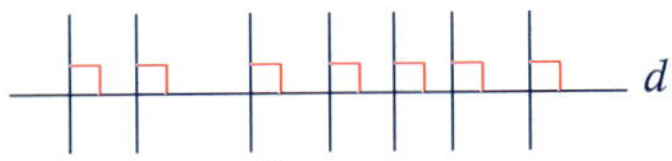

♦ Un cercle a une infinité d'axes de symétrie. Ce sont les supports de ses diamètres.

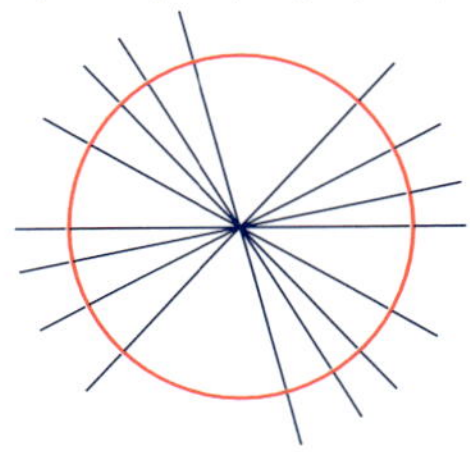

Déf. Considérons des objets (nombres, points ou figures géométriques). Dire qu'il y en a une infinité signifie que, si l'on essaye de les compter un par un, on peut toujours, après l'un d'eux, en compter un autre.

▶ Fini.

Inscriptible

Le quadrilatère ABCD a deux angles droits : $\widehat{B}$ et $\widehat{D}$. Le cercle de diamètre [AC] contient les points A, B, C et D. C'est le cercle circonscrit au quadrilatère ABCD. Il existe donc un cercle qui contient les quatre sommets du quadrilatère ABCD. C'est pourquoi ce quadrilatère est inscriptible.

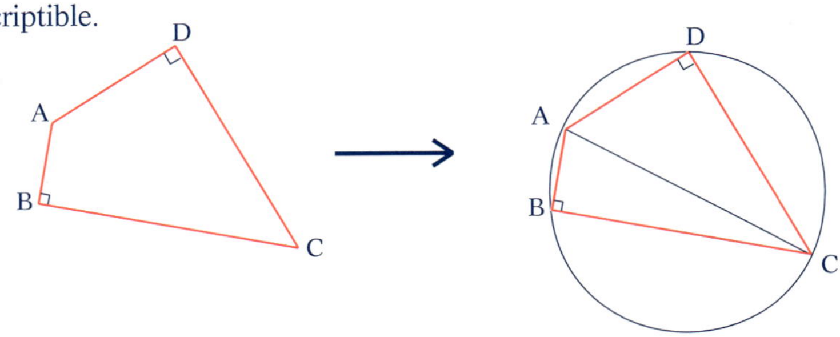

♦ Le cercle de diamètre [AC] est le cercle circonscrit au triangle rectangle ABC, et c'est aussi le cercle circonscrit au triangle rectangle ACD.

♦ Tout triangle est inscriptible.

♦ Tout polygone régulier est inscriptible.

Déf. Dire qu'un polygone est inscriptible signifie qu'il existe un cercle contenant tous ses sommets.

▶ Circonscrit. Cocyclique. Polygone. Régulier.

Inscrit

1 Angle inscrit

Voir l'article *Angle inscrit.*

2 Cercle inscrit

Le cercle de la figure ci-contre :

– a pour centre le point de concours des bissectrices intérieures du triangle ;

– est tangent aux supports des trois côtés du triangle.

Ce cercle s'appelle le cercle inscrit dans le triangle ABC.

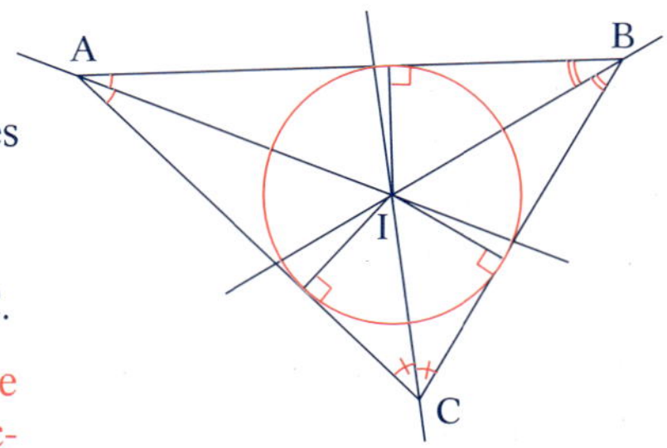

Déf. Le cercle inscrit dans un triangle est le cercle qui a pour centre le point de concours des bissectrices intérieure du triangle, et qui est tangent aux supports des côtés de ce triangle.

▶ Bissectrice.

Intercepter

• Sur la figure, l'angle $\widehat{xAy}$ est inscrit dans le cercle $\mathscr{C}$. L'arc de cercle $\overset{\frown}{EF}$ est la partie du cercle $\mathscr{C}$ qui est dans l'angle $\widehat{xAy}$. Cet arc s'appelle l'arc intercepté par l'angle $\widehat{xAy}$. On dit aussi que l'angle $\widehat{xAy}$ intercepte l'arc $\overset{\frown}{EF}$.

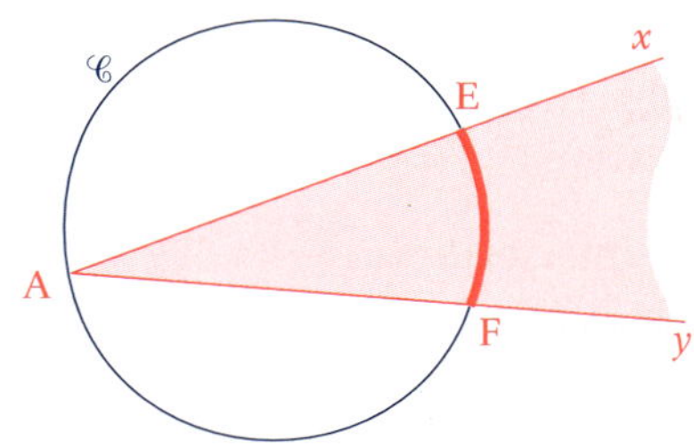

• De même, on dit que l'arc $\overset{\frown}{IJ}$ est intercepté par l'angle au centre $\widehat{xOy}$.

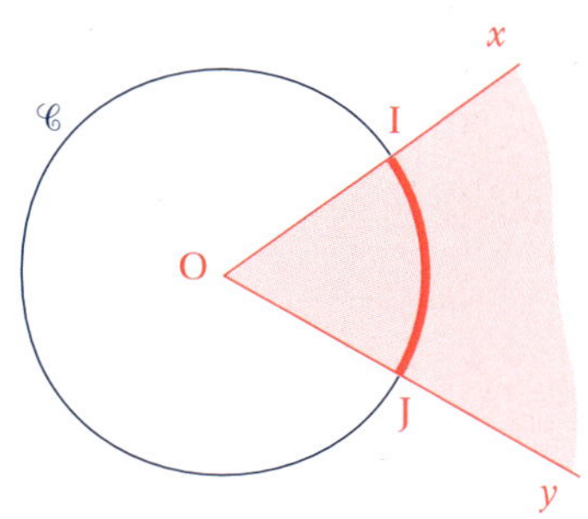

Un angle au centre peut être rentrant. C'est le cas de l'angle $\widehat{uOv}$ qui intercepte le grand arc $\overset{\frown}{MN}$.

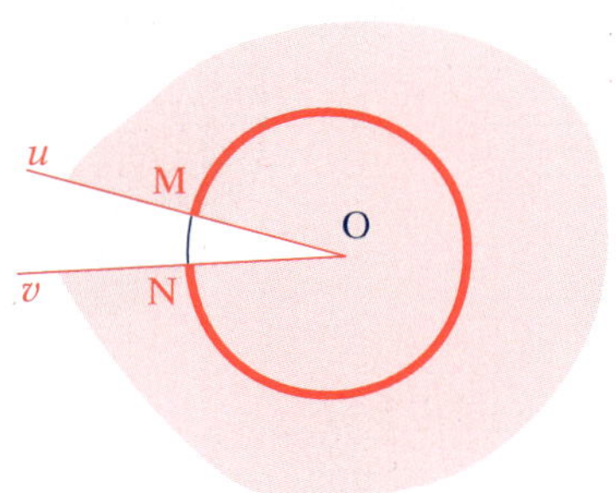

Déf. Considérons un cercle $\mathscr{C}$ et un angle inscrit ou un angle au centre. L'arc de cercle intercepté par l'angle est la partie de $\mathscr{C}$ qui est dans l'angle.

▶ Angle au centre. Inscrit.

Intersection

1 Point d'intersection

Les deux lignes représentées ci-contre ont trois points en commun : les points A, B et C. Ce sont des points d'intersection des deux lignes.

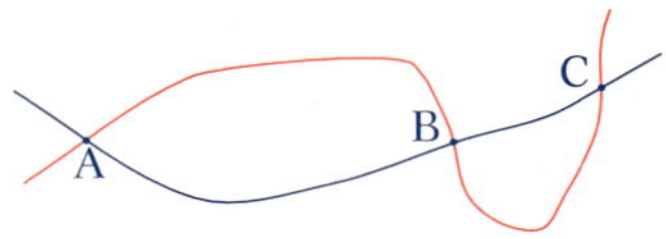

♦ Le point d'intersection de deux droites sécantes en un point A est ce point A.

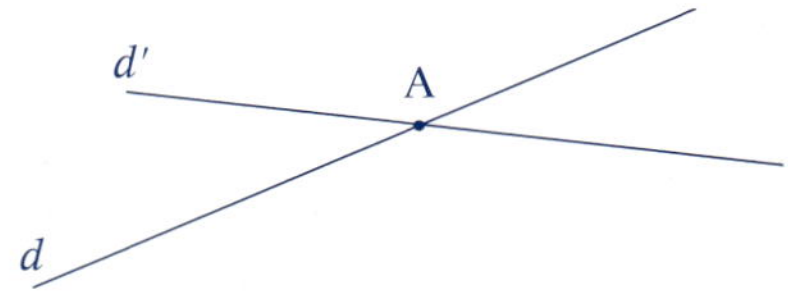

♦ La figure ci-contre représente deux cercles ayant deux points d'intersection (les points A et B).

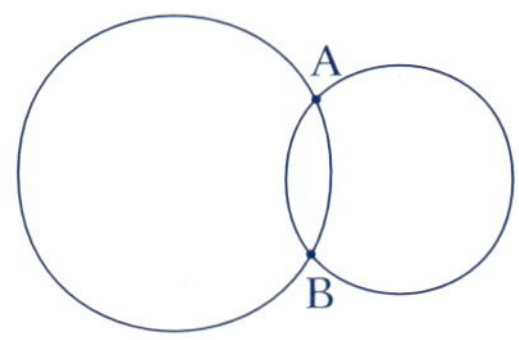

♦ Deux droites parallèles n'ont aucun point d'intersection. Deux cercles concentriques n'ont aucun point d'intersection.

Déf. Un point d'intersection de deux lignes est un point qui est commun à ces deux lignes.

2 Intersection

Sur la figure ci-contre, j'ai représenté une droite *d* coupant une sphère S en deux points A et B. L'intersection de la droite *d* et de la sphère est constituée des deux points A et B.

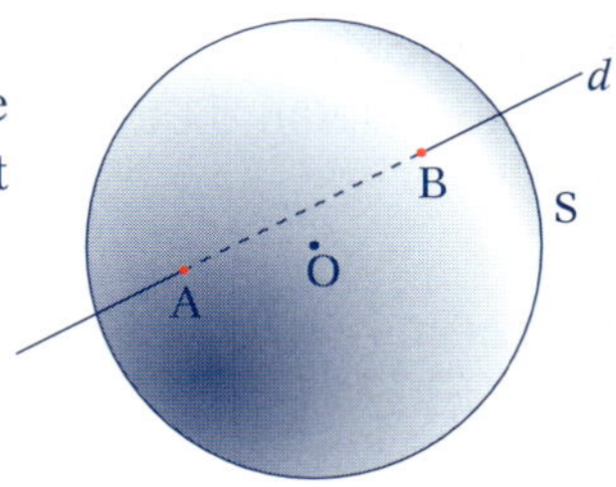

♦ L'intersection de la boule limitée par S et de la droite *d* est le segment [AB].

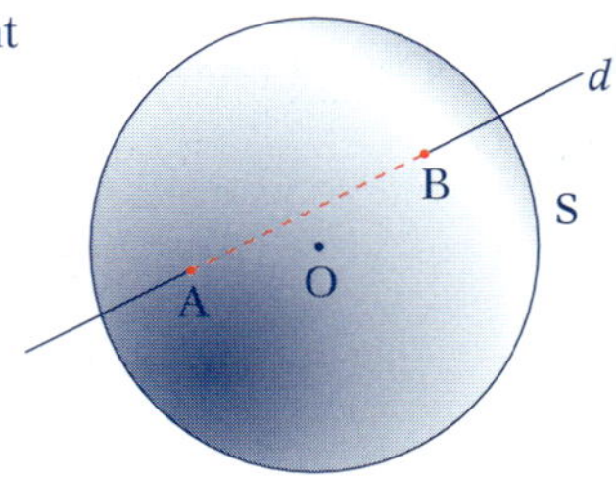

Sur la figure ci-contre, j'ai représenté un plan $\mathcal{P}$ parallèle à la base d'un cône $\mathcal{C}$. L'intersection du plan $\mathcal{P}$ et du cône $\mathcal{C}$ est un disque ; il fait partie à la fois du cône et du plan.

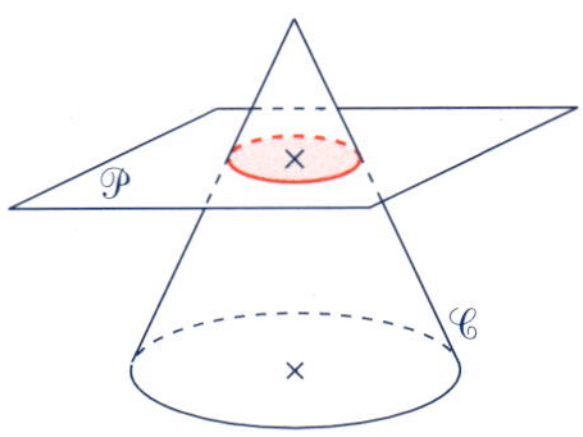

Déf. L'intersection de deux figures F_1 et F_2 est la figure dont les points sont tous les points appartenant aux deux figures F_1 et F_2 (lorsque F_1 et F_2 ont au moins un point en commun).

▶ Concourante. Contact.

Invariant

• Je considère une symétrie centrale s de centre O. Soit d une droite passant par O. Le symétrique M′ de tout point M de d est un point de d. L'image de d est donc d elle-même ; on dit que la droite d est invariante par s.

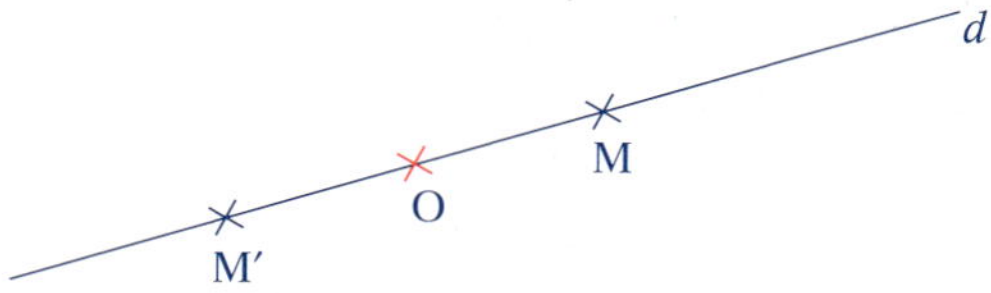

• Je considère un triangle équilatéral T de centre O. Par la rotation de centre O et d'angle 120° dans le sens des aiguilles d'une montre (ou dans le sens contraire), tout point de T a pour image un autre point de T. L'image du triangle T est donc T lui-même ; on dit que T est invariant par la rotation.

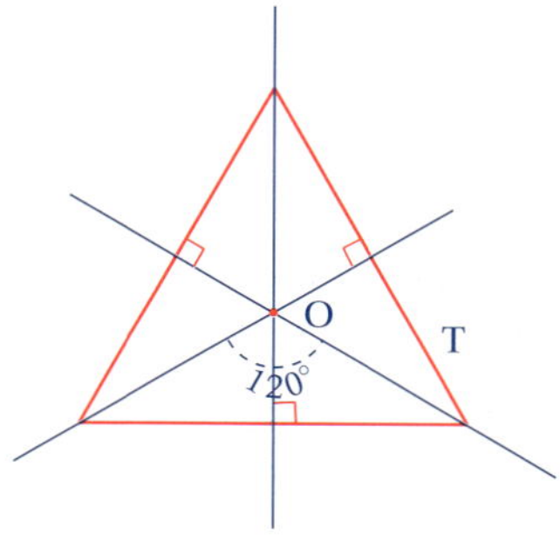

♦ L'axe d d'une symétrie orthogonale s par rapport à d est invariant par s.

♦ Si une figure a un centre de symétrie O, alors elle est invariante par la symétrie centrale de centre O.

♦ Si une figure a un axe de symétrie d, alors elle est invariante par la réflexion d'axe d.

♦ La base d'une projection p est invariante par p.

Déf. Dire qu'une figure géométrique est invariante par une transformation t (ou par une projection p) signifie que l'image de cette figure par t (ou p) est cette figure elle-même.

▶ Fixe.

Inverse

Dans le tableau suivant, j'ai écrit des nombres et leurs inverses.

Nombres	Inverses	Commentaires	Remarques
-8	$-\frac{1}{8}$, que l'on peut aussi écrire $-0{,}125$		$(-8) \times \left(-\frac{1}{8}\right) = 1$
$-\frac{6}{7}$	$-\frac{7}{6}$		$\left(-\frac{6}{7}\right) \times \left(-\frac{7}{6}\right) = 1$
10^3	10^{-3}		$10^3 \times 10^{-3} = 10^{3-3} = 10^0 = 1$
$\sqrt{3}$	$\frac{1}{\sqrt{3}}$, que l'on peut aussi écrire $\frac{\sqrt{3}}{3}$	$\frac{1}{\sqrt{3}} = \frac{1 \times \sqrt{3}}{\sqrt{3} \times \sqrt{3}} = \frac{\sqrt{3}}{3}$	$\sqrt{3} \times \frac{1}{\sqrt{3}} = \frac{\sqrt{3}}{\sqrt{3}} = 1$

Je remarque que le produit d'un nombre non nul avec son inverse est égal à 1.

♦ Le nombre 0 n'a pas d'inverse ; c'est le seul nombre qui est dans ce cas.

♦ Un nombre et son inverse ont le même signe.

♦ Il existe deux nombres qui sont égaux à leur inverse : 1 et – 1.

Déf. L'inverse d'un nombre x différent de 0 est un nombre que l'on note $\frac{1}{x}$ et qui est ainsi défini : c'est le nombre dont le produit avec x est égal à 1. Par définition, on a donc $x \times \frac{1}{x} = 1$.

Info. Soit a et b deux nombres différents de 0. L'inverse du quotient $\frac{a}{b}$ est le nombre $\frac{b}{a}$. On peut donc écrire $\frac{1}{\frac{a}{b}} = \frac{b}{a}$.

▶ Division. Multiplication. Quotient.

Inversement proportionnel

Un vélo, un cyclomoteur et une voiture roulent à vitesse constante ; leurs vitesses sont respectivement égales à 25 km/h, 50 km/h et 100km/h.
Le tableau ci-dessous donne en fonction de la vitesse le temps nécessaire à chaque véhicule pour parcourir 100 kilomètres.

Vitesse (en km/h)	25	50	100
Temps (en h)	4	2	1

Je constate que : $25 \times 4 = 50 \times 2 = 100 \times 1 = 100$.
On dit que les suites (25 ; 50 ; 100) et (4 ; 2 ; 1) sont inversement proportionnelles.

♦ L'expression « inversement proportionnelles » s'explique par le fait qu'en considérant les inverses des termes d'une des deux suites, on obtient deux suites proportionnelles. Par exemple, (25 ; 50 ; 100) et $\left(\frac{1}{4} ; \frac{1}{2} ; 1\right)$ sont deux suites proportionnelles.

♦ On dit parfois que le temps nécessaire pour parcourir une distance est inversement proportionnel à la vitesse. Cela signifie que, si on fait un tableau comme ci-dessus, on obtient deux suites inversement proportionnelles.

Déf. Dire que deux suites de nombres non nuls $(a ; b ; c)$ et $(a' ; b' ; c')$ sont inversement proportionnelles signifie que $aa' = bb' = cc'$ ou, ce qui revient au même, que les suites $(a ; b ; c)$ et $\left(\frac{1}{\ } ; \frac{1}{\ } ; \frac{1}{\ }\right)$ sont proportionnelles.

La définition précédente se généralise à un nombre quelconque de termes.

▶ Proportionnel.

Irrationnel

1 Nombre irrationnel

Voir l'article *Nombre irrationnel.*

2 Irrationnel

Les nombres π et $\sqrt{2}$ sont des nombres irrationnels ; je peux dire que ce sont des irrationnels (tout court).

Déf. Employé comme nom, *irrationnel* est un synonyme de *nombre irrationnel*.

▶ Nombre. Nombre décimal. Nombre entier. Nombre rationnel. Nombre réel. Nombre relatif.

Irréductible

• Je peux simplifier la fraction $\frac{4}{6}$ par 2 car 2 est un diviseur commun aux nombres 4 et 6.

$\frac{4}{6} = \frac{4:2}{6:2} = \frac{2}{3}$.

• Je ne peux pas simplifier la fraction $\frac{8}{15}$ car les nombres 8 et 15 n'ont pas de diviseur commun différent de 1. Je peux donc dire que la fraction $\frac{8}{15}$ est irréductible.

♦ Les diviseurs de 8 sont 1, 2, 4 et 8. Les diviseurs de 15 sont 1, 3, 5 et 15. Le PGCD de 8 et de 15 est égal à 1.

♦ Soit a et b deux entiers naturels, b étant non nul. La fraction $\frac{a}{b}$ est irréductible si et seulement si le PGCD de a et de b est égal à 1.

♦ La fraction $\frac{-8}{15}$ est irréductible puisque $\frac{8}{15}$ l'est.

Déf. Soit a et b deux entiers naturels, b étant non nul. Dire que la fraction $\frac{a}{b}$ est irréductible signifie que a et b n'ont pas de diviseur commun différent de 1.

▶ Fraction. PGCD. Simplifier.

Isocèle

1 Triangle isocèle

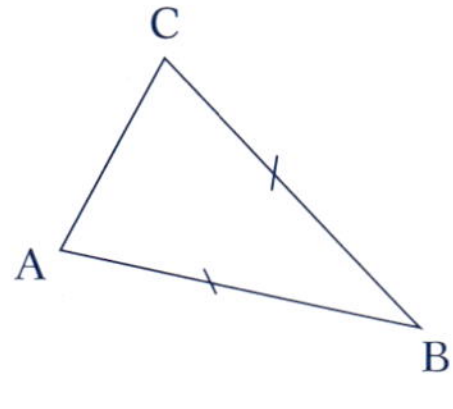

a) Le triangle ABC a deux côtés de la même longueur : il est donc isocèle.

b) Plus précisément, ce sont les côtés [BC] et [BA] qui ont la même longueur ; le triangle ABC est donc isocèle en B.

♦ Un triangle équilatéral est un triangle isocèle particulier.

Déf. ***a)*** Un triangle isocèle est un triangle dont deux côtés au moins ont la même longueur.

b) Dire qu'un triangle ABC est isocèle en B signifie que les longueurs BA et BC sont égales.

▶ Acutangle. Équilatéral. Obtusangle. Quelconque. Rectangle. Scalène.

2 Trapèze isocèle

Le trapèze représenté ci-contre a deux côtés de la même longueur ; de plus, ces côtés sont opposés et non parallèles. C'est pourquoi ce trapèze est isocèle.

Déf. Un trapèze isocèle est un trapèze qui a deux côtés opposés non parallèles et de la même longueur.

FICHE

PROPRIÉTÉS DES FIGURES ISOCÈLES

1. Propriétés des triangles isocèles

– Un triangle isocèle non équilatéral a deux côtés de la même longueur.

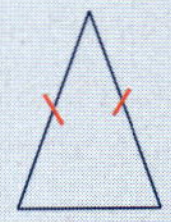

– Un triangle isocèle non équilatéral a deux angles égaux.

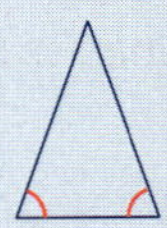

– Soit ABC un triangle isocèle en A et non équilatéral.
La hauteur issue de A est aussi :
- la médiane issue de A ;
- la bissectrice de l'angle Â ;
- la médiatrice du côté [BC] ;
- l'axe de symétrie du triangle.

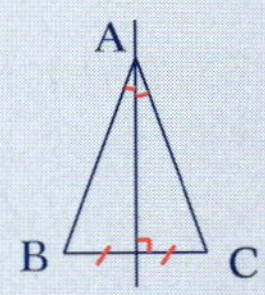

2. Propriétés des trapèzes isocèles

– Un trapèze isocèle a deux côtés opposés de la même longueur : ce sont les deux côtés qui ne sont pas parallèles.

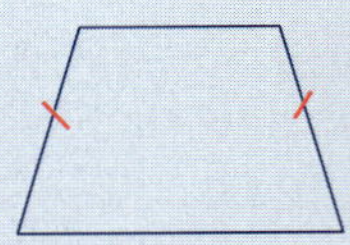

– Deux angles consécutifs d'un trapèze isocèle sont soit égaux, soit supplémentaires.
$(\widehat{1} = \widehat{2}\ ;\ \widehat{3} = \widehat{4}\ ;\ \widehat{1} + \widehat{4} = 180°$ et $\widehat{2} + \widehat{3} = 180°)$

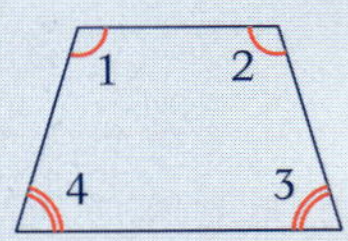

– Un trapèze isocèle a un axe de symétrie qui est la médiatrice des deux bases.

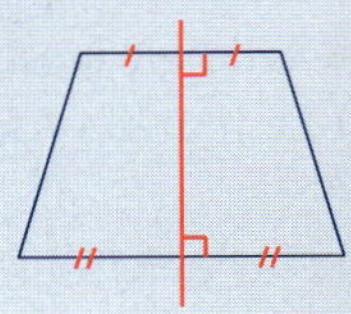

Isométrie

J'ai construit le symétrique de la figure 1 par rapport à la droite *d*. J'ai obtenu la figure 2.

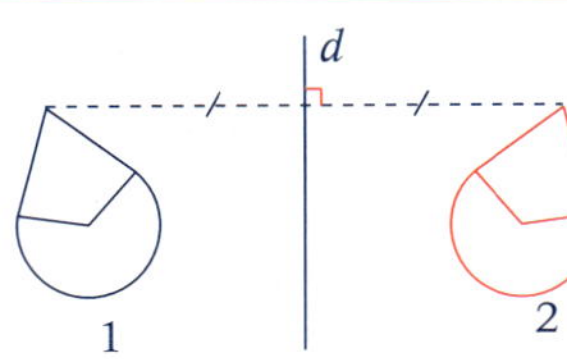

Puis j'ai translaté la figure 2. J'ai obtenu la figure 3.
La figure 1 et la figure 3 sont superposables ; elles ont donc les mêmes dimensions. La transformation que j'ai utilisée, qui transforme la figure 1 en figure 3, conserve donc les distances ; c'est pourquoi cette transformation est une isométrie.

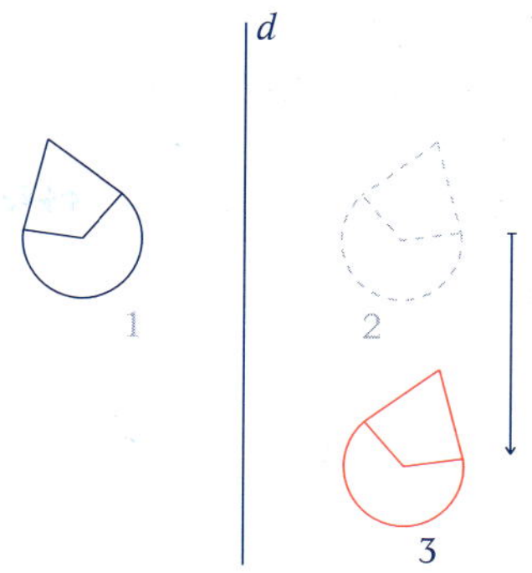

Déf. Une isométrie est une transformation qui conserve les distances.

Info. Dans le plan, les isométries sont :
- la transformation identique ;
- les rotations ;
- les translations ;
- les symétries orthogonales ;
- les composées d'une symétrie orthogonale et d'une translation dont le vecteur a la même direction que celle de l'axe de la symétrie. (Voir l'exemple de l'article).

FICHE

PROPRIÉTÉS CONSERVÉES PAR LES ISOMÉTRIES

Dans la suite, on considère des points A, B, C, I. Leurs images respectives par des isométries sont notées A′, B′, C′, I′.
- Les isométries conservent les distances.
Cela signifie que les distances AB et A′B′ sont égales.
- Les isométries conservent le milieu d'un segment.
Cela signifie que, si le point I est le milieu du segment [A, B], alors le point I′ est le milieu du segment [A′, B′].
- Les isométries conservent l'alignement.
Cela signifie que, si les points A, B et C sont alignés, alors les points A′, B′ et C′ sont aussi alignés.
- Les isométries conservent le parallélisme.
Cela signifie que, si des droites sont parallèles, alors leurs images par une isométrie sont des droites parallèles.
- Les isométries conservent les ouvertures d'angles.
Cela signifie que, si deux angles $\widehat{xOy}$ et $\widehat{x'O'y'}$ sont isométriques, alors ces angles ont la même ouverture.

♦ En particulier, si deux droites sont perpendiculaires, alors leurs images par une isométrie sont deux droites perpendiculaires.
- Les isométries conservent les aires.
Cela signifie que, si deux surfaces S et S′ sont isométriques, alors ces deux surfaces S et S′ ont la même aire.

▶ Composer. Conserver. Rotation. Symétrie centrale. Symétrie orthogonale. Transformation. Translation.

Isométrique

Sur chacune des vignettes ci-dessous, les deux figures géométriques (l'une en bleu et l'autre en rouge) ont les mêmes dimensions. C'est pourquoi elles sont isométriques.

fig. 1 *fig. 2* *fig. 3*

♦ Il existe une isométrie qui transforme tous les points de la première figure en points de la seconde figure.
– Dans le cas de la figure 1, cette isométrie est une translation. J'ai tracé en bleu trois représentants du vecteur de la translation qui transforme la figure bleue en figure rouge.

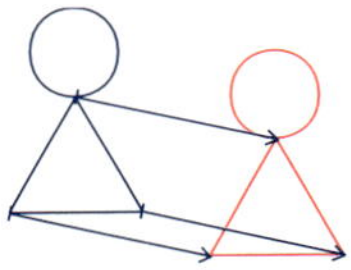

– Dans le cas de la figure 2, cette isométrie est une rotation de centre O et d'angle 75° dans le sens des aiguilles d'une montre.

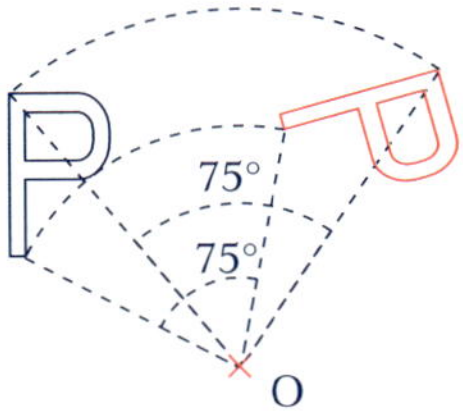

– Dans le cas de la figure 3, cette isométrie est une symétrie orthogonale dont l'axe est la droite *d* tracée.

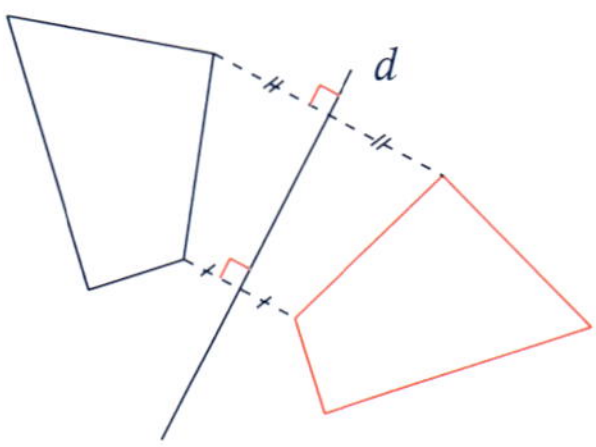

♦ Deux figures géométriques isométriques sont superposables.

♦ Si deux figures géométriques sont isométriques, alors l'une est la reproduction en vraie grandeur de l'autre.

Déf. Dire que deux figures sont isométriques signifie qu'il existe une isométrie transformant l'une en l'autre.

▶ Dimension. Isométrie. Reproduction.

Issu de

• Dans le triangle ABC, j'ai tracé la hauteur issue de B. C'est la hauteur qui passe par B.

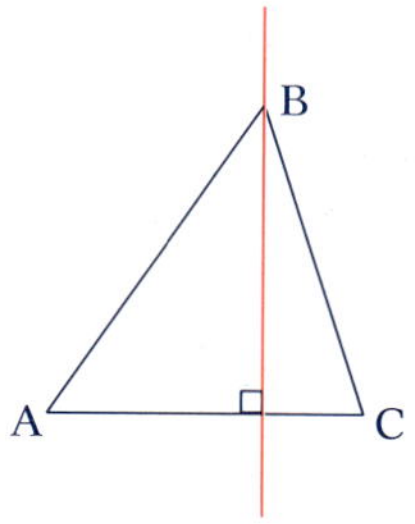

• Dans le triangle MNP, j'ai tracé la médiane issue de N. C'est la médiane qui passe par N.

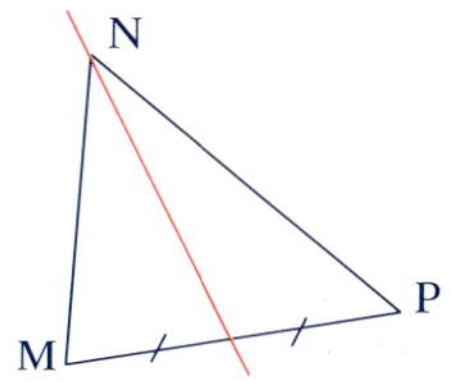

Soit O un point de l'espace n'appartenant pas à un plan *P*.
La perpendiculaire à *P* issue de O perce *P* en H. La figure ci-contre illustre cette situation.

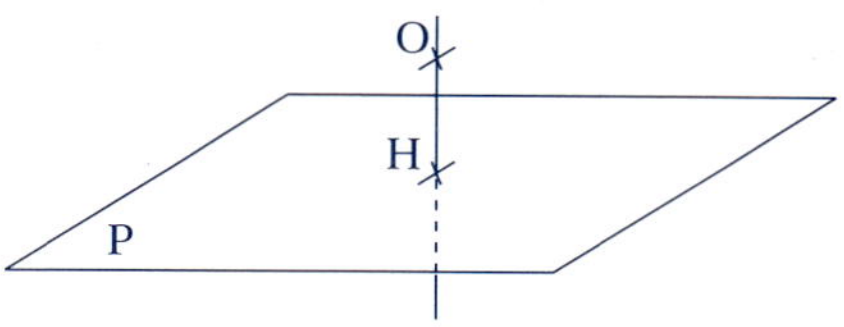

Info. L'expression *issu de* s'emploie dans des situations analogues à celles décrites ci-dessus. Elle est synonyme de *passant par* ou *contenant*.

▶ Passer par.

JK *jk*

Justifier

Synonyme de *démontrer*.

▶ Démontrer.

Kilo

Un kilomètre est égal à mille mètres : 1 km = 1 000 m = 10^3 m.
De même : 1 kg = 10^3 g.

♦ Un kilomètre carré *n'est pas égal* à mille mètres carrés : 1 km^2 = 1 000 000 m^2 = 10^6 m^2.

♦ Un kilomètre cube *n'est pas égal* à mille mètres cubes : 1 km^3 = 1 000 000 000 m^3 = 10^9 m^3.

♦ Le kilolitre est rarement employé.

Déf. Employé avant une unité, *kilo* signifie *mille*. Son abréviation est k.

▶ Kilogramme. Kilomètre.

Kilogramme

Le kilogramme est une unité de masse ; un kilogramme est égal à mille grammes.

$$\boxed{1 \text{ kg} = 1\,000 \text{ g} = 10^3 \text{ g}}$$

♦ On a aussi : $1 \text{ g} = \frac{1}{1\,000} \text{ kg} = 0{,}001 \text{ kg} = 10^{-3} \text{ kg}$.

▶ Gramme. Kilo.

Kilomètre

Le kilomètre est une unité de longueur ; un kilomètre est égal à mille mètres.

$$\boxed{1 \text{ km} = 1\,000 \text{ m} = 10^3 \text{ m}}$$

♦ On a aussi : $1 \text{ m} = \frac{1}{1\,000} \text{ km} = 0{,}001 \text{ km} = 10^{-3} \text{ km}$.

▶ Kilo. Mètre.

L *l*

Large Voir l'article *Inégalité* **2**.

Largeur

1 Largeurs d'un rectangle

Les largeurs du rectangle ABCD sont les côtés [AD] et [BC] car ce sont les deux côtés les plus courts ($2 \text{ cm} < 3 \text{ cm}$).

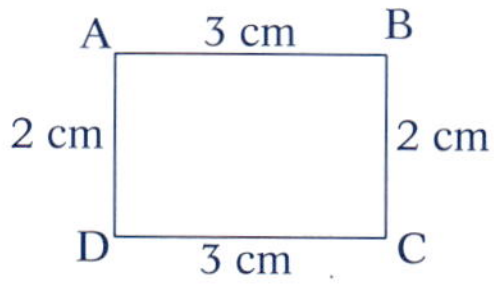

♦ Lorsqu'un rectangle est un carré, on parle simplement de côté et non de largeur.

Déf. Les largeurs d'un rectangle non carré sont ses deux côtés les plus courts.

2 Largeur d'un rectangle

La largeur du rectangle ABCD représenté ci-dessus est égale à 2 cm.

♦ On dit également que la largeur de la surface rectangulaire limitée par ABCD est égale à 2 cm.

♦ Lorsqu'un rectangle est un carré, on parle de côté et non de largeur (par exemple : un carré de 5 cm de côté).

Déf. Considérons un rectangle qui ne soit pas un carré. La largeur de ce rectangle est la longueur de ses deux côtés les plus courts.

3 Largeur d'un parallélépipède rectangle

Un parallélépipède rectangle est représenté ci-contre. Choisissons la face coloriée en rouge comme base. La largeur de cette base est égale à 2 cm. On dit que la largeur du parallélépipède est égale à 2 cm.

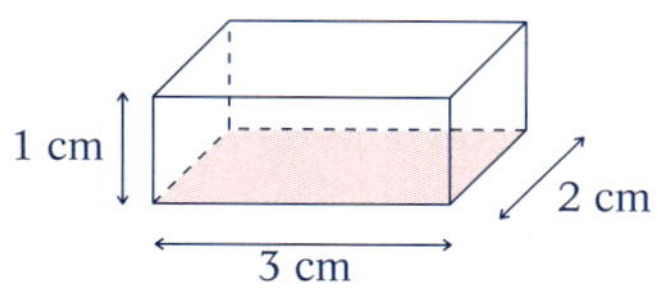

♦ Choisissons maintenant la face coloriée en bleu comme base. La largeur du parallélépipède est égale à 1 cm.

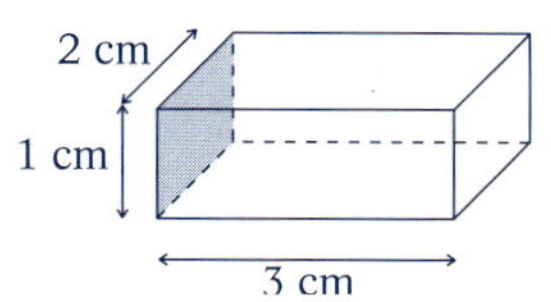

♦ D'habitude, et si c'est possible, on choisit comme base la face inférieure.

♦ Lorsque la base est carrée, la largeur du parallélépipède est égale à la longueur d'un côté de cette base.

Déf. Une base d'un parallélépipède rectangle étant choisie, on appelle largeur du parallélépipède la largeur de cette base (au sens **2**).

▶ Dimension. Hauteur. Longueur.

Latéral

1 Surface latérale d'un cylindre

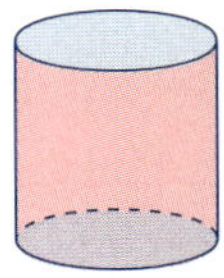

J'ai représenté ci-contre un cylindre. La surface cylindrique coloriée en rouge est la surface latérale du cylindre.

♦ Sur une boîte de conserve cylindrique, l'étiquette est collée sur la surface latérale.

♦ Dans un patron de cylindre, c'est la surface rectangulaire qui permet d'obtenir la surface latérale du cylindre.

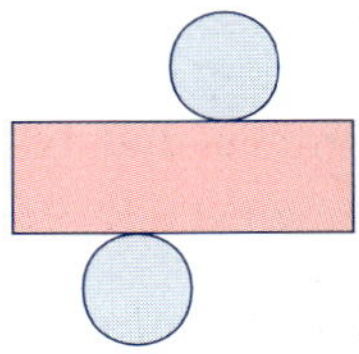

Déf. La surface d'un cylindre est formée d'une surface cylindrique et de deux disques. La surface latérale du cylindre est la surface cylindrique.

2 Surface latérale d'un prisme droit

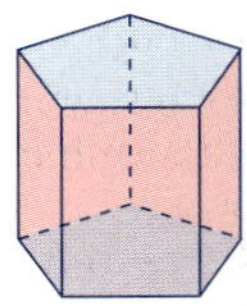

J'ai représenté ci-contre un prisme droit à bases pentagonales. J'ai colorié en rouge les faces rectangulaires de ce prisme. La surface latérale du prisme est la surface formée par ces faces rectangulaires.

♦ Pour un parallélépipède rectangle, on peut parler de surface latérale une fois qu'une base a été choisie. Sur la figure ci-contre, j'ai choisi une base (en bleu) et j'ai colorié en rouge la surface latérale correspondante.

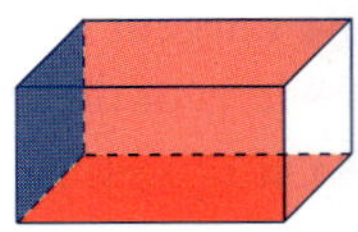

Déf. Considérons un prisme droit qui ne soit pas un parallélépipède. Sa surface latérale est la surface formée par ses faces rectangulaires.

3 Surface latérale d'une pyramide

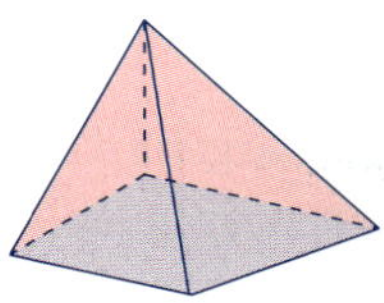

J'ai représenté ci-contre une pyramide dont la base est un quadrilatère. J'ai colorié en rouge les faces triangulaires de cette pyramide. La surface latérale de la pyramide est la surface formée par ces faces triangulaires.

♦ Si la pyramide a une base triangulaire (c'est un tétraèdre), on peut parler de surface latérale une fois qu'une base a été choisie. Sur la figure ci-contre, j'ai choisi une base (en bleu) et j'ai colorié en rouge la surface latérale correspondante.

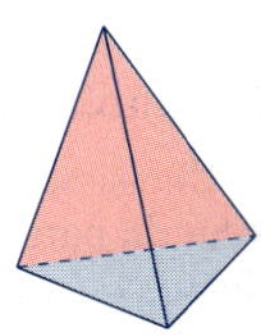

Déf. Considérons une pyramide qui ne soit pas un tétraèdre. Sa surface latérale est la surface formée par ses faces triangulaires.

4 Surface latérale d'un cône

J'ai représenté deux cônes de même hauteur ; j'ai colorié en rouge toute la partie de leur surface qui n'est pas le disque de base. J'ai donc colorié les surfaces latérales de ces deux cônes.

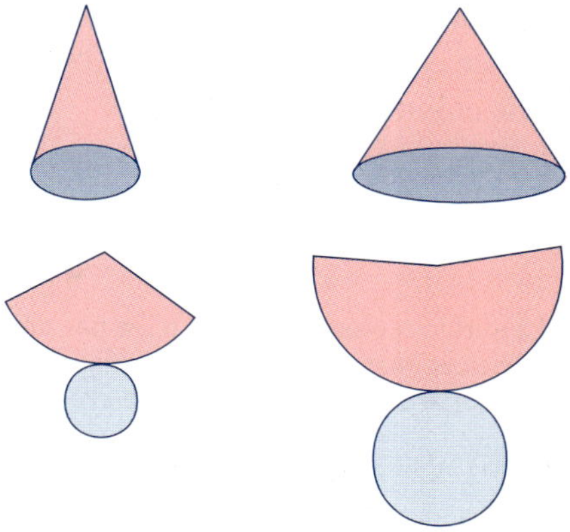

♦ J'ai représenté les patrons de chacun des cônes ci-contre ; j'ai colorié en rouge les surfaces latérales.

Déf. La surface d'un cône est formée d'une surface conique et d'un disque. La surface latérale du cône est la surface conique.

▶ Cône. Conique. Cylindrique.

Ligne

Sur la figure ci-contre, j'ai dessiné sept lignes ; je les ai appelées L_1, L_2, L_3, L_4, L_5, L_6 et L_7. J'ai pu tracer chacune d'elles sans lever mon crayon.

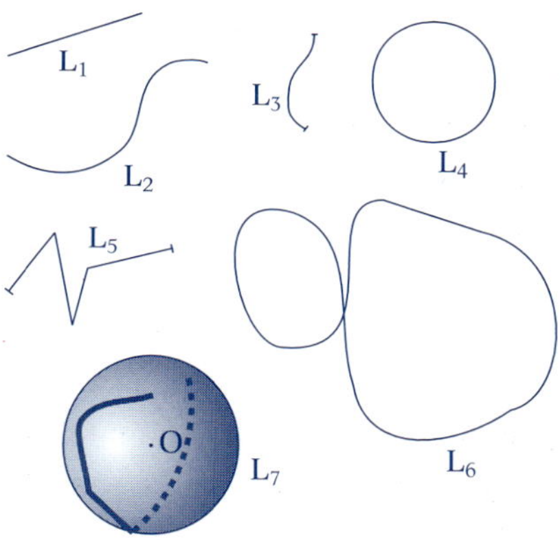

♦ La ligne L_1 est une ligne droite ou une droite tout court.
♦ La ligne L_2 est illimitée (il n'y a pas de point marqué aux extrémités du dessin) ; je n'ai donc dessiné qu'une partie de la ligne L_2.
♦ La ligne L_3 est limitée par deux points.
♦ L_4 est un cercle.
♦ L_5 est formée de segments ; on dit que c'est une ligne brisée.
♦ Pour tracer L_6, j'ai arrêté mon tracé là où je l'avais commencé ; on dit que L_6 est fermée.
♦ J'ai tracé L_7 sur une sphère. La partie cachée de L_7 est tracée en pointillé.

Info. Dans un plan, une ligne est un ensemble de points. On représente une ligne par un tracé que l'on peut effectuer sans lever le crayon. Une ligne contient une infinité de points.

▶ Infinité. Point.

Limiter

a) Sur la ligne $\mathscr{L}$, les points A et B limitent la partie de cette ligne représentée en rouge.

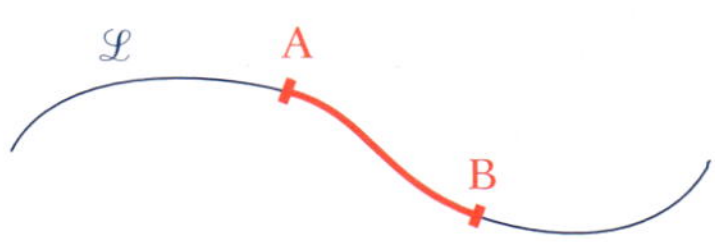

♦ Sur la droite *d*, les points A et B limitent le segment [AB].

♦ Sur le cercle C, les points M et N limitent deux arcs de cercle (un « grand » et un « petit »).

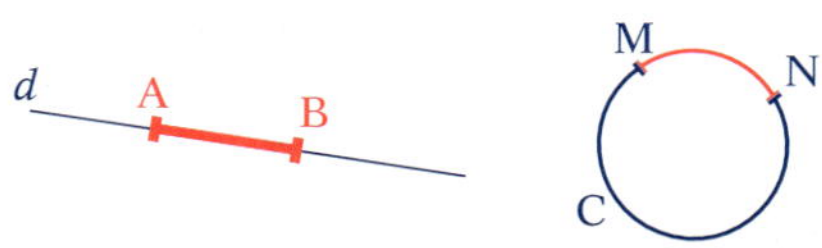

b) Sur la figure ci-contre, la ligne $\mathscr{L}$ est fermée. Cette ligne limite la surface coloriée en rouge. Cette surface contient la ligne $\mathscr{L}$ (en rouge foncé) et la partie coloriée en rouge clair.

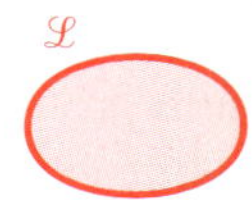

♦ Je peux dessiner un rectangle qui entoure cette surface.

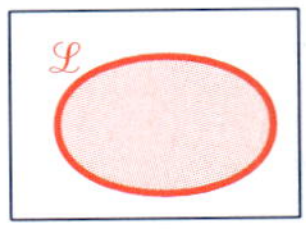

♦ La surface coloriée en bleu n'est pas limitée par $\mathscr{L}$ (elle est délimitée par $\mathscr{L}$). Je dois imaginer que son coloriage peut se prolonger indéfiniment ; je ne peux pas entourer cette surface avec un rectangle.

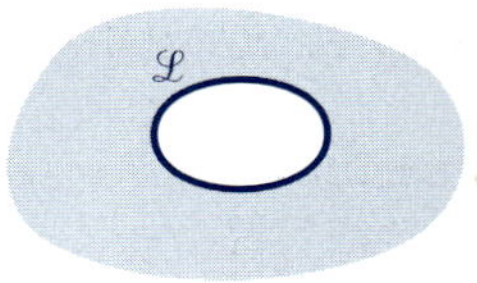

♦ Sur la sphère S, le cercle C limite deux parties de cette sphère (l'une d'elles est coloriée en rouge).

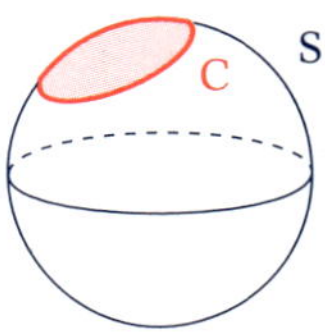

c) La sphère S est une surface fermée ; elle limite une partie de l'espace ; cette partie est la boule qui a la même surface que S.

♦ Je peux considérer un parallélépipède qui contient cette boule.

♦ La partie de l'espace comportant la sphère et l'extérieure de la sphère n'est pas limitée par S (elle est délimitée par S), car aucun parallélépipède ne la contient.

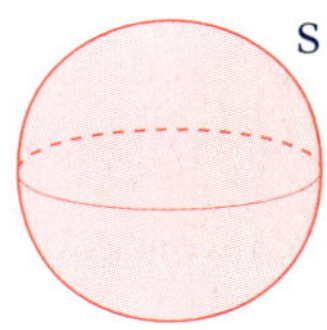

Info. On emploie le verbe limiter dans les situations décrites ci-dessus :
a) sur une ligne ;
b) sur une surface ;
c) dans l'espace.

▶ Délimiter . Frontière.

Linéaire

Voir l'article *Fonction linéaire*.

Litre

Le litre est le volume d'un cube d'un décimètre d'arête. Donc un litre est égal à un décimètre cube : $1\ \ell = 1\ dm^3$.

Le tableau ci-dessous montre les unités multiples et sous-multiples du litre, les correspondances avec les autres unités de volume, et des exemples de conversions.

m^3			dm^3			cm^3		
		$k\ell$	$h\ell$	$da\ell$	ℓ	$d\ell$	$c\ell$	$m\ell$
		0	0	2	5	0	0	0

$0{,}025\ k\ell = 0{,}025\ m^3 = 0{,}25\ h\ell = 2{,}5\ da\ell = 25\ \ell = 25\ dm^3 = 250\ d\ell = 2\,500\ c\ell = 25\,000\ m\ell = 25\,000\ cm^3$

Déf. Le litre est une unité de volume. Son abréviation est ℓ.

$$1\ \ell = 1\ dm^3$$

▶ Convertir. Unité. Volume.

Littéral

Littéral signifie *qui utilise des lettres.*
Voir les articles *Calcul littéral* et *Expression littérale.*

Logiquement équivalent

Synonyme de *équivalent.*

▶ Équivalent.

Longueur

1 Longueur d'un segment, d'une ligne brisée

a) Les segments représentés ci-contre sont deux à deux superposables. Je peux le vérifier à l'aide d'un calque ou d'un compas. On dit que ces segments ont la même longueur.

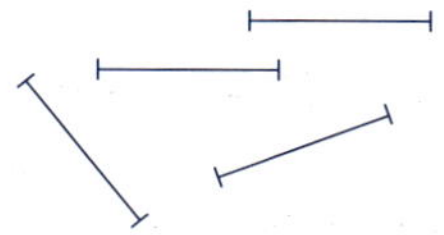

Sur la figure ci-contre, je mesure la longueur du segment [AB] avec une règle graduée en centimètres. Je lis 4. La longueur du segment [AB] est donc égale à 4 cm. Je peux écrire : AB = 4 cm (lire *longueur A B égal 4 cm*).

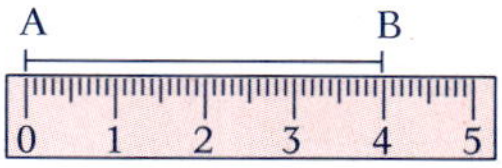

b) Pour calculer la longueur de la ligne brisée représentée ci-contre, j'additionne les longueurs 2 cm, 1 cm et 3,5 cm. Je trouve une longueur égale à 6,5 cm (2 + 1 + 3,5 = 6,5).

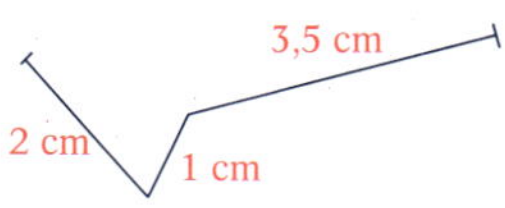

♦ On ne parle pas de la longueur d'un polygone, mais de son périmètre.

Déf. ***a)*** Dire que deux segments ont la même longueur signifie qu'ils sont superposables. La longueur d'un segment s'exprime par un nombre suivi d'une unité de longueur.
b) La longueur d'une ligne formée de segments est égale à la somme des longueurs de ces segments.

2 Longueur d'un cercle

Le cercle $\mathscr{C}$ représenté ci-contre a un rayon égal à 2,5 cm. Pour obtenir la longueur du cercle, j'effectue le produit $2 \times \pi \times 2{,}5$.
Avec $\pi \approx 3{,}14$, j'obtiens 15,7.
Je trouve donc que la longueur du cercle est environ égale à 15,7 cm.

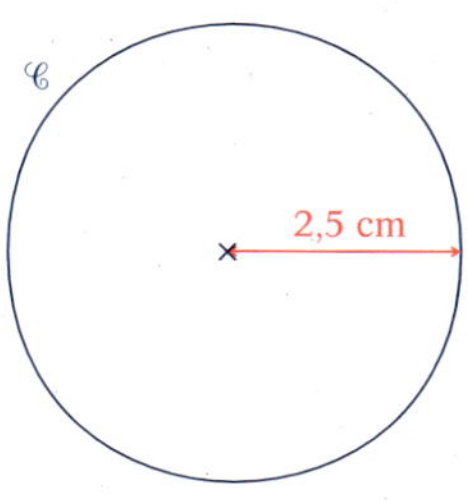

Info. La longueur d'un cercle de rayon r est égale à $2 \times \pi \times r$ ou $2\pi r$.

En abrégé : $$L = 2 \times \pi \times r = 2\pi r$$

3 Longueur(s) d'un rectangle

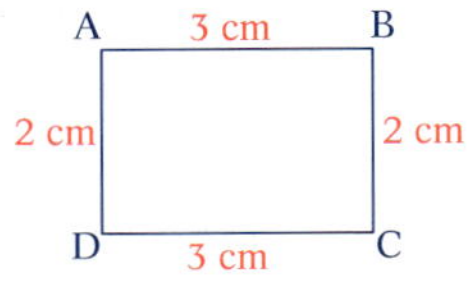

a) Sur la figure ci-contre, ABCD est un rectangle. [AB] et [DC] sont les deux côtés les plus longs (3 cm > 2 cm). C'est pourquoi les deux côtés [AB] et [DC] sont les longueurs du rectangle ABCD.

♦ Pour un carré, on parle simplement de côté et non de longueur.

b) Je peux aussi dire que la longueur du rectangle ABCD ci-dessus est égale à 3 cm.

♦ On dit aussi que la longueur de la surface rectangulaire limitée par ABCD est égale à 3 cm.

♦ Pour un carré, on parle de côté et non de longueur (par exemple : un carré de 5 cm de côté).

Déf. ***a)*** Les longueurs d'un rectangle non carré sont ses deux côtés les plus longs.
b) La longueur d'un rectangle non carré est la longueur de ses deux côtés les plus longs.

Info. Longueur a ici deux sens différents :
a) il s'agit d'un segment ;
b) il s'agit d'une grandeur.

4 Longueur d'un parallélépipède rectangle

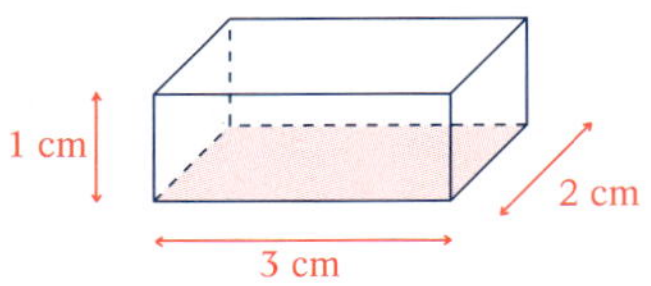

Un parallélépipède rectangle est représenté ci-contre. Choisissons la face coloriée en rouge comme base. La longueur de cette base est égale à 3 cm. On dit que la longueur du parallélépipède est égale à 3 cm.

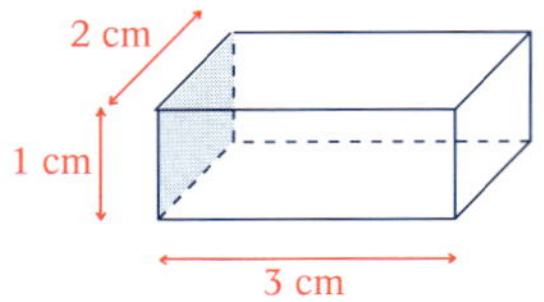

♦ Choisissons maintenant la face coloriée en bleu comme base. La longueur du parallélépipède est égale à 2 cm.

♦ Si le parallélépipède est « posé » sur un plan horizontal, on choisit habituellement comme base la face inférieure.

♦ Lorsque la base choisie est carrée, la longueur du parallélépipède est égale à la longueur d'un côté de cette base.

Déf. Une base d'un parallélépipède rectangle étant choisie, on appelle longueur du parallélépipède la longueur de cette base (au sens **3** *b*).

▶ Comparer. Dimension. Hauteur. Largeur. Périmètre.

Losange

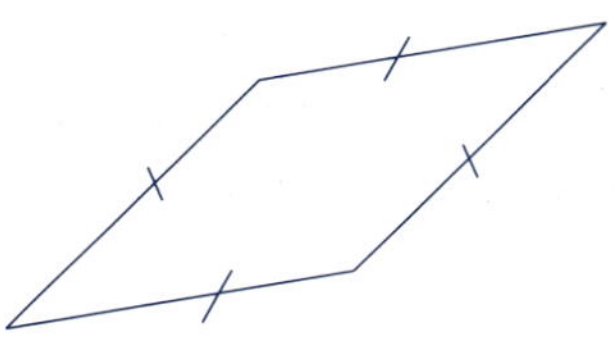

Les côtés du quadrilatère représenté ci-contre ont tous la même longueur ; ce quadrilatère est donc un losange.

Déf. Un losange est un quadrilatère dont les quatre côtés ont la même longueur.

▶ Aire. Carré. Parallélogramme. Polygone. Rectangle. Trapèze.

FICHE 1

1. Propriétés des losanges

- Les losanges ont toutes les propriétés des parallélogrammes.
- Les quatre côtés d'un losange ont la même longueur.
- Les diagonales d'un losange en sont des axes de symétrie.

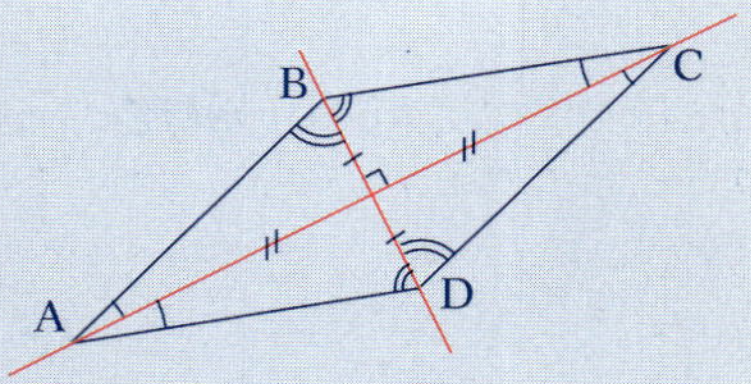

2. Pour démontrer qu'un quadrilatère ABCD est un losange

- Si les diagonales de ABCD sont des axes de symétrie, alors ABCD est un losange.
- Si ABCD est un parallélogramme et si deux côtés consécutifs ont la même longueur, alors ABCD est un losange.
- Si ABCD est un parallélogramme et si ses diagonales sont perpendiculaires, alors ABCD est un losange.
- Si ABCD est un parallélogramme et si les angles $\widehat{A}$ et $\widehat{C}$ ont pour bissectrice la diagonale (AC), alors ABCD est un losange.

FICHE 2

CONSTRUCTION D'UN LOSANGE À LA RÈGLE ET AU COMPAS

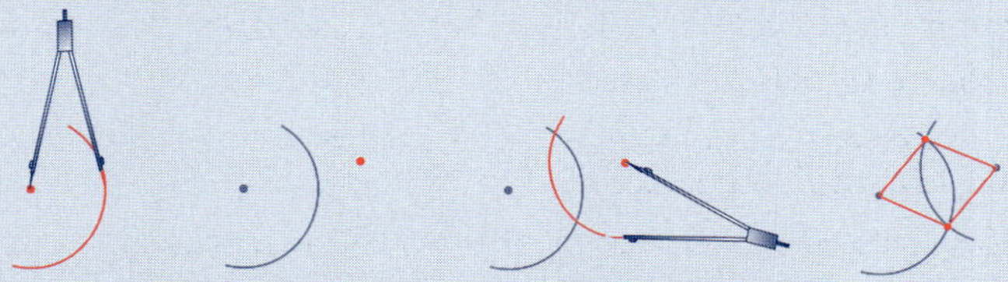

Lunule d'Hippocrate

Le triangle ABC ci-contre est rectangle en A.
– La surface bleue est limitée par le demi-cercle de diamètre [AB] qui est à l'extérieur du triangle et le cercle circonscrit au triangle.
– La surface rouge est limitée par le demi-cercle de diamètre [AC] qui est à l'extérieur du triangle et le cercle circonscrit au triangle.
Ces deux surfaces sont des lunules d'Hippocrate.

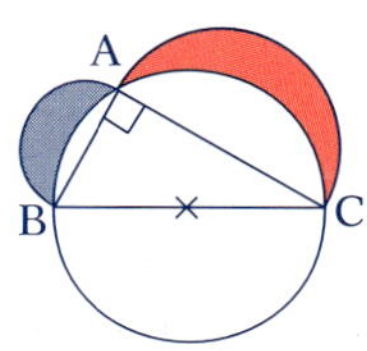

♦ La somme des aires des deux lunules est égale à l'aire du triangle rectangle.

Déf. Considérons un triangle ABC rectangle en A. Les lunules d'Hippocrate du triangle sont les surfaces limitées par le cercle circonscrit au triangle et les demi-cercles de diamètres [AB] et [AC] extérieurs au triangle.

M *m*

Magique

Voir l'article *Carré magique*.

Main levée (à)

J'ai tracé le rectangle ci-contre sans utiliser d'instrument de géométrie. Je l'ai donc tracé à main levée.

Déf. Tracer une figure géométrique à main levée c'est la tracer sans utiliser d'instrument de géométrie.

Masse

• Au marché, les marchands mesurent avec des balances les masses des fruits, des légumes, etc. Ces masses s'expriment en grammes ou en kilogrammes.

• Pour des pesées de précision, un bijoutier utilise de petites masses marquées : un décigramme (1 dg), un centigramme (1 cg), un milligramme (1 mg).

♦ On emploie, dans le langage courant, le mot *poids* à la place du mot *masse*. Par exemple, sur une boîte de haricots verts, on pourra lire : poids net égoutté 350 g.

Info. Les masses sont des grandeurs physiques. La masse d'un objet matériel est la quantité de matière de cet objet. Elle s'exprime en grammes (ou en unités multiples ou sous-multiples du gramme).

▶ Gramme. Masse volumique.

Masse volumique

Un cube de bois de 10 cm d'arête a une masse égale à 800 grammes. Le volume du cube est égal à 1 000 cm^3. Je calcule la masse volumique de ce cube en effectuant la division 800 : 1 000 ; je trouve 0,8. La masse volumique de ce cube est donc égale à 0,8 g/cm^3 (lire *0,8 grammes par centimètre cube*).

♦ 1 cm^3 de ce bois pèse 0,8 g.

Info. Pour calculer la masse volumique d'un objet ayant une masse égale à *m* grammes et un volume égal à *v* cm^3, on effectue *m* : *v*. La masse volumique s'exprime alors en grammes par centimètre cube (g/cm^3).

En abrégé, on écrit : $\mu = \frac{m}{v}$, où μ représente la masse volumique.

On peut utiliser d'autres unités : par exemple, si la masse est exprimée en kilogrammes et le volume en hectolitres, la densité sera exprimée en kilogrammes par hectolitre (kg/hℓ).

Médiane (en géométrie)

1 Médiane d'un triangle en tant que droite

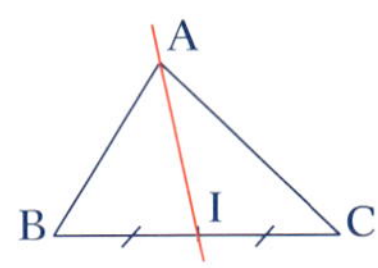

La droite (AI) passe par le sommet A du triangle ABC et par le milieu I du côté opposé à ce sommet. C'est pourquoi la droite (AI) est la médiane issue de A du triangle ABC.

♦ Un triangle a trois médianes.

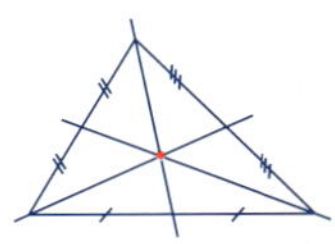

♦ Dans tout triangle, les trois médianes sont concourantes ; leur point de concours s'appelle le centre de gravité du triangle.

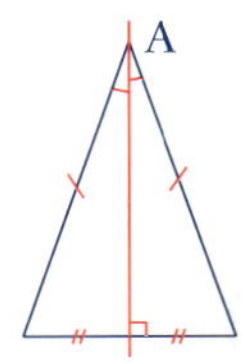

♦ Dans tout triangle isocèle en A, la médiane issue de A est aussi une hauteur, une médiatrice et une bissectrice du triangle.

Déf. Une médiane d'un triangle est une droite qui passe par un sommet de ce triangle et par le milieu du côté opposé à ce sommet.

▶ Centre (**5**). Médiatrice. Remarquable.

2 Médiane d'un triangle en tant que segment

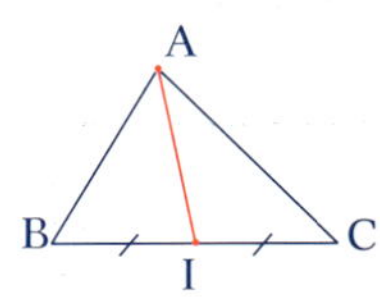

Le segment [AI] joint le sommet A du triangle ABC au milieu I du côté opposé à ce sommet. Ce segment [AI] est une médiane du triangle ABC.

♦ Une médiane (segment) a pour support une médiane (droite).

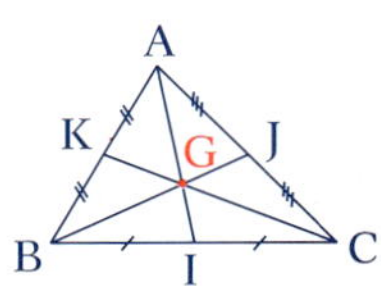

♦ Dans tout triangle, le point de concours des trois médianes est situé aux deux tiers de chaque médiane en partant du sommet ; ainsi, dans le triangle représenté ci-contre, on a :

$AG = \frac{2}{3}AI$; $BG = \frac{2}{3}BJ$; $CG = \frac{2}{3}CK$.

Déf. Une médiane d'un triangle est un segment qui joint un sommet du triangle et le milieu du côté opposé à ce sommet.

Médiane (en statistique)

1 Cas où l'effectif total est impair

J'ai fait, avec les élèves de ma classe, une étude statistique sur les 25 logements d'un immeuble (25 est un nombre impair) ; le caractère était : « nombre d'occupants de moins de 16 ans ». J'ai classé les valeurs dans l'ordre croissant ; voici les résultats :

Nombre de jeunes	0	1	2	3	4	5
Effectif	4	9	5	4	1	2

J'écris les valeurs prises par le caractère, toujours dans l'ordre croissant, en les répétant selon leurs effectifs ; j'obtiens une suite dont le nombre de termes est égal à l'effectif total de la population :

$$\underbrace{0,0,0,0,}_{4 \text{ termes}}\quad \underbrace{1,1,1,1,1,1,1,1,1,}_{9 \text{ termes}}\quad \underbrace{2,2,2,2,2,}_{5 \text{ termes}}\quad \underbrace{3,3,3,3,}_{4 \text{ termes}}\quad 4,\quad \underbrace{5,5}_{2 \text{ termes}}$$

Le treizième terme est le nombre 1 ; il y a autant de termes qui lui sont inférieurs ou égaux que de termes qui lui sont supérieurs ou égaux :

$$\underbrace{0,0,0,0,1,1,1,1,1,1,1,1,}_{12 \text{ termes}}\quad 1,\quad \underbrace{2,2,2,2,2,3,3,3,3,4,5,5}_{12 \text{ termes}}$$

Le nombre 1 est la médiane des valeurs du caractère étudié.

♦ Je remarque qu'il s'agit du treizième terme de la suite, et que $13 = \frac{25+1}{2}$. On dit aussi que la médiane est le terme de rang 13.

Déf. Considérons un caractère quantitatif et formons la suite dont les termes sont les valeurs du caractère, répétées selon leurs effectifs et rangées dans l'ordre croissant. La médiane des valeurs est le terme m de la suite tel que le nombre de termes inférieurs ou égaux à m soit égal au nombre de termes supérieurs ou égaux à m.

Info. Si N est l'effectif total de la population (N est impair), la médiane des valeurs est le terme de rang $\frac{N+1}{2}$.

2 Cas où l'effectif total est pair

Supposons que mon étude statistique précédente ait porté sur 26 logements (26 est un nombre pair) ; la répartition aurait été la suivante (les valeurs sont toujours classées dans l'ordre croissant) :

Nombre de jeunes	0	1	2	3	4	5
Effectif	4	9	6	4	1	2

J'écris les valeurs prises par le caractère, toujours dans l'ordre croissant, en les répétant selon leurs effectifs ; j'obtiens une suite de termes :

$$\underbrace{0,0,0,0,}_{4 \text{ termes}}\quad \underbrace{1,1,1,1,1,1,1,1,1,}_{9 \text{ termes}}\quad \underbrace{2,2,2,2,2,2,}_{6 \text{ termes}}\quad \underbrace{3,3,3,3,}_{4 \text{ termes}}\quad 4,\quad \underbrace{5,5}_{2 \text{ termes}}$$

Je m'aperçois qu'il n'existe aucune valeur du caractère qui pourrait jouer le rôle de médiane, au sens du **1** :

$$\underbrace{0,0,0,0,1,1,1,1,1,1,1,1,1,}_{13 \text{ termes}} \quad \underbrace{2,2,2,2,2,2,3,3,3,3,4,5,5}_{13 \text{ termes}}$$

Par convention, la médiane est le nombre 1,5 ; ce nombre est égal à $\frac{1+2}{2}$; c'est la demi-somme de la treizième et la quatorzième valeur. On dit aussi que la médiane est la demi-somme des valeurs de rang 13 et 14. Je remarque que $13 = \frac{26}{2}$ et $14 = \frac{26}{2} + 1$.

Déf. Considérons un caractère quantitatif et formons la suite dont les termes sont les valeurs du caractère, répétées selon leurs effectifs et rangées dans l'ordre croissant. La médiane des valeurs est le nombre égal à la demi-somme des valeurs de rangs $\frac{N}{2}$ et $\frac{N}{2} + 1$, où *N* est l'effectif total de la population (N est pair).

Info. Soit *m* la médiane. Le nombre de termes inférieurs ou égaux à *m* est égal au nombre de termes supérieurs ou égaux à *m*.

▶ Polygone des effectifs. Polygone des fréquences.

Médiatrice

1 Médiatrice d'un segment

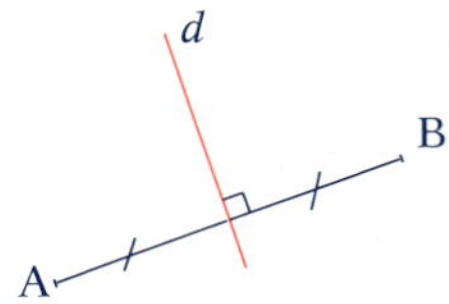

La droite *d* est perpendiculaire au segment [AB] et passe par le milieu de ce segment ; c'est pourquoi *d* est la médiatrice du segment [AB].

♦ La médiatrice d'un segment est un axe de symétrie de ce segment.

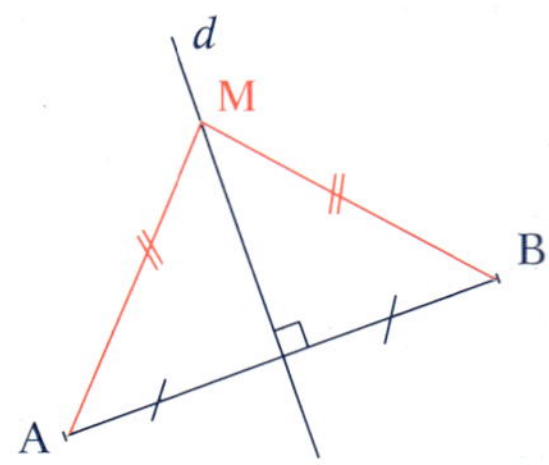

♦ Soit *d* la médiatrice d'un segment [AB], et soit M un point.
1) Si M appartient à *d*, alors MA = MB.
2) Si MA = MB, alors M appartient à *d*.
On peut résumer ces deux propriétés en disant que la médiatrice d'un segment est l'ensemble des points équidistants des extrémités de ce segment.

♦ Voici comment construire à la règle et au compas la médiatrice d'un segment.

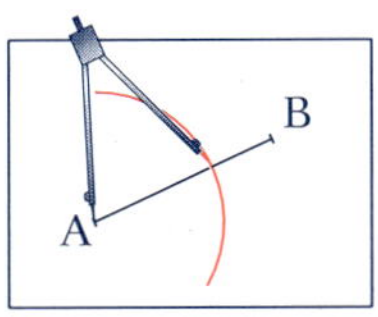

L'écartement du compas doit être supérieure à $\frac{1}{2}$ AB.

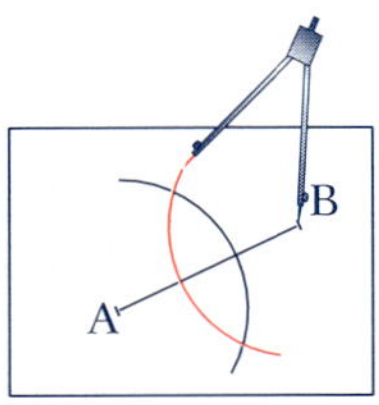

Je garde le même écartement.

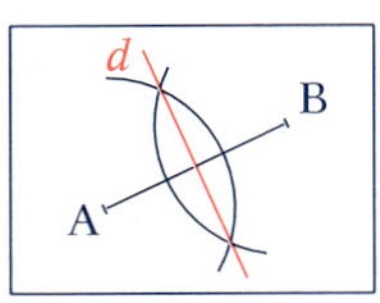

d est la médiatrice de [AB].

Déf. La médiatrice d'un segment est la droite perpendiculaire à ce segment et passant par le milieu du segment.

▶ Équidistant. Symétrie orthogonale.

2 Médiatrice d'un triangle

Les trois droites tracées en rouge sont les médiatrices des côtés du triangle ABC. Ces trois droites s'appellent les médiatrices du triangle ABC.

♦ Dans tout triangle, les trois médiatrices sont concourantes en un point qui est le centre du cercle circonscrit à ce triangle.

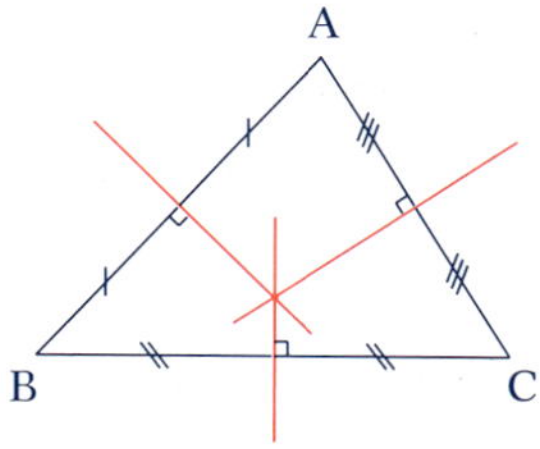

Déf. Les médiatrices d'un triangle sont les médiatrices de ses côtés.

▶ Circonscrit. Remarquable.

Méga

La puissance d'une centrale électrique s'exprime en mégawatts. Un mégawatt est égal à un million de watts ; en abrégé, on écrit : 1 MW = 1 000 000 W = 10^6 W.

Déf. Employé avant une unité, *méga* signifie *million de*. Son abréviation est M.

▶ Préfixe.

Membre

Je considère l'équation $3x + 8 = 1 - x$.

$3x + 8$ est le membre de gauche de cette équation, et $1 - x$ est le membre de droite.

♦ On parle aussi de membres pour une égalité, une inéquation et une inégalité. Par exemple, soit a et b deux nombres et x une inconnue ; $a^2 - b^2$ est le membre de droite de l'égalité $(a - b)(a + b) = a^2 - b^2$, et $2x + 6$ est le membre de gauche de l'inéquation $2x + 6 > 1$.

♦ Ajouter membre à membre deux égalités, c'est écrire une nouvelle égalité dont le membre de gauche (droite) est la somme des membres de gauche (droite) des deux égalités. Par exemple, en ajoutant membre à membre les égalités $a = 2$ et $b = 3$, on obtient l'égalité $a + b = 2 + 3$.

♦ Le tableau ci-dessous donne des exemples d'abus de langage.

Abus de langage	Ce qu'il faut comprendre
la somme des membres (voir ci-dessus)	la somme des nombres représentés par ces membres
ajouter une expression e à un membre m (dans une équation ou une inéquation)	écrire la somme $m + e$
multiplier (ou diviser) un membre m par un nombre a	écrire le produit $a \times m$ (ou le quotient $\frac{m}{a}$, si $a \neq 0$)

Déf. Les membres d'une équation sont les deux expressions écrites de chaque côté du symbole =. On distingue le membre de gauche et le membre de droite.

Info. On parle aussi de membres pour une égalité, une inéquation et une inégalité.

▶ Transposer.

Mesure

• Choisissons le degré comme unité d'ouverture.
Un angle droit a une ouverture qui mesure 90 degrés ; la mesure de cette ouverture est égale à 90.

♦ On dit aussi plus simplement qu'un angle droit mesure 90°.

• Sur la figure, le segment [UV] a une longueur que l'on appelle ***u***.
On a AB = 3 × ***u***.
Choisissons cette longueur ***u*** comme unité de longueur. On peut écrire AB = 3 ***u***, ou dire que la longueur AB mesure 3 ***u***, ou encore que la mesure de AB est égale à 3.

♦ Par exemple, si ***u*** = 1 cm, alors AB = 3 × **1 cm** ; on écrit AB = 3 cm ; on dit que AB mesure 3 cm ou que sa mesure est 3.

Info. Soit ***u*** une grandeur que l'on choisit comme unité et *m* un nombre positif. Le produit *m* × ***u*** désigne une grandeur dont la mesure est égale à *m*.

▶ Grandeur. Unité.

Mètre

• Avant l'année 1960, le mètre était défini comme la longueur d'une barre en platine conservée au pavillon de Breteuil à Sèvres : le mètre-étalon.

♦ Les pays utilisant le mètre comme unité de mesure avaient une copie de ce mètre-étalon. Celle de la France, la copie n° 8, est actuellement au musée des Arts et Métiers à Paris.

• Aujourd'hui, le mètre est défini plus précisément à partir d'une longueur d'onde.

♦ Le tableau ci-dessous montre les unités multiples et sous-multiples du mètre, et des exemples de conversions.

km	hm	dam	m	dm	cm	mm
0	0	2	5	0	0	0

0,025 km = 0,25 hm = 2,5 dam = 25 m = 250 dm = 2 500 cm = 25 000 mm

Déf. Le mètre est une unité de longueur. Son abréviation est m.

▶ Convertir. Longueur. Unité.

Mètre carré

Un carré d'un mètre de côté a une aire égale à un mètre carré (1 m^2).

♦ Le tableau ci-dessous montre les unités multiples et sous-multiples du mètre carré, et des exemples de conversions. Il y a deux colonnes par unité.

km^2		hm^2		dam^2		m^2		dm^2		cm^2		mm^2	
	0	0	0	0	1	2	4	0	0	0	0	0	0

0,000 124 km^2 = 0,012 4 hm^2 = 1,24 dam^2 = 124 m^2 = 12 400 dm^2 = 1 240 000 cm^2 = 124 000 000 mm^2

Déf. Le mètre carré est une unité d'aire ; c'est l'aire d'un carré d'un mètre de côté. Son abréviation est m^2.

▶ Agraire. Aire. Convertir. Unité.

Mètre cube

Un cube d'un mètre d'arête a un volume égal à un mètre cube (1 m^3).

♦ Le tableau ci-dessous montre les unités multiples et sous-multiples du mètre cube, et des exemples de conversions. Il y a trois colonnes par unité.

km^3			hm^3			dam^3			m^3			dm^3			cm^3			mm^3		
		0	0	0	0	0	0	0	0	0	0	0	4	6	0	0	0	0	0	0

0,000 000 000 046 km^3 = 0,000 000 046 hm^3 = 0,000 046 dam^3 = 0,046 m^3 = 46 dm^3 = 46 000 cm^3 = 46 000 000 mm^3

Déf. Le mètre cube est une unité de volume ; c'est le volume d'un cube d'un mètre d'arête. Son abréviation est m^3.

▶ Convertir. Litre. Volume. Unité.

Mettre en équation

Voir l'article *Mise en équation*.

Micro

Un microgramme est égal à un millionième de gramme :

$$1\ \mu g = \frac{1}{1\ 000\ 000}\ g = 0{,}000\ 001\ g = 10^{-6}\ g.$$

Déf. Employé avant une unité, *micro* signifie *millionième de*. Son abréviation est µ.

▶ Micron. Préfixe.

Micromètre

Le micromètre est une unité de longueur ; un micromètre est égal à un millionième de mètre.

$$1\ \mu m = \frac{1}{1\ 000\ 000}\ m = 0{,}000\ 001\ m = 10^{-6}\ m$$

♦ On a aussi : $1\ m = 1\ 000\ 000\ \mu m = 10^6\ \mu m$.

▶ Mètre. Micro.

Micron

Synonyme de micromètre.

▶ Micromètre.

Milieu

Sur la figure ci-contre, le point I appartient au segment [AB] et IA = IB. Le point I est donc le milieu de [AB].

Déf. Le milieu d'un segment est le point de ce segment qui est équidistant des extrémités de ce segment.

▶ Médiane. Médiatrice. Symétrie. Théorème des milieux.

FICHE

PROPRIÉTÉS DU MILIEU D'UN SEGMENT

Soit A, B, I trois points.

• La proposition « le point I est le milieu du segment [AB] » est équivalente à chacune des trois propositions suivantes :

1) I appartient au segment [AB] et IA = IB.

2) $\overrightarrow{AI} = \overrightarrow{IB}$.

3) A et B sont symétriques par rapport à I.

♦ La condition IA = IB est une condition nécessaire, mais non suffisante pour que I soit le milieu du segment [AB]. Sur la figure ci-contre, I étant un point de la médiatrice de [AB], on a IA = IB, mais I n'est pas le milieu de [AB].

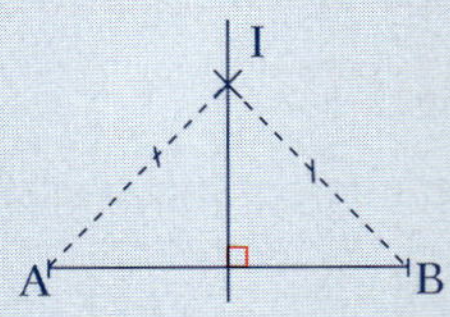

• Dans le plan rapporté à un repère (O, I, J), soit $A(x_A ; y_A)$ et $B(x_B ; y_B)$ deux points. L'abscisse du milieu du segment [AB] est égale à $\frac{x_A + x_B}{2}$ et son ordonnée est égale à $\frac{y_A + y_B}{2}$.

Mille

1 Nombre mille

Le nombre mille s'écrit 1 000.

On a : 1 000 = 10^3.

▶ Puissance.

2 Chiffre des unités de mille

Dans l'écriture « 27 344 », le chiffre 7 est le chiffre des unités de mille (on dit aussi chiffre des mille).
L'écriture « 196 » n'a pas de chiffre d'unité de mille, mais 0 est le chiffre des unités de mille de l'écriture « 0 196 ».

Déf. Le chiffre des unités de mille d'une écriture décimale est, s'il existe, celui qui est écrit juste à gauche du chiffre des centaines, s'il existe.

▶ Centaine. Centième. Chiffre. Dixième. Dizaine. Millième. Unité.

Milli

Un millimètre est égal à un millième de mètre : 1 mm = $\frac{1}{1\,000}$ m = 0,001 m = 10^{-3} m.
De même : 1 mg = 10^{-3} g ; 1 mℓ = 10^{-3} ℓ.

♦ Un millimètre carré *n'est pas égal* à un millième de mètre carré : 1 mm^2 = 0,000 001 m^2 = 10^{-6} m^2.

♦ Un millimètre cube *n'est pas égal* à un millième de mètre cube : 1 mm^3 = 0,000 000 001 m^3 = 10^{-9} m^3.

Déf. Employé avant une unité, *milli* signifie *millième de*. Son abréviation est m.

▶ Milligramme. Millilitre. Millimètre.

Milliard

Le nombre « un milliard » s'écrit 1 000 000 000.
On a : 1 000 000 000 = 10^9.

▶ Billion. Million. Puissance.

Milliardième

1 Chiffre des milliardièmes

Le chiffre des milliardièmes de l'écriture 5,000 000 001 est le chiffre 1.

Déf. Le chiffre des milliardièmes d'une écriture décimale est, s'il existe, le neuvième chiffre écrit à droite de la virgule, si elle existe.

2 Fraction de dénominateur 1 000 000 000

$$\frac{1}{1\,000\,000\,000} = 0{,}000\,000\,001 = 10^{-9}$$

La fraction $\frac{53}{1\,000\,000\,000}$ se lit *cinquante-trois sur un milliard* ou bien *cinquante-trois milliardièmes*.

Déf. Soit a l'écriture décimale réduite d'un entier naturel ; la fraction $\frac{a}{1\,000\,000\,000}$ se lit *a sur un milliard* ou bien *a milliardième(s)*.

▶ Centième. Décimale. Dixième. Milliard. Millième. Millionième.

Millième

1 Millième et nombres

Si j'ajoute 5 millièmes au nombre 7, je trouve 7,005 car 7 + 0,005 = 7,005.

Le nombre « quarante-huit-millièmes » s'écrit 0,048 ou $\frac{48}{1\,000}$.

Mille-millièmes égalent un : $1\,000 \times 0{,}001 = 1\,000 \times \frac{1}{1\,000} = 1$.

Info. Le nombre « un millième » s'écrit 0,001 ou $\frac{1}{1\,000}$.

2 Chiffre des millièmes

Le chiffre des millièmes de l'écriture 0,082 est le chiffre 2.

Déf. Le chiffre des millièmes d'une écriture décimale est, s'il existe, celui qui est écrit juste à droite du chiffre des centièmes, s'il existe.

3 Fraction de dénominateur 1 000

La fraction $\frac{25}{1\,000}$ se lit *vingt-cinq sur mille* ou bien *vingt-cinq-millièmes*.

Déf. Soit a l'écriture décimale réduite d'un entier naturel ; la fraction $\frac{a}{1\,000}$ se lit *a sur mille* ou bien *a-millième(s)*.

4 Millième d'une quantité

a) Un millième de 3,2 est égal à 0,003 2.

En effet, $\frac{1}{1\,000} \times 3{,}2 = \frac{3{,}2}{1\,000} = 3{,}2 : 1\,000 = 0{,}003\,2$.

b) Un millième de 3,2 cm^2 est égal à 0,003 2 cm^2.

Déf. ***a)*** Un millième d'un nombre a est le nombre $\frac{1}{1\,000} \times a$.
b) On parle aussi d'un millième d'une grandeur.

5 Millième de seconde

Un champion a couru le 100 mètres en 10 secondes et 532 millièmes. Sur un écran de présentation des résultats, j'ai lu 10 s 532 ; cela signifie 10,532 secondes ou bien encore 10 secondes et 532 millièmes de seconde.

Déf. Dans l'énoncé d'une durée, millième signifie millième de seconde.

▶ Centième. Décimale. Dixième. Milliardième. Millionième.

Milligramme

Le milligramme est une unité de masse ;
un milligramme est égal à un millième de gramme.

$$1 \text{ mg} = \frac{1}{1\,000} \text{ g} = 0{,}001 \text{ g} = 10^{-3} \text{ g}$$

♦ On a aussi : 1 g = 1 000 mg = 10^3 mg.

▶ Gramme. Milli.

Millilitre

Le millilitre est une unité de volume ; un millilitre est égal à un millième de litre et à un centimètre cube.

$$1\ \text{m}\ell = \frac{1}{1\,000}\ \ell = 0{,}001\ \ell = 10^{-3}\ \ell$$

$$1\ \text{m}\ell = 1\ \text{cm}^3$$

♦ On a aussi : $1\ \ell = 1\,000\ \text{m}\ell = 10^3\ \text{m}\ell$.

▶ Litre. Milli.

Millimètre

Le millimètre est une unité de longueur ; un millimètre est égal à un millième de mètre.

$$1\ \text{mm} = \frac{1}{1\,000}\ \text{m} = 0{,}001\ \text{m} = 10^{-3}\ \text{m}$$

♦ On a aussi : $1\ \text{m} = 1\,000\ \text{mm} = 10^3\ \text{mm}$.

▶ Mètre. Milli.

Million

Le nombre « un million » s'écrit 1 000 000.
On a : $1\,000\,000 = 10^6$.

▶ Billion. Milliard. Puissance.

Millionième

1 Chiffre des millionièmes

Le chiffre des millionièmes de l'écriture 5,000 001 est le chiffre 1.

Déf. Le chiffre des millionièmes d'une écriture décimale est, s'il existe, le sixième chiffre écrit à droite de la virgule, si elle existe.

2 Fraction de dénominateur 1 000 000

$$\frac{1}{1\,000\,000} = 0{,}000\,001 = 10^{-6}$$

La fraction $\frac{53}{1\,000\,000}$ se lit *cinquante-trois sur un million* ou bien *cinquante-trois millionièmes*.

Déf. Soit a l'écriture décimale réduite d'un entier naturel ; la fraction $\frac{a}{1\,000\,000}$ se lit *a sur un million* ou bien *a-millionième(s)*.

▶ Centième. Décimale. Dixième. Milliardième. Millième. Million.

Milliseconde

La milliseconde est une unité de durée ; une milliseconde est égale à un millième de seconde.

$$1 \text{ ms} = \frac{1}{1\,000} \text{ s} = 0{,}001 \text{ s} = 10^{-3} \text{ s}$$

♦ On a aussi : $1 \text{ s} = 1\,000 \text{ ms} = 10^3 \text{ ms}$.

▶ Milli. Seconde.

Mise en équation

a) Je dois résoudre le problème suivant.
Alain, Bernard et Cécile ont à eux trois 265 F. Bernard a 38 F de plus qu'Alain, et Cécile a 25 F de moins qu'Alain. Combien Alain a-t-il ?
J'appelle x la part d'Alain en francs. La part de Bernard est égale à $x + 38$, et celle de Cécile est égale à $x - 25$. Ils ont en tout 265 F, donc $x + x + 38 + x - 25 = 265$.
En écrivant l'équation $x + x + 38 + x - 25 = 265$ d'inconnue x représentant la part d'Alain, j'ai réalisé une mise en équation du problème.

♦ Pour terminer, je résous l'équation $x + x + 38 + x - 25 = 265$; je trouve $x = 84$. J'en déduis qu'Alain a 84 F.

b) Voici un autre exemple avec deux inconnues.
Le périmètre d'un rectangle est égal à 196 m. Sachant que la longueur a 14 m de plus que la largeur, calculer les dimensions de ce rectangle.
J'appelle x et y les mesures respectives en mètres de la longueur et de la largeur. Le périmètre est égal à 196 m, donc $2x + 2y = 196$. La longueur a 14 m de plus que la largeur, donc $x = y + 14$.

En écrivant le système $\begin{cases} 2x + 2y = 196 \\ x = y + 14 \end{cases}$ j'ai réalisé une mise en équations du problème.

♦ Pour terminer, je résous le système ; je trouve $x = 56$ et $y = 42$. J'en déduis les dimensions du rectangle : 56 m et 42 m.

Info. ***a)*** La mise en équation d'un problème à une inconnue se fait généralement de la façon suivante :
1. on appelle x le nombre cherché ;
2. on traduit les informations de l'énoncé par une égalité, ce qui donne une équation.

b) Lorsque le problème comporte plusieurs inconnues, on utilise habituellement les lettres x, y, z, … La traduction des informations conduit normalement à un système comportant autant d'équations que d'inconnues.

▶ Équation. Système d'équations.

Mode

J'ai trouvé un tableau de données statistiques, relatives à un certain caractère.

Valeur	A	B	C	D	E	F	G	H
Effectif	12	25	20	4	32	27	19	10

La valeur dont l'effectif est le plus grand est la valeur E. Cette valeur s'appelle le mode du caractère étudié.

♦ Pour un caractère donné, il peut exister plusieurs modes. C'est le cas lorsque plusieurs valeurs ont des effectifs égaux, supérieurs aux autres effectifs.

Déf. Dans une étude statistique, un mode d'un caractère est une valeur dont l'effectif est supérieur ou égal à tous les autres effectifs.

Moins

1 Moins, symbole de la soustraction

Dans les expressions suivantes, le symbole moins (–) est celui de la soustraction.

$125 - 38$; $1 - \frac{1}{3} + \frac{4}{1 - 0{,}4}$; $2x - x^2 + 1$.

▶ Soustraction.

2 Signe moins d'un nombre relatif

Dans les expressions suivantes, le symbole moins (–) est un signe de nombre relatif.

-5 ; $\left(-\frac{1}{3}\right) \times (-\sqrt{2})$.

▶ Signe.

3 « Moins » pour « opposé de »

Dans les expressions suivantes, le symbole moins (–) peut être traduit par « opposé de ».

$-(2 + 3)$; $-(4 + x + 3x^2)$.

▶ Opposé.

Moyen

L'égalité $\frac{12}{48} = \frac{1}{4}$ est une proportion. Je remarque que 48 est écrit en deuxième et 1 est écrit en troisième ; c'est pourquoi 48 et 1 sont les moyens de cette proportion.

♦ On écrit parfois la proportion sous la forme d'une suite : (12 ; 48 ; 1 ; 4) ; ceci justifie l'emploi du nom *moyens* pour désigner 48 et 1.

Déf. Soit a, b, c et d quatre nombres, b et d étant non nuls. Les nombres b et c sont les moyens de la proportion $\frac{a}{b} = \frac{c}{d}$.

▶ Extrême. Proportion.

Moyenne

1 Moyenne de nombres

Ce trimestre, voici mes notes (sur 20) en français : 14, 15, 13, 16, 17. Je calcule ma moyenne en effectuant le quotient $\frac{14 + 15 + 13 + 16 + 17}{5}$; je trouve $\frac{75}{5}$, c'est-à-dire 15.

Ma voisine a eu les notes suivantes : 15, 16, 10, 17, 18, 18 (elle a eu une note de participation en plus). Sa moyenne est $\frac{15 + 16 + 10 + 17 + 18 + 18}{6}$, c'est-à-dire $\frac{94}{6}$ ou encore $\frac{47}{3}$.

Elle sait que la division de 47 par 3 ne tombe pas juste. Elle trouve environ 15,6 ; le professeur a arrondi et lui a mis 15,5.

♦ La moyenne exacte des nombres 15, 16, 10, 17, 18, 18 est le nombre $\frac{47}{3}$.

Déf. La moyenne de deux nombres a et b est le nombre $\frac{a + b}{2}$.

La moyenne de trois nombres a, b et c est le nombre $\frac{a + b + c}{3}$.
Et ainsi de suite.

2 Moyenne pondérée de nombres

J'ai étudié les mesures en centimètres des tailles des vingt-cinq élèves de ma classe. Voici ce que j'ai obtenu :
159, 160, 164, 164, 164, 165, 165, 166, 166, 166, 166, 168, 168, 168, 168, 168, 169, 170, 170, 173, 175, 175, 175, 177, 179.
Je voudrais calculer la taille moyenne des élèves.

• *Première méthode.* Je peux faire comme dans le **1** : additionner tous les nombres obtenus et diviser la somme par 25. Je trouve $\frac{4\,208}{25}$, c'est-à-dire 168,32.

• *Seconde méthode.* Je peux aussi classer les mesures dans un tableau :

Mesures	159	160	164	165	166	168	169	170	173	175	177	179
Effectifs	1	1	3	2	4	5	1	2	1	3	1	1

Je calcule la moyenne ainsi :

$$\frac{1 \times 159 + 1 \times 160 + 3 \times 164 + 2 \times 165 + 4 \times 166 + 5 \times 168 + 1 \times 169 + 2 \times 170 + 1 \times 173 + 3 \times 175 + 1 \times 177 + 1 \times 179}{25}.$$

Je trouve encore $\frac{4\,208}{25}$, c'est-à-dire 168,32.

Les deux façons de trouver le nombre 168,32 sont différentes. En effectuant le calcul selon la seconde méthode, on dit que l'on calcule la moyenne pondérée des nombres 159, 160, 164, 165, 166, 168, 169, 170, 173, 175, 177, 179 avec les coefficients respectifs 1, 1, 3, 2, 4, 5, 1, 2, 1, 3, 1 et 1.

Info. Calculer la moyenne pondérée de nombres associés à des effectifs, c'est effectuer un calcul de la façon décrite dans la seconde méthode ci-dessus.

3 Moyenne d'un caractère quantitatif

Dans l'étude statistique que j'ai faite sur les élèves de ma classe, le caractère est « taille en centimètres » ; la moyenne des valeurs de ce caractère est 168,32 ; je peux dire aussi que c'est la moyenne du caractère.

♦ Si les valeurs du caractère sont réparties en classes, la moyenne du caractère se calcule généralement en remplaçant les classes par leurs valeurs centrales : $157{,}5 = \frac{155 + 160}{2}$; $162{,}5 = \frac{160 + 165}{2}$; etc.

Classe	$155 \leqslant t < 160$	$160 \leqslant t < 165$	$165 \leqslant t < 170$	$170 \leqslant t < 175$	$175 \leqslant t < 180$
Valeur centrale	157,5	162,5	167,5	172,5	177,5
Effectif	1	4	12	3	5

On trouve $\frac{1 \times 157{,}5 + 4 \times 162{,}5 + 12 \times 167{,}5 + 3 \times 172{,}5 + 5 \times 177{,}5}{25} = \frac{4\,222{,}5}{25} = 168{,}9.$

Déf. La moyenne d'un caractère quantitatif est la moyenne de ses valeurs.

▶ Médiane. Mode.

Multiple

1 Multiple en tant que nom

• Je récite la table de 6 : $6 \times 0 = 0$; $6 \times 1 = 6$; $6 \times 2 = 12$; $6 \times 3 = 18$; etc.
0, 6, 12, 18, etc. sont les multiples de 6.

• Je récite « la table de π » : $\pi \times 0 = 0$; $\pi \times 1 = \pi$; $\pi \times 2 = 2\pi$; $\pi \times 3 = 3\pi$; etc.
0, π, 2π, 3π, etc. sont des multiples de π.

♦ 0 est un multiple de tous les nombres.

Déf. Un multiple d'un nombre a est le produit de a par un entier naturel.

2 Multiple en tant qu'adjectif

Les nombres 0, 6, 12 et 18 sont multiples de 6. Ici, multiple est employé comme adjectif.

♦ Tous les entiers naturels sont multiples de 1.

Info. *Multiple* s'emploie aussi comme adjectif.

▶ Diviseur. PPCM.

Multiplication

1 Multiplication des nombres

Soit a et b deux nombres ; le tableau ci-après donne des exemples d'écriture du nombre $a \times b$. Ce nombre est le nombre associé à a et à b par la multiplication. Voir aussi la fiche *effectuer une multiplication* à la fin de cet article.

a	b	Exemples d'écriture de $a \times b$	Explications
7	$\frac{19}{14}$	$7 \times \frac{19}{14}$ ou $\frac{19}{2}$	$7 \times \frac{19}{14} = \frac{7 \times 19}{14} = \frac{19}{2}$
10^{-5}	$\frac{8}{3} \times 10^4$	$10^{-5} \times \frac{8}{3} \times 10^4$ ou $\frac{8}{3} \times 10^{-1}$	$10^{-5} \times 10^4 = 10^{-5+4} = 10^{-1}$
$\sqrt{3}$	$\sqrt{21}$	$\sqrt{3} \times \sqrt{21}$ ou $3\sqrt{7}$	$\sqrt{3} \times \sqrt{21} = \sqrt{3} \times \sqrt{3} \times \sqrt{7} = 3\sqrt{7}$

Déf. La multiplication des nombres est une opération. À deux nombres a et b, elle associe un troisième nombre, noté $a \times b$, ou ab.

▶ Signe.

2 Multiplication d'un nombre et d'une grandeur

Je calcule : $5 \times 3 \text{ m}^2 = 15 \text{ m}^2$; $\frac{1}{1\,000} \times 7 \text{ km} = \frac{7}{1\,000}$ km (lire *sept-millièmes de kilomètre*).

♦ Le procédé utilisé dans les exemples précédents reste valable pour toute autre grandeur.

Info. Il est possible de définir la multiplication d'un nombre positif et d'une grandeur. On procède comme dans les exemples ci-dessus.

▶ Division. Effectuer. Facteur. Fraction. Multiplier. Opération. Produit.

FICHE

EFFECTUER UNE MULTIPLICATION

1. Règle des signes

Le produit de deux nombres de même signe est un nombre positif.

Le produit de deux nombres de signes contraires est un nombre négatif.

♦ On en déduit que :
– le produit d'un nombre pair de nombres négatifs est un nombre positif :
$(-2) \times (-3) \times (-4) \times (-5) = 120$ (il y a quatre nombres négatifs) ;
– le produit d'un nombre impair de nombres négatifs est un nombre négatif :
$(-2) \times (-3) \times (-4) \times (-5) \times (-6) = -720$ (il y a cinq nombres négatifs).

2. Effectuer une multiplication de fractions

Le produit de deux fractions est une fraction, dont le numérateur est le produit des numérateurs et le dénominateur est le produit des dénominateurs. En abrégé : $\frac{a}{b} \times \frac{c}{d} = \frac{a \times c}{b \times d}$ ($b \neq 0$ et $d \neq 0$).

Par exemple : $\frac{7}{13} \times \frac{3}{4} = \frac{7 \times 3}{13 \times 4} = \frac{21}{52}$.

Multiplier

• Quand je multiplie les nombres 2, 5, 10 et 7, je trouve $2 \times 5 \times 10 \times 7$, que je peux écrire $10 \times 10 \times 7$ ou bien 100×7 ou bien encore 700.

• Soit x un nombre. Quand je multiplie les nombres x, $x + 1$ et 3, je trouve $x(x + 1) \times 3$, que je peux écrire $(x^2 + x) \times 3$ ou encore $3x^2 + 3x$.

• Quand je multiplie le nombre 5 et la longueur 10 cm, je trouve la longueur 50 cm ; je peux écrire 5×10 cm = 50 cm.

♦ On dit souvent « multiplier des expressions (numériques ou littérales) » au lieu de dire « multiplier les nombres représentés par des expressions (numériques ou littérales) »

♦ On dit aussi « multiplier un nombre a par un autre nombre b » ; cette expression signifie « multiplier les deux nombres a et b ».

Info. Multiplier deux nombres, c'est leur associer un troisième nombre par la multiplication.
Multiplier trois nombres, c'est choisir deux d'entre eux, les multiplier, puis multiplier le nombre obtenu et le troisième nombre.
Et ainsi de suite.

▶ Multiplication. Produit.

N *n*

Nano

Les mémoires des ordinateurs ont des temps d'accès qui s'expriment en nanosecondes.
Une nanoseconde est égale à un-milliardième de seconde :

$$1 \text{ ns} = \frac{1}{1\ 000\ 000\ 000} \text{ s} = 0{,}000\ 000\ 001 \text{ s} = 10^{-9} \text{ s.}$$

Déf. Employé avant une unité, *nano* signifie *milliardième de*. Son abréviation est n.

▶ Préfixe.

Nature

1 Nature d'une figure géométrique

Le professeur interroge ; les élèves répondent.
– Quelle est la nature du triangle ABC ?
– Le triangle ABC est isocèle.
– Quelle est la nature du quadrilatère IJKL ?
– Le quadrilatère IJKL est un rectangle.

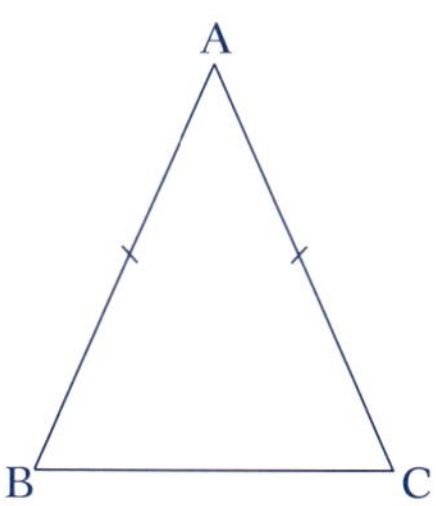

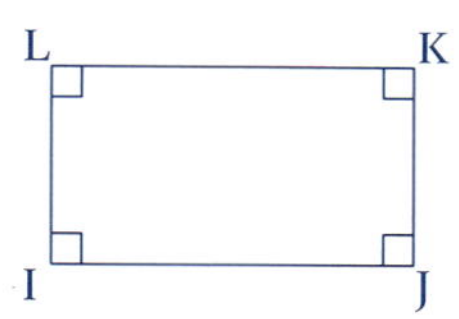

Info. On peut décrire la nature de certaines figures par un nom ou un adjectif qui se rapporte à cette figure. Le tableau ci-après donne des exemples.

Figures	Noms ou adjectifs utilisables
Angle	aigu, droit, nul, obtus, plat, plein, rentrant, saillant
Triangle	acutangle, isocèle, équilatéral, obtusangle, rectangle, scalène
Quadrilatère	croisé, trapèze, parallélogramme, losange, rectangle, carré
Polygone	croisé, inscriptible, régulier
Solide	boule, cône, cube, cylindre, parallélépipède rectangle, polyèdre, prisme, pyramide, sphère

2 Nature d'un expression

▶ Expression littérale. Expression numérique. Différence. Produit. Quotient. Somme.

Naturel

1 Entier naturel

Voir l'article *Entier naturel*.

2 Naturel

Le nombre 12 est un entier naturel. Les nombres 10^2 et $\frac{12}{4}$ sont aussi des entiers naturels car je peux les écrire respectivement 100 et 3. Je peux dire simplement que les nombres 12, 10^2 et $\frac{12}{4}$ sont des naturels (tout court).

Info. Employé comme nom, *naturel* est un synonyme de *entier naturel*.

▶ Nombre. Nombre décimal. Nombre entier. Nombre irrationnel. Nombre rationnel. Nombre réel. Nombre relatif.

Nécessaire Voir l'article *Condition* **1**.

Négatif

1 Décimal négatif

Je représente des nombres décimaux en utilisant des écritures décimales : – 1 ; – 7,89 ; – 0,45. Ces écritures sont toutes précédées d'un signe *moins*. Elles représentent donc des décimaux négatifs.

♦ Le nombre 0 est aussi un nombre négatif ; c'est le seul nombre dont l'écriture décimale ne comporte pas de signe *moins*.

Déf. Les nombres décimaux négatifs sont les nombres qui peuvent s'écrire à l'aide d'une écriture décimale comportant un et un seul signe *moins*.

2 Nombre négatif

Je considère les nombres $-\frac{11}{3}$, $-\sqrt{2}$, $-\pi$, $\sqrt{7}-\sqrt{11}$; j'en écris des approximations décimales : $-\frac{11}{3} \approx -3{,}66$; $-\sqrt{2} \approx -1{,}414$; $-\pi \approx -3{,}14$; $\sqrt{7}-\sqrt{11} \approx -0{,}67$. Je remarque que les écritures décimales obtenues sont précédées d'un signe *moins*. J'en conclus que les nombres $-\pi$ et $\sqrt{7}-\sqrt{11}$ sont des nombres négatifs.

♦ Sur l'axe ci-dessous, j'ai représenté par des traits de graduation rouges des entiers négatifs.

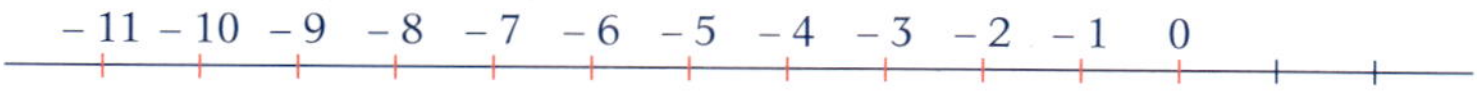

Déf. Un nombre négatif est soit le nombre zéro soit un nombre dont une approximation décimale est un décimal strictement négatif.

▶ Nombre relatif. Positif.

Négation

Soit $\mathscr{A}$ une proposition. La négation de $\mathscr{A}$ est le contraire de $\mathscr{A}$.

▶ Contraire.

Nombre

J'ai demandé à mon professeur de mathématiques ce qu'était un nombre.
– Il est très difficile de le dire simplement ; tu ne connais que des écritures et des représentations des nombres.
Il a écrit au tableau.
– Par exemple, les écritures 2, deux, 1 + 1, $\frac{100}{50}$, II, $\sqrt{4}$ représentent toutes le même nombre.
– Lequel ?
– Le nombre deux. Pour le connaître et pour faire des calculs, tu es obligé de l'écrire et de le penser. Pour avoir une réponse satisfaisante à ta question, il te faudra poursuivre des études mathématiques difficiles. Alors, sois patient(e), et contente-toi, pour l'instant, de bien utiliser les représentations des nombres.
Il y a, par exemple, les représentations décimales, fractionnaires, celles qui comportent des radicaux, les représentations littérales (par exemple, π).

Info. Au collège, les nombres sont représentés sous forme décimale ou fractionnaire, ou bien à l'aide de radicaux, ou bien encore sous forme d'expressions numériques ou littérales.

▶ Écriture décimale. Écriture fractionnaire. Expression littérale. Expression numérique. Fraction. Nombre décimal. Nombre entier. Nombre irrationnel. Nombre rationnel. Nombre relatif.

Nombre décimal

• Voici des écritures décimales : 45,02 ; – 9,35 ; 0,006. Elles représentent toutes les trois des nombres décimaux.

♦ Si un nombre est un nombre entier, alors c'est un nombre décimal.
En effet : 0 = 0,0 ; 1 = 1,0 ; – 1 = – 1,0 ; etc.

• J'effectue la division de 11 par 8 ; elle tombe juste ; je peux écrire $\frac{11}{8} = 1{,}375$. C'est pourquoi je peux dire que le nombre $\frac{11}{8}$ est un nombre décimal.

11	8
30	1,375
60	
40	
0	

• La division de 145 par 99 ne tombe pas juste ; c'est pourquoi je peux dire que le nombre $\frac{145}{99}$ n'est pas un nombre décimal.

144	99
450	1,45
540	
45	

♦ Soit *a* un nombre décimal et *b* un nombre décimal non nul. Le quotient $\frac{a}{b}$ est un nombre décimal dans le cas où la division de *a* par *b* tombe juste, et seulement dans ce cas.

• Le nombre $\sqrt{9{,}61}$ est un nombre décimal ; en effet, $\sqrt{9{,}61} = 3{,}1$.

Déf. Un nombre décimal est un nombre qui peut se représenter à l'aide d'une écriture décimale.

▶ Écriture décimale. Écriture fractionnaire. Nombre entier. Nombre irrationnel. Nombre rationnel. Nombre relatif.

Nombre entier

• Je connais depuis longtemps les entiers naturels : 0, 1, 2, 3, 4, 5, 6, etc. Il existe d'autres nombres entiers : – 1, – 2, – 3, – 4, – 5, etc. Ce sont les entiers négatifs.
L'écriture décimale réduite de ces nombres ne comporte pas de virgule.

• La somme 2 + 6 représente un nombre entier car je peux l'écrire sous la forme décimale 8 (en effet, 2 + 6 = 8). De même, la différence – 2 – 8 représente un nombre entier, que je peux écrire sous forme décimale : – 10.

♦ La somme 2,1 + 0,9 représente un nombre entier car 2,1 + 0,9 = 3 ; de même, la différence 8,7 – 2,7 représente un nombre entier car 8,7 – 2,7 = 6.

• J'effectue la division de 10 par 2 ; elle tombe juste ; je peux écrire $\frac{10}{2} = 5$. C'est pourquoi je peux dire que le nombre $\frac{10}{2}$ est un nombre entier.

♦ Soit a un entier naturel et b un entier naturel non nul. Le quotient $\frac{a}{b}$ est un nombre entier dans le cas où le reste de la division entière de a par b est nul, et seulement dans ce cas.

• Le nombre $\sqrt{49}$ est un nombre entier car $\sqrt{49} = 7$.

♦ Soit a un entier positif ; la racine carrée de a est un nombre entier dans le cas où a est un carré, et seulement dans ce cas.

Déf. Un nombre entier est un nombre dont l'écriture décimale réduite ne comporte pas de virgule.

▶ Écriture décimale. Écriture fractionnaire. Naturel. Nombre décimal. Nombre irrationnel. Nombre rationnel. Nombre relatif.

Nombre irrationnel

Il n'existe aucune fraction qui représente le nombre $\sqrt{2}$; ce nombre n'est donc pas rationnel ; c'est pourquoi c'est un nombre irrationnel. De même, le nombre π est irrationnel.

♦ Je vais démontrer par l'absurde que le nombre $\sqrt{2}$ est irrationnel :

Je suppose que $\sqrt{2}$ est rationnel ; il existe alors deux nombres entiers a et b tels que :

– $\sqrt{2} = \frac{a}{b}$;

– a et b soient tous les deux strictement positifs (car $\sqrt{2}$ est strictement positif) ;

– la fraction $\frac{a}{b}$ soit irréductible, c'est-à-dire que a et b sont premiers entre eux.

L'égalité $\sqrt{2} = \frac{a}{b}$ implique l'égalité $(\sqrt{2})^2 = \left(\frac{a}{b}\right)^2$, c'est-à-dire $2 = \frac{a^2}{b^2}$, donc $a^2 = 2b^2$.

Cela implique que a^2 est un nombre pair, donc que a est pair ; a étant pair, a^2 est non seulement pair, mais aussi un multiple de 4.

Comme a et b sont premiers entre eux, b est nécessairement impair, donc aussi b^2. Cela implique que $2b^2$ n'est pas un multiple de 4.

Puisque $a^2 = 2b^2$, il y a contradiction entre les propositions « a^2 est un multiple de 4 » et « $2b^2$ n'est pas un multiple de 4 ».

J'en conclus qu'il est impossible de trouver une fraction qui soit égale à $\sqrt{2}$. Par conséquent, le nombre $\sqrt{2}$ est irrationnel.

Déf. Un nombre irrationnel est un nombre qui n'est pas rationnel.

▶ Nombre. Nombre décimal. Nombre entier. Nombre rationnel. Nombre réel. Nombre relatif.

Nombre rationnel

• Je peux écrire le nombre 4,1 sous la forme d'une fraction : $4{,}1 = \frac{41}{10}$. C'est pourquoi le nombre 4,1 est un nombre rationnel.

• Les nombres entiers sont aussi des nombres rationnels car je peux les écrire sous la forme d'une fraction : $0 = \frac{0}{1}$, $1 = \frac{1}{1}$, $-1 = \frac{-1}{1}$, $2 = \frac{2}{1}$, $-2 = \frac{-2}{1}$, etc.

♦ Il existe des nombres rationnels qui ne sont ni des nombres entiers ni des nombres décimaux : c'est le cas, par exemple, du nombre $\frac{2}{3}$.

♦ Il existe des nombres qui ne sont pas des nombres rationnels : c'est le cas du nombre $\sqrt{2}$.

Déf. Un nombre rationnel est un nombre qui peut s'écrire sous la forme d'une fraction.

▶ Nombre décimal. Nombre entier. Nombre irrationnel. Nombre réel. Nombre relatif.

Nombre réel

Tous les nombres rencontrés au collège sont des nombres réels.

Déf. Au collège, *nombre réel* est un synonyme de *nombre* (tout court).

▶ Nombre. Nombre décimal. Nombre entier. Nombre irrationnel. Nombre rationnel. Nombre relatif.

Nombre relatif

Quand j'écris 13 ; – 78 ; 6,02 ; – 0,18 ; $\frac{35}{12}$; $\frac{-56}{87}$; $\sqrt{97}$; $-\sqrt{109}$, je représente des nombres relatifs.

♦ L'expression *Nombre relatif* est synonyme de l'expression *Nombre réel*. Elle s'emploie plutôt lorsque le signe des nombres (*plus* ou *moins*) est important à prendre en compte.

Déf. Les nombres relatifs sont les nombres positifs et les nombres négatifs.

▶ Entier naturel. Négatif. Nombre décimal. Nombre entier. Nombre irrationnel. Nombre rationnel. Nombre réel. Positif.

Non

a) L'angle $\widehat{xOy}$ est non droit, c'est-à-dire que $\widehat{xOy}$ n'est pas un angle droit.

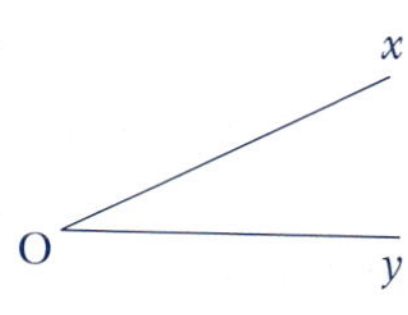

♦ La proposition « $\widehat{xOy}$ est non droit » est le contraire de la proposition « $\widehat{xOy}$ est droit ».

b) Les points A, B et C sont non alignés, c'est-à-dire qu'ils ne sont pas alignés.

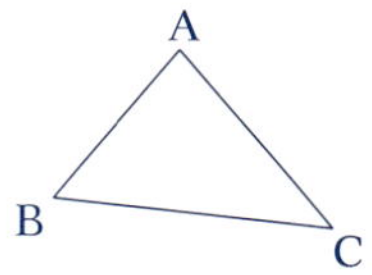

♦ La proposition « A, B et C sont non alignés » est le contraire de la proposition « A, B et C sont alignés ».

c) Soit x et y deux nombres tels que $x + y \neq 0$. Je peux dire que x et y sont non tous les deux nuls ; cela signifie que l'un au moins de ces nombres est différent de zéro.

♦ La proposition « x et y sont non tous les deux nuls » peut s'écrire aussi « $x \neq 0$ ou $y \neq 0$ ».

C'est le contraire de la proposition « x et y sont tous les deux nuls » qui peut aussi s'écrire « $x = 0$ et $y = 0$ ».

Info. Le mot *non* permet d'exprimer le contraire d'une proposition.

▶ Contraire.

Norme

Sur la figure, l'unité de longueur est le centimètre. Chaque carré du quadrillage est de côté 1.
Comme AB = 2, la norme du vecteur $\overrightarrow{AB}$ est égale à 2.
Par le théorème de Pythagore, $EF^2 = 3^2 + 4^2 = 25$. Donc EF = 5. J'en conclus que la norme du vecteur $\overrightarrow{EF}$ est égale à 5. De même, la norme du vecteur $\overrightarrow{CD}$ est égale à $\sqrt{29}$.

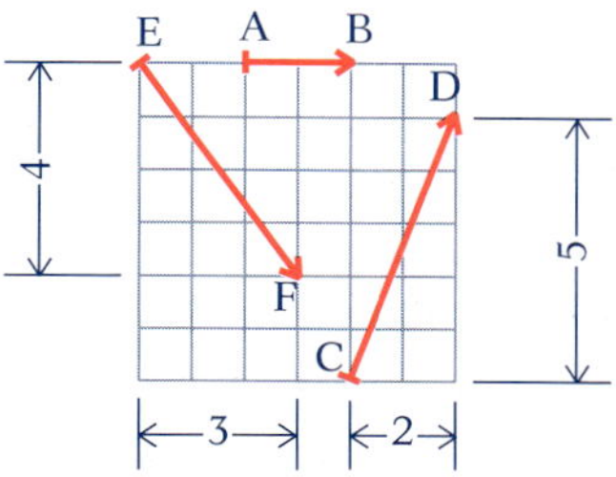

Déf. La norme d'un vecteur $\overrightarrow{AB}$ est la distance AB.

▶ Distance. Unitaire. Vecteur.

Normé

Pour un vecteur, *normé* est synonyme de *unitaire*.

▶ Unitaire.

Notation

• Soit A et B deux points. La droite qui passe par ces points peut être désignée par l'écriture (AB). Cette écriture est une notation. Je peux la retrouver à l'article *Droite*.

• De même :
– je trouve les notations d'un segment à l'article *Segment* ;
– je trouve les notations d'une demi-droite à l'article *Demi-droite*. Etc.
Voici les articles où les notations sont rassemblées :
– notations de géométrie : voir l'article *Symboles géométriques* ;
– notations concernant les nombres : voir l'article *Symboles numériques* ;
– notations concernant les unités de mesure : voir l'article *Symboles des unités*.

Info. Une notation est une écriture utilisée pour désigner un objet.

Notation ingénieur Voir l'article *Écriture ingénieur*.

Notation scientifique Voir l'article *Écriture scientifique*.

Nul

1 Nombre nul

Un produit de nombres est égal à 0 si et seulement si l'un des nombres est égal à 0. Je peux traduire cette phrase en disant : un produit de nombres est nul si et seulement si l'un des facteurs est nul.

Déf. *Nul* signifie *égal à 0*, quand il qualifie un nombre.

2 Angle nul

Je fais l'expérience suivante : je resserre les deux côtés d'un angle saillant, jusqu'à ce qu'ils soient confondus.
J'ai dessiné cinq figures représentant cinq étapes de mon expérience. Sur la dernière figure, une demi-droite est tracée. C'est pourquoi on dit qu'une demi-droite est un angle nul.

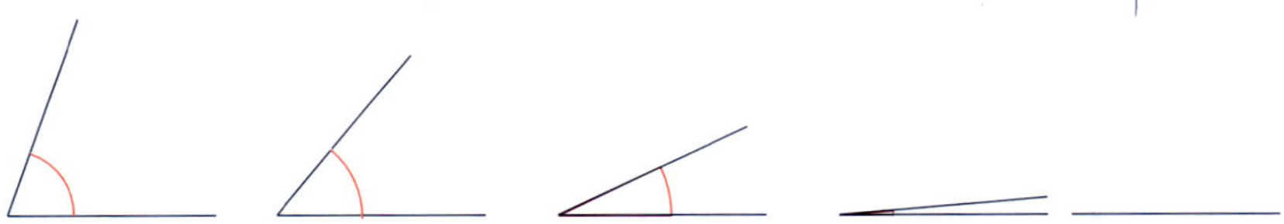

1 2 3 4 5

Déf. Un angle nul est une demi-droite.

3 Angle de 0°

J'observe les angles de la figure ci-dessous. Je comprends que l'ouverture d'un angle nul doit être égale à 0°.
D'autre part, un angle dont l'ouverture est égale à 0° est une demi-droite ; c'est pourquoi c'est un angle nul.

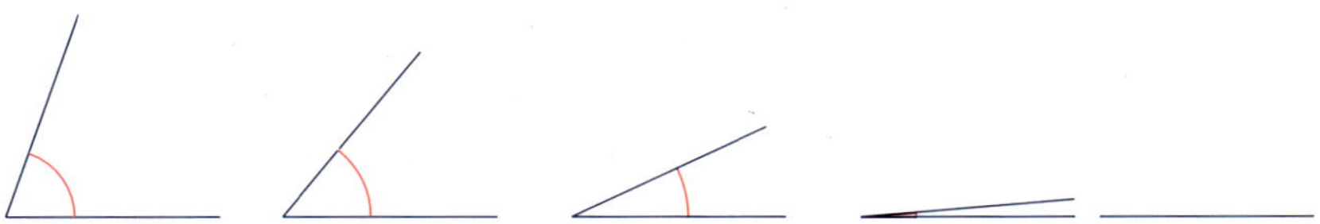

70° 50° 25° 5° 0°

Déf. Un angle nul est un angle de 0°.

4 Fonction nulle

Je considère la fonction affine f définie ainsi : $x \mapsto 0x + 0$; je peux aussi la définir ainsi : $x \mapsto 0$. Pour tout nombre x, $f(x) = 0$. Cette fonction affine s'appelle la fonction nulle.

Déf. La fonction nulle est la fonction affine qui, à tout nombre x, associe le nombre 0.

▶ Angle. Annuler. Ouverture. Plein.

Numérateur

• Les numérateurs des fractions $\frac{31}{10}$; $\frac{-2}{7}$ et 3/4 sont respectivement les nombres 31 ; – 2 et 3.

• Le numérateur de l'écriture fractionnaire $\frac{3+7}{13}$ est le nombre 3 + 7 (qu'on peut aussi écrire 10).

Déf. Le numérateur d'une écriture fractionnaire est le nombre écrit au-dessus du trait de fraction (ou à gauche du trait de fraction /).

▶ Fraction. Dénominateur.

Numération

• Numération romaine

Les chiffres romains figurent dans le tableau ci-dessous.

I	V	X	L	C	D	M
un	cinq	dix	cinquante	cent	cinq cents	mille

Voici les règles d'écriture illustrées d'exemples :

Écriture romaine	Écriture décimale	Règles et commentaires
I	1	Des chiffres(1) identiques écrits à la suite s'ajoutent. On ne peut pas écrire plus de trois chiffres identiques à la suite.
II	2	
III	3	
IV	4	Un chiffre(1) placé à gauche d'un chiffre plus grand se retranche de celui-ci.
IX	9	
XL	40	
XI	11	En dehors de la règle précédente, les chiffres s'écrivent de gauche à droite par valeurs décroissantes, et ces valeurs s'ajoutent.
XXXII	32	
CCCXXVII	327	
MCDXCVIII	1 498	M + CD + XC + VIII = 1 000 + 400 + 90 + 8 = 1 498

(1) Chiffre signifie ici « nombre représenté par le chiffre ».

♦ La numération romaine est dite additive. C'est parce que, par exemple, III = I + I + I.

• Numération décimale

Il s'agit de l'écriture décimale des entiers naturels avec les dix chiffres 0 1 2 3 4 5 6 7 8 9.

L'exemple ci-dessous montre l'importance de la position d'un chiffre dans l'écriture.

5 000 050 005 : cinq milliards cinquante mille cinq.

♦ La numération décimale est dite de position. C'est parce qu'un même chiffre (5 dans l'exemple précédent) a une signification différente selon la position qu'il occupe dans l'écriture.

Déf. Un système de numération est un ensemble de signes et de conventions qui permet d'écrire les entiers naturels.

▶ Écriture décimale.

Numérique Voir les articles *Expression numérique* et *Symboles numériques*.

O o

Obtus

Les angles marqués ci-dessous en rouge ont une ouverture supérieure à 90° et inférieure à 180°. C'est pourquoi ce sont des angles obtus.

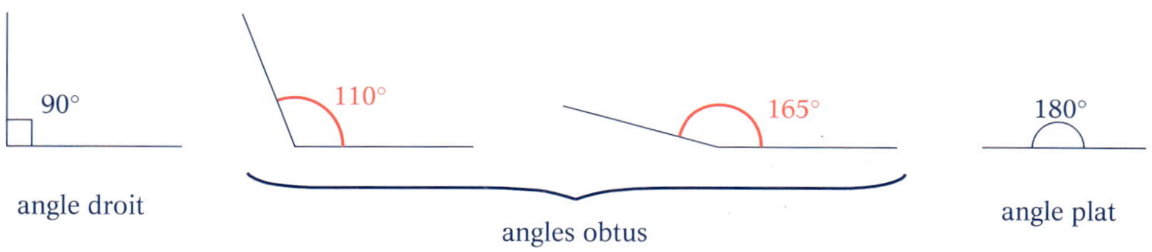

Déf. Un angle obtus est un angle dont l'ouverture est comprise entre 90° et 180°.

▶ Aigu. Angle. Obtusangle. Ouverture.

Obtusangle

Le triangle ABC représenté ci-contre a un angle obtus : $\widehat{A}$. C'est pourquoi ce triangle est obtusangle.

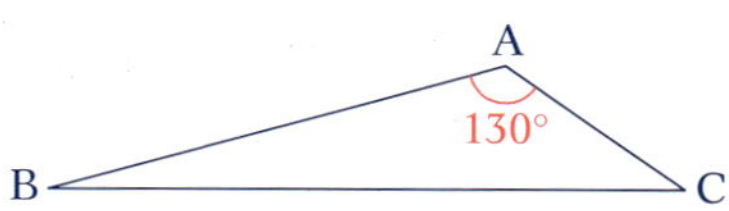

♦ Un triangle non obtusangle est soit rectangle, soit acutangle.

♦ Si un triangle est obtusangle, alors son orthocentre est à l'extérieur de ce triangle. La réciproque est vraie : si un triangle a son orthocentre à l'extérieur de lui-même, alors il est obtusangle.

♦ Tout triangle obtusangle peut être découpé en sept triangles acutangles.

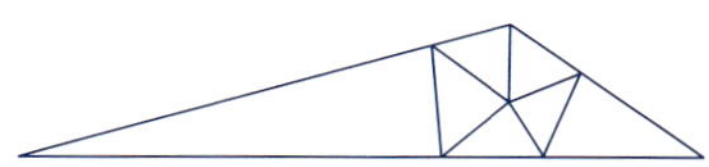

Déf. Un triangle obtusangle est un triangle qui a un angle obtus.

▶ Acutangle. Rectangle. Orthocentre.

Octaèdre

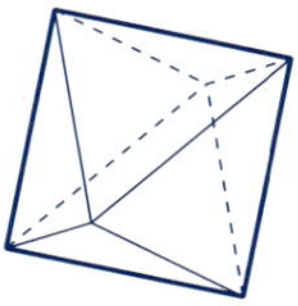

Le solide représenté ci-contre a huit faces ; c'est donc un octaèdre.

♦ Les faces de l'octaèdre représenté sont des surfaces limitées par des triangles équilatéraux superposables ; c'est un octaèdre régulier ; il a douze arêtes et six sommets.

♦ Ci-contre, j'ai dessiné un patron d'un octaèdre régulier.

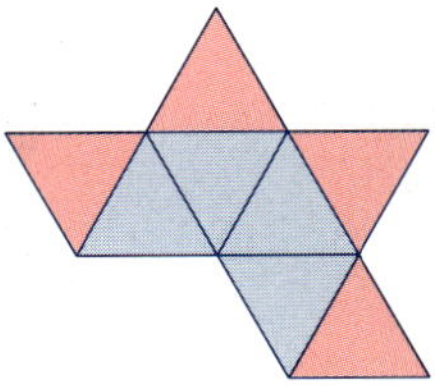

Déf. Un octaèdre est un polyèdre qui a huit faces.

▶ Dodécaèdre. Icosaèdre. Platon. Tétraèdre.

Octogonal Voir l'article *Polygonal*.

Octogone

Les polygones représentés ci-contre ont chacun huit côtés ; ce sont donc des octogones.

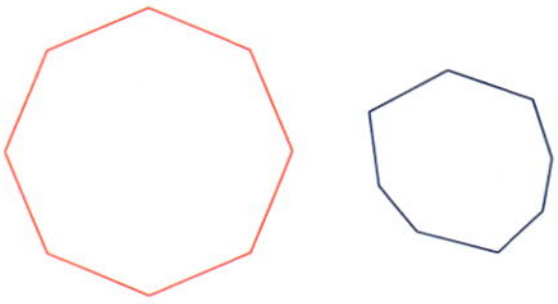

♦ L'octogone tracé en rouge est un octogone régulier.

Déf. Un octogone est un polygone qui a huit côtés.

▶ Aire. Polygonal. Polygone. Régulier.

FICHE

CONSTRUCTION D'UN OCTOGONE RÉGULIER À LA RÈGLE ET AU COMPAS

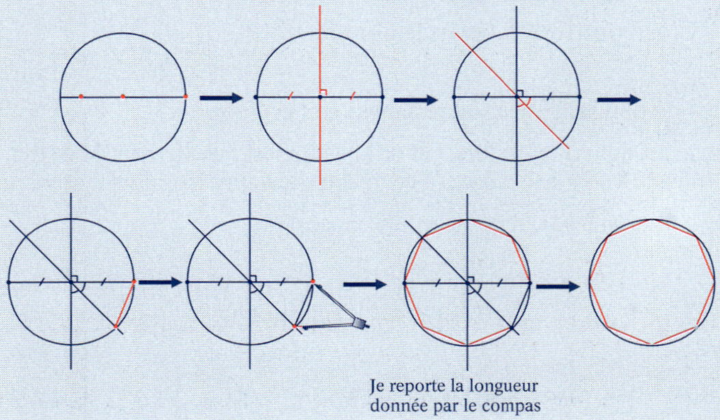

Opération

Je définis une opération que j'appelle l'opération * (lire : *étoile*) de la façon suivante :

Pour tous nombres a et b, $a * b = \frac{a+b}{2}$ (lire : a *étoile* b *égal* a + b *sur* 2).

Ainsi : $1 * 3 = \frac{1+3}{2} = 2$; $13 * 10 = \frac{13+10}{2} = 11{,}5$; etc.

♦ L'addition, la multiplication, la soustraction et la division sont des opérations.

Info. Définir une opération (notée * ; lire : *étoile*) sur des nombres, c'est, pour tous nombres a et b, définir le nombre qui leur est associé par * ; ce nombre est noté $a * b$.

▶ Addition. Division. Division décimale. Multiplication. Soustraction.

Opposé

1 Nombres opposés

6 + (– 6) = 0 ; c'est pourquoi les nombres 6 et – 6 sont opposés. On dit aussi que l'opposé du nombre 6 est le nombre – 6, et que l'opposé du nombre – 6 est le nombre 6.

De même, les nombres $-\frac{3}{2}$ et $\frac{3}{2}$ sont opposés, ainsi que les nombres $\sqrt{5}$ et $-\sqrt{5}$.

♦ Sur un axe d'origine O, si deux points A et B ont pour abscisses des nombres opposés, alors ils sont symétriques par rapport à O.

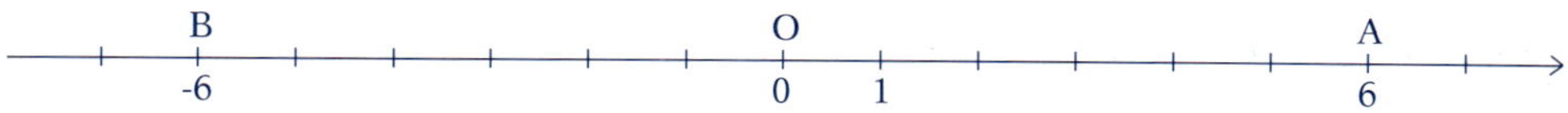

♦ Il existe un et un seul nombre qui soit égal à son opposé : c'est le nombre 0.

♦ Soit a un nombre. L'opposé de a peut se noter *opp(a)* ou $-a$. Par exemple, je peux écrire : *opp*(-7) = 7 ou – (– 7) = 7.

Déf. ***a)*** Deux nombres opposés sont deux nombres dont la somme est égale à 0.
b) L'opposé d'un nombre a est le nombre b tel que $a + b = 0$. L'opposé de a se note *opp*(a) ou $-a$.

2 Vecteurs opposés

a) Sur chacune des figures ci-dessous, les vecteurs $\vec{u}$ et $\vec{v}$ ont :
– la même direction ;
– des sens contraires ;
– la même longueur.
C'est pourquoi les vecteurs $\vec{u}$ et $\vec{v}$ sont opposés.

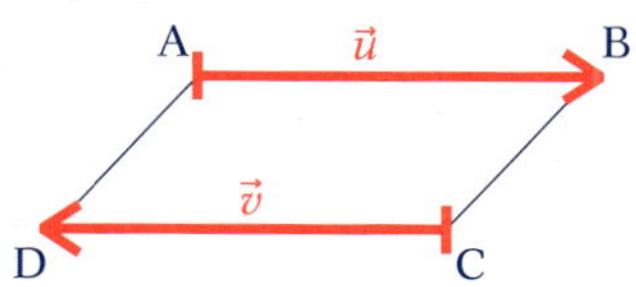

figure 1 : ABCD est un parallélogramme

figure 2 : F est le milieu de [EG]

♦ Sur la figure 1 ci-avant, on a : $\vec{u} + \vec{v} = \overrightarrow{AB} + \overrightarrow{CD} = \overrightarrow{AB} + \overrightarrow{BA} = \overrightarrow{AA} = \vec{0}$.

♦ D'une manière générale, si deux vecteurs $\vec{u}$ et $\vec{v}$ sont opposés, alors $\vec{u} + \vec{v} = \vec{0}$.
On dit que l'opposé du vecteur $\vec{u}$ est le vecteur $\vec{v}$, et on écrit $-\vec{u} = \vec{v}$.
On dit aussi que l'opposé du vecteur $\vec{v}$ est le vecteur $\vec{u}$, et on écrit $-\vec{v} = \vec{u}$.

b) Soit A et B deux points. Les vecteurs $\overrightarrow{AB}$ et $\overrightarrow{BA}$ sont opposés.
Donc $\overrightarrow{AB}$ est l'opposé de $\overrightarrow{BA}$, ce qu'on peut écrire : $\overrightarrow{AB} = -\overrightarrow{BA}$.

Déf. ***a)*** Deux vecteurs non nuls opposés sont deux vecteurs qui ont la même direction, qui sont de sens contraires, et qui ont la même longueur.
b) L'opposé d'un vecteur $\overrightarrow{AB}$ est le vecteur $\overrightarrow{BA}$, que l'on note $-\overrightarrow{AB}$. $-\overrightarrow{AB} = \overrightarrow{BA}$

3 Demi-droites opposées

Sur une droite (*xy*), j'ai placé un point G. Je peux alors définir deux demi-droites : [G*x*) et [G*y*). Ces deux demi-droites sont opposées car :
– elles ont la même origine : G ;
– elles ont pour support la même droite : (*xy*) ;
– elles n'ont qu'un seul point commun : G.

Déf. Deux demi-droites opposées sont deux demi-droites de même origine, de même support et n'ayant qu'un seul point commun : leur origine.

4 Points diamétralement opposés

Le segment [IJ] est un diamètre du cercle C de centre O. C'est pourquoi les points I et J sont diamétralement opposés.
De même, les points K et L sont diamétralement opposés sur la sphère S de centre Ω (lire *oméga*).

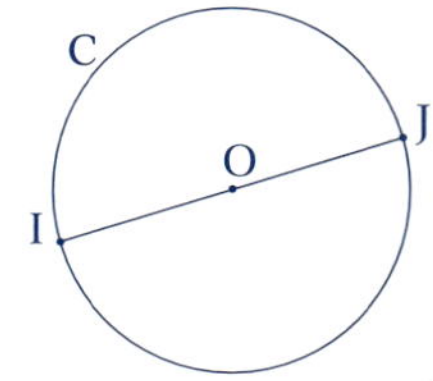

♦ Deux points diamétralement opposés d'un cercle (ou d'une sphère) sont symétriques par rapport au centre de ce cercle (ou de cette sphère).

Déf. Deux points diamétralement opposés d'un cercle (ou d'une sphère) sont les deux extrémités d'un diamètre de ce cercle (ou de cette sphère).

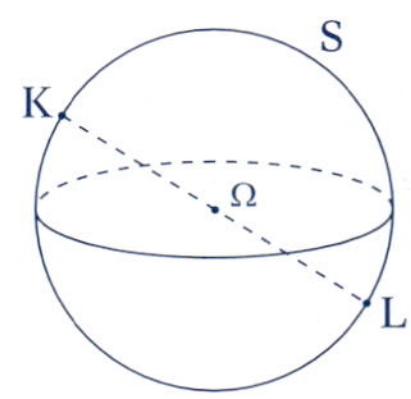

5 Angles opposés par le sommet

Les angles $\widehat{xIy}$ et $\widehat{uIv}$ ont le même sommet I. Leurs côtés sont des demi-droites opposées deux à deux. C'est pourquoi ces deux angles sont opposés par le sommet.

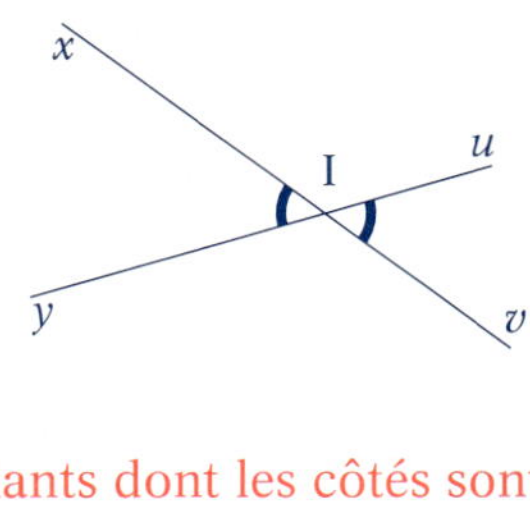

♦ Les angles $\widehat{xIu}$ et $\widehat{yIv}$ sont aussi opposés par le sommet.

♦ Deux angles opposés par le sommet ont la même ouverture.

Déf. Deux angles opposés par le sommet sont deux angles saillants dont les côtés sont des demi-droites deux à deux opposées.

6 Côté et sommet opposés dans un triangle

a) Dans le triangle ABC ci-dessous, le côté opposé au sommet A est [BC].

♦ On dit aussi que [BC] est le côté opposé à l'angle $\widehat{A}$ du triangle ABC.

♦ Choisissons une unité de longueur. Dans un triangle rectangle, le sinus d'un angle aigu est égal au rapport des mesures du côté opposé à cet angle et de l'hypoténuse, dans cet ordre.

b) Dans le triangle ABC ci-contre, le sommet opposé au côté [BC] est A.

♦ On dit aussi que l'angle opposé au côté [BC] est $\widehat{A}$.

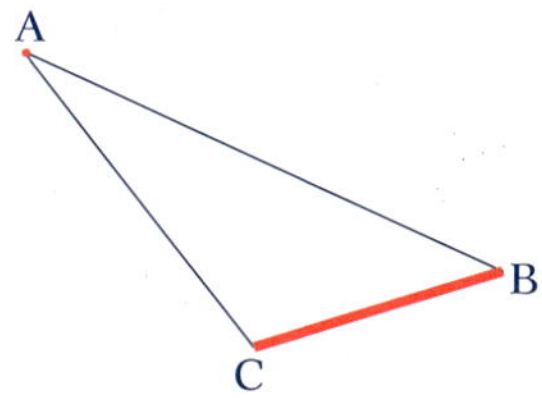

Déf. Dans un triangle,
a) le côté opposé à un sommet est le côté ne contenant pas ce sommet ;
b) le sommet opposé à un côté est le sommet n'appartenant pas à ce côté.

▶ Sinus. Tangente.

7 Côtés, sommets et angles opposés dans un quadrilatère

Dans le quadrilatère ABCD de chacune des trois figures ci-dessous :
a) les côtés [AB] et [CD] sont opposés ; les côtés [BC] et [AD] sont aussi opposés ;
b) les sommets A et C sont opposés ; les sommets B et D sont aussi opposés ;
c) les angles $\widehat{A}$ et $\widehat{C}$ sont opposés ; les angles $\widehat{B}$ et $\widehat{D}$ ($\check{D}$ pour la figure 2) sont aussi opposés.

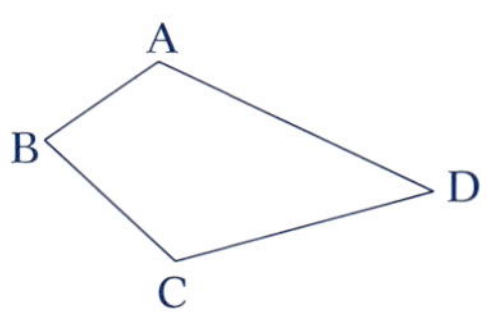

fig. 1

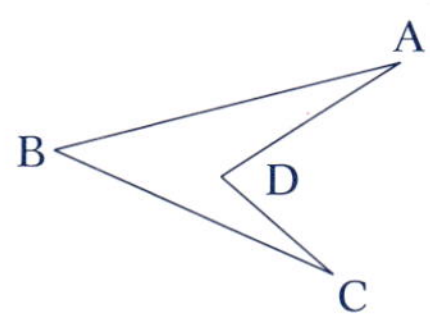

fig. 2

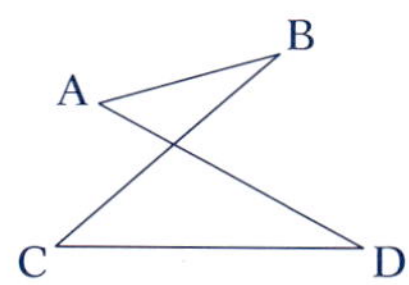

fig. 3

Déf. Dans un quadrilatère,
a) deux côtés opposés sont deux côtés qui ne sont pas consécutifs ;
b) deux sommets opposés sont deux sommets qui ne sont pas consécutifs ;
c) deux angles opposés sont deux angles dont les sommets sont opposés.

8 Faces opposées dans un parallélépipède rectangle

Les faces ABCD et EFGH du parallélépipède rectangle ABCDEFGH n'ont aucun point en commun ; c'est pourquoi elles sont opposées.
De même, les faces EHDA et FGCB sont opposées, ainsi que les faces ABFE et DCGH.

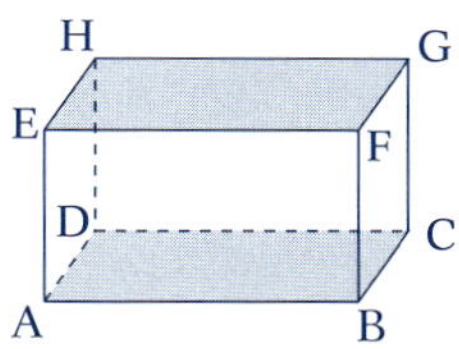

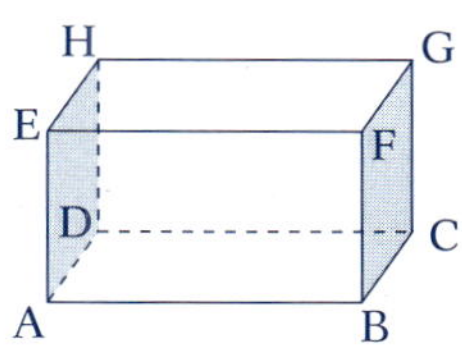

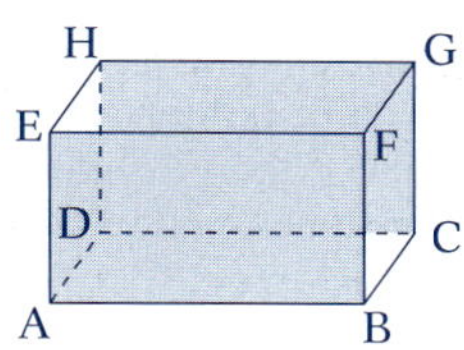

Déf. Dans un parallélépipède rectangle, deux faces opposées sont deux faces qui n'ont aucun point en commun.

Ordonnée

Sur la figure ci-dessous, je peux lire dans un repère (O, I, J) les ordonnées de quelques points.

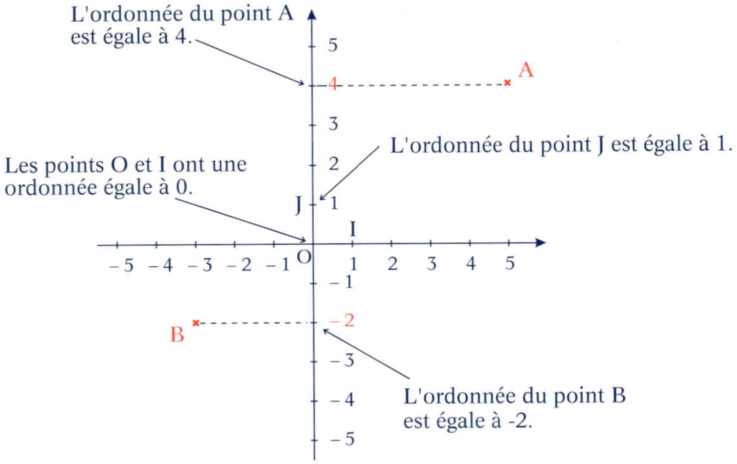

Les segments en pointillé sont parallèles à l'axe (O, I).

♦ Tous les points qui sont sur l'axe (O, I) ont pour ordonnée 0.

Déf. Dans un repère (O, I, J) du plan, l'ordonnée d'un point est le nombre que l'on peut lire sur l'axe (O, J) comme dans les exemples ci-dessus.

▶ Abscisse. Axe. Coordonnées. Repérer dans un plan. Repérer sur un axe.

Ordonnée à l'origine

L'ordonnée à l'origine de la droite d'équation $y = 2x + 3$ est égale à 3. Celle de la droite d'équation $y = 0{,}5x - 2$ est égale à -2, et celle de la droite d'équation $y = -3x$ est égale à 0.

♦ Dans un repère (O, I, J), seules les droites non parallèles à (OJ) ont une ordonnée à l'origine.

♦ Dans un repère (O, I, J), l'ordonnée à l'origine d'une droite non parallèle à (OJ) est l'ordonnée du point d'intersection de cette droite avec l'axe (OJ). La figure ci-contre donne quelques exemples d'ordonnées à l'origine de droites.

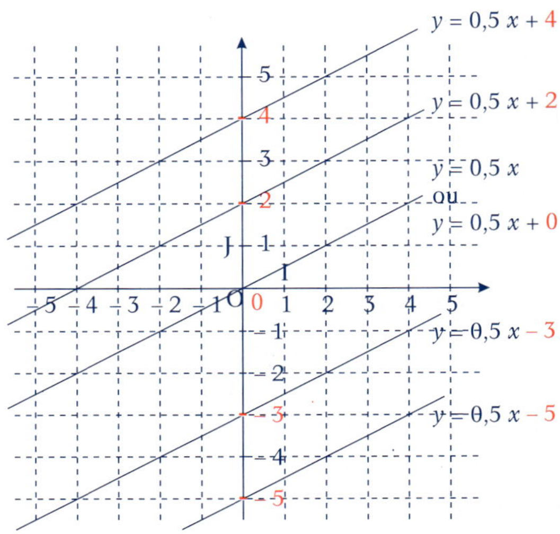

Déf. Soit a et b deux nombres. Dans un repère du plan, l'ordonnée à l'origine de la droite d'équation $y = ax + b$ est le nombre b.

▶ Coefficient (**1**). Équation de droite.

Ordre

Les nombres ci-dessous sont écrits dans l'ordre croissant, c'est-à-dire du plus petit au plus grand : – 5   – 1   0   2,3   4,2   4,3.
Je les écris dans l'ordre décroissant, c'est-à-dire du plus grand au plus petit : 4,3   4,2   2,3   0   – 1   – 5.

▶ Comparer.

Ordre de grandeur

Le professeur nous a demandé de calculer un ordre de grandeur du volume de la Terre.
Je sais que :

– le volume d'une boule de rayon r est donné par la formule $V = \frac{4}{3}\pi r^3$.

– le rayon de la Terre est environ égal à 6 400 km et $\pi \approx 3{,}14$.

• Si je veux un ordre de grandeur, je peux prendre $r \approx 6 \times 10^3$, $\pi \approx 3$ et calculer de la façon suivante :

$$\frac{4}{3} \times 3 \times (6 \times 10^3)^3 = 4 \times 6^3 \times 10^9 = 864 \times 10^9 \approx 800 \times 10^9 = 8 \times 10^{11}$$

Je trouve un volume environ égal à 8×10^{11} km³.

• Pour un ordre de grandeur plus précis, je peux utiliser une calculatrice et taper :

[4] [÷] [3] [×] [π] [×] [6] [4] [0] [0] [X^Y] [3] [=]

La calculatrice affiche [1.098066219 ¹²] ; je trouve un volume environ égal à : $1{,}098 \times 10^{12}$ km³.

Info. Un ordre de grandeur d'un nombre est une valeur approchée de ce nombre.

▶ Valeur approchée. Valeur exacte.

Origine

1 Origine d'une droite graduée

L'origine de la droite graduée d_1 est le point O. L'origine de d_2 est B. L'origine de d_3 n'apparaît pas sur la figure.

♦ On dit aussi *axe* à la place de *droite graduée*.

Déf. L'origine d'une droite graduée est le point de cette droite qui a pour abscisse zéro.

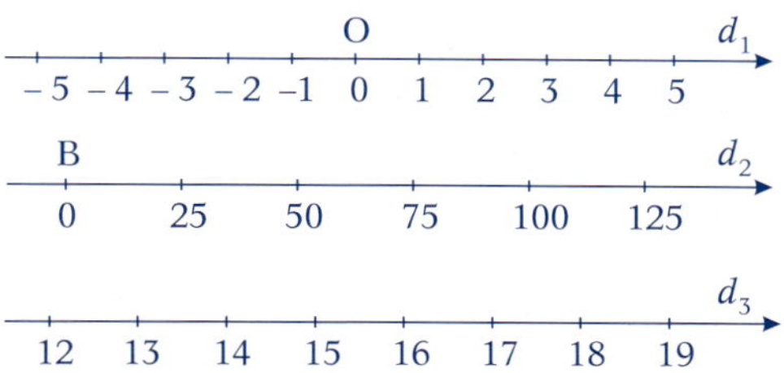

2 Origine d'un repère du plan

L'origine du repère représenté ci-contre est le point O.

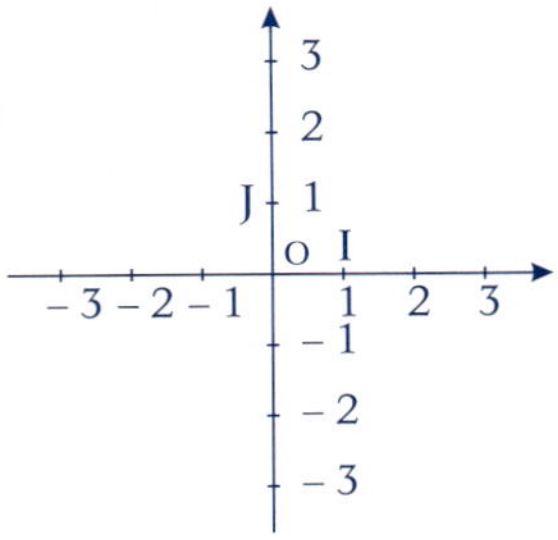

Déf. Dans un repère du plan, les deux axes ont la même origine ; celle-ci s'appelle l'origine du repère.

3 Origine d'une demi-droite

La droite (xy) est le support de la demi-droite [Oy). Le point O est l'origine de la demi-droite [Oy). Le point O est aussi l'origine de la demi-droite [Ox).

Déf. L'origine d'une demi-droite est le point qui délimite cette demi-droite sur son support.

4 Origine d'un représentant d'un vecteur

J'ai tracé trois représentants de trois vecteurs. Le premier a pour origine A, le deuxième a pour origine N, et le troisième a pour origine C.

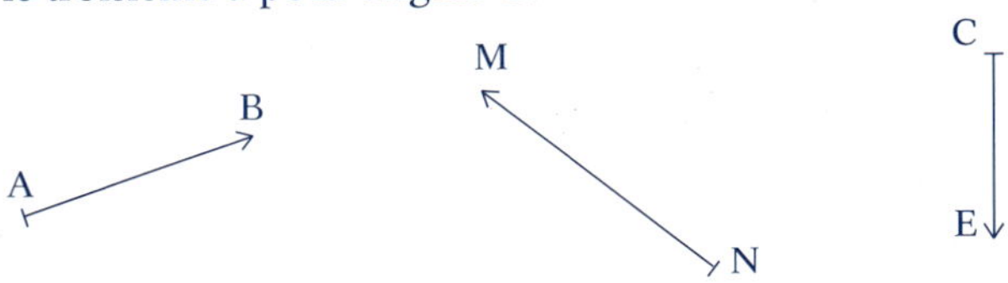

Déf. Soit A et B deux points. L'origine de $\overrightarrow{AB}$ est le point A.

▶ Extrémité. Repérer dans un plan. Repérer sur un axe.

Orthocentre

Je sais que, dans un triangle, les trois hauteurs sont concourantes ; leur point de concours s'appelle l'orthocentre du triangle.

Sur la figure ci-dessous, j'ai tracé en rouge les trois hauteurs de chaque triangle ; l'orthocentre H de chaque triangle est marqué en bleu.

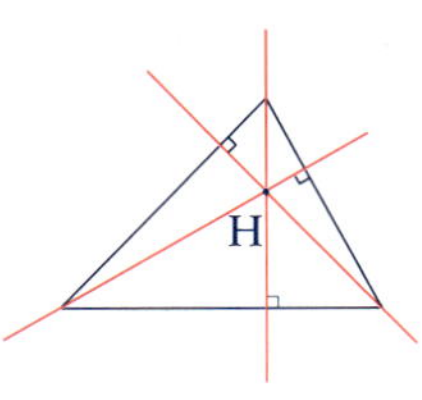

fig. 1

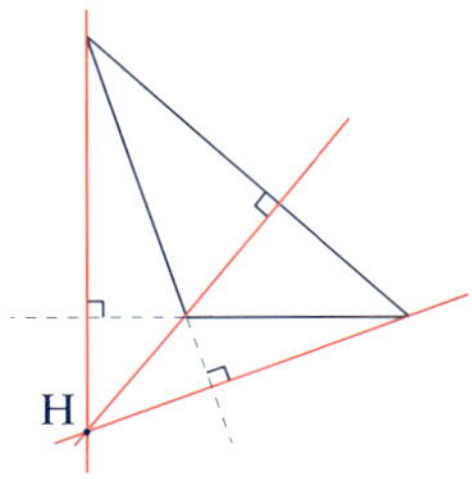

fig. 2

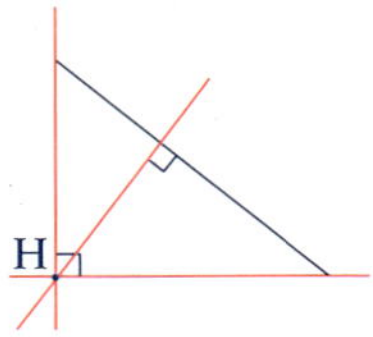

fig. 3

♦ Si un triangle est acutangle, alors l'orthocentre est intérieur au triangle (fig. 1).

♦ Si un triangle est obtusangle, alors l'orthocentre est extérieur au triangle (fig. 2).

♦ Si un triangle est rectangle, alors l'orthocentre est le sommet de l'angle droit du triangle (fig. 3).

Déf. L'orthocentre d'un triangle est le point de concours de ses trois hauteurs.

▶ Hauteur.

Orthogonal

1 Repère orthogonal

Les axes du repère (O, I, J) sont perpendiculaires ; c'est pourquoi ce repère est orthogonal.

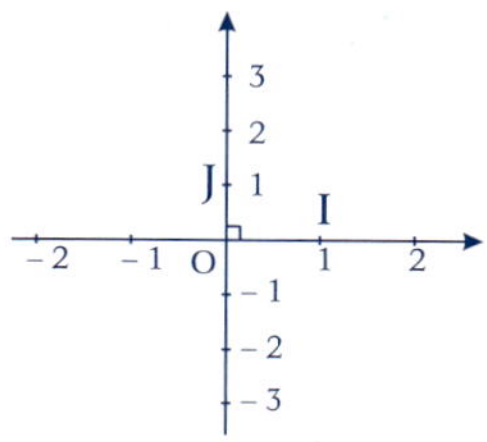

Déf. Dire qu'un repère est orthogonal signifie que ses axes sont perpendiculaires.

▶ Orthonormal.

2 Droites orthogonales dans un plan

Les droites d et d' du plan $\mathcal{P}$ sont perpendiculaires. On peut dire aussi qu'elles sont orthogonales.

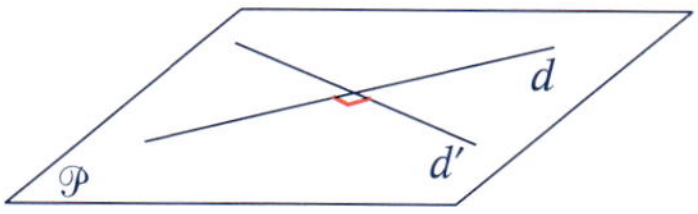

Info. Pour deux droites d'un plan, *orthogonales* est synonyme de *perpendiculaires*.

▶ Perpendiculaire.

3 Droites orthogonales dans l'espace

Sur la figure ci-contre, ABCDEFGH est un cube. Je considère les droites (BF) et (HG). Les parallèles à ces droites passant par E sont les droites (EA) et (EF). Comme (EA) et (EF) sont perpendiculaires, je peux dire que les droites (BF) et (HG) sont orthogonales.

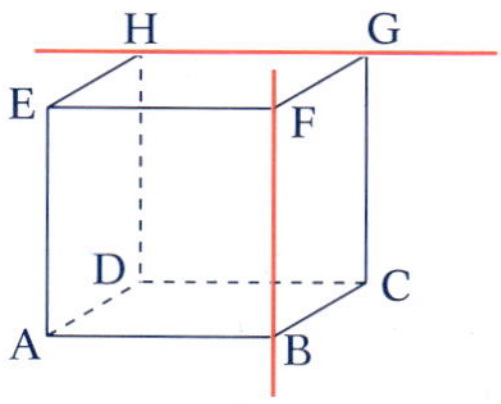

♦ Les droites (BF) et (HG) n'ont aucun point en commun.

♦ Si deux droites sont perpendiculaires, alors elles sont orthogonales.

♦ Si deux droites sont orthogonales et ont un point en commun, alors elles sont perpendiculaires.

Déf. Dans l'espace, dire que deux droites d et d' sont orthogonales signifie que les parallèles à d et à d' passant par un même point sont perpendiculaires.

▶ Perpendiculaire.

4 Projection orthogonale

▶ Projection orthogonale. Projeter.

Orthonormal

Les axes du repère (O, I, J) sont perpendiculaires, et de plus, les longueurs OI et OJ sont égales ; c'est pourquoi ce repère est orthonormal.

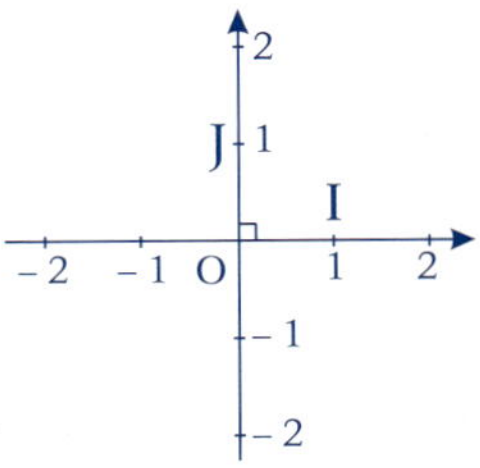

Déf. Dire qu'un repère (O, I, J) est orthonormal signifie que les axes (OI) et (OJ) sont perpendiculaires et que les longueurs OI et OJ sont égales.

▶ Orthogonal.

Ou

Sur la figure ci-contre, j'ai colorié en bleu la réunion R des disques D_1 et D_2.
Dire qu'un point M appartient à R, c'est dire qu'il appartient à D_1 ou qu'il appartient à D_2. En abrégé, je peux écrire : $M \in R \Leftrightarrow M \in D_1$ ou $M \in D_2$ (le symbole $\Leftrightarrow$ se lit *équivalent*).

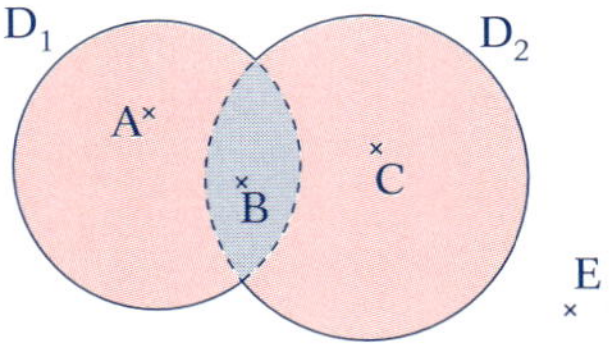

Par exemple : $A \in R$ car $A \in D_1$; $B \in R$ car $B \in D_1$ (aussi car $B \in D_2$) ; $C \in R$ car $C \in D_2$.
Au contraire : $E \notin R$ car $E \notin D_1$ et $E \notin D_2$.

Déf. Soit $\mathcal{A}$ et $\mathcal{B}$ deux propositions. Dire que la proposition ($\mathcal{A}$ *ou* $\mathcal{B}$) est vraie signifie que l'une au moins de ces propositions est vraie.

▶ Et. Inférieur ou égal. Négation. Supérieur ou égal.

Ouverture

• Les angles représentés ci-contre sont deux à deux superposables. Je peux le vérifier à l'aide d'un calque et en me rappelant que les côtés des angles sont illimités.
On dit que ces angles ont la même ouverture.

• Sur la figure ci-contre, je mesure l'ouverture de l'angle $\widehat{xOy}$ avec un rapporteur gradué en degrés. Je lis 40.
L'ouverture de l'angle $\widehat{xOy}$ est donc égale à 40°.
Je peux écrire : $\widehat{xOy} = 40°$.

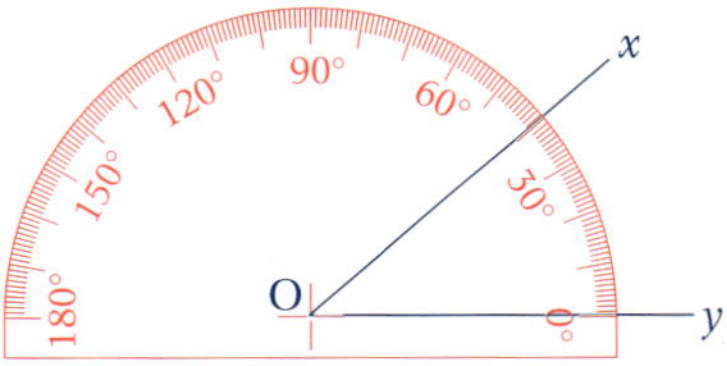

♦ Très souvent, on omet le mot ouverture pour alléger certaines expressions :

Expressions allégées	Expressions synonymes
un angle de 46°	un angle dont l'ouverture est égale à 46°
La somme des angles d'un triangle est égale à 180°.	La somme des ouvertures des angles d'un triangle est égale à 180°.
$\widehat{xOy} = 54°$	L'angle $\widehat{xOy}$ a une ouverture égale à 54°.
$\widehat{B} = \widehat{C}$	Les angles $\widehat{B}$ et $\widehat{C}$ ont la même ouverture.
Les angles $\widehat{A}$ et $\widehat{B}$ sont égaux.	Les angles $\widehat{A}$ et $\widehat{B}$ ont la même ouverture.

Déf. Dire que deux angles ont la même ouverture signifie que ces angles sont superposables. L'ouverture d'un angle s'exprime par un nombre positif suivi de ° (symbole de degré).

▶ Angle. Grandeur.

P *p*

Pair

Je compte de deux en deux à partir de 0 : 0, 2, 4, 6, 8, 10, 12, 14, etc. J'ai écrit les huit premiers nombres pairs.
Je remarque que $0 = 2 \times 0$; $2 = 2 \times 1$; $4 = 2 \times 2$; $6 = 2 \times 3$; $8 = 2 \times 4$; etc.

- ♦ Tout entier naturel est soit pair soit impair.
- ♦ Un entier naturel n est pair si et seulement si il existe un entier naturel k tel que $n = 2k$.
- ♦ Tout nombre pair est divisible par 2.
- ♦ La somme et le produit de deux nombres pairs est un nombre pair.
- ♦ Si a et b sont deux nombres pairs et si $a < b$, alors la différence $b - a$ est un nombre pair.

Déf. Un nombre pair est un entier naturel qui est un multiple de deux.

▶ Impair. Multiple. Parité.

Parallèle

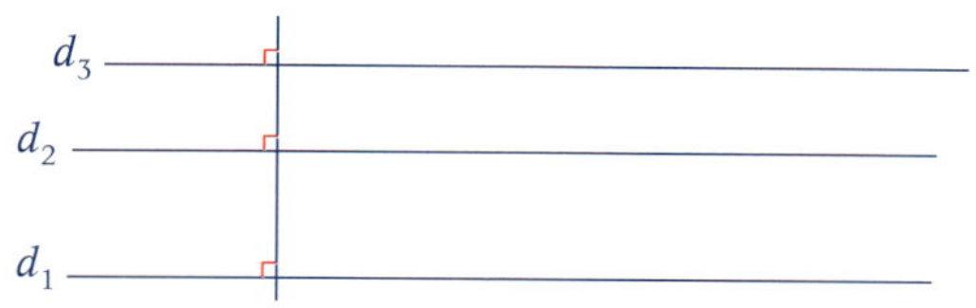

1 Droites parallèles dans un plan

Sur la figure ci-contre, les droites d_1 et d_2 n'ont aucun point en commun ; elles sont donc parallèles. De même, les droites, d_2 et d_3 sont parallèles, ainsi que les droites d_1 et d_3. Les droites d_1, d_2 et d_3 sont donc parallèles.

♦ Étant donné une droite d et un point A n'appartenant pas à d, il existe une et une seule droite parallèle à d et passant par A.

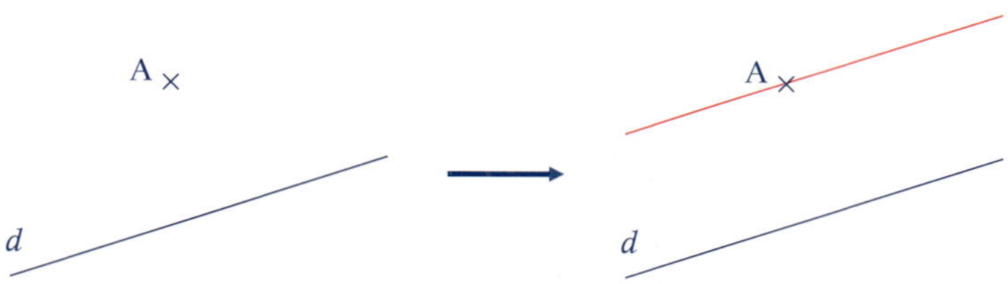

♦ Dans un repère (O ; I ; J), les droites d'équations respectives $y = ax + b$ et $y = a'x + b'$ sont parallèles si et seulement si $a = a'$.

Déf. Dans un plan, deux droites parallèles sont deux droites qui n'ont aucun point en commun. Des droites parallèles sont des droites qui sont deux à deux parallèles.

▶ Alterne externe. Alterne interne. Correspondant. Droite. Perpendiculaire. Position relative. Théorème de Thalès. Théorème des milieux.

2 Droites parallèles dans l'espace

Sur la figure ci-contre, ABCDEFGH est un cube.
Les droites (EF) et (GH) sont coplanaires car elles sont incluses dans le plan EFGH. Elles n'ont aucun point en commun ; ce sont donc deux droites parallèles.

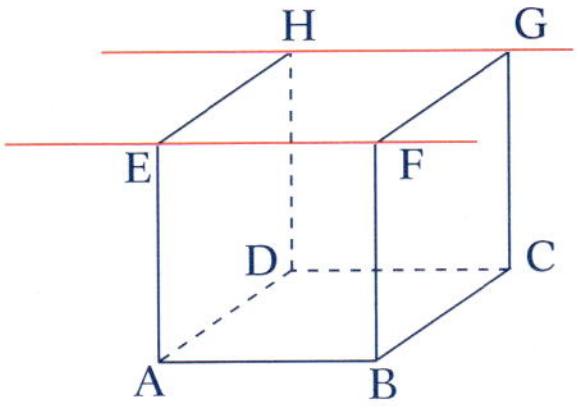

♦ Les droites (EF) et (CG) sont les supports respectifs des arêtes [EF] et [CG] du cube ABCDEFGH ; ces droites n'ont aucun point commun ; mais elles ne sont pas parallèles car elles ne sont pas coplanaires.

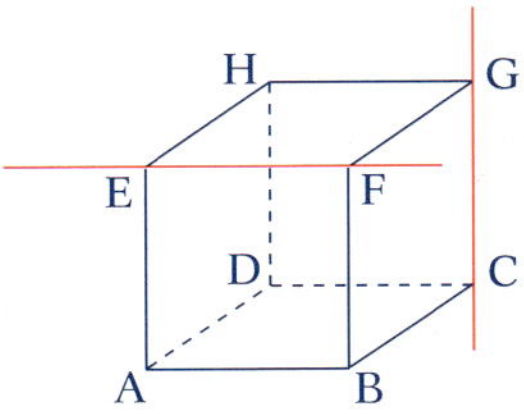

Déf. Dans l'espace, deux droites parallèles sont deux droites qui sont coplanaires et qui n'ont aucun point en commun.

▶ Coplanaire.

3 Segments parallèles, demi-droites parallèles

Déf. ***a)*** Deux segments parallèles sont deux segments dont les supports sont parallèles.
b) Deux demi-droites parallèles sont deux demi-droites dont les supports sont parallèles.

4 Droite et plan parallèles

Sur la figure ci-contre, j'ai représenté un plan P et une droite *d* qui n'ont aucun point commun. La droite *d* et le plan P sont donc parallèles.

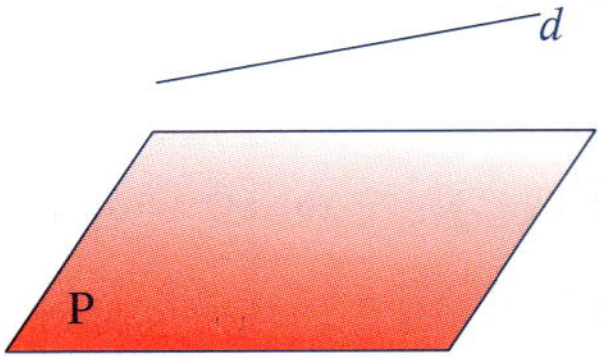

Déf. Dire qu'une droite et un plan sont parallèles signifie que cette droite et ce plan n'ont aucun point en commun.

5 Plans parallèles

a) Le sol et le plafond d'une pièce d'habitation n'ont aucun point en commun (si la pièce n'est pas mansardée). Ils peuvent représenter deux plans parallèles. Dans un immeuble de plusieurs étages, les sols et plafonds des pièces d'habitation peuvent représenter des plans parallèles.

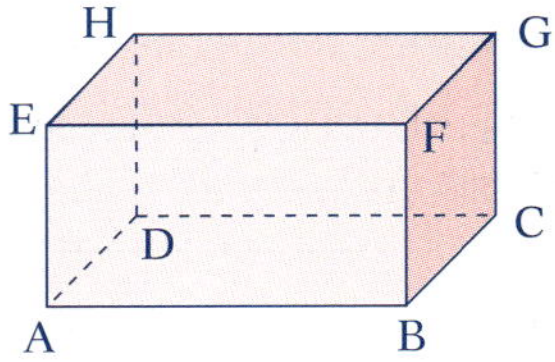

b) Les faces opposées d'un parallélépipède rectangle sont incluses dans des plans parallèles ; on dit qu'elles sont parallèles.
Les faces ABCD et EFGH sont parallèles, de même que les faces ADHE et BCGF, et les faces ABFE et CDHG.

On dit aussi que les bases d'un prisme droit sont parallèles.
Sur la figure ci-contre, les faces représentées en couleur sont parallèles.

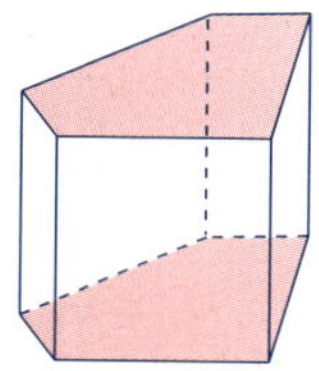

♦ On dit, de la même façon, que les disques de base d'un cylindre sont parallèles.

Déf. ***a)*** Deux plans parallèles sont deux plans qui n'ont aucun point en commun. Des plans parallèles sont des plans qui sont deux à deux parallèles.
b) Dire que deux faces d'un polyèdre sont parallèles signifie qu'elles sont incluses dans deux plans parallèles.

6 Parallèle en tant que nom

J'ai tracé la parallèle à la droite *d* passant par A. Dans cette expression, le mot *parallèle* est employé en tant que nom à la place de *droite parallèle*.

Parallélépipède

J'ai représenté ci-contre un parallélépipède rectangle.

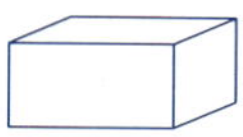

Il a 6 faces rectangulaires ; sur la figure, 3 faces seulement sont visibles.

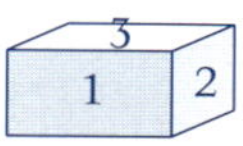

Il a 8 sommets ; sur la figure, 7 sommets seulement sont visibles.

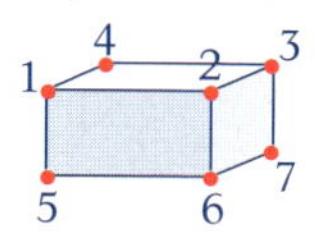

Il a 12 arêtes ; sur la figure, 9 arêtes seulement sont visibles.

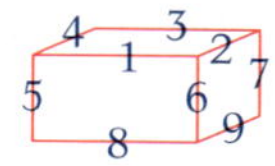

Souvent, on dessine aussi les arêtes cachées en pointillé. Cela permet de « voir » :

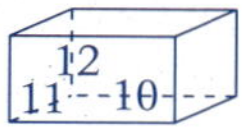

les trois arêtes cachées

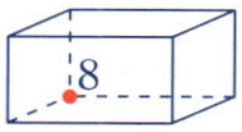

le $8^{\text{ème}}$ sommet

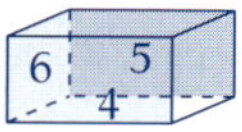

et les trois faces cachées

♦ Un parallélépipède rectangle a six faces rectangulaires, huit sommets et douze arêtes.

♦ Deux faces opposées d'un parallélépipède rectangle sont parallèles et ont les mêmes dimensions.

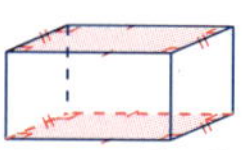

Exemple de faces opposées

♦ Le solide représenté ci-contre a six faces ; deux d'entre elles, et deux seulement, sont rectangulaires, et contenues dans deux plans parallèles. Ce solide est un parallélépipède (tout court).

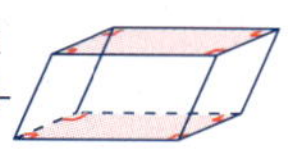

Déf. Un parallélépipède rectangle est un polyèdre ayant six faces rectangulaires.

► Cube. Perspective cavalière. Polyèdre. Section. Solide. Volume.

FICHE

PATRONS D'UN PARALLÉLÉPIPÈDE RECTANGLE

La surface représentée ci-dessous est un patron d'un parallélépipède rectangle.

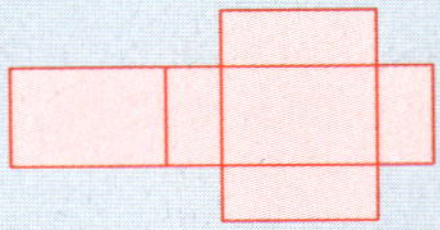

Après découpage du patron, je le plie comme indiqué ci-dessous.

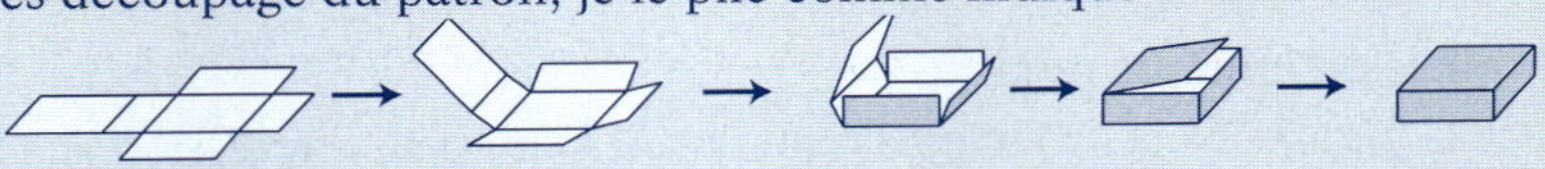

Voici d'autres patrons qui permettent d'obtenir le même parallélépipède rectangle.

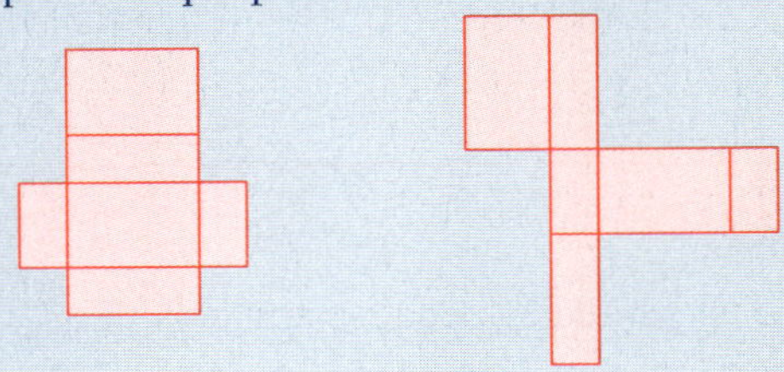

Parallélogramme

Sur la figure ci-contre, les côtés opposés du quadrilatère sont deux à deux parallèles ; ce quadrilatère est donc un parallélogramme.

Déf. Un parallélogramme est un quadrilatère dont les côtés opposés sont parallèles deux à deux.

▶ Aire. Carré. Losange. Polygone. Rectangle. Trapèze.

FICHE 1

1. Propriétés des parallélogrammes

Deux côtés opposés d'un parallélogramme sont parallèles.

Deux côtés opposés d'un parallélogramme ont la même longueur.

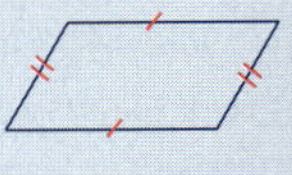

Deux angles opposés d'un parallélogramme ont la même ouverture.

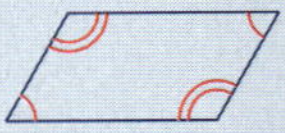

Deux angles consécutifs d'un parallélogramme sont supplémentaires.

$\widehat{1} + \widehat{2} = 180°$

Les diagonales d'un parallélogramme ont le même milieu.

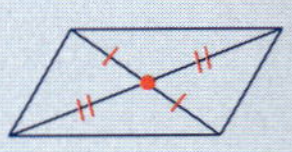

Un parallélogramme a un centre de symétrie.

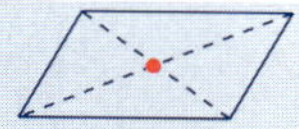

Soit ABCD un parallélogramme ; alors $\overrightarrow{AB} = \overrightarrow{DC}$.

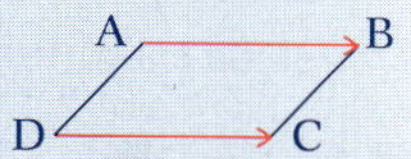

Soit ABCD un parallélogramme ; alors $\overrightarrow{AB} + \overrightarrow{AD} = \overrightarrow{AC}$.

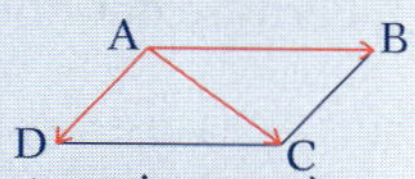

♦ Si un quadrilatère est un parallélogramme, alors ce quadrilatère est aussi un trapèze.

2. Pour démontrer qu'un quadrilatère ABCD est un parallélogramme

- Si les côtés opposés de ABCD sont parallèles deux à deux, alors ABCD est un parallélogramme.
- Si ABCD est non croisé et si deux côtés opposés sont parallèles et de même longueur, alors ABCD est un parallélogramme.
- Si les diagonales de ABCD ont le même milieu, alors ABCD est un parallélogramme.
- Si ABCD est non croisé et s'il a un centre de symétrie, alors ABCD est un parallélogramme.
- Si ABCD est non croisé et si ses angles opposés ont deux à deux la même ouverture, alors ABCD est un parallélogramme.
- Si les angles consécutifs de ABCD sont deux à deux supplémentaires, alors ABCD est un parallélogramme.
- Si $\overrightarrow{AB} = \overrightarrow{DC}$, alors ABCD est un parallélogramme.
- Si $\overrightarrow{AB} + \overrightarrow{AD} = \overrightarrow{AC}$, alors ABCD est un parallélogramme.

FICHE 2

CONSTRUCTION D'UN PARALLÉLOGRAMME À LA RÈGLE ET AU COMPAS

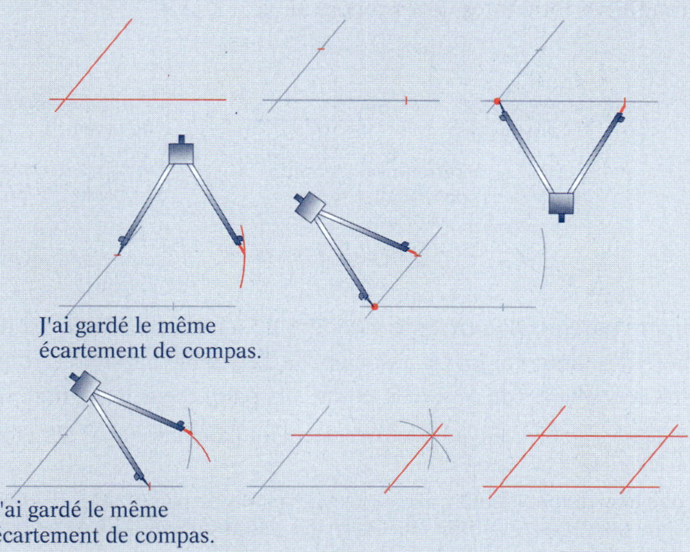

Parenthèse

Il y a deux parenthèses : la parenthèse ouvrante (et la parenthèse fermante).

1 Écriture des nombres négatifs

Dans l'expression numérique $(-2) \times 7 + (-3) \times \left(-\frac{11}{10}\right)$ les nombres négatifs – 2, – 3 et $-\frac{11}{10}$ sont écrits entre des parenthèses.

♦ Il est possible d'écrire des nombres négatifs sans utiliser de parenthèses : $-2 + 8$, $\frac{110 + 7}{-3}$, par exemple.

Info. Dans les expressions numériques, on utilise le plus souvent des parenthèses pour écrire des nombres négatifs.

2 Écriture d'expressions numériques et littérales

• La différence 15 – 12 peut aussi s'écrire 15 – (10 + 2). Les parenthèses permettent d'éviter la confusion avec l'expression 15 – 10 + 2.

♦ $15 - (10 + 2) = 15 - 12 = 3$; $15 - 10 + 2 = 15 + (-10) + 2 = 17 + (-10) = 7$.

• Je dois traduire sous la forme d'une expression littérale le programme de calcul suivant : calculer le carré du triple d'un nombre x.

J'écris : $(3x)^2$. Les parenthèses permettent d'éviter la confusion avec $3x^2$.

♦ $(3x)^2 = 3x \times 3x = 9x^2$. Donc $(3x)^2 \neq 3x^2$ (pourvu que x soit différent de 0).

Info. Dans l'écriture d'expressions numériques ou littérales, les parenthèses permettent d'éviter des ambiguïtés sur les calculs à effectuer.

3 Niveaux de parenthèse

Soit x un nombre ; l'écriture $(x^2 - (x + 2\,(x - 1)))$ comporte trois parenthèses ouvrantes et trois parenthèses fermantes. Je les repère ainsi :

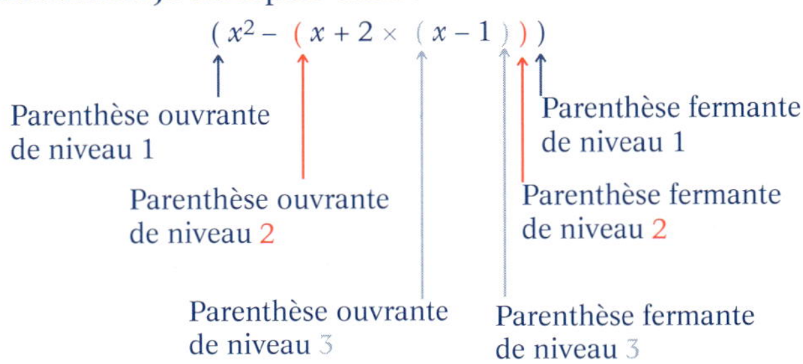

La première parenthèse ouvrante « se ferme » en dernier ; elle est de niveau 1, comme la parenthèse fermante qui lui est associée. La deuxième parenthèse ouvrante « se ferme » en avant dernier ; elle est de niveau 2, comme la parenthèse fermante qui lui est associée. Etc.

♦ Pour éviter les ambiguïtés, on peut remplacer les parenthèses par des crochets ou des accolades : $(x^2 - (x + 2(x - 1))) = \{x^2 - [x + 2(x - 1)]\}$.

♦ Dans une expression, il peut y avoir plusieurs paires de parenthèses de même niveau ; par exemple, dans l'expression $2(x + 7) - 5(3x - (x^2 + 4))$, les paires de parenthèses en bleu sont de niveau 1, et la paire de parenthèses rouges est de niveau 2.

Info. On distingue des niveaux de parenthèses comme il est indiqué ci-avant.

▶ Crochet.

4 Supprimer des parenthèses

Soit x un nombre ; je dois effectuer l'expression $5x - (9x - 7)$.
$5x - (9x - 7) = 5x - 9x + 7$; l'expression que j'obtiens ne contient plus de parenthèses ; j'ai donc supprimé les parenthèses dans l'expression initiale.

♦ Pour finir mon calcul, j'écris $5x - (9x - 7) = -4x + 7$.

▶ Développement. Distributivité. Factorisation. Priorité.

Info. Supprimer les parenthèses dans une expression signifie écrire une expression égale à l'expression initiale, dans laquelle ne figurent plus de parenthèses.
Voir la fiche en fin d'article.

5 Utilisation avec des fonctions

Soit f la fonction affine définie par $f(x) = 2x - 7$ (lire *f de x égal 2x – 7*). J'ai utilisé des parenthèses pour exprimer que l'image d'un réel x par f est égale à $2x - 7$.
Je peux écrire $f(3) = 2 \times 3 - 7 = -1$; $f(0) = 2 \times 0 - 7 = -7$; etc.

Info. Soit f une fonction affine et x un réel. L'écriture $f(x)$ (lire *f de x*) représente l'image de x par f.

▶ Antécédent. Fonction affine. Fonction linéaire. Image.

6 En géométrie

a) En géométrie, la notation (AB) désigne la droite qui passe par les points A et B. Ce sont les parenthèses qui me montrent qu'il s'agit d'une droite.

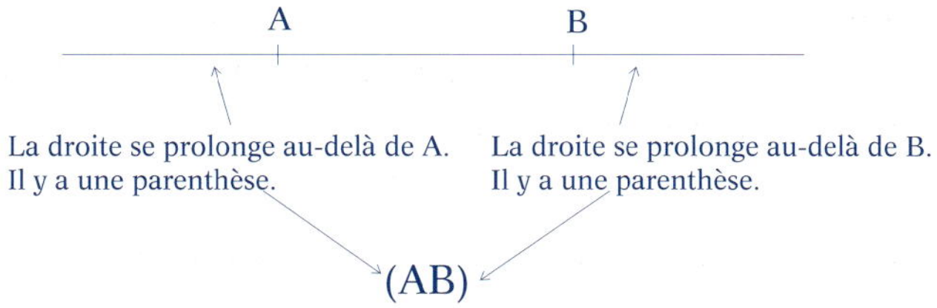

On peut aussi noter (xy) une droite

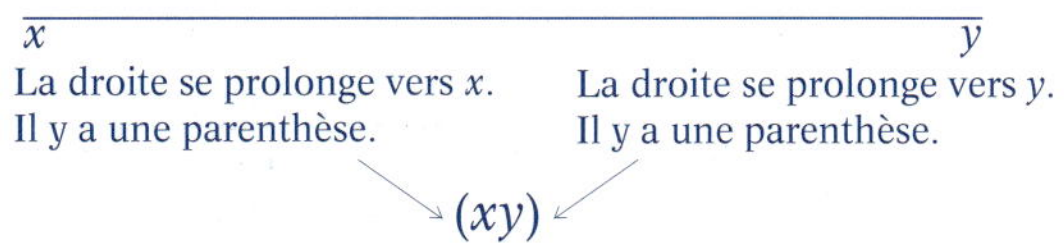

b) La notation [CD) désigne une demi-droite passant par les points C et D, d'origine C.

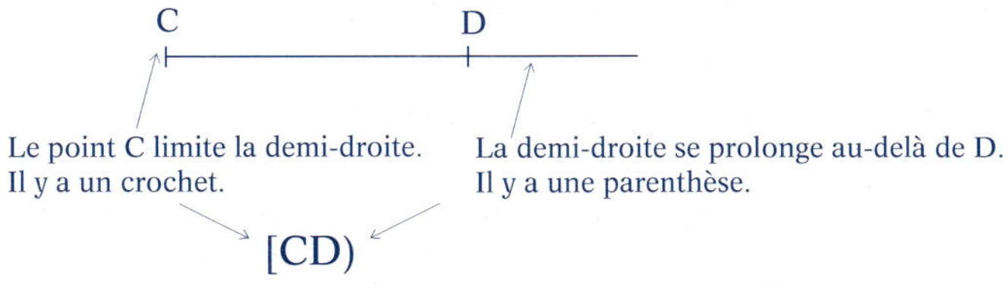

On peut aussi noter [Cx) une demi-droite.

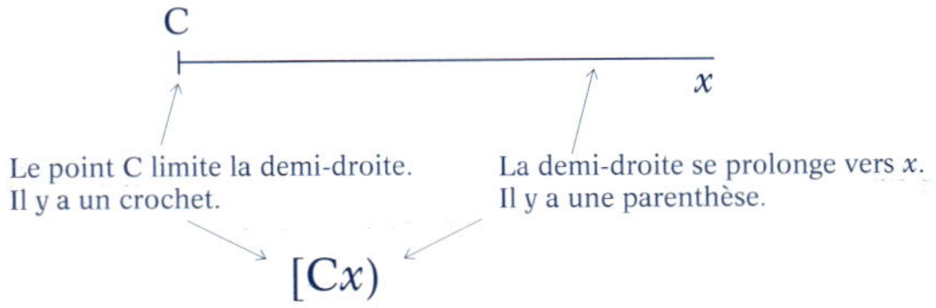

Info. ***a)*** Soit A et B deux points distincts. La notation (AB) désigne la droite passant par A et B. La notation *(xy)* désigne aussi une droite ; on l'emploie comme dans l'exemple de l'article.
b) Soit C et D deux points distincts. La notation [CD) désigne la demi-droite d'origine C, passant par D. La notation [Cx) désigne aussi une demi-droite ; on l'emploie comme dans l'exemple de l'article.

▶ Demi-droite. Droite. Symboles de géométrie.

FICHE

RÈGLE DE SUPPRESSION DE PARENTHÈSES

Soit a, b, c trois nombres.

Égalité	Signification
$-(a+b) = -a-b$	l'opposé de la somme $a+b$ est la différence $-a-b$
$-(a-b) = -a+b$	l'opposé de la différence $a-b$ est la somme $-a+b$
$-(a+b+c) = -a-b-c$	l'opposé de la somme algébrique $a+b+c$ est la somme algébrique $-a-b-c$
$-(a+b-c) = -a-b+c$	l'opposé de la somme algébrique $a+b-c$ est la somme algébrique $-a-b+c$
$-(a-b+c) = -a+b-c$	l'opposé de la somme algébrique $a-b+c$ est la somme algébrique $-a+b-c$
$-(a-b-c) = -a+b+c$	l'opposé de la somme algébrique $a-b-c$ est la somme algébrique $-a+b+c$

Et ainsi de suite pour quatre, cinq, six… nombres.

Parité

Le professeur de mathématiques nous a posé la question suivante : Soit n un entier naturel ; le nombre $n+1$ est-il pair ?
Un élève a répondu que cela dépend de n : si n est pair, alors la réponse est non ; si n est impair, alors la réponse est oui.

Le professeur a précisé que la parité de $n + 1$ dépend donc de la parité de n.

Déf. Déterminer la parité d'un entier naturel signifie déterminer si cet entier naturel est pair ou impair.

▶ Impair. Pair.

Partage proportionnel

Trois familles A, B et C, comprenant respectivement 2, 3 et 4 personnes, louent pendant des vacances une maison 6 300 F. Elles décident de partager le prix de la location en faisant trois parts proportionnelles aux nombres de personnes. Pour calculer les parts de chaque famille, on peut s'aider du tableau ci-dessous.

Famille	A	B	C	Total
Nombre de personnes	2	3	4	9
Part de location (en francs)				6 300

La part pour une personne est égale à 700 F
(6 300 : 9 = 700).
Les parts des familles A, B et C sont respectivement 1 400 F, 2 100 F et 2 800 F
($700 \times 2 = 1\,400$; $700 \times 3 = 2\,100$; $700 \times 4 = 2\,800$).

♦ Lorsqu'on calcule les mesures en degrés des secteurs d'un diagramme circulaire, on effectue un partage proportionnel (voir l'article *Diagramme circulaire*).

♦ Les nombres manquants dans le tableau de la définition ci-dessous sont $\dfrac{aS}{a+b+c}$; $\dfrac{bS}{a+b+c}$ et $\dfrac{cS}{a+b+c}$.

Déf. Soit a, b, c et S quatre nombres strictement positifs. Partager S proportionnellement aux nombres a, b et c, c'est compléter le tableau de proportionnalité ci-dessous.

a	b	c	$a + b + c$
			S

Cette définition, donnée ici pour trois termes a, b et c, se généralise à un nombre quelconque de termes.

▶ Tableau de proportionnalité.

Partie

• Sur la figure ci-contre, les points A et B appartiennent à la droite d. Tous les points du segment [AB] appartiennent à la droite d. C'est pourquoi le segment [AB] est une partie de la droite d.

• Sur la figure ci-contre, les points A et B appartiennent au cercle $\mathscr{C}$. Tous les points de l'arc de cercle $\overset{\frown}{AB}$ appartiennent au cercle $\mathscr{C}$. C'est pourquoi l'arc $\overset{\frown}{AB}$ est une partie du cercle $\mathscr{C}$.

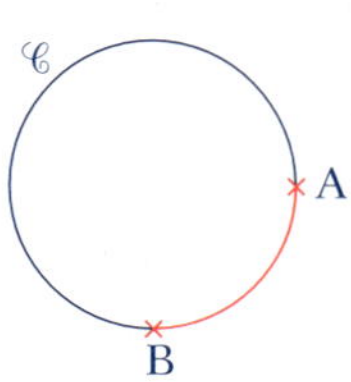

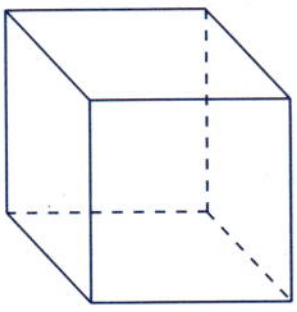

• Tous les points d'une face d'un cube appartiennent à ce cube. C'est pourquoi une face d'un cube est une partie de ce cube.

Déf. Une partie d'une figure géométrique est un ensemble de points de cette figure.

▶ Appartenir. Figure. Inclus. Ligne. Plan. Surface. Volume.

Partie décimale

La partie entière du nombre 35,426 est le nombre 35. La différence 35,426 – 35, qui est égale à 0,426, est la partie décimale du nombre 35,426.

♦ Voici comment je peux obtenir la partie décimale de 35,426.

♦ On ne peut pas parler de partie décimale pour un nombre qui n'est pas décimal.

Déf. La partie décimale d'un nombre décimal positif a est le nombre égal à la différence $a - e$, où e est la partie entière de a.

▶ Partie entière. Troncature.

Partie entière

J'observe sur la figure ci-dessous que 24 est le plus grand entier qui soit inférieur à 24,75. Ce nombre 24 est la partie entière de 24,75.

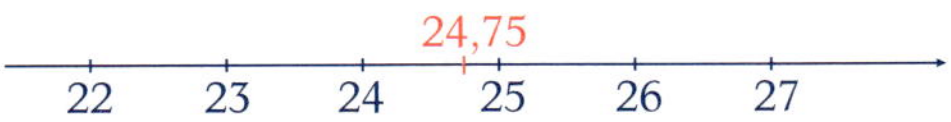

♦ La partie entière de l'entier naturel 24 est 24. Plus généralement, la partie entière d'un entier naturel est lui-même.

♦ Pour obtenir la partie entière d'un nombre positif écrit sous forme décimale, il suffit d'appliquer le procédé décrit ci-dessous.

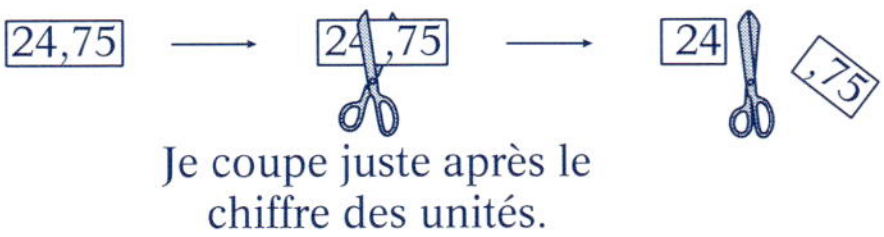

♦ Le quotient de la division entière de 132 par 7 est 18 ($132 = 7 \times 18 + 6$) ; je peux en déduire que la partie entière de $\frac{132}{7}$ est 18 .

♦ Plus généralement, soit a et b deux entiers naturels, b étant non nul. La partie entière de la fraction $\frac{a}{b}$ est le quotient de la division entière de a par b.

Déf. La partie entière d'un nombre positif x est le plus grand entier inférieur ou égal à x.

▶ Partie décimale. Troncature.

Passer par

1 Droite passant par un point

Sur la figure ci-contre, le point A appartient à la droite *d*.
On dit que la droite *d* passe par A.

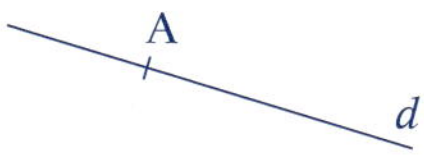

♦ Par un point, il passe une infinité de droites.

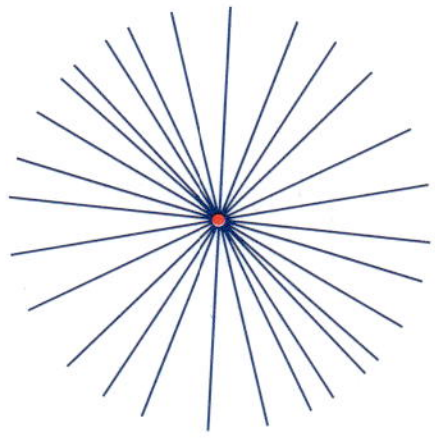

♦ Par deux points distincts, il passe une droite et une seule.

Déf. Dire qu'une droite passe par un point signifie que ce point appartient à cette droite.

2 Ligne passant par un point

Sur la figure ci-contre, j'ai marqué deux points O et P. J'ai tracé ensuite le cercle de centre O et de rayon OP. Je peux dire que le cercle passe par P car P appartient au cercle.

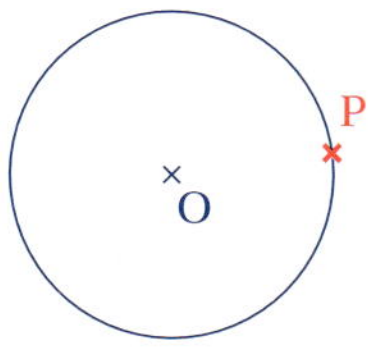

♦ Par un point donné (A sur la figure), il passe une infinité de cercles.

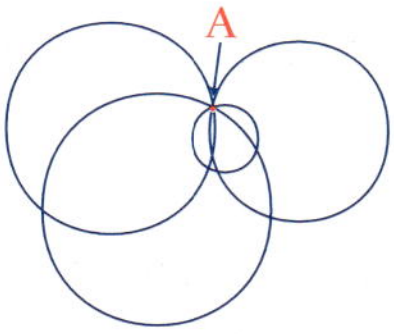

♦ Par deux points donnés (A et B sur la figure), il passe une infinité de cercles.

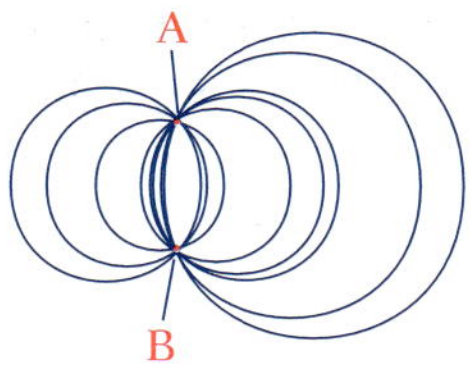

♦ Par trois points non alignés A, B et C, il passe un cercle et un seul ; c'est le cercle circonscrit au triangle ABC.

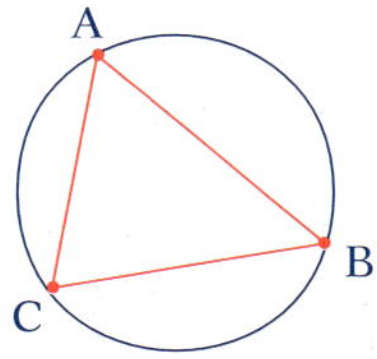

Déf. Dire qu'une ligne passe par un point signifie que ce point appartient à cette ligne.

▶ Appartenir. Issu de.

Patron

Pour voir un patron de cube, voir l'article *Cube* ; pour voir un patron de cylindre, voir l'article *Cylindre* ; etc.

Pavage

La surface représentée ci-contre est formée d'une surface carrée et de deux surfaces triangulaires construites sur deux côtés opposés du carré.

Si j'imagine que je reproduis cette surface indéfiniment dans un plan, comme il est indiqué ci-contre, la figure que j'obtiendrais représenterait un pavage polygonal du plan.

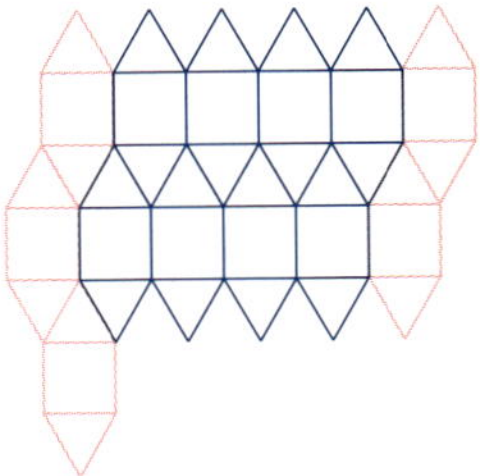

♦ Deux autres pavages du plan sont représentés sur la figure ci-dessous.

♦ Ces deux pavages ne sont pas polygonaux.

Déf. Un pavage polygonal d'un plan est un ensemble de surfaces polygonales telles que :
– les surfaces sont deux à deux superposables ;
– elles recouvrent le plan ;
– deux surfaces quelconques ont des intérieurs disjoints.

Pavé

Synonyme de *Parallélépipède rectangle*.

▶ Parallélépipède.

Pentagonal

Voir l'article *Polygonal*.

Pentagone

Les polygones représentés ci-contre ont chacun cinq côtés ; ce sont donc des pentagones.

♦ Le pentagone tracé en rouge est un pentagone régulier.

Déf. Un pentagone est un polygone qui a cinq côtés.

▶ Aire. Polygonal. Polygone. Régulier.

FICHE

CONSTRUCTION D'UN PENTAGONE RÉGULIER À LA RÈGLE ET AU COMPAS

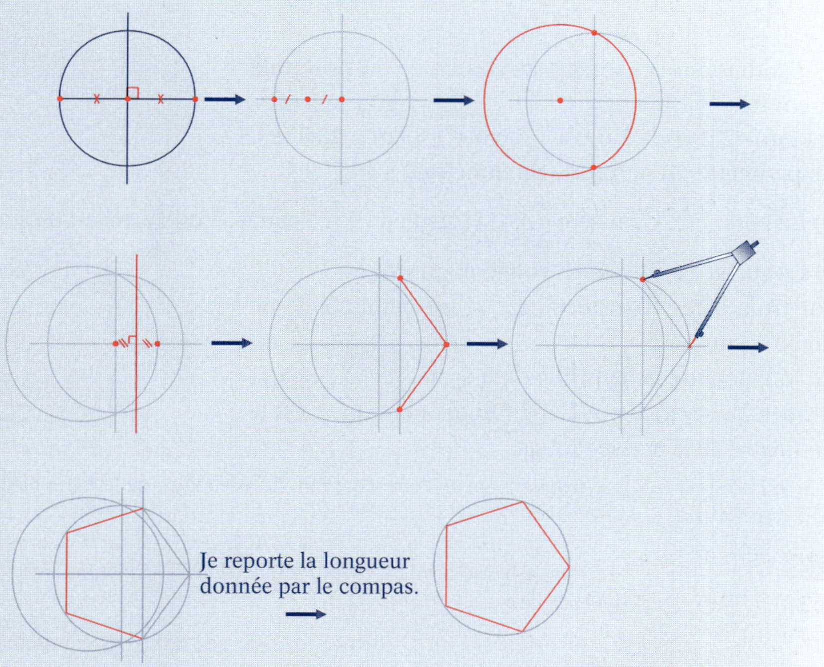

Pente

Dans un repère orthonormal (O, I, J), j'ai tracé la droite d d'équation $y = 0{,}5x - 2$. Son coefficient directeur est égal à 0,5. On dit aussi que 0,5 est la pente de la droite d.

♦ Dans le triangle ABC ci-contre, on a : $\tan \widehat{A} = \frac{BC}{AB} = \frac{2}{4} = 0{,}5$.

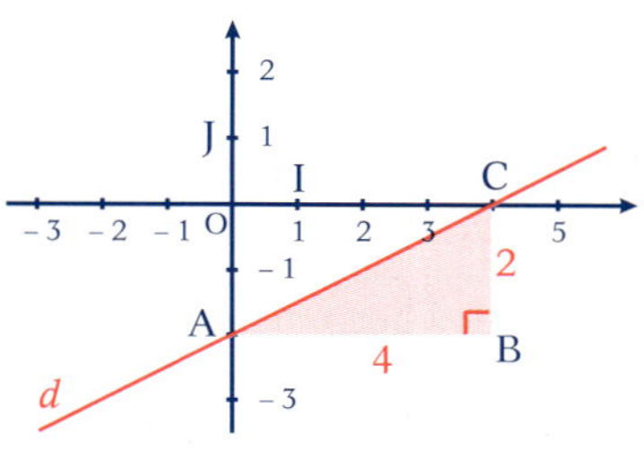

♦ La pente d'une route est égale à 7% ; cela signifie qu'en se déplaçant de 100 mètres (horizontalement), on monte (ou on descend) de 7 mètres. Dans le triangle ABC, on a donc : $\tan \widehat{A} = \frac{BC}{AB} = 0{,}07 = 7\%$.

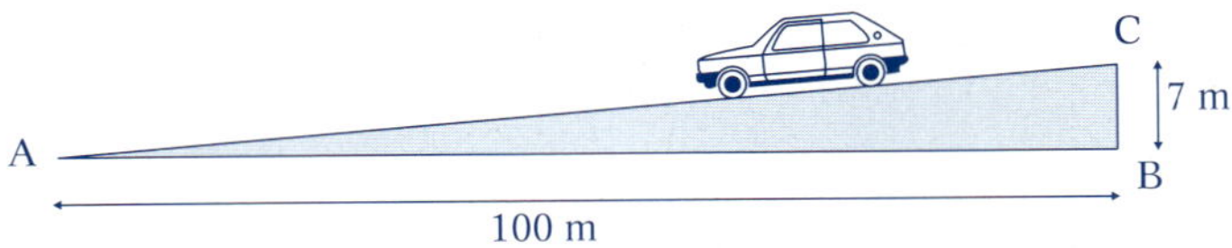

Info. Pour une droite dans un repère orthonormal (O, I, J), *pente* est synonyme de *coefficient directeur*.

▶ Coefficient (**1**). Tangente.

Périmètre

a) J'additionne les longueurs des côtés du polygone ci-contre.
1,1 cm + 2,2 cm + 2,6 cm + 3 cm + 1,8 cm = 10,7 cm.
Le périmètre du polygone est donc égal à 10,7 cm.

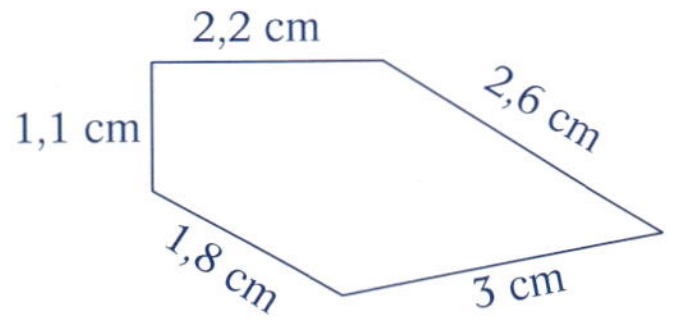

b) Le périmètre d'un cercle est la longueur de ce cercle. Voir l'article *Longueur* **2**.

c) La surface coloriée en rouge ci-contre est limitée par trois côtés d'un rectangle et un demi-cercle de rayon 1 cm.
La longueur de la ligne bleue est égale à :
2 cm + 2 × 4 cm + π × 1 cm. On dit aussi que c'est le périmètre de la surface rouge.

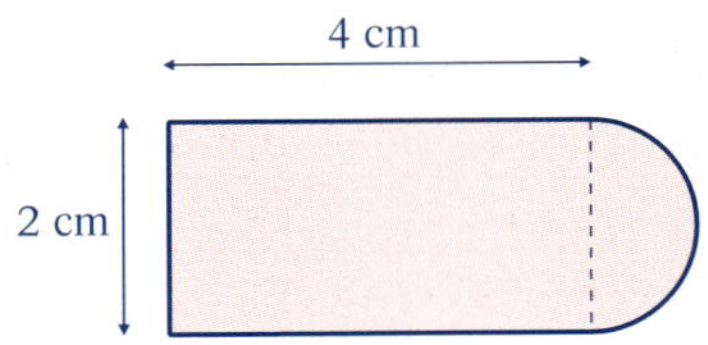

♦ Si je choisis π ≈ 3,1, je trouve 2 cm + 8 cm + 3,1 cm. Le périmètre de la ligne bleue est donc égal à 13,1 cm environ.

Déf. ***a)*** Le périmètre d'un polygone est la somme des longueurs de ses côtés.
b) Le périmètre d'un cercle est sa longueur.
c) On parle aussi du périmètre d'une surface limitée par une ligne fermée. Il s'agit alors de la longueur de cette ligne.

▶ Ligne. Longueur.

Perpendiculaire

1 Droites perpendiculaires dans un plan

Sur une feuille quadrillée, j'ai marqué en rouge deux des lignes. Avec mon équerre, je peux voir qu'elles sont perpendiculaires.

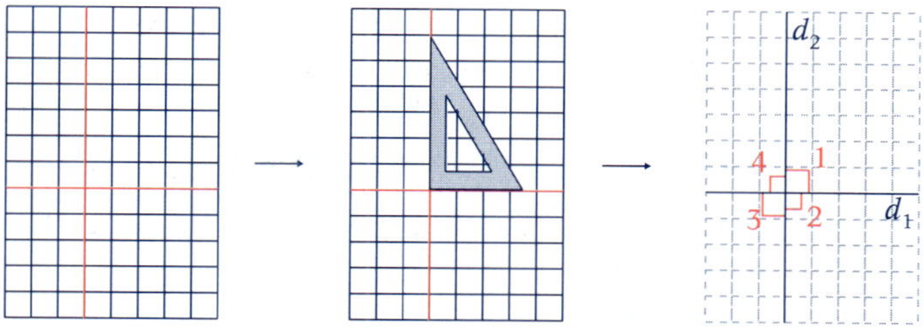

Les droites d_1 et d_2 ainsi représentées délimitent quatre angles droits (numérotés de 1 à 4 sur la figure).

♦ Soit d une droite et A un point. Il existe une et une seule droite passant par A et perpendiculaire à d.

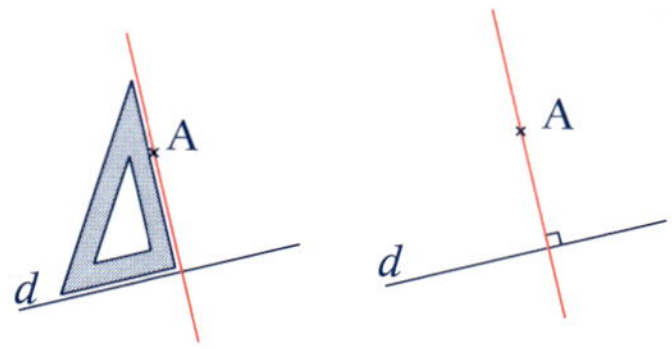

♦ Dans un repère orthonormal, soit d et d' les droites d'équations respectives $y = ax + b$ et $y = a'x + b'$. Les droites d et d' sont perpendiculaires si et seulement si $aa' = -1$. Par exemple, sur la figure ci-contre, les droites d'équations $y = -2x + 3$ et $y = 0{,}5x + 1$ sont perpendiculaires car $(-2) \times 0{,}5 = -1$.

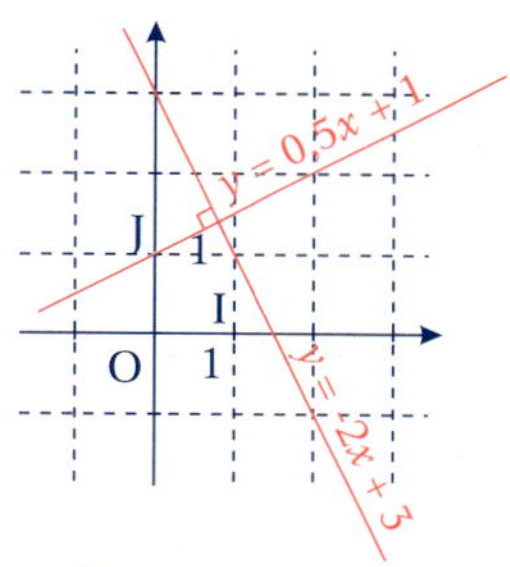

Info. Deux droites perpendiculaires sont deux droites que l'on peut tracer à l'aide des deux côtés les plus courts d'une équerre.

▶ Orthogonal. Parallèle. Projection. Théorème de Pythagore.

2 Droites perpendiculaires dans l'espace

Les droites d et d' sont sécantes. Il existe donc un plan $\mathcal{P}$ qui les contient. Dans ce plan $\mathcal{P}$, d et d' sont perpendiculaires (au sens de **1**). On dit que d et d' sont perpendiculaires dans l'espace.

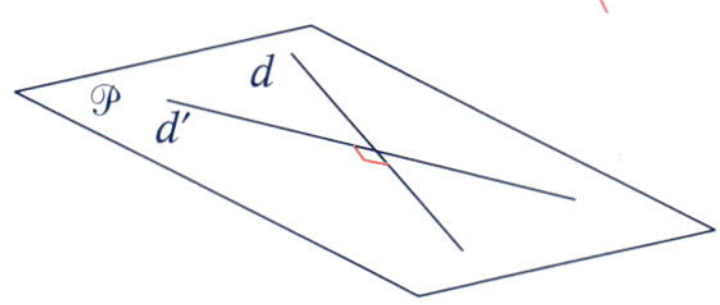

Déf. Dire que deux droites d et d' de l'espace sont perpendiculaires signifie qu'elles sont sécantes et perpendiculaires (au sens de **1**) dans le plan qui les contient.

▶ Coplanaire.

3 Demi-droites, segments perpendiculaires

• Les segments [AB] et [CD] ont un point en commun et leurs supports sont perpendiculaires. C'est pourquoi je peux dire que ces deux segments sont perpendiculaires.

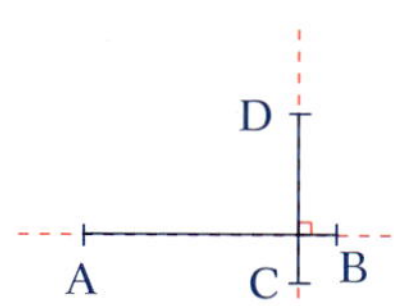

• Les demi-droites [Ex) et [Fy) ont un point en commun et leurs supports sont perpendiculaires. C'est pourquoi je peux dire que ces deux demi-droites sont perpendiculaires.

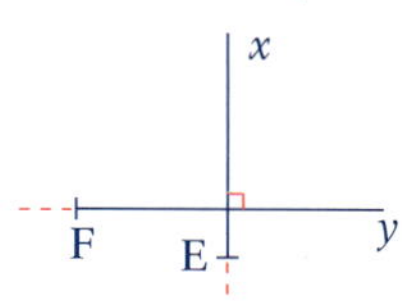

Déf. Dire que deux segments ou deux demi-droites sont perpendiculaires signifie qu'ils ont un point en commun et que leurs supports sont perpendiculaires.

4 Droite perpendiculaire à un plan

Sur la figure ci-contre, la droite d perce le plan $\mathcal{P}$ en un point O et est perpendiculaire à toutes les droites du plan $\mathcal{P}$ qui passent par O. C'est pourquoi la droite d est perpendiculaire au plan $\mathcal{P}$.

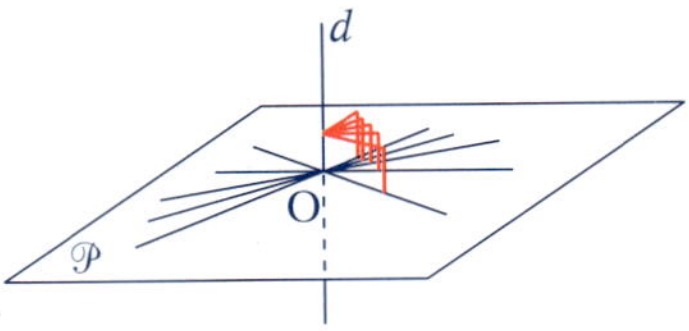

♦ Soit d_1 et d_2 deux droites sécantes d'un plan $\mathcal{P}$, et d une droite.

Si d est perpendiculaire à d_1 et à d_2, alors d est perpendiculaire au plan $\mathcal{P}$.

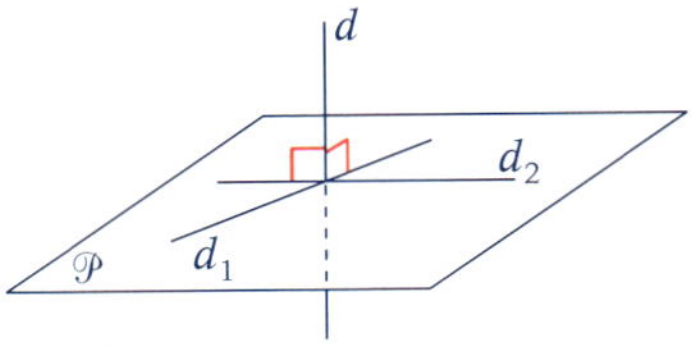

♦ Si une droite d est perpendiculaire à un plan $\mathcal{P}$, alors elle est orthogonale à toutes les droites de ce plan.

Déf. Une droite perpendiculaire à un plan est une droite qui :
– perce le plan en un point O ;
– est perpendiculaire à toutes les droites du plan passant par O.

Perspective cavalière

• Sur la figure ci-dessous, je peux voir un parallélépipède rectangle (*fig. 1*) et un cube (*fig. 2*) ; ils sont représentés en perspective cavalière.

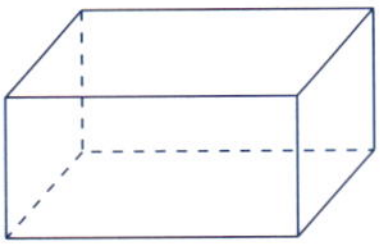
fig. 1

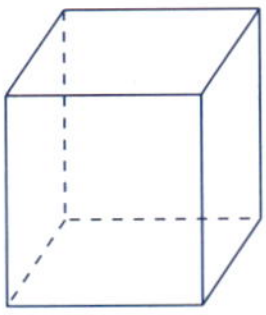
fig. 2

Les arêtes dessinées en pointillé sont les arêtes cachées. Je peux imaginer que je les vois par transparence à travers les solides.

♦ Voici les six faces d'un parallélépipède rectangle dessiné en perspective cavalière :

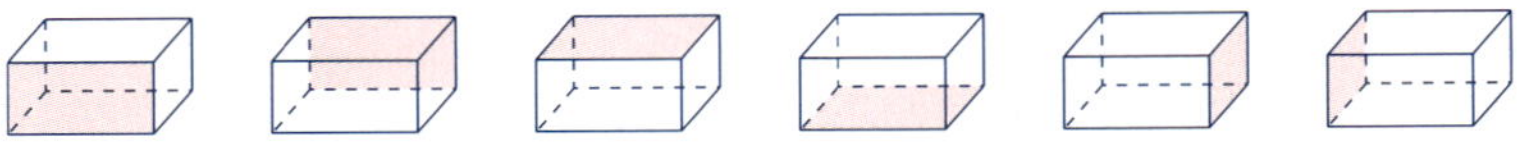
face avant face arrière face supérieure face inférieure face droite face gauche

• Sur la figure ci-contre, je peux voir un cylindre (*fig. 1*) et un cône (*fig. 2*). Les bases de ces solides sont des disques. Sur le dessin, ces disques sont représentés sous la forme de surfaces ovales ; cela suggère le relief. De plus, les parties cachées des frontières des bases sont représentées en pointillé.

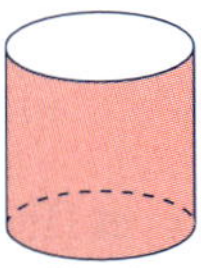
fig. 1

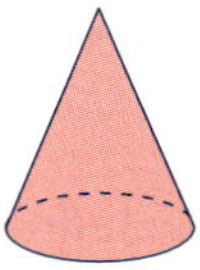
fig. 2

Info. La perspective cavalière est une technique de dessin. Elle permet de représenter des solides en donnant une impression de relief.

Péta

Si u désigne une unité de mesure, un péta-u est égal à un million de milliards de u.
En abrégé, on peut écrire : 1 Pu = 1 000 000 000 000 000 u = 10^{15} u.

Déf. Employé avant une unité, *péta* signifie *million de milliards de*. Son abréviation est P.

▶ Préfixe.

Petit

Le nombre 10 est plus petit que le nombre 15.
Il revient au même de dire que 10 est inférieur à 15.
En abrégé, on peut écrire : $10 < 15$ (lire 10 *est plus petit que* 15, ou 10 *est inférieur à* 15).

Info. L'expression *plus petit que* est synonyme de *inférieur à*.

▶ Inférieur. Grand.

PGCD

Abréviation de *Plus Grand Commun Diviseur.*

▶ Plus grand commun diviseur. Plus petit commun multiple.

Pi ou π

• La lettre de l'alphabet grec π (lire *pi*) désigne un nombre dont l'approximation décimale au centième par défaut est 3,14.

$$\boxed{\pi \approx 3{,}14} \quad \boxed{3{,}14 < \pi < 3{,}15}$$

• Je choisis une unité de longueur. J'appelle D la mesure d'un diamètre d'un cercle et L la mesure de la longueur de ce cercle. Je sais que $L = \pi \times D$.

Le nombre π est donc égal au quotient $\frac{L}{D}$. Ce quotient est indépendant du cercle choisi.

♦ En prenant 3,14 comme valeur approchée de π, j'obtiens des résultats suffisamment précis pour les calculs que j'ai à faire habituellement.

♦ Une calculatrice scientifique possède une touche spéciale [π] qui affiche 3,14159265 (il peut y avoir plus ou moins de décimales, cela dépend du modèle de la calculatrice).

♦ Voici un petit poème qui permet de mémoriser les 30 premières décimales de π ; ces décimales s'obtiennent en considérant le nombre de lettres de chaque mot du poème.

Que j'aime à faire connaître un nombre utile aux sages ! Immortel Archimède, artiste ingénieur,
3 1 4 1 5 9 2 6 5 3 5 8 9 7 9
Qui de ton jugement peut priser la valeur ? Pour moi, ton problème eut de pareils avantages.
3 2 3 8 4 6 2 6 4 3 3 8 3 2 7 9

♦ Ainsi, on peut retrouver que $\pi \approx 3{,}141\,592\,653\,589\,793\,238\,462\,643\,383\,279$.

Déf. Choisissons une unité de longueur. Soit D la mesure d'un diamètre d'un cercle et soit L la mesure de la longueur de ce cercle. Le nombre π est le nombre $\frac{L}{D}$ (le quotient $\frac{L}{D}$ ne dépend pas du cercle choisi).

▶ Aire (d'un disque). Aire (d'une sphère). Longueur (d'un cercle). Volume (d'un cylindre). Volume (d'une boule).

Note encyclopédique Le nombre π est étudié depuis très longtemps. Archimède (287-212 av. J.-C.), célèbre géomètre de l'Antiquité né à Syracuse, avait obtenu une valeur proche de 3,14. Aujourd'hui, grâce à des ordinateurs, on a calculé plus de six milliards de décimales de π.

Pico

Si u désigne une unité de mesure, un pico-u est égal à un millionième de millionième de u.

En abrégé, on peut écrire : 1 pu = $\frac{1}{1\,000\,000\,000\,000}$ u = 0,000 000 000 001 u = 10^{-12} u.

Déf. Employé avant une unité, *pico* signifie *millionième de millionième de*. Son abréviation est p.

▶ Préfixe.

Pied

Dans le triangle ABC, j'ai tracé la hauteur issue de A (en rouge) ; elle coupe son côté associé en un point A′. Le point A′ est le pied de la hauteur issue de A.

♦ La hauteur issue de B coupe le support du côté [AC] en un point B'. Le point B' est le pied de la hauteur issue de B.

Déf. Le pied d'une hauteur d'un triangle est le point d'intersection de cette hauteur avec son côté associé, ou le support de son côté associé.

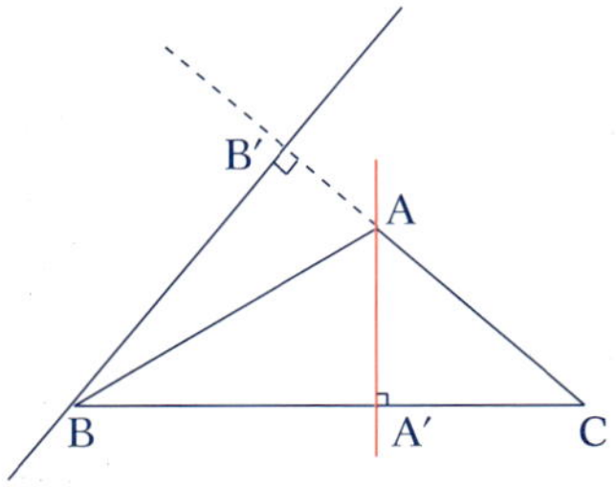

Plan

1 Représentations d'un plan

Je peux imaginer ce qu'est un plan en considérant la surface du tableau en classe ou bien la surface d'une table toute lisse.

Quand je dessine des triangles, des quadrilatères, des cercles au tableau, le tableau représente un plan.

Quand je dessine sur une feuille posée à plat, c'est la feuille qui représente un plan.

♦ Un plan, contrairement à un tableau ou une feuille, est illimité dans toutes les directions.

Info. Un plan est un ensemble de points de l'espace. On peut représenter un plan par un tableau de classe ou une feuille de papier posée à plat.

2 Dessins de plans dans l'espace

J'ai représenté deux plans à l'aide de deux parallélogrammes. Sur l'un d'eux ($\mathscr{P}_1$) est «posé» un cône ; l'autre est parallèle à $\mathscr{P}_1$ et coupe le cône.

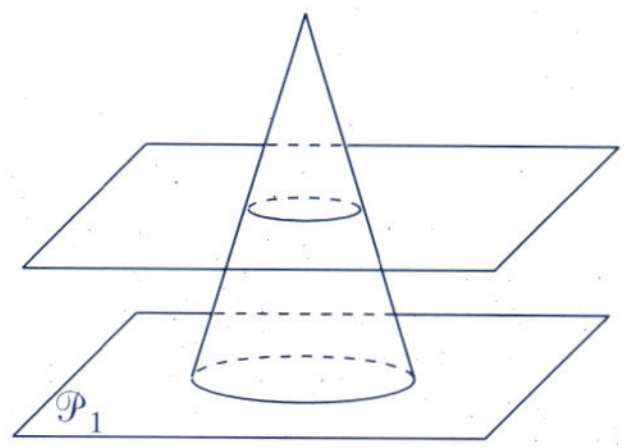

Info. En général, on représente des plans par des parallélogrammes.

▶ Surface.

Plane Voir l'article *Surface*.

Plat

Les angles représentés ci-dessous sont plats.

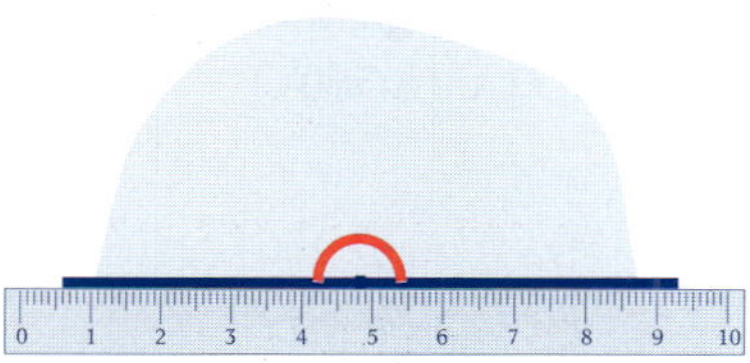

les côtés de l'angle sont des demi-droites opposées

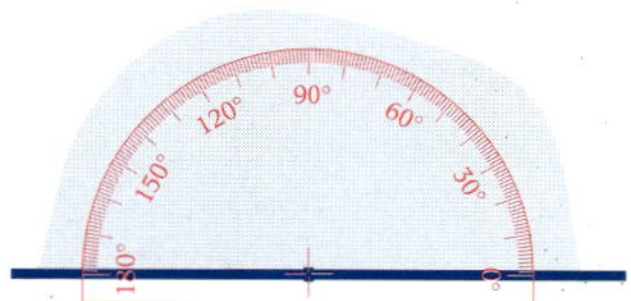

angle de 180°

♦ Un angle plat est un demi-plan.

Déf. ***a)*** Un angle plat est un angle délimité par deux demi-droites opposées.
b) Un angle plat est un angle de 180°.

▶ Nul. Plein. Rentrant. Saillant. Supplémentaire.

FICHE

NOTATIONS D'UN ANGLE PLAT

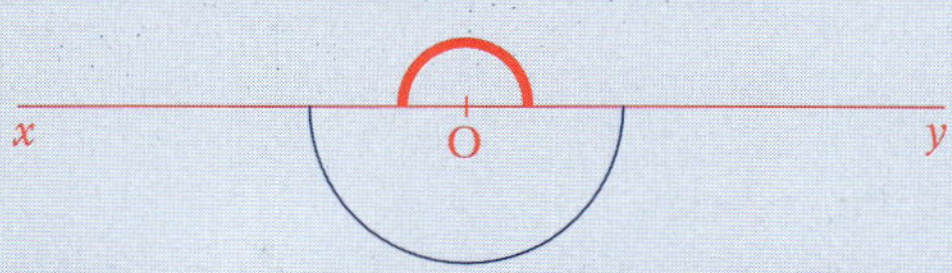

Un angle plat se note indifféremment comme un angle saillant ou rentrant.
Sur la figure ci-dessus, je peux nommer l'angle marqué en rouge $\widehat{xOy}$ ou $\widehat{yOx}$ ou $\widehat{O}$.
Si je décide d'appeler $\widehat{O}$ l'angle marqué en rouge, je devrai appeler $\overset{\smile}{O}$ l'angle marqué en bleu, pour ne pas confondre les deux angles.

Platon

Philosophe grec (427-347 av. J.-C.), Platon fut élève de Socrate. Il fonda en 387 une école à Athènes où une communauté de chercheurs se consacraient à la philosophie, aux mathématiques, à l'astronomie, à la physique, à la médecine et à la politique. Aristote fut l'un de ses disciples.
Platon connaissait les cinq polyèdres réguliers convexes représentés ci-dessous ; on les appelle aujourd'hui polyèdres platoniciens.

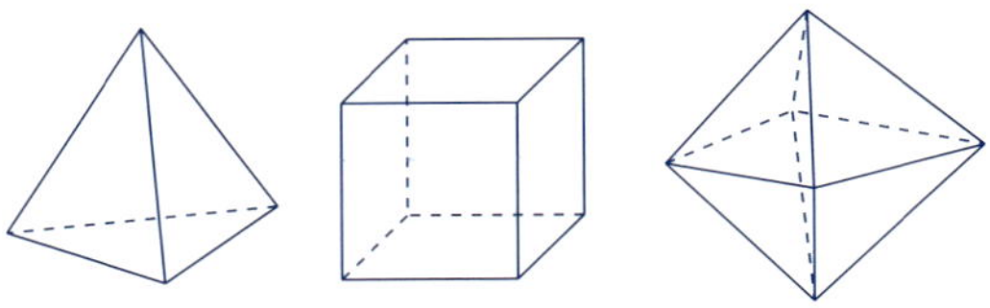

Plein

J'observe les angles représentés ci-dessous dans un plan. L'angle à droite est le plan tout entier ; on dit que c'est un angle plein ; son ouverture est égale à 360°.

Déf. ***a)*** Un angle plein est un plan.
b) Un angle plein est un angle de 360°.

▶ Nul. Plat.

Plus

1 Plus, symbole de l'addition

Dans les expressions suivantes, le symbole plus (+) est celui de l'addition.

$15 + 59$; $\dfrac{1}{3} + \dfrac{1}{2 + 0{,}5}$; $2x + x^2 + 1$

▶ Addition. Symboles numériques.

2 Signe plus d'un nombre relatif

Dans les expressions suivantes, le symbole plus (+) est un signe de nombre relatif.

$+5$; $\left(+\dfrac{1}{3}\right) \times (+\sqrt{2})$

♦ Le signe plus (+) est facultatif ; les expressions précédentes peuvent donc s'écrire 5 et $\dfrac{1}{3} \times \sqrt{2}$.

▶ Signe.

Plus grand commun diviseur

Les diviseurs du nombre 28 sont 1, 28, 2, 14, 4, 7.
Les diviseurs du nombre 36 sont 1, 36, 2, 18, 3, 12, 4, 9, 6.
Les diviseurs communs à 28 et 36 sont donc 1, 2 et 4. Le plus grand d'entre eux est 4 ; le nombre 4 est donc le plus grand commun diviseur de 28 et 36.

♦ En abrégé, on dit que 4 est le PGCD de 28 et 36.

♦ Des entiers naturels a et b sont premiers entre eux si et seulement si leur PGCD est égal à 1.

Déf. Le plus grand commun diviseur de deux entiers naturels a et b est, comme son nom l'indique, le nombre qui est le plus grand de leurs diviseurs communs.

▶ Algorithme. Commun. Diviseur. PPCM. Premiers entre eux.

FICHE

DÉTERMINATION DU PGCD DE DEUX ENTIERS NATURELS

1. Algorithme d'Euclide

Voir l'article *Algorithme*.

2. Avec les décompositions en facteurs premiers de chaque entier

La décomposition de 315 en facteurs premiers est $3^2 \times 5 \times 7$.
La décomposition de 4 050 en facteurs premiers est $2 \times 3^4 \times 5^2$.
J'appelle D le PGCD de 315 et 4 050.
– Je cherche les nombres premiers communs aux deux décompositions : ce sont 3 et 5.
– J'en déduis que $D = 3^n \times 5^m$, où m et n sont des entiers naturels.
– 2 est le plus petit des exposants de 3 dans les deux décompositions. Donc $D = 3^2 \times 5^m$.
– 1 est le plus petit exposant de 5 dans les deux décompositions ($5 = 5^1$). Donc $D = 3^2 \times 5^1$.
Le PGCD de 315 et 4 050 est $3^2 \times 5$, c'est-à-dire 45.

♦ La méthode décrite ci-dessus s'applique à la recherche du PGCD de deux entiers naturels quelconques dont on connaît les décompositions en facteurs premiers.

Plus petit commun multiple

Les dix premiers multiples de 6 sont 0, 6, 12, 18, 24, 30, 36, 42, 48, 54.
Les dix premiers multiples de 8 sont 0, 8, 16, 24, 32, 40, 48, 56, 64, 72.
Je constate que 0, 24 et 48 sont des multiples communs à 6 et 8. Le plus petit d'entre eux qui est non nul est 24 ; le nombre 24 est donc le plus petit commun multiple de 6 et 8.

♦ En abrégé, on dit que 24 est le PPCM de 6 et 8.

♦ Si les entiers naturels a et b sont premiers entre eux et non nuls, alors leur PPCM est égal au produit ab.

Déf. Le plus petit commun multiple de deux entiers naturels non nuls a et b est, comme son nom l'indique, le nombre qui est le plus petit de leurs multiples communs non nuls.

▶ Commun. Multiple. PGCD.

FICHE

DÉTERMINATION DU PPCM DE DEUX ENTIERS NATURELS

La décomposition de 315 en facteurs premiers est $3^2 \times 5 \times 7$.
La décomposition de 4 050 en facteurs premiers est $2 \times 3^4 \times 5^2$.
J'appelle M le PPCM de 315 et 4 050.
– Je cherche tous les nombres premiers des deux décompositions : ce sont 2, 3, 5 et 7.
– J'en déduis que $M = 2^a \times 3^b \times 5^c \times 7^d$, où a, b, c et d sont des entiers naturels.
– 1 est le plus grand exposant de 2 dans les deux décompositions ($2 = 2^1$) ; donc $M = 2^1 \times 3^b \times 5^c \times 7^d$.
– 4 est le plus grand exposant de 3 dans les deux décompositions. Donc $M = 2^1 \times 3^4 \times 5^c \times 7^d$.
– 2 est le plus grand exposant de 5 dans les deux décompositions ; donc $M = 2^1 \times 3^4 \times 5^2 \times 7^d$.
– 1 est le plus grand exposant de 7 dans les deux décompositions ($7 = 7^1$), donc $M = 2^1 \times 3^4 \times 5^2 \times 7^1$.
Le PPCM de 315 et 4 050 est $2 \times 3^4 \times 5^2 \times 7$, c'est-à-dire 28 350.

♦ La méthode décrite ci-dessus s'applique à la recherche du PPCM de deux entiers naturels non nuls quelconques dont on connaît les décompositions en facteurs premiers.

Point

1 En géométrie

Toute figure géométrique est constituée de points.
Par exemple, un disque est constitué d'une infinité de points. J'en ai représenté cent sur la *fig. 1*.

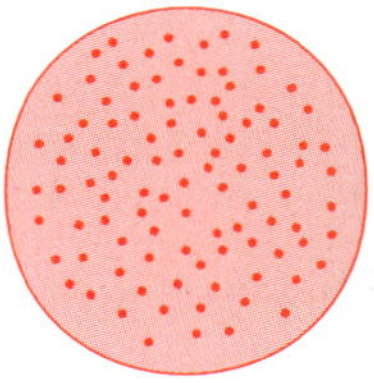

fig. 1

Info. Les points sont les éléments qui constituent toutes les figures géométriques.

2 Représentation de points

• Je peux représenter des points en traçant des croix. Sur la *fig. 2*, j'ai représenté quatre points, que j'ai nommés à l'aide de lettres majuscules.

fig. 2

• Sur une ligne, je peux représenter des points par des petits traits, comme sur la figure ci-contre, où j'ai représenté trois points (M, N et P).

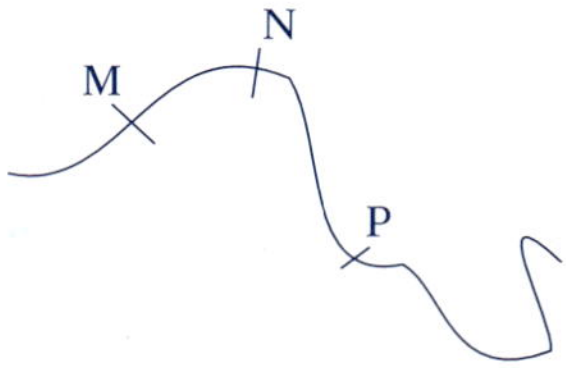

• Lorsqu'il n'y a aucune confusion possible, on peut se dispenser de marquer les points d'une figure ; il suffit de les nommer. Sur la figure ci-contre, j'ai appelé A, B, C, D et E les sommets d'un pentagone.

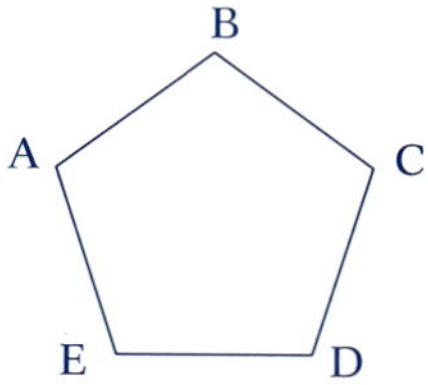

• On peut aussi représenter des points à l'aide de petits disques, comme sur la *fig. 1* de l'article *Point.*

Info. Les exemples ci-dessus montrent comment on représente des points ; on les nomme presque toujours à l'aide de lettres majuscules d'imprimerie.

3 Calculatrice

Sur l'écran de ma calculatrice je lis [7.5] ; je sais que cela signifie 7,5. De même, pour afficher le nombre 0,07, je dois taper [0] [.] [0] [7].

Info. Sur les calculatrices, la virgule des écritures décimales est remplacée par un point (« • »).

4 Écritures littérales

Soit x un nombre ; je peux écrire le produit de 2 par x ainsi : $2.x$. Le point remplace le symbole de la multiplication. De même, si y est un nombre, je peux écrire le produit de x par y ainsi : $x.y$.

♦ En général, on utilise les notations $2x$ et xy (sans point).

▶ Concours. Intersection. Point de contact.

Point (calculatrice)

Pour entrer $5{,}9^2$ sur une calculatrice, je tape [5] [.] [9] [x^2].

La calculatrice affiche [34.81], que j'écris 34,81.

Info. Sur les calculatrices, la virgule des écritures décimales est remplacée par un point.

▶ Calculatrice.

Point d'intersection Voir l'article *Intersection.*

Point de contact

1 Point de contact dans le plan

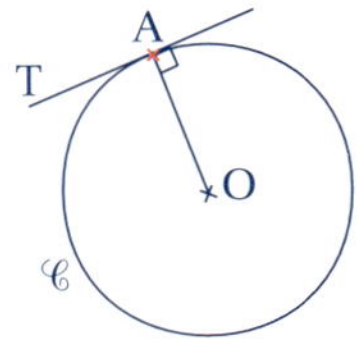

a) Sur la figure ci-contre, la droite T est tangente au cercle 𝒞 en un point A. Ce point A est le point de contact de la droite et du cercle.

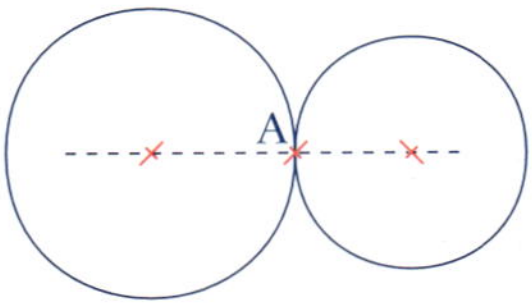

b) Sur la figure ci-contre, les deux cercles sont tangents extérieurement en A. Ce point A est le point de contact des deux cercles.

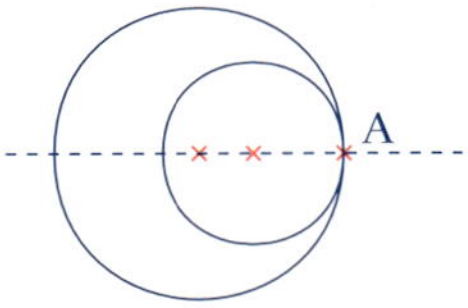

♦ Si deux cercles sont tangents intérieurement en un point A, ce point est le point de contact des deux cercles.

Info. ***a)*** Soit 𝒞 un cercle et T une tangente à 𝒞. Le point de contact de T et 𝒞 est le point qu'ils ont en commun.
b) Soit 𝒞 et 𝒞' deux cercles tangents. Le point de contact de 𝒞 et 𝒞' est le point qu'ils ont en commun.

2 Point de contact dans l'espace

Sur la figure ci-dessous, la sphère est posée sur le plan. La sphère et le plan n'ont qu'un seul point commun ; ce point est le point de contact de la sphère et du plan.

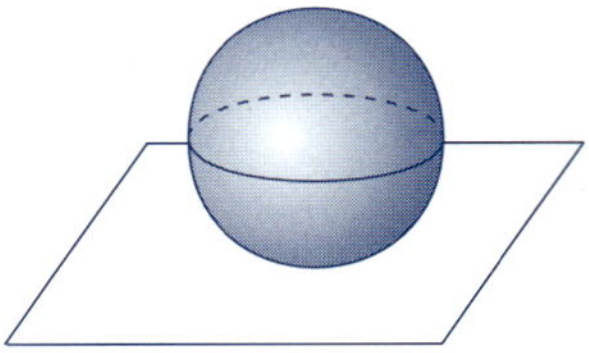

♦ Le point de contact de la sphère et du plan n'est pas représenté sur la figure ci-contre car il est caché par la sphère.

Info. Soit S une sphère et P un plan tangent à la sphère. Le point de contact de S et P est le point qu'ils ont en commun.

▶ Intersection. Positions relatives. Tangent.

Pointillé

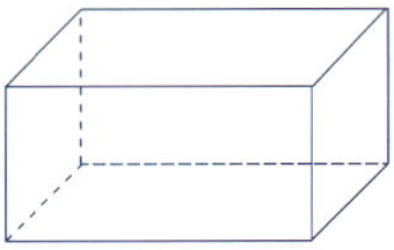

• Sur la figure ci-contre, j'ai dessiné un parallélépipède rectangle en perspective cavalière. Trois arêtes sont cachées. Je les ai tracées en pointillé.

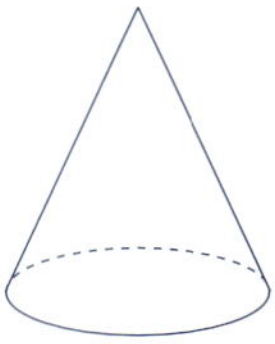

• J'ai représenté en pointillé la partie cachée du cercle de base d'un cône.

Info. Les pointillés permettent de représenter les arêtes cachées ou les lignes cachées d'un dessin en perspective cavalière.

▶ Perspective cavalière.

Polaire Voir l'article *Diagramme polaire.*

Polyèdre

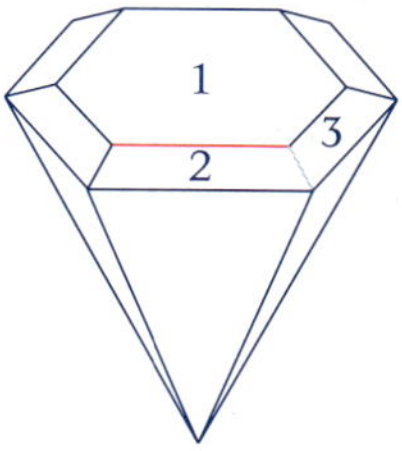

Je peux voir ci-contre une pierre précieuse : un diamant taillé.
La surface de cette pierre est formée de surfaces planes limitées par des polygones.
Un côté d'un polygone (n'importe quel côté de n'importe quel polygone) est toujours un côté commun à deux polygones.
Par exemple, le côté marqué en rouge est le côté commun aux polygones 1 et 2 ; et le côté marqué en bleu clair est le côté commun aux polygones 2 et 3.
Une figure de l'espace qui possède les propriétés de cette pierre s'appelle un polyèdre.

Déf. Un polyèdre est une partie de l'espace qui est limitée par des surfaces planes polygonales. Tous les côtés de tous les polygones limitant ces surfaces doivent posséder la propriété suivante : être un côté commun à deux polygones.

▶ Arête. Cube. Face. Parallélépipède. Prisme. Pyramide. Solide. Sommet.

Polygonal

La surface représentée ci-contre en rouge est limitée par un polygone ; elle est constituée des points intérieurs au polygone (en rouge clair) et des points du polygone (en rouge foncé). On dit que cette surface est polygonale.

♦ Par abus, on dit parfois *polygone* au lieu de *surface polygonale*. C'est le cas dans l'expression *aire d'un polygone*, qui signifie, en fait, *aire d'une surface polygonale*.

Déf. Une surface polygonale est une surface plane limitée par un polygone ; le polygone fait partie de la surface.

Info. Le tableau ci-dessous donne l'adjectif qualificatif associé à la surface limitée par certains polygones.

Nombre de côtés	Polygone	La surface limitée par ce polygone est une surface…
3	Triangle	triangulaire
4	Carré	carrée
4	Rectangle	rectangulaire
4	Trapèze	trapézoïdale
5	Pentagone	pentagonale
6	Hexagone	hexagonale
7	Heptagone	heptagonale
8	Octogone	octogonale
9	Ennéagone	ennéagonale
10	Décagone	décagonale
11	Hendécagone	hendécagonale
12	Dodécagone	dodécagonale

Polygone

Je vais construire un polygone ayant cinq côtés et cinq sommets ; je vais appeler les sommets A_1, A_2, A_3, A_4 et A_5.

Je trace un segment $[A_1A_2]$.

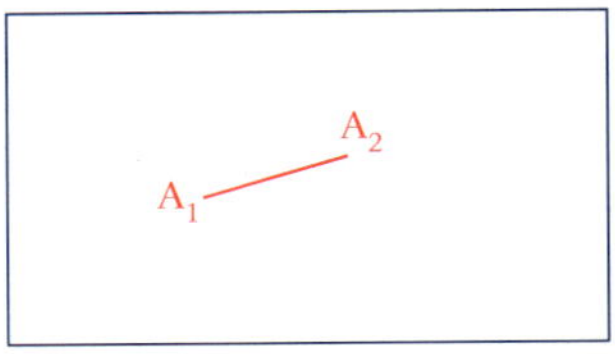

Je trace un segment $[A_2A_3]$.
Les points A_1, A_2 et A_3 ne sont pas alignés.

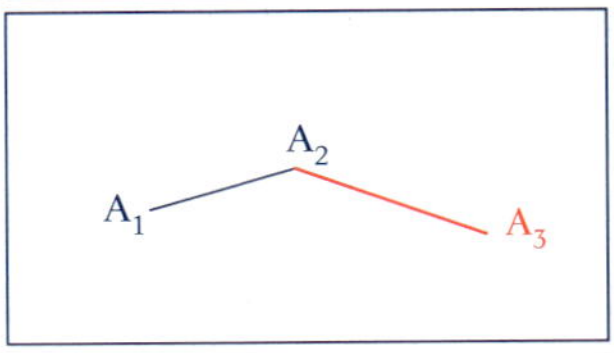

Je trace un segment $[A_3A_4]$.
Les points A_2, A_3 et A_4 ne sont pas alignés.

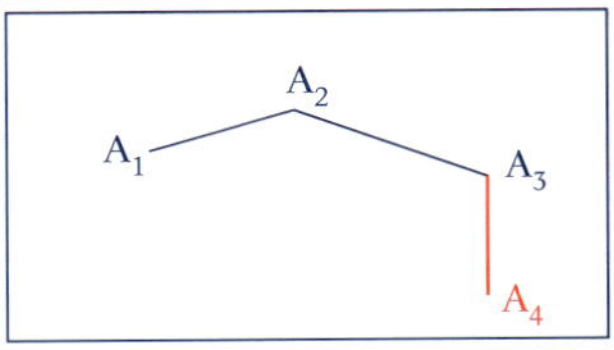

En continuant ainsi, j'obtiens le polygone $A_1A_2A_3A_4A_5$.

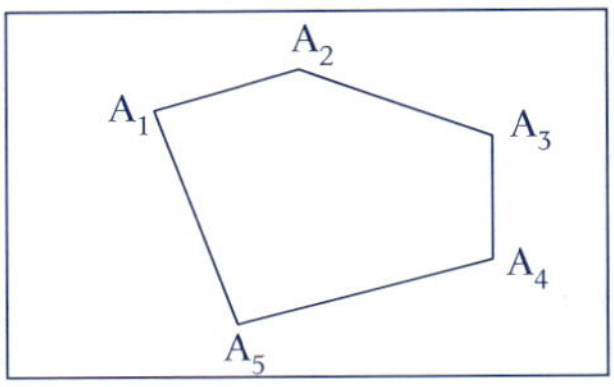

♦ Un polygone a au moins trois côtés.

♦ Le tableau suivant donne les noms de dix polygones usuels.
Pour plus de détails sur ces polygones, voir les articles correspondants.

Nom du polygone	Nombre de côtés	Nom du polygone	Nombre de côtés
Triangle	3	Octogone	8
Quadrilatère	4	Ennéagone	9
Pentagone	5	Décagone	10
Hexagone	6	Hendécagone	11
Heptagone	7	Dodécagone	12

Déf. – Soit A_1, A_2 et A_3 trois points non alignés.
Le polygone $A_1A_2A_3$ est la figure constituée des trois segments $[A_1A_2]$, $[A_2A_3]$ et $[A_3A_1]$.
– Soit A_1, A_2, A_3 et A_4 quatre points tels que :
- A_1, A_2 et A_3 ne sont pas alignés,
- A_2, A_3 et A_4 ne sont pas alignés,
- A_3, A_4 et A_1 ne sont pas alignés.

Le polygone $A_1A_2A_3A_4$ est la figure constituée des quatre segments $[A_1A_2]$, $[A_2A_3]$, $[A_3A_4]$ et $[A_4A_1]$.

Et ainsi de suite pour cinq points, six points, etc.

► Concave. Convexe. Croisé. Inscriptible. Régulier.

FICHE

NOMMER UN POLYGONE – CAS D'UN QUADRILATÈRE

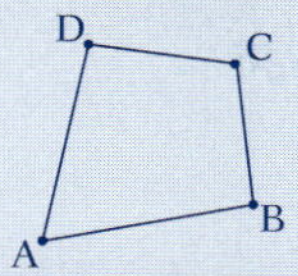

Pour nommer ce polygone, je peux imaginer deux sens de parcours.

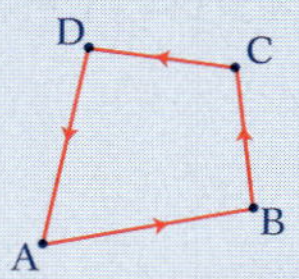

Sens de parcours n°1

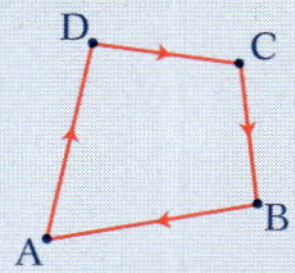

Sens de parcours n°2

Avec le sens de parcours n°1, je trouve les noms : ABCD, BCDA, CDAB et DABC.

Avec le sens de parcours n°2, je trouve les noms : ADCB, DCBA, CBAD et BADC.

Je ne peux pas nommer ce polygone ABDC ou ADBC. En effet, ABDC et ADBC désignent des polygones croisés.

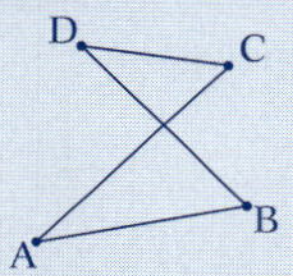

Le polygone croisé ABDC

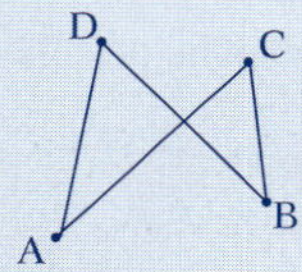

Le polygone croisé ADBC

Polygone des effectifs

1 Polygone des effectifs

J'ai étudié le nombre d'apparitions des voyelles A, E, I, O, U dans un énoncé de mathématiques. Voici les résultats :

Voyelle	A	E	I	O	U
Effectif	4	10	3	6	5

J'ai tracé le diagramme en bâtons correspondant :

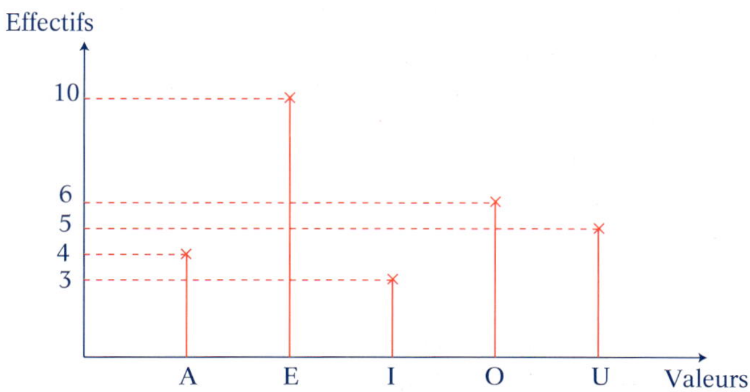

Puis j'ai joint les extrémités supérieures des bâtons par des segments, et j'ai obtenu la figure ci-dessous :

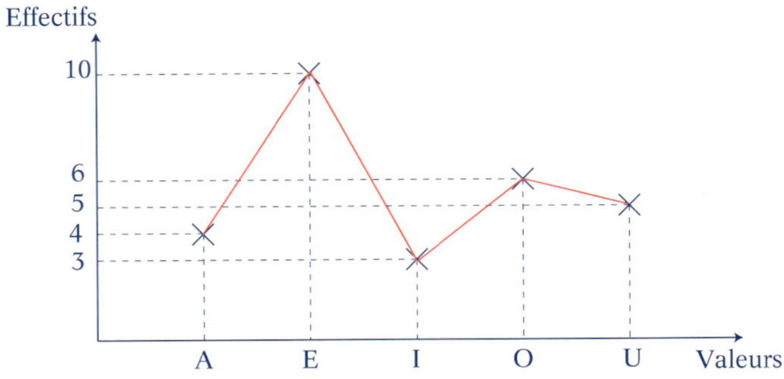

La ligne brisée que j'obtiens est un polygone des effectifs du caractère étudié (ce caractère est : « voyelles dans l'énoncé »).

♦ Malgré son nom, le polygone des effectifs n'est pas un polygone.

Info. Un polygone des effectifs d'un caractère est la ligne brisée formée par les segments joignant les extrémités supérieures consécutives des barres d'un diagramme en bâtons.

2 Polygone des effectifs cumulés

Je reprends mon étude précédente et je calcule les effectifs cumulés croissants des valeurs :

Voyelle	A	E	I	O	U
Effectifs cumulés croissants	4	14	17	23	28

J'ai représenté la répartition par des points :

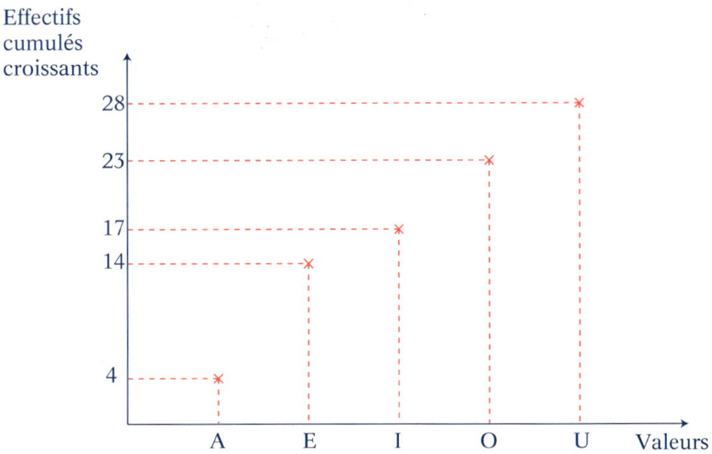

Puis j'ai joint les points par des segments, et j'ai obtenu la figure ci-dessous :

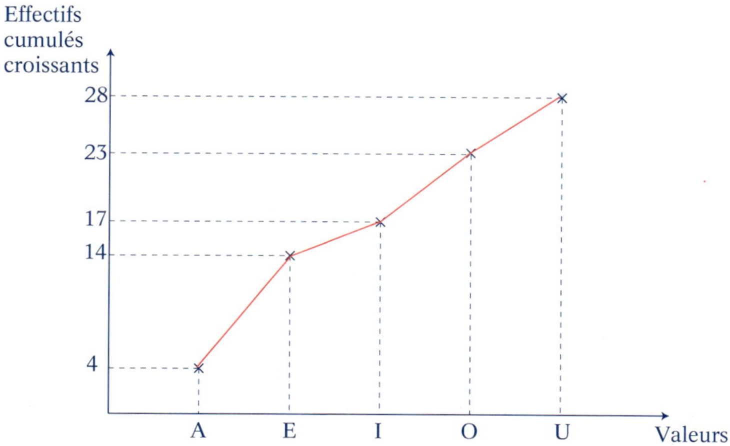

La ligne brisée que j'obtiens est le polygone des effectifs cumulés croissants du caractère étudié.

♦ On peut définir de la même façon le polygone des effectifs cumulés décroissants :

Voyelle	A	E	I	O	U
Effectifs cumulés décroissants	28	24	14	11	5

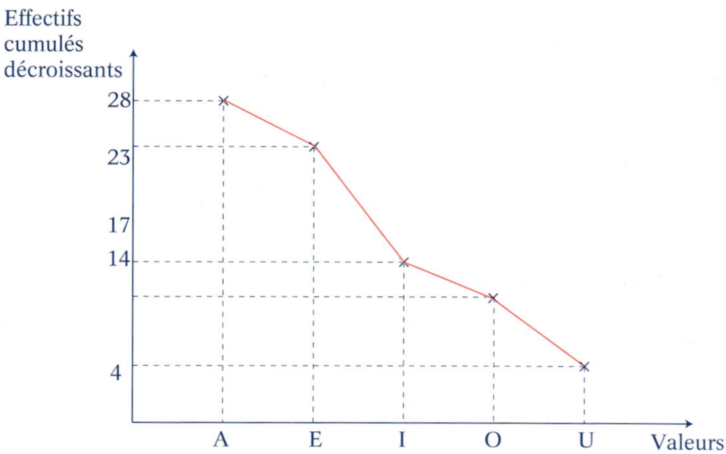

♦ Malgré leurs noms, les polygones des effectifs cumulés croissants et décroissants ne sont pas des polygones.

Info. Le polygone des effectifs cumulés croissants d'un caractère est la ligne brisée obtenue comme dans l'exemple ci-dessus. De même, le polygone des effectifs cumulés décroissants d'un caractère est la ligne brisée obtenue comme dans l'exemple ci-dessus.

▶ Polygone des fréquences.

Polygone des fréquences

Pour un caractère donné :
– le polygone des fréquences,
– le polygone des fréquences cumulées croissantes,
– le polygone des fréquences cumulées décroissantes,
se définissent respectivement comme :
– le polygone des effectifs,
– le polygone des effectifs cumulés croissants,
– le polygone des effectifs cumulés décroissants.
À la place de chaque effectif, de chaque effectif cumulé croissant, de chaque effectif cumulé décroissant, on considère respectivement la fréquence, la fréquence cumulée croissante et la fréquence cumulée décroissante.

▶ Polygone des effectifs.

Pondéré Voir l'article *Moyenne* **2**.

Population

• Je veux faire une étude statistique sur les élèves de ma classe ; le caractère est « sport préféré ». Les élèves constituent la population que je vais étudier.
• Mon voisin Virgile a fait une étude statistique sur le poids de ses vaches. La population étudiée était son troupeau (et le caractère « poids »).
• Ma sœur, qui est étudiante, a fait une étude statistique sur les arômes de yaourts produits au mois de septembre par une grande société. La population étudiée était les yaourts produits au mois de septembre (et le caractère « arôme »).

Déf. Dans une étude statistique, la population est l'ensemble des personnes, animaux ou choses concernés par le caractère de l'étude.

▶ Caractère. Individu.

Positif

1 Décimal positif

Je représente des nombres décimaux en utilisant des écritures décimales : + 1 ; 7,89 ; 0,57. Ces écritures sont précédées d'un signe *plus*, ou bien ne comportent pas de signe (*plus* ou *moins*). Elles représentent donc des décimaux positifs.

♦ Le nombre 0 est aussi un nombre positif.

Déf. Les nombres décimaux positifs sont les nombres qui peuvent s'écrire à l'aide d'une écriture décimale comportant un et un seul signe *plus* ou bien aucun signe (*plus* ou *moins*).

2 Nombre positif

Je considère les nombres $+\frac{11}{3}$, $\sqrt{2}$, π, $-\sqrt{7}+\sqrt{11}$; j'en écris des approximations décimales : $+\frac{11}{3} \approx +3{,}66$; $\sqrt{2} \approx 1{,}414$; $\pi \approx 3{,}14$; $-\sqrt{7}+\sqrt{11} \approx 0{,}67$. Je remarque que les écritures décimales obtenues sont précédées d'un signe *plus* ou ne comportent pas de signe (*plus* ou *moins*). J'en conclus que les nombres $+\frac{11}{3}$, $\sqrt{2}$, π et $-\sqrt{7}+\sqrt{11}$ sont des nombres positifs.

Sur l'axe ci-dessous, j'ai représenté par des traits de graduation rouges des entiers positifs.

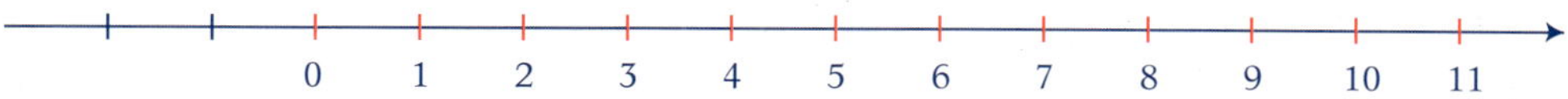

Déf. Un nombre positif est soit le nombre zéro soit un nombre dont une approximation décimale est un décimal strictement positif.

▶ Négatif. Nombre relatif.

Position relative

1 Positions relatives de deux droites dans le plan

Soit d_1 et d_2 deux droites d'un plan. Elles peuvent avoir :

– aucun point en commun (elles sont donc parallèles) ;

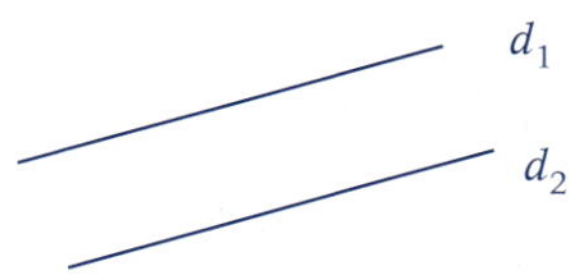

– un point commun seulement (elles sont donc sécantes) ;

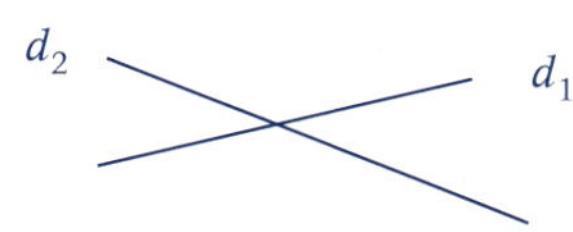

– au moins deux points communs (elles sont donc confondues).

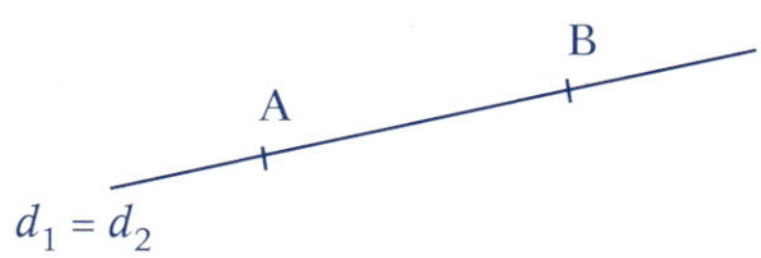

Info. Étudier la position relative de deux droites dans un plan, c'est déterminer si ces deux droites sont soit parallèles, soit sécantes, soit confondues.

2 Positions relatives de deux droites dans l'espace

Soit d_1 et d_2 deux droites de l'espace. Elles peuvent être :

– coplanaires (dans ce cas, je sais étudier leurs positions relatives d'après le paragraphe précédent) ;

– non coplanaires (dans ce cas, elles n'ont aucun point commun).

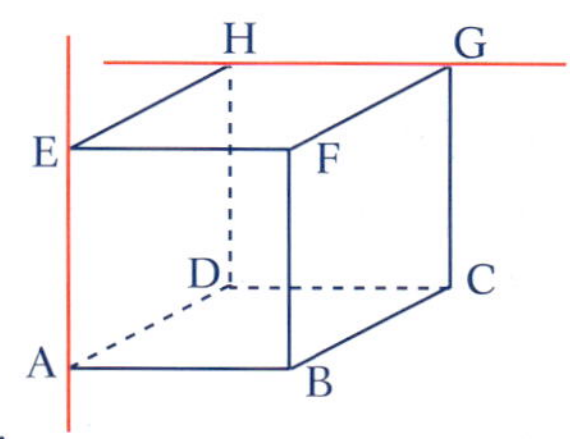

♦ ABCDEFGH est un cube. Les droites (EA) et (GH) sont non coplanaires.

Info. Étudier la position relative de deux droites dans l'espace, c'est déterminer si ces deux droites sont soit parallèles, soit sécantes, soit confondues, soit non coplanaires.

3 Positions relatives d'une droite et d'un cercle

Soit *d* une droite et $\mathscr{C}$ un cercle. $\mathscr{C}$ et *d* peuvent avoir :

– deux points en commun (*d* est sécante à $\mathscr{C}$) ;

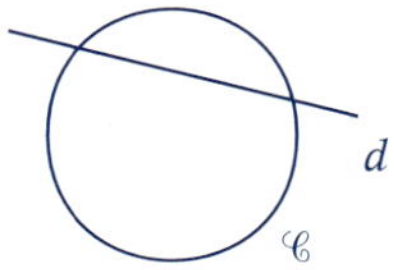

– un point commun (*d* est tangente à $\mathscr{C}$) ;

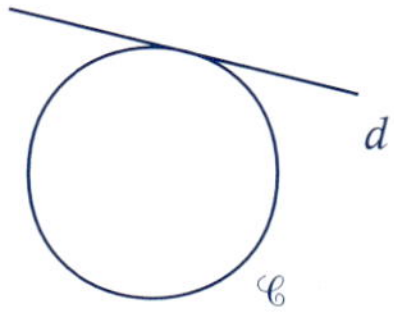

– aucun point en commun (*d* est extérieure à $\mathscr{C}$).

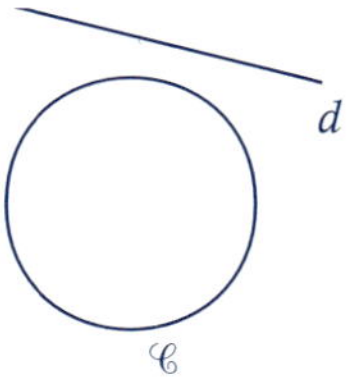

Info. Étudier la position relative d'une droite et d'un cercle, c'est déterminer si cette droite est extérieure au cercle, ou bien tangente au cercle, ou bien sécante au cercle.

4 Positions relatives d'un plan et d'une sphère

Soit $\mathscr{P}$ un plan et S une sphère. S et $\mathscr{P}$ peuvent avoir :

– aucun point en commun ($\mathscr{P}$ est extérieure à S) ;

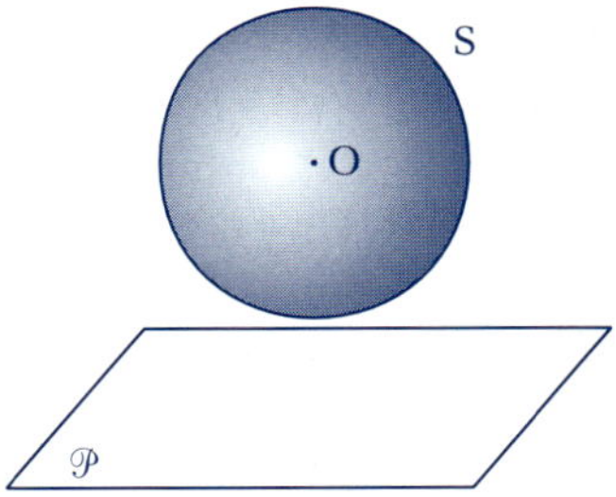

– un point commun ($\mathscr{P}$ est tangent à S) ;

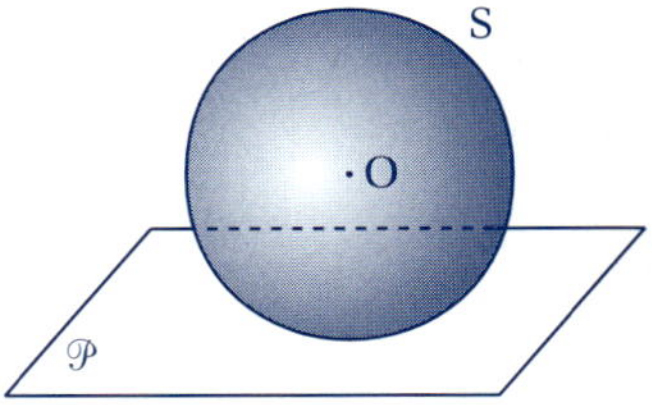

La sphère est "posée" sur le plan.

– un cercle en commun ($\mathscr{P}$ est sécant à S).

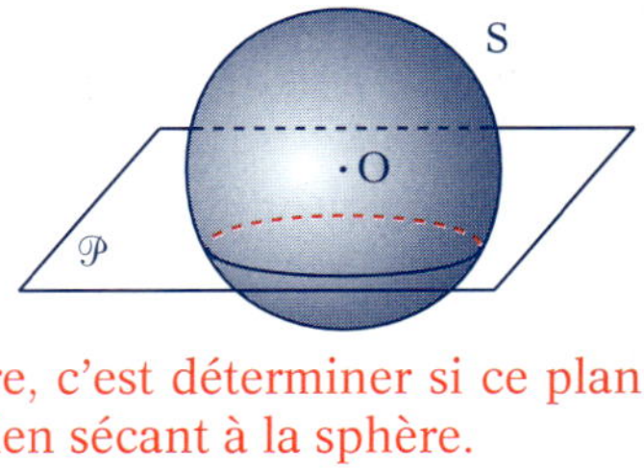

Info. Étudier la position relative d'un plan et d'une sphère, c'est déterminer si ce plan est extérieur à la sphère, ou bien tangent à la sphère, ou bien sécant à la sphère.

▶ Contact. Parallèle. Sécant. Tangent.

Postulat

Synonyme d'***Axiome.***

▶ Axiome.

Pourcentage

1 Écriture

Le quotient $\frac{5}{100}$ peut se noter 5 % (lire *cinq pour cent*).

L'écriture 5 % s'appelle un pourcentage.

De même, 10 % = $\frac{10}{100} = \frac{1}{10}$ = 0,1 ; 25 % = $\frac{25}{100} = \frac{1}{4}$ = 0,25 ; etc.

Écriture en pourcentage	10 %	25 %	50 %	75 %	100 %	150 %	200 %
Écriture fractionnaire	$\frac{10}{100}$ ou $\frac{1}{10}$	$\frac{25}{100}$ ou $\frac{1}{4}$	$\frac{50}{100}$ ou $\frac{1}{2}$	$\frac{75}{100}$ ou $\frac{3}{4}$	$\frac{100}{100}$ ou 1	$\frac{150}{100}$ ou $\frac{3}{2}$	$\frac{200}{100}$ ou 2
Écriture décimale	0,1	0,25	0,5	0,75	1	1,5	2

Déf. Un pourcentage est une écriture de la forme *a* % dans laquelle *a* est un nombre positif. *a* % s'écrit aussi $\frac{a}{100}$.

2 Pourcentage d'une quantité

5 % de 40 = $\frac{5}{100} \times 40 = 2$.

12 % de 2 000 F = $\frac{12}{100} \times$ 2 000 F = 240 F.

Info. Pour calculer *a* % d'une quantité, on multiplie cette quantité par $\frac{a}{100}$.

▶ Augmentation. Diminution.

3 Calcul d'un pourcentage

Sur les 150 élèves de troisième de mon collège, 126 ont réussi au brevet. Je dois calculer le pourcentage de réussite, c'est-à-dire le rapport de 126 et 150, pris dans cet ordre.
J'appelle *x* % le pourcentage que je cherche.

Je peux écrire : *x* % de 150 = 126 ; donc $\frac{x}{100} \times 150 = 126$; je trouve $x = \frac{126}{150} \times 100 = 84$.

J'en déduis que 84 % des 150 élèves ont réussi au brevet.

Info. Soit *a* et *b* deux nombres positifs, *b* étant non nul. Le pourcentage *x* % de *a* par rapport à *b* est égal à $\frac{a}{b}$: x % de $b = a \Leftrightarrow \frac{x}{100} \times b = a \Leftrightarrow x = \frac{a}{b} \times 100$

PPCM

Abréviation de *Plus Petit Commun Multiple.*

▶ Plus grand commun diviseur. Plus petit commun multiple.

Préfixe

Les tableaux ci-dessous donnent les préfixes permettant de former des unités de mesure. Pour obtenir des détails sur un préfixe particulier, se reporter à l'article portant le nom de ce préfixe.

♦ Voici un exemple d'utilisation du second tableau : une nanoseconde (voir préfixe nano) est égale à un milliardième de seconde, c'est-à-dire à 10^{-9} seconde.
L'abréviation de nanoseconde est ns (n pour nano, s pour seconde).
On peut donc écrire : $1 \text{ ns} = \frac{1}{1\,000\,000\,000} \text{ s} = 10^{-9} \text{ s}$.

Préfixe	Abréviation	Signification	Puissance
déca	da	dix	10^1
hecto	h	cent	10^2
kilo	k	mille	10^3
méga	M	million	10^6
giga	G	milliard (mille millions)	10^9
téra	T	mille milliards (billion)	10^{12}
péta	P	million de milliards (mille billions)	10^{15}
exa	E	milliard de milliards (trillion)	10^{18}

Préfixe	Abréviation	Signification	Puissance
déci	d	dixième de	10^{-1}
centi	c	centième de	10^{-2}
milli	m	millième de	10^{-3}
micro	µ	millionième de	10^{-6}
nano	n	milliardième de	10^{-9}
pico	p	millième de milliardième de	10^{-12}
femto	f	millionième de milliardième de	10^{-15}
atto	a	milliardième de milliardième de	10^{-18}

Premier

L'entier 13 est un nombre premier car ses seuls diviseurs sont 1 et 13 lui-même.

♦ Le nombre 1 n'est pas premier car il n'a qu'un seul diviseur : 1.

♦ Je ne confonds pas un nombre premier et des nombres premiers entre eux : 15 et 14 sont premiers entre eux, mais ni 15 ni 14 ne sont premiers.

Déf. Un nombre premier est un entier naturel qui a exactement deux diviseurs, qui sont 1 et lui-même.

▶ Décomposition. Diviseur. Ératosthène. Multiple. PGCD. PPCM. Premiers entre eux.

FICHE 1

COMMENT SAVOIR SI UN ENTIER NATUREL EST PREMIER ?

S'il est dans la table donnée ci-dessous, il est premier ; par exemple, 1 861 est premier.

S'il est supérieur à 2 000, voici deux exemples avec 7 363 et 4 237 :

• On cherche si 7 363 est divisible par les nombres premiers successifs jusqu'à $\sqrt{7\,363}$ ($\sqrt{7\,363} \approx 85{,}8$), en utilisant les critères de divisibilité ou en effectuant les divisions.

On trouve $7\,363 = 37 \times 199$. Donc 7 363 n'est pas premier.

• Pour 4 237, on procède de la même façon, jusqu'à 61 ($\sqrt{4\,237} \approx 65$). On constate que 4 237 n'est divisible par aucun nombre premier inférieur ou égal à 61. Donc 4 237 est premier.

FICHE 2

TABLE DES NOMBRES PREMIERS DE 1 À 2 000

2	97	227	367	509	661	829	1 009	1 171	1 327	1 523	1 697	1 879
3	101	229	373	521	673	839	1 013	1 181	1 361	1 531	1 699	1 889
5	103	233	379	523	677	853	1 019	1 187	1 367	1 543	1 709	1 901
7	107	239	383	541	683	857	1 021	1 193	1 373	1 549	1 721	1 903
11	109	241	389	547	691	859	1 031	1 201	1 381	1 553	1 723	1 913
13	113	251	397	557	701	863	1 033	1 213	1 399	1 559	1 733	1 931
17	127	257	401	563	709	877	1 039	1 217	1 409	1 567	1 741	1 933
19	131	263	409	569	719	881	1 049	1 223	1 423	1 571	1 747	1 949
23	137	269	419	571	727	883	1 051	1 229	1 427	1 579	1 753	1 951
29	139	271	421	577	733	887	1 061	1 231	1 429	1 583	1 759	1 973
31	149	277	431	587	739	907	1 063	1 237	1 433	1 597	1 777	1 979
37	151	281	433	593	743	911	1 069	1 249	1 439	1 601	1 783	1 987
41	157	283	439	599	751	919	1 087	1 259	1 447	1 607	1 787	1 993
43	163	293	443	601	757	929	1 091	1 277	1 451	1 609	1 789	1 997
47	167	307	449	607	761	937	1 093	1 279	1 453	1 613	1 801	1 999
53	173	311	457	613	769	941	1 097	1 283	1 459	1 619	1 811	
59	179	313	461	617	773	947	1 103	1 289	1 471	1 621	1 823	
61	181	317	463	619	787	953	1 109	1 291	1 481	1 627	1 831	
67	191	331	467	631	797	967	1 117	1 297	1 483	1 637	1 847	
71	193	337	479	641	809	971	1 123	1 301	1 487	1 657	1 861	
73	197	347	487	643	811	977	1 129	1 303	1 489	1 663	1 867	
79	199	349	491	647	821	983	1 151	1 307	1 493	1 667	1 871	
83	211	353	499	653	823	991	1 153	1 319	1 499	1 669	1 873	
89	223	359	503	659	827	997	1 163	1 321	1 511	1 693	1 877	

Premiers entre eux

Les diviseurs de l'entier 42 sont 1, 42, 2, 21, 3, 14, 6, 7.
Les diviseurs de l'entier 55 sont 1, 55, 5, 11.
Les deux entiers 42 et 55 ont un seul diviseur commun : c'est le nombre 1. Ces deux entiers sont donc premiers entre eux.

♦ Deux entiers naturels sont premiers entre eux si et seulement si leur PGCD est égal à 1.

♦ Deux nombres premiers distincts sont premiers entre eux.

♦ Un nombre premier est premier avec tout entier naturel non nul différent de lui-même.

♦ Je ne confonds pas un nombre premier et des nombres premiers entre eux ; 42 et 55 sont premiers entre eux, mais ni 42 ni 55 ne sont premiers.

♦ Soit a et b deux entiers naturels, b étant non nul ; la fraction $\frac{a}{b}$ est irréductible si et seulement si les deux entiers a et b sont premiers entre eux.

♦ Si deux entiers naturels non nuls a et b sont premiers entre eux, alors leur PPCM est égal à leur produit ab.

Déf. Dire que deux entiers naturels sont premiers entre eux signifie qu'ils ont un seul diviseur en commun, qui est le nombre 1.

▶ Diviseur. PGCD. PPCM. Premier.

Preuve

1 Preuve par neuf

J'effectue la preuve par neuf de la multiplication posée ci-contre.

$$\begin{array}{r} 751 \\ \times\ 4{,}3 \\ \hline 2253 \\ 3004 \\ \hline 3229{,}3 \end{array}$$

♦ Dans un preuve par 9, tous les multiples de 9 comptent pour 0.

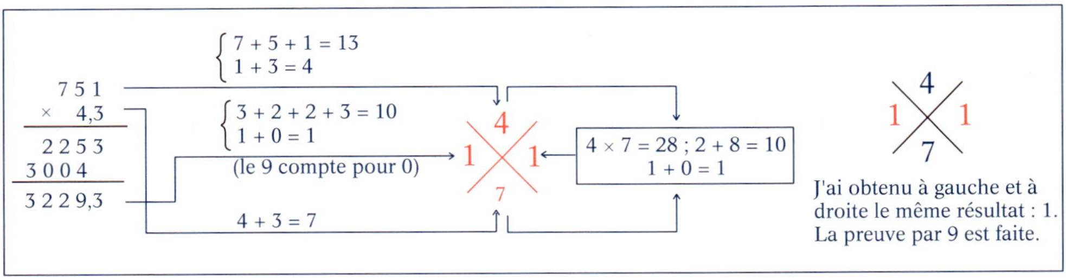

♦ Je dois savoir qu'une preuve par 9 ne garantit pas une multiplication sans faute ; par exemple, les inversions de chiffres au résultat ou les erreurs de virgule ne sont pas détectées.

Exemples :

Info. La preuve par neuf est un procédé qui permet de détecter des erreurs de calcul. Elle n'est pas totalement fiable : certaines erreurs passent inaperçues.

2 Preuve

Synonyme de *démonstration*.

▶ Démonstration.

Prime

Sur la figure ci-contre :
– le point A′ (lire *A prime*) est l'image du point A par la rotation de centre O et d'angle 45° dans le sens des aiguilles d'une montre ;
– le point B′ (lire *B prime*) est l'image du point B par la rotation de centre O et d'angle 60° dans le sens inverse des aiguilles d'une montre.

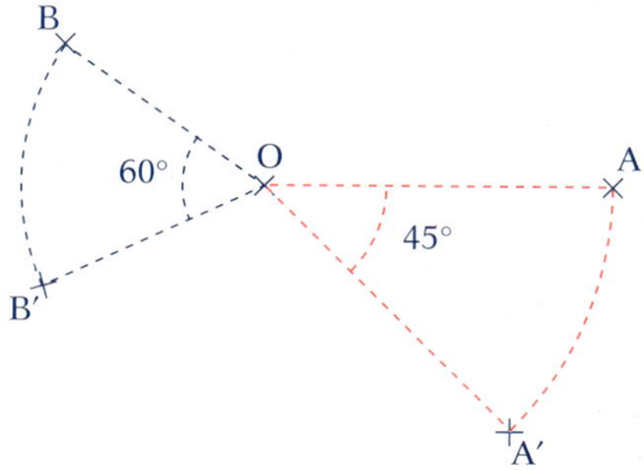

♦ Il est possible d'utiliser le symbole *prime* pour désigner des nombres : soit x et x' (lire *x prime*) deux nombres ; alors $(x + x')^2 = x^2 + 2xx' + x'^2$.

Info. Le symbole ′ (lire *prime*) peut être associé à n'importe quelle lettre de l'alphabet pour former de « nouvelles lettres ».

▶ Indice. Seconde. Symboles de géométrie.

Principal

Le triangle ABC est isocèle en A et n'est pas équilatéral. Autrement dit : AB = AC et BC ≠ AB. Le point A est le sommet principal du triangle ABC.
De même, le sommet principal du triangle isocèle IJK est le point J.

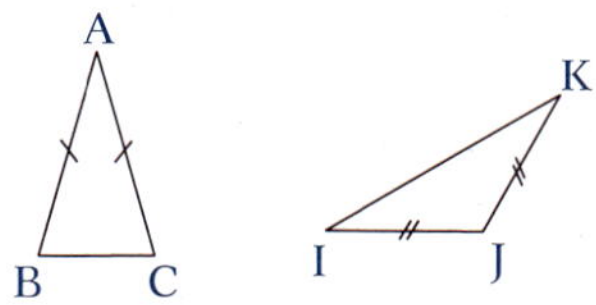

Déf. Le sommet principal d'un triangle isocèle non équilatéral est le sommet commun aux deux côtés du triangle qui ont la même longueur.

▶ Isocèle.

Priorité

1 Dans une expression ne contenant pas de parenthèses

• Je dois effectuer l'expression $5 + 6 \times 10^2 - \frac{2}{5}$. J'effectue d'abord les produits et le quotient.

Je trouve $5 + 600 - 0{,}4$.

J'effectue de gauche à droite les opérations qui restent : $5 + 600 - 0{,}4 = 605 - 0{,}4 = 604{,}6$.

En résumé : $5 + 6 \times 10^2 - \frac{2}{5} = 5 + 600 - 0{,}4 = 605 - 0{,}4 = 604{,}6$.

J'ai donc effectué en priorité les produits et le quotient.

• Ma voisine a écrit $11 \times 10^2 - 0{,}4$ pour commencer. C'est faux, car elle a d'abord effectué la somme $5 + 6$, alors qu'il y a un produit à effectuer en premier : 6×10^2.

♦ J'aurais pu utiliser des parenthèses pour écrire l'expression à effectuer :
$5 + 6 \times 10^2 - \frac{2}{5} = 5 + (6 \times 10^2) - (2 : 5)$. Ces parenthèses sont inutiles car je sais que la multiplication et la division doivent être effectuées en priorité.

♦ Dans un calcul, s'il n'est pas possible d'effectuer les quotients, le résultat ne peut s'écrire sous forme décimale : $605 - 6 \times 10^2 - \frac{2}{3} = 605 - 600 - \frac{2}{3} = 5 - \frac{2}{3} = \frac{15}{3} - \frac{2}{3} = \frac{13}{3}$.

Info. Règle de priorité

En général, dans une expression à effectuer ne contenant pas de parenthèses :
– on effectue d'abord les multiplications et, si c'est possible, les divisions de gauche à droite ;
– on effectue ensuite les additions et les soustractions de gauche à droite.

♦ Cette règle a des exceptions ; en voici deux :

Pour effectuer l'expression $2 + 4 + 5 \times 7$, je peux écrire :
$2 + 4 + 5 \times 7 = 6 + 5 \times 7$ (j'ai effectué $2 + 4$ avant 5×7)
$= 6 + 35$ (j'ai effectué 5×7)
$= 41$.

Pour effectuer l'expression $\frac{17-5}{8+2}$, j'effectue d'abord l'addition et la soustraction : $\frac{17-5}{8+2} = \frac{12}{10} = 1{,}2$.

2 Dans une expression contenant des parenthèses

Soit x un nombre.

• Je dois effectuer l'expression suivante : $10 \times (3x + 7 \times 4 + 2x)$.
J'effectue d'abord l'expression entre parenthèses avant de multiplier par 10, en respectant les priorités des opérations : $10 \times (3x + 28 + 2x) = 10 \times (5x + 28)$.
Puis je distribue le nombre 10 ; je trouve $50x + 280$.

♦ Mon voisin a d'abord distribué le nombre 10 : $10 \times (3x + 7 \times 4 + 2x) = 30x + 280 + 20x = 50x + 280$.

• Je dois effectuer l'expression suivante : $x(2 + 3 \times (12 \times 5 + x))$.
J'effectue d'abord les expressions figurant dans les parenthèses du niveau le plus élevé : $x(2 + 3 \times (12 \times 5 + x)) = x(2 + 3 \times (60 + x))$.
Puis j'effectue les calculs dans les parenthèses du niveau inférieur :
$x(2 + 3 \times (60 + x)) = x(2 + 180 + 3x) = x(182 + 3x) = 182x + 3x^2$.

♦ En résumé : $x(2 + 3 \times (12 \times 5 + x)) = x(2 + 3 \times (60 + x)) = x(2 + 180 + 3x) = x(182 + 3x) = 182x + 3x^2$.

Info. Dans une expression contenant des parenthèses, on effectue d'abord les calculs figurant dans les parenthèses d'un même niveau, en commençant par le(s) niveau(x) le(s) plus élevé(s) s'il y a plusieurs niveaux de parenthèses.

♦ Cette règle admet des exceptions ; en voici une :
$(2 \times 7 + 1) \times (10 - (9 - 6)) = (14 + 1) \times (10 - 3)$; j'ai effectué simultanément les calculs dans des parenthèses de niveaux différents. Pour terminer, j'écris $(14 + 1) \times (10 - 3) = 15 \times 7 = 105$.

► Développer. Distributivité. Effectuer. Parenthèse.

Prisme

Les quatre objets posés sur la table sont des prismes droits.

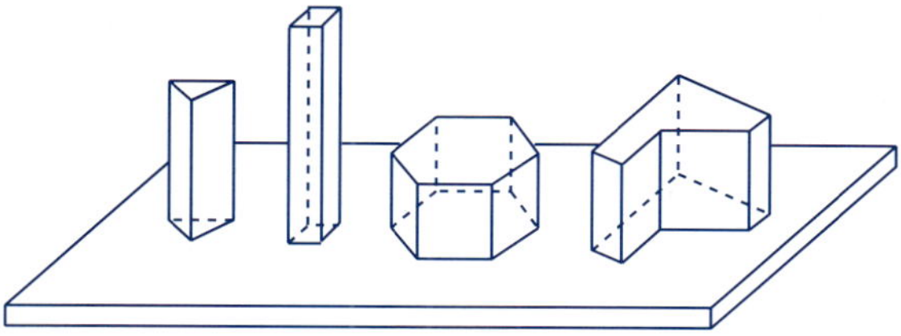

Ils possèdent tous les propriétés suivantes :
– deux faces sont parallèles et ont les mêmes dimensions ;
– les autres faces sont rectangulaires.

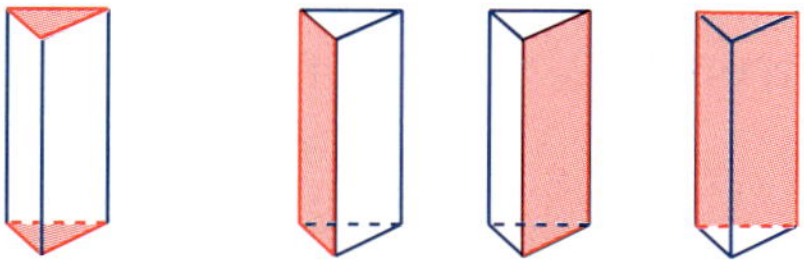

les deux faces parallèles et de mêmes dimensions les autres faces rectangulaires

♦ Un parallélépipède rectangle est un prisme droit ; un cube est aussi un prisme droit.

♦ Le solide représenté ci-contre a deux faces parallèles de mêmes dimensions et les autres faces ne sont pas des rectangles. Ce solide est un prisme (tout court).

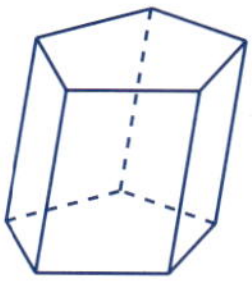

Déf. Un prisme droit est un polyèdre qui a deux faces parallèles de mêmes dimension et dont les autres faces sont rectangulaires.

▶ Base. Volume.

FICHE

PATRONS D'UN PRISME DROIT

Sur la figure ci-dessous, il y a un prisme droit à base triangulaire et un patron de ce prisme.

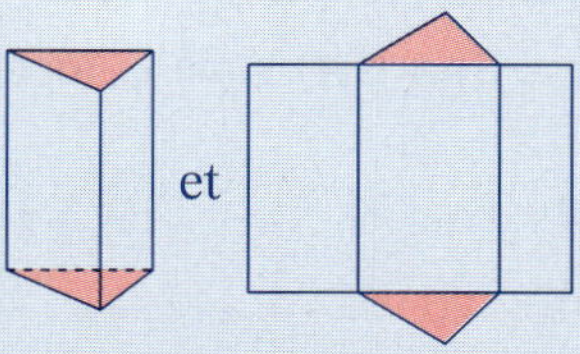

Après découpage du patron, je le plie comme indiqué ci-dessous.

Voici d'autres patrons qui permettent d'obtenir le même prisme droit.

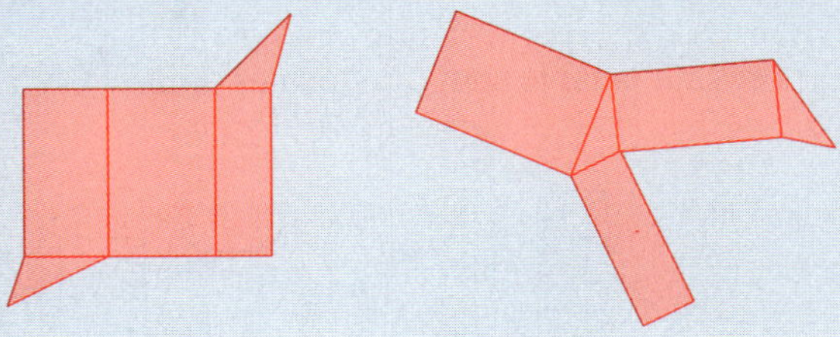

Produit

1 Produit de nombres

Le nombre – 36 est la produit des trois nombres 1, 4 et – 9 car $-36 = 1 \times 4 \times (-9)$.

Soit x un nombre ; le nombre $x^2 - 25$ est le produit des deux nombres $x - 5$ et $x + 5$ car $x^2 - 25 = (x - 5)(x + 5)$.

Déf. Le produit de deux nombres est le nombre obtenu en multipliant ces deux nombres. La produit de trois nombres est le nombre obtenu en multipliant ces trois nombres.
Et ainsi de suite.

2 Produit d'un nombre et d'une grandeur

Je peux écrire 20 cm² = 4 × 5 cm² ; 20 cm² est donc le produit du nombre 4 par la grandeur 5 cm².

Déf. Le produit d'un nombre et d'une grandeur est la grandeur obtenue en multipliant le nombre et la grandeur.

3 Produit en tant qu'écriture

a) En écrivant $12 = 4 \times 3$, je vois que je peux écrire le nombre 12 sous la forme $a \times b$, où $a = 4$ et $b = 3$.

Je peux aussi écrire le nombre 12 sous la forme $a \times b \times c$: $12 = 4 \times 30 \times \frac{1}{10}$ $\left(a = 4, b = 30 \text{ et } c = \frac{1}{10}\right)$, sous la forme $a \times b \times c \times d$: $12 = 1 \times 0{,}5 \times 4 \times 6$, etc.

La lette x désigne un nombre ; je factorise l'expression littérale $3(x + 2) + (x + 2)(x + 4)$: $3(x + 2) + (x + 2)(x + 4) = (x + 2)[3 + (x + 4)] = (x + 2)(x + 7)$. Je vois ainsi que je peux écrire le nombre $3(x + 2) + (x + 2)(x + 4)$ sous la forme $a \times b$, où a et b représentent des nombres (ici, $a = x + 2$ et $b = x + 7$).

Je peux aussi écrire le nombre $3(x + 2) + (x + 2)(x + 4)$ sous la forme $a \times b \times c$: $(10x + 20)\frac{1}{10}(x + 7)$. $\left(a = 10x + 20, b = \frac{1}{10} \text{ et } c = x + 7\right)$, et aussi sous la forme $a \times b \times c \times d$, etc.

♦ Lorsqu'un produit est long à écrire, et qu'il est facile de connaître sa composition, on peut utiliser des pointillés : $1 \times 3 \times 5 \times 7 \times .... \times 101$ est un produit où sont écrits tous les entiers naturels impairs consécutifs de 1 à 101.

b) L'expression 4 × (9 cm²) représente le produit du nombre 4 par la grandeur 9 cm².

Déf. ***a)*** Le mot *produit* désigne une expression numérique ou littérale de la forme $a \times b$, ou bien $a \times b \times c$, ou bien $a \times b \times c \times d$, etc., où a, b, c, d représentent des nombres. S'il n'y a pas de confusion possible, on peut écrire ces produits sous la forme ab, ou abc, ou $abcd$, etc.
b) Le mot *produit* peut aussi désigner une expression représentant le produit (au sens du **2**) d'un nombre et d'une grandeur.

▶ Écriture décimale. Écriture fractionnaire. Expression littérale. Expression numérique. Facteur. Multiplication.

Produit remarquable

Voir l'article *Identité remarquable.*

Produit en croix

1 Dans un tableau de proportionnalité

Voici un tableau de proportionnalité :

2	3
10	15

Les produits en croix sont 2 × 15 et 10 × 3 ; je remarque qu'ils sont égaux.

♦ Pour m'en souvenir, je peux dessiner une sorte de croix :

2 ╲	╱ 3
10 ╱	╲ 15

Déf. Les produits en croix du tableau de proportionnalité ci-dessous sont les nombres $a \times d$ et $b \times c$.

a	c
b	d

Info. Les produits en croix d'un tableau de proportionnalité sont égaux deux à deux.

2 Produits en croix et fractions

Je considère les fractions $\frac{26}{7}$ et $\frac{11}{3}$. J'effectue les produits 26 × 3 et 7 × 11. Ces deux produits s'appellent des produits en croix.

♦ Pour m'en souvenir, je peux tracer une sorte de croix :

$$\frac{26}{7} \times \frac{11}{3}$$

♦ Les produits 26 × 3 et 7 × 11 sont différents (26 × 3 = 78 et 7 × 11 = 77) ; j'en déduis que les fractions $\frac{26}{7}$ et $\frac{11}{3}$ sont différentes.

♦ Deux fractions $\frac{a}{b}$ et $\frac{c}{d}$ sont égales si et seulement si les produits en croix *ad* et *bc* sont égaux.

Info. Soit $\frac{a}{b}$ et $\frac{c}{d}$ deux fractions ; les produits *ad* et *bc* s'appellent des produits en croix.

▶ Quatrième proportionnelle. Tableau de proportionnalité.

Projection

1 Définition

Je considère une droite δ (prononcer : *delta*) et une droite *d* qui n'a pas la même direction que δ. Je place un point M, puis je trace la parallèle à δ passant par M. Elle coupe la droite *d* en un point M'.

L'image de M par la projection sur *d* parallèlement à δ est le point M'. Il est équivalent de dire que la projection sur *d* parallèlement à δ associe le point M' au point M.

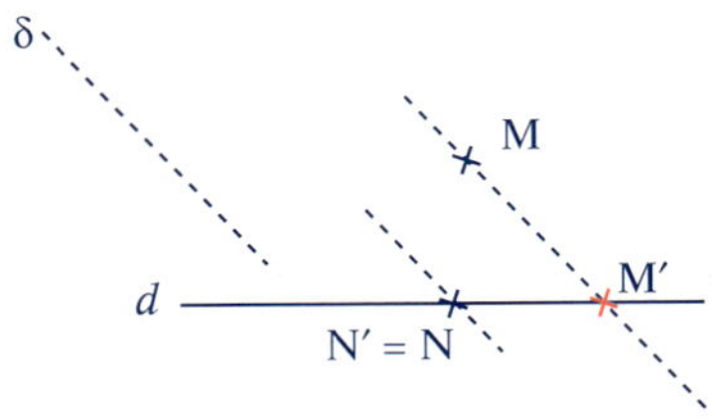

♦ Tout point N de la droite *d* a pour image N lui-même ; tout point de *d* est donc fixe par la projection.

Info. Soit δ une droite et *d* une droite qui n'a pas la même direction que δ. La projection sur *d* parallèlement à δ associe à tout point M le point M', qui est l'intersection de *d* et de la parallèle à δ passant par M.
La droite *d* s'appelle la base de la projection *p*.

2 Projection orthogonale

a) Dans un plan

La droite δ est perpendiculaire à la droite *d*. C'est pourquoi la projection sur *d* parallèlement à δ est une projection orthogonale.

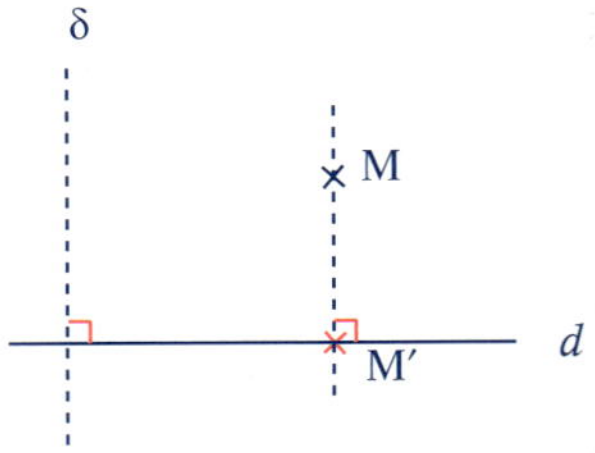

b) Dans l'espace

Je considère un plan $\mathcal{P}$ et un point M de l'espace. La perpendiculaire au plan $\mathcal{P}$ passant par M perce le plan $\mathcal{P}$ en un point M'.

La projection orthogonale sur $\mathcal{P}$ associe le point M′ au point M.

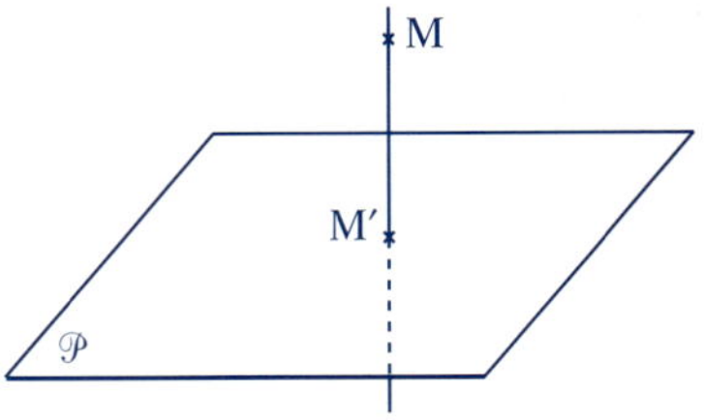

Info. ***a)*** Dans un plan, une projection orthogonale est une projection sur une droite *d* parallèlement à une droite δ perpendiculaire à *d*.
b) Dans l'espace, soit $\mathcal{P}$ un plan ; une projection orthogonale sur $\mathcal{P}$ associe à tout point M le point M' qui est le point commun au plan $\mathcal{P}$ et à la droite perpendiculaire à $\mathcal{P}$ passant par M.
Le plan $\mathcal{P}$ s'appelle la base de la projection orthogonale.

▶ Projeter.

Projeter

1 Projeter

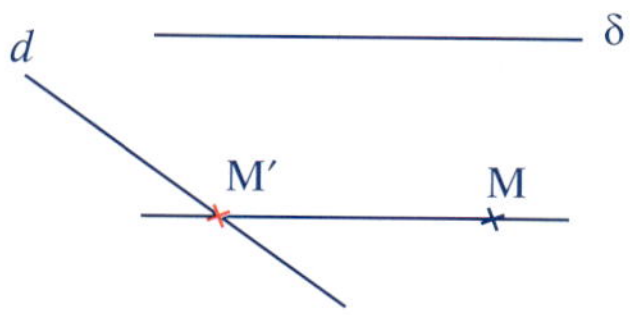

a) Sur la figure ci-contre, j'ai marqué un point M, puis j'ai construit l'image M' de M par la projection sur la droite *d* parallèlement à la droite δ (lire *delta*). J'ai donc projeté M sur la droite *d* parallèlement à la droite δ.

b) Sur la figure ci-contre, j'ai projeté orthogonalement le point M le plan 𝒫.

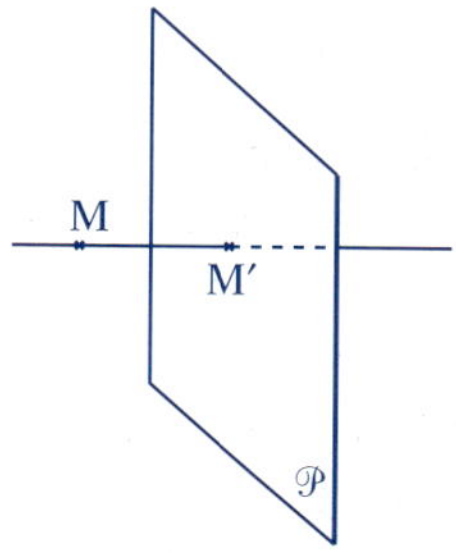

Déf. *a)* Soit *p* une projection sur une droite *d* parallèlement à une droite δ. Projeter un point M par *p*, c'est associer à M son image par *p*.
b) Soit *p* une projection orthogonale sur un plan 𝒫. Projeter un point M par *p*, c'est associer à ce point M son image par *p*.

2 Projeté

Sur chacune des figures précédentes, le point M' est le projeté de M par la projection *p*.

♦ Dans un triangle, le pied de la hauteur issue d'un sommet est le projeté orthogonal de ce sommet sur le support du côté opposé à ce sommet. Sur la figure ci-contre, le point H est le projeté orthogonal de A sur la droite (BC).

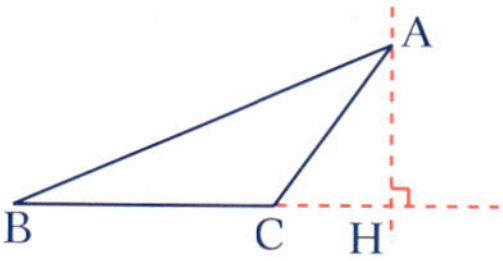

♦ Dans une pyramide régulière, le projeté orthogonal du sommet sur le plan de la base est le centre de la base. Sur la figure ci-contre, le point O, centre du carré de base, est le projeté orthogonal du sommet S de la pyramide sur le plan de base.

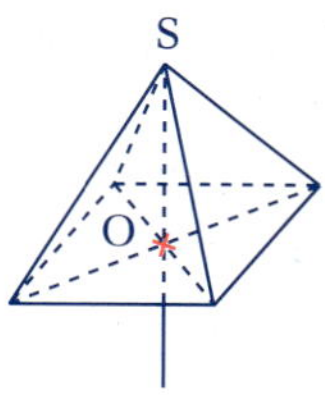

Déf. Soit *p* une projection, dans un plan ou dans l'espace. Le projeté d'un point M par *p* est le point M', image de M par *p*.

▶ Projection.

Prolonger

Sur la figure ci-contre, j'ai construit un quadrilatère ABCD.

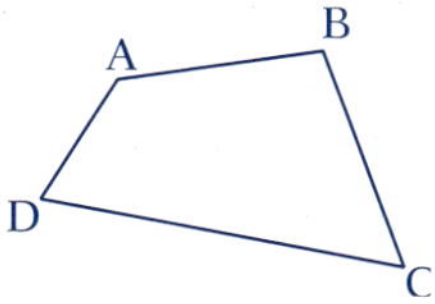

Pour construire le point d'intersection des droites (AB) et (CD), je dois prolonger les segments [AB] et [CD].

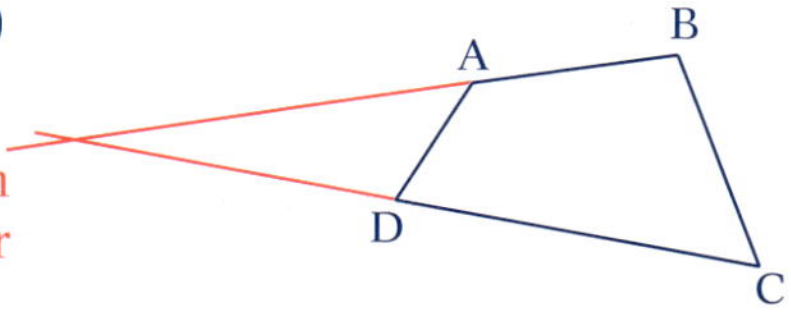

Info. Prolonger un segment, c'est représenter son support. On parle, de la même façon, de prolonger une demi-droite.

Proportion

L'égalité $\frac{18}{42} = \frac{21}{49}$ est une égalité de quotients ; on dit que c'est une proportion.

♦ $\frac{18}{42} = \frac{3}{7}$ (simplification par 6) et $\frac{21}{49} = \frac{3}{7}$ (simplification par 7).

♦ Soit a, b, c et d quatre nombres différents de zéro. Les cinq propriétés suivantes sont équivalentes (c'est-à-dire que, si l'une d'elles est vraie, alors les quatre autres sont aussi vraies) :

1) $\frac{a}{b} = \frac{c}{d}$; 2) le tableau

a	c
b	d

est un tableau de proportionnalité ; 3) $a \times d = b \times c$;

4) $\frac{a}{c} = \frac{b}{d}$; 5) $\frac{d}{b} = \frac{c}{a}$.

Par exemple, puisque $\frac{18}{42} = \frac{21}{49}$, on a aussi :

18	21
42	49

est un tableau de proportionnalité ; $18 \times 49 = 42 \times 21$; $\frac{18}{21} = \frac{42}{49}$; $\frac{49}{42} = \frac{21}{18}$.

Déf. Une proportion est une égalité de la forme $\frac{a}{b} = \frac{c}{d}$, où a, b, c et d représentent des nombres, b et d étant non nuls.

▶ Produit en croix. Tableau de proportionnalité.

Proportionnalité

Voir l'article *Tableau de proportionnalité*.

Proportionnel

Chez un boulanger, le prix d'un pain est 5 francs. Le tableau suivant donne les prix de 1, 2, 3 et 10 pains :

Nombre de pains	1	2	3	10
Prix en francs	5	10	15	50

C'est un tableau de proportionnalité car $1 \times 5 = 5$; $2 \times 5 = 10$; $3 \times 5 = 15$ et $10 \times 5 = 50$.
On dit que les suites (1 ; 2 ; 3 ; 10) et (5 ; 10 ; 15 ; 50) sont proportionnelles.

♦ On dit parfois que le prix à payer est proportionnel au nombre de pains. Cela signifie que, si on fait un tableau comme ci-dessus, on obtient un tableau de proportionnalité.

Info. Dire que deux suites de nombres sont proportionnelles signifie que :
– il y a autant de nombres dans chaque suite ;
– le tableau formé avec ces deux suites (une suite écrite de gauche à droite sur chaque ligne) est un tableau de proportionnalité.

▶ Tableau de proportionnalité.

Proposition

• Considérons l'équation $2x - 5 = 3$.
L'énoncé « 4 est solution de l'équation » est une proposition vraie ; en effet : $2 \times 4 - 5 = 3$.
L'énoncé « 7 est solution de l'équation » est une proposition fausse ; en effet : $2 \times 7 - 5 \neq 3$.

• Soit ABC un triangle rectangle en A.
« $(AB) \perp (AC)$ » est une proposition vraie.
« $C \in (AB)$ » est une proposition fausse.

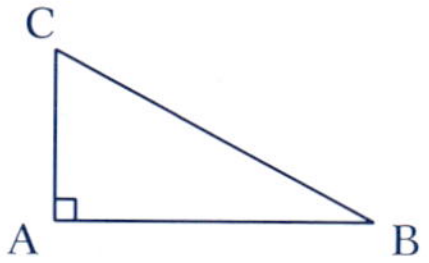

♦ Une proposition est un énoncé mathématique ; les mots ou les symboles utilisés doivent lui donner une signification. Ainsi, « Le triangle ABC est parallèle à 54 » n'est pas une proposition !

♦ Une proposition est soit vraie, soit fausse : il n'y a que ces deux possibilités, l'une excluant l'autre.

Info. Une proposition est un énoncé mathématique qui est soit vrai, soit faux.

▶ Propriété. Théorème.

Propriété

Voici une proposition vraie concernant les rotations.
1) Les rotations conservent les distances.
Et voici des propositions vraies concernant les racines carrées.
2) Quel que soit le nombre a positif, on a : $\sqrt{a} \geqslant 0$.
3) Quels que soient les nombres strictement positifs a et b, on a : $\sqrt{a+b} < \sqrt{a} + \sqrt{b}$.
Ces trois propositions vraies s'appellent aussi des propriétés.

Info. *Propriété* est synonyme de *proposition vraie.*

▶ Théorème.

Propriété caractéristique

Soit ABC un triangle.
Je sais que, si ABC a trois angles ayant la même ouverture, alors ABC est équilatéral.
Et je sais aussi que, si ABC est équilatéral, alors ABC a trois angles ayant la même ouverture.
On dit que la propriété «pour un triangle, avoir trois angles ayant la même ouverture» est une propriété caractéristique des triangles équilatéraux, c'est-à-dire que :
– les triangles équilatéraux possèdent cette propriété ;
– les autres triangles ne la possèdent pas.

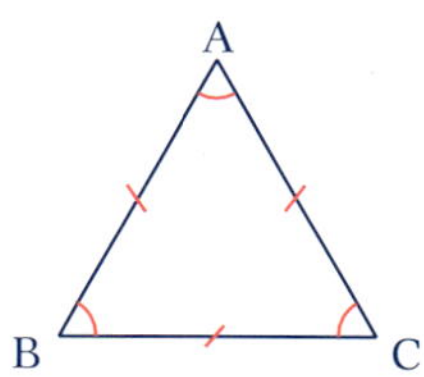

Info. Dire qu'une propriété est caractéristique d'objets mathématiques signifie que :
– ces objets possèdent la propriété ;
– les autres objets ne la possèdent pas.

Prouver

Synonyme de *démontrer*.

▶ Démontrer.

Puissance

1 Lecture de a^n

L'écriture $(-9)^4$ peut se lire « – 9 puissance 4 ».

L'écriture $\left(\frac{2}{7}\right)^6$ peut se lire « $\frac{2}{7}$ le tout à la puissance 6 ».

L'écriture 10^{-4} peut se lire « 10 puissance moins 4 ».

♦ L'écriture 5^2 peut se lire « 5 puissance 2 » ou bien « 5 au carré ».

♦ L'écriture 6^3 peut se lire « 6 puissance 3 » ou bien « 6 au cube ».

Déf. Soit a un nombre différent de 0 et n un entier relatif ; l'écriture a^n peut se lire « a puissance n ».

2 Signification de a^n, a étant un nombre et n un entier naturel

Au lieu d'écrire $10 \times 10 \times 10 \times 10$ (le nombre 10 est écrit quatre fois), je peux écrire 10^4.
Ainsi : $10^4 = 10 \times 10 \times 10 \times 10$.
De même, $(-8)^5 = (-8) \times (-8) \times (-8) \times (-8) \times (-8)$ (le nombre – 8 est écrit cinq fois).

♦ On a donc : $10^4 = 10\,000$ et $(-8)^5 = -32\,768$.

Déf. Soit a un nombre et n un entier naturel au moins égal à 2. Le nombre noté a^n est le nombre ainsi défini :

$$a^n = \underbrace{a \times \ldots \times a}_{a \text{ est écrit } n \text{ fois}}$$

Par convention, $a^1 = a$ et, si a est non nul, $a^0 = 1$.

3 Signification de a^{-n}, a étant un nombre non nul et n un entier strictement positif

Par convention, $3^{-2} = \frac{1}{3^2}$; $10^{-4} = \frac{1}{10^4}$; $(-2)^{-3} = \frac{1}{(-2)^3}$.

♦ On a donc $3^{-2} = \frac{1}{9}$, $10^{-4} = \frac{1}{10\,000} = 0{,}000\,1$ et $(-2)^{-3} = \frac{1}{-8} = -\frac{1}{8}$.

Déf. Soit a un nombre non nul et n un entier strictement positif. Le nombre noté a^{-n} est le nombre ainsi défini :

$$a^{-n} = \frac{1}{a^n}$$

4 Puissance d'un nombre

Le nombre 49 est une puissance du nombre 7 car $49 = 7^2$.

Le nombre – 216 est une puissance du nombre – 6 car $-216 = (-6)^3$.

Le nombre 0,000 1 est une puissance du nombre 10 car $0{,}000\,1 = 10^{-4}$.

Le nombre $\frac{121}{9}$ est une puissance du nombre $\frac{11}{3}$ car $\frac{121}{9} = \left(\frac{11}{3}\right)^2$.

♦ Le nombre 1 est une puissance de tout nombre a non nul car $1 = a^0$.

♦ Le nombre 256 est une puissance de 2 car $256 = 2^8$; il est aussi une puissance de 4 car $256 = 4^4$; il est, enfin, une puissance de 16 car $256 = 16^2$.

Déf. Soit a un nombre ; dire qu'un nombre b est une puissance du nombre a signifie qu'il existe un entier relatif p tel que $b = a^p$.

▶ Carré. Cube. Exposant.

FICHE

RÈGLES DE CALCUL AVEC LES PUISSANCES

Soit a et b deux nombres non nuls. Soit n et m deux entiers relatifs.

$$a^n \times a^m = a^{n+m}$$

$$\frac{a^n}{a^m} = a^{n-m}$$

$$(a \times b)^n = a^n \times b^n$$

$$\left(\frac{a}{b}\right)^n = \frac{a^n}{b^n}$$

$$(a^n)^m = a^{nm}$$

Pyramide

Le polyèdre représenté ci-contre

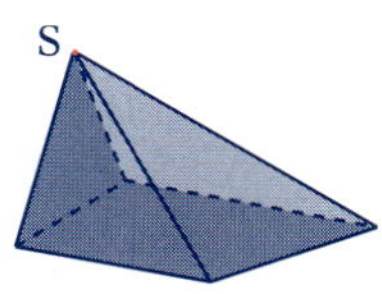

a une face polygonale (limitée par un quadrilatère)

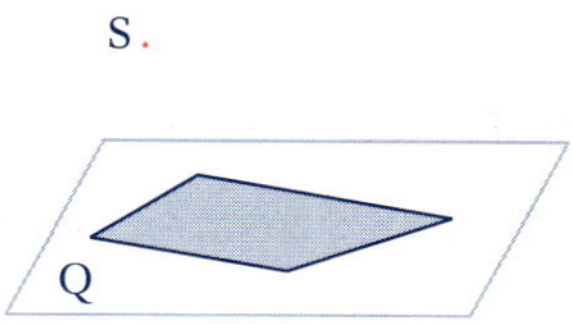

et quatre faces triangulaires ayant S comme sommet commun.

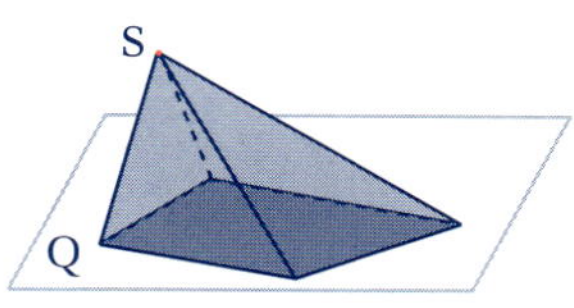

Le polyèdre représenté est une pyramide.

♦ Il existe des pyramides à base triangulaire, pentagonale, etc. ; toutes leurs autres faces sont triangulaires.

♦ La pyramide a autant de faces triangulaires qu'il y a de côtés dans le polygone de base.

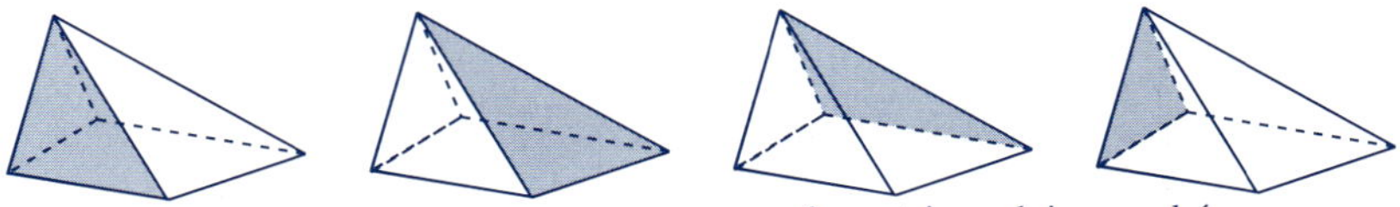

faces triangulaires visibles   faces triangulaires cachées

Déf. Soit n un entier naturel au moins égal à 3. Une pyramide est un polyèdre admettant n faces triangulaires ayant un sommet commun et une face polygonale à n côtés.

▶ Polyèdre. Latéral. Régulier. Section. Tétraèdre.

FICHE

PATRON D'UNE PYRAMIDE

Sur la figure ci-dessous, il y a une pyramide régulière dont la base est un triangle équilatéral et un patron de cette pyramide.

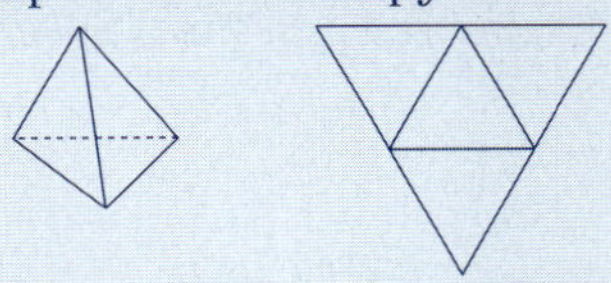

Après découpage du patron, je le plie comme indiqué ci-dessous.

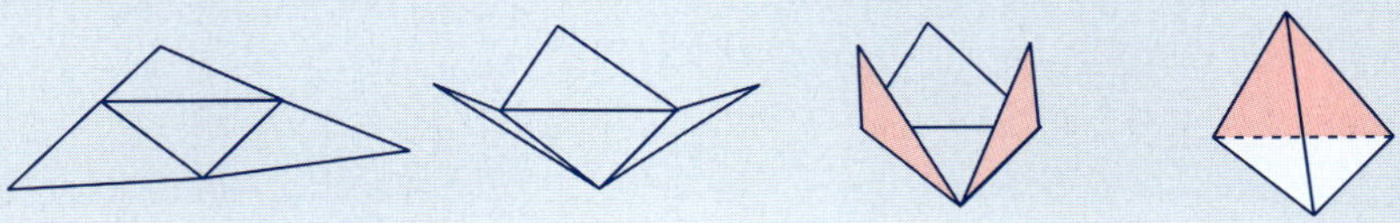

Pythagore

Pythagore est né à Samos en Asie mineure en 580 av. J.-C. Il s'établit en 540 dans la colonie grecque de Crotone en Italie du sud où il fonde une communauté à la fois religieuse, scientifique et politique. Philosophe et savant, il considérait le nombre comme le principe de tout et aurait découvert le théorème qui porte aujourd'hui son nom.

♦ Pour les Pythagoriciens, les nombres étaient des « proportions » (on dit aujourd'hui « fractions positives ») et toute chose dans la nature n'était qu'harmonie et arithmétique. Ils furent troublés en découvrant que la diagonale d'un carré de côté 1 a pour mesure un nombre dont le carré est 2 (nombre qu'aujourd'hui on note $\sqrt{2}$), et que ce nombre n'était pas une fraction.

▶ Réciproque du théorème de Pythagore. Théorème de Pythagore.

Q *q*

Quadrant

L'angle $\widehat{IOJ}$ colorié en rouge est le premier quadrant du repère (O, I, J).

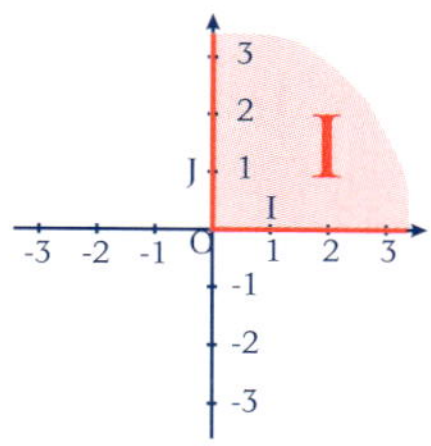

L'angle $\widehat{JOI'}$ colorié en bleu est le deuxième quadrant du repère (O, I, J).

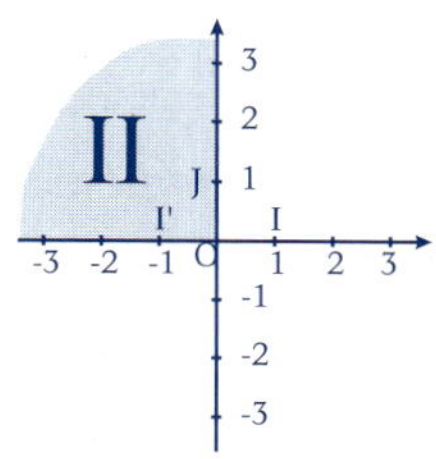

Les quatre quadrants sont numérotés de I à IV comme sur la figure ci-contre.

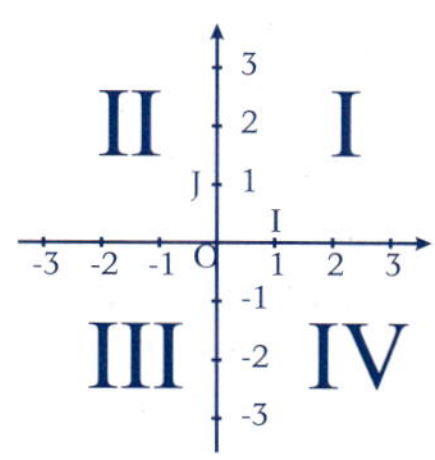

♦ Le quadrant I est formé des points qui ont une abscisse positive et une ordonnée positive.

♦ Le quadrant II est formé des points qui ont une abscisse négative et une ordonnée positive.

♦ Le quadrant III est formé des points qui ont une abscisse négative et une ordonnée négative.

♦ Le quadrant IV est formé des points qui ont une abscisse positive et une ordonnée négative.

Déf. Un quadrant d'un repère orthogonal (O, I, J) est un des quatre angles droits de sommet O définis par les axes.

Quadrilatère

Les polygones représentés ci-dessous ont tous quatre côtés ; ce sont donc des quadrilatères.

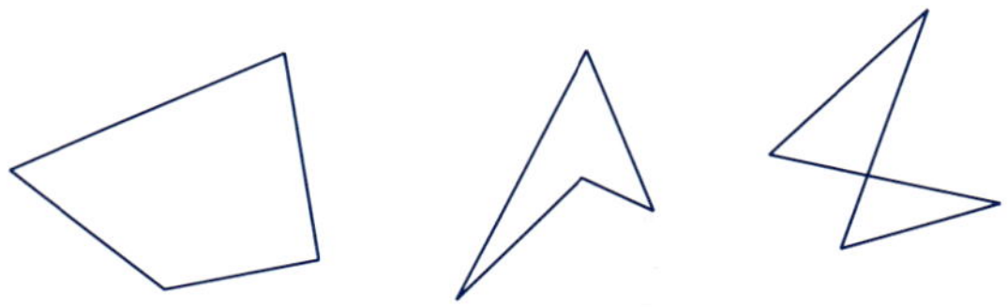

Déf. Un quadrilatère est un polygone qui a quatre côtés.

▶ Carré. Concave. Convexe. Croisé. Inscriptible. Losange. Parallélogramme. Polygone. Rectangle. Régulier.

Qualitatif Voir l'article *Caractère*.

Quantitatif Voir l'article *Caractère*.

Quantité

• Pour sa fournée du matin, un boulanger a utilisé 40 kilogrammes de farine.
La quantité de farine est 40 kg.

♦ Plus précisément : la masse de farine est 40 kg.

• Pour la clôture de son jardin, Monsieur X a planté 50 piquets.
La quantité de piquets est 50.

♦ Plus précisément : le nombre de piquets est 50.

• Pour la même clôture, Monsieur X a utilisé 120 mètres de grillage.
La quantité de grillage est 120 m.

♦ Plus précisément : la longueur du grillage est 120 m.

• Un carreleur a utilisé 12 mètres carrés de carrelage pour le sol d'une salle de bains.
La quantité de carrelage est 12 m^2.

♦ Plus précisément : l'aire de la surface carrelée est 12 m^2 (si tout le carrelage est utilisé).

• Pour chauffer sa maison l'année dernière, Monsieur X a consommé 850 mètres cubes de gaz. La quantité de gaz est 850 m^3.

♦ Plus précisément : le volume du gaz est 850 m^3.

Info. On emploie le mot *quantité* pour désigner soit un nombre soit une grandeur.

▶ Grandeur. Mesure. Unité.

Quart de cercle trigonométrique

Sur la figure ci-contre, (O, I, J) est un repère orthonormal. Le quart de cercle représenté en rouge est le quart de cercle trigonométrique du repère.

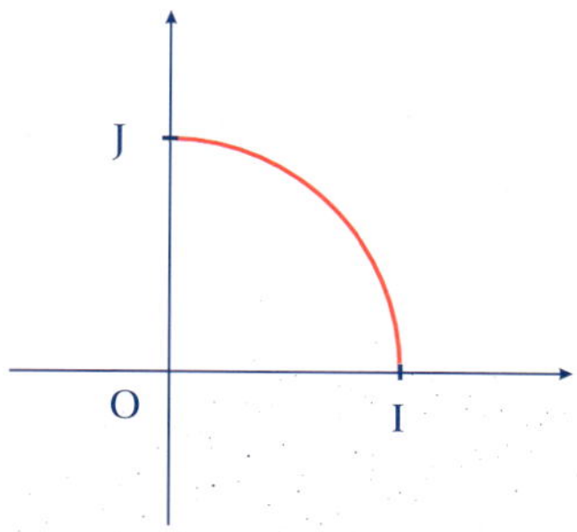

♦ Le rayon d'un quart de cercle trigonométrique est égal à 1.

Déf. Soit (O, I, J) un repère orthonormal. Le quart de cercle trigonométrique associé à ce repère est le quart de cercle de centre O et d'extrémités I et J.

Quatrième proportionnelle

3	7
5	x

Je dois trouver le nombre x dans le tableau de proportionnalité ci-contre. Les produits en croix du tableau étant égaux, je peux écrire $3 \times x = 5 \times 7$.

Donc $3\,x = 35$ et $x = \frac{35}{3}$.

Le nombre $\frac{35}{3}$ s'appelle la quatrième proportionnelle des nombres 3, 5 et 7, dans cet ordre.

♦ Je peux aussi utiliser le coefficient de proportionnalité du tableau. Il est égal à $\frac{5}{3}$ $\left(\text{car } 3 \times \frac{5}{3} = 5\right)$.
J'en déduis que $x = 7 \times \frac{5}{3} = \frac{35}{3}$.

Déf. Soit a, b, c trois nombres, a étant non nul. La quatrième proportionnelle de ces trois nombres est le nombre x du tableau de proportionnalité ci-contre.

a	c
b	x

Il est égal à $\frac{b \times c}{a}$.

▶ Produit en croix. Règle de trois. Tableau de proportionnalité.

Quelconque

• L'unité de longueur est le centimètre. Soit $\mathscr{C}$ un cercle de centre O et de rayon 5.
Si M est un point quelconque de $\mathscr{C}$, alors la distance OM est égale à 5.
Cela signifie que, quel que soit le point M choisi sur $\mathscr{C}$, la distance OM est égale à 5.

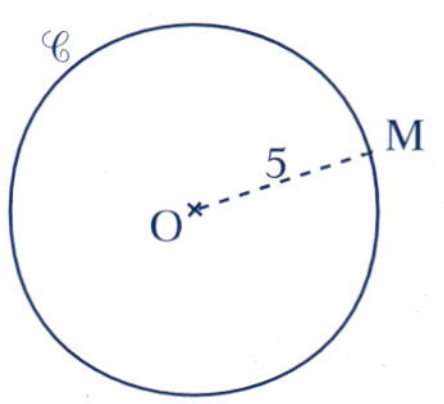

• Soit ABC un triangle quelconque. La somme des angles de ABC est égale à 180°.
Cela signifie que, quel que soit le triangle ABC choisi, la somme de ses angles est égale à 180°.

Info. Considérons un objet mathématique. On le qualifie de quelconque pour signifier que tout objet mathématique du même type peut être considéré à sa place.

▶ Particulier.

Quintal

Le quintal est une unité de masse ; un quintal est égal à cent kilogrammes.

1 q = 100 kg

▶ Tonne.

Quotient

1 Quotient d'une division

Le nombre 2,56 est le quotient de la division de 256 par 100 car 2,56 = 256 : 100.

Le nombre $\frac{54}{13}$ est le quotient de la division de 54 par 13 car $54 : 13 = \frac{54}{13}$.

♦ Le nombre $\frac{54}{13}$ n'a pas d'écriture décimale.

Déf. Soit *a* et *b* deux nombres, *b* étant non nul. Le quotient de la division de *a* par *b* est le nombre obtenu en divisant *a* par *b*. On le note $a : b$ ou $\frac{a}{b}$.

2 Quotient d'une division entière ou décimale

Avec ma calculatrice, je trouve : 789 : 23 ≈ 34,304 347 83.

a) Le quotient de la division entière de 789 par 23 est donc 34.

b) Le quotient de la division au dixième de 789 par 23 est 34,3.

Déf. ***a)*** Soit *a* et *b* deux entiers naturels, *b* étant non nul. Le quotient de la division entière de *a* par *b* est la partie entière de $\frac{a}{b}$.

b) Soit *a* et *b* deux nombres, *b* étant non nul.
Le quotient au dixième de *a* par *b* est le nombre obtenu en divisant *a* par *b* par une division au dixième.
Le quotient au centième, millième, etc. se définit de façon analogue.

3 Quotient en tant qu'écriture

Les écritures suivantes sont des quotients : 20,5 : 19 , $\frac{5{,}2 - 0{,}24}{3 + 1{,}2}$, $\sqrt{23} \div (1 + \sqrt{2})$.

Déf. Un quotient est une écriture d'un nombre sous l'une des formes $a : b$, $\frac{a}{b}$, $a \,/\, b$ ou $a \div b$, où *a* représente un nombre et *b* représente un nombre non nul.

4 « Au quotient »

Dans la division posée ci-contre, 4,07 est écrit au quotient.

♦ Le quotient de la division de 53 par 13 n'est pas 4,07. Ce quotient n'a pas d'écriture décimale.

53	13
10	4,07
100	
9	

Déf. « Au quotient » est une expression signifiant : « sous la barre horizontale d'une division posée ».

▶ Dénominateur. Différence. Division. Division décimale. Division euclidienne. Fraction. Numérateur. Produit. Somme.

R *r*

Racine

Voir l'article *Racine carrée*.

Racine carrée

La racine carrée de 16 est égale à 4 car 4 est positif et $4^2 = 16$. On écrit $\sqrt{16} = 4$ (lire « racine carrée de 16 égal 4 »).

Déf. Soit x un nombre positif. La racine carrée de x est le nombre positif dont le carré est égal à x. On note ce nombre $\sqrt{x}$ ou $x^{1/2}$ (lire *x puissance un demi*).

$\sqrt{x}$ se lit *racine de x* ou bien *racine carrée de x* ou bien *radical de x*.

♦ D'après la définition, pour tout nombre positif x, $(\sqrt{x})^2 = x$.

♦ Il existe deux nombres positifs égaux à leur racine carrée ; ce sont 0 et 1.

♦ La racine carrée d'un nombre strictement négatif n'existe pas.

FICHE

1. Propriétés des racines carrées

Les nombres a et b ci-dessous sont supposés positifs.

Énoncés	Autres formulations
La racine carrée d'un produit de deux nombres est égale au produit des racines carrées de ces deux nombres.	$\sqrt{a \times b} = \sqrt{a} \times \sqrt{b}$.
La racine carrée du quotient de deux nombres est égale au quotient des racines carrées de ces deux nombres.	Si l'on suppose $b \neq 0$: $\sqrt{\frac{a}{b}} = \frac{\sqrt{a}}{\sqrt{b}}$.

Égalités	Explications
$\sqrt{25} = 5$	$25 = 5^2$, donc $\sqrt{25} = 5$.
$-\sqrt{100} = -10$.	$100 = 10^2$, donc $\sqrt{100} = 10$ et $-\sqrt{100} = -10$.
$\sqrt{12} \times \sqrt{3} = 6$	$\sqrt{12} \times \sqrt{3} = \sqrt{12 \times 3} = \sqrt{36}$; $36 = 6^2$ donc $\sqrt{36} = 6$.
$\sqrt{\dfrac{64}{49}} = \dfrac{8}{7}$	$\sqrt{\dfrac{64}{49}} = \dfrac{\sqrt{64}}{\sqrt{49}}$; $64 = 8^2$ donc $\sqrt{64} = 8$; $49 = 7^2$ donc $\sqrt{49} = 7$. Ainsi $\sqrt{\dfrac{64}{49}} = \dfrac{8}{7}$.
$\sqrt{48} = 4\sqrt{3}$	$48 = 16 \times 3$; $\sqrt{48} = \sqrt{16} \times \sqrt{3} = 4 \times \sqrt{3} = 4\sqrt{3}$.

2. Rendre rationnel des dénominateurs

Voir fiche de l'article *Conjugué*.

Radical

Dans l'expression $\sqrt{25}$ (lire *racine de 25* ou bien *racine carrée de 25* ou bien *radical de 25*), il y a 25 sous le radical.

♦ Je sais que $\sqrt{25} = 5$.

Déf. Radical est le nom du symbole $\sqrt{\ }$.

▶ Racine carrée.

Rang

1 Rang d'une décimale d'une écriture décimale

L'écriture 25,607 comporte trois décimales :
la décimale de rang 1 est le chiffre 6 ; la décimale de rang 2 est le chiffre 0 ; la décimale de rang 3 est le chiffre 7.

♦ L'écriture 25,607 n'a pas de décimale de rang 4, ni de décimale de rang 5, etc.

Déf. Considérons une écriture décimale.
– La décimale de rang 1 est la décimale écrite juste après la virgule (si cette décimale existe).
– La décimale de rang 2 est la décimale écrite juste après la décimale de rang 1 (si la décimale de rang 1 existe).
Et ainsi de suite.

2 Rang d'un terme d'une suite

Je considère la suite de nombres (2, 6, 5, 1, 13, 9).
Le terme de rang 1 est le nombre 2 car il est écrit à la position numéro 1 ; le terme de rang 2 est le nombre 6 car il est écrit à la position numéro 2 ; le terme de rang 3 est le nombre 5 car il est écrit à la position numéro 3. Le nombre 9 est le terme de rang 6 de cette suite.

Déf. Considérons une suite de nombres. Soit n un entier naturel non nul ; le terme de rang n de cette suite est, s'il existe, le nombre écrit à la position numéro n.

Rapport

Le rapport des nombres 5 et 10, choisis dans cet ordre, est le nombre $\frac{5}{10}$, que je peux aussi écrire $\frac{1}{2}$ ou 0,5.

Déf. Le rapport de deux nombres a et b choisis dans cet ordre, b étant non nul, est le quotient $\frac{a}{b}$.

▶ Quotient.

Rapporter

La phrase « le plan est rapporté au repère (O, I, J) » signifie que l'on utilisera le repère (O, I, J) pour définir les coordonnées des points du plan.

Déf. Rapporter un plan à un repère, c'est choisir un repère de ce plan.

▶ Repère d'un plan.

Rationnel

1 Nombre rationnel

Voir l'article *Nombre rationnel.*

2 Rationnel

Le nombre $-\frac{45}{29}$ est un nombre rationnel. Les nombres 7 et – 8,9 sont aussi des nombres rationnels car je peux les écrire respectivement $\frac{70}{10}$ et $-\frac{89}{10}$. Je peux dire simplement que les nombres $-\frac{45}{29}$, 7 et – 8,9 sont des rationnels (tout court).

Déf. Employé comme nom, *rationnel* est un synonyme de *nombre rationnel.*

▶ Nombre. Nombre décimal. Nombre entier. Nombre irrationnel. Nombre réel. Nombre relatif.

Rayon

1 Rayon en tant que segment

a) Sur la figure ci-contre, le point A appartient au cercle $\mathscr{C}$ de centre O ; le segment [OA] est donc un rayon du cercle $\mathscr{C}$.

♦ [OA] est aussi un rayon du disque limité par le cercle.

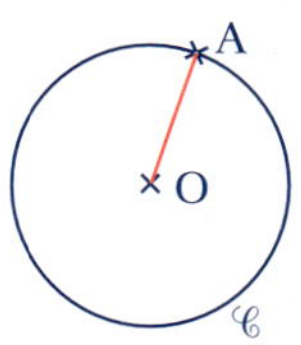

b) Sur la figure ci-contre, le point A appartient à la sphère de centre O ; le segment [OA] est donc un rayon de la sphère.

♦ [OA] est aussi un rayon de la boule limitée par la sphère.

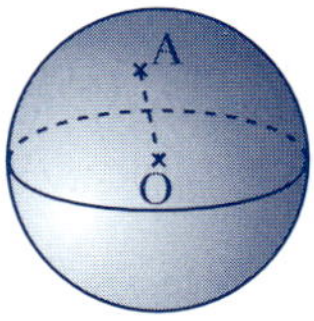

Déf. ***a)*** Un rayon d'un cercle est un segment joignant un point de ce cercle et le centre de ce cercle.
b) Un rayon d'une sphère est un segment joignant un point de cette sphère et le centre de cette sphère.

2 Rayon en tant que longueur

a) Le cercle représenté ci-contre a pour rayon 5 cm. Cela signifie que tous ses rayons (au sens de **1 *a)***) ont une longueur égale à 5 cm.

♦ Le disque limité par le cercle ci-contre a également pour rayon 5 cm.

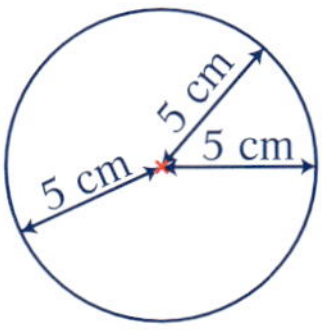

b) L'arc de cercle marqué en rouge a pour rayon 6 cm. Cela signifie qu'il a pour support un cercle de 6 cm de rayon (au sens du ***a)***).

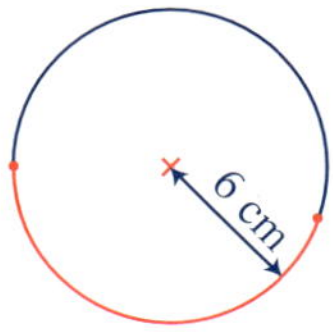

c) La sphère représentée ci-contre a pour rayon 5 cm. Cela signifie que tous ses rayons (au sens de **1 *b)***) ont une longueur égale à 5 cm.

♦ La boule limitée par la sphère ci-contre a également pour rayon 5 cm.

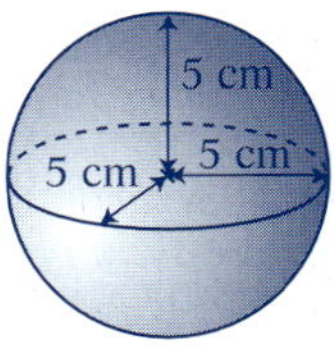

d) Le cylindre représenté ci-contre a pour rayon 6 cm. Cela signifie que ses disques de base ont un rayon (au sens de **1 *a)***) de longueur 6 cm.

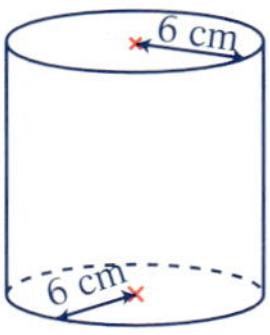

e) Le cône représenté ci-contre a pour rayon 4 cm. Cela signifie que son disque de base a un rayon (au sens de **1 *a)***) de longueur 4 cm.

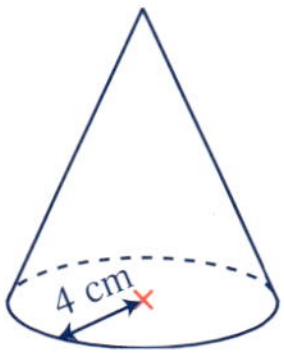

Déf. ***a)*** Le rayon d'un cercle (ou d'un disque) est la longueur d'un de ses rayons (au sens du **1 *a)***).
b) Le rayon d'un arc de cercle est le rayon (au sens du **2 *a)***) du cercle dont il fait partie.
c) Le rayon d'une sphère (ou d'une boule) est la longueur d'un de ses rayons (au sens du **1 *b)***).
d) Le rayon d'un cylindre est le rayon d'un de ses disques de base (au sens du **2 *a)***).
e) Le rayon d'un cône est le rayon de son disque de base (au sens **2 *a)***).

3 Rayon en tant que nombre

Je choisis le centimètre comme unité de longueur. Je peux alors dire que le rayon du cercle du **2 *a)*** est égal à 5. Le rayon du disque limité par ce cercle est aussi égal à 5.

De la même façon, je peux dire que les rayons de l'arc de cercle, du cylindre et du cône représentés à la page précédente sont respectivement égaux à 6, 5, 6 et 4.

Info. Une unité de longueur étant choisie, on définit le rayon d'un cercle (ou d'un disque ou d'un arc de cercle ou d'une sphère ou d'une boule ou d'un cylindre ou d'un cône) comme étant la mesure du rayon, au sens du **1**, de ce cercle (ou ce disque ou ...).

▶ Boule. Cercle. Corde. Cône. Cylindre. Diamètre. Disque. Longueur. Sphère.

Réciproque

a) Voici un théorème de géométrie :

Théorème : Soit ABCD un quadrilatère. Si ABCD est un parallélogramme, alors les diagonales [AC] et [BD] ont le même milieu.

J'appelle : $\mathcal{P}$ la proposition «ABCD est un parallélogramme»,
$\mathcal{Q}$ la proposition «les diagonales [AC] et [BD] ont le même milieu».

Le théorème précédent s'écrit alors :

Théorème : Soit ABCD un quadrilatère. Si $\mathcal{P}$, alors $\mathcal{Q}$.

En échangeant $\mathcal{P}$ et $\mathcal{Q}$, j'obtiens l'énoncé réciproque du théorème.

Énoncé réciproque : Soit ABCD un quadrilatère. Si $\mathcal{Q}$, alors $\mathcal{P}$.

C'est-à-dire :

Énoncé réciproque : Soit ABCD un quadrilatère. Si les diagonales [AC] et [BD] ont le même milieu, alors ABCD est un parallélogramme.

b) L'énoncé réciproque ci-dessus est vrai : c'est donc un théorème. Ce second théorème s'appelle le théorème réciproque du premier théorème.

♦ L'énoncé réciproque d'un théorème n'est pas toujours vrai, comme le montre l'exemple suivant.

Théorème : Soit x et y deux nombres. Si $x = y$, alors $x^2 = y^2$.

Énoncé réciproque : (FAUX !!) Soit x et y deux nombres. Si $x^2 = y^2$, alors $x = y$.

Cet énoncé réciproque est faux car, par exemple, en posant $x = -3$ et $y = 3$, on a $x^2 = y^2$, et cependant $x \neq y$.

Info. ***a)*** Soit $\mathcal{P}$ et $\mathcal{Q}$ deux propositions. Considérons un théorème dont l'énoncé est :
Soit ... . Si $\mathcal{P}$, alors $\mathcal{Q}$.
L'énoncé réciproque de ce théorème s'obtient en échangeant $\mathcal{P}$ et $\mathcal{Q}$:
Soit ... . Si $\mathcal{Q}$, alors $\mathcal{P}$.
b) Si cet énoncé réciproque est vrai, on l'appelle théorème réciproque.

▶ Si... alors. Théorème.

Réciproque du théorème de Pythagore

L'unité de longueur est le centimètre.

Le triangle ABC est tel que BC = 5,2 ; AB = 2 ; AC = 4,8.

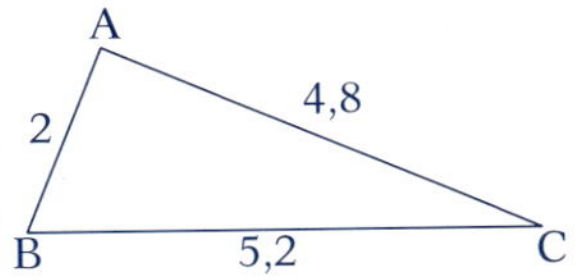

Je calcule les carrés des côtés : $BC^2 = 27{,}04$; $AB^2 = 4$; $AC^2 = 23{,}04$. J'observe que $27{,}04 = 4 + 23{,}04$, c'est-à-dire que $BC^2 = AB^2 + AC^2$. La réciproque du théorème de Pythagore me permet alors d'affirmer que ABC est un triangle rectangle en A.

♦ Avec le triangle ABC représenté ci-contre, on trouve $BC^2 = 64$; $AB^2 = 36$; $AC^2 = 25$. Je ne peux pas utiliser la réciproque du théorème de Pythagore ($64 \neq 36 + 25$). En revanche, à l'aide du théorème de Pythagore, je peux affirmer que ABC n'est pas rectangle ; voir l'article *Absurde*.

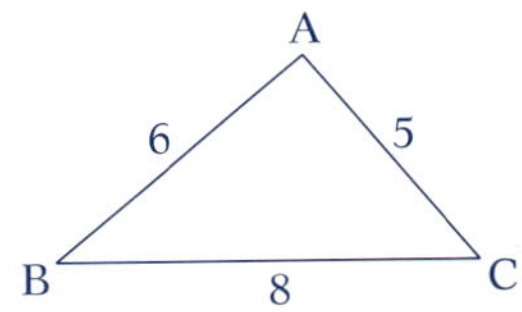

Info. Réciproque du théorème de Pythagore :
Soit ABC un triangle. Si $BC^2 = AB^2 + AC^2$, alors ABC est rectangle en A.

▶ Pythagore. Théorème de Pythagore.

FICHE

UNE DÉMONSTRATION DE LA RÉCIPROQUE DU THÉORÈME DE PYTHAGORE

Soit ABC un triangle ; supposons que $BC^2 = AB^2 + AC^2$.

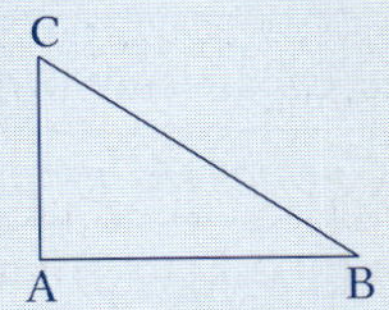

Dans le demi-plan de frontière (AC) ne contenant pas B, considérons le point D tel que le triangle ADC soit rectangle en A et AD = AB.

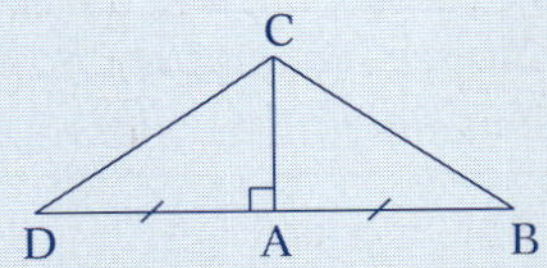

ADC est rectangle en A, donc, d'après le théorème de Pythagore, $DC^2 = AD^2 + AC^2$. Or AD = AB, donc $AD^2 = AB^2$, donc $AD^2 + AC^2 = AB^2 + AC^2$; j'en déduis que $DC^2 = BC^2$. Des distances sont positives, donc la dernière égalité entraîne DC = BC.

Le point C est équidistant des extrémités du segment [BD] puisque DC = BC ; C appartient donc à la médiatrice de [BD]. De même, A appartient à la médiatrice de [BD]. On en déduit que la droite (CA) est la médiatrice de [BD], et donc les droites (DB) et (AC) sont perpendiculaires. Les droites (DB) et (DA) sont perpendiculaires à (AC) ; elles sont donc parallèles ; comme elles ont le point D en commun, elles sont confondues, ce qui entraîne que les points D, A et B sont alignés. La droite (AB) est donc confondue avec la droite (DA), ce qui prouve que les droites (AB) et (AC) sont perpendiculaires. On en déduit que le triangle ABC est rectangle en A.

Réciproque du théorème de Thalès

L'unité de longueur est le centimètre.

• Sur la figure ci-contre, les points A, B, M d'une part, et les points A, C, N d'autre part sont alignés dans le même ordre.

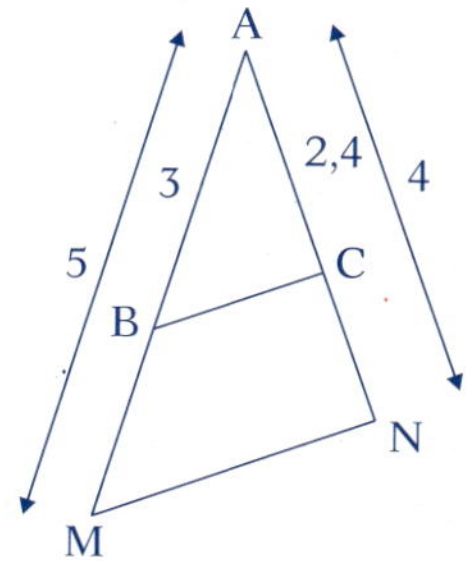

Je calcule les rapports $\frac{AM}{AB}$ et $\frac{AN}{AC}$;

$\frac{AM}{AB} = \frac{5}{3}$; $\frac{AN}{AC} = \frac{4}{2{,}4} = \frac{40}{24} = \frac{40:8}{24:8} = \frac{5}{3}$.

Les rapports $\frac{AM}{AB}$ et $\frac{AN}{AC}$ sont donc égaux. La réciproque du théorème de Thalès me permet alors d'affirmer que les droites (BC) et (MN) sont parallèles.

• Sur la figure ci-contre, les points A, B, M d'une part, et les points A, C, N d'autre part sont alignés dans le même ordre.

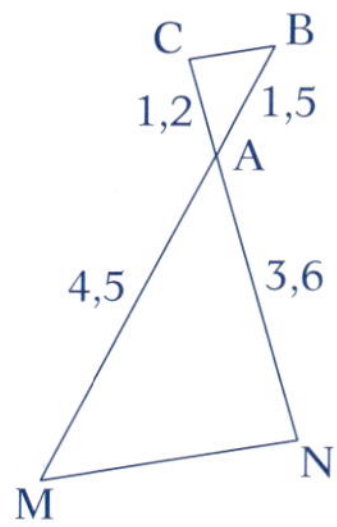

Je calcule les rapports $\frac{AM}{AB}$ et $\frac{AN}{AC}$; $\frac{AM}{AB} = \frac{4{,}5}{1{,}5} = 3$; $\frac{AN}{AC} = \frac{3{,}6}{1{,}2} = 3$.

Les rapports $\frac{AM}{AB}$ et $\frac{AN}{AC}$ sont donc égaux. La réciproque du théorème de Thalès me permet alors d'affirmer que les droites (BC) et (MN) sont parallèles.

Info. Réciproque du théorème de Thalès :
Soit ABC un triangle, M un point de la droite (AB) et N un point de la droite (AC). Si les points A, B, M d'une part, et les points A, C, N d'autre part sont alignés dans le même ordre et si $\frac{AM}{AB} = \frac{AN}{AC}$, alors les droites (BC) et (MN) sont parallèles.

▶ Théorème de Thalès.

Réciproquement

Soit ABCD un quadrilatère. Si ABCD est un parallélogramme, alors $\overrightarrow{AB} = \overrightarrow{DC}$.
Réciproquement, si $\overrightarrow{AB} = \overrightarrow{DC}$, alors ABCD est un parallélogramme.

♦ On dit quelquefois plus simplement :

♦ Soit ABCD un quadrilatère. Si ABCD est un parallélogramme, alors $\overrightarrow{AB} = \overrightarrow{DC}$, et réciproquement.

Info. *Réciproquement* est un mot que l'on emploie à propos d'un énoncé réciproque.

▶ Réciproque.

Rectangle

1 Quadrilatère

Sur la figure ci-contre, j'ai représenté un quadrilatère dont les quatre angles sont droits. Ce quadrilatère est donc un rectangle.
Voir la Fiche en fin d'article.

Déf. Un rectangle est un quadrilatère dont les quatre angles sont droits.

▶ Aire. Carré. Losange. Parallélogramme. Polygone. Rectangulaire. Trapèze.

2 Triangle rectangle

a) Le triangle représenté ci-contre a un angle droit ; c'est donc un triangle rectangle.
b) L'angle droit du triangle précédent est l'angle $\widehat{A}$. Je peux alors préciser que le triangle ABC est rectangle en A.

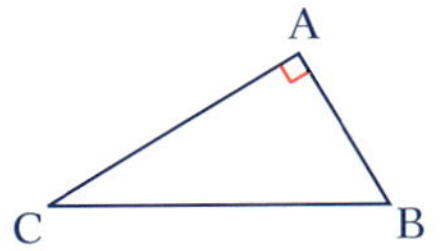

Déf. ***a)*** Un triangle rectangle est un triangle dont un angle est droit.
b) Dire qu'un triangle ABC est rectangle *en* A signifie que l'angle *de sommet* A du triangle est un angle droit.

3 Trapèze rectangle

Le trapèze représenté ci-contre a deux angles droits ; c'est donc un trapèze rectangle.

♦ Si un trapèze a plus de deux angles droits, il en a nécessairement quatre ; un tel trapèze est un rectangle.

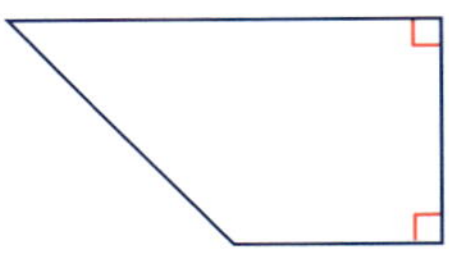

Déf. Un trapèze rectangle est un trapèze qui a au moins deux angles droits.

4 Parallélépipède rectangle

Voir l'article *Parallélépipède*.

FICHE 1

PROPRIÉTÉS DES RECTANGLES

1. Propriétés des rectangles

- Les rectangles ont toutes les propriétés des parallélogrammes.
- Tout rectangle a quatre angles droits.
- Les médiatrices des côtés d'un rectangle en sont des axes de symétries.
- Les diagonales d'un rectangle ont la même longueur.
- Tout rectangle est inscriptible.

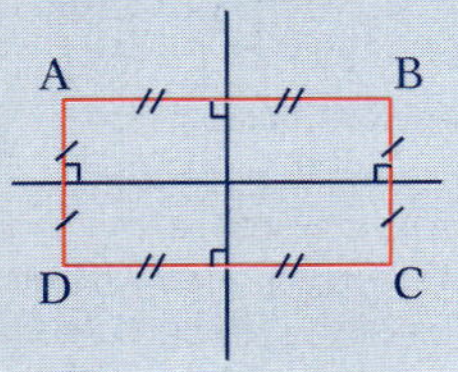

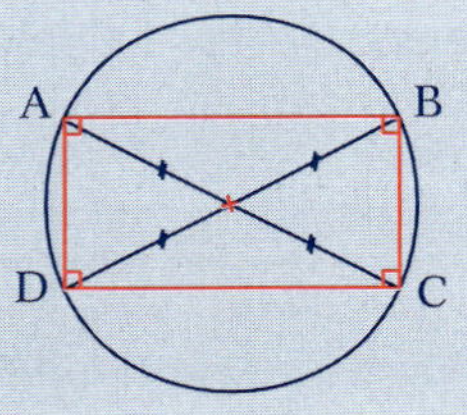

2. Pour démontrer qu'un quadrilatère ABCD est un rectangle

• Si ABCD est un parallélogramme et s'il a un angle droit, alors ABCD est un rectangle.
• Si ABCD est un parallélogramme et si ses diagonales ont la même longueur, alors ABCD est un rectangle.
• Si ABCD est un parallélogramme et si deux angles consécutifs ont la même ouverture, alors ABCD est un rectangle.

FICHE 2

CONSTRUCTION D'UN RECTANGLE À LA RÈGLE ET AU COMPAS

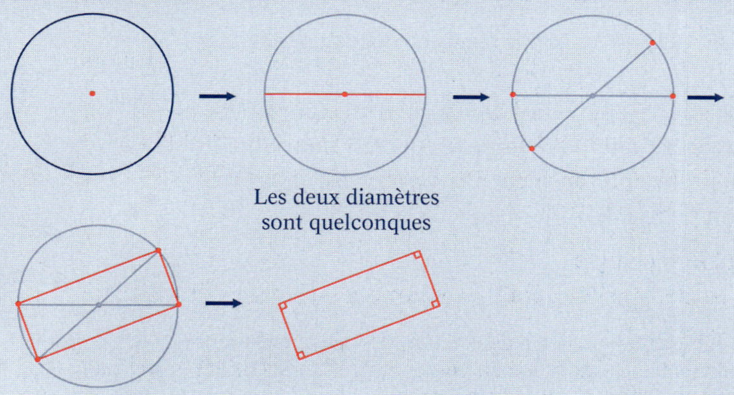

Rectangulaire

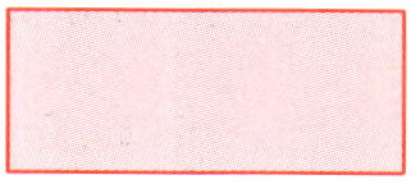

La surface représentée ci-contre en rouge est limitée par un rectangle ; elle est constituée des points intérieurs au rectangle (en rouge clair) et des points du rectangle (en rouge foncé).
On dit que cette surface est rectangulaire.

♦ Par abus, on dit parfois *rectangle* au lieu de *surface rectangulaire*. C'est le cas dans l'expression *aire d'un rectangle*, qui signifie en fait *aire d'une surface rectangulaire*.

Déf. Une surface rectangulaire est une surface plane limitée par un rectangle ; le rectangle fait partie de la surface.

▶ Carré. Polygonal. Triangulaire.

Réduction

1 Réduction au même dénominateur

Déf. Faire une réduction au même dénominateur, c'est réduire des fractions au même dénominateur.

▶ Réduire **1**.

2 Réduction d'une figure

• Sur la figure ci-contre, les dimensions de la figure bleue sont égales à celles de la figure rouge multipliées par 0,5. La figure bleue est donc une réduction de la figure rouge.

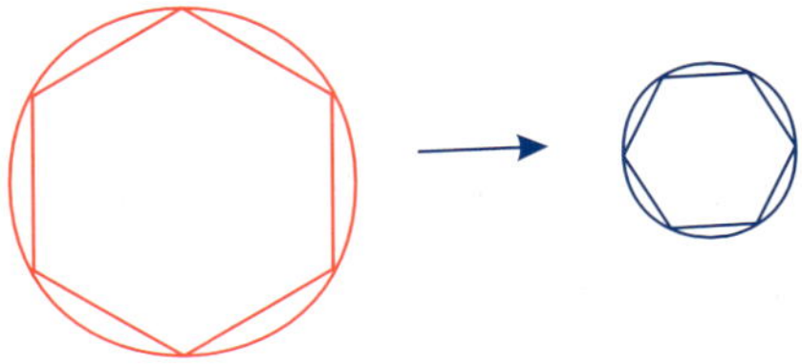

♦ Sur la figure ci-contre, les points A, B et B' d'une part, A, C et C' d'autre part sont alignés dans le même ordre. Les droites (BC) et (B'C') sont parallèles. D'après le théorème de Thalès, les longueurs AB', AC' et B'C' sont respectivement égales à AB, AC et BC multipliées par un même nombre inférieur à 1 (ce nombre est égal au quotient $\frac{AB'}{AB}$ qui est lui-même égal à $\frac{AC'}{AC}$ et à $\frac{B'C'}{BC}$).

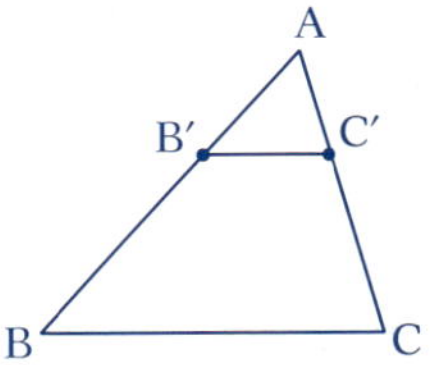

Le triangle AB'C' est donc une réduction du triangle ABC.

• Sur la figure ci-contre, les dimensions du cône représenté en rouge ont été multipliées par 0,5 pour obtenir le cône représenté en bleu. Ce dernier est donc une réduction du premier.

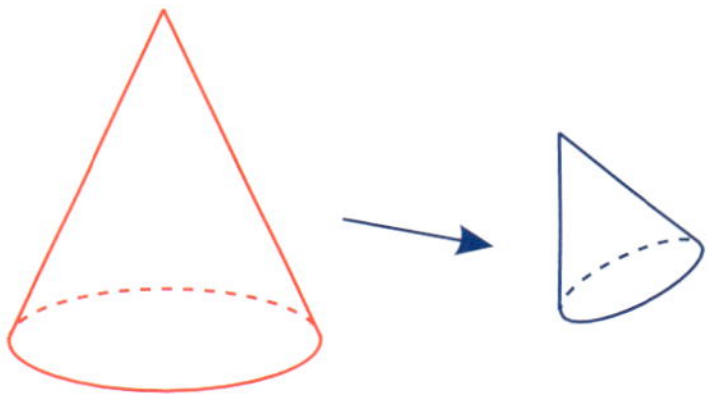

♦ Sur la figure ci-contre, il y a deux tétraèdres de sommet commun S. Les points S, A, A' sont alignés, ainsi que les points S, B, B' et S, C, C'. Les droites (AB) et (A'B') sont parallèles. D'après le théorème de Thalès appliqué aux triangles SAB et SA'B', les longueurs SA', SB' et A'B' sont respectivement égales à SA, SB et AB multipliées par un même nombre inférieur à 1 (ce nombre est égal au quotient $\frac{SA'}{SA}$ qui est lui-même égal à $\frac{SB'}{SB}$ et à $\frac{A'B'}{AB}$). De même, les longueurs SC', B'C', et A'C' sont respectivement égales à SC, BC et AC multipliées par le nombre précédent. Le tétraèdre SA'B'C' est donc une réduction du tétraèdre SABC.

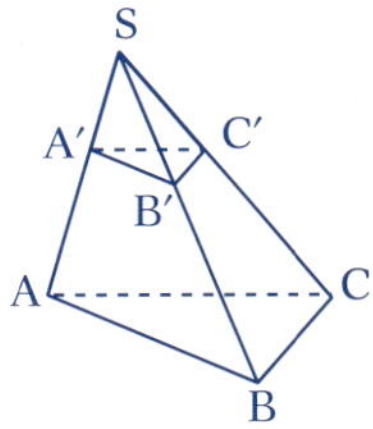

Déf. Une réduction d'une figure du plan ou de l'espace est une seconde figure dont toutes les dimensions sont égales à celles de la première figure multipliées par un même nombre inférieur à 1 et strictement positif.

▶ Agrandissement. Coefficient d'agrandissement ou de réduction. Dimension. Échelle. Théorème de Thalès.

3 Réduction d'une quantité

Je lis sur une réclame : *30 % de réduction sur tous les prix*. Cela signifie que les prix diminuent de 30 %. Par exemple, si un article coûtait 100 F avant la réclame, son nouveau prix pendant la réclame sera égal à 70 F.

▶ Diminution.

Réduire

1 Réduire au même dénominateur

Je choisis deux fractions : $\frac{2}{3}$ et $\frac{7}{5}$; elles n'ont pas le même dénominateur. Je sais que $\frac{2}{3} = \frac{2 \times 5}{3 \times 5} = \frac{10}{15}$ et $\frac{7}{5} = \frac{7 \times 3}{5 \times 3} = \frac{21}{15}$. Les fractions $\frac{10}{15}$ et $\frac{21}{15}$ sont respectivement égales aux fractions de départ, et ont le même dénominateur (15).

J'ai ainsi réduit les fractions $\frac{2}{3}$ et $\frac{7}{5}$ au même dénominateur.

♦ En réduisant $\frac{2}{3}$, $\frac{7}{5}$ et $\frac{13}{15}$ au même dénominateur, on trouve les fractions $\frac{10}{15}$, $\frac{21}{15}$ et $\frac{13}{15}$. On peut réduire plus de deux fractions au même dénominateur.

Déf. Choisissons des fractions. Réduire ces fractions au même dénominateur, c'est trouver des fractions qui leur sont respectivement égales et qui ont toutes le même dénominateur.

▶ Expression. Forme décimale. Forme fractionnaire. Fraction.

2 Réduire une somme

Soit x un nombre. En développant l'expression $(x + 3)(2x + 1)$, je trouve la somme $2x^2 + 6x + x + 3$.

En écrivant $2x^2 + 6x + x + 3 = 2x^2 + 7x + 3$, je réduis la somme $2x^2 + 6x + x + 3$.

L'expression $2x^2 + 7x + 3$ est une expression réduite de $2x^2 + 6x + x + 3$.

♦ Les sommes $7x + 2\,x^2 + 3$, $2x^2 + 3 + 7x$, $3 + 7x + 2x^2$, etc. sont aussi des expressions réduites de $2x^2 + 6x + x + 3$.

♦ L'expression $x^2 - 2x - 1$ est une expression réduite de $x^2 - 3x + x - 1$, que je peux écrire sous la forme $x^2 + (-3)x + x + (-1)$. Je peux aussi écrire $x^2 + (-2)x + (-1)$ au lieu de $x^2 - 2x - 1$.

♦ L'expression $\frac{3}{4}x^2 + (1 - \sqrt{2})\,x - 3$ est une expression réduite de l'expression $\frac{3}{4}x^2 + x - x\,\sqrt{2} - 3$.

Info. Soit x un nombre ; réduire une somme écrite en fonction de x^2 et x, c'est écrire une égalité où cette somme figure dans le membre de gauche et une somme de la forme $ax^2 + bx + c$ figure dans le membre de droite, a, b et c étant trois nombres indépendants de x.

▶ Développer. Ordonner.

3 Réduire une figure

Déf. Réduire une figure, c'est en faire une réduction.

▶ Agrandissement. Échelle. Reproduction.

Réel

1 Nombre réel

Voir l'article *Nombre réel.*

2 Réel

Les nombres 5 ; – 31,8 ; $\frac{9}{7}$ et $\sqrt{17}$ sont des nombres réels. Je peux dire simplement que ces nombres sont des réels (tout court).

Déf. Employé comme nom, *réel* est synonyme de *nombre réel.*

▶ Nombre. Nombre décimal. Nombre entier. Nombre irrationnel. Nombre rationnel. Nombre relatif.

Réflexion

Déf. Une réflexion est une symétrie orthogonale.

▶ Symétrie orthogonale.

Règle de trois

Voici un petit problème :
Un fermier obtient 35 litres de cidre avec 50 kilogrammes de pommes.
Quelle quantité de cidre aura-t-il avec 800 kilogrammes de pommes?
Voici une solution :

50 kg de pommes donnent 35 ℓ de cidre 35

1 kg de pommes donne 50 fois moins (que 50 kg) .... $\frac{35}{50}$

800 kg donnent 800 fois plus (que 1 kg) .... $\frac{35 \times 800}{50}$

$35 \times 800 = 28\,000$; $28\,000 : 50 = 560$ ou $35/50 = 0{,}7$; $0{,}7 \times 800 = 560$.

Le fermier obtiendra 560 litres de cidre avec 800 kilogrammes de pommes.

J'ai résolu ce problème en utilisant la règle de trois.

♦ Je peux résoudre le problème précédent avec un tableau de proportionnalité.

J'obtiens le résultat en calculant une quatrième proportionnelle.

Pommes	50	800
Cidre	35	

Le nombre cherché dans la case vide est égal à $\frac{35 \times 800}{50}$, c'est-à-dire 560.

Info. La règle de trois est une méthode pour résoudre un problème de proportionnalité.

▶ Quatrième proportionnelle.

Règle des signes

Voir l'article *Multiplication*.

Régulier

1 Polygones réguliers

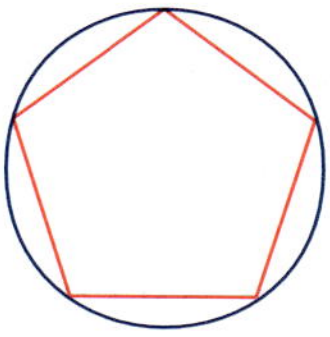

Le pentagone représenté en rouge possède les deux propriétés suivantes :
– ses sommets sont sur un cercle ;
– ses côtés ont tous la même longueur.
C'est pourquoi ce pentagone est un pentagone régulier.

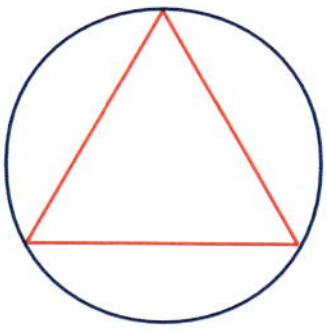

♦ Un triangle régulier est un triangle équilatéral.

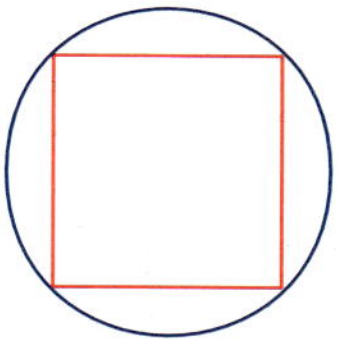

♦ Un quadrilatère régulier est un carré.

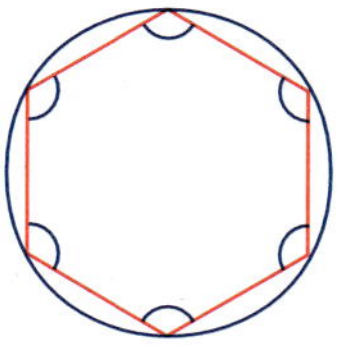

♦ Les angles d'un polygone régulier ont la même ouverture.

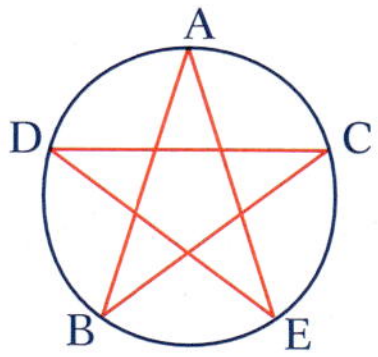

♦ Il existe des polygones réguliers non convexes.
J'ai représenté ci-contre un pentagone régulier non convexe ABCDE.

Déf. Un polygone régulier est un polygone tel que :
– ses sommets appartiennent à un cercle ;
– ses côtés ont la même longueur.

▶ Décagone. Dodécagone. Ennéagone. Hendécagone. Heptagone. Hexagone. Octogone. Pentagone.

2 Pyramide régulière

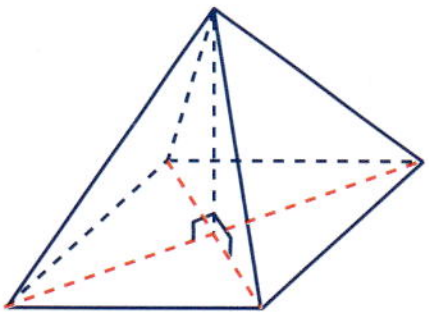

J'ai représenté une pyramide. Sa base est carrée et le projeté orthogonal de son sommet sur le plan de base est le centre du carré. Cette pyramide est donc une pyramide régulière.

♦ J'ai représenté une pyramide dont la base est un triangle équilatéral ; le projeté orthogonal du sommet sur la base est le centre de gravité du triangle. Cette pyramide est donc une pyramide régulière.

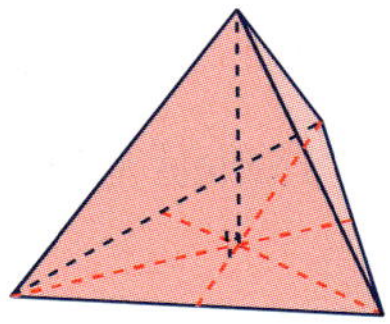

♦ Les faces latérales des pyramides régulières sont des triangles isocèles superposables.

Déf. Une pyramide régulière est une pyramide dont la base est une surface polygonale régulière et dont le sommet se projette orthogonalement, sur le plan de base, au centre de gravité de la base.

Relatif

1 Nombre relatif

Voir l'article *Nombre relatif*.

2 Relatif

Les nombres $-\ 97$ et 0,456 sont des nombres relatifs ; les nombres $-\ 10^4$ et $-\sqrt{79}$ sont aussi des nombres relatifs. Je peux dire simplement que les nombres $-\ 97$ 0,456 $-\ 10^4$ et $-\sqrt{79}$ sont des relatifs (tout court).

Déf. Employé comme nom, *relatif* est un synonyme de *nombre relatif*.

▶ Nombre. Nombre décimal. Nombre entier. Nombre irrationnel. Nombre rationnel. Nombre réel.

Relation de Chasles

Étant donné trois points quelconques A, B et C, je peux écrire :

$$\boxed{\overrightarrow{AB} + \overrightarrow{BC} = \overrightarrow{AC}}.$$

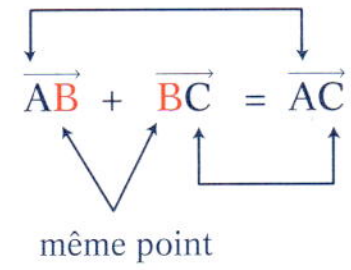

♦ J'observe la position des points.

♦ Je peux me rappeler facilement cette relation en observant la figure ci-dessous :

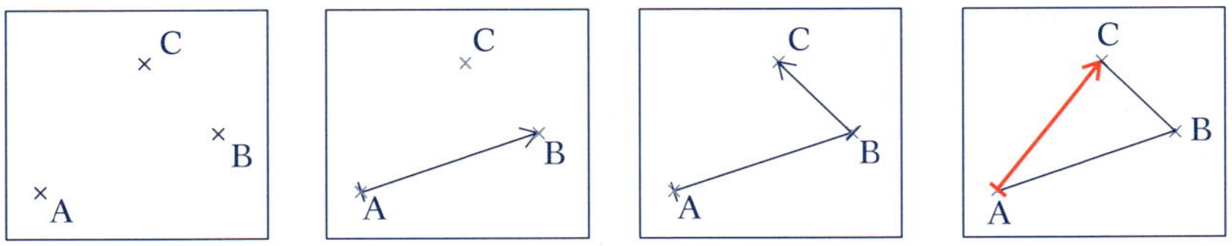

$\overrightarrow{AB}$ + $\overrightarrow{BC}$ = $\overrightarrow{AC}$

♦ On peut généraliser l'égalité précédente : par exemple, étant donné les points A, B, C, D, E et F,

$$\overrightarrow{AB} + \overrightarrow{BC} + \overrightarrow{CD} + \overrightarrow{DE} + \overrightarrow{EF} = \overrightarrow{AF}.$$

♦ On peut remarquer que, dans la somme vectorielle $\overrightarrow{AB} + \overrightarrow{BC} + \overrightarrow{CD} + \overrightarrow{DE} + \overrightarrow{EF}$, l'extrémité d'un vecteur est l'origine de celui qui le suit :
B est l'extrémité de $\overrightarrow{AB}$ et l'origine de $\overrightarrow{BC}$;
C est l'extrémité de $\overrightarrow{BC}$ et l'origine de $\overrightarrow{CD}$; etc.

Déf. L'égalité encadrée s'appelle la relation de Chasles (prononcer *Chale*) appliquée aux vecteurs $\overrightarrow{AB}$, $\overrightarrow{BC}$ et $\overrightarrow{AC}$.

▶ Addition **3**. Chasles. Somme. Translation. Vecteur.

Relations trigonométriques

Voir l'article *Trigonométrie* (fiche Formules de trigonométrie).

Remarquable

1 Droite remarquable d'un triangle

Les droites remarquables du triangle ABC ont été représentées ci-contre :
- les trois hauteurs (en pointillés rouges) ;
- les trois médianes (en rouge) ;

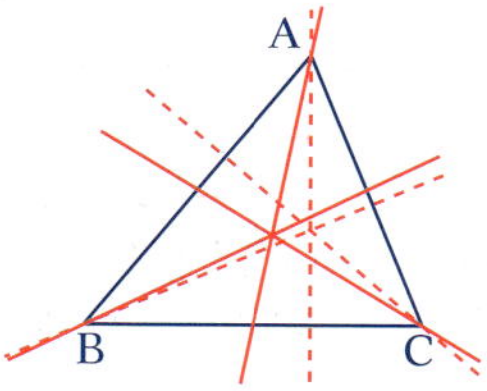

- les trois médiatrices (en pointillés rouges) ;
- les trois bissectrices (en rouge) ;

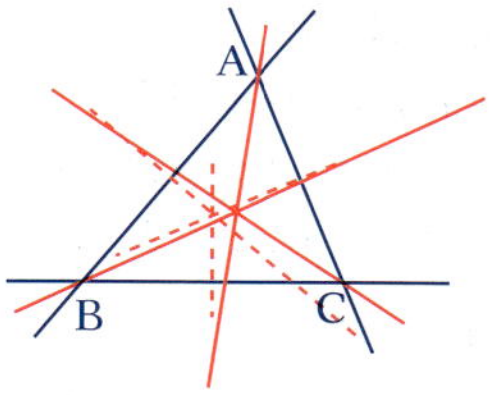

Info. Les droites remarquables d'un triangle sont ses trois hauteurs, ses trois médianes, ses trois médiatrices, ses trois bissectrices.

▶ Bissectrice. Hauteur. Médiane. Médiatrice.

2 Point remarquable d'un triangle

Les points remarquables d'un triangle sont :
- l'orthocentre (voir l'article *Orthocentre*) ;
- le centre de gravité (voir l'article *Centre* **5**) ;
- le centre du cercle circonscrit (voir l'article *Circonscrit* **1**) ;
- le centre du cercle inscrit (voir l'article *Inscrit*).

3 Identités remarquables

Voir l'article *Identité remarquable*.

Rentrant

Les angles marqués ci-dessous en rouge ont une ouverture supérieure à 180° et inférieure à 360°. C'est pourquoi ce sont des angles rentrants.

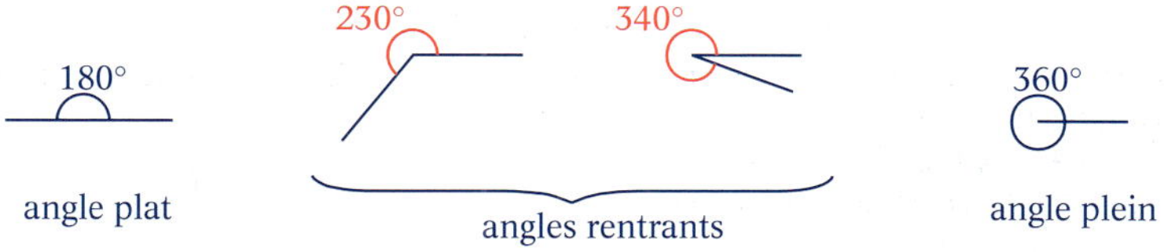

Déf. Un angle rentrant est un angle dont l'ouverture est comprise entre 180° et 360°.

▶ Saillant.

FICHE

NOTATION DES ANGLES RENTRANTS

L'angle rentrant représenté ci-contre peut être désigné par l'une quelconque des notations suivantes : $\overset{\frown}{xOy}$ $\overset{\frown}{yOx}$ $\overset{\frown}{AOB}$ $\overset{\frown}{BOA}$ (« chapeau » à l'envers).
S'il n'y a pas de confusion possible avec un autre angle de sommet O, on peut utiliser tout simplement la notation $\overset{\frown}{O}$.

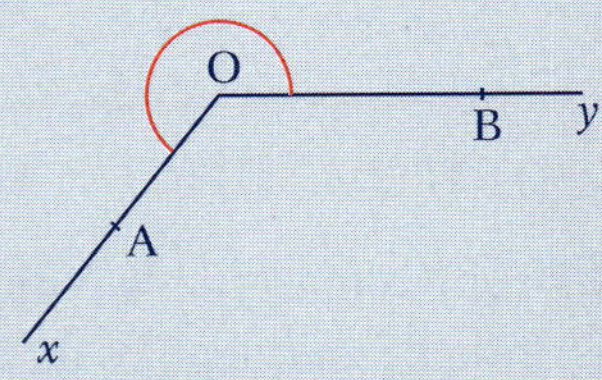

♦ Lorsqu'on écrit par exemple $\overset{\frown}{xOy} = 230°$, la notation $\overset{\frown}{xOy}$ désigne l'ouverture de l'angle.

▶ Symboles de géométrie.

Répartition

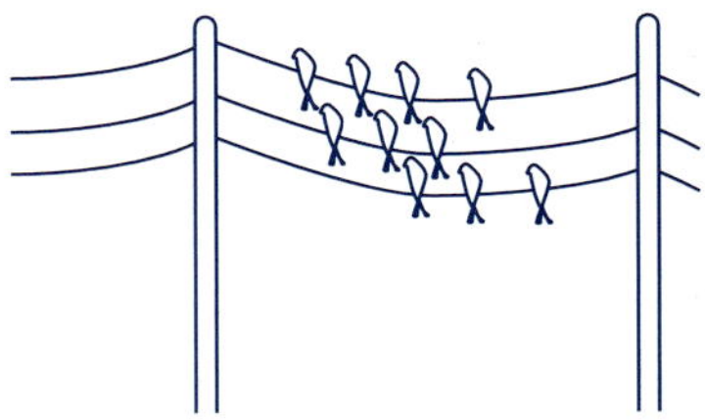

J'étudie une population d'hirondelles sur trois fils électriques. Le caractère de mon étude est « perchoir des hirondelles ».

• J'ai compté les hirondelles une à une. Leur répartition est la suivante :

Fils	du haut	du milieu	du bas
Effectif	42	29	46

Par exemple, il y a quarante-deux hirondelles sur le fil du haut. Il y a en tout 117 hirondelles (42 + 29 + 46 = 117).

• Je veux, maintenant, présenter mes résultats à l'aide des fréquences.
Le tableau suivant montre autrement la répartition des hirondelles :

Fils	du haut	du milieu	du bas
Fréquence (en pourcentages)	36%*	25 %*	39%*

* $\frac{42}{117} \times 100 \approx 36$ * $\frac{29}{117} \times 100 \approx 25$ * $\frac{46}{117} \times 100 \approx 39$

Par exemple, il y a environ 36% des hirondelles sur le fil du haut.

• Pour visualiser la répartition des hirondelles, je peux réaliser un diagramme circulaire ou un diagramme à barres :

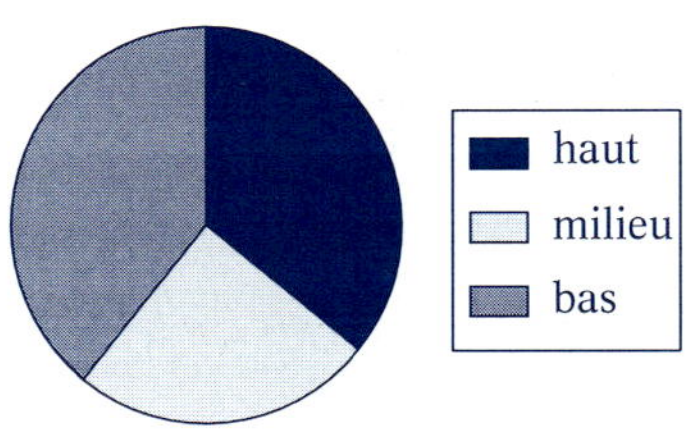

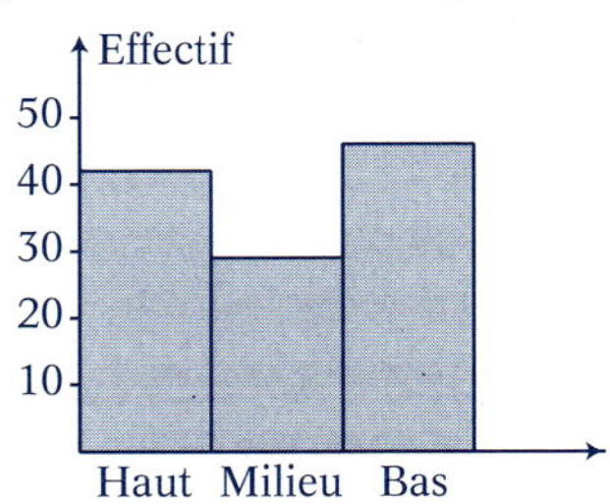

♦ Les mesures des angles des secteurs circulaires sont proportionnelles aux fréquences.

Fréquence (en %)	36	25	39
Angle (en degrés)	130*	90*	140*

* $\frac{36}{100} \times 360 \approx 130$ * $\frac{25}{100} \times 360 = 90$ * $\frac{39}{100} \times 360 \approx 140$.

Info. Une répartition de données statistiques se représente à l'aide des effectifs ou des fréquences, sous forme d'un tableau ou d'une représentation graphique.

▶ Diagramme à barres. Diagramme en bâtons. Diagramme circulaire. Diagramme polaire. Diagramme semi-circulaire. Histogramme.

Repère d'un plan

Deux repères d'un plan sont représentés sur la figure ci-dessous : le repère (O, I, J) et le repère (A, B, C).

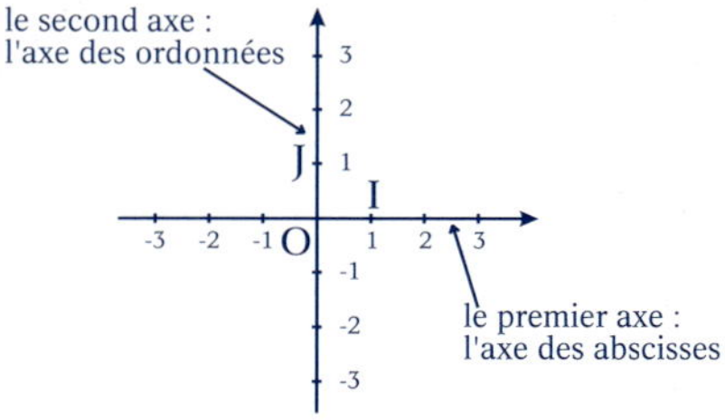

Le repère (O, I, J)

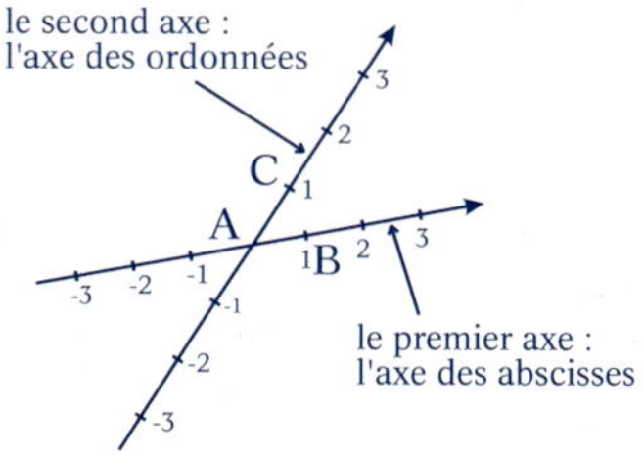

Le repère (A, B, C)

Info. Un repère d'un plan est constitué d'un premier axe et d'un second axe. Ces deux axes doivent avoir la même origine.
Soit O, I et J trois points non alignés ; on désigne par (O, I, J) le repère ainsi défini :
– le premier axe est (O, I) ; O est son origine et I est le point d'abscisse 1 sur cet axe ;
– le second axe est (O, J) ; O est son origine et J est le point d'abscisse 1 sur cet axe.

▶ Axe. Orthogonal. Orthonormal. Repérer dans un plan.

Repérer dans un plan

• Je vais repérer le point A dans le repère (O, I, J).

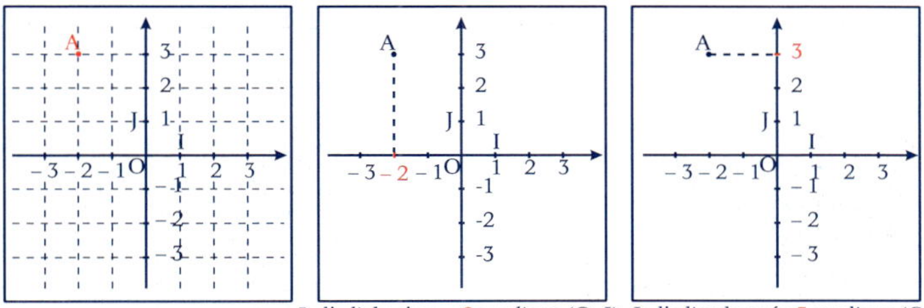

Je lis l'abscisse – 2 sur l'axe (O, I). Je lis l'ordonnée 3 sur l'axe (O, J).

Le point A est repéré par le couple (– 2 ; 3).

• Je vais repérer le point M dans le repère (A, B, C).

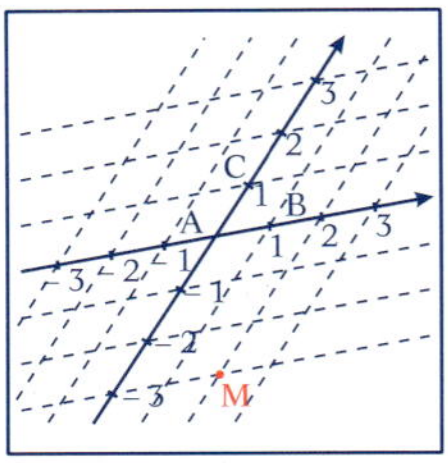

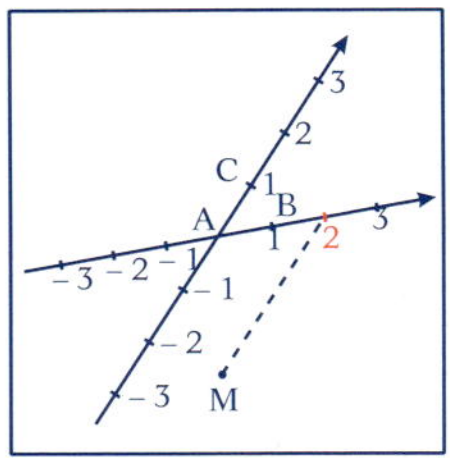

Je lis l'abscisse 2 sur l'axe (A, B). Le segment en pointillé est parallèle à (AC).

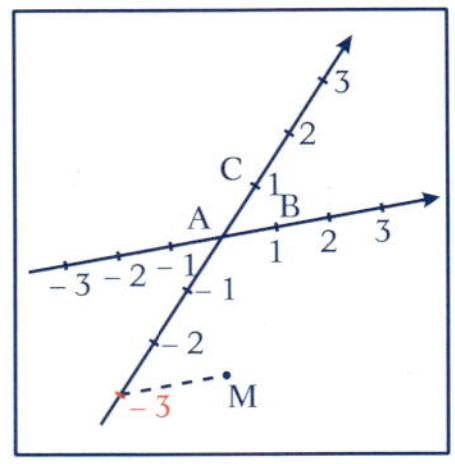

Je lis l'ordonnée – 3 sur l'axe (A, C). Le segment en pointillé est parallèle à (AB).

Le point M est repéré par le couple (2 ; – 3).

Déf. Repérer un point dans un repère d'un plan , c'est déterminer les coordonnées de ce point.

▶ Abscisse. Coordonnée. Ordonnée. Repérer sur un axe.

Repérer sur un axe

Sur l'axe représenté ci-dessous, les points O, A, B, et C ont pour abscisses respectives 0, 2, – 1 et 3,7. Je peux dire qu'ils sont respectivement repérés par les nombres 0, 2, – 1 et 3,7.

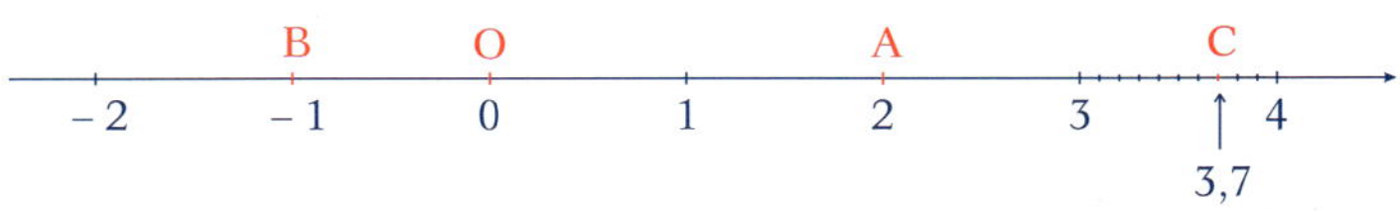

Déf. Sur un axe :
– repérer un point, c'est déterminer l'abscisse de ce point ;
– dire qu'un point est repéré par un nombre signifie que le nombre est l'abscisse du point.

▶ Abscisse.

Représentant d'un vecteur Voir l'article *Vecteur*.

Représentation

Quand je représente des figures géométriques, des nombres, des données statistiques, des fonctions affines ou des vecteurs, je fais des représentations de ces objets mathématiques.

Info. Une représentation d'un objet mathématique est, le plus souvent, soit une écriture soit un dessin.

▶ Graphique. Représenter.

Représenter

1 Représenter une figure géométrique

• J'ai représenté ci-contre :
– un point par une croix ; c'est le point A ;
– un autre point par un petit disque ; c'est le point B ;
– une droite par un trait droit ; c'est la droite *d* ;
– un segment par un trait droit marqué à ses extrémités ; c'est le segment [MN].

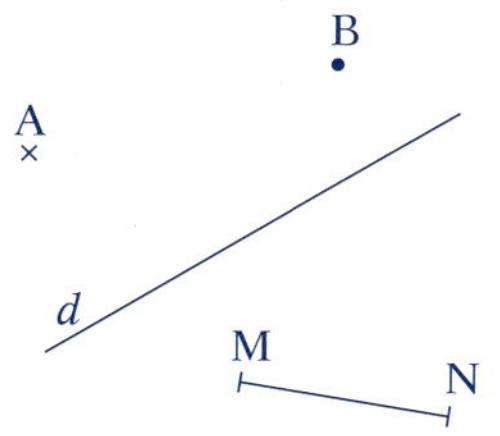

• J'ai représenté ci-dessous un triangle, un trapèze et un cercle.

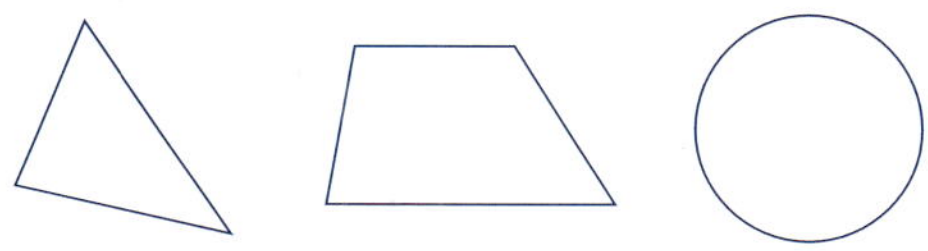

• J'ai représenté ci-contre un parallélépipède rectangle. Je l'ai représenté en perspective cavalière.

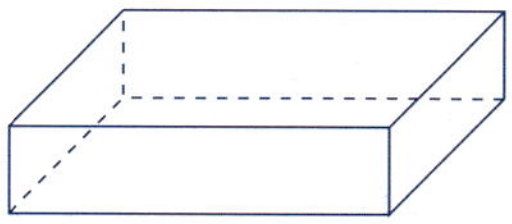

Info. Représenter une figure géométrique, c'est en faire un dessin ; il y a des conventions de dessin à respecter.

2 Représenter des nombres

• Voici plusieurs écritures ou expressions numériques :

un virgule cinq ; 1,5 ; une unité et cinq-dixièmes ; 1,50 ; $\frac{3}{2}$; $1 + 0{,}5$; $3 \times 0{,}5$; $\frac{150}{10^2}$; $\sqrt{2{,}25}$.

Elles représentent toutes le même nombre ; l'écriture 1,5 est l'écriture décimale réduite de ce nombre.

• J'ai représenté ci-contre les fractions $\frac{1}{3}$ et $\frac{3}{4}$:

– avec des segments

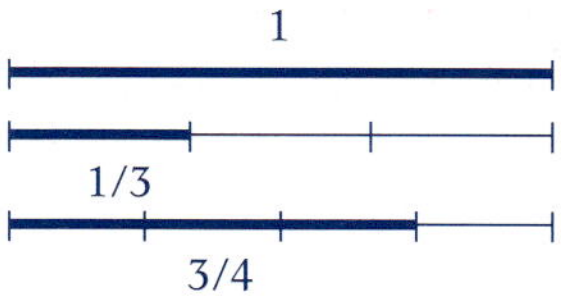

– avec des secteurs circulaires.

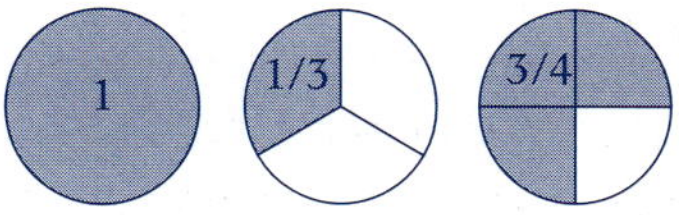

Sur un axe, j'ai représenté le nombre négatif -10^2 par le point A :

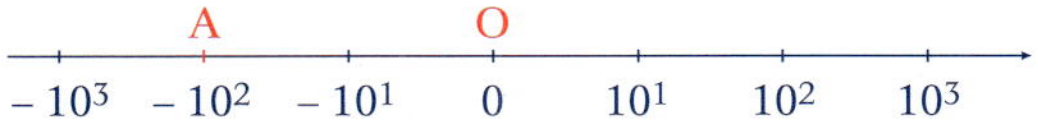

J'ai représenté le nombre $\sqrt{2}$ par la diagonale d'un carré de côté 1.

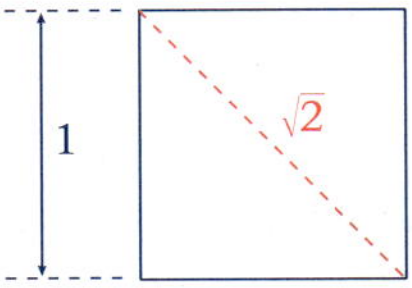

Info. Les nombres peuvent être représentés par des écritures ou par des figures.

3 Représenter graphiquement des données statistiques

Le tableau ci-dessous contient les notes sur 10 obtenues par les 30 élèves d'une classe :

Note sur 10	0	1	2	3	4	5	6	7	8	9	10
Nombre d'élèves	0	0	0	1	3	7	8	5	3	2	1

Je peux y lire, par exemple, que 8 élèves ont obtenu la note 6.
J'ai représenté les données de ce tableau par un diagramme à barres :

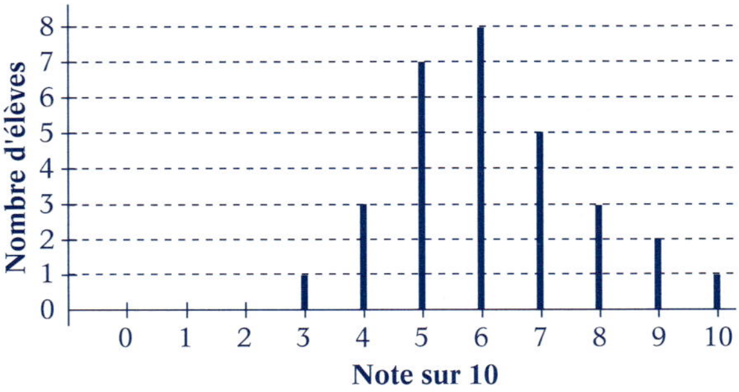

Info. Représenter graphiquement des données statistiques, c'est réaliser un diagramme à partir de ces données.

4 Représenter graphiquement les solutions d'une inéquation

L'inéquation $5x \geqslant 15$ équivaut à l'inéquation $x \geqslant 3$. Les solutions de l'inéquation sont donc tous les nombres supérieurs ou égaux à 3. Je les représente graphiquement sur un axe en traçant en rouge la demi-droite d'origine le point d'abscisse 3 et dirigée vers la droite (le point d'abscisse 3 appartient à la demi-droite).

5 Représenter graphiquement une fonction affine

Voir la fiche de l'article *Fonction affine*.

6 Représenter un vecteur

Voir l'article *Vecteur*.

▶ Diagramme. Écriture décimale. Écriture fractionnaire. Figure.

Reproduction

Sur la figure du haut de la page suivante, j'ai dessiné un octogone en bleu clair, puis j'en ai réalisé :
– une réduction à l'échelle 0,5 (figure bleue) ;
– un agrandissement à l'échelle 1,5 (figure rouge clair).

L'octogone bleu et l'octogone rouge clair sont des reproductions de l'octogone bleu clair.
L'octogone rouge a les mêmes dimensions que l'octogone bleu clair ; c'est pourquoi l'octogone rouge est une reproduction en vraie grandeur de l'octogone bleu clair.

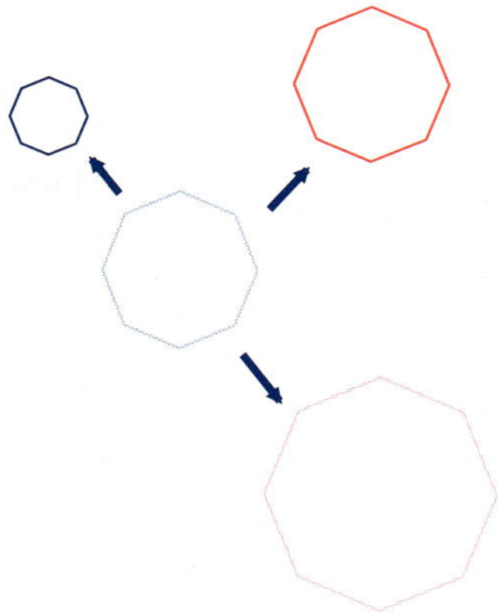

Déf. Une reproduction d'une figure F est une figure F' qui est un agrandissement ou une réduction de F, ou bien dont les dimensions sont égales à celles de F.
Lorsque les dimensions de F' sont égales aux dimensions de F, F' est une reproduction en vraie grandeur de F.

▶ Agrandissement. Coefficient d'agrandissement ou de réduction. Échelle. Réduction.

Reproduire

Déf. Reproduire une figure, c'est en faire une reproduction.

▶ Agrandissement. Réduction. Reproduction.

Résoudre

Résoudre une équation, une inéquation ou un système d'équations, c'est déterminer leur(s) solution(s).

▶ Équation. Inéquation. Mise en équation. Solution. Système d'équations.

Respectif

Je considère les points S, T et U, sommets respectifs du cône, du tétraèdre et de la pyramide représentés ci-contre. Cela signifie que :
– S est le sommet du cône ;
– T est un sommet du tétraèdre ;
– U est le sommet de la pyramide.

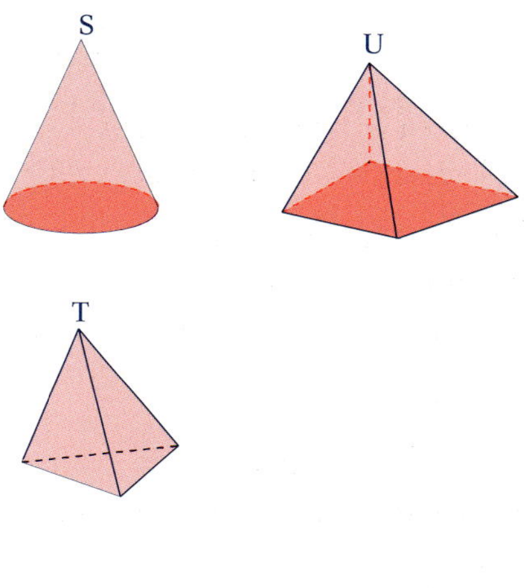

Info. On emploie l'adjectif *respectif* pour associer les termes de deux listes :
– le premier terme de la première liste est associé au premier terme de la seconde liste ;
– le deuxième terme de la première liste est associé au deuxième terme de la seconde liste ; etc.

▶ Respectivement.

Respectivement

Les solides (1), (2), (3) et (4) représentés ci-dessous se nomment respectivement prisme droit, cylindre, pyramide et boule.

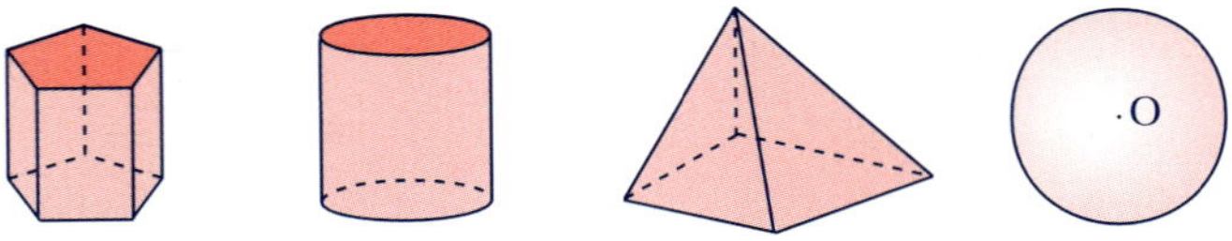

(1) (2) (3) (4)

Cela signifie que :
– le solide (1) est un prisme droit (c'est le premier nom de la liste des solides) ;
– le solide (2) est un cylindre (c'est le deuxième nom de la liste des solides) ;
– le solide (3) est une pyramide (c'est le troisième nom de la liste des solides) ;
– le solide (4) est une boule (c'est le quatrième nom de la liste des solides).

Info. On emploie l'adverbe *respectivement* pour associer les termes de deux listes :
– le premier terme de la première liste est associé au premier terme de la seconde liste ;
– le deuxième terme de la première liste est associé au deuxième terme de la seconde liste ;
etc.

▶ Respectif.

Reste

Le reste de la division euclidienne de 73 par 14 est égal à 3.
Je peux donc écrire $73 = 14 \times 5 + 3$ et $3 = 73 - 14 \times 5$.

73	14
3	5

Le reste de la division au dixième de 73 par 14 est égal à 0,2.
Je peux donc écrire $73 = 14 \times 5{,}2 + 0{,}2$ et $0{,}2 = 73 - 14 \times 5{,}2$.

73	14
30	5,2
2	

Le reste de la division au centième de 73 par 14 est égal à 0,06.
Je peux donc écrire $73 = 14 \times 5{,}21 + 0{,}06$ et $0{,}06 = 73 - 14 \times 5{,}21$.

73	14
30	5,21
20	
6	

Déf. Soit a et b deux entiers naturels, b étant non nul.
Le reste de la division euclidienne de a par b est l'entier naturel r ainsi défini :
$r = a - b \times q$, q étant le quotient de la division euclidienne de a par b.
Le reste de la division au dixième de a par b est le nombre r ainsi défini :
$r = a - b \times q$, q étant le quotient de la division au dixième de a par b.

Le reste de la division au centième de a par b est le nombre r ainsi défini :
$r = a - b \times q$, q étant le quotient de la division au centième de a par b.
Et ainsi de suite.

▶ Division. Division décimale. Division euclidienne. Quotient.

Résultat

• Aujourd'hui, nous devons calculer le produit 27×10^{-1}. Je sais que $10^{-1} = 0{,}1$. Mon résultat est 2,7. Le résultat de ma voisine est $\frac{27}{10}$; elle a écrit $10^{-1} = \frac{1}{10}$.

• La lettre x désigne un nombre ; quand je développe le produit $(x + 6)(1 - 2x)$, je trouve $x - 2x^2 + 6 - 12x$. Le résultat de mon calcul est $x - 2x^2 + 6 - 12x$. Si je réduis cette expression, je trouve un nouveau résultat : $-2x^2 - 11x + 6$.

• Pour calculer la somme 654 cm^3 + 3 dm^3, j'ai converti 654 cm^3 en dm^3 ; j'ai trouvé :
654 cm^3 + 3 dm^3 = 0,654 dm^3 + 3 dm^3 = 3,654 dm^3 ; mon résultat est 3,654 dm^3.
Ma voisine a converti 3 dm^3 en cm^3 :
elle a trouvé 654 cm^3 + 3 dm^3 = 654 cm^3 + 3 000 cm^3 = 3 654 cm^3 ; son résultat est 3 654 cm^3.

♦ On considère parfois le résultat d'un calcul comme un nombre ou une grandeur, et non comme une écriture. C'est pourquoi, dans le premier exemple, les deux résultats 2,7 et $\frac{27}{10}$ sont justes. Mais, si on doit donner la forme décimale réduite du résultat, seule la forme 2,7 est juste.

Déf. Un résultat d'un calcul portant sur des nombres ou des grandeurs est une écriture obtenue en effectuant ce calcul.

▶ Calcul. Effectuer. Représenter.

Réunion

Sur la figure 1, j'ai tracé deux cercles. Ils limitent deux disques.
Tous les points appartenant à l'un des disques au moins forment une partie du plan ; j'ai colorié cette partie. Cette partie est la réunion des deux disques (*fig. 2*).

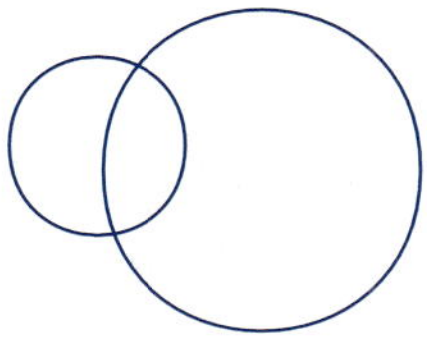

fig. 1

fig. 2

Déf. La réunion de deux parties du plan ou de l'espace est la partie dont les points appartiennent à au moins l'une de ces deux parties.

▶ Figure. Intersection. Partie.

Rotation

1 Définition d'une rotation

• Sur la figure ci-contre, j'ai placé un point O et un point A_1.
Au point A_1, j'associe le point A_2 de telle sorte que :

A_2 soit sur le cercle de centre O passant par A_1

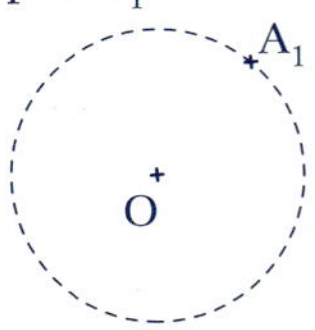

$\widehat{A_1OA_2} = 50°$

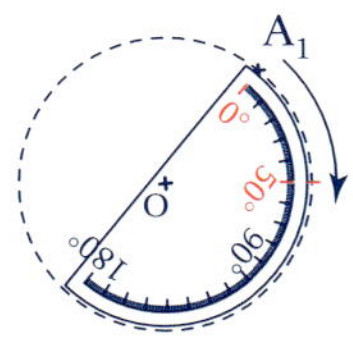

l'arc $\overset{\frown}{A_1A_2}$ est orienté dans le sens des aiguilles d'une montre

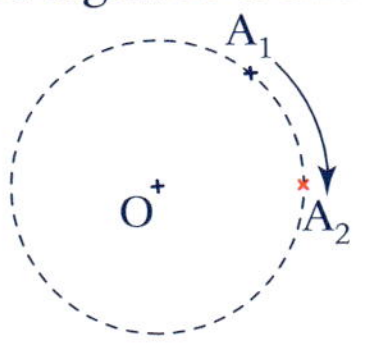

Le point A_2 ainsi obtenu est l'image du point A_1 par la rotation de centre O, d'angle 50° dans le sens des aiguilles d'une montre.
Je peux donc écrire $OA_1 = OA_2$ et $\widehat{A_1OA_2} = 50°$.
Pour des points B_1 et C_1 dont les images sont respectivement B_2 et C_2 par la même rotation, je peux aussi écrire :
$OB_1 = OB_2$ et $\widehat{B_1OB_2} = 50°$ et $OC_1 = OC_2$ et $\widehat{C_1OC_2} = 50°$.

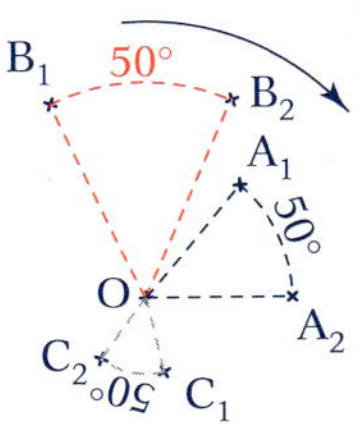

♦ L'image de A_1 par la rotation de centre O, d'angle 310° dans le sens inverse des aiguilles d'une montre est le point A_2. La rotation de centre O, d'angle 310° dans le sens inverse des aiguilles d'une montre est donc égale à la rotation de centre O et d'angle 50° dans le sens des aiguilles d'une montre.

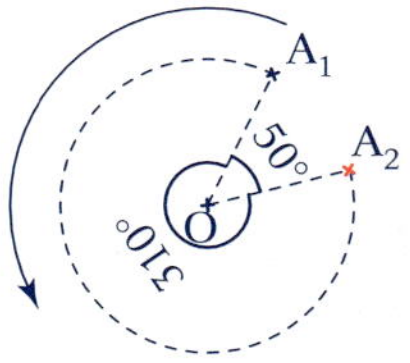

Déf. Soit O un point et *a* un nombre positif.
On appelle rotation de centre O et d'angle *a*° dans le sens des aiguilles d'une montre la transformation qui, à O, associe O lui-même et qui, à tout point M distinct de O, associe le point M' ainsi défini :
– M' est sur le cercle de centre O passant par M ;
– $\widehat{MOM'} = a°$ et l'arc de cercle $\overset{\frown}{MM'}$ est orienté dans le sens des aiguilles d'une montre.

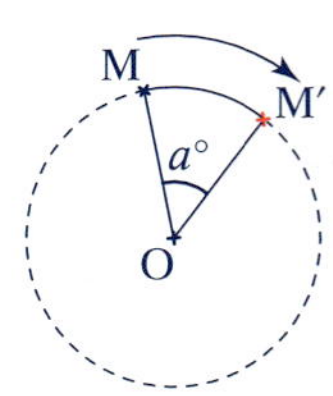

On appelle rotation de centre O et d'angle *a*° dans le sens inverse des aiguilles d'une montre la transformation qui, à O, associe O lui-même et qui, à tout point M distinct de O, associe le point M' ainsi défini :
– M' est sur le cercle de centre O passant par M ;
– $\widehat{MOM'} = a°$ et l'arc de cercle $\overset{\frown}{MM'}$ est orienté dans le sens inverse des aiguilles d'une montre.

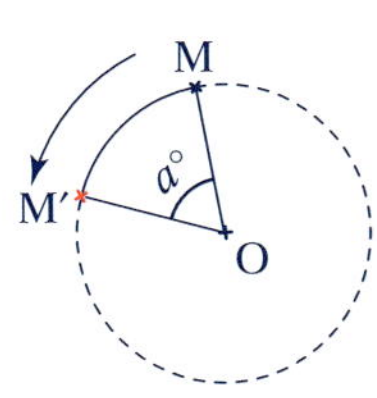

Info. Les rotations sont des isométries.

▶ Composer. Isométrie.

2 Image d'une figure géométrique par une rotation

J'ai représenté une figure géométrique ci-contre.

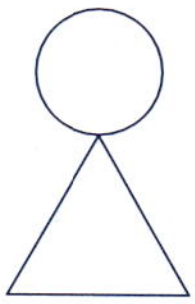

Elle est formée de points (quelques-uns seulement sont représentés).

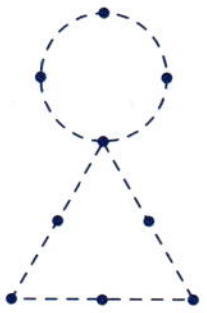

Chacun de ces points a une image par la rotation de centre O et d'angle 60° dans le sens inverse des aiguilles d'une montre (seules sont représentées en rouge les images des trois points bleus).

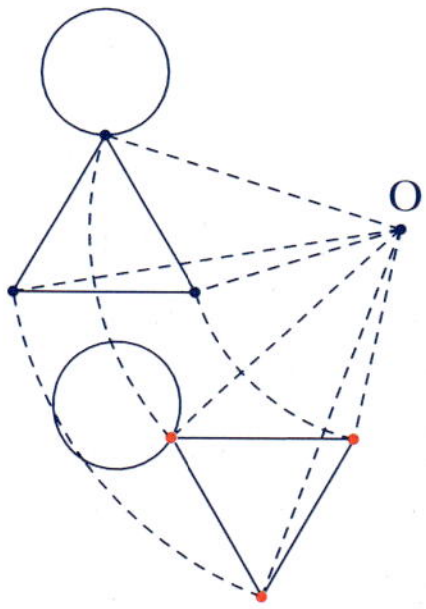

Tous ces points-images forment la figure rouge. Celle-ci est l'image de la figure bleue par la rotation donnée.

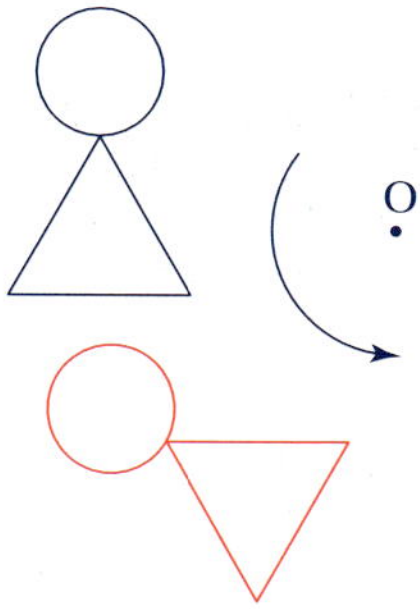

Déf. Soit F une figure géométrique ; l'image de F par une rotation est la figure géométrique F' formée des images de tous les points de F par la rotation.

▶ Isométrique.

S s

Saillant

Les angles marqués ci-dessous en rouge ont une ouverture supérieure à 0° et inférieure à 180°. C'est pourquoi ce sont des angles saillants.

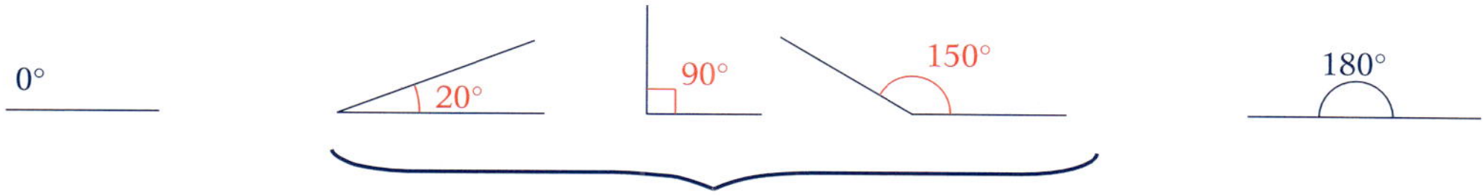

Déf. Un angle saillant est un angle dont l'ouverture est comprise entre 0° et 180°.

▶ Rentrant.

FICHE

NOTATION DES ANGLES SAILLANTS

L'angle saillant représenté ci-contre peut être désigné par l'une quelconque des notations suivantes : $\widehat{xOy}$ $\widehat{yOx}$ $\widehat{AOB}$ $\widehat{BOA}$ (« chapeau » à l'endroit).

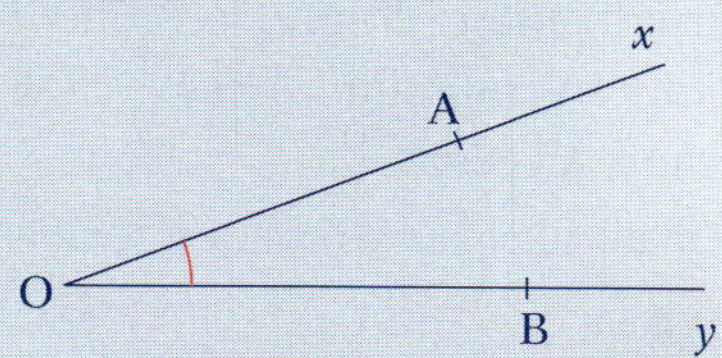

S'il n'y a pas de confusion possible avec un autre angle de sommet O, on peut utiliser tout simplement la notation $\widehat{O}$.

Lorsqu'on écrit par exemple $\widehat{xOy} = 20°$, la notation $\widehat{xOy}$ désigne l'ouverture de l'angle.

▶ symboles de géométrie.

Scalène

Les trois côtés du triangle représenté ci-contre ont des longueurs deux à deux inégales ; c'est pourquoi il est scalène.

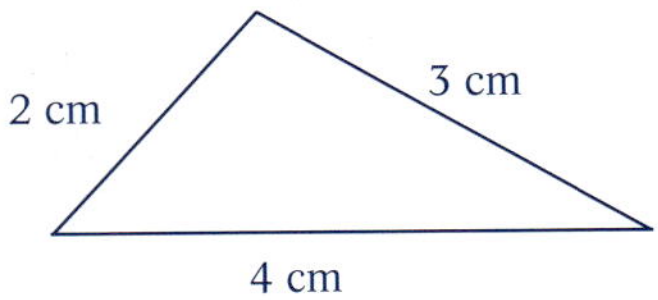

♦ Un triangle scalène est un triangle qui n'est ni équilatéral, ni isocèle.

♦ Un triangle scalène peut être rectangle, acutangle ou obtusangle.

Déf. Un triangle scalène est un triangle dont les longueurs des côtés sont deux à deux inégales.

▶ Acutangle. Équilatéral. Isocèle. Obtusangle. Quelconque. Rectangle.

Sécant

1 Droites sécantes

Sur la figure ci-contre, les droites d et d' ont un point en commun et un seul (c'est le point O) ; ces deux droites sont donc sécantes.

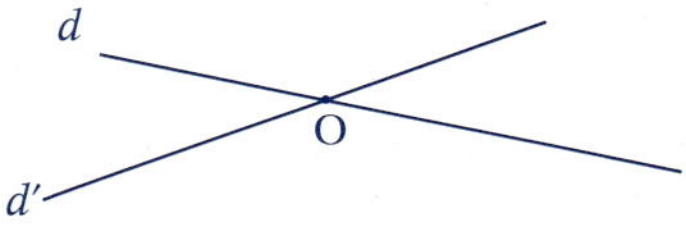

♦ On dit aussi que les deux droites sont sécantes en O.

Déf. Deux droites sécantes sont deux droites qui ont un point commun et un seul.

2 Cercles sécants

Sur la figure ci-contre, les deux cercles ont deux points en commun : A et B ; ils sont donc sécants.

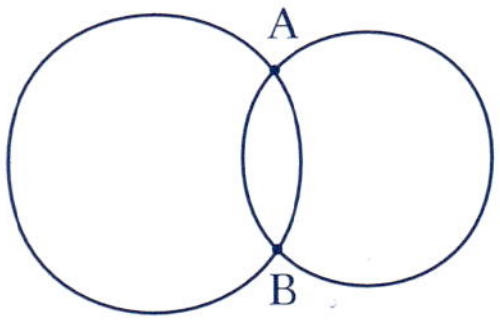

♦ On dit aussi que les deux cercles sont sécants en A et B.

Déf. Deux cercles sécants sont deux cercles qui ont deux points en commun et deux seulement.

3 Droite sécante à un cercle

Sur la figure ci-contre, la droite d et le cercle $\mathscr{C}$ ont deux points en commun : A et B ; c'est pourquoi la droite d est sécante au cercle $\mathscr{C}$.

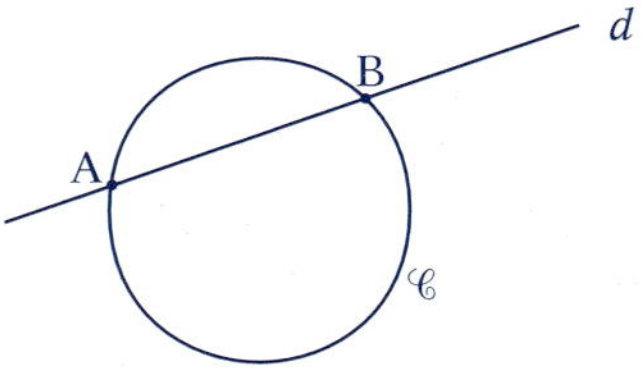

♦ On dit aussi que la droite est sécante au cercle en A et B.

Déf. Dire qu'une droite est sécante à un cercle signifie que cette droite et ce cercle ont deux points en commun et deux seulement.

4 Une sécante

Sur la figure ci-dessus, je peux dire que j'ai tracé un cercle et une sécante à ce cercle.

Info. L'expression *une sécante* à une ligne signifie *une droite sécante* à une ligne.

5 Plan sécant à un solide

Sur la figure ci-contre, le plan P et le cône $\mathscr{C}$ ont en commun une surface que j'ai coloriée ; P est donc sécant à $\mathscr{C}$.

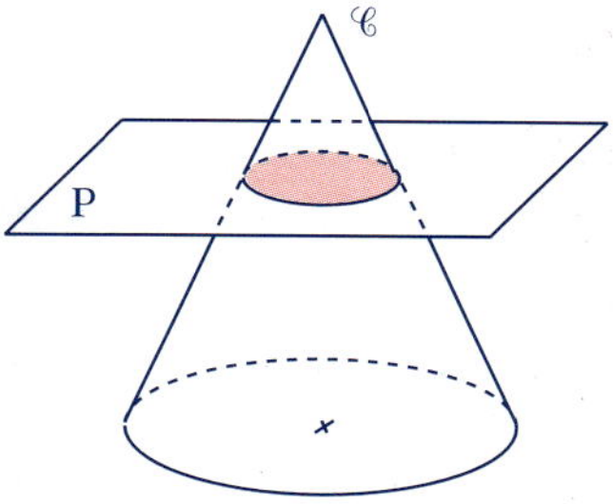

Déf. Un plan sécant à un solide est un plan dont l'intersection avec le solide est une surface.

▶ Concourante. Intersection. Position relative. Tangent.

Seconde

1 Unité de durée

• Si je dis « en courant, je peux parcourir 50 mètres en 8 secondes », j'utilise la seconde comme unité de mesure du temps.

• Pour faire cuire un œuf à la coque, on dit qu'il faut 3 minutes. Si je n'ai pas de montre, je peux compter doucement jusqu'à 180 ; cela fera environ le temps nécessaire pour la cuisson :

1 minute = 60 secondes (1 min = 60 s) et 3 minutes = 180 secondes.

♦ Unités multiples de la seconde (s) :
– la minute (min) qui est égale à 60 secondes ; 1 min = 60 s ;
– l'heure (h) qui est égale à 60 minutes ou 3600 secondes ; 1 h = 60 min = 3600 s.

• Aux Jeux olympiques d'Atlanta en 1996, le champion Donovan Bailey a obtenu une médaille d'or pour avoir parcouru le 100 mètres en 9 secondes et 85 centièmes de seconde.

Je peux écrire ce temps ainsi : $9 \text{ s} + \frac{85}{100} \text{ s}$ ou 9,85 s.

♦ Unités sous-multiples de la seconde :
– le dixième de seconde (1/10 s = 0,1 s),
– le centième de seconde(1/100 s = 0,01 s),
– etc.

Déf. La seconde est une unité de mesure du temps. Son abréviation est s.

2 Notation

Sur la figure ci-contre :
– le point A′ (lire *A prime*) est le symétrique du point A par rapport à la droite d_1 ;
– le point A″ (lire *A seconde*) est le symétrique du point A′ par rapport à la droite d_2.
De même, B′ est le symétrique de B, et B″ est le symétrique de B′.

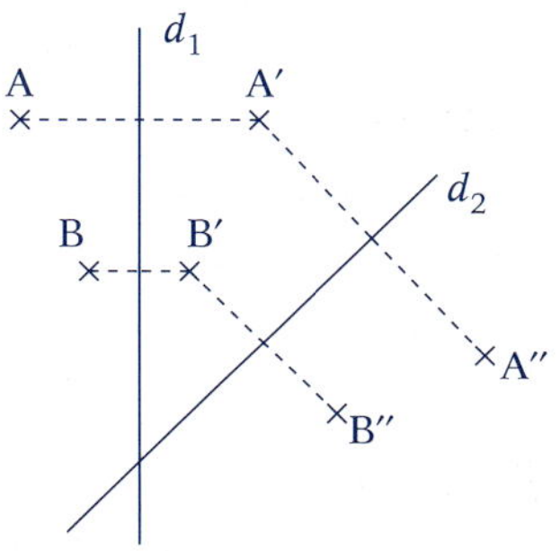

Info. Le symbole ″ (lire *seconde*) peut être associé à n'importe quelle lettre de l'alphabet pour former de « nouvelles lettres ».

▶ Indice. Prime. Symboles de géométrie.

Secteur circulaire

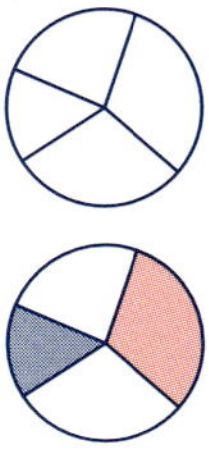

Sur la figure ci-contre, j'ai d'abord tracé un cercle et quatre rayons. Les parties que j'ai ensuite coloriées sont des secteurs circulaires.

Voici d'autres exemples de secteurs circulaires ; ils sont coloriés en bleu.

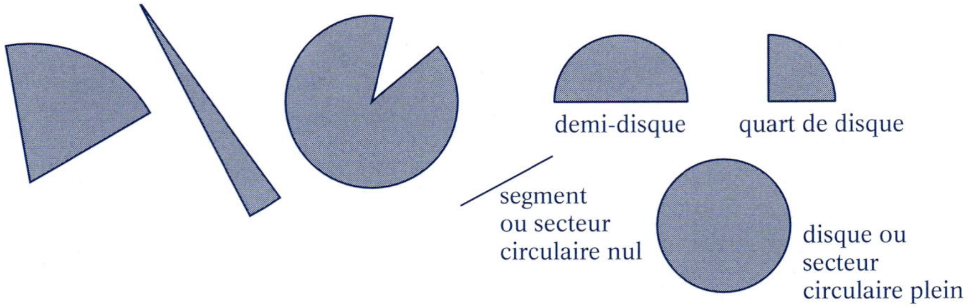

♦ Au lieu de dire *secteur circulaire*, on dit parfois *secteur* tout court.

♦ Les secteurs circulaires se mesurent comme les angles

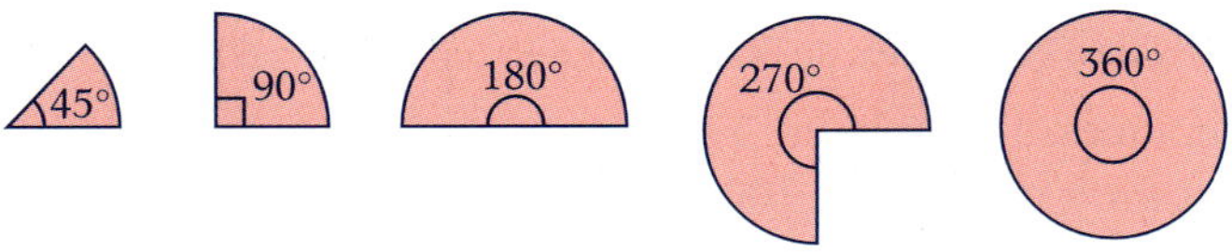

Déf. Un secteur circulaire nul est un segment. Un secteur circulaire plein est un disque.
Un secteur circulaire non nul et non plein est une partie d'un disque limitée par deux rayons distincts ; l'arc de cercle et les rayons qui limitent le secteur font partie du secteur circulaire.

▶ Angle. Rentrant. Saillant.

Section

• Sur la figure ci-contre, le plan P est parallèle aux faces supérieure et inférieure du parallélépipède. La partie commune au parallélépipède et au plan est une surface rectangulaire. Cette surface est la section du parallélépipède par le plan P. Je l'ai coloriée en rouge sur la figure.

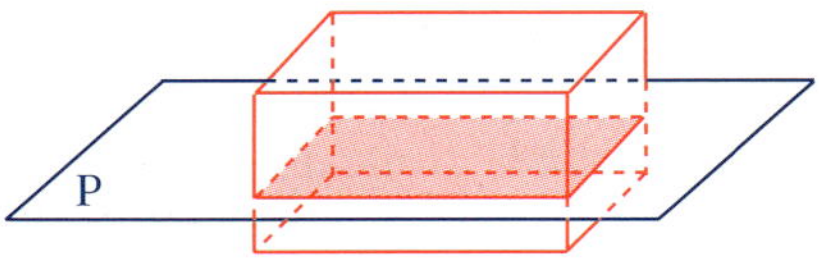

• Sur la figure ci-contre, le plan P coupe la boule B. La partie commune à la boule et au plan est un disque. Ce disque est une section de la boule par le plan.

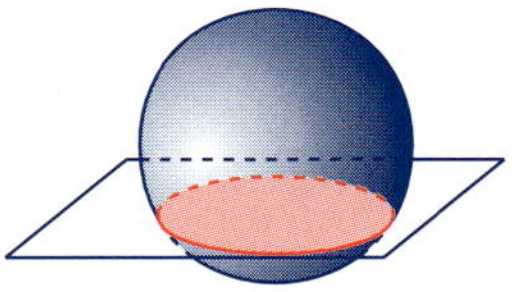

♦ On dit aussi que le cercle (limitant le disque) est une section de la sphère (limitant la boule) par le plan.

Déf. Une section d'un solide par un plan coupant ce solide est la partie de l'espace dont tous les points sont communs au plan et au solide.

FICHE

NATURE DE SECTIONS DE CERTAINS SOLIDES PAR DES PLANS

1. Sections de polyèdres

Nature du solide	Le plan est parallèle à	Nature de la section	Illustration
Parallélépipède rectangle	Une face	Surface rectangulaire	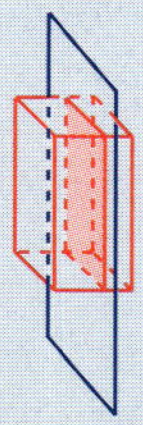
Parallélépipède rectangle	Une arête	Surface rectangulaire	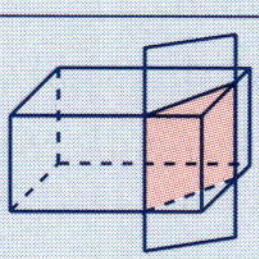
Cylindre	Une base	Disque	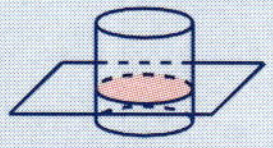
Cylindre	L'axe	Surface rectangulaire	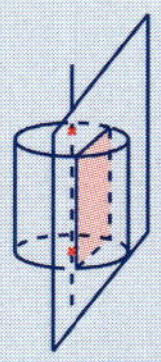
Pyramide	La base	Surface polygonale, réduction de la surface polygonale de base	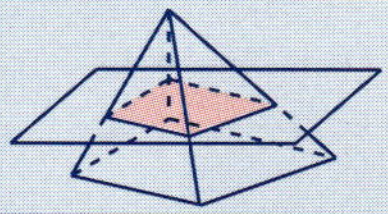
Cône	La base	Disque, réduction du disque de base	

2. Section d'une boule

La section d'une boule par un plan est un disque.

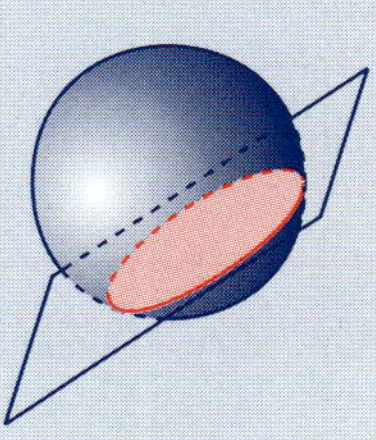

Segment

J'ai marqué deux points A et B sur une droite *d*, puis j'ai tracé en rouge le segment [AB].

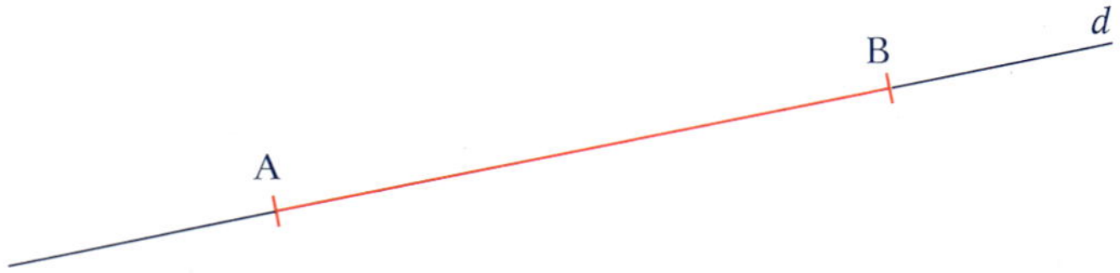

Déf. Un segment est l'ensemble de tous les points d'une droite compris entre deux points distincts de cette droite. Ces deux points appartiennent au segment.

▶ Extrémité.

Semblable

Sur la figure ci-contre, j'ai construit une figure (en bleu) et j'en ai fait une réduction (en rouge) ; j'ai choisi 0,5 comme coefficient de réduction.

Je peux dire que ces deux figures sont semblables.

♦ Sur la figure ci-dessous, d'une part les droites (MN) et (BC) sont parallèles, et d'autre part les droites (OP) et (EF) sont parallèles. Les triangles ABC et AMN sont donc semblables, ainsi que les triangles DEF et DPO.

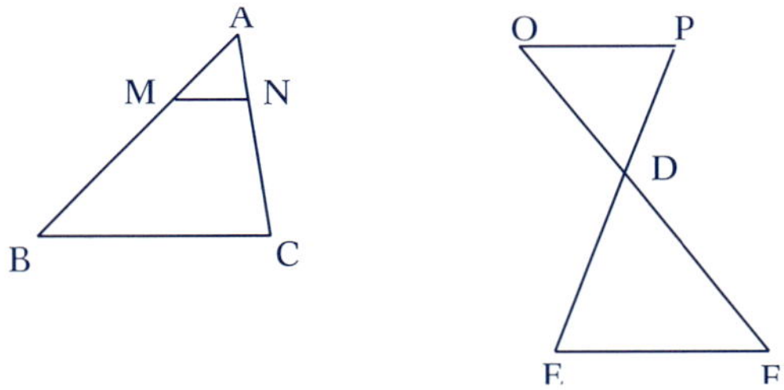

♦ Dans l'espace, deux boules, ou deux sphères, de rayons distincts sont semblables.

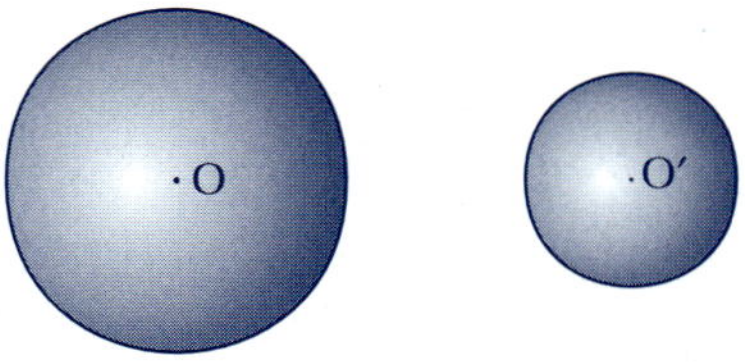

Déf. Dire que deux figures sont semblables signifie que l'une est une réduction de l'autre.

▶ Agrandissement. Réduction. Superposable. Théorème de Thalès.

Semi-circulaire

Voir l'article *Diagramme semi-circulaire*.

Sens

1 Sens sur une droite

Sur une droite, plaçons deux points A et B. Il existe deux sens de parcours sur cette droite.
– Le premier, de A vers B : il est représenté en rouge.
– Le second, de B vers A : il est représenté en bleu.

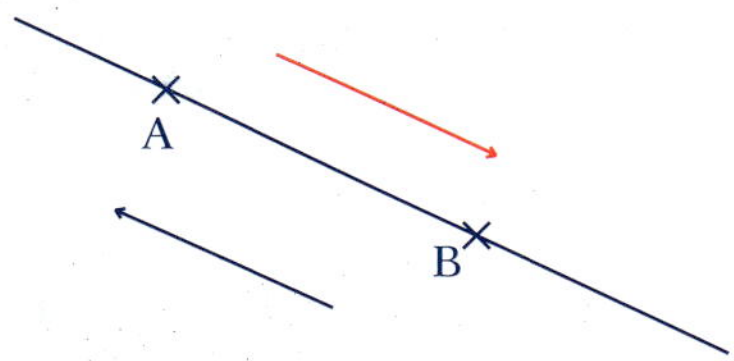

♦ Je peux dire aussi que le sens de parcours représenté en rouge est l'un des deux sens de la direction définie par la droite (AB).

♦ Sur une droite, si on considère un sens, l'autre sens est le sens contraire du sens considéré.

♦ Sur une droite graduée, le sens positif est le sens par lequel 0 est placé avant 1. Le sens négatif est le sens contraire du sens positif.

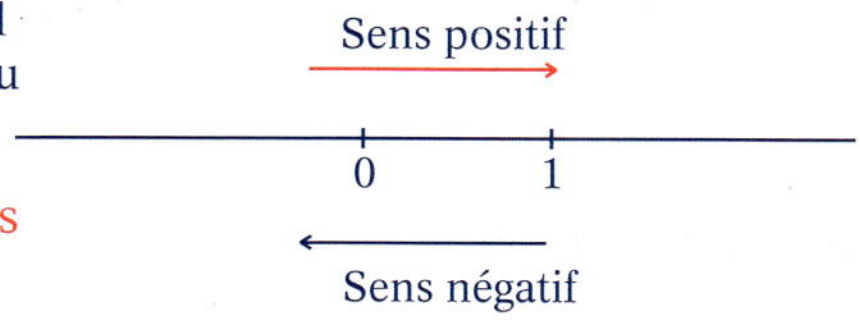

Info. Sur une droite d, on peut définir deux sens de parcours, comme ci-contre.

2 Sens sur un cercle

Les deux sens de parcours d'un cercle sont :
le sens des aiguilles d'une montre ;
le sens contraire des aiguilles d'une montre.
Ces deux sens de parcours sont contraires.

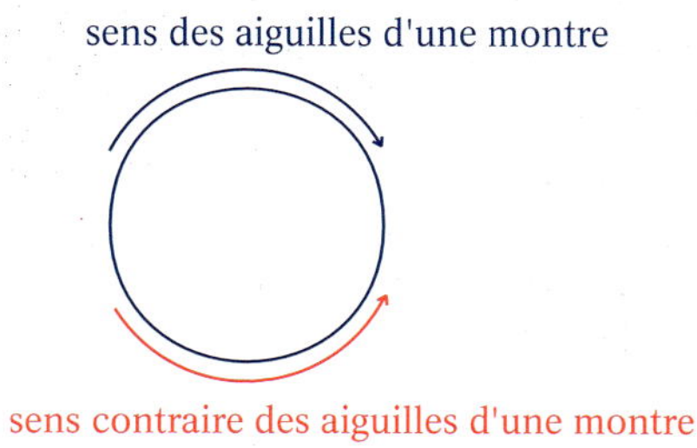

Info. Sur un cercle, on peut définir deux sens de parcours, comme ci-contre.

▶ Direction. Vecteur.

Sens de variation

Je considère la fonction affine f définie par $f(x) = 3x - 2$. Je sais que cette fonction est croissante car le nombre 3 est positif.
En affirmant que la fonction f est croissante, j'ai étudié le sens de variation de f.
De même, je sais que la fonction affine g définie par $g(x) = -x + 5$ est décroissante car le nombre (-1) est négatif. En affirmant que la fonction g est décroissante, j'ai étudié le sens de variation de g.

♦ Soit a et b deux nombres et f la fonction affine définie par $f(x) = ax + b$.
– Si $a > 0$, alors f est strictement croissante.
– Si $a < 0$, alors f est strictement décroissante.
– Si $a = 0$, alors f est constante.

Info. Étudier le sens de variation d'une fonction affine, c'est dire si elle est croissante ou décroissante.

▶ Constant. Croissant. Décroissant.

Si et seulement si

Le théorème de Pythagore peut s'énoncer ainsi :
Soit ABC un triangle. Si « ABC est rectangle en A », alors « $BC^2 = AB^2 + AC^2$ ».
Le théorème réciproque s'énonce alors :
Soit ABC un triangle. Si « $BC^2 = AB^2 + AC^2$ », alors « ABC est rectangle en A ».
Je peux énoncer en même temps le théorème et sa réciproque ainsi :
Soit ABC un triangle. « ABC est rectangle en A » si et seulement si « $BC^2 = AB^2 + AC^2$ ».

♦ Voici d'autres façons d'énoncer le théorème de Pythagore et sa réciproque.
– Soit ABC un triangle. « ABC est rectangle en A » équivaut à « $BC^2 = AB^2 + AC^2$ ».
– Soit ABC un triangle. Pour que « ABC soit rectangle en A », il est nécessaire et suffisant que « $BC^2 = AB^2 + AC^2$ ».

Déf. Soit $\mathcal{P}$ et $\mathcal{Q}$ deux propositions. L'énoncé « $\mathcal{P}$ si et seulement si $\mathcal{Q}$ » signifie « si $\mathcal{P}$ alors $\mathcal{Q}$, et si $\mathcal{Q}$ alors $\mathcal{P}$ ».

▶ Si … alors.

Si … alors

Voici le théorème des perpendiculaires à une droite.
Théorème : Soit d_1, d_2 et d_3 trois droites. Si d_1 et d_2 sont perpendiculaires à d_3, alors d_1 et d_2 sont parallèles.

Sur la figure ci-contre, les droites d_1 et d_2 sont perpendiculaires à d_3. Le théorème permet de dire que d_1 et d_2 sont parallèles.

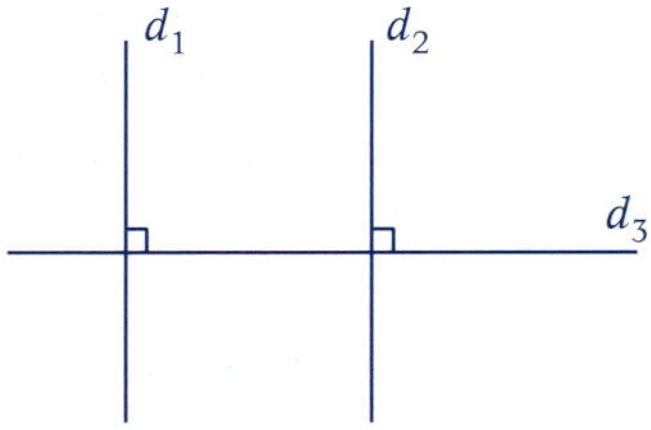

♦ Je remarque que l'énoncé suivant est faux : soit d_1, d_2 et d_3 trois droites ; si d_1 et d_2 sont parallèles, alors d_1 et d_2 sont perpendiculaires à d_3. Voir la figure ci-contre.

♦ Je ne dois donc pas confondre les propositions « si $\mathcal{A}$ alors $\mathcal{B}$ » et « si $\mathcal{B}$ alors $\mathcal{A}$ ».

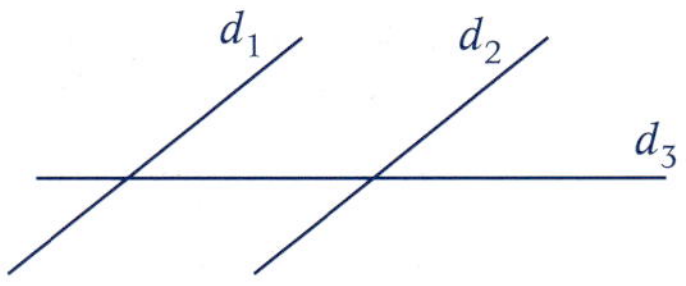

Info. Soit $\mathcal{A}$ une proposition vraie et $\mathcal{B}$ une proposition. Soit T un théorème dont l'énoncé contient « si $\mathcal{A}$, alors $\mathcal{B}$ ». Le théorème T permet d'affirmer que la proposition $\mathcal{B}$ est vraie.

▶ Impliquer. Réciproque. Théorème.

Signe

Le tableau ci-dessous donne des exemples de signes de nombres.

Nombre	Signe	Commentaire
25	+	On peut écrire 25 ou +25.
– 16	–	L'écriture du signe – est obligatoire.
0	aucun	Zéro s'écrit sans signe.
$1 - \frac{3}{4}$	+	car $1 > \frac{3}{4}$
$1 - \sqrt{2}$	–	car $1 < \sqrt{2}$
$(1 - \frac{3}{4})(1 - \sqrt{2})$	–	car le produit de deux nombres de signes contraires (+ et –) est négatif.

Déf. Il y a deux signes : + et – (plus et moins). Les nombres strictement positifs ont le signe +. Les nombres strictement négatifs ont le signe – . Zéro n'a pas de signe.

▶ Multiplication.

FICHE

SIGNE D'UNE SOMME, D'UN PRODUIT ET D'UN QUOTIENT

1. Signe d'une somme

Signe de a	Signe de b	Signe de $a + b$
+	+	+
–	–	–
+	–	le signe de $a + b$ est : le signe de a si la valeur absolue de a est supérieure à celle de b ; le signe de b si la valeur absolue de b est supérieure à celle de a.(1)
–	+	

(1) Dans le cas où a et b sont opposés, $a + b = 0$.

2. Signe d'un produit et d'un quotient

Signe de a	Signe de b	Signe de ab et de $\frac{a}{b}$ (2)
+	+	+
–	–	+
+	–	–
–	+	–

(2) Pour le quotient, on suppose $b \neq 0$.

Simplification

Quand je simplifie une fraction, je fais une simplification.

▶ Simplifier.

Simplifier

1 Simplifier une fraction

• Je simplifie la fraction $\frac{6}{15}$ par 3 : $\frac{6}{15} = \frac{6:3}{15:3} = \frac{2}{5}$. Conclusion : $\frac{6}{15} = \frac{2}{5}$.

♦ J'ai pu simplifier la fraction $\frac{6}{15}$ par 3 parce que 6 et 15 sont divisibles par 3.

♦ Je ne peux pas simplifier la fraction $\frac{6}{15}$ par 2 parce que 15 n'est pas divisible par 2 ; je peux cependant écrire $\frac{6}{15} = \frac{6:2}{15:2} = \frac{3}{7{,}5}$, mais $\frac{3}{7{,}5}$ n'est pas une fraction.

♦ Pour savoir si une fraction peut être simplifiée par 2, 3, 4, 5, 9, 25, 10, 100 ou 1 000, je peux utiliser les critères de divisibilité.

♦ Lorsqu'une fraction ne peut pas être simplifiée, on dit qu'elle est irréductible ; par exemple, $\frac{2}{3}$ est irréductible.

Déf. Simplifier une fraction, c'est trouver une deuxième fraction égale à la première et plus simple ; plus simple signifie ayant un numérateur et un dénominateur plus petits.

2 Simplifier une expression

On dit parfois *simplifier* une expression littérale au lieu de dire *réduire* une expression littérale.

▶ Critères de divisibilité. Dénominateur. Fraction. Irréductible. Numérateur. Réduire.

Sin

Abréviation de sinus.

▶ Sinus.

Sinus

1 Sinus d'un angle aigu d'un triangle rectangle

L'unité de longueur est le centimètre.

Le triangle ABC représenté ci-contre est rectangle en B.

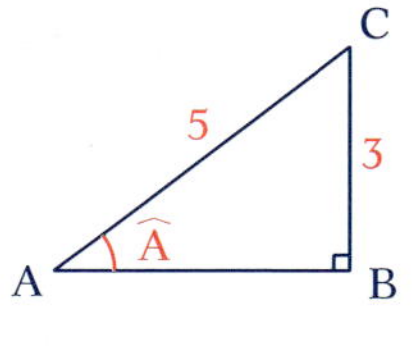

Le nombre $\frac{BC}{AC}$ est égal à $\frac{3}{5}$. Ce nombre est le sinus de l'angle $\widehat{A}$.

En abrégé, je peux écrire : $\sin \widehat{A} = \frac{3}{5}$ (lire *sinus A égal 3 sur 5*).

♦ Pour trouver le sinus d'un angle aigu d'un triangle rectangle, je peux m'aider de la « formule » :

$$\text{sinus} = \frac{\text{côté opposé}}{\text{hypoténuse}}$$

♦ Par exemple, pour le triangle XYZ représenté ci-contre :
$\sin \widehat{X} = \frac{YZ}{XY}$; $\sin \widehat{Y} = \frac{XZ}{XY}$.

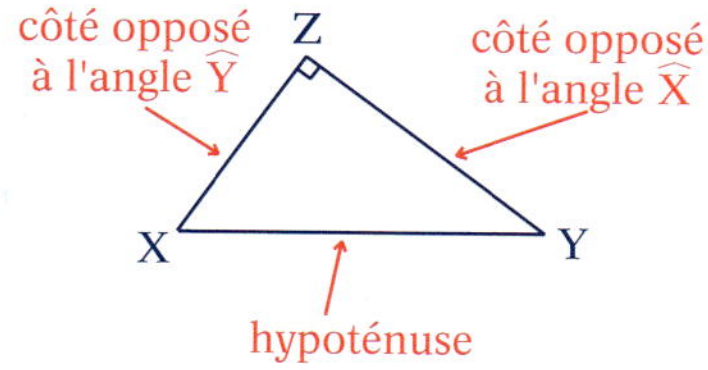

Déf. Le sinus de l'angle $\widehat{A}$ d'un triangle ABC rectangle en B est le nombre $\frac{BC}{AC}$.

2 Sinus d'un angle et quart de cercle trigonométrique

Sur la figure ci-contre, l'ordonnée du point M est égale à 0,8. Le sinus de l'angle $\widehat{IOM}$ est donc égal à 0,8. En abrégé : $\sin \widehat{IOM} = 0{,}8$.

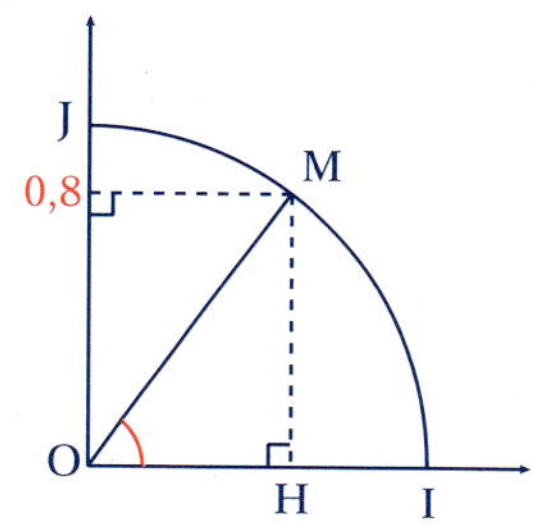

♦ En effet, appelons H le projeté orthogonal de M sur (OI). Dans le triangle OMH rectangle en H, on a :
$\sin \widehat{O} = \frac{MH}{OM} = \frac{0{,}8}{1} = 0{,}8$.

Déf. Soit (O, I, J) un repère orthonormal et M un point du quart de cercle trigonométrique. Le sinus de l'angle $\widehat{IOM}$ est l'ordonnée du point M.

▶ Cosinus. Cotangente. Tangente. Trigonométrie.

FICHE

SINUS

L'unité de longueur est le centimètre.
Avant d'utiliser la calculatrice, vérifier qu'elle est en mode DEGRÉ.

1. Obtenir un sinus à la calculatrice

Pour obtenir le sinus d'un angle de 58°, je tape : [5] [8] [SIN] (1)
ou bien : [SIN] [5] [8] [EXE] (2)

La calculatrice affiche [0.848048096]. J'en déduis des valeurs approchées du sinus d'un angle de 58° ; par exemple :
sin 58° ≈ 0,8 (à 0,1 près) ;
sin 58° ≈ 0,848 (à 0,001 près).

2. Obtenir un angle à la calculatrice

Le sinus de l'angle $\widehat{A}$ du triangle représenté ci-contre est égal à $\frac{3}{5}$. Pour connaître cet angle,

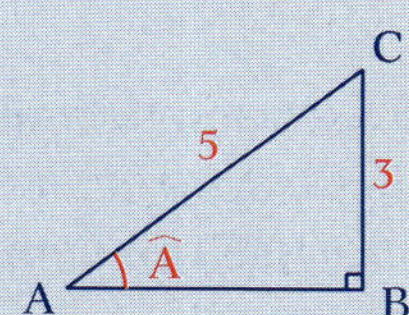

je tape : [3] [÷] [5] [=] [SIN⁻¹] (1)
ou bien : [SIN⁻¹] [(] [3] [÷] [5] [=] [EXE] (2)

La calculatrice affiche [36.86989765]. D'où : $\widehat{A} \approx 37°$ (à 1° près).
(1) sur une calculatrice scientifique ; (2) sur une calculatrice graphique.

3. Calculer la longueur d'un côté d'un triangle rectangle

• Exemple 1

Je vais calculer ST à 0,1 près.

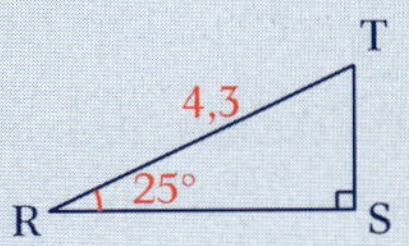

Je sais que $\sin \widehat{R} = \frac{ST}{RT}$. Donc : $\sin 25° = \frac{ST}{4,3}$; j'en déduis $ST = 4,3 \times \sin 25°$.

Sur une calculatrice scientifique, je tape : [4] [.] [3] [×] [2] [5] [SIN] [=].

Elle affiche [1.817258525]. D'où : $ST \approx 1,8$ (à 0,1 près).

• Exemple 2

Je vais calculer UW à 0,1 près.

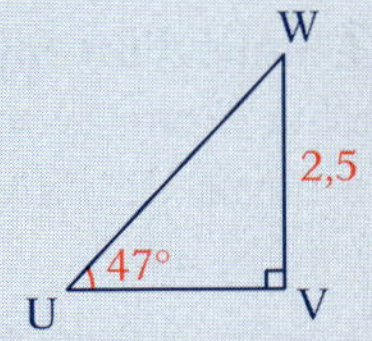

Je sais que $\sin \widehat{U} = \frac{VW}{UW}$. Donc : $\sin 47° = \frac{2,5}{UW}$; j'en déduis $UW = \frac{2,5}{\sin 47°}$.

Sur une calculatrice scientifique, je tape : [2] [.] [5] [÷] [4] [7] [SIN] [=].

Elle affiche [3.418318652]. D'où : $UW \approx 3,4$ (à 0,1 près).

Soit

1 Soit … soit

Soit d et d' deux droites distinctes du plan. Je peux dire que d et d' sont soit sécantes soit parallèles. Cela signifie qu'il y a deux cas possibles (et deux seulement) :

– 1er cas : d et d' sont sécantes et non parallèles ;

– 2e cas : d et d' sont parallèles et non sécantes.

♦ Voici deux autres exemples :

– une proposition est soit vraie soit fausse ;

– un nombre est soit positif soit strictement négatif.

Info. *Soit … soit* exprime une alternative, c'est-à-dire deux possibilités qui s'excluent l'une l'autre.

2 Soit, pour introduire une hypothèse

Voici le début d'un énoncé d'exercice.

Soit ABCD un parallélogramme de centre O. Soit I le milieu du segment [AB].

On pourrait le traduire par :

Considérons un parallélogramme ABCD. On appelle O son centre, et I le milieu du segment [AB].

Info. Dans un énoncé, le mot *soit* sert à introduire une (ou plusieurs) hypothèses.

Solide

1 Solides élémentaires

J'ai représenté quatre solides sur la figure ci-dessous.

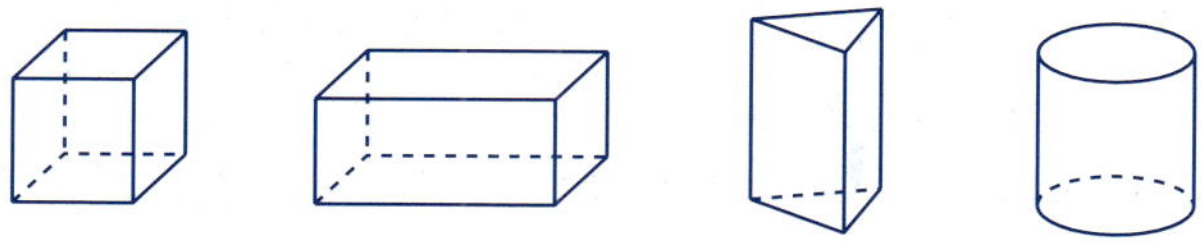

un cube — un parallélépipède rectangle — un prisme droit — un cylindre

♦ Les trois premiers solides sont des polyèdres ; leurs surfaces sont formées de faces polygonales.

♦ Un cylindre et un cône ne sont pas des polyèdres car leur surface latérale n'est pas plane. Une boule n'est pas non plus un polyèdre.

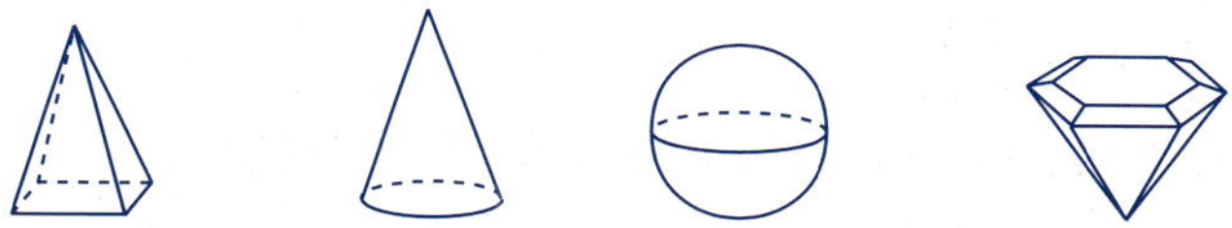

Une pyramide — Un cône — Une boule — Un polyèdre

Info. Dans ce dictionnaire, nous appelons solides élémentaires les cubes, les parallélépipèdes, les prismes, et plus généralement les polyèdres, ainsi que les cylindres, les cônes et les boules.

2 Assemblage de solides élémentaires

En assemblant des solides élémentaires comme dans un jeu de construction, j'obtiens d'autres solides. Voici des exemples :

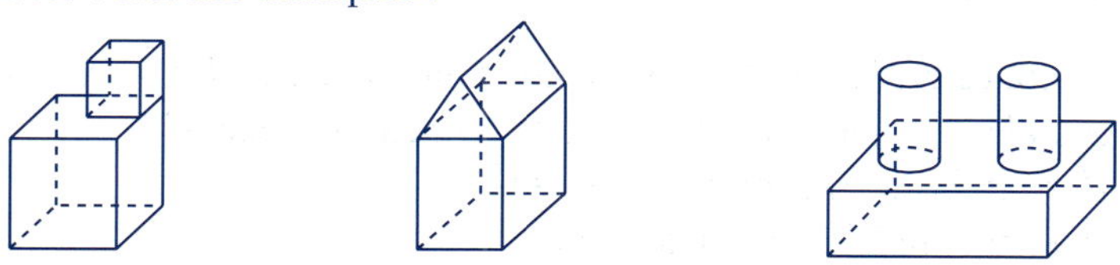

deux cubes — un parallélépipède rectangle et un prisme droit — un parallélépipède rectangle et deux cylindres

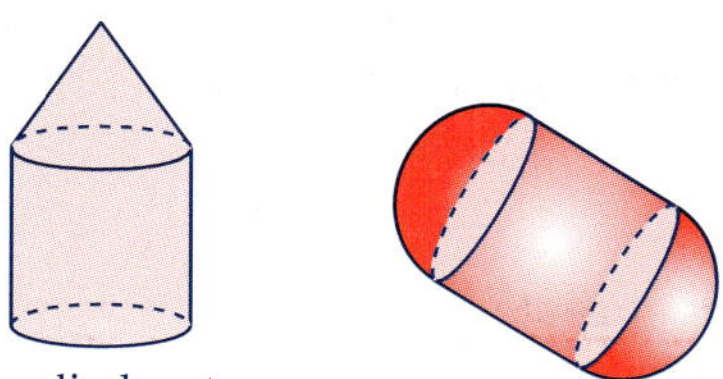

un cylindre et un cône — un cylindre et deux demi-boules

Info. Dans ce dictionnaire, nous appellerons solide (tout court) :
– soit un solide élémentaire
– soit tout assemblage d'au moins deux solides élémentaires.

▶ Boule. Cône. Cube. Cylindre. Parallélépipède. Polyèdre. Prisme.

Solution

1 Solution d'une équation

$3x + 6 = 10 + x$ est une équation d'inconnue x.

Le nombre 2 est solution de cette équation ; en effet, si je remplace x par 2, j'obtiens $3 \times 2 + 6 = 10 + 2$, ce qui est une égalité.

♦ Le nombre 3 n'est pas solution de l'équation ; en effet, $3 \times 3 + 6 \neq 10 + 3$.

♦ Le nombre 2 est la seule solution de l'équation.

Déf. Dire qu'un nombre est solution d'une équation d'inconnue x signifie que, si on remplace x par ce nombre dans l'équation, on obtient une égalité.

▶ Équation.

2 Solution d'une inéquation

$2x + 9 < 5x - 3$ est une inéquation d'inconnue x.

Le nombre 5 est solution de cette inéquation ; en effet, $2 \times 5 + 9 = 19$, $5 \times 5 - 3 = 22$, et $19 < 22$.

♦ Le nombre 3 n'est pas solution de l'inéquation ; en effet, $2 \times 3 + 9 = 15$; $5 \times 3 - 3 = 12$, et $15 > 12$.

♦ L'inéquation $2x + 9 < 5x - 3$ est équivalente à l'inéquation $x > 4$; ses solutions sont tous les nombres supérieurs à 4.

Déf. Dire qu'un nombre est solution d'une inéquation d'inconnue x signifie que, si on remplace x par ce nombre dans l'inéquation, on obtient une inégalité.

▶ Inéquation.

3 Solution d'un système d'équations

$\begin{cases} x + y = 5 \\ x - y = 1 \end{cases}$ est un système de deux équations à deux inconnues x et y, dans cet ordre.

Le couple (3 ; 2) est solution du système car $3 + 2 = 5$ et $3 - 2 = 1$.

♦ Le couple (4 ; 3) n'est pas solution du système car $4 + 3 \neq 5$; cependant, il est solution de la seconde équation du système ($4 - 3 = 1$).

♦ Le couple (3 ; 2) est le seul couple solution du système.

Déf. Dire qu'un couple de nombres (a, b) est solution d'un système de deux équations d'inconnues x et y, dans cet ordre, signifie que, si on remplace x par a et y par b dans les équations du système, on obtient deux égalités.

▶ Système d'équations.

Somme

1 Somme de nombres, de grandeurs, de vecteurs

a) Le nombre – 1 est la somme des deux nombres 3 et – 4 car $-1 = 3 + (-4)$.

Le nombre – 1 est aussi la somme des trois nombres 1, 4 et – 6 car $-1 = 1 + 4 + (-6)$.

Soit x un nombre. Le nombre $3x + 2$ est la somme des quatre nombres x, $2x$, – 5 et 7 car $3x + 2 = x + 2x + (-5) + 7$.

b) 11,54 m^2 est la somme des deux aires 11 m^2 et 54 dm^2 car 54 dm^2 = 0,54 m^2 et 11,54 m^2 = 11 m^2 + 0,54 m^2.

c) Sur la figure ci-contre, le quadrilatère ABSC est un parallélogramme. Le vecteur $\overrightarrow{AS}$ est donc la somme des deux vecteurs $\overrightarrow{AB}$ et $\overrightarrow{AC}$.

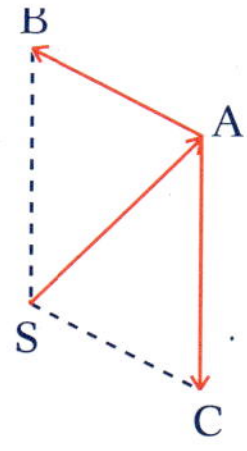

Déf. ***a)*** La somme de deux nombres est le nombre obtenu en additionnant ces deux nombres. La somme de trois nombres est le nombre obtenu en additionnant ces trois nombres. Et ainsi de suite.
b) On parle de la même façon de la somme de grandeurs de même type.
c) On parle de la même façon de la somme de vecteurs.

2 Somme en tant qu'écriture

a) En écrivant 14 = 1 + 13, 14 = 2 + 12, 14 = 15 + (– 1), etc., je vois que je peux écrire le nombre 14 sous la forme $a + b$, où a et b représentent des nombres.
Je peux aussi écrire le nombre 14 sous la forme $a + b + c$, où a, b, c représentent des nombres : 14 = 1 + 2 + 11, 14 = 3 + 17 + (– 6), etc.
1 + 13 ; 2 + 12 et 3 + 17 + (– 6) sont des sommes.

♦ Lorsque des sommes sont longues à écrire, et qu'il est facile d'en connaître leur composition, on utilise des pointillés : 1 + 2 + 3 + 4 + ... + 49 + 50 désigne la somme de tous les entiers naturels consécutifs de 1 à 50.

La lettre x désignant un nombre, lorsque j'écris $x(x + 4) = x^2 + 4x$, je vois que je peux écrire le nombre $x(x + 4)$ sous la forme $a + b$, où a et b représentent des nombres (ici, $a = x^2$ et $b = 4x$). Comme $x^2 + 4x = x^2 + 2x + 2x$, je vois que je peux écrire le nombre $x(x+ 4)$ sous la forme $a + b + c$ ($a = x^2$, $b = c = 2x$). Les écritures $x^2 + 4x$ et $x^2 + 2x + 2x$ sont des sommes.
b) Je peux écrire la longueur 5 cm sous la forme 2 cm + 3 cm, ou 1 cm + 0,5 cm + 3,5 cm. Les écritures 2 cm + 3 cm et 1 cm + 0,5 cm + 3,5 cm sont des sommes.
c) L'expression $\overrightarrow{AB} + \overrightarrow{CD}$ est une somme ; c'est une somme vectorielle.

Déf. ***a)*** Le mot *somme* désigne une écriture d'un nombre sous la forme $a + b$, ou bien $a + b + c$, ou bien $a + b + c + d$, etc., où a, b, c, d représentent des nombres.
b) On parle de la même façon qu'en ***a)*** d'une somme de grandeurs de même type.
c) On parle de la même façon d'une somme de vecteurs. Une somme de vecteurs s'appelle aussi une somme vectorielle.

▶ Addition. Différence. Écriture décimale. Écriture fractionnaire. Produit. Quotient. Somme algébrique. Terme.

Somme algébrique

• 5 + 3 – 2 + 7 est une somme algébrique. On peut l'écrire sous la forme d'une somme : 5 + 3 + (– 2) + 7. Ainsi, 5 + 3 – 2 + 7 = 13.

• $7{,}1 + \frac{23}{10} - 11 - \frac{12}{3}$ est une somme algébrique. On peut l'écrire sous la forme d'une somme : $7{,}1 + \frac{23}{10} + (-11) + \frac{-12}{3}$. Ainsi, $7{,}1 + \frac{23}{10} - 11 - \frac{12}{3} = 7{,}1 + 2{,}3 + (-11) + (-4) = -5{,}6$.

♦ Je comprends qu'il est toujours possible de transformer une somme algébrique en une somme.

Déf. Une somme algébrique est une expression numérique. Les nombres qui la forment sont tous positifs et sont écrits sous forme décimale réduite ou sous forme de fractions. Ils sont séparés soit par un signe +, soit par un signe – .

▶ Forme décimale. Fraction. Parenthèse. Somme.

Sommet

1 Sommet d'un polygone

Sur la figure ci-contre, les points A, B et C sont les sommets du triangle ABC.

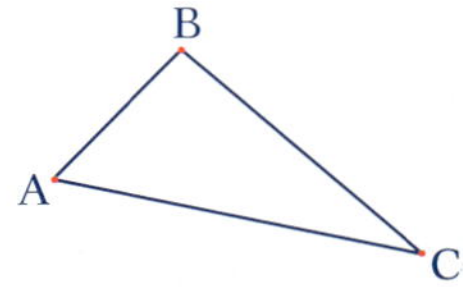

Sur la figure ci-contre, les points D, E, F, et G sont les sommets du quadrilatère DEFG.

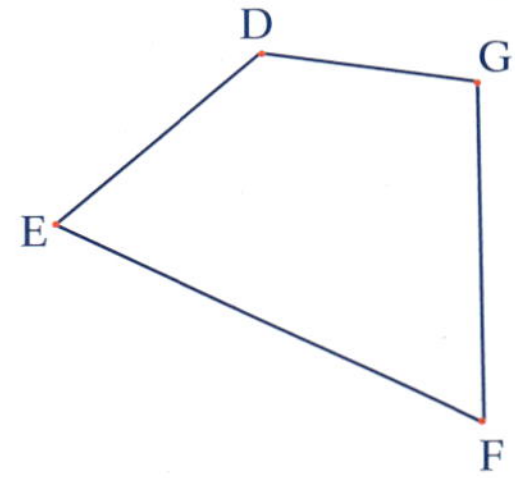

Déf. Les sommets d'un triangle ABC sont les points A, B et C. Les sommets d'un quadrilatère ABCD sont les points A, B, C et D. Les sommets d'un pentagone ABCDE sont les points A, B, C, D et E. Et ainsi de suite.

2 Sommet d'un angle

Sur la figure ci-contre, le point O est le sommet de l'angle $\widehat{xOy}$ et de l'angle $\widehat{xOy}$.

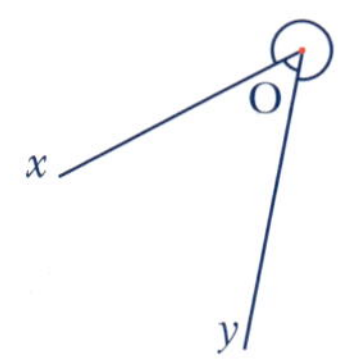

♦ Un angle nul est une demi-droite ; son sommet est l'origine de cette demi-droite.

♦ Un angle plat a une infinité de sommets : ce sont tous les points de la droite qui le délimite.

♦ Un angle plein n'a pas de sommet.

Déf. Le sommet d'un angle saillant ou rentrant est l'origine des côtés de cet angle.

3 Sommets d'un polyèdre

Sur la figure ci-dessous :

– les points A, B, C, D, E, F, G et H sont les sommets du parallélépipède rectangle ABCDEFGH ;

– les points I, J, K, L, M, N O, P, Q et R sont les sommets du prisme droit IJKLMNOPQR.

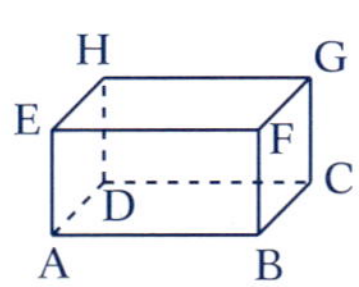

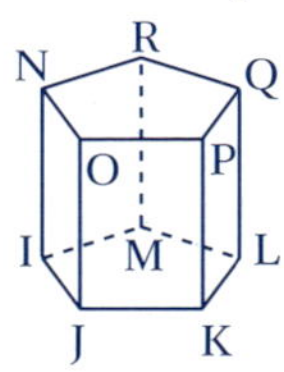

Déf. Les sommets d'un polyèdre sont les extrémités des arêtes de ce polyèdre.

4 Sommet d'une pyramide qui n'est pas un tétraèdre

La pyramide représentée ci-contre a quatre faces triangulaires. Le sommet commun aux quatre faces triangulaires est le sommet de la pyramide. Il est représenté en rouge.

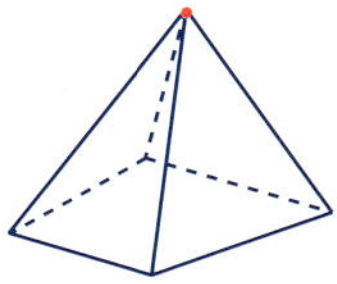

♦ Une pyramide dont toutes les faces sont triangulaires (c'est un tétraèdre) a quatre sommets ; ils sont représentés en rouge sur la figure.

♦ Dans le cas d'une pyramide qui n'est pas un tétraèdre, on parle *du* sommet.

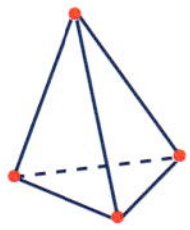

Déf. Le sommet d'une pyramide qui a une face non triangulaire est le point commun à chacune des faces triangulaires.
Une pyramide qui a quatre faces triangulaires a quatre sommets, qui sont les sommets de chaque triangle limitant les faces (au sens de **1**).

5 Sommet d'un cône

J'ai représenté un cône. J'ai tracé une droite d passant par le centre O du disque de base et perpendiculaire au plan contenant ce disque. La droite d perce la surface du cône en un point S ; ce point se projette donc orthogonalement en O sur le plan contenant le disque. C'est pourquoi S est le sommet du cône.

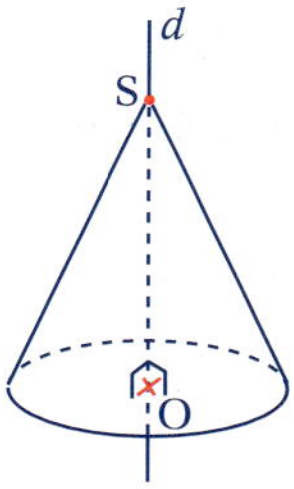

Déf. Le sommet d'un cône est le point de sa surface conique dont le projeté orthogonal sur le plan du disque de base est le centre de ce disque.

▶ Angle. Arête. Côté. Extrémité.

Sous-multiple

1 Cas des unités

• Voici quelques unités sous-multiples du mètre : le décimètre, le micromètre, le nanomètre. J'ai employé les préfixes déci, micro et nano.

• Le centilitre et le millilitre sont des unités sous-multiples du litre. J'ai employé les préfixes centi et milli.

♦ Pour d'autres préfixes, voir l'article *Préfixe*.

♦ La minute et la seconde sont des unités sous multiples de l'heure.

♦ La milliseconde et la nanoseconde sont des unités sous-multiples de la seconde.

Déf. Les unités usuelles sous-multiples des unités mètre, mètre carré, mètre cube, gramme et litre s'expriment à l'aide des préfixes déci, centi, milli.

▶ Préfixe.

2 Cas des entiers naturels

On dit, parfois, que 3 est un sous-multiple de 12 ; cela signifie que 3 est un diviseur de 12.

Déf. Soit a et b deux entiers naturels. Dire que a est un sous-multiple de b signifie que a est un diviseur de b.

▶ Diviseur. Multiple.

Sous-tendre

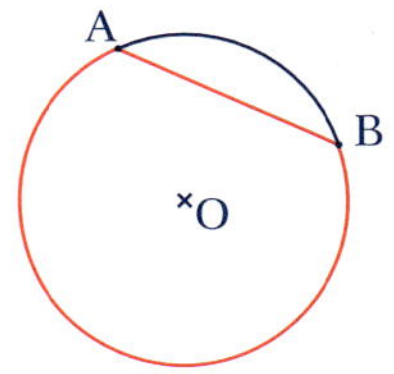

Sur la figure ci-contre, [AB] est une corde du cercle de centre O ; elle a les mêmes extrémités que l'arc $\overset{\frown}{AB}$ représenté en bleu et l'arc $\overset{\frown}{AB}$ représenté en rouge. La corde [AB] sous-tend donc les deux arcs de cercle d'extrémités A et B.

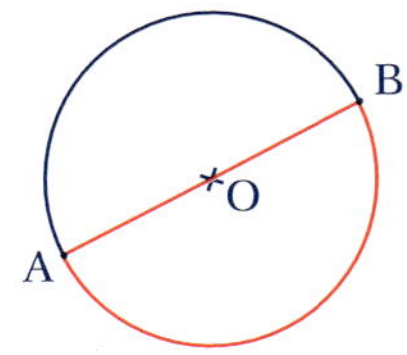

♦ Une corde sous-tend deux arcs de cercle.

♦ Un diamètre d'un cercle sous-tend deux demi-cercles.

Déf. Dire qu'une corde sous-tend un arc de cercle signifie que cette corde et cet arc ont les mêmes extrémités.

▶ Arc de cercle. Corde. Diamètre. Extrémité.

Soustraction

1 Soustraction des nombres

a) Je calcule : $56 - (-29) = 56 + 29 = 85$. Donc $56 - (-29) = 85$.
Aux nombres 56 et – 29, pris dans cet ordre, la soustraction associe le nombre 85.
Soit x un nombre ; je calcule : $9x^2 - (-8x^2) = 9x^2 + 8x^2 = 17x^2$. Donc $9x^2 - (-8x^2) = 17x^2$.
Aux nombres $9x^2$ et $-8x^2$, pris dans cet ordre, la soustraction associe le nombre $17x^2$.
b) De l'égalité $56 - (-29) = 85$, je peux déduire $56 = 85 + (-29)$; de même, de l'égalité $9x^2 - (-8x^2) = 17x^2$, je peux déduire $9x^2 = 17x^2 + (-8x^2)$.

♦ Je comprends que, a et b étant deux nombres, $a = (a - b) + b$.

Déf. ***a)*** La soustraction des nombres est une opération. À un nombre a et un nombre b, choisis dans cet ordre, elle associe un troisième nombre noté $a - b$ ainsi défini :

$$\boxed{a - b = a + \text{opp}(b)},$$

où opp(b) désigne l'opposé de b.
On peut aussi écrire : $a - b = a + (-b)$, où $-b$ désigne l'opposé de b.
b) Le nombre $a - b$ est le nombre dont la somme avec b est égale à a.

2 Soustraction des vecteurs

Je considère deux vecteurs $\vec{u}$ et $\vec{v}$. Je choisis de représenter $\vec{u}$ par $\overrightarrow{MN}$ et $\vec{v}$ par $\overrightarrow{MP}$. À ces deux vecteurs, pris dans cet ordre, j'associe le vecteur $\vec{u} + (-\vec{v})$. Je sais que
$\vec{u} + (-\vec{v}) = \overrightarrow{MN} + (-\overrightarrow{MP}) = \overrightarrow{MN} + \overrightarrow{PM} = \overrightarrow{PM} + \overrightarrow{MN} = \overrightarrow{PN}$.
L'opération qui, aux deux vecteurs $\vec{u}$ et $\vec{v}$, associe le vecteur $\vec{u} + (-\vec{v})$ est la soustraction des vecteurs.

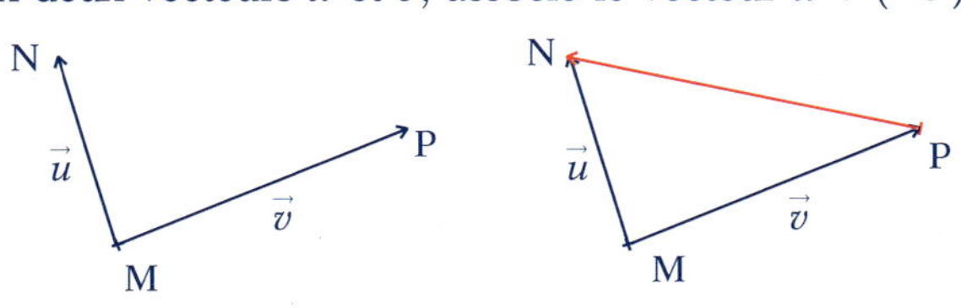

♦ On peut construire un parallélogramme MNQP dont [NP] soit une diagonale.

♦ Voir aussi la fiche « $\overrightarrow{AB} - \overrightarrow{CD}$ » à la fin de cet article.

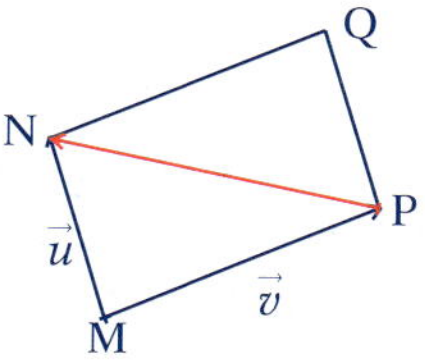

Info. La soustraction des vecteurs est une opération. À deux vecteurs $\vec{u}$ et $\vec{v}$ choisis dans cet ordre elle associe un troisième vecteur, noté $\vec{u} - \vec{v}$. Un représentant de $\vec{u} - \vec{v}$ s'obtient par la méthode décrite ci-dessus. On a : $\vec{u} - \vec{v} = \vec{u} + (-\vec{v})$, où $(-\vec{v})$ désigne l'opposé de $\vec{v}$.

▶ Addition. Différence. Effectuer. Fraction. Multiplication. Opération. Soustraire. Terme.

FICHE

$\overrightarrow{AB} - \overrightarrow{CD}$

On donne les vecteurs $\overrightarrow{AB}$ et $\overrightarrow{CD}$, un point O et on veut construire le point M tel que $\overrightarrow{OM} = \overrightarrow{AB} - \overrightarrow{CD}$.

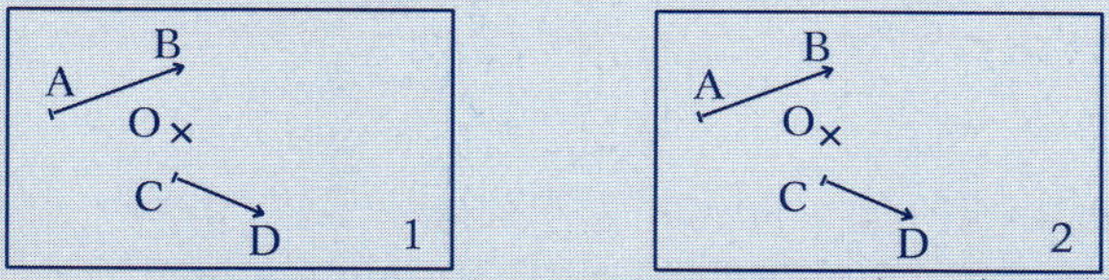

Je transforme : $\overrightarrow{AB} - \overrightarrow{CD} = \overrightarrow{AB} + \overrightarrow{DC}$.

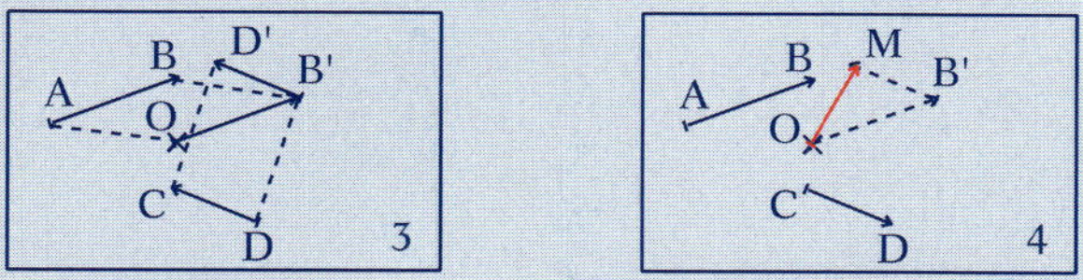

Je construis B′ et D′ tels que $\overrightarrow{OB'} = \overrightarrow{AB}$ et $\overrightarrow{B'D'} = \overrightarrow{DC}$.

Le point D′ est le point M cherché.
En effet : $\overrightarrow{AB} - \overrightarrow{CD} = \overrightarrow{AB} + \overrightarrow{DC} = \overrightarrow{OB'} + \overrightarrow{B'D} = \overrightarrow{OD}$

♦ Dans le cas où les vecteurs $\overrightarrow{AB}$ et $\overrightarrow{CD}$ sont colinéaires, on procède comme dans l'exemple ci-dessous ; on a construit le point E tel que $\overrightarrow{AE} = \overrightarrow{AB} - \overrightarrow{CD}$.

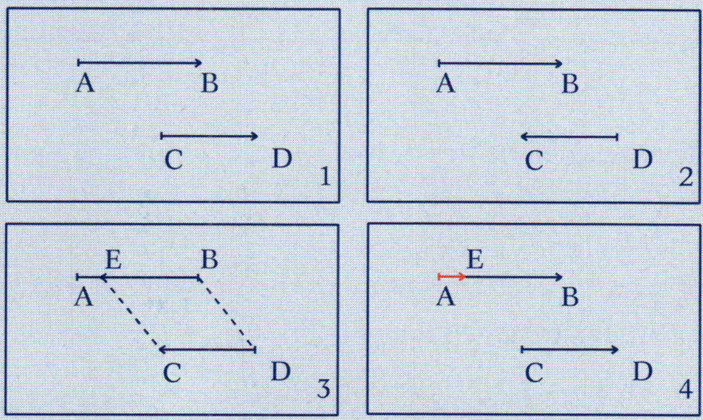

$\overrightarrow{BE} = \overrightarrow{DC}$

Je transforme : $\overrightarrow{AB} - \overrightarrow{CD} = \overrightarrow{AB} + \overrightarrow{DC}$.

Soustraire

• Je choisis deux nombres : (– 8) et 6. Par la soustraction, je leur associe le nombre – 14. Autrement dit, j'ai soustrait 6 à (– 8), et j'ai trouvé – 14. J'écris : – 8 – 6 = – 14.

• Soit x un nombre. Quand je soustrais $5x$ à $8x$, j'obtiens un nombre que je peux écrire $8x - 5x$, que je peux écrire $3x$. Ainsi, $8x - 5x = 3x$. J'ai soustrait le nombre $5x$ au nombre $8x$, et j'ai trouvé le nombre $3x$.

♦ On dit souvent « soustraire une expression (numérique ou littérale) à une autre expression » au lieu de dire « soustraire un nombre représenté par une expression (numérique ou littérale) à un nombre représenté par une autre expression ».

Info. Soustraire un nombre b à un nombre a, c'est associer à a et à b, pris dans cet ordre, un troisième nombre par la soustraction, noté $a - b$.
Une définition analogue s'applique aux grandeurs de même type (à condition que b soit inférieur à a), ainsi qu'aux vecteurs.

▶ Différence. Soustraction.

Sphère

La surface que j'ai coloriée en rouge est formée de points ; ces points sont tous à la même distance du point O. Cette surface est une sphère.

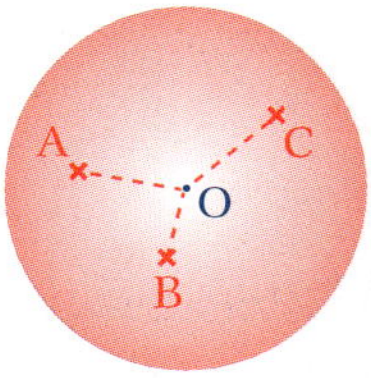

♦ J'ai représenté trois points sur la sphère : A, B, C. J'ai donc OA = OB = OC.

Déf. Choisissons une unité de longueur. Soit O un point et R un nombre. La sphère de centre O et de rayon R est l'ensemble des points de l'espace tels que la distance OM soit égale à R.

▶ Aire. Boule. Calotte sphérique. Cercle. Hémisphère. Rayon.

Sphérique Voir l'article *Calotte sphérique*.

SSI

Abréviation de *si et seulement si*.

▶ Si et seulement si.

Stricte Voir l'article *Inégalité* **1**.

Strictement

1 Strictement positif, strictement négatif

• Les nombres entiers strictement positifs sont : 1, 2, 3, 4, 5, 6, 7, 8, 9, 10, 11, 12, etc.
« 1 est strictement positif » s'écrit $1 > 0$,
« 2 est strictement positif » s'écrit $2 > 0$, etc.

♦ Le nombre 0 est positif, mais n'est pas strictement positif.

• Les nombres entiers strictement négatifs sont : – 1, – 2, – 3, – 4, – 5, – 6, – 7, – 8, – 9, etc.
« – 1 est strictement négatif » s'écrit $-1 < 0$,
« – 2 est strictement négatif » s'écrit $-2 < 0$, etc.

♦ Le nombre 0 est négatif, mais n'est pas strictement négatif.

Déf. Un nombre strictement positif est un nombre positif et différent de zéro.
Un nombre strictement négatif est un nombre négatif et différent de zéro.

2 Strictement supérieur, strictement inférieur

• « 25 est supérieur à 18 » s'écrit $25 > 18$.
On dit aussi « 25 strictement supérieur à 18 » ou « 25 est strictement supérieur à 18 ».
• « – 13 est inférieur à – 4 » s'écrit $-13 < -4$.
On dit aussi « – 13 strictement inférieur à – 4 » ou « – 13 est strictement inférieur à – 4 ».

♦ 25 est strictement supérieur à 18 peut se traduire par : la différence 25 – 18 est strictement positive ($25 - 18 = 7$ et $7 > 0$).

♦ De même, – 13 est strictement inférieur à – 4 peut se traduire par : la différence (– 13) – (– 4) est strictement négative ($(-13) - (-4) = (-13) + (+4) = -9$ et $-9 < 0$).

Déf. « Strictement supérieur » a la même signification que « supérieur ».
«Strictement inférieur » a la même signification que « inférieur ».

3 Strictement croissante, strictement décroissante

a) Je considère la fonction affine $f : x \mapsto 3x - 2$; je constate que le nombre 3 est strictement positif ; j'en conclus que la fonction f est strictement croissante ; cela signifie : quels que soient les nombres u et v, si $u < v$, alors $f(u) < f(v)$.
En effet : si je choisis deux nombres quelconques u et v tels que $u < v$, alors $3u < 3v$ et donc $3u - 2 < 3v - 2$, c'est-à-dire $f(u) < f(v)$.

♦ Une fonction affine strictement croissante est donc une fonction affine croissante et non constante.

♦ Soit a et b deux nombres. La fonction affine $x \mapsto ax + b$ est strictement croissante si et seulement si le nombre a est strictement positif.

b) Je considère la fonction affine $f : x \mapsto -3x + 1$; je constate que le nombre – 3 est strictement négatif ; j'en conclus que la fonction f est strictement décroissante ; cela signifie : quels que soient les nombres u et v, si $u < v$, alors $f(u) > f(v)$.
En effet : si je choisis deux nombres quelconques u et v tels que $u < v$, alors $-3u > -3v$ et donc $-3u + 1 > -3v + 1$, c'est-à-dire $f(u) > f(v)$.

♦ Une fonction affine décroissante est donc une fonction affine décroissante et non constante.

♦ Soit a et b deux nombres. La fonction affine $x \mapsto ax + b$ est strictement décroissante si et seulement si le nombre a est strictement négatif.

Déf. Considérons une fonction affine f.
a) Dire que f est strictement croissante signifie : Quels que soient les nombres u et v, si $u < v$, alors $f(u) < f(v)$.
b) Dire que f est strictement décroissante signifie : Quels que soient les nombres u et v, si $u < v$, alors $f(u) > f(v)$.

▶ Croissant. Décroissant. Inférieur. Supérieur.

Substituer

• Dans l'équation à deux inconnues $3x + 5y = 2$, je remplace x par 1 ; je peux dire que je substitue 1 à l'inconnue x.
Je trouve une nouvelle équation : $3 \times 1 + 5y = 2$.

♦ Cette dernière équation est équivalente à l'équation $5y = -1$, qui a pour solution $\frac{-1}{5}$.

• Je considère le système de couple inconnu $(x\ ;\ y)$ $\begin{cases} x = 2y - 1 \\ x + 3y = 9. \end{cases}$ Ce système est équivalent au système $\begin{cases} x = 2y - 1 \\ 2y - 1 + 3y = 9 \end{cases}$ Pour écrire ce nouveau système, j'ai remplacé x par $2y - 1$ dans la seconde équation ; autrement dit, j'ai substitué $2y - 1$ à x.

♦ Le couple solution du système précédent est le couple $(3\ ;\ 2)$.

Déf. Substituer une expression à une inconnue signifie remplacer cette inconnue par l'expression.

▶ Système d'équations.

Substitution

On peut résoudre un système de plusieurs équations à plusieurs inconnues par la méthode de substitution.
Voir l'article *Système d'équations*.

Suffisant

Voir l'article *Condition* **2**.

Suite

1 Suite de nombres

J'écris des nombres : $53\ ;\ 4{,}98\ ;\ 10^2\ ;\ \frac{22}{7}$. J'écris les mêmes nombres dans un ordre différent : $\frac{22}{7}\ ;\ 10^2\ ;\ 4{,}98\ ;\ 53$. Je viens d'écrire dans l'ordre les termes de deux suites distinctes.

– Je note ainsi la première suite : $\left(53\ ;\ 4{,}98\ ;\ 10^2\ ;\ \frac{22}{7}\right)$.

– Je note ainsi la seconde suite : $\left(\frac{22}{7}\ ;\ 10^2\ ;\ 4{,}98\ ;\ 53\right)$.

♦ Je remarque que j'ai séparé les nombres écrits entre parenthèses par des points-virgules ; j'aurais pu utiliser un autre signe de séparation, par exemple la virgule.

♦ Une suite de deux nombres est un couple ; une suite de trois nombres est un triplet.

Info. Pour définir une suite de nombres, il suffit d'énumérer des nombres dans un certain ordre, comme dans les exemples ci-dessus.

2 Suite de points

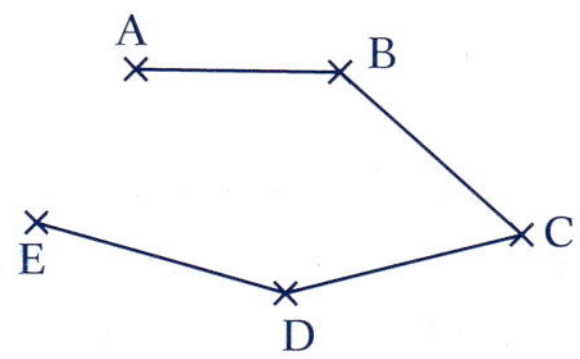

• Je considère les points A, B, C, D, E. Si je veux construire la ligne brisée ABCDE, je peux dire que je joins par un segment les points consécutifs de la suite (A, B, C, D, E). J'obtiens alors la figure ci-contre.

Si, maintenant, je joins par un segment les points consécutifs de la suite (A, C, D, E, B), j'obtiens la ligne brisée ci-dessous.

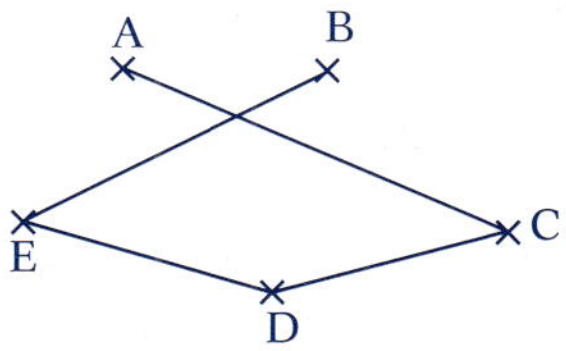

Info. Pour définir une suite de points, il suffit d'énumérer des points dans un certain ordre, comme dans les exemples ci-dessus.

▶ Couple. Proportionnel. Triplet.

Suivi de

Je considère une translation t de vecteur $\vec{u}$ et une rotation r de centre O et d'angle 120° dans le sens des aiguilles d'une montre.

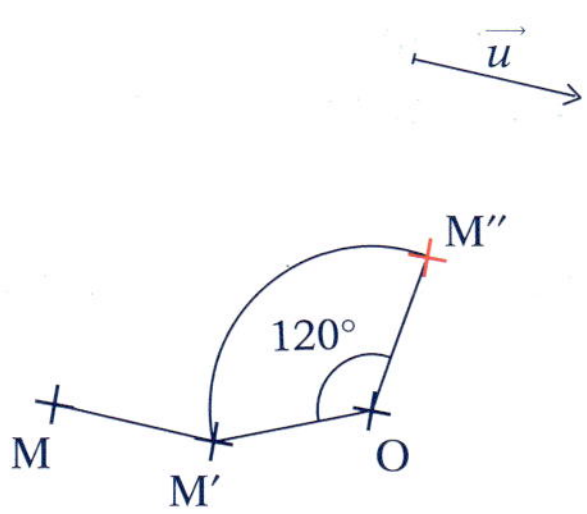

Je choisis un point M, je construis son image M′ par t puis je construis l'image de M′ par r : M″.

J'obtiens ainsi une transformation ; à un point M, elle associe le point M″ défini comme ci-contre.

Cette transformation est la transformation t suivie de r.

♦ La transformation r suivie de t associe à un point M le point M_2 ainsi obtenu : par r, M est transformé en M_1 ; par t, M_1 est transformé en M_2.

Je remarque que la transformation t suivie de r n'est pas égale à la transformation r suivie de t.

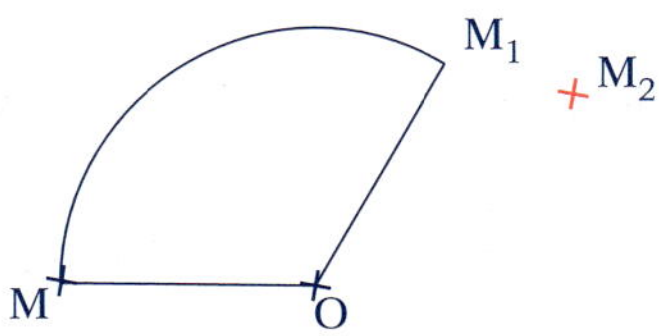

Déf. Soit t_1 et t_2 deux transformations du plan. La transformation t_1 suivie de t_2 est la composée de t_1 et t_2 dans cet ordre.

▶ Composer.

Superficie

Synonyme d'*Aire*.

▶ Aire.

Supérieur

1 Pour des nombres

Sur l'axe ci-dessous, 12 est à droite de 8 ; c'est pourquoi 12 est supérieur à 8.
Je peux écrire : $12 > 8$ (lire 12 *est supérieur à* 8 ou 12 *supérieur à* 8).

La différence $12 - 8$ est positive et non nulle ($12 - 8 = 4$) ; c'est une autre façon de traduire que 12 est supérieur à 8.

Déf. Dire qu'un nombre a est supérieur à un nombre b signifie que la différence $a - b$ est un nombre positif et non nul ; on écrit $a > b$ (lire *a est supérieur à b* ou *a supérieur à b*).

2 Pour des grandeurs

• La longueur du segment [AB] est égale à 4,2 cm ; celle du segment [CD] est égale à 1,9 cm.
Je sais que : $4{,}2 > 1{,}9$. Je peux donc dire que la longueur de [AB] est supérieure à celle de [CD] ; j'écris : $AB > CD$ (lire AB *est supérieure à* CD ou AB *supérieur à* CD).

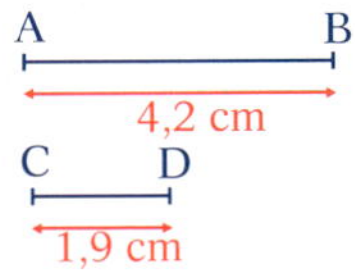

• L'ouverture de l'angle $\widehat{xAy}$ est égale à 53° ; celle de l'angle $\widehat{zBt}$ est égale à 28°.
Je sais que : $53 > 28$. Je peux donc dire que l'ouverture de $\widehat{xAy}$ est supérieure à celle de $\widehat{zBt}$; j'écris : $\widehat{xAy} > \widehat{zBt}$ (lire x A y *est supérieure* à z B t ou x A y *supérieur à* z B t).

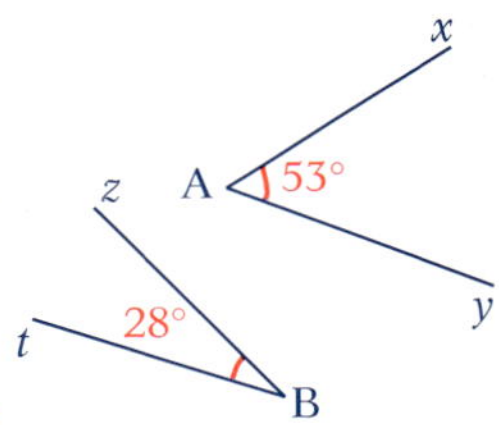

Info. Il est possible de parler d'une grandeur supérieure à une autre grandeur (pour deux grandeurs du même type).

▶ Comparaison. Inférieur. Strictement. Supérieur ou égal.

Supérieur ou égal

1 Pour des nombres

Sur la droite graduée, j'ai colorié en rouge la demi-droite [AB).
Le point A appartient à la demi-droite [AB) et son abscisse est égale à 2.
Les autres points de [AB) ont une abscisse supérieure à 2.

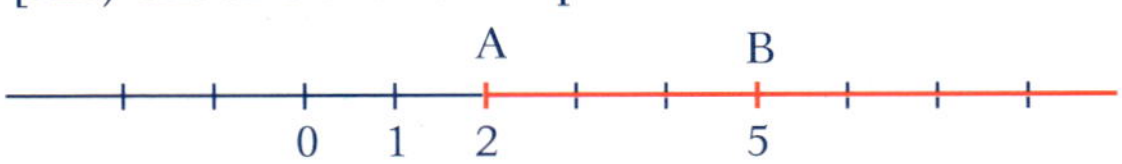

Je peux résumer les deux dernières phrases ainsi :
– tout point de [AB) a une abscisse supérieure ou égale à 2 ;
ou encore :
– si x désigne l'abscisse d'un point de [AB), alors $x \geqslant 2$ (lire *x est supérieur ou égal à* 2 ou *x supérieur ou égal à* 2).

♦ On peut écrire : $2 \geqslant 2$ ou $3 \geqslant 2$, mais PAS « $2 > 2$ ».

Déf. Dire qu'un nombre *a* est supérieur ou égal à un nombre *b* signifie que *a* est supérieur à *b* ou que *a* est égal à *b* ; on l'écrit $a \geqslant b$.

2 Pour des grandeurs

Sur la figure ci-dessous, j'ai dessiné des carrés et j'ai marqué leurs aires. Je vois qu'il y a une aire égale à 4 cm² et que toutes les autres sont supérieures à 4 cm². C'est pourquoi je peux dire que toutes les aires des carrés sont supérieures ou égales à 4 cm².

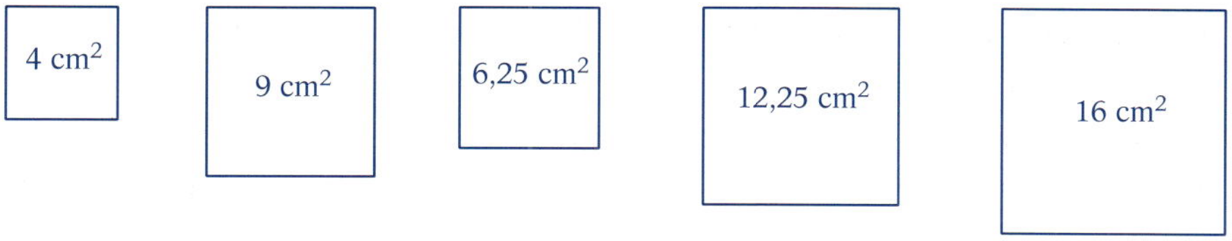

Si je désigne par A l'une d'elles, j'écris A ⩾ 4 cm² (lire *A est supérieure ou égale à* 4 cm² ou A *supérieur ou égal à* 4 cm²).

Info. Il est possible de parler d'une grandeur supérieure ou égale à une autre grandeur (pour deux grandeurs de même type).

▶ Inégalité. Supérieur.

Superposable

J'ai tracé deux lettres P. Si je reproduis la lettre rouge sur du papier-calque, alors je peux superposer le dessin du calque sur la lettre bleue.

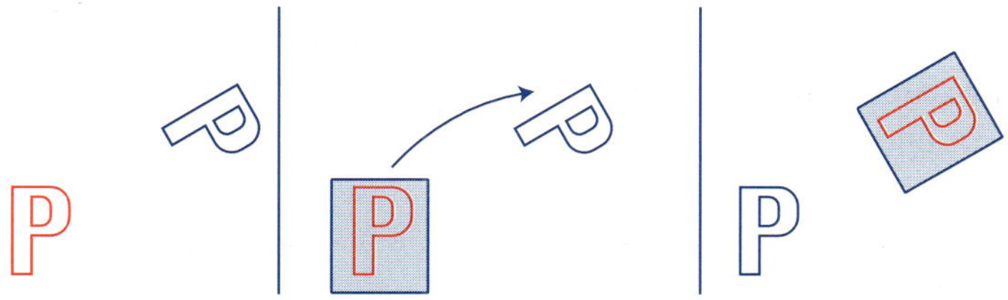

Les deux lettres sont donc des figures superposables. Comme elles ont les mêmes dimensions, elles sont isométriques. Réciproquement, si deux figures sont isométriques, alors elles sont superposables.

♦ Dans le cas où deux figures sont symétriques par rapport à une droite, je dois retourner le calque pour pouvoir superposer le dessin du calque sur la seconde figure.

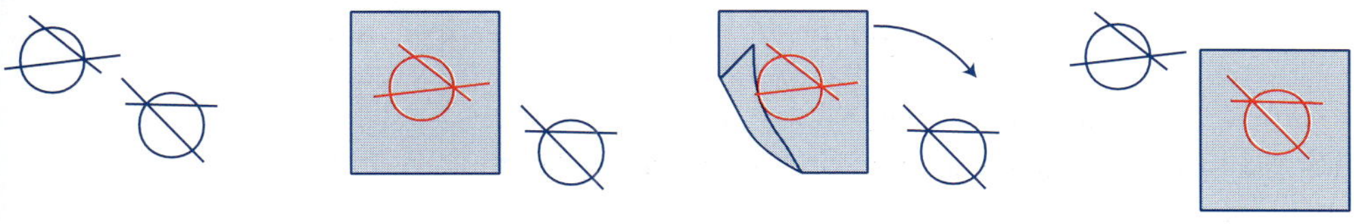

Déf. *Superposable* est un synonyme de *Isométrique*.

▶ Isométrique.

Supplémentaire

Sur la figure, la somme des ouvertures des angles $\widehat{xOy}$ et $\widehat{yOz}$ est égale à 180°. Je peux écrire : $\widehat{xOy} + \widehat{yOz} = 180°$.
On dit que les angles $\widehat{xOy}$ et $\widehat{yOz}$ sont supplémentaires.

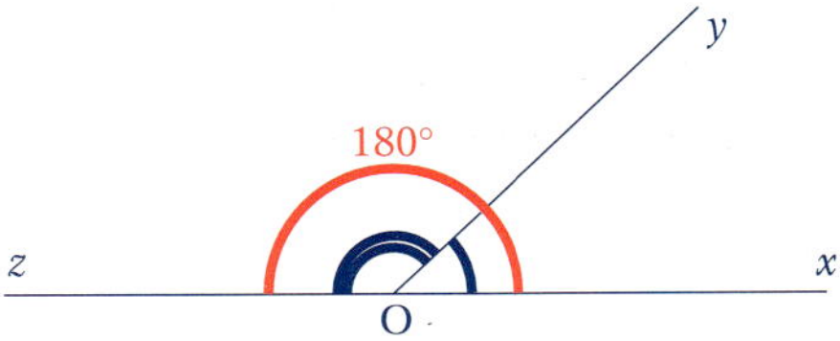

♦ Dans un parallélogramme, deux angles consécutifs sont supplémentaires.
Ainsi, sur la figure ci-contre, $\widehat{A}$ et $\widehat{B}$ sont supplémentaires ; $\widehat{B}$ et $\widehat{C}$ sont supplémentaires ; etc.

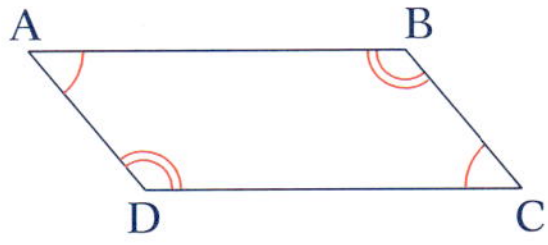

♦ Démontrons, par exemple, que $\widehat{B}$ et $\widehat{C}$ sont supplémentaires.
Sur la figure ci-contre, j'ai tracé la demi-droite [AB) et je la nomme [A*x*).
Les angles $\widehat{DCB}$ et $\widehat{CBx}$ sont alternes internes ; comme les droites (AB) et (DC) sont parallèles, ces angles ont la même ouverture. On a donc :
$\widehat{ABC} + \widehat{DCB} = \widehat{ABC} + \widehat{CBx} = \widehat{ABx} = 180°$.

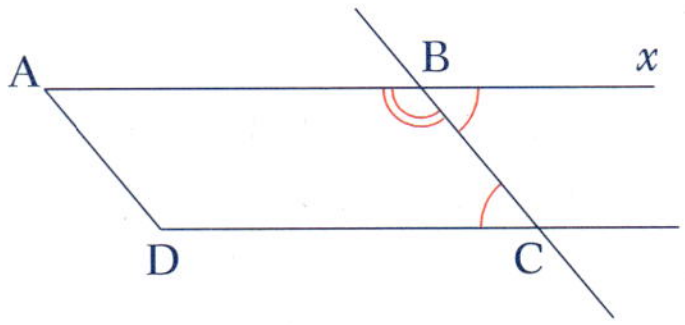

Déf. Deux angles supplémentaires sont deux angles dont la somme des ouvertures est égale à 180°.

▶ Complémentaire. Isocèle (fiche, **2**).

Support

1 Support d'un segment, d'une demi-droite

a) Sur la figure ci-contre, la hauteur *h* du triangle ABC est perpendiculaire à la droite (BC) ; cette droite est le support du segment [BC].

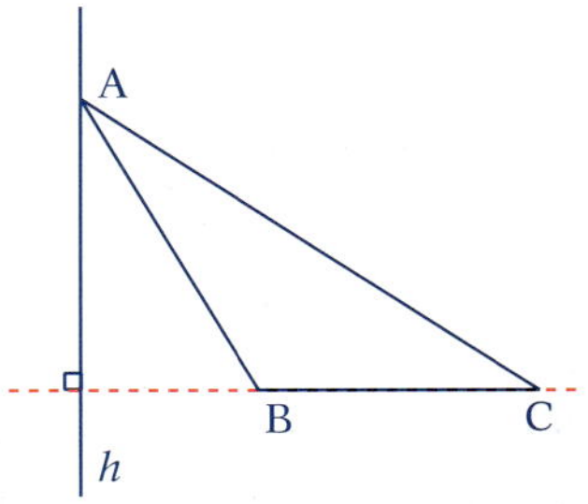

Le quadrilatère ABCD ci-contre est un parallélogramme.
Les supports des côtés [AD] et [BC] sont parallèles.

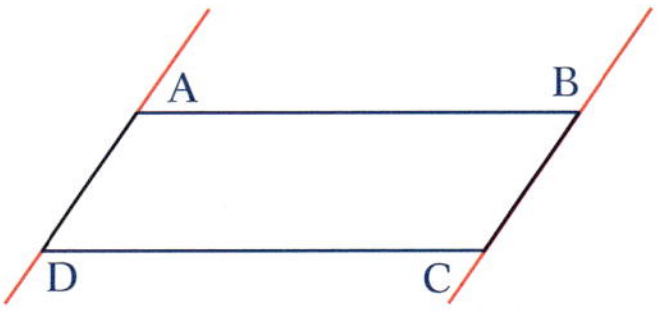

b) Sur la figure ci-dessous, la demi-droite [AB) a pour support la droite (AB).

Déf. ***a)*** Le support d'un segment est la droite qui contient ce segment.
b) Le support d'une demi-droite est la droite qui contient cette demi-droite.

2 Support d'un arc de cercle

Sur la figure ci-contre, les points A et B appartiennent au cercle $\mathscr{C}$.
Le cercle $\mathscr{C}$ est le support de l'arc de cercle $\overset{\frown}{AB}$.

♦ $\mathscr{C}$ est aussi le support de l'arc $\overset{\frown}{AB}$.

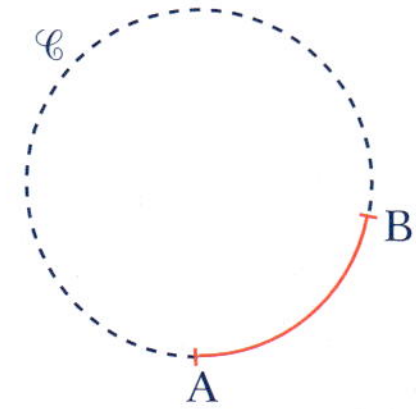

Déf. Le support d'un arc de cercle est le cercle qui contient cet arc.

Supprimer des parenthèses Voir l'article *Parenthèse.*

Sur

1 Point sur une figure géométrique

• Le point A est sur la droite *d* ; cela veut dire qu'il appartient à la droite *d*.
Le point B n'est pas sur la droite *d* ; c'est-à-dire qu'il n'appartient pas à la droite *d*.

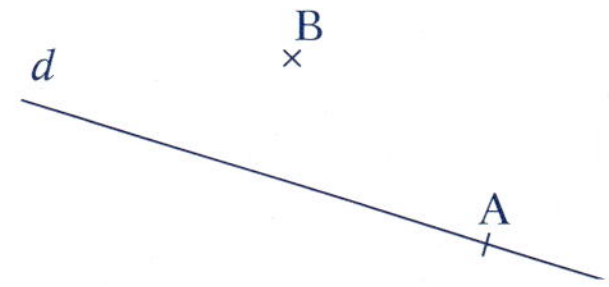

• Le point E ci-contre est sur le segment [CD] ; cela veut dire qu'il appartient au segment [CD].
Les points F et G ne sont pas sur le segment [CD] ; c'est-à-dire qu'ils n'appartiennent pas à ce segment.

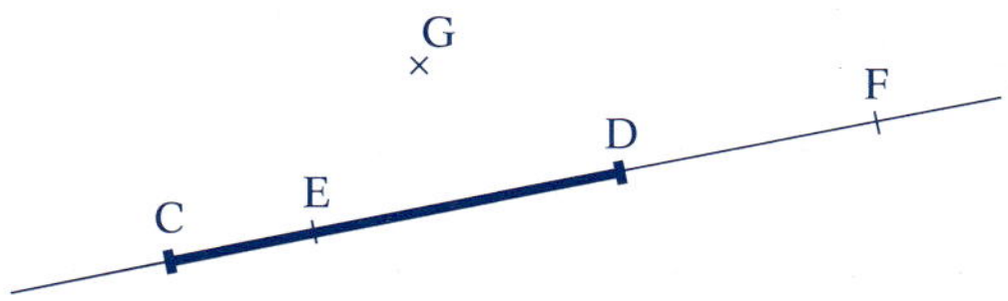

• Le point H est sur le cercle $\mathscr{C}$; cela signifie qu'il appartient à ce cercle.
Les points I et J ne sont pas sur le cercle $\mathscr{C}$; cela signifie qu'ils n'appartiennent pas à ce cercle.

♦ Le point J est sur le disque limité par $\mathscr{C}$.

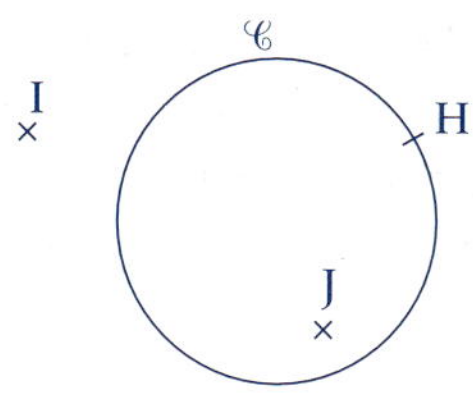

• Le point E est sur la face ABCD du cube ci-contre ; cela veut dire qu'il appartient à cette face.
Les points F et G ne sont pas sur la face ABCD ; cela veut dire qu'ils n'appartiennent pas à cette face.

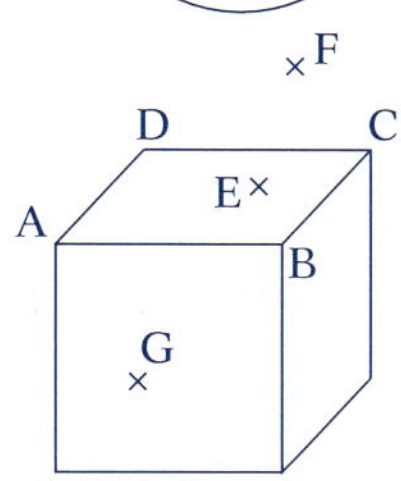

Déf. Dire qu'un point est sur une figure géométrique signifie qu'il appartient à cette figure.

2 Pour des quotients

Le professeur nous dicte : « 10 au cube sur 7 plus racine de 2 sur 6 ». J'écris : $\frac{10^3}{7} + \frac{\sqrt{2}}{6}$.

Déf. Soit *a* et *b* deux nombres, *b* étant différent de zéro. L'expression « *a* sur *b* » désigne : soit l'écriture fractionnaire $\frac{a}{b}$; soit le quotient de la division de *a* par *b*.

3 Avec des dimensions

Monsieur X possède un terrain rectangulaire de 30 m sur 20 m. Cela signifie que la longueur du terrain est égale à 30 m, et que sa largeur est égale à 20 m.

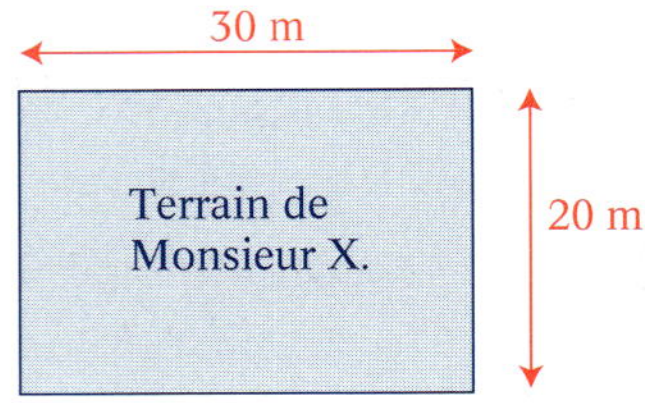

Info. L'expression « un rectangle de 10 cm sur 5 cm » signifie « un rectangle de longueur 10 cm et de largeur 5 cm ».

Surface

1 Surface plane

J'imagine l'eau d'une piscine. La surface de cette eau est la partie qui est au contact de l'air. Si l'eau de la piscine est immobile (au repos), sa surface est plane.

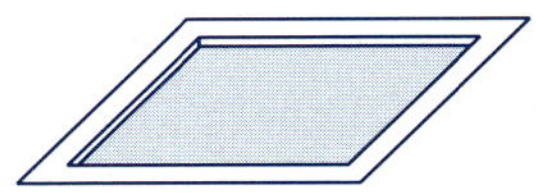

Voici d'autres exemples de surfaces planes :

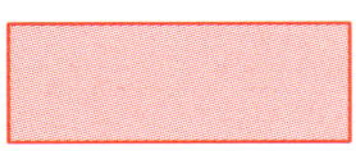

l'intérieur d'un rectangle
et ses côtés

un disque

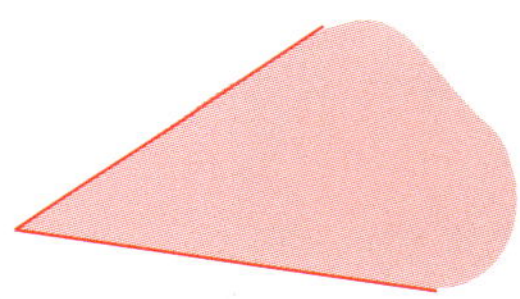

un angle

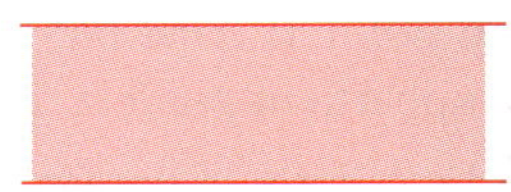

une bande

Chacune de ces surfaces planes est une partie d'un plan limitée ou délimitée par une ou plusieurs lignes :

♦ Un plan est aussi une surface plane.

♦ Une feuille de papier posée à plat est un exemple de surface plane. Si je déforme la feuille, ce n'est plus une surface plane.

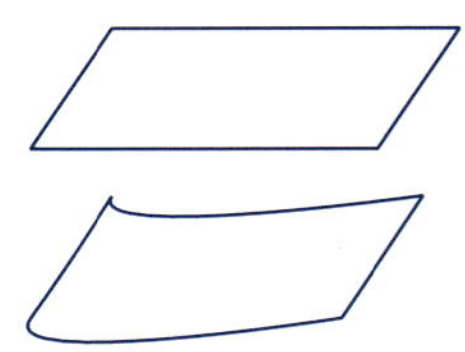

Déf. Une surface plane est une partie d'un plan limitée ou délimitée par une ou plusieurs lignes, ces lignes faisant partie de la surface. Un plan est aussi une surface plane.

2 Surface dans l'espace

• Si je peins un prisme droit en entier, c'est sa surface que je couvre de peinture.

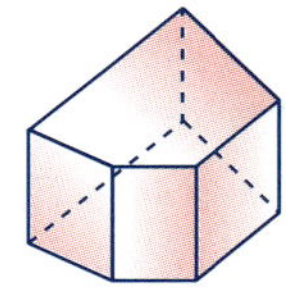

• La surface d'un cylindre de révolution comprend :
– deux disques (les bases du cylindre),
– une surface latérale (là où est collée l'étiquette sur une boîte de petits pois, par exemple).

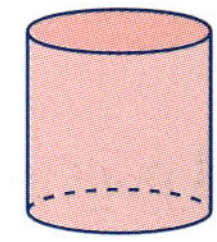

• La surface d'un cône comprend le disque de base et la surface latérale.

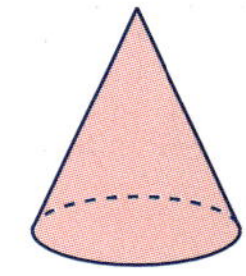

• La surface d'une boule est la sphère qui limite la boule.

Déf. La surface d'un solide ou d'un polyèdre est la partie de ce solide qui le limite dans l'espace. Concrètement, c'est la partie du solide ou du polyèdre que l'on peut peindre.

▶ Aire. Frontière. Latéral. Patron. Polyèdre. Solide.

Surface conique Voir l'article *Conique (surface)*.

Surface cylindrique Voir l'article *Cylindrique (surface)*.

Surface latérale Voir l'article *Latéral*.

Symboles de géométrie

1 Symboles ou marques utilisés sur les figures de géométrie

Symbole	Exemple	Signification
¬	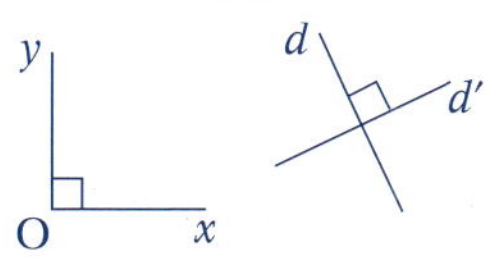	L'angle $\widehat{xOy}$ est droit. Les droites *d* et *d'* sont perpendiculaires.
/ // /// …	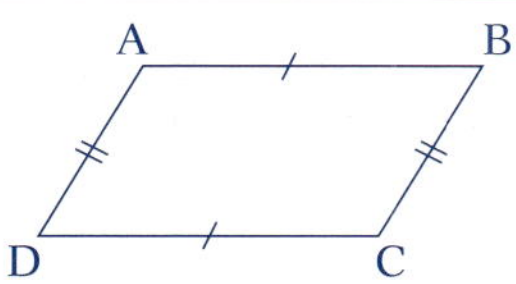	AB = DC. Les longueurs AB et DC sont égales. AD = BC. Les longueurs AD et BC sont égales.
 …	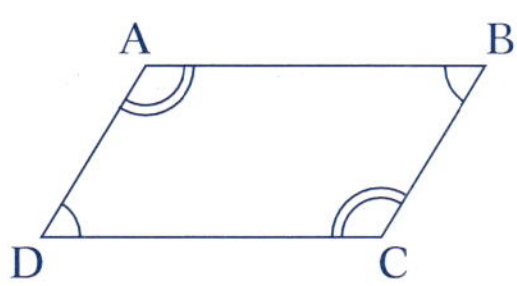	$\widehat{DAB} = \widehat{DCB}$. Les angles $\widehat{DAB}$ et $\widehat{DCB}$ ont la même ouverture. $\widehat{ADC} = \widehat{ABC}$. Les angles $\widehat{ADC}$ et $\widehat{ABC}$ ont la même ouverture.

2 Symboles utilisés dans des phrases mathématiques

Symbole	Exemple	Je lis l'exemple *Signification de l'exemple*	Figure
[ ]	[AB]	segment AB *le segment d'extrémités A et B*	
( )	(AB)	droite (AB) *la droite qui passe par les points A et B*	

S

Symboles de géométrie

[ )	[AB]	demi-droite A B *la demi-droite d'origine A contenant le point B*	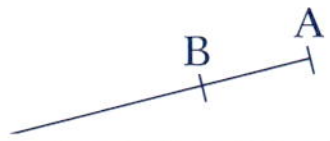
⌢	$\widehat{xOy}$ $\widehat{O}$	angle saillant x O y *angle saillant de sommet O et de côtés [Ox) et [Oy)* angle saillant O *angle saillant de sommet O ; cette notation simplifiée peut être utilisée s'il n'y a qu'un seul angle saillant de sommet O sur la figure.*	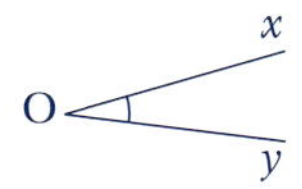
⌣	$\overset{\smile}{xOy}$ $\breve{O}$	angle rentrant x O y *angle rentrant de sommet O et de côtés [Ox) et [Oy)* angle rentrant O *angle rentrant de sommet O ; cette notation simplifiée peut être utilisée s'il n'y a qu'un seul angle rentrant de sommet O sur la figure.*	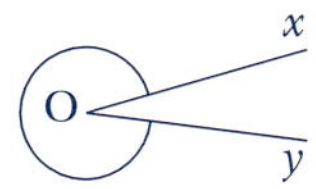
→	$\overrightarrow{AB}$	vecteur A B *représentant d'origine A et d'extrémité B d'un vecteur*	
→	$\vec{u}$	vecteur *u*	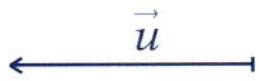
⌢	$\overset{\frown}{AB}$	petit arc de cercle A B	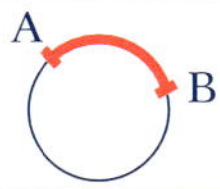
⌣	$\overset{\smile}{AB}$	grand arc de cercle AB	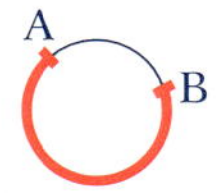
' ''	A′, d' A″, d''	A prime, d prime *le point A′, la droite d′* A seconde, d seconde *le point A″, la droite d″*	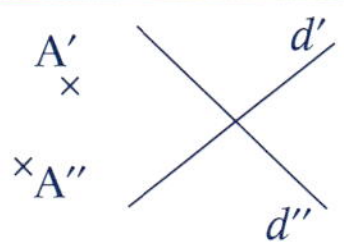
$\square_1$, $\square_2$, $\square_3$	A_1, d_1 A_2, d_2	A un, d un *le point A_1, la droite d_1* A deux, d deux *le point A_2, la droite d_2*	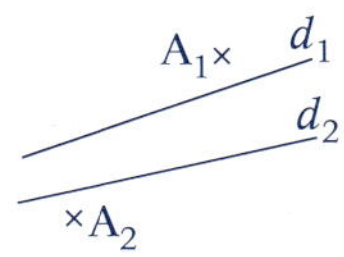
//	d_1 // d_2	d_1 est parallèle à d_2 *les droites d_1 et d_2 sont parallèles.*	
⊥	$d_1 \perp d_2$	d_1 est perpendiculaire à d_2 *les droites d_1 et d_2 sont perpendiculaires*	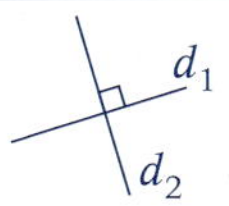
∈ ∉	$A \in d$ $B \notin d$	A appartient à *d* *le point A appartient à la droite d.* B n'appartient pas à *d* *le point B n'appartient pas à la droite d.*	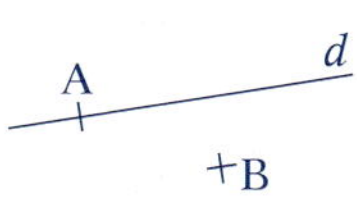

Symboles des unités

Symbole	Unité	Ce qui est mesuré
°	degré	ouverture d'angle
a	are	aire
g	gramme	masse
h	heure	durée
l	litre	volume/capacité
m	mètre	longueur
min	minute	durée
q	quintal	masse
s	seconde	durée
t	tonne	masse

▶ Préfixe.

Symboles et abréviations numériques

Symbole	Lire	Signification ; utilisation	Voir
$\mathbb{N}$	N	Nom donné à l'ensemble des entiers naturels : $\mathbb{N} = \{0, 1, 2, 3, 4, 5, 6, 7, 8, 9, 10, 11, \ldots\}$.	Entier naturel
$\mathbb{Z}$	Z	Nom donné à l'ensemble des entiers relatifs : $\mathbb{Z} = \{0, 1, -1, 2, -2, 3, -3, \ldots\}$.	Entier relatif
$\mathbb{Q}$	Q	Nom donné à l'ensemble des nombres rationnels.	Nombre rationnel
$\mathbb{R}$	R	Nom donné à l'ensemble des nombres réels.	Nombre réel
+	plus	• Symbole de l'addition : $1 + 1 = 2$. • Plus ; signe des nombres positifs : $+2$, $+0{,}25$. Ce « plus » est facultatif : $+2 = 2$.	Addition, positif, signe
–	moins	• Symbole de la soustraction : $3 - 1 = 2$. • Moins ; signe des nombres négatifs : -2 ; $-3{,}5$.	Soustraction, négatif, signe
×	• fois • multiplié par	Symbole de la multiplication : $3 \times 4 = 12$.	Multiplication
·	Ce signe ne se lit pas	Symbole de la multiplication dans des écritures littérales : $(a + b)^2 = a^2 + 2.a.b + b^2$.	
:	divisé par	Symbole de la division : $12 : 3 = 4$.	Division

—	• divisé par • sur	• Autre symbole de la division : $\frac{12}{3} = 4$. • Barre de fraction : $\frac{3}{4}$ ou 3/4.	Division Fraction
÷	divisé par	Division sur les calculatrices.	Calculatrice
/	sur	Barre de fraction : $\frac{3}{4}$ ou 3/4.	Fraction
,	virgule	Employée dans l'écriture de nombres décimaux comme : 1,2 ; 0,005.	
.	point	Virgule sur les calculatrices : 1. 2 = 1,2.	Calculatrice
=	(est) égal (à)	S'écrit entre deux expressions représentant le même objet (nombre, grandeur, figure géométrique) : $1/2 = 0{,}5$; $1 + 1 = 2$; 1 cm + 2 cm = 3 cm ; (AB) = (CD) qui signifie que les droites (AB) et (CD) sont confondues.	Égalité
≠	(est) différent de	Le contraire d'égal : $1 \neq 2$; $4 - 3 \neq 3 - 4$. (AB) ≠ (CD) signifie : les droites (AB) et (CD) sont distinctes.	Différent
≈	• (est) à peu près égal à • (est) environ égal à	Pour donner une valeur approchée : $1/3 \approx 0{,}33$.	Valeur approchée
<	• (est) inférieur à • (est) plus petit que	Symbole de comparaison : $7 < 8$; $1 + 1 < 2 \times 3$.	Inférieur, strictement
⩽	(est) inférieur ou égal à	Symbole de comparaison : $2 \leqslant 3$; $5 \leqslant 5$.	Inférieur ou égal
>	• (est) supérieur à • (est) plus grand que	Symbole de comparaison : $8 > 7$; $2 \times 3 > 1 + 1$.	Supérieur, strictement
⩾	(est) supérieur ou égal à	Symbole de comparaison : $3 \geqslant 2$; $5 \geqslant 5$.	Supérieur ou égal
( )	parenthèses	• Dans une expression numérique ou littérale, elles indiquent l'ordre dans lequel s'effectuent les opérations : $6 - (1 + 3) = 2$. • Séparent les symboles d'opérations des signes des nombres relatifs : $(+2) + (-3)$.	Parenthèse
[ ]	crochets	• Comme des parenthèses : $6 - [1 + 3] = 2$. • Permettent de distinguer deux niveaux de parenthèses : $4 \times [6 - (1 + 3)] = 8$.	Crochet

opp( )	opposé de	Pour désigner l'opposé d'un nombre relatif : opp(+3) = – 3 ; opp(– 5) = +5.	Opposé
$\blacksquare^2$	• au carré • puissance 2	Carré d'un nombre : $5^2 = 5 \times 5 = 25$; $9^2 = 9 \times 9 = 81$.	Carré
$\blacksquare^3$	• au cube • puissance 3	Cube d'un nombre : $2^3 = 2 \times 2 \times 2 = 8$; $10^3 = 10 \times 10 \times 10 = 1000$.	Cube
$\blacksquare^n$	• puissance n • exposant n	Puissance n-ième d'un nombre Si $n = 4$, $5^4 = 5 \times 5 \times 5 \times 5 = 625$.	• puissance • exposant
$\sqrt{\ }$	• racine carrée • radical	Racine carrée d'un nombre positif : $\sqrt{289} = 17$; $\sqrt{361} = 19$.	• racine carrée • radical
$\blacksquare^{\frac{1}{2}}$	puissance un demi	Racine carrée d'un nombre positif : $289^{\frac{1}{2}} = 17$; $361^{\frac{1}{2}} = 19$.	racine carrée
$\mapsto$	flèche	$f : x \mapsto 2x + 1$; la fonction f est définie par $f(x) = 2x + 1$.	fonction affine
cos	cosinus	$\cos(60°) = \frac{1}{2}$	cosinus
sin	sinus	$\sin(60°) = \frac{\sqrt{3}}{2}$	sinus
tan	tangente	$\tan(45°) = 1$	tangente

Symétrie axiale

En classes de 4e et 3e, l'expression *symétrie axiale* est synonyme de *symétrie orthogonale*.

▶ Symétrie orthogonale.

Symétrie centrale

1 Définition d'une symétrie centrale

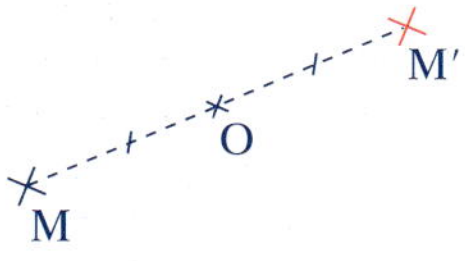

Sur la figure ci-contre, le point O est le milieu du segment [MM'].
La symétrie centrale de centre O transforme le point M en M'. Il est équivalent de dire que la symétrie centrale de centre O associe le point M' au point M.

♦ Une symétrie centrale de centre O est une rotation de centre O et d'angle 180° (dans le sens des aiguilles d'une montre ou dans le sens inverse des aiguilles d'une montre).

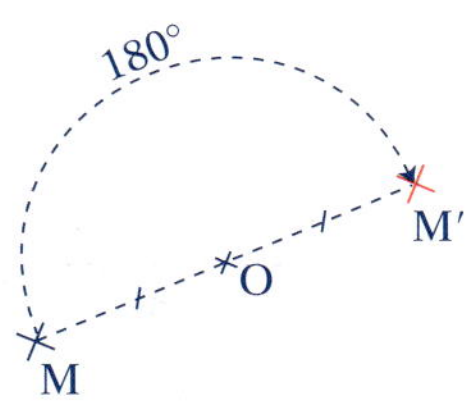

Déf. Soit O un point. La symétrie centrale de centre O est la transformation qui, à tout point M, associe le point M' tel que O soit le milieu du segment [MM'].

Info. Les symétries centrales sont des isométries.

▶ Centre **2** et **4**. Composer. Demi-tour. Isométrie.

2 Image d'une figure géométrique par une symétrie centrale

J'ai représenté ci-contre une figure géométrique F.

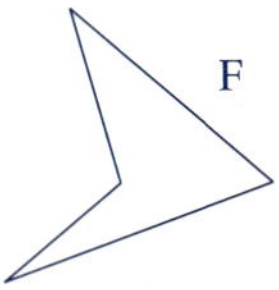

Elle est formée de points (quelques-uns seulement sont représentés).

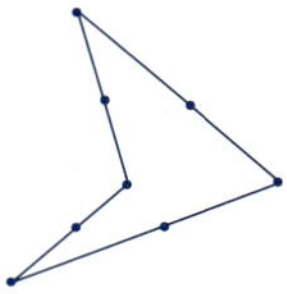

Soit O un point. Chacun des points de F a une image par la symétrie centrale de centre O (seules sont représentées en rouge les images des points bleus).

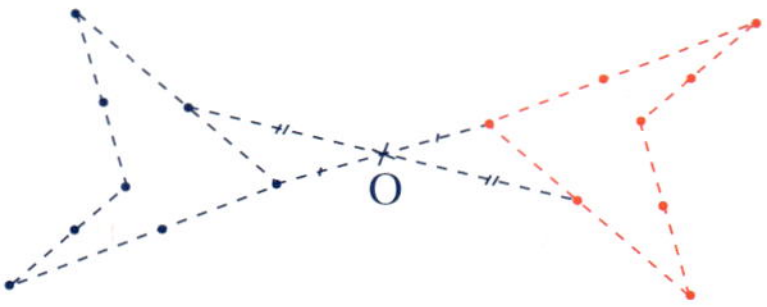

Tous ces points images forment la figure F′ (en rouge). F′ est l'image de la figure F par la symétrie centrale de centre O.

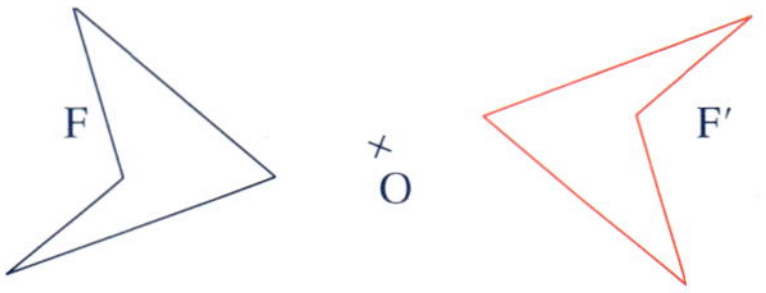

Déf. Soit F une figure géométrique ; l'image de F par une symétrie centrale est la figure géométrique F′ formée des images de tous les points de F par la symétrie centrale.

▶ Isométrique. Symétrique.

FICHE

COMPOSER DEUX SYMÉTRIES CENTRALES

Je considère deux points O et O' et les symétries centrales s et s' de centres respectifs O et O'. J'examine la composée de s et de s' dans cet ordre. Soit M un point distinct de O.

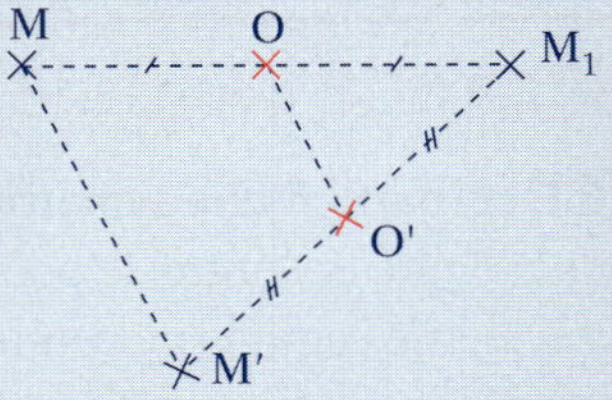

L'image de M par s est le point M_1 ; donc O est le milieu du segment $[MM_1]$.
L'image de M_1 par s' est le point M' ; donc O' est le milieu du segment $[M_1M']$.

En utilisant le théorème des milieux dans le triangle MM_1M', j'en déduis que $\overrightarrow{MM'} = 2\overrightarrow{OO'}$. M' est donc l'image de M par la translation de vecteur $2\,\overrightarrow{OO'}$. Si M = O, alors M_1 = O et M' est le point tel que $\overrightarrow{MM'} = 2\,\overrightarrow{OO'}$. J'en conclus que la composée de s et s', dans cet ordre, est la translation de vecteur $2\,\overrightarrow{OO'}$.

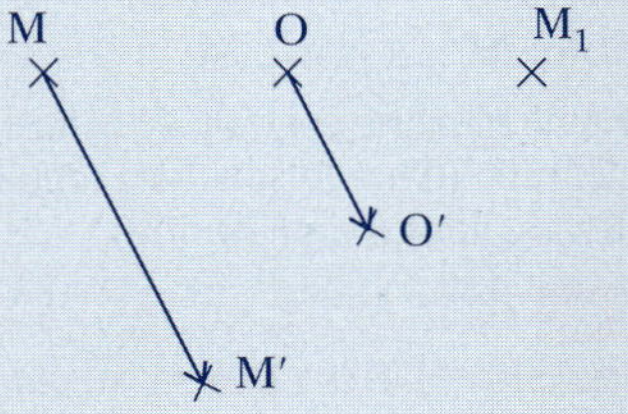

♦ De même, la composée de s' et de s, dans cet ordre, est la translation de vecteur $2\,\overrightarrow{O'O}$.

Conclusion : La composée de deux symétries centrales est une translation.

Symétrie orthogonale

1 Définition d'une symétrie orthogonale

Sur la figure ci-contre, la droite *d* est la médiatrice du segment [MM′].

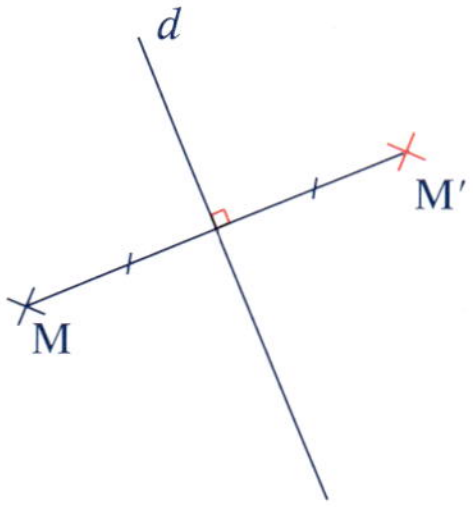

La symétrie orthogonale d'axe *d* transforme le point M en M′. Il est équivalent de dire que la symétrie orthogonale d'axe *d* associe le point M′ au point M.

♦ Une symétrie orthogonale d'axe *d* s'appelle aussi une symétrie orthogonale par rapport à *d*.

Déf. Soit *d* une droite. La symétrie orthogonale d'axe *d* est la transformation qui, à tout point P, associe le point P' ainsi défini :
– Si P n'appartient pas à *d*, alors P′ est le point tel que *d* soit la médiatrice du segment [PP′].
– Si P appartient à *d*, alors P′ et P sont confondus.

Info. Les symétries orthogonales sont des isométries.

▶ Axe (**3** et **4**). Composer. Isométrie.

2 Image d'une figure géométrique par une symétrie orthogonale

J'ai représenté ci-contre une figure géométrique F.

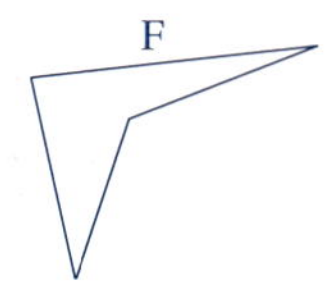

Elle est formée de points (quelques-uns seulement sont représentés).

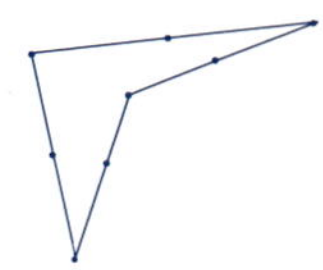

Soit *d* une droite.

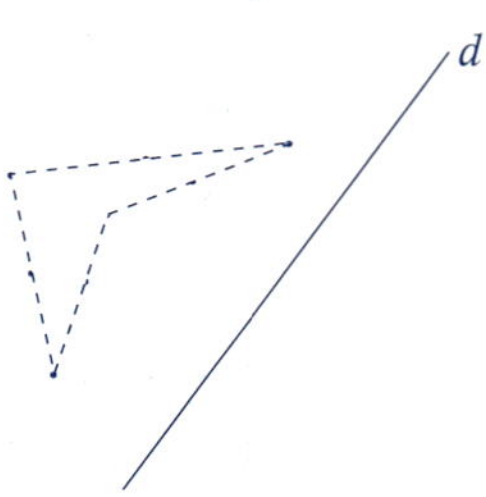

Chacun des points de F a une image par la symétrie orthogonale d'axe *d* (seules sont représentées en rouge les images des points bleus).

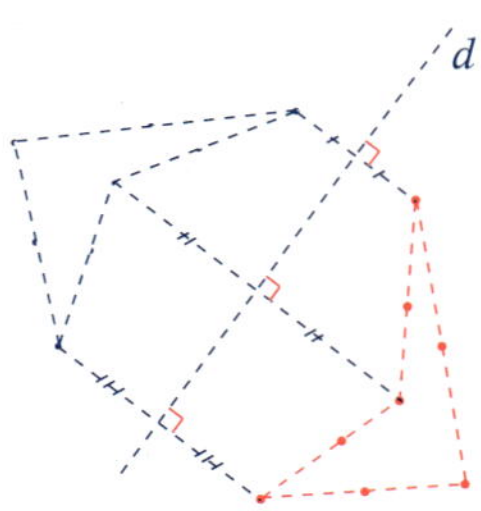

Tous ces points images forment la figure F′ (en rouge). F′ est l'image de la figure F par la symétrie orthogonale d'axe *d*.

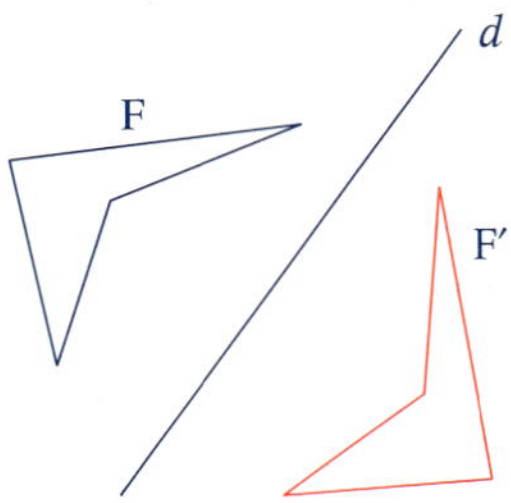

Déf. Soit F une figure géométrique ; l'image de F par une symétrie orthogonale est la figure géométrique F′ formée de toutes les images des points de F par la symétrie orthogonale.

▶ Isométrique. Symétrique.

Symétrie par rapport à un point

Expression synonyme de *Symétrie centrale.*

▶ Demi-tour. Symétrie centrale.

Symétrie par rapport à une droite

En classes de 4e et 3e, l'expression *symétrie par rapport à une droite* est synonyme de *symétrie orthogonale.*

▶ Symétrie orthogonale.

Symétrique

1 Symétrique par rapport à une droite

Par la symétrie orthogonale d'axe *d*, la figure 1 (en bleu) a pour image la figure 2 (en rouge). La figure 2 est la figure symétrique de la figure 1 par rapport à la droite *d*.

♦ On dit aussi que la figure 2 est le symétrique de la figure 1 par rapport à *d*.

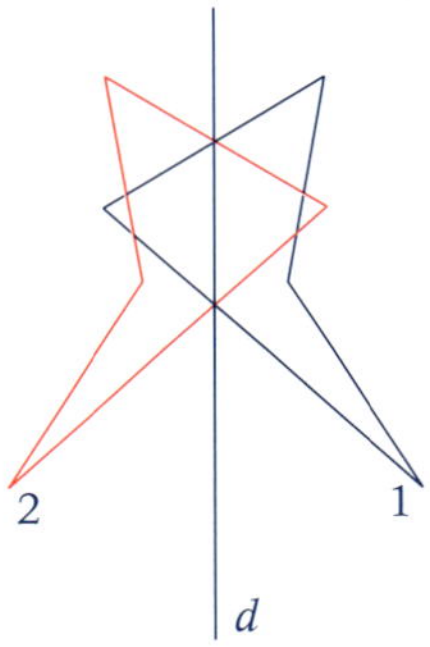

Déf. Le symétrique d'une figure par rapport à une droite *d* est l'image de cette figure par la symétrie orthogonale d'axe *d*.

2 Symétrique par rapport à un point

Par la symétrie centrale de centre O, la figure 1 (en bleu) a pour image la figure 2 (en rouge). La figure 2 est la figure symétrique de la figure 1 par la symétrie centrale de centre O.

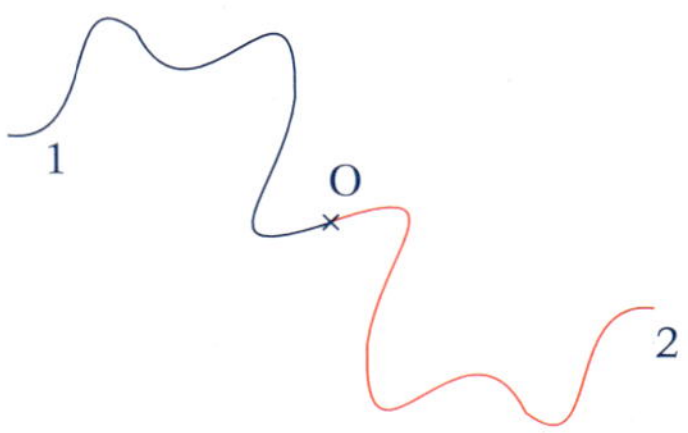

♦ On dit aussi que la figure 2 est le symétrique de la figure 1 par rapport à O.

Déf. Le symétrique d'une figure par rapport à un point O est l'image de cette figure par rapport à O.

3 Figures symétriques

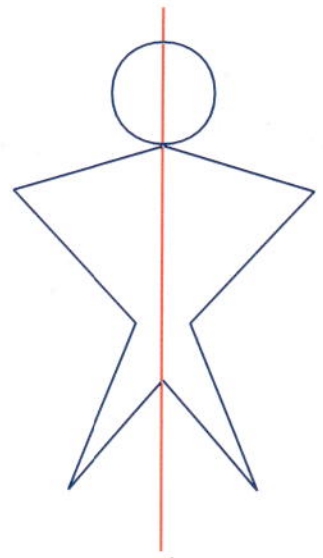

a) La figure ci-contre a un axe de symétrie (qui est la droite *d*) ; c'est pourquoi je peux dire qu'elle est symétrique.

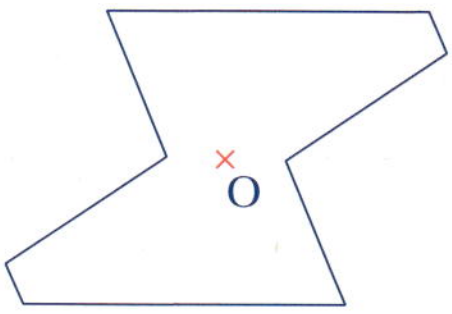

b) La figure ci-contre a un centre de symétrie (qui est le point O) ; c'est pourquoi je peux dire qu'elle est symétrique.

Info. ***a)*** Toute figure possédant un axe de symétrie peut être qualifiée de symétrique.
b) Toute figure possédant un centre de symétrie peut être qualifiée de symétrique.

▶ Axe. Centre de symétrie. Demi-tour. Symétrie centrale. Symétrie orthogonale.

Syracuse (algorithme de)

Soit n un entier positif. On pose $f(n) = n : 2$ si n est pair, et $f(n) = 3n + 1$ si n est impair.
Par exemple, $f(12) = 12 : 2 = 6$ car 12 est pair ; $f(13) = 3 \times 13 + 1 = 40$ car 13 est impair.
On part d'un entier, par exemple 3, et on applique f successivement :

$f(3) = 3 \times 3 + 1 = 10$
$f(10) = 10 : 2 = 5$
$f(5) = 3 \times 5 + 1 = 16$
$f(16) = 16 : 2 = 8$
$f(8) = 8 : 2 = 4$
$f(4) = 4 : 2 = 2$
$f(2) = 2 : 2 = 1$
$f(1) = 3 \times 1 + 1 = 4$

On remarque que $f(1) = f(8)$; donc, en continuant les calculs, on obtiendrait toujours les nombres 4, 2 et 1.
En partant de 3, on trouve donc la suite (3 ; 10 ; 5 ; 16 ; 8 ; 4 ; 2 ; 1 ; 4 ; 2 ; 1 ; ...).

♦ Le tableau ci-dessous montre les suites obtenues en partant des 10 premiers entiers.

Premier terme	Suite jusqu'à 1	Nombre de termes jusqu'à 1
1	1 ; 4 ; 2 ; 1	1
2	2 ; 1	2
3	3 ; 10 ; 5 ; 16 ; 8 ; 4 ; 2 ; 1	8
4	4 ; 2 ; 1	3
5	5 ; 16 ; 8 ; 4 ; 2 ; 1	6

6	6 ; 3 ; 10 ; 5 ; 16 ; 8 ; 4 ; 2 ; 1	9
7	7 ; 22 ; 11 ; 34 ; 17 ; 52 ; 26 ; 13 ; 40 ; 20 ; 10 ; 5 ; 16 ; 8 ; 4 ; 2 ; 1	17
8	8 ; 4 ; 2 ; 1	4
9	9 ; 28 ; 14 ; 7 ; 22 ; 11 ; 34 ; 17 ; 52 ; 26 ; 13 ; 40 ; 20 ; 10 ; 5 ; 16 ; 8 ; 4 ; 2 ; 1	20
10	10 ; 5 ; 16 ; 8 ; 4 ; 2 ; 1	7

Info. L'algorithme de Syracuse consiste à partir d'un entier strictement positif et à appliquer la fonction *f* comme décrit ci-dessus.
On pense qu'en partant de n'importe quel entier, on arrive toujours à 1 (et donc, ensuite, à la répétition 4 2 1 4 2 1, etc.). Cette proposition n'est pas aujourd'hui démontrée ; il s'agit donc d'une conjecture.

Système

Je veux résoudre le système $\begin{cases} 6x - 7y = 31 \\ x + 8y = 12 \end{cases}$; il aurait été plus correct de dire : je veux résoudre le système de deux équations à deux inconnues.

Info. *Système* est un mot pour abréger des expressions telles que *système de deux équations à deux inconnues, système de trois équations à trois inconnues, système de deux inéquations à une inconnue,* etc.

▶ Système d'équations. Système d'inéquations.

Système d'équations

J'écris deux équations à deux inconnues : $3x + 5y = 61$; $4x + y = 36$.

Lorsque je dispose ces deux équations avec une accolade sous la forme $\begin{cases} 3x + 5y = 61 \\ 4x + y = 36 \end{cases}$, j'écris un système de deux équations à deux inconnues.
Le couple (7 ; 8) est solution de chacune des deux équations ; en effet : $3 \times 7 + 5 \times 8 = 61$ et $4 \times 7 + 8 = 36$; c'est pourquoi ce couple est solution du système.

♦ Le couple (0 ; 36) est solution de la seconde équation, mais pas de la première ; c'est pourquoi ce couple n'est pas solution du système.

♦ Le système $\begin{cases} 5x = 2 \\ 3x - 2y = 10 \end{cases}$ est aussi un système de deux équations à deux inconnues car je peux l'écrire sous la forme $\begin{cases} 5x + 0y = 2 \\ 3x - 2y = 10. \end{cases}$

♦ Il existe des systèmes de trois équations à trois inconnues, quatre équations à quatre inconnues, etc.

J'écris un système de trois équations à trois inconnues : $\begin{cases} x + y + z = 3 \\ 2x + 4y - z = 5 \\ x - y + 2z = 2 \end{cases}$; le triplet (1 ; 1 ; 1) est solution de ce système.

Info. Un système de deux équations à deux inconnues est une écriture comportant deux équations, disposées comme dans les exemples ci-dessus. Les inconnues de la première équation sont les mêmes que celles de la seconde équation.

▶ Inconnue. Mise en équation. Solution. Système d'inéquations.

FICHE

RÉSOLUTION D'UN SYSTÈME DE DEUX ÉQUATIONS À DEUX INCONNUES

Je veux résoudre le système $\begin{cases} 3x + 5y = 61 \\ 4x + y = 36. \end{cases}$

1. Méthode par substitution

Étapes de la résolution[1]	Commentaires
$\begin{cases} 3x + 5y = 61 \\ y = 36 - 4x \end{cases}$	J'ai transposé $4x$.
$\begin{cases} 3x + 5(36 - 4x) = 61 \\ y = 36 - 4x \end{cases}$	J'ai substitué $36 - 4x$ à y.
$\begin{cases} 3x + 180 - 20x = 61 \\ y = 36 - 4x \end{cases}$	J'ai développé le produit.
$\begin{cases} 3x - 20x = 61 - 180 \\ y = 36 - 4x \end{cases}$	J'ai transposé 180.
$\begin{cases} -17x = -119 \\ y = 36 - 4x \end{cases}$	J'ai réduit les deux membres de la première équation.
$\begin{cases} x = \dfrac{-119}{-17} \\ y = 36 - 4x \end{cases}$	J'ai trouvé la solution de la première équation ; $\dfrac{-119}{-17} = 7$.
$\begin{cases} x = 7 \\ y = 36 - 4 \times 7 \end{cases}$	J'ai remplacé x par 7 dans la seconde équation.
$\begin{cases} x = 7 \\ y = 8 \end{cases}$	J'ai effectué $36 - 4 \times 7$.

(1) À chaque étape, le système obtenu est équivalent au système $\begin{cases} 3x + 5y = 61 \\ 4x + y = 36. \end{cases}$

La solution du système $\begin{cases} 3x + 5y = 61 \\ 4x + y = 36 \end{cases}$ est le couple (7 ; 8).

J'ai résolu le système par substitution.

2. Méthode par combinaison

- Première phase : je trouve x.

Étapes de la résolution[1]	Commentaires
$\begin{cases} -(3x + 5y) = -61 \\ 5(4x + y) = 5 \times 36 \end{cases}$	J'ai multiplié les deux membres de la première équation par (– 1), et les deux membres de la seconde par 5.

$\begin{cases} -3x - 5y = -61 \\ 20x + 5y = 180 \end{cases}$	J'ai supprimé les parenthèses et effectué les produits ; les coefficients de y sont opposés.

(1) À chaque étape, le système obtenu est équivalent au système $\begin{cases} 3x + 5y = 61 \\ 4x + 1y = 36. \end{cases}$

En additionnant membre à membre les deux équations, je trouve

$17x = 119$; donc $x = \dfrac{119}{17} = 7$.

• Seconde phase : je trouve y.

Étapes de la résolution[1]	Commentaires
$\begin{cases} 4(3x + 5y) = 4 \times 61 \\ -3(4x + y) = -3 \times 36 \end{cases}$	J'ai multiplié les deux membres de la première équation par 4, et les deux membres de la seconde par (– 3).
$\begin{cases} 12x + 20y = 244 \\ -12x - 3y = -108 \end{cases}$	J'ai supprimé les parenthèses et effectué les produits.

(1) À chaque étape, le système obtenu est équivalent au système $\begin{cases} 3x + 5y = 61 \\ 4x + y = 36. \end{cases}$

En additionnant membre à membre les deux équations, je trouve

$17y = 136$; donc $y = \dfrac{136}{17} = 8$.

La solution du système $\begin{cases} 3x + 5y = 61 \\ 4x + y = 36 \end{cases}$ est le couple (7 ; 8).

J'ai résolu le système par combinaison.

Système d'inéquations

J'écris deux inéquations à une inconnue : $x + 7 \leqslant 17$; $3x - 1 > 2x + 5$.

Lorsque je dispose ces deux inéquations avec une accolade sous la forme $\begin{cases} x + 7 \leqslant 17 \\ 3x - 1 > 2x + 5, \end{cases}$

j'écris un système de deux inéquations à une inconnue.

Le nombre 8 est solution de chacune des deux inéquations ; en effet, $8 + 7 \leqslant 17$ et $3 \times 8 - 1 > 2 \times 8 + 5$; c'est pourquoi 8 est solution du système.

♦ Le nombre 0 est solution de la première inéquation, mais pas de la seconde ; c'est pourquoi ce nombre n'est pas solution du système.

♦ Il existe des systèmes de trois inéquations à une inconnue, quatre inéquations à une inconnue, etc.

J'écris un système de trois inéquations à une inconnue : $\begin{cases} 2x < 7 \\ x + 8 \geqslant 3x - 7 \\ -5 < x - 4 \end{cases}$; le nombre 0 est solution de ce système.

Info. Un système de deux inéquations à une inconnue est une écriture comportant deux inéquations, disposées comme dans les exemples ci-avant (page précédente). L'inconnue de la première inéquation est la même que celle de la seconde inéquation.

▶ Inconnue. Solution. Système d'équations.

FICHE

RÉSOLUTION D'UN SYSTÈME DE DEUX INÉQUATIONS À UNE INCONNUE

Je veux résoudre le système $\begin{cases} x + 7 \leqslant 17 \\ 3x - 1 > 2x + 5. \end{cases}$

Étapes de la résolution[1]	Commentaires
$\begin{cases} x \leqslant 17 - 7 \\ 3x - 2x > 5 + 1 \end{cases}$	J'ai transposé 7, $2x$ et 1.
$\begin{cases} x \leqslant 10 \\ x > 6 \end{cases}$	J'ai effectué les calculs.

(1) À chaque étape, le système obtenu est équivalent au système $\begin{cases} x + 7 \leqslant 17 \\ 3x - 1 > 2x + 5. \end{cases}$

Les solutions du système sont les nombres supérieurs à 6 et inférieurs ou égaux à 10.

♦ Je peux représenter ces nombres sur un axe :

Je représente d'abord les solutions de la première inéquation ($x \leqslant 10$)

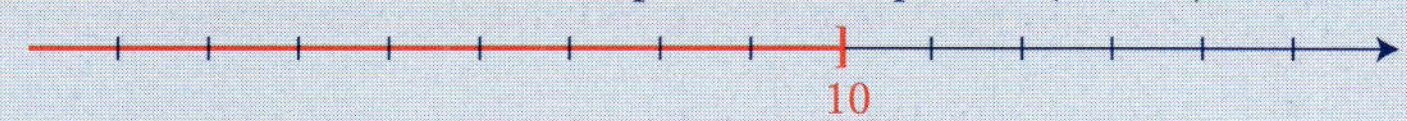

Puis les solutions de la seconde inéquation ($x > 6$)

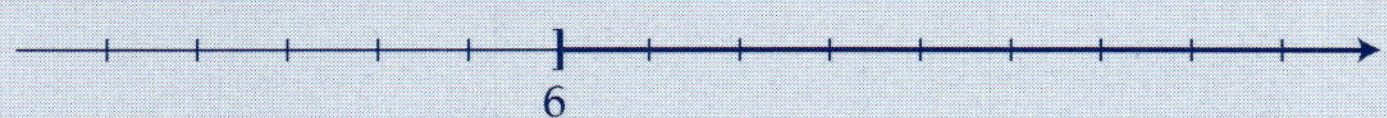

La partie commune aux deux demi-droites représente les solutions du système.

T *t*

Tableau de proportionnalité

Le tableau suivant donne les longueurs de cercles de rayons 1 cm, 5 cm et 10 cm.

Rayon en cm	1	5	12
Longueur en cm	2π	10π	24π

Ce tableau est un tableau de proportionnalité parce que les nombres de la seconde ligne s'obtiennent en multipliant ceux de la première ligne par un même nombre : 2π.
En effet : $2\pi = 1 \times 2\pi$; $10\pi = 5 \times 2\pi$; $24\pi = 12 \times 2\pi$.

♦ Parfois, on écrit :

1	5	12	
2π	10π	24π	$\times 2\pi$

Cette flèche indique comment calculer les nombres de la seconde ligne à partir des nombres de la première ligne.

Déf. Un tableau de proportionnalité est un tableau comportant deux lignes de nombres qui vérifient la propriété suivante : chaque nombre de la seconde ligne est le produit du nombre correspondant de la première ligne par un même nombre k.

a	b	c	d	e	
$a \times k$	$b \times k$	$c \times k$	$d \times k$	$e \times k$	$\times k$

▶ Coefficient de proportionnalité. Produits en croix. Proportionnel. Quatrième proportionnelle.

FICHE

1. Compléter un tableau de proportionnalité

Je veux compléter le tableau de proportionnalité ci-contre :

3	2		
7		1	$\times k$

Je déduis de la première colonne que le nombre k est égal à $\frac{7}{3}$, car :

$3 \times k = 7$, donc $k = \frac{7}{3}$.

Je peux, ensuite, calculer les nombres manquants :

$2 \times \frac{7}{3} = \frac{14}{3}$;

$1 : \frac{7}{3} = 1 \times \frac{3}{7} = \frac{3}{7}$.

3	2	$\frac{3}{7}$
7	$\frac{14}{3}$	1

2. Propriétés dans un tableau de proportionnalité

1. J'observe le tableau de proportionnalité suivant :

3	4	7	$\times 2$
6	8	14	

Je remarque que $3 + 4 = 7$ et $6 + 8 = 14$.

Dans un tableau de proportionnalité, si dans une ligne un nombre est la somme de deux autres, alors cette propriété est aussi vraie pour les nombres correspondants de l'autre ligne.

Ainsi, dans le tableau de proportionnalité ci-dessous :

– le nombre manquant sur la seconde ligne (?) est $c + d$,

– le nombre manquant sur la première ligne (??) est $e + f$.

a	b	$a + b$	e	f	??
c	d	?	g	h	$g + h$

2. J'observe le tableau de proportionnalité suivant :

3	15	$\times 2$
6	30	

Je remarque que $15 = 3 \times 5$ et $30 = 6 \times 5$.

Dans un tableau de proportionnalité, si dans une ligne un nombre est le produit d'un autre par un certain nombre, alors cette propriété est aussi vraie pour le nombre correspondant de l'autre ligne.

Ainsi, dans le tableau de proportionnalité ci-dessous :

– le nombre manquant sur la seconde ligne (?) est $b \times p$,

– le nombre manquant sur la première ligne (??) est $a \times q$.

a	$a \times p$	??
b	?	$b \times q$

3. Le tableau ci-dessous est un tableau de proportionnalité.

1	2	3,5	6
0,8	1,6	2,8	4,8

$\times$ 0,8

Dans un repère, je marque les points : A(1; 0,8) ; B(2; 1,6) ; C(3,5; 2,8) ; D(6; 4,8).
Les nombres de la première ligne du tableau sont les abscisses des points.
Les nombres de la seconde ligne du tableau sont les ordonnées des points.
J'observe que les points O, A, B, C et D sont alignés. La droite contenant ces points est la droite d'équation $y = 0{,}8x$ (0,8 est le coefficient de proportionnalité du tableau et le coefficient directeur de la droite).

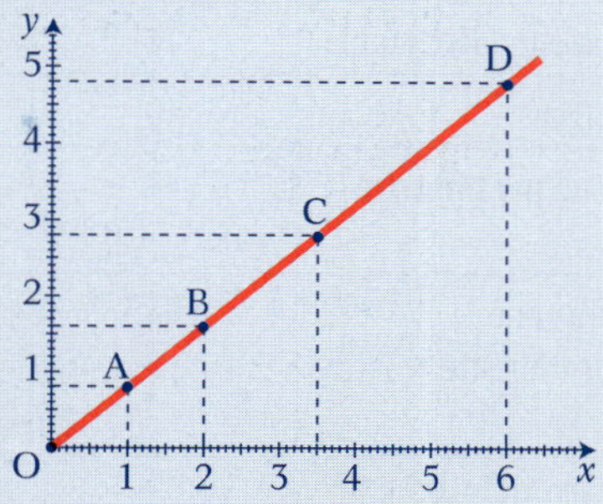

Cette propriété d'alignement est vérifiée quel que soit le tableau de proportionnalité ainsi représenté dans un repère d'origine O.

Tableau de valeurs

Je considère la fonction affine f définie par $f(x) = 5x - 4$. Je dresse un tableau où j'écris sur la première ligne différentes valeurs de la variable x et sur la seconde ligne les valeurs correspondantes de $f(x)$. Ce tableau s'appelle un tableau de valeurs de la fonction f.

x	-2	0	$\frac{1}{5}$	6
$f(x)$	-14	-4	-3	26

Info. Un tableau de valeurs d'une fonction affine f est un tableau où les nombres de la seconde ligne sont les images par f des nombres correspondants de la première ligne.

▶ Valeur. Variable.

Tableur

J'ai fait un tableau dans lequel j'ai mis mes notes de quatre matières, des sommes et des moyennes.

	1er trimestre	2e trimestre	3e trimestre	Total par matière	Moyenne par matière(1)
Français	11	13	12	36	12
Mathématiques	12	16	18	46	15,3
Histoire-Géographie	14	14	16	44	14,7
Anglais	10	09	11	30	10
Total par trimestre	47	52	57	Total général 156	
Moyenne par trimestre	11,75	13	14,25		Moyenne générale 13

(1) arrondie au dixième.

Sur un ordinateur, je peux faire un tableau comme celui-là où les moyennes et les totaux seront automatiquement calculés en fonction des notes.
Le logiciel qui permet de faire des tableaux sur un ordinateur s'appelle un tableur.

♦ Pour les tableurs, on utilise un vocabulaire particulier : les cases s'appellent des cellules ; les cellules sont référencées par un numéro de ligne et un numéro de colonne ; par exemple, la cellule de référence (3 ; 1) contient le mot Mathématiques.

♦ Dans chaque cellule, on peut placer du texte (par exemple, « Anglais »), des nombres (par exemple, 11) ou des formules (par exemple, pour obtenir automatiquement dans la cellule de référence (2 ; 5) la somme des notes de Français, on peut y écrire la formule (2 ; 2) + (2 ; 3) + (2 ; 4) ; la syntaxe des formules dépend du logiciel utilisé).

Info. Un tableur est un logiciel qui permet d'effectuer des calculs à partir de nombres rangés dans un tableau.

▶ Tableur grapheur.

Tableur grapheur

Les tableurs actuels permettent de représenter graphiquement des données numériques d'un tableau. On les appelle, pour cette raison, des tableurs grapheurs.
Voici deux exemples de représentation de données extraites du tableau que l'on peut voir à l'article *Tableur*.

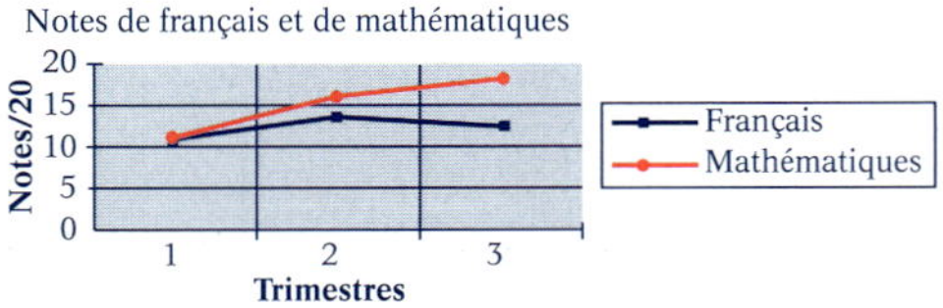

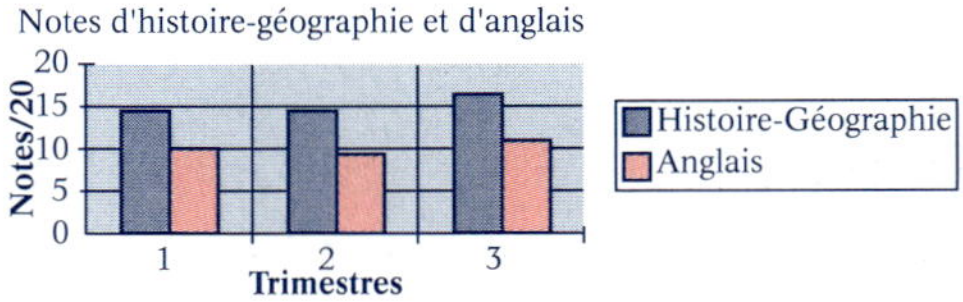

Info. Un tableur grapheur est un tableur qui permet de représenter graphiquement des données numériques extraites de tableaux.

▶ Tableur.

Tan

Abréviation de tangente.

▶ Tangente.

Tangent

1 Droite tangente à un cercle

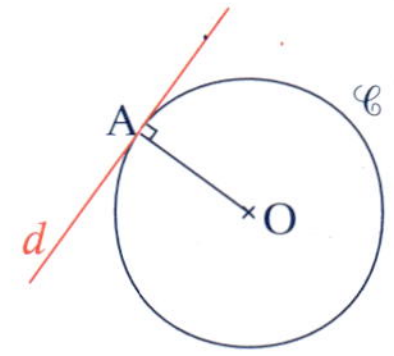

Sur la figure ci-contre, le point A appartient au cercle $\mathcal{C}$ de centre O, la droite d passe par A et est perpendiculaire au rayon [OA] ; la droite d est donc tangente en A au cercle $\mathcal{C}$. On dit aussi que d est la tangente en A au cercle $\mathcal{C}$.

♦ La droite d n'a que le point A en commun avec le cercle $\mathcal{C}$; A s'appelle le point de contact entre d et $\mathcal{C}$.

♦ Une droite est tangente à un cercle si et seulement si la distance du centre du cercle à la droite est égale au rayon du cercle.

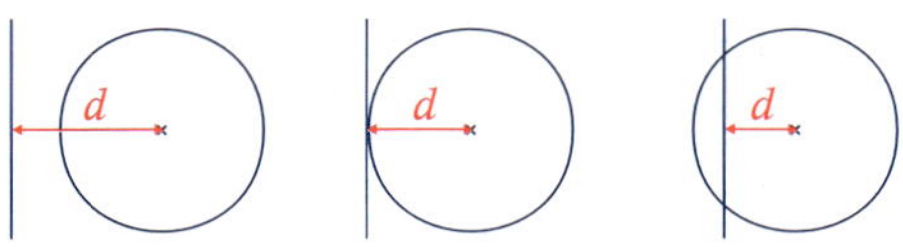

$d > R$ $d = R$ $d < R$

♦ Soit M un point extérieur à un cercle $\mathcal{C}$. Il existe deux tangentes à $\mathcal{C}$ passant par M. Une construction de ces tangentes est expliquée ci-dessous.

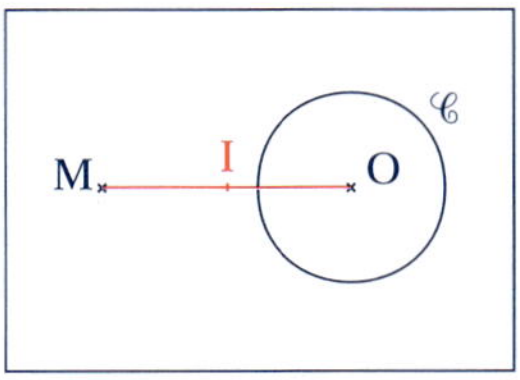

Je construis le milieu I de [MO].

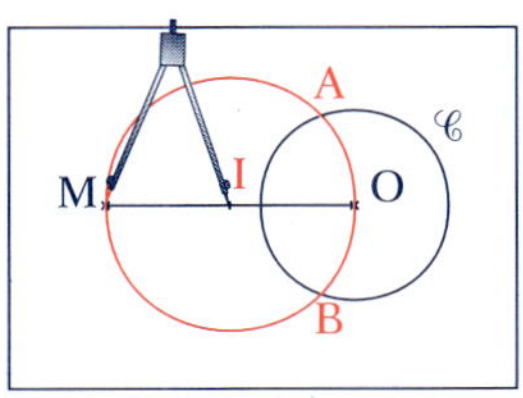

Je construis le cercle de diamètre [MO]. Il coupe le cercle $\mathcal{C}$ en A et en B.

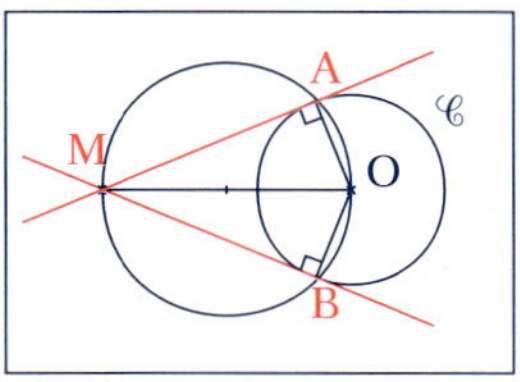

Les triangles MAO et MBO sont rectangles en A et en B ; donc (MA) et (MB) sont tangentes à $\mathcal{C}$.

Déf. Soit $\mathcal{C}$ un cercle de centre O et soit A un point de ce cercle. La tangente au cercle $\mathcal{C}$ en A est la droite passant par A et perpendiculaire au rayon [OA].

▶ Sécant. Positions relatives. Contact.

2 Cercles tangents

Les cercles $\mathcal{C}_1$ et $\mathcal{C}_2$ ont un point en commun et sont chacun extérieur à l'autre ; c'est pourquoi $\mathcal{C}_1$ et $\mathcal{C}_2$ sont tangents extérieurement.

Les cercles $\mathcal{C}_3$ et $\mathcal{C}_4$ ont un point en commun et $\mathcal{C}_4$ est à l'intérieur de $\mathcal{C}_3$; c'est pourquoi $\mathcal{C}_3$ et $\mathcal{C}_4$ sont tangents intérieurement.

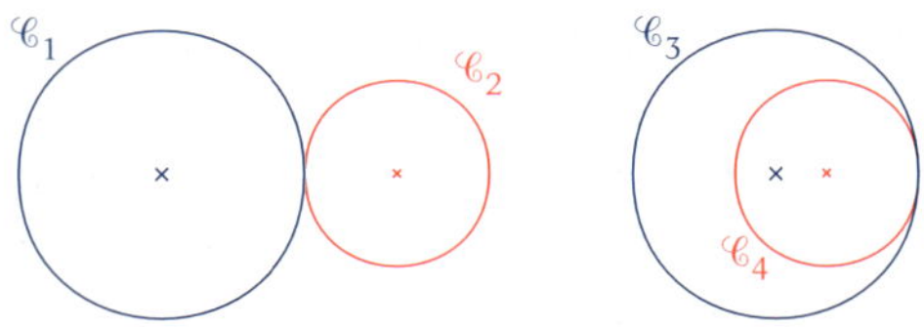

♦ Deux cercles sont tangents extérieurement si et seulement si la distance entre leurs centres est égale à la somme de leurs rayons.

♦ Deux cercles sont tangents intérieurement si et seulement si la distance entre leurs centres est égale à la différence de leurs rayons (le plus grand moins le plus petit).

Déf. Deux cercles tangents sont deux cercles qui ont un point en commun, et un seul.

3 Plan tangent à une sphère

Sur la figure ci-contre, le point A appartient à la sphère S de centre O, le plan $\mathscr{P}$ passe par A et est perpendiculaire au rayon [OA] ; le plan $\mathscr{P}$ est donc tangent en A à la sphère S.

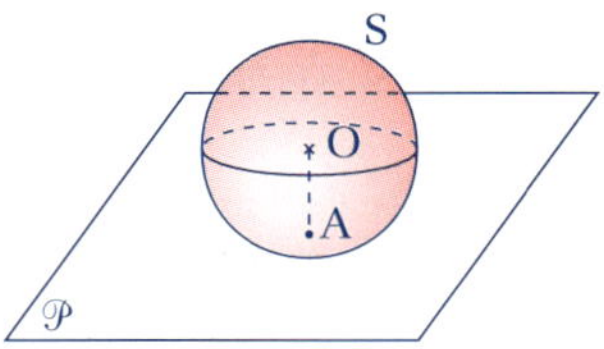

♦ Le plan $\mathscr{P}$ n'a que le point A en commun avec la sphère S ; A s'appelle le point de contact entre $\mathscr{P}$ et S.

Déf. Soit S une sphère de centre O et soit A un point de cette sphère. Le plan tangent à la sphère S en A est le plan passant par A et perpendiculaire au rayon [OA].

Tangente

1 Tangente d'un angle aigu d'un triangle rectangle

L'unité de longueur est le centimètre.
Le triangle ABC représenté ci-contre est rectangle en B.

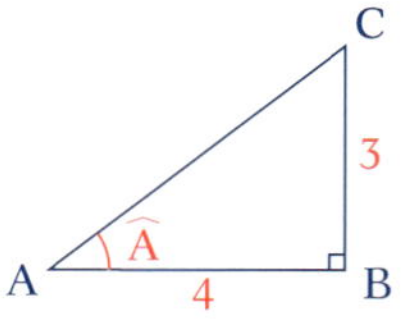

Le nombre $\frac{BC}{AB}$ est égal à $\frac{3}{4}$. Ce nombre est la tangente de l'angle $\widehat{A}$.

En abrégé, je peux écrire : $\tan \widehat{A} = \frac{3}{4}$ (lire *tangente A égal 3 sur 4*).

♦ Pour trouver la tangente d'un angle aigu d'un triangle rectangle, je peux m'aider de la « formule » :

$$\text{tangente} = \frac{\text{côté opposé}}{\text{côté adjacent}}$$

Par exemple, pour le triangle XYZ représenté ci-dessous :

$\tan \widehat{X} = \frac{YZ}{XZ}$; $\tan \widehat{Y} = \frac{XZ}{YZ}$.

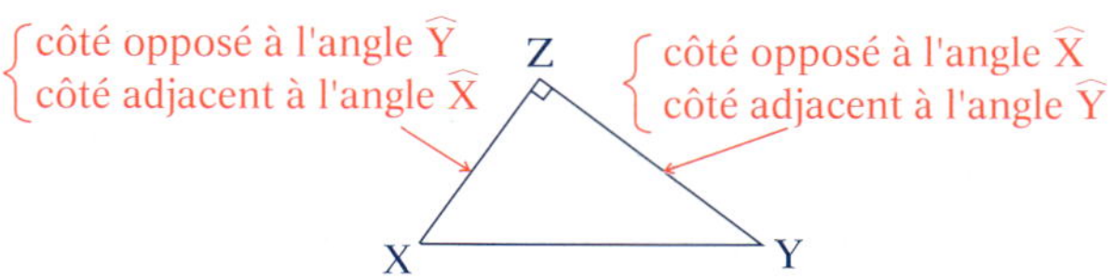

Déf. La tangente de l'angle $\widehat{A}$ d'un triangle ABC rectangle en B est le nombre $\frac{BC}{AB}$.

2 Tangente d'un angle et quart de cercle trigonométrique

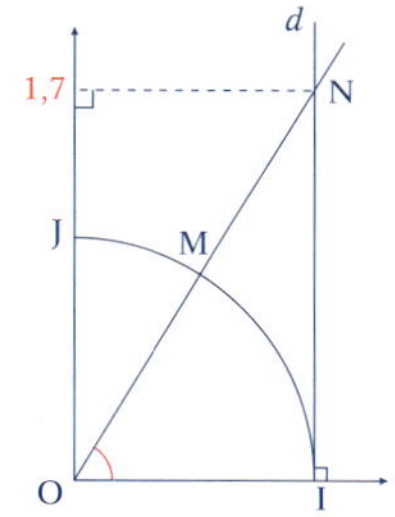

Sur la figure ci-contre, la droite *d* est la tangente au cercle en I ; M est un point du quart de cercle trigonométrique et N est le point d'intersection des droites *d* et (OM). L'ordonnée de N est égale à 1,7 ; la tangente de l'angle $\widehat{IOM}$ est donc égale à 1,7. En abrégé : tan $\widehat{IOM} = 1{,}7$.

♦ En effet, dans le triangle OIN rectangle en I, on a : $\tan \widehat{O} = \frac{IN}{OI} = \frac{1{,}7}{1} = 1{,}7$.

Déf. Soit (O, I, J) un repère orthonormal et M un point du quart de cercle trigonométrique distinct de J. Soit N le point d'intersection entre la droite (OM) et la perpendiculaire à (OI) en I. La tangente de l'angle $\widehat{IOM}$ est l'ordonnée du point N.

▶ Cosinus. Cotangente. Sinus. Trigonométrie.

FICHE

TANGENTE

L'unité de longueur est le centimètre.
Avant d'utiliser la calculatrice, vérifier qu'elle est en mode degré.

1. Obtenir une tangente à la calculatrice

Pour obtenir la tangente d'un angle de 19°, je tape : [1] [9] [TAN] (1)
ou bien : [TAN] [1] [9] [EXE] (2)

La calculatrice affiche [0.344327613].

J'en déduis des valeurs approchées de la tangente d'un angle de 19° ; par exemple : tan 19° ≈ 0,3 (à 0,1 près) ;
tan 19° ≈ 0,344 (à 0,001 près).

2. Obtenir un angle à la calculatrice

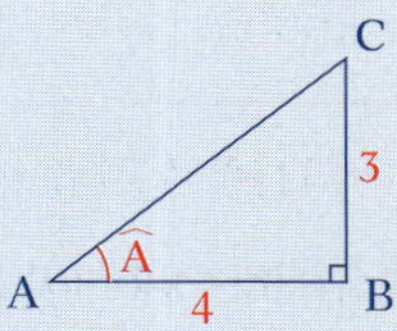

La tangente de l'angle $\widehat{A}$ du triangle ABC représenté ci-contre est égale à $\frac{3}{4}$.

Pour connaître cet angle $\widehat{A}$,
je tape : [3] [÷] [4] [=] [TAN⁻¹] (1)
ou bien : [TAN⁻¹] [(] [3] [÷] [4] [)] [EXE] (2)

La calculatrice affiche [36.86989765].

D'où : $\widehat{A} \approx 37°$ (à 1° près).

(1) sur une calculatrice scientifique. (2) sur une calculatrice graphique.

3. Calculer la longueur d'un côté d'un triangle rectangle

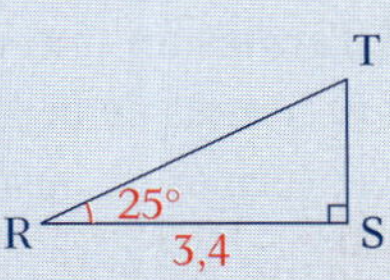

• Exemple 1

Je vais calculer ST à 0,1 près.

Je sais que $\tan \widehat{R} = \frac{ST}{RS}$. Donc : $\tan 25° = \frac{ST}{3{,}4}$;
j'en déduis ST = 3,4 × tan 25°.

Sur une calculatrice scientifique, je tape :
[3] [.] [4] [×] [2] [5] [TAN] [=] .
Elle affiche [1.585446037]. D'où : ST ≈ 1,6 (à 0,1 près).

• Exemple 2
Je vais calculer UV à 0,1 près.

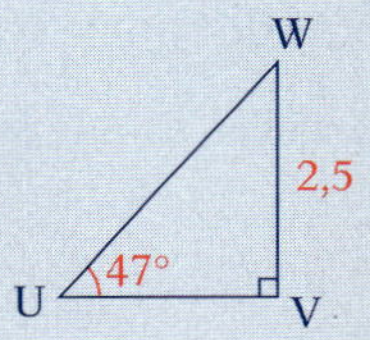

Je sais que $\tan \widehat{U} = \dfrac{VW}{UV}$. Donc : $\tan 47° = \dfrac{2{,}5}{UV}$; j'en déduis $UV = \dfrac{2{,}5}{\tan 47°}$.
Sur une calculatrice scientifique, je tape :
[2] [.] [5] [÷] [4] [7] [TAN] [=]
Elle affiche [2.331287115]. D'où : UV ≈ 2,3 (à 0,1 près).

Temps

Synonyme de *durée*.

▶ Durée.

Téra

Si u désigne une unité de mesure, un téra-u est égal à un million de millions de u.
En abrégé, on peut écrire : 1 Tu = 1 000 000 000 000 u = 10^{12} u.

Déf. Employé avant une unité, *téra* signifie *million de millions de*. Son abréviation est T.

▶ Préfixe.

Terme

1 Termes en tant que nombres

Soit x un nombre.
a) Les termes de la somme $5x^2 + 9x + 2$ sont les nombres $5x^2$, $9x$ et 2.
b) Les termes de la différence $11x - 7x$ sont les nombres $11x$ et $7x$.

Déf. ***a)*** Les termes d'une somme de nombres sont les nombres que l'on doit additionner pour calculer cette somme.
b) Soit a et b deux nombres. Les termes de la différence $a - b$ sont les nombres a et b.

2 Termes en tant que grandeurs ou vecteurs

• Les termes de la somme 8 cm² + 11 cm² sont les deux aires 8 cm² et 11 cm².
• Les termes de la somme vectorielle $\overrightarrow{BA} + \overrightarrow{PJ}$ sont les deux vecteurs $\overrightarrow{BA}$ et $\overrightarrow{PJ}$.

Info. On parle de la même façon qu'en **1** *a)* des termes d'une somme de grandeurs ou de vecteurs.

3 Termes d'une suite, d'un tableau de proportionnalité

a) Les termes de la suite (1, 2, 4, 8, 16) sont les nombres 1, 2, 4, 8, 16.

b) Le tableau de proportionnalité ci-contre comporte six termes : 2, 5, 9, 6, 15, 27.

2	5	9
6	15	27

♦ Le coefficient de proportionnalité du tableau est 3.

Info. ***a)*** Les termes d'une suite de nombres sont les nombres que l'on écrit pour définir cette suite.

b) Les termes d'un tableau de proportionnalité sont les nombres écrits dans ce tableau.

▶ Facteur. Somme.

Tétraèdre

Le solide représenté ci-contre a quatre faces ; c'est donc un tétraèdre.

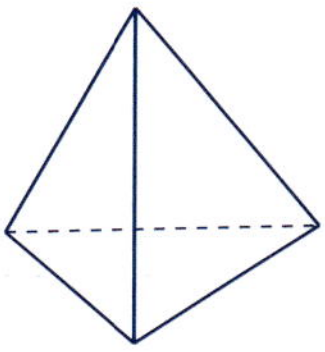

♦ Les faces du tétraèdre représenté sont des triangles équilatéraux superposables ; c'est un tétraèdre régulier ; il a six arêtes et quatre sommets.

♦ Pour une construction d'un patron de tétraèdre, voir la fiche de l'article *Pyramide.*

Déf. Un tétraèdre est un polyèdre à quatre faces.

▶ Dodécaèdre. Icosaèdre. Octaèdre. Platon.

Thalès

Thalès était un philosophe grec qui vécut aux VIe et Ve siècles avant notre ère (né vers 640 av. J.-C.). Il fonda à Milet en Asie mineure l'école ionienne et s'intéressa essentiellement à la géométrie, la physique et l'astronomie. Il trouva une méthode utilisant les ombres du soleil pour mesurer la hauteur des pyramides d'Égypte. Cette méthode est expliquée ci-dessous ; les mesures données correspondent à la grande pyramide de Gizeh.

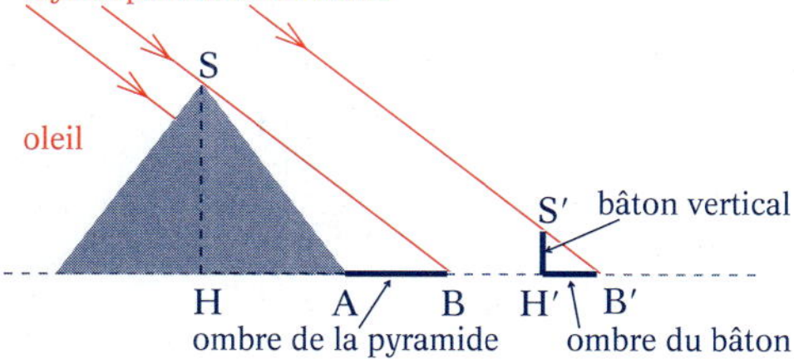

Les proportions entre la pyramide et le bâton ne sont pas respectées.

L'unité de longueur est le mètre.

1. On mesure un côté de la base de la pyramide (232 m) et on divise par 2 pour trouver HA. D'où HA = 116 (232 : 2 = 116).

2. On mesure la longueur de l'ombre [BA] ; AB = 73.
HB = HA + AB, donc HB = 189 (116 + 73 = 189).
3. La longueur du bâton est connue ; supposons que S'H' = 1.
4. On mesure la longueur de l'ombre [H'B'] ; H'B' = 1,3.
5. Le triangle SHB est un agrandissement du triangle S'H'B' car leurs côtés sont parallèles deux à deux ; les mesures des côtés de ces triangles sont donc proportionnelles :
$\frac{SH}{S'H'} = \frac{HB}{H'B'}$; ceci entraîne $SH = \frac{S'H' \times HB}{H'B'}$; d'où $SH \approx 145 \left(\frac{1 \times 189}{1{,}3} \approx 145\right)$.

La hauteur de la pyramide est environ égale à 145 mètres.

▶ Agrandissement. Réduction **2**. Théorème de Thalès.

Théorème

Aujourd'hui, le professeur a rappelé une propriété que nous connaissions :
la somme des trois angles de n'importe quel triangle est égale à 180 degrés.
Il a ensuite démontré cette propriété (voir l'article *Angle d'un triangle.*
Puis nous avons écrit sur notre cahier :
Théorème : Quel que soit le triangle ABC, on a $\widehat{A} + \widehat{B} + \widehat{C} = 180°$.

Info *Théorème* est synonyme de *Propriété.*

▶ Démonstration. Théorème de Pythagore. Théorème de Thalès. Théorème des milieux.

Théorème de Pythagore

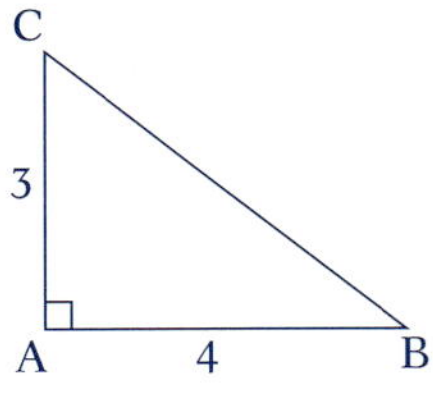

L'unité de longueur est le centimètre.
Le triangle ABC est rectangle en A. Le théorème de Pythagore permet d'écrire : $BC^2 = AB^2 + AC^2$.
Donc $BC^2 = 4^2 + 3^2$; $BC^2 = 16 + 9$; $BC^2 = 25$; $BC = \sqrt{25}$; BC = 5.

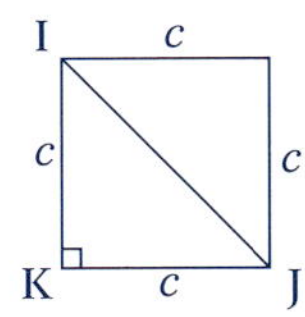

♦ La diagonale d'un carré de côté c est égale à $c\sqrt{2}$; en effet, le théorème de Pythagore appliqué au triangle IJK donne $IJ^2 = IK^2 + KJ^2$,
donc $IJ^2 = c^2 + c^2$, $IJ^2 = 2c^2$, $IJ = \sqrt{2c^2}$, $IJ = c\sqrt{2}$.

♦ La hauteur d'un triangle équilatéral de côté c est égale à $c\frac{\sqrt{3}}{2}$; en effet, le théorème de Pythagore appliqué au triangle MNH donne :
$MN^2 = MH^2 + NH^2$, donc $c^2 = MH^2 + \left(\frac{c}{2}\right)^2$, $MH^2 = c^2 - \frac{c^2}{4}$, $MH^2 = \frac{3c^2}{4}$, $MH = \sqrt{\frac{3c^2}{4}}$, $MH = c\frac{\sqrt{3}}{2}$.

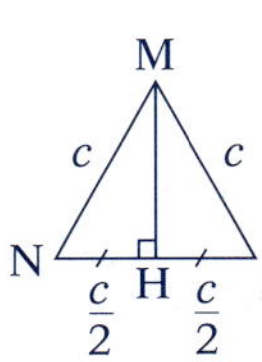

Info. Théorème de Pythagore :
Soit ABC un triangle. Si ABC est rectangle en A, alors $BC^2 = AB^2 + AC^2$.

▶ Pythagore. Réciproque du théorème de Pythagore.

FICHE

UNE DÉMONSTRATION DU THÉORÈME DE PYTHAGORE

Choisissons une unité de longueur (par exemple, le centimètre).
Soit ABC un triangle rectangle en A.
On pose BC = a, CA = b et AB = c (figure 1).
On considère le carré AHFD, et les points E et G comme il est montré sur la figure 2.

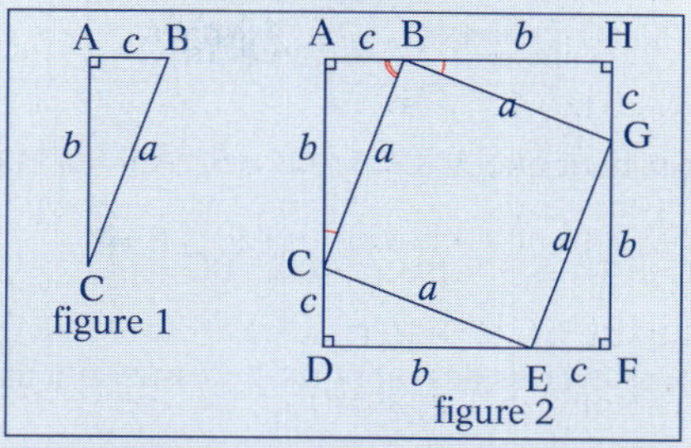

figure 1 figure 2

Les quatre triangles ABC, BHG, EFG et CDE sont isométriques et donc BGEC est un losange de côté a.
Les angles $\widehat{ACB}$ et $\widehat{ABC}$ sont complémentaires, et donc $\widehat{ABC}$ et $\widehat{HBG}$ le sont aussi. On a : $\widehat{CBG} = \widehat{ABH} - (\widehat{ABC} + \widehat{HBG}) = 180° - 90° = 90°$; ceci montre que $\widehat{CBG}$ est droit, et donc que BGEC est un carré.
Nous pouvons calculer l'aire du carré AHFD de deux façons.
1re façon :

$$\begin{aligned} \text{aire (AHFD)} &= \text{aire(BGEC)} + \text{aire(ABC)} + \text{aire(BHG)} + \text{aire(EFG)} + \\ &\quad \text{aire (CDE)} \\ &= \text{aire(BGEC)} + 4 \times \text{aire(ABC)} \\ &= a^2 + 4 \times \frac{bc}{2} \\ &= a^2 + 2bc. \end{aligned}$$

2e façon :

$$\begin{aligned} \text{aire(AHFD)} &= (b + c)^2 \\ &= b^2 + 2bc + c^2. \end{aligned}$$

Les deux façons doivent conduire au même résultat, donc :
$a^2 + 2bc = b^2 + 2bc + c^2$, ce qui entraîne $a^2 = b^2 + c^2$,
c'est-à-dire $BC^2 = AB^2 + AC^2$, et ceci démontre le théorème.

Théorème de Thalès

L'unité de longueur est le centimètre.

• Sur la figure ci-contre, on suppose que les droites (BC) et (MN) sont parallèles.
Le théorème de Thalès permet d'écrire :

$$\frac{AM}{AB} = \frac{AN}{AC} = \frac{MN}{BC}.$$

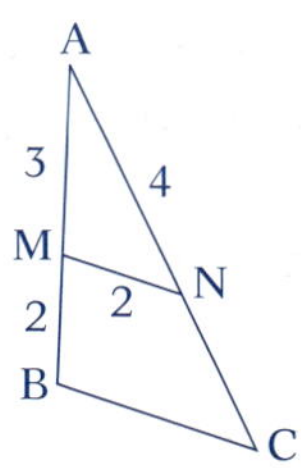

♦ Je remarque aux numérateurs des rapports ci-dessus les côtés du triangle AMN, et aux dénominateurs ceux du triangle ABC. Le schéma suivant montre comment obtenir facilement les rapports égaux.

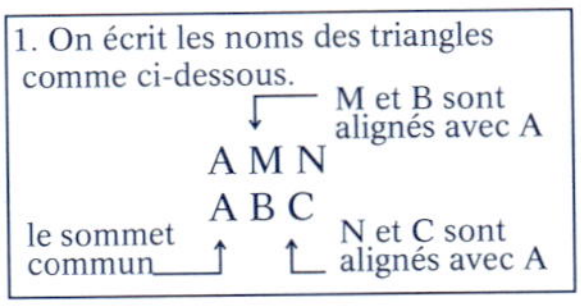

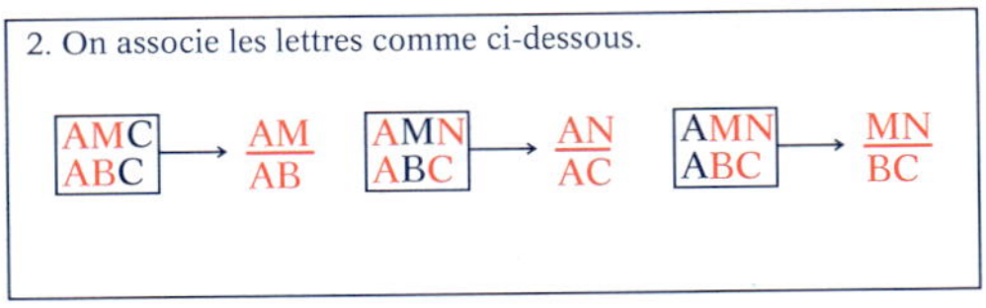

♦ Sachant que AM = 3, AB = 5, AN = 4 et MN = 2, j'obtiens $\frac{3}{5} = \frac{4}{AC} = \frac{2}{BC}$. D'où $3 \times AC = 5 \times 4$;

$AC = \frac{20}{3}$ et $3 \times BC = 5 \times 2$; $BC = \frac{10}{3}$.

♦ Les inverses des rapports ci-dessus sont aussi égaux : $\frac{AB}{AM} = \frac{AC}{AN} = \frac{BC}{MN}$.

Sur la figure ci-dessous, on suppose que les droites (BC) et (MN) sont parallèles.

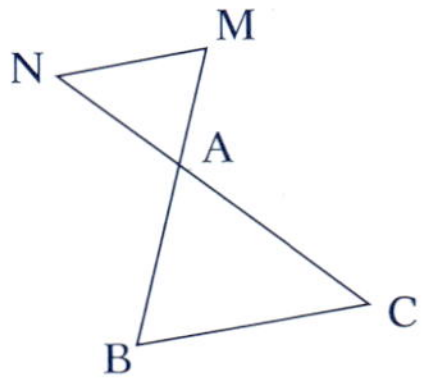

Le théorème de Thalès permet d'écrire :

$$\frac{AM}{AB} = \frac{AN}{AC} = \frac{MN}{BC}.$$

Info. Théorème de Thalès

Soit ABC un triangle, M un point de la droite (AB) et N un point de la droite (AC). Si les droites (BC) et (MN) sont parallèles, alors :

$$\frac{AM}{AB} = \frac{AN}{AC} = \frac{MN}{BC}.$$

▶ Réciproque du théorème de Thalès. Thalès.

Théorème des milieux

Théorème des milieux

Soit ABC un triangle et *d* une droite passant par les milieux de [AB] et de [AC].
Alors *d* est parallèle à (BC).

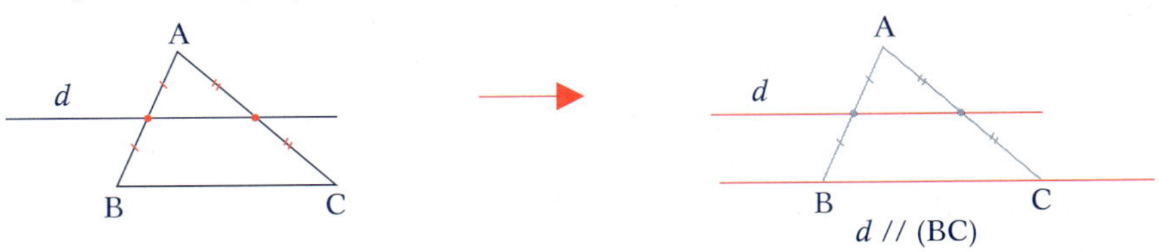

Réciproque du théorème des milieux

Soit ABC un triangle et *d* une droite passant par le milieu de [AB].

Si *d* est parallèle à (BC), alors *d* passe par le milieu de [AC].

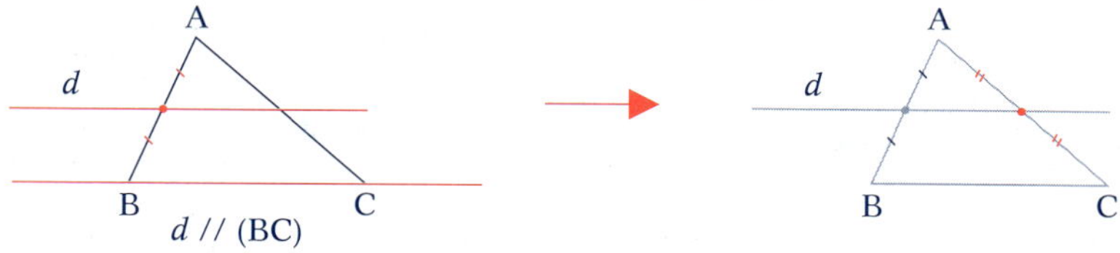

▶ Théorème de Thalès.

Tomber juste

1 Cas d'une division euclidienne

J'effectue la division euclidienne de 315 par 7.
La division euclidienne tombe juste parce que le reste est égal à 0.

```
3 1 5 | 7
  3 5 | 45
    0 |
```

Comme la division tombe juste, je peux écrire 315 : 7 = 45 ou $\frac{315}{7} = 45$ ou $315 = 7 \times 45$.

Déf. Soit *a* et *b* deux entiers naturels, *b* étant non nul.
Dire que la division euclidienne de *a* par *b* tombe juste signifie que son reste est nul.

2 Cas d'une division décimale

• J'effectue la division au dixième de 37 par 4.
La division au dixième ne tombe pas juste parce que le reste n'est pas égal à 0.

```
3 7   | 4
  1 0 | 9 , 2
    2 |
```

• J'effectue la division au centième de 37 par 4.
La division au centième tombe juste parce que le reste est égal à 0.

```
3 7     | 4
  1 0   | 9 , 2 5
    2 0 |
      0 |
```

♦ Comme la division tombe juste, je peux écrire 37 : 4 = 9,25 ou $\frac{37}{4} = 9{,}25$ ou $37 = 4 \times 9{,}25$.

Déf. Soit *a* et *b* deux entiers naturels, *b* étant non nul.
– Dire que la division au dixième de *a* par *b* tombe juste signifie que son reste est nul.
– Dire que la division au centième de *a* par *b* tombe juste signifie que son reste est nul.
Et ainsi de suite.

3 Cas d'une division

• La division au centième de 37 par 4 tombe juste (voir ci-dessus).
Pour cette raison, je peux dire que la division de 37 par 4 tombe juste.

♦ Je remarque que, dans ce cas, le quotient 37 : 4 est un nombre décimal.

• J'effectue la division de 25 par 3 au dixième, au centième, au millième.
Aucune de ces divisions ne tombe juste.
En continuant (au dix-millième, au cent-millième, etc.), ce serait pareil ; je n'obtiendrai jamais un reste égal à 0.
Pour cette raison, je peux dire que la division de 25 par 3 ne tombe pas juste.

```
2 5       | 3
  1 0     | 8,333
    1 0   |
      1 0 |
        1 |
```

♦ Comme les divisions de 25 par 3 au dixième, au centième, etc. ne tombent pas justes, $\frac{25}{3}$ n'est ni égal à 8,3, ni égal à 8,33, etc. Le nombre 25 : 3 n'est pas un nombre décimal.

♦ Je peux dire aussi que la division de 25 par 3 ne tombe pas juste car je peux observer une répétition dans les restes lorsque j'effectue les divisions au dixième, au centième, etc. de 25 par 3.

♦ En posant la division de 15 par 11, je peux de même être sûr(e) qu'elle ne tombe pas juste.

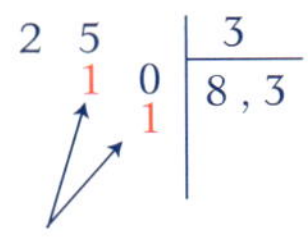

Répétition de 1
La division ne tombe pas juste.

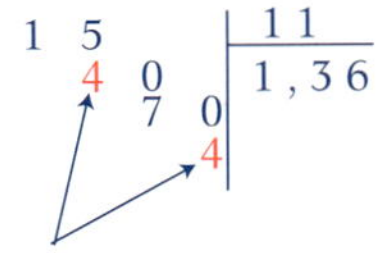

Répétition de 4
La division ne tombe pas juste.

Déf. Soit *a* et *b* deux entiers naturels, *b* étant non nul.
Dire que la division *a* par *b* tombe juste signifie qu'il existe une division décimale de *a* par *b* qui tombe juste au sens de **2**.

▶ Division décimale. Division euclidienne. Valeur approchée. Valeur exacte.

Tonne

La tonne est une unité de masse ; une tonne est égale à mille kilogrammes. $1 \text{ t} = 1\,000 \text{ kg}$

▶ Quintal.

Touche de calculatrice Voir l'article *Calculatrice*.

Transformation

1 Cas général

Je considère la rotation *r* de centre O et d'angle 50° dans le sens des aiguilles d'une montre. À tout point M, je sais associer le point M', image du point M par *r*.
Je sais aussi que, si je choisis un point N′ quelconque, je pourrai trouver un point N unique, dont N′ est l'image.
Je peux en conclure que la rotation *r* est une transformation.

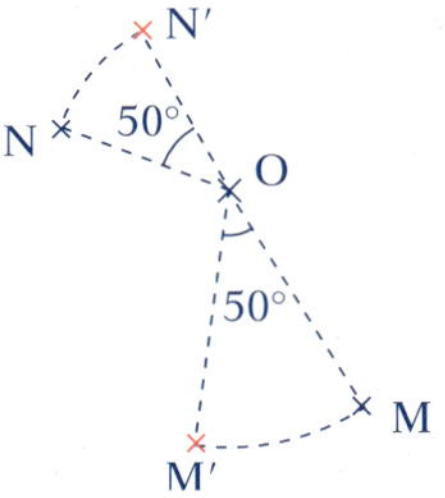

♦ Une projection n'est pas une transformation. Par exemple, je considère la projection *p* sur la droite *d* dans la direction δ ; à tout point M, je sais associer le point M′, image de M par *p*.

♦ Mais si je choisis un point N′ qui n'est pas sur *d*, il n'existe aucun point N dont N′ soit l'image.

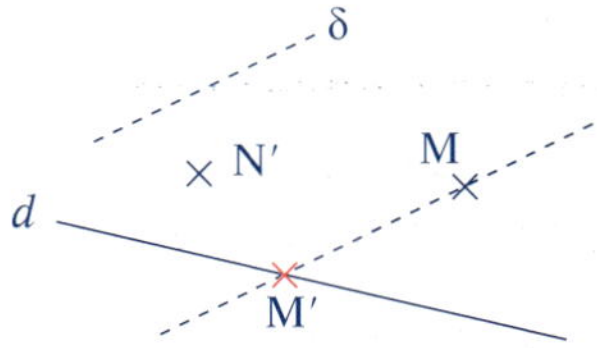

Info. Une transformation *t* associe à tout point M un point M′, appelé image de M par *t*. Une transformation *t* doit posséder la propriété suivante : pour tout point N′, il existe un unique point N dont N' soit l'image par *t*.

2 Transformation identique

Déf. La transformation identique est la transformation qui, à tout point M, associe M lui-même.

Info. Par la transformation identique, tout point est fixe.

▶ Isométrie. Rotation. Symétrie centrale. Symétrie orthogonale. Transformer. Translation.

Transformer

1 Sens actif

a) Considérons une transformation *t*. À tout point M, elle associe un point M′. On peut dire aussi que *t* transforme M en M′.

b) On dit aussi qu'une transformation transforme une figure F en une figure F′, pour dire que la figure F' est formée des images de tous les points de F.

Ci-contre, la symétrie orthogonale d'axe *d* transforme la figure F en figure F′.

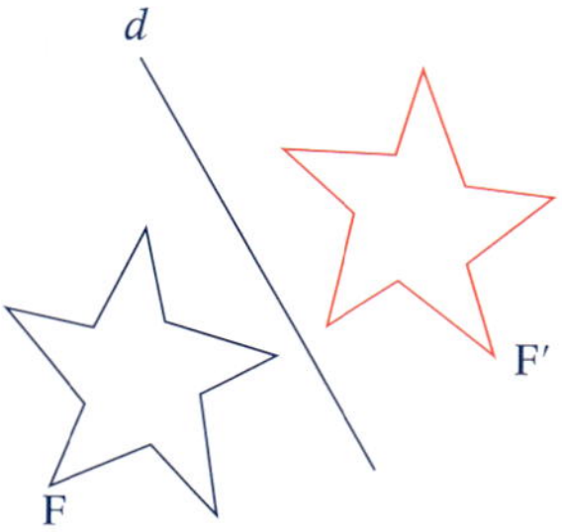

Info. ***a)*** Dire qu'une transformation *t* transforme un point M en un point M′ signifie que M′ est l'image de M par *t*.
b) Dire qu'une transformation *t* transforme une figure F en une figure F′ signifie que la figure F′ est formée des images de tous les points de la figure F.

2 Au participe passé

Si une transformation *t* transforme un point M en un point M′, on dit que le point M′ est le transformé du point M par la transformation *t*. On dit aussi qu'une figure F' est la figure transformée d'une figure F par *t*.

Sur la figure ci-dessus, la figure F′ est la figure transformée de F par *t*.

Info. Si une transformation transforme une figure F en figure F′, on dit que la figure F′ est la figure transformée de F par la transformation.

▶ Associer. Transformation.

Translater

La figure 2 est l'image de la figure 1 par la translation de vecteur $\vec{u}$.

On dit aussi que la figure 2 est la translatée de la figure 1 par la translation de vecteur $\vec{u}$, ou bien : en translatant la figure 1 par la translation de vecteur $\vec{u}$, on obtient la figure 2.

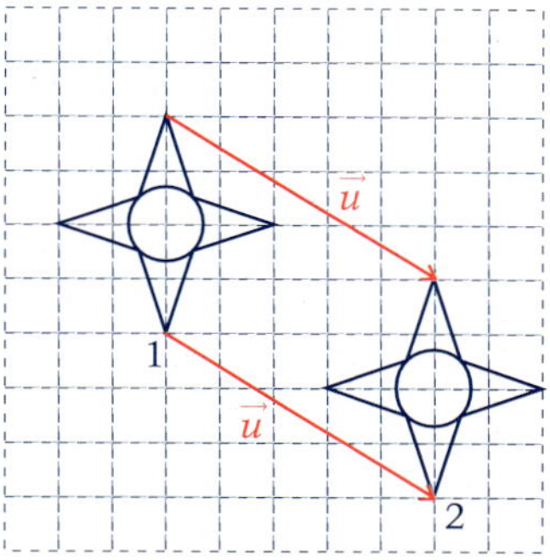

Déf. Translater une figure, c'est transformer cette figure par une translation.

▶ Translation. Vecteur.

Translation

1 Définition d'une translation

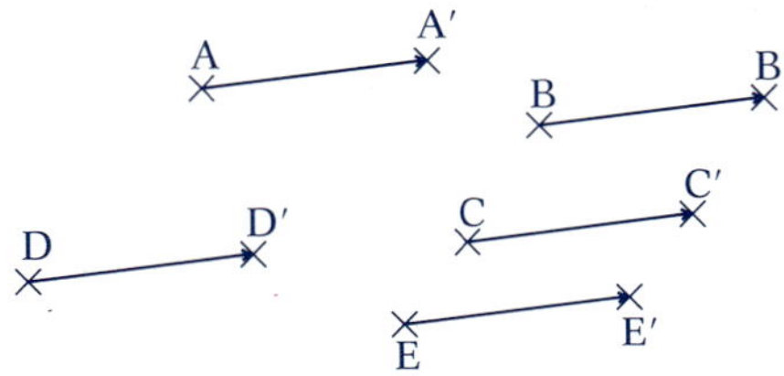

Soit $\vec{u}$ un vecteur.
Sur la figure ci-contre, j'ai placé les points A, B, C, D et E, puis j'ai construit les points A', B', C', D' et E' de telle sorte que $\overrightarrow{AA'} = \vec{u}$, $\overrightarrow{BB'} = \vec{u}$, $\overrightarrow{CC'} = \vec{u}$, etc.
Les points A, B, C, D, E sont transformés en A', B', C', D', E' par la même transformation ; il s'agit de la translation de vecteur $\vec{u}$.

♦ Si $\vec{u} = \vec{0}$, alors la translation est la transformation identique : tout point est fixe.

Déf. Soit $\vec{u}$ un vecteur. La translation de vecteur $\vec{u}$ est la transformation qui, à tout point M, associe le point M' tel que $\overrightarrow{MM'} = \vec{u}$.

Info. Les translations sont des isométries.

▶ Composer. Isométrie. Translater. Vecteur.

2 Image d'une figure géométrique par une translation

J'ai représenté ci-contre une figure géométrique F.

Elle est formée de points (quelques-uns seulement sont représentés).

Soit $\vec{u}$ un vecteur. Chacun des points de F a une image par la translation de vecteur $\vec{u}$ (seules sont représentées en rouge les images des points bleus).

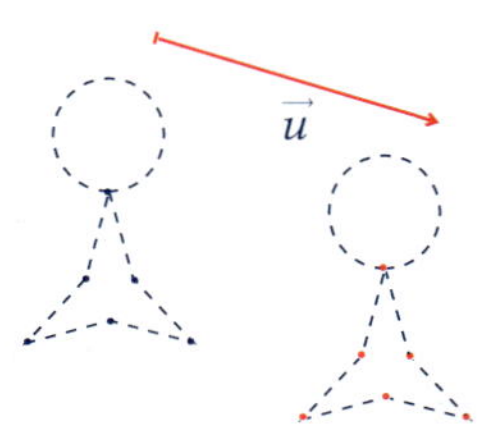

Tous ces points images forment la figure F′ (en rouge). F′ est l'image de la figure F par la translation de vecteur $\vec{u}$.

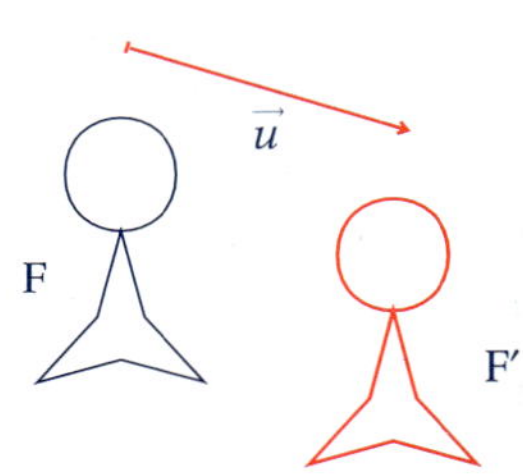

Déf. Soit F une figure géométrique ; l'image de F par une translation est la figure géométrique F′ formée des images de tous les points de F par la translation.

▶ Isométrique.

FICHE

COMPOSER DEUX TRANSLATIONS

Je considère deux vecteurs $\vec{u}$ et $\overrightarrow{u'}$, et les translations t et t' de vecteurs respectifs $\vec{u}$ et $\overrightarrow{u'}$.

J'examine la composée de t et t' dans cet ordre. Soit M un point.

L'image de M par t est le point M_1 ;
donc $\overrightarrow{MM_1} = \vec{u}$.

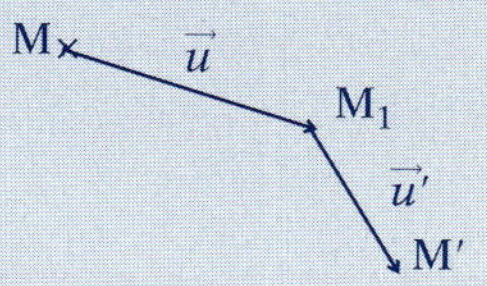

L'image de M_1 par t' est le point M' ;
donc $\overrightarrow{M_1M'} = \overrightarrow{u'}$.
J'en déduis que $\overrightarrow{MM'} = \overrightarrow{MM_1} + \overrightarrow{M_1M'} = \vec{u} + \overrightarrow{u'}$.
M' est donc l'image de M par la translation de vecteur $\vec{u} + \overrightarrow{u'}$.

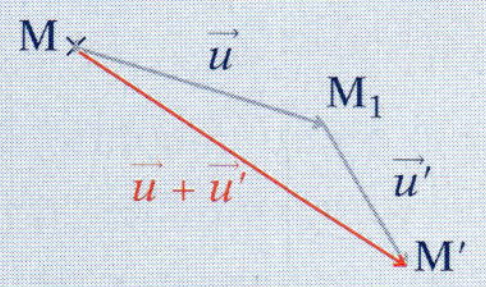

J'en conclus que la composée de t et t' dans cet ordre est la translation de vecteur $\overrightarrow{u'} + \vec{u}$.

♦ De même, la composée de t' et t dans cet ordre est la translation de vecteur $\vec{u} + \overrightarrow{u'}$. Comme $\vec{u} + \overrightarrow{u'} = \overrightarrow{u'} + \vec{u}$, les deux composées sont égales.

Conclusion : La composée de deux translations de vecteurs respectifs $\vec{u}$ et $\overrightarrow{u'}$ est la translation de vecteur $\vec{u} + \overrightarrow{u'}$.

Transposer

• Voici une équation : $4x - 5 = 7$.

Pour la résoudre, je peux ajouter 5 à ses deux membres ; j'obtiens successivement les équations écrites ci-dessous qui sont équivalentes à $4x - 5 = 7$.

$$4x - 5 + 5 = 7 + 5$$
$$4x = 7 + 5$$
$$4x = 12$$

Lorsque j'ajoute 5 aux deux membres de l'équation $4x - 5 = 7$, on dit que je transpose -5.

♦ Je termine la résolution en écrivant : $x = \frac{12}{4}$; $x = 3$; la solution de l'équation est le nombre 3.

• Voici une inéquation : $6x < 3 + 2x$.

Pour la résoudre, je peux ajouter $-2x$ à ses deux membres ; j'obtiens successivement les inéquations écrites ci-dessous qui sont équivalentes à $6x < 3 + 2x$.

$$6x - 2x < 3 + 2x - 2x$$
$$6x - 2x < 3$$
$$4x < 3$$

Lorsque j'ajoute $-2x$ aux deux membres de l'inéquation $6x < 3 + 2x$, on dit que je transpose $2x$.

♦ Je termine la résolution en écrivant : $x < \frac{3}{4}$; les solutions de l'inéquation sont tous les nombres inférieurs à $\frac{3}{4}$.

Info. Soit a un nombre. Quand on ajoute $-a$ aux deux membres d'une équation, on dit que l'on transpose a. On obtient ainsi une nouvelle équation équivalente à la première équation.
De même pour une inéquation.

▶ Équation. Inéquation. Membre.

Trapèze

Sur la figure ci-contre, le quadrilatère est non croisé, et deux de ses côtés sont parallèles ; ce quadrilatère est donc un trapèze.

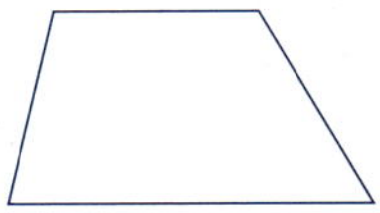

♦ Il existe des trapèzes particuliers :

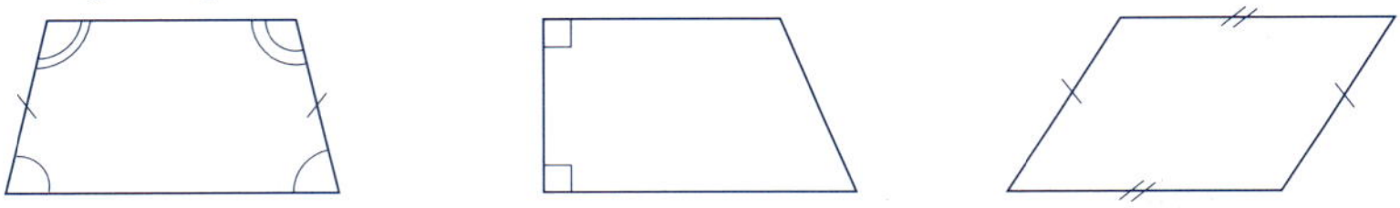

trapèze isocèle — trapèze rectangle — parallélogramme

Déf. Un trapèze est un quadrilatère non croisé dont deux côtés sont parallèles, les deux autres pouvant être soit parallèles, soit non parallèles.

▶ Aire. Carré. Losange. Parallélogramme. Polygonal. Polygone. Rectangle.

Trapézoïdal

Voir l'article *Polygonal*.

Triangle

La figure ci-contre est formée de trois segments [AB], [BC] et [CA] joignant trois points A, B et C non alignés. Cette figure est un triangle.

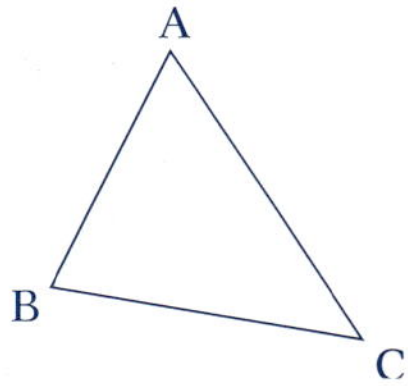

♦ Ce triangle peut être désigné par l'un des six noms suivants : ABC, BCA, CAB, ACB, CBA et BAC. Voir à ce sujet l'article *Polygone*.

♦ Il existe des triangles particuliers :

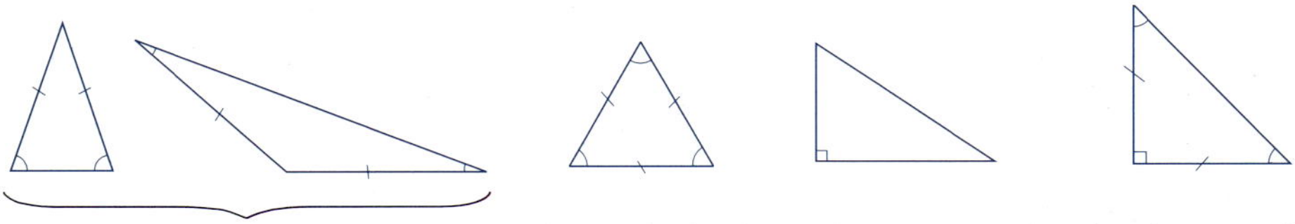

triangles isocèles — triangle équilatéral — triangle rectangle — triangle rectangle isocèle

♦ Un triangle est un polygone qui a trois côtés.

Déf. Un triangle est une figure géométrique formée de trois segments joignant trois points non alignés.

▶ Acutangle. Aire (d'un triangle). Angle d'un triangle. Bissectrice. Circonscrit . Côté. Hauteur d'un triangle. Médiane. Médiatrice **2**. Obtusangle. Quelconque. Rectangle. Scalène. Sommet.

Triangulaire

1 Surface triangulaire

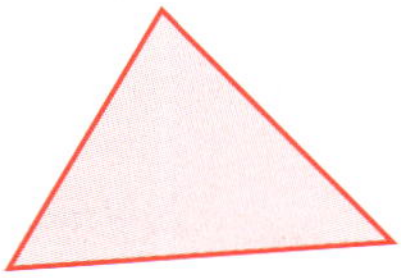

La surface représentée ci-contre en rouge est limitée par un triangle ; elle est constituée des points intérieurs au triangle (en rouge clair) et des points du triangle (en rouge foncé).
On dit que cette surface est triangulaire.

♦ Par abus, on dit parfois *triangle* au lieu de *surface triangulaire*. C'est le cas dans l'expression *aire d'un triangle* qui signifie en fait *aire d'une surface triangulaire*.

Déf. Une surface triangulaire est une surface plane limitée par un triangle ; le triangle fait partie de la surface.

▶ Carré (**3**). Polygonal. Rectangulaire.

2 Inégalité triangulaire

Voir l'article *Inégalité* **3**.

Trigonométrie

Déf. La trigonométrie est la partie des mathématiques qui traite du calcul des côtés et des angles d'un triangle rectangle.

▶ Cosinus. Sinus. Tangente.

FICHE

FORMULES DE TRIGONOMÉTRIE

1. Formules

1. $\cos\widehat{A} = \dfrac{AB}{AC}$ $\left(\text{cosinus} = \dfrac{\text{côté adjacent}}{\text{hypoténuse}}\right)$

$\sin\widehat{A} = \dfrac{BC}{AC}$ $\left(\text{sinus} = \dfrac{\text{côté opposé}}{\text{hypoténuse}}\right)$

$\tan\widehat{A} = \dfrac{BC}{AB}$ $\left(\text{tangente} = \dfrac{\text{côté opposé}}{\text{côté adjacent}}\right)$

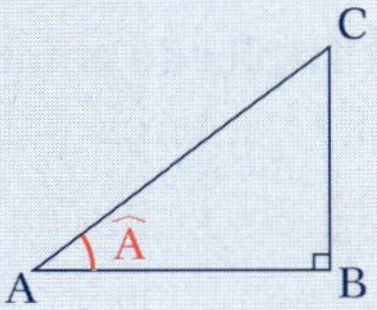

2. Propriétés

1. Si $\widehat{A}$ et $\widehat{C}$ sont deux angles aigus complémentaires, alors :

$$\cos\widehat{A} = \sin\widehat{C} \qquad \sin\widehat{A} = \cos\widehat{C}$$

2. Quel que soit l'angle aigu $\widehat{A}$: $\tan \widehat{A} = \dfrac{\sin \widehat{A}}{\cos \widehat{A}}$

3. Quel que soit l'angle aigu $\widehat{A}$:

$$(\cos \widehat{A})^2 + (\sin \widehat{A})^2 = 1$$

Cette formule s'écrit le plus souvent sans parenthèses de la manière suivante :

$$\cos^2 \widehat{A} + \sin^2 \widehat{A} = 1$$

3. Valeurs remarquables

Le tableau ci-dessous donne le cosinus, le sinus et la tangente d'angles d'ouvertures 30°, 45° et 60°.

Angle	30°	45°	60°
Cosinus	$\frac{\sqrt{3}}{2}$	$\frac{\sqrt{2}}{2}$	$\frac{1}{2}$
Sinus	$\frac{1}{2}$	$\frac{\sqrt{2}}{2}$	$\frac{\sqrt{3}}{2}$
Tangente	$\frac{\sqrt{3}}{3}$	1	$\sqrt{3}$

Triplet

1 Triplet de nombres

La suite (2 ; 5 ; 3) est un triplet de nombres.

Déf. Un triplet de nombres est une suite de trois nombres.

2 Triplet de points

Soit O, I, J trois points. La suite (O, I, J) est une suite de points.

Déf. Un triplet de points est une suite de trois points.

▶ Couple. Suite.

Trois

Voir l'article *Règle de trois.*

Tronc

J'ai représenté un cône dont la base est incluse dans un plan $\mathcal{P}$.

J'ai représenté un plan parallèle à $\mathcal{P}$ coupant le cône en deux parties.

La partie du cône ne contenant pas le sommet est un tronc du cône.

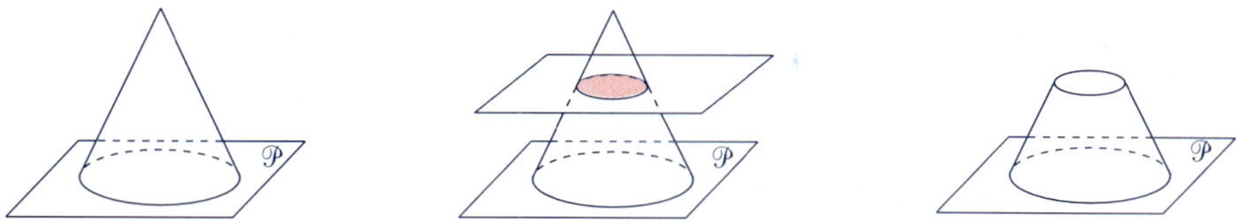

♦ On définit de la même façon un tronc de pyramide.

Déf. Considérons un plan parallèle au plan contenant la base d'un cône (ou d'une pyramide) et coupant ce cône (ou cette pyramide) en deux parties. La partie ne contenant pas le sommet est un tronc de cône (ou de pyramide).

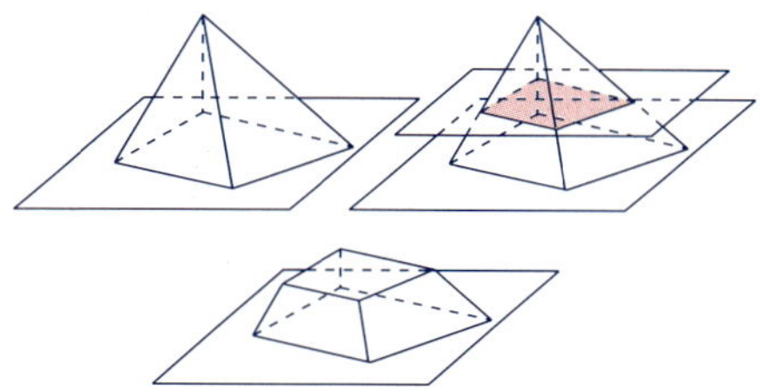

Troncature

a) La troncature à une décimale du nombre 3,142 est le nombre 3,1. Je peux obtenir cette troncature en imaginant un découpage comme ci-dessous.

3,1 est aussi l'approximation décimale à 10^{-1} près par défaut de 3,142.
Le tableau ci-dessous donne d'autres exemples de troncatures.

Nombre	Troncature à zéro décimale ou approximation décimale à 1 près par défaut	Troncature à une décimale ou approximation décimale à 10^{-1} près par défaut	Troncature à deux décimales ou approximation décimale à 10^{-2} près par défaut	Troncature à trois décimales ou approximation décimale à 10^{-3} près par défaut
3,8725	3	3,8	3,87	3,872
0,0052	0	0 On peut aussi écrire 0,0	0 On peut aussi écrire 0,00	0,005
$\frac{2}{3}$ $\frac{2}{3} \approx 0{,}666\,666$	0	0,6	0,66	0,666

♦ Au lieu de dire « troncature à 0 décimale », on dit aussi « troncature à l'unité ».

♦ Au lieu de dire « troncature à 1 décimale », on dit aussi « troncature au dixième ». Etc.

b) La troncature à l'unité de – 5,19 est – 5 car la troncature à l'unité de 5,19 est 5.
La troncature à une décimale de – 5,19 est – 5,1 car la troncature à une décimale de 5,19 est 5,1.

Déf. ***a)*** Soit n un entier naturel. La troncature à n décimales d'un nombre positif est son approximation décimale à 10^{-n} près par défaut.
b) Soit x un nombre négatif ($-x$ est donc positif). La troncature à n décimales de x est l'opposé de la troncature à n décimales de $-x$.

▶ Approximation décimale.

Type

Les grandeurs 5 cm^2 et 34 mm^2 sont du même type car ce sont deux aires.
En revanche, 5 cm^2 et 34 mm sont deux grandeurs de types différents car la première est une aire et la seconde est une longueur.

Info. Dire que des grandeurs sont du même type signifie que ces grandeurs sont toutes des longueurs, ou bien sont toutes des aires, etc.

▶ Grandeur.

U *u*

Un

1 Article

• Je sais que : si un parallélogramme a un angle droit, alors c'est un rectangle. Dans cette phrase, l'expression *un angle droit* signifie *un angle droit au moins*.

• Soit x un réel non nul ; il existe un réel y tel que le produit xy soit égal à 1 (le réel y dont il est question est l'inverse de x). Le réel y est unique ; je pourrais remplacer l'expression *un réel* y par *un unique réel* y ou bien *un et un seul réel* y.

Info. En mathématiques, l'article *un* signifie *au moins un* ou bien *un unique*, ou bien *un et un seul* ou bien encore *exactement un*.

2 Nombre un

Le nombre un s'écrit 1. C'est l'entier naturel qui est le plus petit entier naturel non nul.

♦ Soit a un nombre.
– $a \times 1 = a$.
– Tout nombre est un multiple de 1.
– 1 est un diviseur de tout nombre.

▶ Au moins. Au plus. Deux. Zéro.

Unitaire

Dans le repère orthonormal de la figure ci-contre, seuls les vecteurs $\overrightarrow{AB}$ et $\vec{u}$ sont unitaires car ce sont les seuls vecteurs dont la norme est égale à 1.

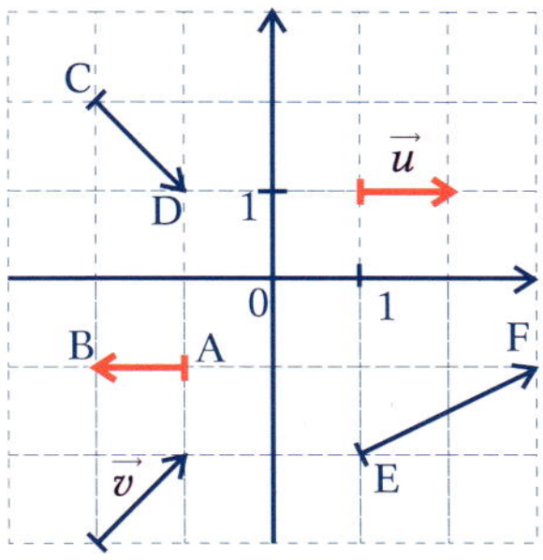

Déf. Un vecteur unitaire est un vecteur dont la norme est égale à 1.

▶ Norme.

Unité

1 Chiffre des unités

Le chiffre des unités de l'écriture décimale 538 est 8. Celui de 254,05 est 4.

Déf. Le chiffre des unités d'une écriture décimale est :
– le chiffre qui est écrit à droite si l'écriture ne comporte pas de virgule ;
– le chiffre qui est écrit juste à gauche de la virgule si l'écriture comporte une virgule.

▶ Écriture décimale.

2 Unité et grandeur

Sur la figure, on a : CD = 2 × AB et EF = 6 × AB.

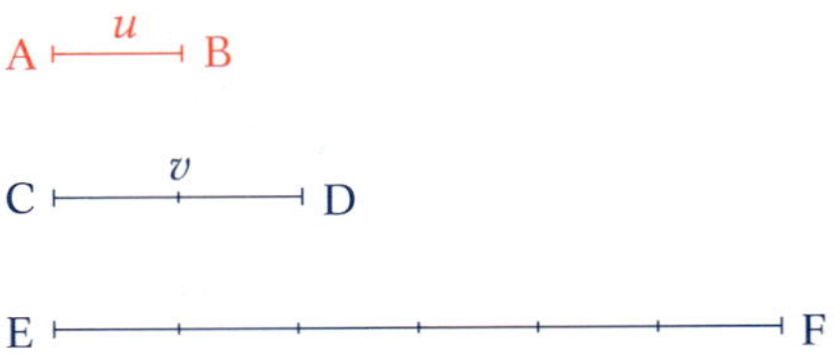

• Appelons ***u*** la longueur AB. On peut écrire : CD = 2 × ***u*** et EF = 6 × ***u***.
Choisissons ***u*** comme unité de longueur. On peut alors dire que les longueurs CD et EF mesurent respectivement 2 ***u*** et 6 ***u***, et on écrit : CD = 2 ***u*** et EF = 6 ***u***.

• Appelons maintenant ***v*** la longueur CD. On peut écrire : AB = 0,5 × ***v*** et EF = 3 × ***v***.
Choisissons ***v*** comme nouvelle unité de longueur. On peut alors dire que les longueurs AB et EF mesurent respectivement 0,5 ***v*** et 3 ***v***, et on écrit : AB = 0,5 ***v*** et EF = 3 ***v***.

Déf. Une unité de longueur est une longueur que l'on choisit. Une unité d'aire est une aire que l'on choisit. Etc.

Info. Une unité permet d'exprimer ou de mesurer une grandeur. Le tableau ci-dessous donne des grandeurs et des unités correspondantes.

Grandeur mesurée	Unités
longueur	mètre, décimètre, centimètre, …
aire	mètre carré, décimètre carré,…
volume	mètre cube, décimètre cube,…
ouverture	degré
masse	gramme, décigramme, …
durée	heure, minute, seconde, …

▶ Convertir . Mesure. Symboles des unités.

V Z *v z*

Valeur

1 Valeurs d'une variable

Voici mon exercice pour aujourd'hui : je dois trouver tous les entiers naturels x tels que le quotient $\frac{12}{x}$ soit un nombre entier.

Je dois donc trouver les diviseurs de 12.

Pour la réponse, j'ai dressé le tableau suivant :

x	1	2	3	4	6	12
$\frac{12}{x}$	12	6	4	3	2	1

La variable x désigne donc l'un des nombres entiers 1, 2, 3, 4, 6, 12.

Je peux dire aussi que les valeurs de x sont 1, 2, 3, 4, 6, 12, ou bien que les valeurs que peut prendre x sont les nombres 1, 2, 3, 4, 6, 12.

Déf. Les valeurs d'une variable sont les nombres qui peuvent remplacer cette variable. On dit aussi les valeurs prises par cette variable.

2 Valeurs d'une fonction affine

Je considère la fonction affine f définie par $f(x) = x + 5$. Si $x = 3$, alors $f(x) = 8$; si $x = -4$, alors $f(x) = 1$. La valeur prise par f en 3 est le nombre 8 ; la valeur prise par f en -4 est le nombre 1.

Déf. Soit f une fonction affine et a un nombre ; la valeur de f en a est le nombre $f(a)$. On dit aussi que $f(a)$ est la valeur prise par f en a.

3 Valeurs d'un caractère en statistiques

• J'ai fait une étude statistique sur les élèves de ma classe. Le caractère était « chaîne de télévision préférée non payante ». Les réponses possibles étaient donc TF1, France 2, France 3, La 5, Arte et M6. Ces réponses constituent les valeurs du caractère étudié.

♦ Voici la répartition que j'ai obtenue :

Chaîne	TF1	F2	F3	La 5	Arte	M6
Effectif	3	5	0	4	0	13

• J'ai fait une autre étude statistique sur les élèves de ma classe. Le caractère était « note obtenue au dernier contrôle de biologie ». Les réponses possibles étaient donc tous les nombres entiers de 0 à 20, 0 et 20 compris. Ces nombres sont les valeurs du caractère étudié.

♦ Mon professeur de biologie note sur 20 et n'attribue que des notes entières.

Voici la répartition que j'ai obtenue :

Note	0	1	2	3	4	5	6	7	8	9	10	11	12	13	14	15	16	17	18	19	20
Effectif	0	0	0	0	0	1	1	0	2	3	5	0	0	5	1	3	3	0	1	0	0

Info. Dans une étude statistique, un caractère peut prendre différents états.
Dans l'exemple des chaînes de télévision, ces états sont : TF1, France 2, France 3, etc.
Dans l'exemple des notes, ces états sont tous les nombres entiers de 0 à 20, 0 et 20 compris.
Ces différents états s'appellent les valeurs du caractère.

▶ Caractère. Équation. Inconnue. Inéquation. Valeur approchée. Variable.

Valeur absolue

Sur la figure ci-dessous , le point A a pour abscisse 3 et le point B a pour abscisse – 3. La distance de A à l'origine O est égale à 3 ; la distance de B à l'origine O est aussi égale à 3.

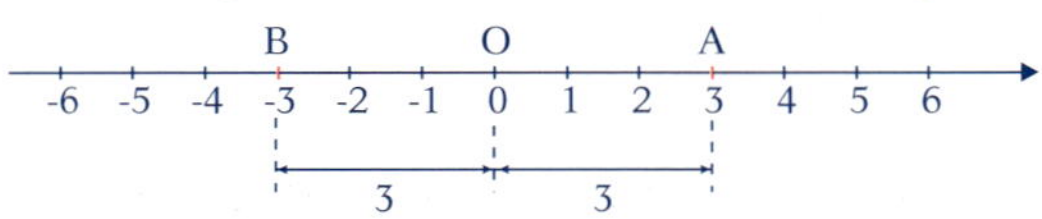

C'est pourquoi la valeur absolue de 3 est 3, et la valeur absolue de – 3 est 3.

♦ De même, la valeur absolue du nombre – 5 est le nombre 5, la valeur absolue du nombre – 2,7 est le nombre 2,7, et la valeur absolue du nombre 4 est le nombre 4 lui-même.

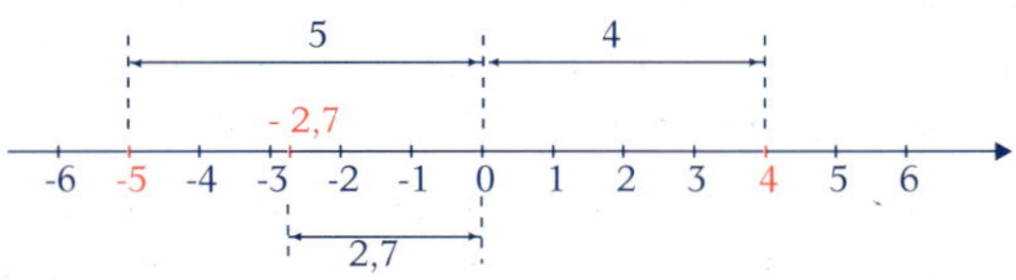

♦ Deux nombres opposés ont la même valeur absolue.

♦ Si un nombre x est positif, sa valeur absolue est égale à x ; si un nombre x est négatif, sa valeur absolue est égale à l'opposé de x.

Déf. La valeur absolue d'un nombre x est la distance entre le point d'abscisse x et l'origine, sur un axe.

Valeur approchée

Au supermarché, je pèse des fruits sur une balance électronique.

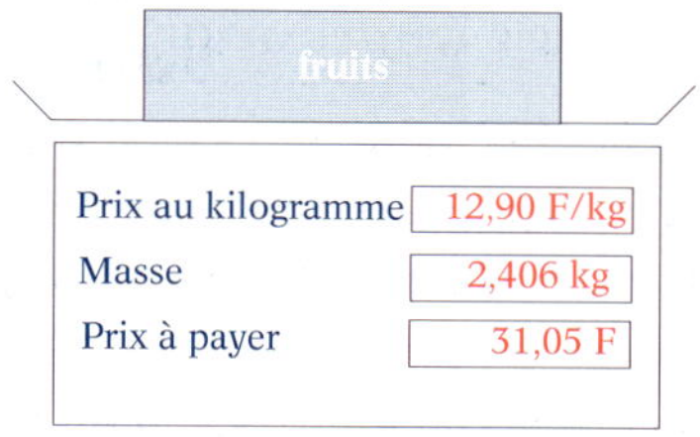

La valeur exacte du produit 12,90 × 2,406 est le nombre 31,037 4.

La balance affiche une valeur approchée à 0,05 près du prix à payer en francs.

La distance entre les nombres 31,05 et 31,037 4 est inférieure à 0,05 (31,05 – 31,037 4 = 0,0126 et 0,0126 < 0,05) ; c'est pourquoi je peux dire que 31,05 est une valeur approchée à 0,05 près de 31,037 4.

♦ Sur la figure ci-dessous, j'ai représenté en rouge les valeurs approchées à 0,05 près de 31,037 4. Ce sont tous les nombres compris entre 31,0374 – 0,05 et 31,0374 + 0,05, c'est-à-dire entre 30,987 4 et 31,087 4, ces deux nombres inclus.

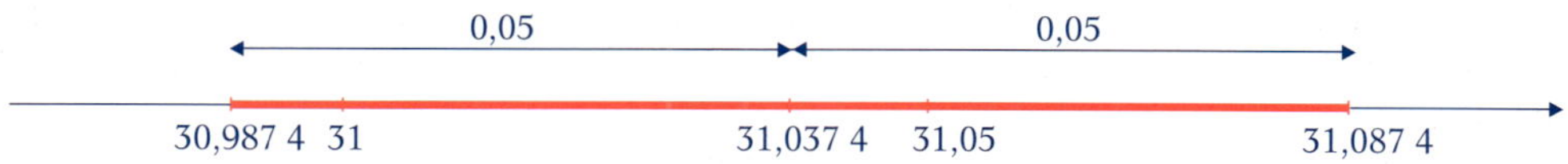

♦ Comme 31,05 > 31,037 4, on peut dire que 31,05 est une valeur approchée à 0,05 près par excès de 31,037 4.

♦ 31 est une valeur approchée à 0,05 près par défaut de 31,037 4.

Déf. Dire qu'un nombre a est une valeur approchée à 0,05 près d'un nombre x signifie que la distance entre les nombres a et x est inférieure ou égale à 0,05.
À la place de 0,05, on peut écrire n'importe quel nombre strictement positif e ; on parle alors de valeur approchée à e près.

▶ Approximation décimale. Ordre de grandeur. Valeur exacte.

Valeur exacte

• 4 : 5 = 0,8 ; la division tombe juste ; 0,8 est la valeur exacte du quotient 4 : 5.
4 : 3 ≈ 1,333 ; la division ne tombe pas juste ; 1,333 n'est pas la valeur exacte du quotient 4 : 3. Pour désigner la valeur exacte du quotient 4 : 3, j'utilise la fraction $\frac{4}{3}$.

• $\sqrt{9} = 3$, car $3^2 = 9$; 3 est la valeur exacte de la racine carrée de 9.
$\sqrt{10} \approx 3{,}162$; 3,162 n'est pas la valeur exacte de la racine carrée de 10 car $3{,}162^2 \neq 10$. Pour désigner la valeur exacte de la racine carrée de 10, j'utilise l'écriture $\sqrt{10}$.

• cos 60° = 0,5 ; 0,5 est la valeur exacte du cosinus d'un angle de 60°.
cos 70° ≈ 0,342 ; 0,342 n'est pas la valeur exacte du cosinus d'un angle de 70°. Pour désigner la valeur exacte du cosinus d'un angle de 70°, j'utilise l'écriture cos 70°.

Déf. La valeur exacte d'une expression numérique est le nombre représenté par cette expression.

▶ Valeur approchée.

Valeur remarquable

Voir l'article *Trigonométrie* (fiche, **3**).

Variable

Soit x un nombre ; l'expression littérale $3x^2 - 7x + 6$ représente un nombre.
– Si $x = 0$, ce nombre est le nombre 6 car $3 \times 0^2 - 7 \times 0 + 6 = 6$.
– Si $x = 2$, ce nombre est le nombre 4 car $3 \times 2^2 - 7 \times 2 + 6 = 3 \times 4 - 14 + 6 = 4$.
– Si $x = \pi$, ce nombre est le nombre $3\pi^2 - 7\pi + 6$; je peux en connaître des valeurs approchées décimales.

♦ Si je choisis $\pi \approx 3{,}14$, alors $3\pi^2 - 7\pi + 6 \approx 13{,}598\ 8$.
La lettre x s'appelle la variable de l'expression littérale $3x^2 - 7x + 6$.

• Le volume d'un cylindre de rayon R cm et de hauteur h cm est égal à $\pi R^2 h$ cm^3 ; l'expression littérale $\pi R^2 h$ contient deux variables : R et h.

♦ La lettre π n'est pas une variable, car elle représente un nombre et un seul.

Déf. Dans une expression littérale, la lettre – ou les lettres – utilisée(s) s'appelle(nt) des variables.

▶ Expression littérale. Inconnue. Pi.

Variation Voir l'article *Sens de variation*.

Vecteur

1 Définir et représenter un vecteur

• Sur du papier quadrillé,
j'ai défini ainsi un vecteur :
direction : horizontale ;
sens : vers la droite ;
longueur : 3 carreaux.
Puis j'ai tracé quatre représentants de ce vecteur.

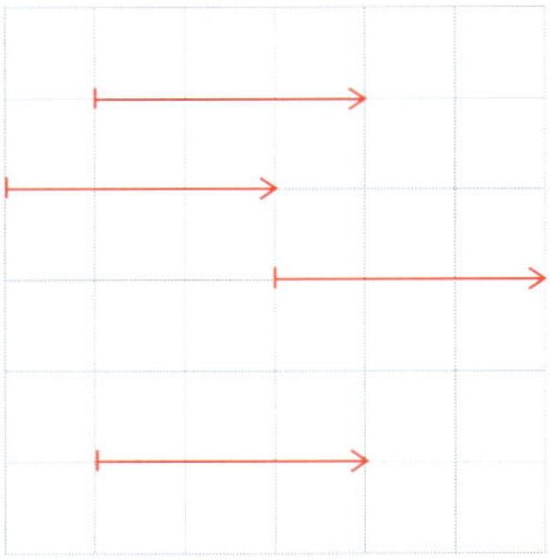

• Sur du papier non quadrillé,
j'ai placé deux points quelconques A et B et j'ai défini ainsi un vecteur :
direction : direction de la droite (AB) ;
sens : de A vers B ;
longueur : AB.
Puis j'ai tracé trois représentants de ce vecteur.

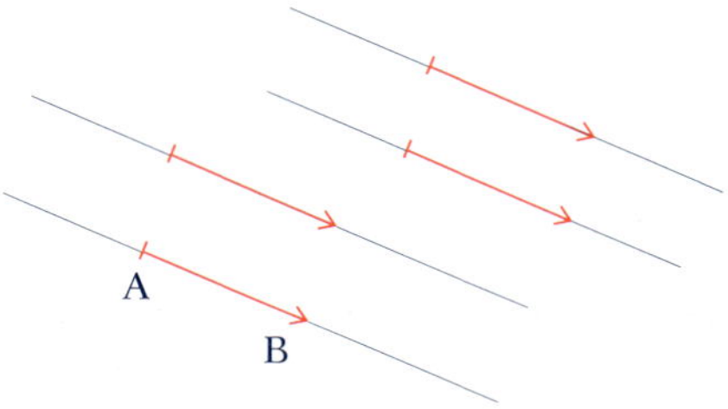

Info. Pour définir un vecteur, il suffit de se donner une direction, un sens de parcours sur cette direction, et une longueur.
On représente un vecteur à l'aide d'un segment orienté. Ce segment orienté est un représentant de ce vecteur.

2 Nommer des vecteurs ou des représentants de vecteurs

• Sur la première figure ci-avant (page précédente), je peux nommer $\vec{u}$ le vecteur dont j'ai dessiné quatre représentants.

♦ À la place de $\vec{u}$, je peux écrire $\vec{v}$ ou $\vec{w}$.

• Sur la figure ci-contre, j'ai représenté quatre vecteurs.
J'ai nommé ainsi ces représentants : $\overrightarrow{AB}$, $\overrightarrow{KI}$, $\overrightarrow{DC}$ et $\overrightarrow{MF}$ (lire : *vecteur* AB ; *vecteur* KI, etc.).

♦ Par abus, $\overrightarrow{AB}$ se lit AB tout court, comme un segment.

Info. Pour nommer un vecteur, on utilise, le plus souvent, une lettre minuscule surmontée d'une flèche. La flèche est toujours orientée de la gauche vers la droite.
On nomme des représentants de vecteurs en utilisant leurs extrémités, comme il est indiqué ci-contre.

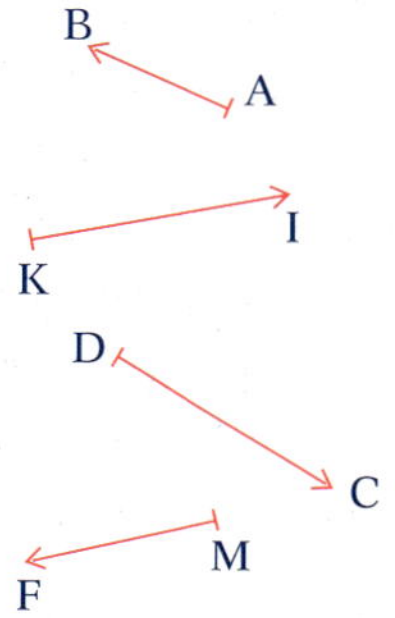

3 Abus de langage

On peut lire ci-dessous quelques abus de langage ou d'écriture courants (se reporter à la figure en fin d'article).

Abus de langage ou d'écriture	Ce qu'il faudrait dire ou écrire
Considérons le vecteur $\overrightarrow{AB}$	Considérons un représentant, nommé $\overrightarrow{AB}$, d'un certain vecteur.
Les vecteurs $\overrightarrow{AB}$ et $\overrightarrow{DC}$ sont égaux.	$\overrightarrow{AB}$ et $\overrightarrow{DC}$ représentent le même vecteur.
$\overrightarrow{AB} = \overrightarrow{DC}$	$\overrightarrow{AB}$ et $\overrightarrow{DC}$ représentent le même vecteur.

▶ Addition. Chasles. Coordonnée. Direction. Égalité. Multiplication. Origine. Parallélogramme. Sens. Translation.

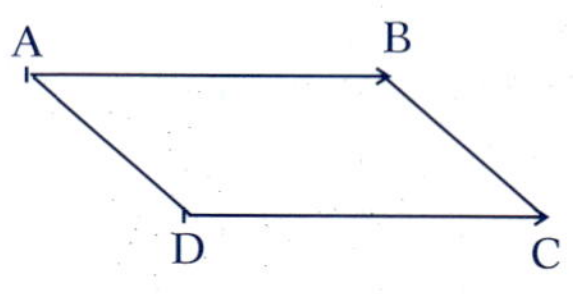

Vectoriel

Quand j'écris $\overrightarrow{AB} = \overrightarrow{CD}$, j'écris une égalité vectorielle ; la somme $\overrightarrow{MN} + \overrightarrow{PQ}$ est une somme vectorielle.

Déf. Vectoriel signifie : qui a un rapport avec les vecteurs, qui concerne les vecteurs.

Vitesse moyenne

• Si je parcours 10 kilomètres en 2 heures de marche, ma vitesse moyenne est égale à 5 kilomètres par heure : 5 km/h (10 : 2 = 5).
• Un train parcourt 45 kilomètres en 36 minutes.
La vitesse moyenne de ce train est égale à 75 km/h. En effet :
– la vitesse moyenne en kilomètres par minute est égale à 1,25 km/min (45 : 36 = 1,25) ;
– la vitesse moyenne en kilomètres par heure est égale à 75 km/h (1 h = 60 min et 1,25 × 60 = 75).

♦ Je peux trouver la vitesse moyenne en km/h en calculant une quatrième proportionnelle :

Durée (en min)	36	60
Distance (en km)	45	

Le nombre cherché dans la case vide est égal à $\frac{45 \times 60}{36}$, c'est-à-dire 75.

Info. Pour calculer la vitesse moyenne d'un objet mobile (train, voiture…) ayant parcouru une distance égale à *d* kilomètres en *t* heures, on effectue *d* : *t*. La vitesse moyenne s'exprime alors en kilomètres par heure (km/h).

En abrégé, on écrit : $V = d : t$

On peut utiliser d'autres unités : par exemple, si la distance est exprimée en mètres et le temps en secondes, la vitesse est exprimée en mètres par seconde (m/s).

Volume

• Le volume du parallélépipède rectangle représenté ci-contre est égal à trois centimètres cubes (3 cm³) ; dans ce cas très simple, il suffit de compter les cubes de 1 cm³ pour trouver le volume.

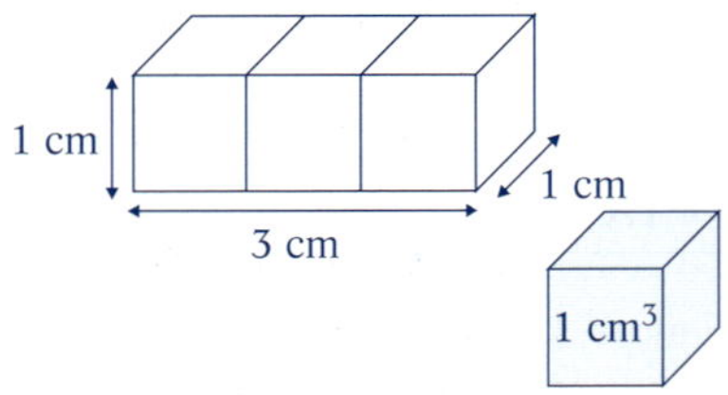

• Pour calculer le volume d'un solide élémentaire (d'un cube, d'un cylindre…), on applique une formule adaptée. Ces formules sont données dans la fiche du présent article.
• Par découpage, on peut trouver le volume de certains solides.
C'est le cas du solide représenté ci-contre.

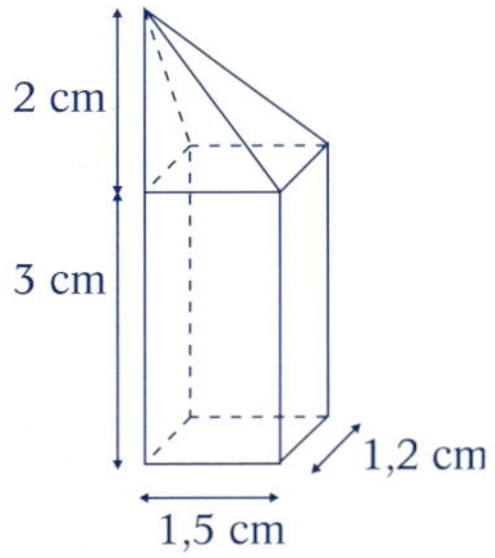

Solide	Volume	Calcul
parallélépipède	5,4 cm³	1,5 × 1,2 × 3 = 5,4
pyramide	1,2 cm³	1,5 × 1,2 = 1,8 ; $\frac{1,8 \times 2}{3}$ = 1,2
solide représenté	6,6 cm³	5,4 + 1,2 = 6,6

Info. Le volume d'un solide est la quantité d'espace qu'il occupe. Un volume s'exprime par un nombre positif suivi d'une unité de volume.

▶ Unité.

FICHE

VOLUMES DES SOLIDES ÉLÉMENTAIRES USUELS

♦ Dans cette fiche, on choisit le centimètre (cm) comme unité de longueur et le centimètre carré (cm^2) comme unité d'aire. Les volumes s'expriment alors en centimètres cubes (cm^3).

♦ À la place du centimètre et du centimètre carré, on peut utiliser le mètre et le mètre carré (les volumes s'expriment alors en m^3), le décimètre et le décimètre carré (les volumes s'expriment alors en dm^3), etc.

♦ Dans les formules, la lettre V désigne la mesure du volume, la lettre B désigne la mesure de l'aire de la (ou d'une) base et les autres lettres désignent des mesures de longueurs (L pour longueur, *l* pour largeur, *h* pour hauteur, *a* pour arête, *r* pour rayon).

1. Volume d'un cône

$$V = \frac{B \times h}{3}$$

Exemple :
Le volume du cône représenté ci-contre est égal à 16 cm^3.

En effet : $\frac{12 \times 4}{3} = 16$.

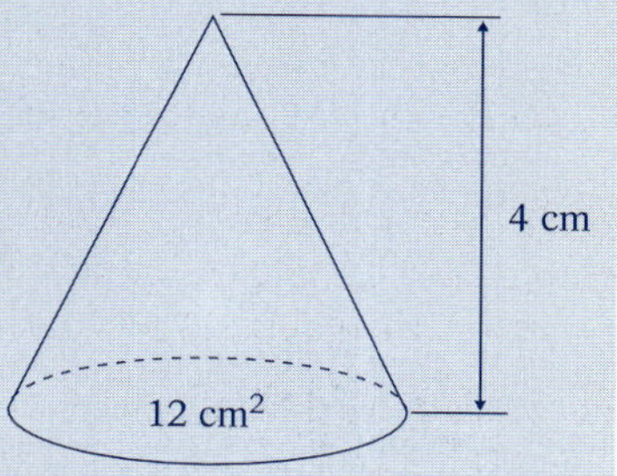

2. Volume d'un cube

$$V = a \times a \times a = a^3$$

Exemple :
Le volume du cube représenté ci-contre est égal à 8 cm^3.
En effet : $2 \times 2 \times 2 = 8$ ou $2^3 = 8$.

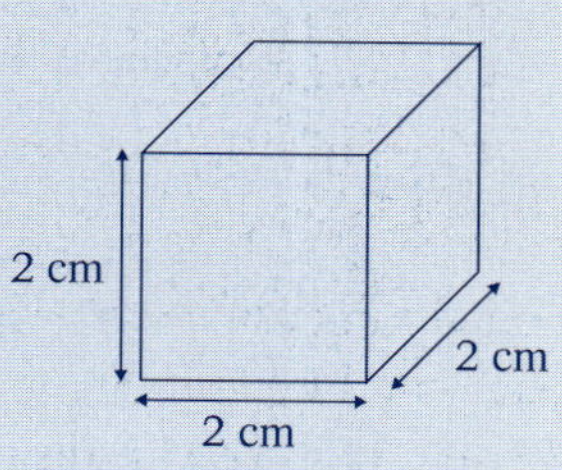

3. Volume d'un cylindre

$$V = B \times h$$

Exemple :
Le volume du cylindre représenté ci-contre est égal à 24 cm^3.
En effet : $8 \times 3 = 24$.

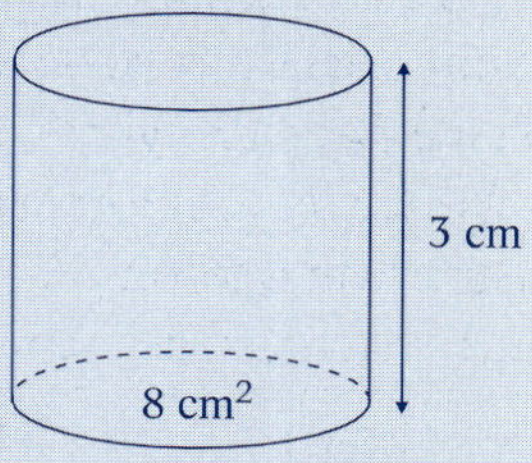

4. Volume d'un parallélépipède rectangle

$$V = L \times l \times h$$

Exemple :
Le volume du parallélépipède rectangle représenté ci-contre est égal à 24 cm^3.
En effet : $4 \times 3 \times 2 = 24$.

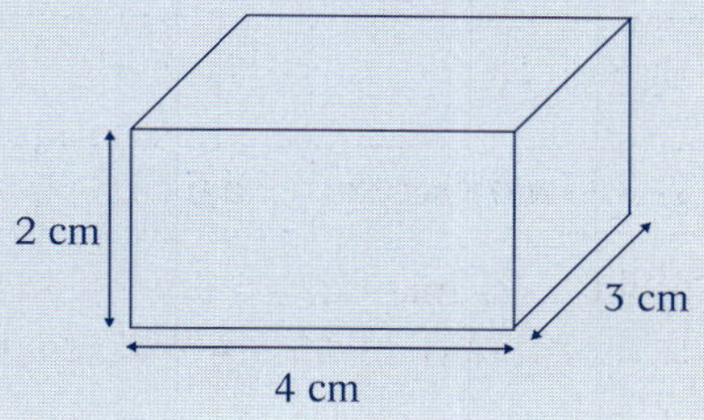

5. Volume d'un prisme droit

$$V = B \times h$$

Exemple :
Le volume du prisme droit représenté ci-contre est égal à 28 cm^3.
En effet : $7 \times 4 = 28$.

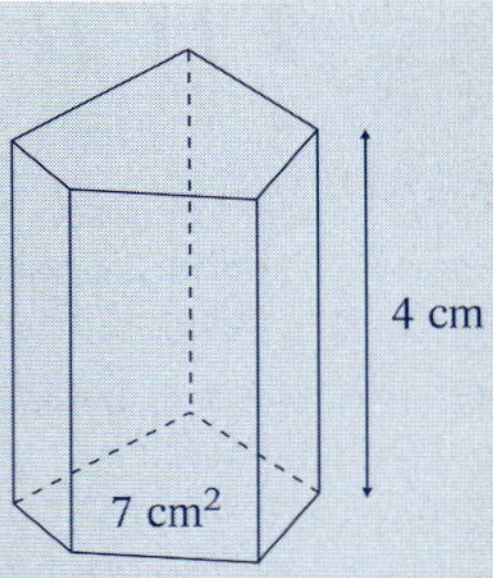

6. Volume d'une boule

$$V = \frac{4}{3} \times \pi \times r \times r \times r = \frac{4}{3} \pi r^3$$

Exemple :
Le volume de la boule représentée ci-contre est égal à 36π cm^3, soit environ 113,04 cm^3 en prenant $\pi \approx 3{,}14$.

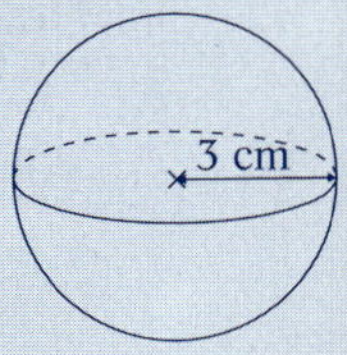

En effet : $\frac{4}{3} \times \pi \times 3 \times 3 \times 3 = 36 \times \pi$ et $36 \times 3{,}14 = 113{,}04$.

♦ Par abus, on parle aussi du volume d'une sphère au lieu du volume de la boule limitée par cette sphère.

▶ Pi.

7. Volume d'une pyramide

$$V = \frac{B \times h}{3}$$

Exemple :
Le volume de la pyramide représentée ci-contre est égal à 12 cm^3.
En effet : $\frac{9 \times 4}{3} = 12$.

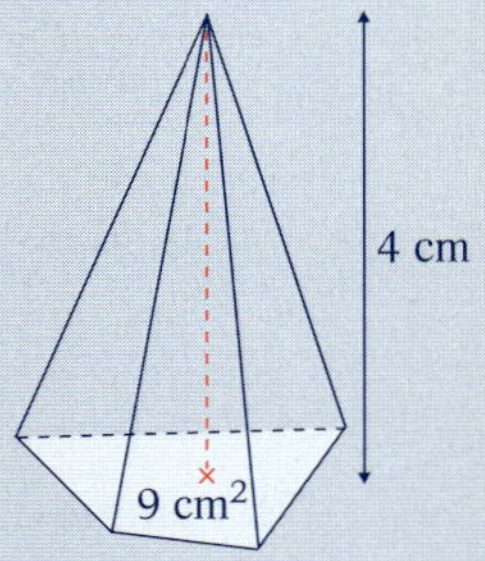

Zéro

1 Chiffre zéro

Le chiffre zéro (0) est un des dix chiffres de la numération décimale.
Le nombre mille s'écrit avec trois zéros : 1 000.

♦ La numération romaine ne comporte pas de chiffre équivalent à 0.

2 Nombre zéro

Le nombre zéro s'écrit 0. C'est le plus petit des entiers naturels.

♦ 0 est le seul nombre qui soit à la fois positif et négatif.

♦ $a + (-a) = 0$ quel que soit le nombre a.

♦ $a + 0 = a$ quel que soit le nombre a.

♦ $a \times 0 = 0$ quel que soit le nombre a.

♦ 0 est un multiple de tout nombre.

♦ Tout nombre non nul est un diviseur de 0.

▶ Un.